SPAIN
스페인

포르투갈

김지영 지음

KB059002

시공사

Contents

스페인

마드리드 & 스페인 중앙부

바르셀로나 & 카탈루냐 지방

그라나다 & 안달루시아 지방

저자의 말

주말마다 이웃 유럽 도시들을 수시로 방문하겠다는 로망을 안고 스페인 생활을 시작했다. 매력 넘치는 스페인의 북쪽과 남쪽, 섬과 내륙 지방을 여행하다 보니 10년이라는 시간이 빠르게 지나갔다. 주말마다, 1달간의 겨울 휴가와 2달간의 여름 휴가 때마다 각종 탈것을 섭렵하며 스페인을 들쑤시고 다녔다. 각 도시들은 마치 국경 넘어 다른 나라에 온 듯, 여행할 때마다 색다른 볼거리를 선사해 주었다.

이 책에는 10년간 필자가 찾아낸 스페인의 여러 도시들 중 특별히 애정이 가는 도시와 혼자만 알아두고 싶은 보물 같은 소도시들이 소개되어 있다. 아무도 가본 적 없는 미지의 공간으로 떠나고 싶은 사람, 새로운 곳을 정복하고 싶은 사람, 스페인의 구석구석을 뒤져 보고 싶은 이들에게 이 책을 바친다. 이 책이 그런 여행자의 기대를 충족시켜 줄 것이라 자부한다.

마지막으로 무언가를 주저하고 있는 사람에게 한 가지를 권할 수 있다면 여행을 떠나라고 말하고 싶다. 여행은 SNS에 자랑하거나 현실 도피하기 위한 수단이 아니다. 진정한 여행이란, 낯선 환경에서 맞닥뜨린 문제들을 스스로 해결하고 자신의 한계를 극복하며 자아를 찾아가는 과정이다.

글 · 사진 김지영

여러 나라를 스쳐 지나가는 여행보다 짧게라도 거주하며 현지인들과 어울리는 것을 선호하는 생활여행자. 스무 살 이후 시간이 날 때마다 해외여행을 했다. 한 도시에서 최소 2달 이상 자급자족하며 지내기를 즐기며, 체류 기간 동안 다양한 잡지의 해외 통신원으로 활동했다. 국내에서 여행잡지 기자로 근무하다가 회사를 그만두고 찾은 스페인과 사랑에 빠져 서른 살이 되던 해에 스페인에 거주하기로 결심했다. 바르셀로나에서 관광학을 공부했으며 바르셀로나 공항에 근무하며 국내 방송과 잡지의 화보 촬영 코디네이터로 활동 중이다. 저서로는 《라이프 인 스페인》,《아이 러브 바르셀로나》,《무작정 따라하기 바르셀로나》가 있다.

이메일 barcokim@gmail.com, spainlover@naver.com

저스트고 이렇게 보세요

책에 실린 모든 정보는 2023년 3월까지 수집한 정보를 기준으로 했으며, 이후 변동될 가능성이 있습니다. 특히 교통 시각표와 운행 일정, 요금, 관광 명소의 운영 시간 및 입장료, 물가 등은 수시로 변동되므로 여행계획을 세우기 위한 가이드로서 활용하시고, 이용할 열차편은 여행 전 철도청 홈페이지에서 미리 검색해 보고 현지 기차역에서 다시 한번 확인하시는 것이 좋습니다. 변경된 내용이 있다면 편집부로 연락주시기 바랍니다.
편집부 justgo@sigongsa.com

- 이 책에서 소개하고 있는 지명이나 상점 이름, 회화 등에 표시된 스페인어, 포르투갈어 발음은 국립국어원의 외래어표기법을 최대한 따랐습니다.
- 거리를 뜻하는 스페인어는 Calle, 카탈루냐어는 Carrer로 카탈루냐어를 사용하는 바르셀로나와 카탈루냐 등의 주소를 표기할 때는 Carrer로 표기했습니다. 책에서는 구분하였으나 혼용하는 경우도 있으니 참고하시길 바랍니다.
- 관광 명소, 레스토랑, 상점의 휴무일은 정기휴일을 기준으로 실었으며, 설날이나 크리스마스 등 명절에는 문을 닫는 경우가 있으므로 주의하시기 바랍니다.
- 관광 명소는 중요도에 따라 별점(★) 1~3개까지 표시했습니다. 별점 3개는 꼭 봐야 할 볼거리, 별점 2개는 볼만한 볼거리, 별점 1개는 시간이 없다면 안 봐도 되는 볼거리입니다.
- 레스토랑을 소개한 페이지에 제시된 예산은 1인 식대 또는 메인 메뉴를 기준으로 했습니다.
- 스페인, 포르투갈에서는 유로화(€)가 사용되며 1€는 약 1,390원입니다(2023년 3월 기준). 환율은 수시로 변동되므로 여행 전 확인은 필수입니다.

지도 보는 법

각 지역 정보 앞에는 해당 지역의 지도가 들어갑니다. 각 스폿에는 지도상의 위치 정보가 표시되어 있습니다. 예를 들어, MAP p.84-C는 84페이지 지도의 C 구역에 찾는 장소가 있다는 의미입니다.

스마트폰으로 아래의 QR코드를 스캔하면 이 책에서 소개한 장소들의 위치 정보를 담은 '구글 지도(Google Maps)'로 연결됩니다. 웹 페이지 또는 스마트폰 애플리케이션의 온라인 지도 서비스를 통해 편하게 위치 정보를 확인할 수 있습니다.

──── 지도에 삽입한 기호 ────

건물 ▨	호텔 Ⓗ
공원 ▨	기차역 🚂
관광 명소 •	버스 터미널 🚌
레스토랑 Ⓡ	성당 ⛪
카페 Ⓒ	학교 🏫
바르 또는 클럽 Ⓝ	병원 ➕
쇼핑 Ⓢ	관광안내소 ❶

10W

5°

La Coruña

코스타 베르데
Costa Verde

Gijón
아빌레스
Avilés P.360
오비에도
Oviedo P.357

코미야스
Comillas P.372

산티야나 델 마르
Santillana del Mar
P.370

산탄데르
Santander

산티아고 데 콤포스텔라
Santiago de Compostela P.350

Lugo

산투아리오 데 코바동가
Sanctuary of Covadonga P.362

42° 30′ N

Ponferrada

레온
León

부르고스
Burgos

Vigo

Ourense

콤바로스
Combarros P.356

Sahagún

Viana

Bragança

Zamora

Tordesillas

Valladolid

브라가
Braga P.487

Vila Real

포르투
Porta P.460

Arévalo

세고비아
Segovia P.142

살라망카
Salamanca P.146

Aveiro

Viseu

Guarda

Ciudad Rodrigo

아빌라
Ávila P.152

알칼라 데 에나레스
Alcalá de Henares P.136

코임브라
Coimbra P.482

Cogilhã

Béjar

마드리드
Madrid P.66

40°

포르투갈
Portugal

Plasencia

Talavera de la Reina

아란후에스
Aranjuez P.

Nazaré

톨레도
Toledo P.118

오비두스
Óbidos P.479

Fatima

Valencia

Cácerea

Trujillo

콘수에그라
Consuegra P.141

호카곶
Cabo da Roca
P.478

신트라
Sintra P.472

Portalegre

Guadalupe

캄포 데 크립타나
Campo de Criptana P.140

리스본
Lisbon P.430

Barreiro

Estremoz

Elvas

Badajoz

메리다
Merida P.133

Ciudad Real

카스카이스
Cascais P.475

Setúbal

에보라
Évora P.480

Almadén

Valdepeñas

Ferreira

Beja

사프라
Zafra

시에라 모레나 산맥
Sierra Morena

Linares

Ubeda

37° 30′

코르도바
Córdoba P.340

Jaén

사그레스
Sagres P.491

알보르
Alvor P.492

알부페이라
Albufeira P.491

타비라
Tavira P.494

Ecija

상 비센테 곶
Cabo de São Vicente

라구스
Lagos P.496

파루
Faro P.495

Huelva

제비야
Sévilla P.296

Osna

과딕스
Guadix P.326

그라나다
Granada P.274

인테케라
Antequara P.327

론다
Ronda P.332

말라가
Malaga P.316

알푸하라
Alpujarras P.32

네르하
Nerja P.328

헤레스 데 라 프론테라
Jerez de la Frontera P.336

Mijas

Torremolinos

Fuengirola

카디스
Cádiz P.331

Estepona

Marbella

코스타 델 솔
Costa del Sol

지브롤터 해협
Estrecho de Gibaltar

Algeciras

Gibraltar

타리파
Tarifa P.338

Ceuta

Tangero

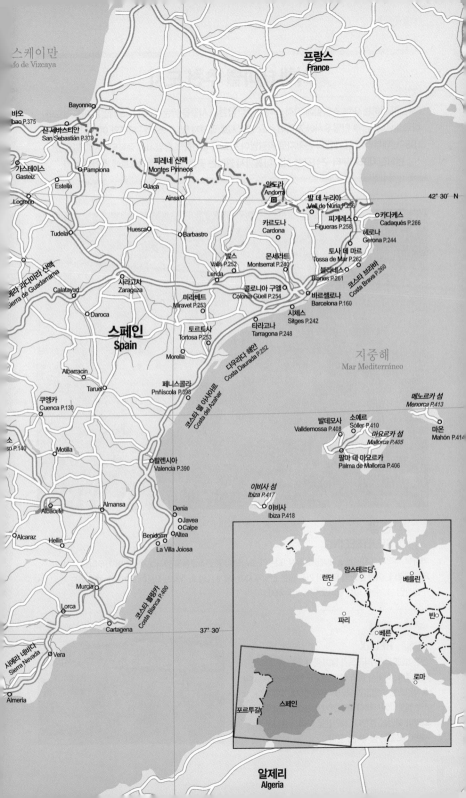

스케이만
fo de Vizcaya

프랑스
France

바오
Ibao P.375

산 세바스티안
San Sebastián P.379

Bayonne

가스테이스
Gasteiz

Pamplona

피레네 산맥
Montes Pirineos

Estella

Jaca

안도라
Andorra

42° 30′ N

Logroño

Ainsa

발 데 누리아
Vall de Núria P.256

카다케스
Cadaqués P.266

Tudela

Huesca

Barbastro

카르도나
Cardona

피게레스
Figueras P.258

헤로나
Gerona P.244

세라 과다라마 산맥
Sierra de Guadarrama

Calatayud

사라고사
Zaragoza

발스
Valls P.252

Lerida

몬세라트
Montserrat P.240

토사 데 마르
Tossa de Mar P.262

블라네스
Blanes P.261

코스타 브라바
Costa Brava P.260

Daroca

미라베트
Miravet P.253

콜로니아 구엘
Colonia Güell P.254

바르셀로나
Barcelona P.160

스페인
Spain

Albarracin

Taruel

토르토사
Tortosa P.253

Morella

시체스
Sitges P.242

타라고나
Tarragona P.248

쿠엥카
Cuenca P.130

페니스콜라
Prñíscola P.398

다우라다 해안
Costa Daurada P.252

지중해
Mar Mediterráneo

메노르카 섬
Menorca P.413

소
so P.140

Motilla

코스타 델 아사아르
Costa del Azahar

발데모사
Valldemossa P.408

소예르
Sóller P.410

마온
Mahón P.414

마요르카 섬
Mallorca P.405

Albacete

발렌시아
Valencia P.390

Almansa

Denia

Javea
Calpe
Altea

팔마 데 마요르카
Palma de Mallorca P.406

Benidorm

La Villa Joiosa

이비사 섬
Ibiza P.417

이비사
Ibiza P.418

Alcaraz

Hellin

Murcia

코스타 블랑카
Costa Blanca P.400

Lorca

시에라 네바다
Sierra Nevada

Vera

Cartagena

37° 30′

런던

암스테르담

베를린

파리

빈

베른

Almeria

로마

포르투갈

스페인

알제리
Algeria

여행 테마별 추천 도시

자신이 원하는 여행 스타일에 맞춰 스페인의 다양한 도시들을 방문해 보자. 스페인은 마드리드와 바르셀로나, 남부 안달루시아 지역이 주요 관광지로 알려져 있다. 스페인 북부와 여러 섬들도 이미 1980년대부터 유럽 제일의 관광지로 각광받아 왔고 유럽인들의 휴양지로 정복되다시피 발굴됐다. 번화한 대도시부터 구석구석 시골 마을까지 원하는 곳을 골라 여행 리스트에 추가해 보자.

 관광
SIGHTSEEING

역사적 유적지나 유네스코 세계문화유산 또는 각 도시의 유명 건축물들을 둘러보고 싶다면 가우디의 도시 **바르셀로나**, 아랍 문화의 유적이 가장 많은 **안달루시아**, 세계 유명 화가들의 작품이 모여 있는 **마드리드**, 구겐하임 미술관이 있는 **빌바오** 등을 방문하자.

휴양
RELAX

신혼여행이라면 리조트가 많이 몰려 있는 **마요르카, 메노르카, 이비사 등의 섬** 여행을 추천한다. 대부분의 숙박업소는 수영장과 다양한 부대시설을 갖추었다. 바르셀로나에서 바다 휴양까지 원한다면 **코스타 브라바 해안**을 권한다. 해안선을 따라 아름다운 해변이 끝없이 펼쳐지는 곳이다.

 ## 자연
NATURE
관광객의 손이 덜 탄 시골 마을이나 산과 바다로 이어지는 아름다운 자연경관을 보고 싶다면 스페인 곳곳에 위치한 국립공원이나 우디 앨런이 사랑한 도시 오비에도가 위치한 **아스투리아스** 지방, 휴양과 미식을 동시에 만족시켜주는 **파이스 바스크** 지방, 산티아고 순례길이 있는 **갈리시아** 지방 등 북부 소도시를 방문해 보자. 각 도시들 주변으로 아름다운 호수, 산, 바다 등이 산재해 있다.

 ## 쇼핑
SHOPPING
바르셀로나, 마드리드, 그라나다 등의 대도시에서는 스페인 브랜드 외에도 다양한 유럽 브랜드를 거리 곳곳에서 만날 수 있다. 세일 기간에는 국내에도 진출해 있는 자라(ZARA)와 마시모 두티(Massimo Dutti) 제품을 50~80% 이상 할인된 가격으로 판매한다. 여름 세일은 7월 초부터 1달 가량, 겨울 세일은 1월 6일부터 2월 초까지이다. 그 밖에 **그라나다, 빌바오, 산 세바스티안** 등의 도시에서는 브랜드 쇼핑보다는 유럽 느낌이 물씬 나는 생활용품과 홈데코 용품을 눈여겨보자. 그보다 더 작은 시골 마을에서는 우리나라에서 구하기 힘든 핸드메이드 소품과 앤티크한 장식품을 아주 저렴한 가격에 구입할 수 있다.

 ## 미식
DINING
최근 새롭게 뜨고 있는 스페인 여행 테마는 미식 여행이다. 미슐랭 스타 레스토랑을 순례하거나 핀초의 고장으로 알려진 북부의 작은 마을들을 돌며 다양한 먹거리를 체험해 보는 것이다. 특히 **그라나다 등 안달루시아** 지방에서 저렴한 가격에 다양한 타파스를 맛볼 수 있다. 질 좋은 와인과 함께 맛있는 음식들을 두루 섭렵해 보자.

스페인 추천 여행 일정

스페인 여행 테마를 정했다면 이제 세부 일정을 짜야 할 차례다.
스페인은 지방색이 강해 각 도시별 볼거리, 먹을거리, 즐길 거리 등의 특색이 분명하다.
주요 도시 한 곳을 거점으로 근교 도시를 여행하는 것이 스페인 여행의 묘미다.
다음의 추천 일정을 참고하여 나만의 여행 계획을 꼼꼼하게 세워보자.

1 마드리드와 바르셀로나 8일

스페인의 수도인 마드리드와 여행자들에게 가장 인기 있는 바르셀로나를 여행하는 일정. 도시 간 이동은 열차로 한다. 마드리드보다 바르셀로나 일정을 더 길게 잡는 것이 좋다.

일수	도시	교통수단	이동시간	여행 포인트
1일차	인천 공항→ 마드리드 공항	비행기	13~22시간	대한항공 직항편 또는 1회 환승하는 경유편
2일차	마드리드 시내 관광	도보/메트로		
3일차	마드리드→톨레도	열차	33분	아토차역에서 탑승
4일차	마드리드→바르셀로나	열차	2시간 30분~3시간	
5일차	바르셀로나 시내 관광	도보/메트로		
6일차	바르셀로나 가우디 건축물 투어	도보		개인 또는 그룹 투어
7일차	바르셀로나 공항→인천 공항	비행기	13~22시간	대한항공, 아시아나항공 직항편 또는 1회 환승하는 경유편
8일차	인천 공항 도착			

ZOOM IN

● 일정이 짧다면 직항편을 이용하자. 요금이 부담스럽다면 1회 환승하는 경유편을 이용한다. 바르셀로나로 IN해서 바르셀로나 관광 후 하루나 이틀 정도 마드리드를 여행하고 OUT 하는 것도 좋은 방법이다.

● 마드리드-바르셀로나 이동은 저가 항공보다 고속열차 AVE를 이용하자. 열차는 2시간 30분~3시간 가량 걸리지만 시내 중심에서 내릴 수 있어 공항-시내 간 이동에 걸리는 시간을 절약할 수 있다.

● 마드리드-바르셀로나 구간의 고속열차는 사전 예약 시 할인되는 경우가 많다.

● 바르셀로나 일정이 짧다면 하루는 가우디 작품만 감상하는 가이드 투어를 신청하는 것이 좋다.

━━ 비행기
━━ 버스
━━ 열차

바르셀로나

톨레도 ● ● 마드리드

2 바르셀로나와 근교 도시 9일

무리하지 않고 깊이 있게 카탈루냐 지방을 즐기고 싶은 여행자에게 추천하는 일정. 바르셀로나 근교로 이동할 때는 교통편을 미리 예약할 필요가 없으므로 여행을 즐기다가 상황에 맞게 일정을 조정하면 된다.

일수	도시	교통수단	이동시간	여행 포인트
1일차	인천 공항→바르셀로나 공항	비행기	14~22시간	대한항공, 아시아나항공 직항편 또는 1회 환승하는 경유편
2일차	바르셀로나 시내 관광 (라발 지구와 에이샴플레 지구)	도보/메트로		사그라다 파밀리아 성당과 구엘 공원 티켓은 예약 필수. 하루에 하나씩 나눠서 봐도 좋다.
3일차	바르셀로나 시내와 몬주익 언덕 관광	도보/메트로		
4일차	바르셀로나→시체스	열차	1시간 미만	
5일차	바르셀로나→몬세라트	열차	1시간 30분~2시간	이른 오전에 출발하는 것이 좋다.
6일차	바르셀로나 시내 관광 (바르셀로네타와 보른 지구)	도보		
7일차	바르셀로나→카다케스 또는 피게레스	버스/열차	2~3시간	일정에 여유가 있다면 카다케스에서 일박할 것을 추천
8일차	바르셀로나 공항→인천 공항	비행기	13~22시간	대한항공, 아시아나항공 직항편 또는 1회 환승하는 경유편
9일차	인천 공항 도착			

ZOOM IN

● 코로나로 중단되었던 직항편이 모두 복구되었다. 대한항공에 이어 아시아나항공도 인천-바르셀로나 직항편을 운항한다. 인천-바르셀로나 1회 환승하는 경유편 중 최단 시간의 항공사로는 루프트한자, KLM네덜란드항공 등이 있다. 최근에는 도하를 경유하는 카타르항공도 경유 시간이 짧아 많이 이용한다.

● 바르셀로나를 중심으로 여유롭게 머물고 싶다면 교통편을 미리 예약하지 않아도 된다. 당일에도 티켓을 쉽게 구할 수 있으므로 여행지 도착 후 날씨나 몸 컨디션에 따라 근교 도시를 선택하자.

● 여행 시기가 여름이면 코스타 브라바의 카다케스 마을에서 1박을 하는 것도 좋다. 피게레스-카다케스를 하루에 돌아보기에는 일정이 촉박하다.

● 여름 성수기에는 피게레스의 달리 미술관, 카다케스의 달리의 집을 미리 예약해야 한다. 달리의 집은 예약자에 한해 입장을 허용한다.

● 바르셀로나 근교 여행지 중에 한 곳만 고를 경우 바다를 좋아하는 여행자라면 시체스를, 산을 좋아하는 여행자라면 몬세라트를 선택하자.

피게레스
카다케스
몬세라트
바르셀로나
시체스

― 비행기
― 버스
― 열차

3 바르셀로나와 안달루시아 지방 9일

바르셀로나와 안달루시아 지방의 핵심 도시인 그라나다 또는 세비야를 여행하는 일정. 바르셀로나에서 이동할 때 열차보다는 저가 항공을 이용하는 것이 낫다(단, 1~2개월 전에 예약 필수).

일수	도시	교통수단	이동시간	여행 포인트
1일차	인천 공항→ 바르셀로나 공항	비행기	14~22시간	대한항공, 아시아나항공 직항편 또는 1회 환승하는 경유편
2일차	바르셀로나 가우디 건축물 투어	도보/메트로		사그라다 파밀리아 성당과 구엘 공원 티켓은 예약 필수
3일차	바르셀로나→시체스(바다) 또는 몬세라트(산)	열차	30분/1시간	시체스 : 바르셀로나 산츠역 출발 / 몬세라트 : 에스파냐 광장역 출발
4일차	바르셀로나→ 그라나다 또는 세비야	비행기	1시간 25~30분	부엘링항공
5일차	그라나다 또는 세비야 시내 관광	도보/버스		알람브라 궁전 티켓은 예약 필수
6일차	그라나다→네르하 또는 알푸하라스 또는 세비야 타파스 투어	버스	2시간/ 2시간 25분	열차와 버스 편수가 많아 당일 예약 가능
7일차	그라나다 또는 세비야 →바르셀로나	비행기	각 1시간 25분~30분	부엘링항공
8일차	바르셀로나 공항→인천 공항	비행기	13~22시간	대한항공, 아시아나항공 직항편 또는 1회 환승하는 경유편
9일차	인천 공항 도착			

ZOOM IN

● 바르셀로나 일정이 3박 미만일 경우 하루는 가우디 작품만 감상하는 가이드 투어를 신청하는 것이 효율적이다.

● 바르셀로나–그라나다 구간의 야간열차는 체력이 좋은 여행자에게만 추천한다. 되도록 저가 항공을 이용하자. 열차로 이동하면 낭만적이기보다는 밤새 잠을 못 이룰 확률이 높아 다음 날 반나절 이상 피곤이 가시지 않기 때문이다.

● 그라나다에서 당일치기로 다녀오기 좋은 네르하와 알푸하라스는 스페인 여행 중에 잊지 못할 추억을 만들어줄 것이다.

● 세비야에서는 타파스 투어를 놓치지 말자. 맛도 가격도 모두 만족스러운 타파스들을 마음껏 맛볼 수 있다.

4 바르셀로나와 스페인 북부 9일

스페인 여행이 처음이 아니라면 스페인 북부 여행에 도전해 보자. 바르셀로나에서 저가 항공을 타면 약 1시간 내로 도착한다. 관광객의 손이 덜 탄 독특한 매력을 자유롭게 즐기고 오기 좋다.

일수	도시	교통수단	이동시간	여행 포인트
1일차	인천 공항→ 바르셀로나 공항	비행기	14~22시간	대한항공, 아시아나항공 직항편 또는 1회 환승하는 경유편
2일차	바르셀로나 시내 관광	도보/메트로		
3일차	바르셀로나 가우디 건축물 투어	도보/메트로		사그라다 파밀리아 성당과 구엘 공원 티켓은 예약 필수
4일차	바르셀로나→ 산 세바스티안 또는 빌바오	비행기	각 1시간 10분	부엘링항공
5일차	산 세바스티안 또는 빌바오 시내 관광	도보/메트로		구겐하임 빌바오 미술관 티켓은 온라인 사전 예약 가능
6일차	산 세바스티안 근교의 온다리비아 또는 빌바오 근교의 포르투갈레테	공항 셔틀버스/ 메트로	20분/30분	
7일차	산 세바스티안 또는 빌바오→바르셀로나	비행기	1시간 10분	부엘링항공
8일차	바르셀로나 공항→인천 공항	비행기	13~22시간	대한항공, 아시아나항공 직항편 또는 1회 환승하는 경유편
9일차	인천 공항 도착			

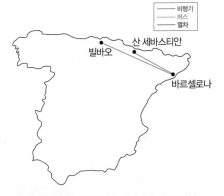

ZOOM IN

● 바르셀로나-산 세바스티안, 바르셀로나-빌바오 구간은 저가 항공으로 이동하는 것이 효율적이다. 두 지역을 함께 묶어 여행한다면 산 세바스티안-빌바오 직행버스를 타고 이동한다. 1시간 10~25분가량 걸린다. 빌바오에서 바르셀로나 공항으로 IN한 후 바르셀로나에서 OUT하면 된다.

● 산 세바스티안에서는 눈과 입이 즐거운 식도락 여행이 가능하다. 구시가의 핀초 골목에 줄지어 있는 바르에 들어가 전통 음식으로 만든 핀초와 퓨전 스타일의 새로운 핀초를 맛볼 수 있다. 창밖으로 시원하게 펼쳐지는 풍경을 감상하며 미슐랭 스타 셰프의 파인 다이닝을 즐겨보자.

● 빌바오에서 메트로를 타고 갈 수 있는 근교 마을을 일정에 넣어 함께 둘러보자. 시내 곳곳에 있는 관광안내소에서 여행 정보와 지도 등을 구할 수 있으니 챙겨두자.

5 마드리드와 근교 도시 & 안달루시아 지방 9일

스페인의 역사 유적을 중심으로 여행하고 싶다면 마드리드 근교 도시와 남부 안달루시아 지방을 추천한다. 짧은 일정 동안 이동이 많아 힘들 수 있으므로 비행기는 직항편을 이용하고 도시 간 이동은 고속열차로 하자.

일수	도시	교통수단	이동시간	여행 포인트
1일차	인천 공항→마드리드 공항	비행기	13시간	대한항공 직항편
2일차	마드리드 시내 관광	도보/메트로		
3일차	마드리드→톨레도	열차/버스	33분/50분	톨레도의 야경을 보려면 일박할 것을 추천
4일차	마드리드→그라나다	열차/버스	4시간 30분	
5일차	그라나다 알람브라 궁전 관광→세비야	열차/버스	3시간 20분/ 3시간	알람브라 궁전 티켓은 예약 필수
6일차	세비야 시내 관광	도보		
7일차	세비야→마드리드	열차	2시간 30분	
8일차	마드리드 공항→인천 공항	비행기	13시간	대한항공 직항편
9일차	인천 공항 도착			

ZOOM IN

● 인천-마드리드 간 직항편은 경유편보다 약 1.5배 비싸지만 환승하는 불편함이 없고 시간을 절약할 수 있다.

● 마드리드 관광에 많은 시간을 할애하지 말고 근교 도시인 톨레도로 당일치기 여행을 다녀오자. 도심과는 사뭇 다른 옛 스페인의 분위기를 만끽할 수 있다.

● 마드리드-그라나다, 마드리드-세비야 구간은 직항으로 운항되는 저가 항공이 없으므로 열차나 버스를 이용하는 편이 좋다.

● 그라나다-세비야 구간은 버스로 간편하게 이동이 가능하다. 하루 8~9편 운행하므로 여름 성수기가 아니면 미리 예약하지 않아도 된다.

● 세비야는 도보로 충분히 돌아볼 수 있지만, 일정이 촉박하다면 구시가에서 에스파냐 광장까지 버스를 타고 이동하자.

비행기
버스
열차

마드리드
톨레도
그라나다
세비야

6 바르셀로나와 카탈루냐 지방 11일

바르셀로나를 중심으로 여행하면서 카탈루냐 지방의 소도시들을 당일치기로 다녀오는 일정. 코스타 브라바의 해변 마을 또는 카다케스에서 휴양을 즐기거나 헤로나 또는 바르셀로나 근교 도시들을 찾아가 보자.

일수	도시	교통수단	이동시간	여행 포인트
1일차	인천 공항→바르셀로나 공항	비행기	14~22시간	대한항공, 아시아나항공 직항편 또는 1회 환승하는 경유편
2일차	바르셀로나 시내 관광	도보/메트로		
3일차	바르셀로나 가우디 건축물 투어	도보/메트로		사그라다 파밀리아 성당과 구엘 공원 티켓은 예약 필수
4일차	바르셀로나→카다케스	버스	2시간 45분	달리의 집 티켓은 예약 필수
5일차	카다케스에서 휴양			4월부터 9월까지 휴양하기 좋다.
6일차	카다케스→피게레스→헤로나	버스/열차	카다케스→ 피게레스 1시간, 피게레스→ 헤로나 30분	피게레스의 달리 미술관은 사전 예약 가능
7일차	헤로나 시내 관광	도보		
8일차	헤로나→바르셀로나 시내 관광 (바르셀로네타와 몬주익 언덕)	열차 (메트로/도보)	일반 1시간 30분, 직행 30분	
9일차	바르셀로나 근교의 발 데 누리아	열차 + 산악열차	3시간	방문하기 좋은 시기는 5~9월, 콤비 티켓 구입
10일차	바르셀로나 공항→인천 공항	비행기	13~22시간	대한항공, 아시아나항공 직항편 또는 1회 환승하는 경유편
11일차	인천 공항 도착			

ZOOM IN

● 헤로나는 스페인어 발음이다. 카탈루냐 사람들은 지로나로 발음하기 때문에 바르셀로나 근교에서는 '지로나'라고 말해야 잘 통한다.

● 5월에 열리는 헤로나의 꽃 축제는 빼놓을 수 없는 볼거리로 일주일간 계속된다. 도시 전체의 모든 공공건물을 꽃으로 장식해 놓는다. 축제 기간에는 건물을 무료 개방한다.

● 발 데 누리아는 카탈루냐 사람들과 프랑스인들이 아끼는 아름다운 산간 마을이다. 스페인의 다른 지역에서는 보기 힘든 전원 풍경을 만끽할 수 있으며, 겨울 시즌에는 스키장으로 개장한다.

피게레스
카다케스
헤로나
바르셀로나

— 비행기
— 버스
— 열차

7 스페인의 인기 도시 핵심 일주 11일

끄떡없는 체력을 지닌 욕심 많은 여행자에게 추천하는 일정. 2~3일마다 이동해야 하기 때문에 여유롭게 즐기기보다는 관광에 초점을 맞췄다. 일정을 꼼꼼히 짜고 모든 교통편을 확보해 놓고 움직여야 한다.

일수	도시	교통수단	이동시간	여행 포인트
1일차	인천 공항→바르셀로나 공항	비행기	14~22시간	대한항공, 아시아나항공 직항편 또는 1회 환승하는 경유편
2일차	바르셀로나 가우디 건축물 투어	도보/메트로		사그라다 파밀리아 성당과 구엘 공원 티켓은 예약 필수
3일차	바르셀로나 시내 관광	도보/메트로		
4일차	바르셀로나→그라나다, 그라나다 시내 관광	비행기	1시간	부엘링항공
5일차	그라나다 알람브라 궁전 관광→세비야	열차/버스	3시간 20분/ 3시간	알람브라 궁전 티켓은 예약 필수
6일차	세비야 시내 관광	도보		
7일차	세비야→마드리드, 마드리드 시내 관광과 야경 감상	열차	2시간 30분	
8일차	마드리드→톨레도 시내 관광	열차	33분	아토차역에서 탑승
9일차	마드리드→세고비아 시내 관광	버스	55분	
10일차	마드리드 공항→인천 공항	비행기	13~22시간	대한항공, 아시아나항공 직항편 또는 1회 환승하는 경유편
11일차	인천 공항 도착			

ZOOM IN

● 바르셀로나 IN, 마드리드 OUT이다. 인 아웃 공항이 다를 경우 항공 요금이 더 비싸므로 경비를 아끼고 싶다면 인 아웃 도시를 한 곳으로 정하자.

● 바르셀로나 일정이 짧다면 가우디 작품을 감상하는 가이드 투어를 신청하는 것이 효율적이다. 3박 이상 바르셀로나에 머물 경우 투어를 이용하기보다는 자유롭게 둘러볼 것을 추천한다.

● 마드리드에 일정을 더 할애하려면 톨레도와 세고비아 중에서 한 도시만 선택하고, 나머지 하루를 마드리드 시내 관광에 투자하자.

● 쇼핑은 마지막 도시에서 하는 것이 좋다. 스페인 전역에 자라, 마시모 두티 등 다양한 브랜드가 있으므로 미리 사서 들고 다닐 필요가 없다.

비행기
버스
열차

세고비아
마드리드
톨레도
바르셀로나
그라나다
세비야

8 스페인 바르셀로나와 포르투갈 리스본(또는 포르투) 핵심 11일

스페인과 포르투갈의 핵심 도시를 둘러보는 일정. 바르셀로나를 중심으로 여행하면서 3일 정도 시간을 내
포르투갈을 방문한다면 스페인과는 또 다른 분위기를 만끽할 수 있다.

일수	도시	교통수단	이동시간	여행 포인트
1일차	인천 공항→바르셀로나 공항	비행기	14~22시간	대한항공, 아시아나항공 직항편 또는 1회 환승하는 경유편
2일차	바르셀로나 시내 관광	도보/메트로		
3일차	바르셀로나 가우디 건축물 투어	도보/메트로		사그라다 파밀리아 성당과 구엘 공원 티켓은 예약 필수
4일차	바르셀로나→리스본 또는 포르투	비행기	55분/1시간	리스본 : 부엘링항공 / 포르투 : 라이언에어
5일차	리스본 또는 포르투 시내 관광	도보/트램		
6일차	리스본→신트라, 호카곶 또는 포르투→아베이루	열차+버스/ 버스	1시간 15분/ 1시간 15분	
7일차	리스본 또는 포르투 →바르셀로나	비행기	3시간/2시간	리스본 : 부엘링항공 / 포르투 : 라이언에어
8일차	바로셀로나 시내 관광 (바르셀로네타 또는 몬주익 언덕)	도보/메트로		몬주익 언덕에서 케이블카를 타고 바르셀로네타로 이동 가능
9일차	바르셀로나→시체스(바다) 또는 몬세라트(산)	열차	30분/1시간	시체스 : 바르셀로나 산츠역 출발 / 몬세라트 : 에스파냐 광장역 출발
10일차	바르셀로나 공항→인천 공항	비행기	13~22시간	대한항공, 아시아나항공 직항편 또는 1회 환승하는 경유편
11일차	인천 공항 도착			

ZOOM IN

● 바르셀로나 관광을 마친 후 포르투갈로 이동할
때는 숙소에 짐을 맡기고 필요한 짐만 챙겨 가자.
포르투갈 여행을 가뿐하게 즐길 수 있다.

● 바르셀로나–포르투 간 비행기 이동 시 갈 때는
1시간, 돌아올 때는 2시간 걸린다. 바르셀로나–
리스본 간 비행기 이동 시 갈 때는 1시간, 돌아올
때는 약 3시간 걸린다.

● 바르셀로나의 바르셀로네타 해변을 즐길 계획이
라면 수영복, 비치타월, 먹을거리를 챙겨서 가자.

● 몬주익 분수쇼는 여름에는 목~일요일, 겨울에
는 금·토요일에 볼 수 있다.

● 리스본 일정 중에 근교 도시인 신트라와 호카곶
을 당일치기로 다녀오는 것도 좋다. 포르투 일정
중에는 근교 도시인 아베이루에 다녀올 수 있다.

비행기
버스
열차

9 스페인 전역 핵심 일주 14일

바르셀로나를 시작으로 스페인 남부와 북부의 대표 도시를 모두 돌아보는 일정. 각 도시의 색다른 매력을 두루 경험할 수 있다. 주요 도시간 항공 이동편은 미리 예약해 두자.

일수	도시	교통수단	이동시간	여행 포인트
1일차	인천 공항→바르셀로나 공항	비행기	14~22시간	대한항공, 아시아나항공 직항편 또는 1회 환승하는 경유편
2일차	바르셀로나 시내 관광	도보/메트로		
3일차	바르셀로나 가우디 건축물 투어	도보/메트로		사그라다 파밀리아 성당과 구엘 공원 티켓은 예약 필수
4일차	바르셀로나→그라나다	비행기	1시간	부엘링항공
5일차	그라나다 시내 관광	도보		
6일차	그라나다→세비야	열차/버스	3시간 20분/3시간	
7일차	세비야 시내 관광	도보		
8일차	세비야→코르도바	열차	45분~1시간 20분	당일치기 여행 가능
9일차	세비야→빌바오	비행기	1시간 25분	부엘링항공 직항편
10일차	빌바오 시내 관광 또는 근교 여행	도보/메트로	30분	메트로를 타고 갈 수 있는 포르투갈레테 추천
11일차	빌바오→바르셀로나	비행기	1시간 10분	부엘링항공 직항편
12일차	바르셀로나 →발렌시아	열차	3시간 25분	당일치기 여행 가능
13일차	바르셀로나 공항→인천 공항	비행기	13~20시간	대한항공, 아시아나항공 직항편 또는 1회 환승하는 경유편
14일차	인천 공항 도착			

ZOOM IN

● 코르도바~세비야 구간은 열차를 이용하는 것이 운행 편수도 많고 버스보다 시간이 적게 걸린다. 성수기가 아니면 요금도 비슷하다. 알사 버스는 왕복 티켓을 구입하면 편도 티켓보다 2~3€ 저렴하다.

● 코르도바에서 세비야를 당일치기로 다녀오려면 돌아오는 열차나 버스 시간표를 꼭 확인해야 한다.

● 세비야~빌바오 구간은 부엘링항공의 스케줄이 수시로 바뀐다. 직항편은 1일 1~2편만 운항하며 주로 오전 비행기다. 그 외 하루 10~13편 운항하는 항공편은 경유편으로 가격도 비싸고 대기 시간이 길어서 추천하지 않는다.

● 바르셀로나~발렌시아 구간은 열차나 알사 버스로(4시간 소요) 이동 가능하다. 기간에 따라 열차 티켓의 가격 변동이 심하므로 요금이 비싸다면 버스를 이용한다.

10 신혼부부를 위한 허니문 9일

바르셀로나를 중심으로 여행하면서 3~4일 정도는 지중해의 아름다운 섬이 모여 있는 발레아레스 제도에서 휴양할 것을 추천한다. 유럽에서도 손꼽히는 로맨틱한 분위기를 만끽할 수 있다.

일수	도시	교통수단	이동시간	여행 포인트
1일차	인천 공항→바르셀로나 공항	비행기	14~22시간	대한항공, 아시아나항공 직항편 또는 1회 환승하는 경유편
2일차	바르셀로나 시내 관광	도보/메트로		
3일차	바르셀로나 가우디 건축물 투어	도보/메트로		사그라다 파밀리아 성당과 구엘 공원 티켓은 예약 필수
4일차	바르셀로나→ 메노르카 섬 또는 이비사 섬	비행기	50분	부엘링항공, 라이언에어
5일차	메노르카 또는 이비사 섬에서 휴양	렌터카		공항에서 렌터카 대여
6일차	메노르카 또는 이비사 섬에서 휴양	렌터카		클럽을 즐기고 싶다면 이비사 섬, 휴양을 즐기고 싶다면 메노르카 추천
7일차	메노르카 또는 이비사 섬 →바르셀로나	비행기	55분	부엘링항공, 라이언에어
8일차	바르셀로나 공항→인천 공항	비행기	13~22시간	대한항공, 아시아나항공 직항편 또는 1회 환승하는 경유편
9일차	인천 공항 도착			

ZOOM IN

● 이비사 섬 시내에서만 머물 예정이라면 렌터카를 이용할 필요가 없다. 도보 또는 로컬 버스로도 충분히 다닐 수 있다. 밤에는 클럽을 순환하는 클럽 버스가 숙소까지 운행해 편리하다.

● 메노르카 섬은 작고 조용하며 각 마을을 연결하는 로컬 버스편이 드물어 렌터카 이용이 필수이다. 3박 미만의 일정이라면 섬 전체를 둘러보기보다는 남쪽이나 북쪽 중 한 곳에 숙소를 정하고 주변 마을을 둘러보는 것이 효율적이다.

● 섬 여행의 기본은 휴양. 강한 햇살 아래에서 태닝이나 수영을 즐기려는 여행자에게 제격이다. 포르멘테라 해변은 자연 그대로의 모습이어서 클럽이나 기념품 가게 같은 숍은 거의 없다. 말 그대로 휴양을 즐기고 싶은 여행자에게 추천한다.

● 섬에서의 일정을 마치면 오전 비행기로 바르셀로나로 돌아오자. 귀국 비행기를 타기 전까지 못다한 쇼핑을 하고, 마지막으로 야경을 즐긴 후 공항으로 이동하면 된다.

비행기
버스
열차

바르셀로나

메노르카 섬

이비사 섬

스페인 기초 정보

여행 준비는 내가 가려고 하는 나라가 어떤 곳인지 파악하는 것에서 시작된다.
스페인 기초 정보를 살펴보면서 스페인으로의 첫걸음을 내디뎌 보자.

공식 국명

에스파냐 España. 에스타도 에스파뇰
Estado español이라고도 함.

수도 마드리드

면적 50만 5370㎢

인구 약 4644만 명

정치체제

입헌군주제이며 국왕은 펠리페 6세(Felipe VI),
총리는 마리아노 라호이(Mariano Rajoy)

언어

공식어는 스페인어. 일부 지역에서 카탈루냐어,
갈리시아어, 바스크어를 사용한다. 보통
'스페인어'라고 하면 카스티야어를 가리킨다.

종교

국민의 94% 이상이 로마 가톨릭교. 대부분
성당에서 세례를 받고 결혼하며 성당
묘지에 묻힌다. 그 밖에 유대교, 이슬람교
등이며 최근 개신교도 늘고 있다.

국기

위 아래는 빨강이고 가운데는 노랑이며,
노랑 부분에 국왕의 문장이 있다. 문장에
그려져 있는 왕관은 왕실을, 방패에 그려져
있는 휘장은 카스티야와 카탈루냐 등 스페인
왕국을 구성하는 여러 왕국을 나타낸다.
노랑은 풍요로움을, 빨강은 피를 상징한다.

국민

다양한 민족이 이베리아 반도로 들어와 정착했
다. 켈트족, 그리스인, 페니키아인 등이 스페인
을 거쳐 갔고 그 후 로마인들이 반도 전역을 정
복한다. 이후 게르만계 민족의 이동, 아랍인의
지배하에 놓인다. 그러나 훗날 프랑스, 이탈리
아, 포르투갈 등 인접 국가와 유사한 지중해 유
럽 국가가 된다. 거의 5세기에 걸쳐 문화와 인
종적 통합이 이루어졌고 집시를 제외한 소수민
족은 없다.

경제

1950년대 중반 이후 정치적·경제적 고립에서 벗
어나 경제 발전이 가속화되고 있다. 1960년대와
1970년대에는 개발도상국에서 선진국으로 진입
하는 발판을 마련했다. 공업국가로서 농림수산업
에 종사하는 인구는 20% 미만이다. 2011년부터
경제 위기로 실업자 수가 증가했고, 2017년부터
회복세에 있다.

스페인의 이모저모

올리브유 생산량 : 세계 1위
와인 생산량 : 세계 3위(1위 이탈리아, 2위 프랑스)
GDP(국내총생산) : 세계 14위
스페인의 유명 인물 : 프란시스코 사비에르(선교
사), 플라시도 도밍고(세계 3대 테너), 호세 카
레라스(세계 3대 테너), 마놀로 블라닉(구두 디
자이너), 살바도르 달리(예술가), 파블로 피카소
(예술가), 페넬로페 크루스(배우)

한국과 다른 점

●1층은 1층이 아니다
우리가 말하는 1층은 스페인에서는 지하에 해당
하며 'Planta Baja'라고 부른다. 스페인에서 말
하는 1층은 우리가 말하는 2층을 의미한다.

●영어가 잘 통하지 않는다

스페인에서는 영어가 잘 통하지 않는다. 영어와 같은 알파벳을 쓰므로 스페인 사람들은 영어를 스페인어처럼 읽고 발음한다. 그래서 한국인에게 잘 통하지 않는다.

시차

우리나라보다 8시간 늦다(서머타임 기간에는 7시간). 표준시로 한국의 아침 6시는 스페인의 전날 밤 10시이다. 서머타임은 3월 마지막 일요일부터 10월 마지막 토요일까지다.

한국과의 비행 거리

대한항공 직항편으로 인천에서 마드리드까지 약 13시간, 대한항공과 아시아나항공 직항편으로 인천에서 바르셀로나까지 약 14시간 걸린다.

업무 시간

시에스타(낮잠) 때문에 오후 휴무 시간이 길다. 일반적으로 오전 10시~오후 2시, 오후 5시~8시까지가 업무 시간이다. 토요일은 오전 영업만 하는 곳도 있고, 일요일이나 공휴일에는 상점과 은행 모두 쉬는 곳이 많다. 레스토랑의 야간 영업은 오후 8시~자정까지이다.

통화

스페인에서는 유로(€)를 사용한다. 보조 통화는 유로센트(¢). 지폐는 7종류이며, 동전은 1, 2, 5, 10, 20, 50 유로센트와 1, 2유로의 8종류. 1유로=100유로센트

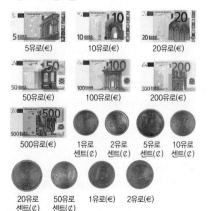

5유로(€)   10유로(€)   20유로(€)

50유로(€)   100유로(€)   200유로(€)

500유로(€)   1유로   2유로   5유로   10유로
센트(¢)   센트(¢)   센트(¢)   센트(¢)

20유로   50유로   1유로(€)   2유로(€)
센트(¢)   센트(¢)

팁

팁은 스페인어로 프로피나(Propina)라고 한다. 팁은 선택일 뿐 필수는 아니다. 스페인 사람들은 기분 좋은 서비스를 받았을 때 레스토랑이나 택시를 이용할 때 거스름돈을 놓고 나오곤 한다. 레스토랑에서 식사를 했을 경우 평균 10€당 50¢ 정도의 팁을 주면 된다. 호텔에서 포터나 서비스 담당 직원 등에게 일을 부탁했을 때는 1€, 바르(Bar)나 카페테리아, 패스트푸드점, 셀프서비스점에서 10€ 정도 계산할 때는 1€ 미만의 잔돈을 남겨주면 된다.

기후

스페인은 기후에 따라 크게 세 지역으로 구분된다. 지중해 연안 지역은 겨울 4℃, 여름 24℃, 중앙 고원 지역은 겨울 4℃, 여름 24℃, 산악지대는 겨울 0℃ 이하, 여름 11℃ 이하의 평균 기온을 보인다. 북부는 임야가 많고 비도 많이 오지만 난류의 영향으로 기후가 따뜻하다. 마드리드가 위치한 중앙부는 연간 강수량이 300~600mm로 적고 건조하며 한난의 차가 심하다. 초봄에는 아침저녁으로 많이 춥지만 한낮에는 따뜻하여 일교차가 크다. 카탈루냐 지방에서 안달루시아 지방에 걸친 동부와 남부는 지중해성기후로 겨울에도 비교적 따뜻하다. 단, 안달루시아 지방은 여름에 매우 덥다.

스페인 평균 기온표

월	마드리드(℃)	바르셀로나(℃)	서울(℃)
1월	5.5	9.2	-2.4
2월	7.1	9.9	0.4
3월	10.2	11.8	5.7
4월	12.2	13.7	12.5
5월	16.2	16.9	17.8
6월	21.7	20.9	22.2
7월	25.2	23.9	24.9
8월	24.7	24.4	25.7
9월	20.5	21.7	21.2
10월	14.8	17.8	14.8
11월	9.4	13	7.2
12월	6.2	10	0.4

물가

유럽의 프랑스나 이탈리아에 비하면 월등하게 싸다. 슈퍼마켓의 주요 물품도 한국보다 저렴하다.

물품	가격	내용
생수 500ml	1.80€	바르나 레스토랑에서 파는 가격(슈퍼에서는 50¢ 미만)
캔맥주 500ml	1€	호텔 미니바의 경우 3~4배로 비싸진다.
바르의 커피	2.40€	야외 테라스에 앉아서 먹을 경우 30~50¢ 정도 추가된다.
바르의 맥주	3.50€	안달루시아 지방은 간단한 안주도 곁들여 나온다.
샌드위치	4~5€	바르나 패스트푸드점의 가격
담배 1갑	2.50~ 3.50€	자동판매기는 거의 없고 신문 가판대에서 판다.
지하철 1회권	2.50€	10회권이 훨씬 저렴하다.
점심 식사 기준	15~20€	식당에 따라 다르지만 전체적으로 우리나라보다 조금 비싸다.
저녁 식사 기준	30~40€	
호텔 1박	100~ 150€	비즈니스 호텔급의 트윈룸 요금

음료수

스페인의 물 사정은 지역마다 다르다. 바르셀로나, 발렌시아, 말라가처럼 바다와 가까운 지역은 수질이 좋지 않기 때문에 생수를 구입해서 마시는 것이 안전하다. 반대로 마드리드나 그라나다는 수질이 좋은 편이다. 현지인들은 수돗물을 그대로 마시지만 마그네슘 등이 많이 함유된 센물이기 때문에 배탈이 날 수 있으므로 생수를 구입해서 마시는 것이 좋다.

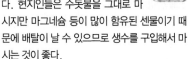

전압과 플러그

스페인의 전압은 한국과 동일한 220V. 플러그 모양은 C 타입과 SE 타입으로 한국의 전자제품을 그대로 사용할 수 있다.

전화

스페인의 전화번호는 지역에 상관없이 9자리로 되어 있으며 시내 곳곳에서 파란색 공중전화를 찾아볼 수 있다. 공중전화는 동전과 카드를 같이 사용할 수 있으나 점차 카드 전화로 바뀌고 있다. 평일에는 오후 6시~다음 날 오전 8시까지, 토·일요일에는 하루 종일 국제전화 통화료가 할인된다. 전화카드는 우체국이나 Kiosco, Estanco 등에서 구입할 수 있다. 스페인에서 한국으로 거는 전화 요금이 비싸므로 할인 시간대를 이용하여 간단하게 통화하는 것이 좋다.

● **스페인에서 한국으로 걸 때**

예) 서울 02-1234-5678에 거는 경우

00	(국제전화 접속번호)
⇩	
82	(한국 국가번호)
⇩	
2	(0을 뺀 지역번호)
⇩	
1234-5678	(상대방 전화번호)

● **한국에서 스페인으로 걸 때**

예) 91-123-45-67로 거는 경우

001, 002 등	(국제전화 접속번호)
⇩	
34	(스페인 국가번호)
⇩	
91	(지역번호)
⇩	
123-45-67	(상대방 전화번호)

긴급 연락처

마드리드 주스페인 한국 대사관
주소 Calle de González Amigó 15, 28033 Madrid
전화 91 353 2000, (야간) 648 924 695
홈페이지 http://esp.mofat.go.kr
바르셀로나 총영사관
주소 Paseo de Gracia 103, 3층 08008 Barcelona
전화 93 688 7299, (야간) 682 862 431

여권 분실 시 대처

스페인 현지 경찰서에서 분실신고서를 작성한

후 주스페인 한국 대사관에 방문한다. 임시 여권 발급 업무 시간은 오전 9시~오후 1시 30분까지이며, 임시 여권 발급 비용은 13.50€, 여권 사진 비용은 5€(대사관 내에 사진기가 있다). 여권 분실 시 마드리드 한국 대사관이나 바르셀로나 총영사관을 이용해 임시 여권을 발급 받을 수 있다.

스페인의 흡연 사정

스페인은 다른 유럽 국가들에 비해 공공장소에서의 흡연에 관대한 편이었으나, 차츰 건강에 관심이 높아지고 EU 기준이 도입되면서 실내 흡연은 금지된다. 여성 흡연자의 비중이 높은 편이다.

건축

스페인 현대 건축의 중심지는 마드리드와 바르셀로나이다. 마드리드의 주요 공공건물은 프란시스코 하비에르 사에스 데 오이사, 알레한드로 데 라 소타, 호세 안토니오 코랄레스, 호세 라파엘 모네오 등이 설계한 것이다. 바르셀로나는 안토니오 가우디가 건축한 건축물이 유명하다.

미술

20세기 전반의 스페인 조각가로 파블로 가르가요, 훌리오 곤살레스, 알베르토 산체스가 유명하다. 에두아르도 칠리다는 세계적으로 유명한 조각가이며, 20세기 전반의 유명 화가 파블로 피카소, 호안 미로, 살바도르 달리 등이 스페인 출신이다.

음악

기타의 안드레스 세고비아, 나르시소 예페스, 바이올린의 레온 아라, 곤살로 코메야스 등이 명성을 얻었다. 지휘자와 가수들이 많으며 스페인 국립 관현악단과 방송 관현악단이 대외적으로 활발한 활동을 한다.

문학

스페인 근대소설은 세르반테스의 《돈키호테》에서 시작된다. 노벨 문학상 수상자로는 1989년 카밀로 호세 셀라와 1977년 비센테 알레익산드레 외 3명이 있다.

사이즈 비교표

● 여자 사이즈

	한국	스페인
옷	44	34
	55	35
	66	36
	77	40
신발	220	36
	230	36½
	240	37½
	250	38½

● 남자 사이즈

	한국	스페인
옷	95	38
	100	40
	105	42
	110	44
신발	260	41
	270	42½
	280	44
	290	45

스페인 한눈에 보기

마드리드나 바르셀로나 외에도 근교 도시나 휴양지를 찾는 한국인 여행객이 나날이 증가하고 있다.
스페인은 각 지방마다 사용하는 언어와 자연환경, 음식 등이 확연히 다르다.
이동할 때마다 마치 국경을 넘은 듯한 색다른 멋과 맛을 즐길 수 있는 것이
스페인 여행의 매력이다. 각 지방의 특성을 알면 내게 맞는 여행지를 고르기 쉬울 것이다.

마드리드와 스페인 중앙부 ★★★

마드리드는 스페인의 수도답게 활기 넘치고 세련된 도시다. 대표 명소인 왕궁을 비롯해 세계적으로 유명한 미술관이 즐비하고 밤 문화가 화려하다. 마드리드에서 1~2시간만 가면 닿을 수 있는 근교 도시들은 중세의 모습을 그대로 간직하고 있다. 마드리드보다 볼거리와 이야깃거리가 더 풍부하며 당일치기로 다녀오기에도 좋다.

대표 관광 도시

왕궁과 미술관으로 대표되는 마드리드, 엘 그레코의 도시 톨레도, 로마 수도교가 남아 있는 세고비아, 성채도시 아빌라, 대학도시 살라망카, 《돈키호테》의 무대 라만차

바스크 지방 ★★

스페인에서도 손꼽히는 부유한 지방으로 언어도 민족도 다른 지방과는 다르다. 예술의 도시로 거듭난 빌바오와 미식의 도시로 유명한 산 세바스티안은 한국인 여행객들의 방문이 잦아졌다. 해안가의 작은 어촌 마을들은 저마다 독특한 매력을 지니고 있다. 이 지방은 어딜 가나 맛있는 음식을 먹을 수 있는 식당이 많다.

대표 관광 도시

구겐하임 미술관이 있는 빌바오, 미슐랭 스타 레스토랑이 즐비한 산 세바스티안, 활기찬 어촌 마을 베르메오, 기암괴석이 이어진 산 후안 데 가스텔루가체

안달루시아 지방 ★★★

스페인의 정열적인 이미지를 대표하는 지방으로 플라멩코와 투우의 본고장이다. 강렬하게 내리쬐는 햇살 아래 지중해의 절경이 펼쳐진다. 이슬람 문화가 가장 많이 남아 독특한 정서를 느낄 수 있다. 스페인에서 가장 인심 좋기로 소문난 곳으로 맛있는 타파스를 무료로 즐길 수 있으며, 남부 해안에는 인기 휴양지가 즐비하다.

대표 관광 도시

알람브라 궁전이 있는 그라나다, 플라멩코와 축제의 도시 세비야, 거대한 메스키타가 있는 코르도바, 피카소의 고향 말라가, 절벽 위에 펼쳐진 도시 론다

갈리시아, 아스투리아스, 칸타브리아 지방 ★★

순례의 길이 이어지는 갈리시아, 아스투리아스, 칸타브리아 지방은 넓은 평야가 펼쳐지고 대서양에 면해 있어 육류와 해산물이 풍부한 미식의 도시이다. 또한 아름다운 자연 풍광과 여름에도 서늘한 기후 덕분에 여름 휴가지로도 인기 있다. 주요 도시에서는 관광을, 작은 시골 마을에서는 자연을 즐기기 좋다.

대표 관광 도시

갈리시아 : 성지 순례의 종착지 산티아고 데 콤포스텔라
아스투리아스 : 우디 앨런 감독이 사랑한 오비에도, 국토회복운동의 발상지 코바동가
칸타브리아 : 왕실과 귀족들의 여름 휴가지였던 산탄데르, 알타미라 동굴 벽화를 볼 수 있는 산티야나 델 마르

산티아고 데 콤포스텔라
갈리시아
Galicia

오비에도
아스투리아스
Asturias

산탄데르
칸타브리아
Cantabria

빌바오 바스크
Pais Vasco

산 세바스티안

나비라
Mavarra

부르고스

라 리오하
La Rioja

카스티야 이 레온
Castilla y Leon

헤로나

카탈루냐
Cataluña

바르셀로나

아라곤
Aragon

타라고나

살라망카

아빌라

★ 마드리드

발레아레스 제도
Baleares

톨레도

에스트레마두라
Extremadura

메리다

카스티야 라 만차
Castilla La Mancha

발렌시아

발렌시아
Valencia

팔마 데
마요르카

마요르카 섬

이비사 섬

코르도바

무르시아
Murcia

세비야

안달루시아
Andalucia

인테케라 그라나다

혜레스 데
라 프론테라

카디스

말라가

카탈루냐 지방 ★★★

대표 도시인 바르셀로나부터 카니발과 영화제로 유명한 시체스, 절벽에 높이 솟은 바위산 몬세라트, 중세 성곽도시 헤로나, 카탈루냐의 알프스라 불리는 발 데 누리아, 프랑스 국경까지 이어지는 코스타 브라바에 자리한 작은 해안 마을들은 꿈에 그리던 휴양을 만끽할 수 있는 매력 넘치는 곳이다.

대표 관광 도시
가우디의 건축물이 즐비한 바르셀로나, 아름다운 해변 마을이 이어지는 코스타 브라바, 호수와 산으로 둘러싸인 발 데 누리아

발렌시아 지방 ★★

스페인 요리라고 하면 제일 먼저 떠오르는 파에야의 발상지이자, 3월에 열리는 불 축제 라스 파야스(Las Fallas)로 유명하다. 건물 자체가 하나의 예술 작품인 라 론하 데 라 세다와 외곽에 있는 예술 과학 도시가 볼만하다. 아름다운 해변 마을이 이어지는 코스타 블랑카도 놓치지 말자.

대표 관광 도시
정통 파에야를 맛볼 수 있는 발렌시아, 해변의 낭만이 가득한 페니스콜라, 유럽인들이 사랑하는 여름 휴양지 코스타 블랑카

발레아레스 제도 ★★

스페인 대륙 오른쪽에 떠있는 섬들로 유럽인들이 가장 선호하는 휴양지이다. 지상 낙원이라 불리는 마요르카, 때 묻지 않은 풍경의 메노르카, 세계 최고의 클럽으로 유명한 이비사 등 휴양과 관광을 모두 만족시켜 준다. 바르셀로나에서 비행기로 30분~1시간이면 갈 수 있다. 특히 신혼여행지로 제격이다.

대표 관광 도시
유명 리조트들이 모여 있는 마요르카, 자연 그대로의 모습을 간직한 메노르카, 클러버들의 천국 이비사

스페인의 주요 축제

축제의 나라 스페인은 일년 내내 축제가 끊이지 않는다. 스페인 사람들은 축제 전날에 징검다리 휴일인 푸엔테(Puente)를 써가며 열정적으로 축제에 참여한다. 여행 중에 축제를 만나게 된다면 꼭 참여해 온몸으로 느끼고 즐겨보자.

*축제일은 2023년 기준

카르나발

동방박사의 날 축제

불 축제 라스 파야스

부활절

**부활절
Semana Santa
4월 2~9일**
스페인 전역에서 열리는 축제로 가톨릭에서 유래했다. 부활절 일주일 전 예수 십자가의 고난을 퍼레이드로 재현한다. 특히 스페인 남부 지방에서 더욱 전통 있고 화려하게 펼쳐진다. 세비야, 말라가, 코르도바, 톨레도, 아빌라, 쿠엥카 등지에서는 대규모 행사가 열린다. 포르투갈의 브라가에도 성대한 축제가 열린다.

**불 축제 라스 파야스
Las Fallas
3월 14~19일**
발렌시아 지방의 유명 축제로 건물 높이보다 더 큰 거대한 종이 인형들이 들어선다. 일주일간 도시 곳곳에서 불꽃놀이와 퍼레이드, 춤과 음악, 먹을거리 장이 열린다. 축제 마지막 날에는 전시되었던 인형들 중 1등으로 뽑힌 것만 제외하고 모두 불태운다. 나쁜 기운을 없애고 새로운 길을 연다는 의미로 시작되었다고 한다.

**동방박사의 날 축제
Día de los
Reyes Magos
1월 6일**
스페인의 어린이들에게는 크리스마스와도 같은 날. 예수 탄생을 축하하는 동방박사들이 어린이들에게 사랑과 선물을 주는 날로 이 날 만큼은 어린이가 왕이다. 특히 1월 5일 저녁에는 바르셀로나 카탈루냐 광장에서 람블라스 거리까지 기마대와 화려한 사탕마차 행렬이 지나가는 퍼레이드가 성대하게 열리며 마차에서 어린이들에게 사탕을 뿌려준다.

**카르나발 Carnaval
2월 초순~중순**
스페인과 포르투갈에서 열리는 가장 큰 축제. 가장 무도회 의상을 입은 사람들의 행렬이 계속된다. 자정이 지나면 춤과 음악이 있는 화려한 퍼레이드를 볼 수 있다. 거리 곳곳에서 재미난 분장을 한 사람들을 만나게 된다. 카탈루냐 지방의 시체스 카니발과 안달루시아 지방의 카디스 카니발이 특히 유명하다.

산 조르디 축제
Fiesta de Sant Jordi
4월 23일
바르셀로나에서 열리는 축제. 남자는 여자에게 장미꽃을 선물하며 사랑을 고백하고, 여자는 남자에게 책을 선물한다. 장미꽃을 선물하는 것은 카탈루냐의 수호성자 산 조르디의 전설에서 유래했다. 책을 선물하는 것은 이 날이 '세계 책의 날'이기 때문이다. 시내 곳곳에서 책 마켓과 다양한 이벤트가 열린다.

페리아 델 아브릴
Feria del Abril
4월 23~29일
부활절이 끝나는 바로 다음 주에 안달루시아 지방 전체에서 열리는 봄 축제. 그중에서도 세비야의 페리아가 가장 유명하다. 축제 기간에는 플라멩코 의상을 입은 사람들이 밤낮으로 거리 곳곳을 활보하고, 투우 경기도 열린다. 바르셀로나에서는 바르셀로네타 끝 포룸(Forum) 지역에서 일주일간 진행된다.

소나르 일렉트로닉
영상 음악 축제

페리아 델 카바요 축제
Feria del Caballo
5월 6~13일
안달루시아 지방의 헤레스 데 라 프론테라에서 열리는 말 축제. 마장술로 유명한 도시로 전통 의상을 차려 입은 기수들의 기마 행렬과 마차가 거리를 화려하게 장식하며, 플라멩코 의상을 입은 여성들이 전통 음악에 맞춰 춤의 무대를 펼친다.

파티오 축제
Fiesta de Patio
5월 2~14일
안달루시아 지방의 코르도바에서 열리는 축제. 집집마다 입구 주변과 안뜰인 파티오를 꽃이나 화분으로 화려하게 꾸며놓고 방문객들이 감상할 수 있도록 공개한다. 축제 기간에는 하얀 외벽이 이어지는 골목 전체가 아름답게 장식되며, 거리와 광장에서는 전통 노래와 플라멩코 기타 연주 및 춤 공연 등이 펼쳐진다.

소나르 일렉트로닉 영상 음악 축제 Sónar
6월 18~20일
바르셀로나에서 이틀간 열리는 전자음악 영상 축제로 전 세계의 유명 뮤지션들과 클러버들이 도시에 모여든다. 사람들은 축제가 열리는 미술관과 페리아 주변 광장에서 대낮부터 음악에 취해 몸을 흔든다.

산 페르민 축제
San Fermín
7월 7~14일
스페인 북부의 팜플로나에서 열리는 소몰이 축제. 전통 복장인 흰 옷을 입고 목과 허리에 빨간 띠를 두른 참가자들이 투우에 참가할 소를 유인해 투우장까지 몰고 간다. 소에 부딪치거나 깔려 부상도 발생하는 위험한 행사이기도 하다. 축제 기간 동안 거리에는 현지인과 관광객이 뒤엉킨 흥겨운 분위기가 계속된다.

그라시아 축제
Fiesta de Gràcia
8월 15~21일
바르셀로나의 그라시아 지역에서 일주일 동안 열리는 축제. 골목마다 아이디어 넘치는 화려하고 거대한 조형물들이 하늘을 뒤덮을 정도로 장식된다. 다양한 무료 공연과 콘서트가 밤새 이어진다. 밤에는 음악과 함께 흥겨운 분위기를 즐기고, 낮에는 거리를 거닐며 장식물들을 구경하고 먹을거리 장터에서 음식을 즐긴다.

토마토 축제
La Tomatina
8월 30일
발렌시아 지방의 부뇰에서 열리는 토마토 던지기 축제. 1시간 동안 축제 참가자들은 서로에게 토마토를 던지진다. 거리는 순식간에 붉게 물든다. 해마다 이 축제에서 소비되는 토마토의 양은 40여 톤에 이른다. 작은 마을의 축제이지만 전 세계적으로 유명해져 많은 관광객이 축제를 즐기기 위해 찾아온다.

라 메르세 Fiesta de la Mercè
9월 22~25일
바르셀로나에서 열리는 가장 큰 축제이자 카탈루냐 지방을 대표하는 축제. 낮에는 축제의 백미인 인간 탑 쌓기 행사가 열리고, 저녁에는 거인으로 변신한 사람들이 가장행렬을 하는 퍼레이드가 열린다. 그 밖에 시내 곳곳에서 불꽃놀이와 콘서트 등의 공연이 열려 밤새 음악과 춤이 끊이지 않는다.

라 메르세

그라시아 축제

스페인의 주요 축제

스페인의 세계문화유산

유네스코에 등재된 스페인의 세계문화유산 44곳 중에서 20곳을 뽑았다. 제목에 ★ 표시가 있는 곳은 이 책에 소개되어 있다.

1 그라나다의 알람브라, 헤네랄리페, 알바이신 ★
Alhambra, Generalife and Albayzin, Granada

그라나다의 전경이 한눈에 내려다보이는 알람브라 궁전은 마지막 이슬람 왕조가 머물던 궁으로 이슬람 건축 양식의 화려함과 정교함을 느낄 수 있다. 궁 건너편에 있는 헤네랄리페는 꽃이 만발한 아름다운 정원이다. 알바이신 지구는 안달루시아의 전통 양식과 무어인의 토속 양식이 융합된 건축물들이 조화를 이루고 있다.

2 아란후에스 문화경관 ★
Aranjuez Cultural Landscape

마드리드의 근교 도시인 아란후에스는 과거 왕실의 호화로운 여름 별궁이 있는 곳으로, 다양한 문화 사조가 어우러져 하나의 새로운 문화경관을 창조해냈다. 왕궁 외에도 굽이굽이 흐르는 수로와 기하학적 설계에 의해 조성된 조경 구조가 흥미롭다. 전원과 도시는 300여 년에 걸쳐 변해오며 다양한 양식을 만들어냈고, 이후 조경 설계의 발전에 중요한 영향을 미쳤다.

3 메리다 고고 유적군 ★
Archaeological Ensemble of Mérida

'작은 로마'라고 불리는 메리다는 에스트레마두라 지방에 있는 도시로, 오늘날 스페인 최대의 로마 유적지로 이름 높다. 로마 제국의 전성기 때 주요 식민지 도시에 지어진 공공 건물들을 볼 수 있는 대표적인 곳이다. 2000년의 세월을 뛰어넘는 고대 로마의 유적이 고스란히 남아 있다. 현재 남아 있는 유적으로는 약 6000명을 수용할 수 있는 거대한 로마 극장을 비롯해 원형 경기장, 로마 다리, 원형 곡예장 등이 있다.

4 타라코 고고 유적군 ★
Archaeological Ensemble of Tárraco

타라코는 오늘날 타라고나(Tarragona)로 불리는 바르셀로나의 근교 도시로, 과거 로마 제국에 합병된 스페인의 중요한 행정 상업 도시였다. 로마 시대의 빼어난 건축물들이 많으며 발굴 작업을 통해 속속 공개되었다. 성곽, 원형 광장, 극장, 수도교, 성당 등 대부분의 유적은 온전하지 않고 일부만 남아 있다. 로마 제국이 다른 지방의 수도를 건설하는 데 모델이 되어 도시계획과 설계 면에서 중요한 가치가 있다.

5 부르고스 대성당 ★
Burgos Cathedral

스페인의 3대 대성당 중 하나로 13세기에 착공해 15~16세기에 걸쳐 완성되었다. 고딕 예술의 모든 역사가 집약되어 있으며, 뛰어난 건축 구조와 화려하고 섬세한 장식 등이 높은 평가를 받고 있다.

6 코르도바 역사지구 ★
Historic Centre of Cordoba

이슬람 왕국의 중심지였던 코르도바에는 300여 개의 사원, 궁전 등의 공공건물이 건설되었다. 가장 큰 사원인 메스키타는 이슬람교와 가톨릭교가 혼재하는 독특한 건축물이며, 요새였던 알카사르도 유명하다.

7 쿠엥카 성곽 도시 ★
Historic Walled Town of Cuenca

중세의 모습이 가장 잘 간직된 도시. 가파른 절벽 위에 있는 '매달린 집'과 구시가의 마요르 광장에 있는 대성당은 스페인 최초의 고딕 양식 건축물로 유명하다. 도시 위에서 아름다운 전원 풍경을 볼 수 있다.

8 발렌시아의 라 론하 데 라 세다 ★
La Lonja de la Seda de Valencia

15세기 말 이슬람 왕궁 터 위에 지어진 후기 고딕 양식의 건축물이다. 화려한 조각과 아름다운 장식이 지중해 상업 도시들 중 하나였던 발렌시아의 재력을 보여주고 있다.

9 톨레도 역사 도시 ★
Historic City of Toledo

로마인들이 이베리아 반도의 전략적 거점으로 삼아 건설한 성채 도시이다. 이후 이슬람 세력의 지배 아래 번영을 누리면서 이슬람교, 유대교, 가톨릭교가 공존하는 독특한 문화가 남아 있다.

10 살라망카 구시가 ★
Old City of Salamanca

1215년에 개교하여 스페인에서 가장 오래된 대학인 살라망카 대학을 비롯해 18세기 초 스페인풍 바로크 양식인 추리게라 양식의 건물들이 늘어선 마요르 광장, 화려한 돔 천장의 대성당 등이 있다.

11 안토니 가우디의 건축 ★
Works of Antoni Gaudi

안토니 가우디는 독창성과 참신함으로 근대 건축의 발전에 큰 획을 그은 천재 건축가이다. 바르셀로나 시내와 인근에 있는 구엘 공원, 카사 밀라, 카사 비센스, 사그라다 파밀리아 성당의 외벽과 예배실, 카사 바트요, 콜로니아 구엘 성당의 지하 예배실 등이 그의 작품이다.

12 아빌라 구시가와 대성당 ★
Old Town of Ávila with its Extra-Muros Churches

11세기 이슬람교도의 공격을 방어하기 위해 지은 성벽이 구시가를 에워싸고 있는 성채 도시이자, 성녀 테레사의 고향이다. 82개의 탑과 9개의 성문이 있는 고딕 성당과 요새가 잘 보존되어 있다.

13 트라문타나 산맥의 문화경관
Cultural Landscape of the Serra de Tramuntana

마요르카 섬의 북서쪽 해안에 솟아 있는 산맥으로, 자원이 부족한 환경에서 수천 년 동안 농사를 지어 오면서 지형이 변화되었다. 계단식 경작지와 수로, 돌로만 쌓은 구조물 등은 지중해의 농업 경관을 대표한다.

14 세고비아 구시가와 수도교 ★
Old Town of Segovia and its Aqueduct

귀부인이라는 애칭을 가진 16세기의 고딕 대성당과 백설공주에 등장하는 성의 모델로 알려진 알카사르, 2단 아치 형태로 이루어진 로마 시대의 수도교 등 역사적인 건축물이 잘 보존되어 있다.

15 산티아고 데 콤포스텔라 구시가 ★
Santiago de Compostela

성지 순례의 종착지인 산티아고 데 콤포스텔라에는 로마네스크 양식의 걸작으로 평가되는 대성당과 각종 건축 양식의 유서 깊은 건물들로 에워싸인 광장 등이 남아 있다. 세계에서 가장 아름다운 도시 중 하나로 손꼽힌다.

16 알타미라 동굴과 스페인 북부의 구석기시대 동굴 예술 ★
Cave of Altamira and Paleolithic Cave Art of Northern Spain

칸타브리아 지방에 있는 알타미라 동굴에는 인류 최초의 벽화가 남아 있다. 스페인 북부에 있는 17개의 구석기시대 동굴 벽화도 포함된다. 우랄 산맥부터 이베리아 반도까지 유럽 전역에 걸쳐 발달한 구석기시대 동굴 예술의 절정을 보여준다. 특히 동물 그림의 사실적인 묘사와 채색 인물화 등은 예술적 가치가 높다.

17 세비야 대성당, 알카사르, 인디아스 고문서관 ★
Cathedral, Alcázar and Archivo de Indias in Seville

스페인 최대의 성당인 세비야 대성당과 무데하르 양식의 대표 건축물인 알카사르, 역사적 가치가 높은 문서들이 보관되어 있는 인디아스 고문서관이 있다.

18 바르셀로나의 카탈라냐 음악당과 산 파우 병원 ★
Palau de la Música Catalana and Hospital de Sant Pau, Barcelona

카탈루냐의 대표 건축가 루이스 도메네크 이 몬타네르의 작품으로 아르누보의 걸작으로 평가된다. 부드러운 분홍빛을 많이 사용한 것이 특징이다.

19 산티아고 데 콤포스텔라 순례길 ★
Route of Santiago de Compostela

1987년 유럽회의에서 최초로 선포한 유럽의 문화여행로이다. 순례길을 따라 역사적으로 중요한 종교 건물과 민간 건물 1800여 개가 자리잡고 있다. 이 길은 중세 시대에 이베리아 반도와 그 외 유럽 지역들의 문화 교류를 촉진하는 데 중요한 역할을 했다.

20 비스카야 대교 ★
Vizcaya Bridge

빌바오 서쪽의 이바이사발 강(Río Ibaizábal) 하구에 있는 철제 다리. 공중에 매달린 운반장치를 이용해 사람과 짐을 운반하는 혁신적인 다리로 높이 45m, 총길이 약 160m에 이른다. 산업혁명 시대를 대표하는 뛰어난 건축물로 평가된다.

스페인의 건축 양식

스페인을 여행하다 보면 각 도시에서 다양한 양식의 건축물을 만나게 된다.
옛 모습이 잘 보존되어 있는 건축물을 통해 과거의 번영을 짐작해 볼 수 있다.

고대 로마 시대의 유적

카르타고를 대신해 이베리아 반도의 새 지배자가
된 로마인들은 엄청난 스케일의 건축물을 남겼다.
그중에서도 스페인 남서부에 위치한 에스트레마두
라 지방의 메리다에서는 원형 극장과 다양한 건축
물을 감상할 수 있다. 마드리드 근교에 있는 세고
비아의 수도교는 전체 길이가 800m 이상으로 현
존하는 수도교 중 가장 큰 규모를 자랑한다. 바르
셀로나 근교에 있는 타라고나에도 로마 시대의 유
적이 많이 남아 있다.

모사라베 양식

모사라베 양식은 이슬람교도의 지배 아래에서 아
랍화된 그리스도교의 양식을 말한다. 이슬람 문
화의 영향을 가장 많이 받은 것으로는 그라나다
의 알람브라 궁전을 들 수 있다. 레콩키스타를
통해 국토를 탈환한 후에도 이슬람 문화는 그리
스도교 문화와 절묘하게 융합되어 스페인 특유
의 건축 양식을 만들어냈다. 이를 모사라베라고
한다. 말발굽형 아치, 달걀 모양의 둥근 천장, 기
둥의 받침대를 쓰는 것이 가장 큰 특징이다.

무데하르 양식

무데하르 양식은 모사라베 양식과는 반대로 그리스도교도의 지배 아래에서 이슬람교도들이 만들어낸 양식이다. 로마네스크, 고딕, 아랍의 요소가 융합되어 복잡한 내부 장식과 기하학적 형태의 목재 천장, 채색 타일, 벽돌이나 석고 등의 값싼 재료를 사용하여 섬세하게 장식한 것이 무데하르 양식의 가장 큰 특징이다. 세비야의 알카사르와 테루엘에서 무데하르 양식으로 지어진 건축물을 많이 볼 수 있다.

로마네스크 양식

10~12세기에 널리 퍼진 건축 양식으로 두꺼운 벽과 둥근 아치, 비교적 작은 창 등이 특징이다. 이 양식이 그리스도교도에게 퍼진 시기는 스페인의 산티아고 데 콤포스텔라에서 성 야고보의 관이 발견된 시기와 겹친다. 성지를 향하는 순례의 길은 이 양식의 전파로이기도 해서 로마네스크 양식으로 지어진 건축물을 많이 볼 수 있다. 대표적인 곳으로는 1128년 무렵에 완성된 산티아고 데 콤포스텔라 대성당의 내부이다.

고딕 양식

12~15세기에 걸쳐 프랑스와 영국을 중심으로 유행했던 건축 양식이다. 하늘을 찌를 듯 끝이 뾰족한 첨탑이 가장 큰 특징이다. 또한 아치와 기둥을 지탱하는 거대한 부벽(플라잉 버트레스)을 만들어 높은 벽과 긴 창문을 실현할 수 있게 되었다. 창문은 스테인드글라스로 아름답게 장식했다. 스페인에서는 레온 대성당이 가장 대표적인 고딕 양식 건물이다.

> **Tip** 대성당과 성당의 차이
>
> **대성당** 카테드랄(Cathedral)로 불린다. 주교를 두고 있는 교구 전체에서 가장 큰 성당을 말한다. 스페인의 모든 도시에는 카테드랄이라고 불리는 대성당이 하나씩 존재한다. 대부분 마을 중심에 위치해 있다.
>
> **성당** 이글레시아(Iglesia)로 불리며, 성직자가 상주하고 있다. 성직자는 주교보다 지위가 낮은 사제이다. 한 도시에 이글레시아는 여러 개 있을 수 있다.
>
> **예배당** 카피야(Capilla)로 불리며, 신자가 기도를 하기 위한 건물이다. 성직자가 상주하고 있지 않은 마을의 작은 성당도 이 범주에 속한다. 대성당의 경우 본당 내에 5~6개의 작은 예배당이 있다.
>
> **대성당의 호칭**
> **종루** : 종을 달아두는 곳. 대성당에는 2개가 있는 곳도 있고 하나가 있는 곳도 있다.
> **파사드** : 건물 정면의 메인 입구
> **포르타유** : 파사드에서 입구 위쪽 반원형으로 우묵하게 들어간 곳을 말한다. 정교한 조각으로 장식된 경우가 많다.
> **부벽** : 건물의 측면에서 아래를 향해 뻗어 지주 역할을 한다. 부벽을 만듦으로써 훨씬 높은 건물을 지을 수 있게 되었다.

스페인의 역사

유럽에서도 가장 오래되고 복잡한 역사를 지닌 스페인. 아랍인들의 지배를 받아 독특한 문화를 형성했으며, 수많은 유산들을 통해 당시의 모습을 짐작해 볼 수 있다.

스페인의 탄생

이베리아 반도에 처음 인류가 발자취를 남긴 것은 지금으로부터 약 180만~150만 년 전이다. 기원전 2만 년쯤에는 스페인 북부의 알타미라 동굴에 인류 최초의 벽화가 그려졌다. 스페인인의 선조는 기원전 900년경 유럽에서 침입한 켈트족과 아프리카에서 이주하여 이미 반도에 정착해 있던 이베리아인 사이에 태어난 켈트이베리아인(celtibero)이라고 한다. 또한 지중해 동부(지금의 레바논 주위)에서는 페니키아인이, 그리스에서는 그리스인이 이베리아 반도로 건너와 지중해 연안을 중심으로 도시를 구축하였다.

로마 제국의 일부로 번영

페니키아인, 그리스인, 켈트인, 이베리아인이 서로 교류하며 융합된 이베리아 반도에 북아프리카의 카르타고인들이 침입해온 것은 기원전 6세기 무렵이다. 이후 400여 년 동안 반도는 카르타고의 식민지가 된다.

지중해 서부를 지배했던 카르타고는 그리스를 정복한 신흥세력 로마와 대립하게 된다. 기원전 218~201년에 걸쳐 싸운 제2차 포에니 전쟁의 결과 이베리아 반도는 로마의 지배하에 들어간다. 당시 이베리아 반도에는 여러 도시가 건설되어 메리다와 세고비아, 남부의 코르도바와 카탈루냐 근교 타라고나 등에는 지금도 로마인들의 자취가 남아 있다.

잦은 외세의 침입

600여 년에 걸친 로마 제국의 번영도 서기 400년 무렵이 되자 쇠퇴기로 접어들었다. 피레네 산맥을 넘어 게르만계의 여러 민족이 침입해 왔는데, 결국 507년에 서고트족들이 왕국을 세우며 정착한다. 서고트족은 579년 왕국의 수도를 톨레도로 옮겼으나 끊이지 않는 내분으로 정치적 기반이 약해져 그들의 지배는 오래가지 못한다. 결국 711년 북아프리카의 이슬람교도들이 이런 내란을 틈타 침입해 왔고 716년 무렵까지 반도의 3분의 2를 차지하게 된다. 이후 약 700년 동안 이슬람교도의 지배가 계속된다.

이슬람의 지배

이슬람교도의 지배는 이베리아 반도에 확실하게 뿌리내렸다. 756년 시리아에서 들어온 후기 우마이야 왕조가 부흥하면서 수도로 삼은 코르도바도 이슬람 지배 당시 최대의 영화와 번영을 누리게 된다. 지금도 남아 있는 코르도바의 메스키타는 이슬람 문화의 결정체라 할 수 있다.

이처럼 이슬람 시대에 스페인은 문화, 경제, 산업적으로 크게 발전하였으며 중동에서 들여온 관개 기술로 안달루시아는 비옥한 곡창 지대로 변모했다. 이때 들여온 쌀과 아랍의 조리 방법이 파에야를 탄생시켰다.

그리스도교의 반격

이베리아 반도의 대부분이 이슬람교도의 지배 아래에서 번영을 누렸으나, 북부의 아스투리아스 왕국을 중심으로 레콩키스타(국토회복운동)가 시작된다. 722년 코바동가 전투에서 승리하여 이슬람의 점령에서 벗어난 그리스도교도들은 점차 레온 왕국, 카스티야 왕국, 아라곤 왕국을 탄생시키며 레콩키스타를 수행해 나갔고 남쪽으로 내려오며 이슬람교도의 왕국을 압박했다.

이후 1031년 후기 우마이야 왕조가 분열, 해체되자 남은 이슬람계의 소왕국들은 안달루시아 지방으로 밀려나게 되었다. 1238년에 성립된 그라나다 왕국은 그리스도교 세력과 동맹하여 이슬람교 왕국의 최후를 맞게 된다. 이때 대표적인 건축물이 알람브라 궁전이다.

1469년 카스티야 왕국의 이사벨 왕녀와 아라곤의 국왕 페르난도가 결혼하여 연합 왕국이 탄생한다. 최후까지 이슬람의 지배권에 있던 그라나다도 마침내 1492년에 함락됨으로써 약 700년에 걸친 레콩키스타가 완결된다.

유럽 최강 국가

레콩키스타가 완결된 1492년은 콜럼버스가 신대륙을 발견한 해이기도 하다. 콜럼버스를 후원했던 스페인은 발견된 남아메리카를 침략, 점령하여 막대한 부를 거머쥐게 된다.

한편 이사벨과 페르난도 사이에서 태어난 후아나 공주는 합스부르크 왕가의 부르고뉴공 필리프와 결혼해 아들을 낳았는데 그가 1516년에 즉위한 카를로스 1세이다. 카를로스 1세는 1519년 신성 로마 제국 황제로 선출되어 스페인의 영토와 합스부르크 왕가의 영지를 합병하여 남아메리카에서 서유럽까지 '태양이 지지 않는 대제국'을 이끌며 유럽 최강국의 위치를 확고히 했다.

혼란과 쇠퇴

1588년 스페인이 자랑하던 무적함대가 영국 해군에게 격파된 후 쇠퇴기로 접어들기 시작했다. 신대륙에서 오던 재정의 감소, 지배하에 있던 네덜란드의 반란, 잦은 출병으로 인한 군사비 증대는 스페인에 혼란을 가져왔다.

이후 1700년 무렵 카를로스 2세가 후사 없이 죽자 스페인의 쇠퇴는 더욱더 박차를 가했다. 영국과 프랑스 등 유럽 각국이 스페인의 왕위 계승권에 개입하면서 12년에 걸친 왕위 계승 전쟁이 일어났다. 전쟁 결과 스페인은 많은 식민지를 잃었으며 본토인 지브롤터까지 영국에게 빼앗겼다.

1808년에는 나폴레옹이 이끄는 프랑스군이 스페인을 침략한다. 영국의 지원을 받아 격퇴하지만 국토는 황폐해지고 열강 각국에서 일어난 산업혁명에 의해 유럽의 최강국이었던 스페인은 정치적으로나 경제적으로나 비참하게 몰락하는 신세가 되었다.

내란과 부흥

19~20세기 초 정치적으로나 경제적으로나 불안한 시기를 맞는다. 경제적으로는 제1차 세계대전에 참전하지 않고 중립을 지켜 일시적으로 호황을 보였으나 세계 공황의 격랑에 떠밀려 종말을 맞는다.

1936년 총선에서 좌파인 인민전선이 정권을 잡자 우파에 의한 쿠데타가 발생하여 이른바 '스페인 내란'이 발발하게 된다. 독일과 이탈리아가 지원하는 프랑코 장군의 우파가 소련이 지원하는 좌파를 격파함으로써 1939년 4월에 내전은 종결되었다. 내전을 마친 상태이기도 했지만 스페인은 제2차 세계대전에서도 중립을 지켜 국제 사회로부터 오랫동안 고립되었다. 1975년 프랑코 총통이 죽자 망명했던 구 왕족 후안 카를로스 1세가 왕위에 즉위하여 신헌법을 제정, 1977년의 총선을 거쳐 스페인은 민주주의 체제에 돌입하고 다른 나라와의 관계도 개선되었다.

21세기

1992년에는 바르셀로나 올림픽을 개최하고 2002년에는 유로화(€)를 도입해 스페인 경제는 성장 발판을 마련함과 동시에 국제 사회의 일원으로서 새로운 발걸음을 내딛었다. 2004년 마드리드의 아토차역에서 테러가 일어나 많은 시민들이 희생되었으며, 이슬람 세력의 알카에다의 움직임을 모방하여 스페인 총선에 영향을 끼치기 위해 저질렀음을 밝혔다. 2007년부터는 부동산 침체와 무리한 투자 등으로 실업률이 증가했고, 2016년부터 경기 침체에서 벗어났다. 2017년 카탈루냐 자치정부는 스페인으로부터 분리·독립을 위해 마드리드 중앙정부의 반대에도 불구하고 투표를 진행했으나 사실상 실패로 끝났다.

스페인, 이것만은 알고 떠나자

여행하는 나라의 문화를 알면 여행 중의 궁금증과 답답함이 풀린다.
로마에 가면 로마법을 따르듯, 스페인에서는 스페인법을 따르자.
문화의 차이가 느껴지더라도 받아들이고 이해하면 여행이 더욱 즐거워진다.

여행 시기

스페인은 일년 내내 기후가 온화하다. 여름휴가 기간인 7~8월은 여행 성수기로 도시 전체가 관광객들로 북적거린다. 반면, 현지인들은 휴가를 떠나는 시기여서 골목골목의 로컬 숍들은 문을 닫는 경우가 많다. 숙박료와 항공료가 비싸며, 한낮에는 햇빛이 강렬해 관광하기 힘들다. 그러나 여름 세일이 시작되는 기간인 만큼 파격적인 세일 품목만을 골라 구입하면 항공료를 벌어 갈 수도 있다.

봄과 가을은 스페인 여행을 하기에 가장 좋은 날씨다. 숙박료도 낮아지고 여름 성수기에 비해 관광객 수도 눈에 띄게 줄어 여유롭게 도시를 거닐어 볼 수 있다. 겨울의 스페인은 또 다른 관광 성수기다. 평균 기온이 10℃로 유럽의 추운 도시에서 찾아오는 관광객이 많다. 비만 잘 피한다면 겨울 여행을 즐기기에도 좋다.

오후의 여유, 시에스타

스페인에서는 점심 식사 후 약 15~20분간 낮잠 자는 시간을 갖는데 이를 시에스타(Siesta)라고

한다. 오후 2~5시까지 문을 걸어 잠그고 점심 시간과 더불어 휴식시간을 갖기 때문에 도시 전체가 멈춰버린 듯 고요하다. 이 시간대는 햇빛이 아주 강렬하니 여행자들도 숙소로 돌아가 쉬는 것이 현명하다. 오후 5시부터는 사람들이 일제히 거리로 쏟아져 나오고 닫혔던 가게들도 다시 영업을 시작하며 활기차게 돌아간다.

스페인에서 길 찾기

스페인은 골목마다 번지수가 적혀 있기 때문에 골목 이름만 잘 찾으면 숫자를 보고 목적지에 닿을 수 있다. 또 건물 입구와 벽면에도 길 이름과 번지수가 표시되어 있다. 양쪽 길 가운데 한쪽은 2, 4, 6, 8 등 짝수 번지수가, 다른 한쪽은 1, 3, 5, 7 등 홀수 번지수가 매겨진다. 주소에서 골목길은 카예(Calle), 넓은 길은 아베니다(Avenida) 또는 파세오(Paseo or Passeig), 광장은 플라자(Plaza/Plaça)라고 표시된다.

스페인에서의 24시간

스페인 사람들은 밤 늦게까지 나이트라이프를 즐기기 때문에 하루가 천천히 시작된다. 따라서 좀 늦게 자고 늦게 일어나도 된다. 대부분의 숍들도 오전 10시 30분 무렵에 문을 연다. 보통 대학생이나 직장인들은 오전 10시 30분~11시 30분 사이에 바르나 카페에서 샌드위치와 커피 한잔으로 아침을 먹는다. 점심시간은 오후 2시~4시 사이. 퇴근 시간에 맞춰 저녁 7시부터 문을 여는 가게들도 많다. 저녁 8시 30분까지는 간식 타임으로 바르에서 간단하게 맥주와 타파스 등을 즐기며 출출한 속을 달랜다. 본격적인 저녁 식사가 시작되는 밤 10시쯤부터 스페인의 밤 거리는 활기가 넘친다. 특히 주말에는 자정이 넘어야 본격화된다. 스페인의 밤 문화를 즐기며 하루를 알차게 보내자.

스페인식 친근한 인사법, 도스 베소스

스페인 사람들의 기본 인사법은 악수지만, 친구나 가족 등 가까운 사이끼리는 만나고 헤어질 때 양 볼에 키스를 하며 인사한다. 이를 '도스 베소스(Dos Besos)'라고 한다. 처음 만나 소개를 받을 때에도 상대방의 왼쪽과 오른쪽 볼에 자신의 볼을 대고 가볍게 '쪽' 소리를 내며 인사를 하는 것이 예의이며, 친한 사이끼리는 '도스 베소스' 인사로 반가움을 표시한다. 대화를 나눌 때도 상대방과 눈을 마주치는 것을 중요하게 여기며, 눈빛을 피한다면 뭔가 감추고 있는 것으로 생각한다. 식사 시다 함께 술잔을 들고 건배를 할 때는 살룻(Salud)이라 외치며 한 사람 한 사람과 눈을 마주친다.

제스처

스페인 사람들은 대화를 할 때 손짓이나 다양한 몸동작을 많이 섞어 이야기하는 편이다. 어깨를 들썩거리거나 손을 활용하는 제스처는 일반적이다. 공공장소에서 큰 소리로 재채기를 하거나 코를 풀면서 큰 소리를 내는 것도 무례한 행동이 아니다. 상대방이 재채기를 할 경우 살룻(Salud)이라고 대꾸해 주는데, 건강을 기원해 준다는 뜻이다. 젊은이들은 능력, 직장, 재산, 외모 등으로 상대방을 판단하지 않으며 개인의 프라이버시나 자부심을 존중하는 편이다. 자신의 능력을 뽐내어 자랑을 늘어놓거나 상대방에게 금전 관련 질문은 하지 않는 것이 예의다. 시간 약속에 크게 구애받지 않기 때문에 10~15분 정도 늦는 것에 미안해하지 않으며, 상대방을 기다릴 때도 30분 정도는 감안한다.

다양한 문화

스페인에서는 스페인어 외에도 지역별로 독자적인 언어를 사용하는 곳이 있고, 기후나 전통 음식 등이 달라 각 주를 넘어갈 때마다 마치 다른 나라를 여행하는 듯한 느낌을 받게 된다. 수도인 마드리드가 속한 중부 지방과 별도의 독립 국가가 되기를 희망했던 카탈루냐, 안달루시아, 북부 지방까지 지역마다 특성이 강하게 나뉜다. 각 도시의 다양한 모습과 문화를 직접 느껴보는 것이 스페인 여행의 매력이다.

인포르마시옹(Información) : 관광안내소
로쿠토리오(Locutorio) : PC방과 전화방 겸용이며 인쇄도 가능하다.
슈퍼메르카도(Supermercado) : 슈퍼마켓으로 대부분 저녁 9시에 문을 닫지만, 동네 골목에 위치한 작은 슈퍼마켓은 자정까지 영업하고 일요일에도 문을 연다.
파르마시아(Farmacia) : 약국. 약 외에도 건강보조제품, 화장품 및 헤어제품 등을 취급하기 때문에 의외로 자주 이용하게 된다.
타바코(Tabacco) : 담배 외에도 교통카드 10회권, 신문, 잡지, 문구류, 간식거리 등을 판다.
라반데리아(Lavanderia) : 빨래방

건축가 가우디

해마다 전 세계 약 500만 명의 관광객이 천재 건축가 가우디의 작품을 보기 위해 바르셀로나에 방문한다. 사그라다 파밀리아 성당, 구엘 저택, 구엘 공원, 카사 비센스 등 시내 곳곳에 흩어져 있는 가우디의 대표 건축물을 보는 일은 건축 애호가가 아니더라도 흥미로울 만하다. 우아한 곡선미와 자연미가 살아 있는 가우디의 작품은 스페인을 디자인과 예술이 살아 있는 나라로 만들어 주었다. 바르셀로나 외 스페인 각 도시에 흩어져 있는 가우디의 다양한 초기 작품도 찾아보자. 작품에 대해 미리 알아보고 간다면 여행이 더욱 보람 있을 것이다.

나이트라이프

스페인에서는 밤 늦게까지 열정적으로 즐겨야 한다. 퇴근 시간인 저녁 7시 무렵은 간식 타임이다. 맥주 한 잔을 손에 들고 타파스로 간단하게 허기를 달래고, 본격적인 저녁 식사는 밤 9시가 훌쩍 넘은 후에야 시작된다. 특히 주말에는 밤 10시부터 저녁 식사를 즐기며 자정이 넘은 시간까지 거리 곳곳에서 파티가 계속되므로 놓치지 말고 마음껏 즐기자.

스페인의 사계절과 패션

스페인의 날씨는 종잡을 수가 없다. 지역이나 도시에 따라서도 다르고, 햇볕의 양에 따라서도 천차만별이다. 햇볕만 있으면 겨울에도 한여름 같은 더위를, 햇볕을 피하면 한여름에도 등골 오싹한 서늘함을 느낄 수 있다. 얇은 옷을 여러 겹 겹쳐 입는 것이 날씨에 적응하는 노하우.

• **봄**(Primavera) : 3~4월로 한낮에는 햇볕이 강하고 더웠다가 갑자기 비가 내리기도 하는 등 종잡을 수가 없다. 햇볕이 약한 아침과 저녁에는 제법 쌀쌀하기 때문에 얇은 재킷이나 카디건을 걸치고, 낮에는 얇은 티셔츠 하나 정도만 입으면 된다.
• **여름**(Verano) : 5~9월로 생각만큼 덥지 않다. 습도가 낮아서 햇볕만 피하면 한국의 여름보다 훨씬 쾌적하다. 반팔 티셔츠보다는 민소매나 가슴이 파인 옷을 많이 입는다. 5월과 9월의 밤에는 얇은 카디건이 필요한 경우도 있다.
• **가을**(Otoño) : 10~11월로 한낮에는 가을로 느껴지지 않을 만큼 햇볕이 따갑다. 이 시기에는 레이어드 패션이 유용하다. 낮에는 민소매 위에 반팔 티셔츠를 입고, 저녁에는 그 위에 얇은 스웨터나 카디건, 재킷 등을 더 입으면 된다.
• **겨울**(Invierno) : 12~3월로 눈이 오거나 영하로 떨어지는 경우는 거의 없으므로 털모자나 장갑 등은 필요 없다. 하지만 스페인 전역에 실내 난방이 잘 안 되어 있으므로 잘 때를 대비한 두꺼운 옷은 필요하다. 스페인 남부는 겨울에도 강렬한 햇볕 덕분에 반팔 차림으로 휴가를 즐기는 사람들을 흔히 볼 수 있다.

스페인에서 음식 즐기기

스페인 여행의 백미는 먹는 즐거움이다. 눈에 보이는 수많은 레스토랑과 바르,
카페를 그냥 지나치지 말고 자주 들러 쉬어가자. 한국인 입맛에도 잘 맞아서
2시간 정도는 너끈히 웃고 떠들며 즐길 수 있다.

식당의 종류

바르 Bar

바르는 단순히 먹고 마시기 위한 장소가 아니라 대화와 웃음, 휴식이 어우러진 공간이기 때문에 스페인 사람들의 삶을 가까이에서 들여다보고 싶은 여행자라면 수시로 드나들자. 이른 아침부터 늦은 밤까지 식사와 술, 음료를 제공해 스페인 사람들의 하루는 바르에서 시작해 바르에서 마감한다고 볼 수 있다.

아침에는 커피에 토스트나 샌드위치를, 점심에는 세트메뉴를 제공한다. 오가는 길에 맥주, 물, 콜라 등을 구입할 수도 있고 오후에는 커피를 마시며 TV나 신문을 볼 수도 있다. 오후 7시부터는 퇴근한 직장인들이 저녁 식사를 하기 전에 들러 가볍게 한잔 마시며 흥을 돋운다. 화장실, 공중전화, 슬롯머신과 게임 등을 갖춰 놓아 언제라도 부담 없이 들를 수 있는 곳이 바르다.

레스토란테 Restaurante

일반 레스토랑을 말한다. 보통 하루에 2번 문을 여는데 점심시간인 오후 1시부터 오후 4시까지 영업을 하고 문을 닫았다가 저녁 시간인 저녁 8시 30분부터 자정까지 영업한다.

세트메뉴는 보통 3가지 코스로 준비되며, 첫 번째 접시와 두 번째 접시, 그리고 디저트, 음료, 빵 등이 포함된 것을 말한다. 주말을 제외한 평일에만 즐길 수 있다. 레스토랑 입구에는 메뉴판

과 음식값까지 자세히 나와 있어 들어가기 전에 확인할 수 있는데, 대부분 스페인어로 적혀 있어 읽는 데 어려움이 따른다. 영어 메뉴판을 갖춰놓은 곳은 관광객을 전문으로 상대하는 곳으로 요금이 더 비싸고 음식 맛이 떨어질 수 있음을 고려하자. 재료와 조리법에 따라 요리명이 다양하기 때문에 주문이 어려울 수 있다. 이럴 때는 옆 테이블에서 주문한 것을 보고 따라 시키거나 웨이터에게 도움을 청하자. 점심에는 세트메뉴가 있어 손쉽게 주문할 수 있다.

카페테리아 Cafeteria

차와 음료 외에도 샌드위치나 빵을 갖추고 있어 늦은 오후에 간식을 먹고 싶을 때 들르면 좋다. 스페인에서는 간식 시간을 메리엔다(Merienda)라고 하는데 오후 5~7시 사이를 말한다. 그 밖에도 빵을 전문으로 파는 파나데리아(Panaderia)와 추로스와 초콜라테를 전문으로 파는 추레리아(Churreria)도 간식을 즐기기에 좋다.

메뉴 델 디아

메뉴 델 디아(Menu del Dia)는 대부분의 레스토랑에서 평일 점심시간에 제공하는 세트메뉴를 뜻한다. 평균 13~18€ 선이며 애피타이저, 메인 요리, 디저트, 빵과 음료로 구성돼 있다. 같은 메뉴 구성이라도 저녁에는 2배 이상 값이 오른다.

메뉴 델 디아의 기본 코스

• 프리메로(Primero)

첫 번째 접시로 애피타이저에 해당한다. 주로 샐러드와 수프, 쌀 요리, 파스타 등이 나오며 그중에서 하나를 선택하면 된다. 메인 요리만큼 양이 많다.

 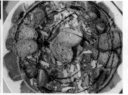

다양한 재료로 맛을 낸 샐러드 엔살라다(Ensalada), 수프인 소파(Sopa), 파에야(Paella), 면을 넣은 피데우아(Fideua), 파스타(Pasta) 등이 나온다.

• 세군도(Segundo)

두 번째 접시로 메인 요리에 해당한다. 생선인 페스카도(Pescado)와 육류인 카르네(Carne) 또는 닭요리인 포요(Pollo) 등이 나오며 그중에서 하나를 선택하면 된다. 음식이 짜다고 느껴지면 빵을 곁들여 먹자.

생선과 고기, 닭고기, 소시지 등을 기본으로 다양하게 조리되어 나온다.

• 포스트레(Postre)

모든 식사를 마치면 웨이터가 다가와 '포스트레(Postre)?'라고 물으며 디저트 메뉴판을 준다. 주로 단맛 나는 케이크류인 파스텔(Pastel), 제철 과일인 푸루타(Fruta), 아이스크림인 엘라도(Elado) 등이 있다. 디저트를 원하지 않을 때는 커피로 대체해 주기도 한다.

케이크, 과일, 아이스크림 등의 다양한 디저트

• 베비다(Bebida)

빵과 음료는 무료로 제공된다. 음료는 주스, 와인, 맥주, 물, 탄산음료 중에서 고를 수 있다.

레스토랑 에티켓

레스토랑에서의 식사 시간은 최소 1시간 30분 정도 걸리므로, 주문 후 여유를 갖고 기다려야 한다는 것을 잊지 말자. 스페인 사람들은 담소를 나누며 식사를 즐기기 때문에 1~2시간은 기본이다. 레스토랑 이용 시 기본 에티켓과 매너를 지킨다면 더 나은 서비스를 받을 수 있다.

Step 1
레스토랑에 들어가자마자 아무데나 앉지 말고 웨이터가 좌석을 안내해 줄 때까지 입구에서 기다리자. 웨이터가 다가오면 인원수를 말하고 안내해 주는 좌석에 앉자. 원하는 좌석이 따로 있다면 요청하자. 안내를 받을 때 식사를 할 것인지 음료만 마실 것인지 미리 말해주는 것이 좋다.

Step 2
좌석에 앉으면 웨이터가 메뉴판을 가져온다. 메뉴판이 올 때까지 최소 10여 분은 걸리므로 재촉하지 말고 기다리자. 웨이터들의 경력은 보통 20~30년 된 베테랑이기 때문에 그들을 존중하고 그들의 흐름에 따르는 것이 좋다. 겨울에는 겉옷을 벗고 가벼운 차림으로 식사를 한다.

Step 3
메뉴판을 보고 애피타이저와 메인 요리, 음료 등을 고른다. 웨이터의 성향에 따라 음료 주문을 먼저 받기도 한다. 보통 와인이나 맥주 등을 곁들이는데, 무난한 와인을 마시고 싶다면 하우스 와인이 적당하다. 스페인의 모든 레스토랑과 카페에서는 물을 별도로 주문해야 한다.

Step 4
주문을 하기 전에 요리에 대해 궁금한 점이 있으면 웨이터에게 질문해도 된다. 고른 음식을 순서대로 말하자. 음식이 왜 빨리 나오지 않냐고 재촉하거나 웨이터를 큰 소리로 불러 세우는 것도 에티켓에 어긋나므로 삼가한다. 디저트는 식사 후에 별도로 주문을 받는다.

Step 5
음식이 나오기까지는 상당한 시간이 걸린다. 미리 제공되는 올리브나 빵 등으로 입맛을 돋우자. 특히 메인 요리가 나오기까지는 한참 걸리므로 애피타이저는 되도록 천천히 맛보자. 식사 중에 이야기를 나눌 때는 음식물이 보이지 않도록 입안의 음식물을 다 먹은 후에 이야기하며, 소리를 내서 먹는 것도 에티켓에 어긋난다.

Step 6
메인 요리를 다 먹으면 웨이터가 디저트 메뉴을 주문받으러 온다. 원하지 않을 때는 '노. 그라시아스(No, Gracias)'라고 말하면 된다. 식사 도중 웨이터에게 도움을 요청할 일이 있으면 큰소리로 부르는 것보다 손을 들거나 조용히 눈을 마주치는 것이 낫다.

Step 7
식사를 마친 후 계산을 할 때는 손으로 영수증 표시를 하거나 '라 쿠엔타(La Cuenta)'라고 말하면 된다. 계산은 테이블에 앉아서 하는 것이 보통이다. 테이블에서 돈을 내고 거스름돈을 받기까지 웨이터가 2~3번 왔다갔다한다. 시간이 급하다면 직접 계산서를 들고 카운터로 나가도 된다. 음식값 외에 팁으로 전체 금액의 10% 정도나 거슬러 받은 동전을 남겨주는 센스를 발휘하자.

Tip 스페인의 클럽 문화 즐기기

클럽의 피크 타임은 새벽 2시부터다. 특히 주말에는 자정부터 새벽 2시까지 클럽에 가려는 젊은이들이 시내 중심가를 가득 메운다. 평일에는 입장료를 안 받는 경우도 많다. 새벽 2시 이전에는 무료 입장 등의 이벤트를 하기도 하며, 거리에서 무료 입장 쿠폰을 나눠주기도 한다. 술값은 일반 바르보다 비싼 편이다. 바르에서 3~4€에 마실 수 있는 맥주를 클럽에서는 8~10€, 칵테일은 10~15€에 마실 수 있다. 유명 클럽 앞에는 입구에 가드가 버티고 있고, 입장하려는 사람들이 줄을 섰다. 실내에 정원보다 많은 사람들이 있기 때문에 인원 조절을 하는 것이니 긴장할 필요는 없다. 시내의 대형 클럽에는 테이블과 의자가 거의 없고 있더라도 자리 맡기가 힘들다. 대부분 입장 티켓에는 음료 1잔이 포함되어 있으며 더 마시고 싶을 때는 바에 가서 주문하면 된다.

한국인 입맛에 잘 맞는 스페인 대표 음식

스페인은 지방마다 전통 음식의 재료와 조리법 등이 각기 발달해 요리의 종류가 다양하다.
스페인에서 꼭 먹어봐야 할 베스트 요리들만 모았다.
먹을 때가 가장 행복한 당신, 스페인에서 이것만은 꼭 먹어보자.

1 파에야 Paella

파에야는 고기와 각종 해산물, 사프란, 토마토, 쌀 등을 넣어 끓인 스페인식 볶음밥이다. 발렌시아 지방의 향토 요리이지만 지금은 스페인 어디에서나 먹을 수 있는 대표 음식이다. 주문을 하고 20분 정도 기다리면 막 요리한 파에야를 팬에 그대로 담아 내오며 웨이터가 직접 손님 접시에 덜어준다. 대부분의 레스토랑에서 목요일 점심 세트메뉴로 파에야를 선보이는 곳이 많다.

2 가스파초 Gazpacho

가스파초는 토마토와 피망, 양파, 오이, 마늘 등의 채소를 갈아서 차갑게 먹는 수프. 안달루시아 지방에서 유래했다. 맛이 깔끔하고 시원해서 주로 덥고 건조한 여름철에 즐겨 먹는다. 가스파초에 잘게 썬 빵을 넣어 걸쭉하게 만들어 먹기도 한다. 슈퍼마켓에 가면 주스처럼 바로 먹을 수 있는 팩 제품을 볼 수 있다.

3 하몬 Jamón

하몬은 돼지고기 넓적다리 살을 통째로 훈연하거나 건조, 숙성시킨 스페인식 햄이다. 하몬 세라노(Jamón Serrano)는 건조하고 추운 산간 지방에서 만들어 육질이 쫀득하고 다소 질긴 햄이며, 햄 중에 최고로 치는 하몬 이베리코(Jamón Iberico)는 육질을 느낄 수 없을 정도로 연하다. 돼지의 품종이나 만드는 방법, 생산지에 따라 품질이 천차만별인데, 도토리를 먹고 자란 이베리코산 흑돼지 햄이 최고급이다. 소금에만 절였기 때문에 조금 짭짤하다.

4 판 콘 토마테 Pan Con Tomate

판 콘 토마테는 토스트한 바게트 빵 위에 생마늘을 살짝 문지른 후 그 위에 으깬 토마토를 올리고 올리브오일과 소금으로 간을 한 것이다. 카탈루냐 지방에서는 전통 음식 1순위로 꼽을 만큼 즐겨먹는다. 레스토랑에 따라 완성된 판 콘 토마테를 내오는 곳도 있고, 준비 재료를 별도로 내오면 직접 만들어 먹기도 한다.

5 마리스코 Marisco

마리스코는 스페인어로 해산물이라는 뜻이다. 바다로 둘러싸여 있는 스페인에는 각종 해산물이 풍부하다. 특히 해안가에 위치한 레스토랑은 대부분 해산물 전문인 경우가 많다. 새우, 오징어, 조개, 생선, 낙지, 문어 등을 올리브오일에 살짝 볶거나, 해산물 본연의 맛을 살려 그릴에 굽는 등 조리법이 다양하다. 특히 오징어, 꼴뚜기, 갑오징어튀김은 한국인의 입맛에도 잘 맞는다. 대부분의 레스토랑에서 해산물 모둠 메뉴를 선보인다. 가격은 비싸지만 먹어볼 만하다.

6 보카디요 Bocadillo

보카디요는 스페인 사람들이 즐겨먹는 바게트 샌드위치. 아침 식사 대용이나 오후 간식으로 많이 먹는다. 재료에 따라 이름이 달라지는데 하몬, 토르티야, 초리소, 부티파라(Butiffara, 바르셀로나 전통 소시지) 등을 넣은 것이 맛있다. 바르셀로나에서는 보카디요를 주문하면 빵에 토마토를 바를 것인지 먼저 물어보기도 한다. 바게트에 토마토를 문질러주면 훨씬 부드럽게 즐길 수 있다.

7 초리소 Chorizo

초리소는 다진 돼지고기에 소금, 후추, 피망 등을 섞어 건조시키거나 훈연해서 저장해 놓고 먹는 스페인식 소시지다. 들어가는 재료와 조리법에 따라 다양한 종류가 있으며, 짭조름하고 매콤하다. 빵과 함께 먹으면 좋다.

8 상그리아 Sangria

상그리아는 적포도주나 백포도주에 탄산수, 레몬즙, 오렌지 등의 과일을 섞고 얼음을 넣어 차갑게 마시는 가벼운 음료. 와인의 쌉쌀한 맛이 없고 달콤해서 여성들에게 인기가 많다.

9 엔살라다 Ensalada

엔살라다의 기본은 신선한 채소 또는 오븐과 그릴에 구운 채소이다. 대부분 소스 없이 나오며 테이블 위에 마련되어 있는 기본 소스를 뿌려 먹는다. 올리브오일과 소금, 식초를 각자의 입맛에 맞게 배합해 넣으면 된다.

다양한 종류의 타파스

가게마다 지방마다 맛도 종류도 조금씩 다른 타파스(Tapas)를 맛보는 것은 스페인 여행의 또다른 즐거움이다. 바르에 따라 다양한 메뉴가 있으며 카탈루냐 지방을 제외한 다른 지역에서는 음료를 시키면 타파스가 기본으로 제공되기도 한다. 특히 안달루시아 지방은 거의 모든 바르에서 무료 타파스를 제공하며, 가격도 다른 지방보다 훨씬 저렴하다. 가장 대중적인 타파스 메뉴를 소개한다.

파타타스 브라바스
Patatas Bravas

올리브오일에 튀긴 감자 위에
매콤한 소스를 뿌린 것

치피로네스 프리토스
Chipirones Fritos

꼴뚜기튀김

초코스 프리토스
Chocos Fritos

오징어튀김

칼라마레스 프리토스
Calamares Fritos

오징어링 튀김

피미엔토 파드론
Pimiento Padron

올리브오일에 구운 고추

토르티야 에스파뇰라
Tortilla Española

감자와 달걀을 섞어 도톰하게 부친
스페인식 오믈렛

엔살라다 루사
Ensalada Rusa

각종 채소와 참치를
마요네즈에 버무린 샐러드

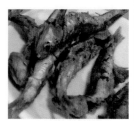

보케로네스 프리토스
Boquerones Fritos

작은 멸치튀김

아세이투나
Aceituna

올리브

살피콘
Salpicon

새우와 채소로 만든 새콤한 샐러드

크로케타스
Croquetas

감자를 으깨 만든 크로켓

참피뇬 아 라 플란차
Champiñón a la Plancha

올리브오일에 버섯과 마늘을
함께 볶은 것

풀포
Pulpo

매콤한 문어 요리

나바하스
Navajas

조개 요리

멜론 콘 하몬
Melón con Jamón

멜론 위에 하몬을 올린 것

케소
Queso

치즈

판 콘 토마테
Pan con Tomate

바게트 빵에 으깬 토마토와
올리브오일을 바른 것

스페인의 대표 음료

더운 날씨에 관광을 하다 보면 쉽게 지치므로 바르나 카페에서 쉬어가자. 스페인 사람들이 아침부터 저녁까지 주로 마시는 음료를 꼽아 보았다.

카페 솔로
Café Solo
에스프레소 커피

코르타도
Cortado
에스프레소에 우유를 조금 넣은 커피

카페 콘 레체
Café con Leche
에스프레소에 우유를 많이 넣은 일반 커피

이엘로 Hielo
얼음. 아이스커피를 마시고 싶으면 얼음을 따로 시켜서 커피를 얼음 잔에 부어 마신다

초콜라테
Chocolate
핫초코

테
Té
차

수모 데 나랑하
Zumo de Naranja
오렌지주스

세르베사
Cerveza

생맥주

베르무트
Bermut

레드 마티니

모히토
Mojito

칵테일

카바
Cava

샴페인

비노 틴토
Vino Tinto

레드 와인

비노 블랑코
Vino Blanco

화이트 와인

클라라
Clara

맥주에 레몬 맛 환타를 탄 술

틴토 데 베라노
Tinto de Verano

레드 와인에 레몬 맛 환타를 탄 술

아구아
Agua

물

스페인식 하루 식사 스케줄

스페인 사람들은 하루에 5끼 가까이 먹다 보니 대식가라는 별명이 붙었다. 점심과 저녁 식사 외에도 간식과 음료를 자주 먹는다. 스페인 여행 중 각 시간대별로 추천하는 메뉴를 소개한다.

09:00~11:00
아침 식사
스페인식 샌드위치 보카디요 또는 비키니(햄과 치즈를 넣어 토스트한 샌드위치)와 수모(주스) 또는 바티도(셰이크) 등 먹고 싶은 것을 골라 든든하게 먹자.

08:00~09:00
모닝커피로 우유를 듬뿍 넣은 '카페 콘 레체'를 마시자. 설탕을 넣고 잘 섞어 마셔야 제맛! 달걀을 넣어 만든 토르티야나 크루아상을 곁들이자.

14:00
점심 식사
평일 점심 세트메뉴인 메뉴 델 디아를 먹은 후 후식으로 코르타도 커피 한 잔으로 마무리. 목요일이라면 파에야를 먹게 될 확률이 높다.

18:00
출출해질 때 바르에 들러 샴페인, 와인, 맥주, 클라라 등을 마시며 잠시 쉬어 가자. 알코올이 싫다면 추로스와 초콜라테를 추천한다.

01:00
출출하다면 피자나 케밥,
햄버거로 허기를 달래자.

03:00
클럽 타임
밤새도록 놀다가
허기가 질 때는
어디서나 늦게까지
파는 케밥이나
햄버거,
엠파나다가 최고!

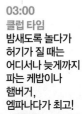

24:00
바르에서 진토닉이나
모히토, 럼콕 한 잔!

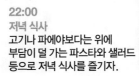

20:00
바르에서 음료와 함께
다양한 타파스를 맛보며
간단히 요기를 하자.

22:00
저녁 식사
고기나 파에야보다는 위에
부담이 덜 가는 파스타와 샐러드
등으로 저녁 식사를 즐기자.

스페인에서 쇼핑하기

유럽에서도 쇼핑 도시로 각광받는 바르셀로나와 마드리드를 여행할 계획이라면 미리 가방을 비워오자. 생활용품의 물가는 우리나라와 비슷해서 여행 중에 필요한 물건은 그때그때 구입해도 된다. 짐이 무거우면 여행이 아니라 극기 훈련이 된다는 점을 명심하자.

브랜드 쇼핑

스페인 브랜드인 자라, 망고, 마시모 두티, 로에베, 캠퍼 등은 시내 곳곳에서 쉽게 만날 수 있다. 특히 마드리드와 바르셀로나에는 프랑스, 이탈리아 등의 유럽 브랜드도 많다. 원하는 브랜드의 매장은 구글에서 브랜드명과 도시명을 함께 입력하여 검색하면 쉽게 찾을 수 있다. 최근 인기 있는 브랜드는 산드로, 코스, 마쥬, 빔바이롤라, 마조리카, 판도라, 토우 등.

백화점 쇼핑

스페인 대표 백화점 엘 코르테 잉글레스(El Corte Inglés)가 전역에 고루 분포되어 있다. 지하 1층의 식품 코너에서는 유럽 각지의 유명 제품을, 1층 액세서리 코너에서는 개성 넘치는 브랜드 제품을 구입할 수 있다. 주방용품 코너에서는 스페인 음식을 요리할 때 필요한 조리 기구 등을 판매한다. 레쿠에(Lékué)는 실리콘으로 만든 제품으로 단시간에 조리가 가능해서 전 세계적으로 인기가 높다. 사르가델로스(Sargadelos) 사의 고급 세라믹 찻잔인 플라토 등도 구입할 수 있다.

길거리 쇼핑

언제 신어도 발이 편한 캐주얼 단화 에스파드리유(Espadrille), 질 좋은 가죽으로 만든 가방과 구두 등은 거리 곳곳에서 쉽게 만날 수 있다. 거리 곳곳에 위치한 약국에서 화장품 쇼핑도 놓치지 말자.

기념품 쇼핑

그라나다와 마요르카의 알록달록한 예쁜 도자기, 검은 바탕에 금빛으로 조각한 톨레도의 다마스키나도, 플라멩코 용품 등 스페인 여행의 기념이 될 만한 물건들이 다양하다.

관광객이 많은 지역에는 대부분 기념품 가게가 있으며 좀 더 고급스러운 물건을 사고 싶다면 전문점으로 가자. 과자나 통조림, 조미료 등은 저렴하면서도 귀한 선물이 되므로 슈퍼마켓이나 식료품점도 잘 살펴보자.

시장 쇼핑

스페인 사람들의 생활 모습을 엿볼 수 있는 시장은 굳이 뭘 사지 않고 구경만 해도 즐겁다. 큰 도시뿐 아니라 중소 도시에도 그에 맞는 시장이 있으므로 Mercado라는 표지판을 잘 살펴보자. 바르셀로나 시내 중심인 대성당 앞, 레알 광장 주변에서 주말에 열린다.

> **Tip** 똑똑하게 쇼핑하기
>
> 1. 스페인산(Made in Spain) 브랜드를 공략하자. 자라, 망고 등 스페인에서 제작한 브랜드는 한국에서 사는 것보다 2~3배 정도 더 저렴하고 유럽의 다른 도시에 비해서도 10%가량 저렴하다.
> 2. 유럽의 명품 브랜드 구입 찬스. 스페인과 인접한 프랑스, 이탈리아, 스위스, 독일 등의 명품 브랜드를 쉽게 만날 수 있으며 유럽권에서는 가격이 거의 동일하다.
> 3. 대형 슈퍼마켓은 필수 쇼핑 코스. 한국에 수입되는 햄과 치즈를 2배가량 저렴하게 살 수 있으며 질 좋은 와인도 많아 실속 있는 쇼핑을 즐길 수 있다.
> 4. 미국 브랜드는 한국보다 비싼 경우가 많다. 특히 상당수의 미국 신발 브랜드는 결코 싸지 않으므로 스페인에서 미국 제품을 구입하는 것은 어리석은 짓이다.
> 5. 한 브랜드에서 90.15€ 이상을 스페인에서 쇼핑하고, 61.35€ 이상을 포르투갈에서 쇼핑하면 택스 프리(Tax Free)로 약 11% 이상 환급받을 수 있다. 면세 대상은 스페인 비거주자로 구입 후 3개월 이내에 EU 지역 밖으로 상품을 들고 나가는 것이 조건. 구입한 매장이 달라도 한 브랜드에서 쇼핑한 영수증을 모아 매장에 여권과 함께 제시하면 택스 프리 영수증과 EU 관세 도장을 찍어준다. 도장은 제품 구입일로부터 3개월간 유효하다. 현금 환급이나 카드 환급 둘 중에 하나를 선택할 수 있다.
> 6. 환급 받는 방법은 다음과 같다.
> 상점에서 : 지불할 때 여권을 보여주고 신청 용지를 받아 필요한 사항을 기입한다. 점원이 물품 수와 가격을 기입한 후 용지를 건네준다. 이 용지는 세관에서 신청할 때 필요하므로 잘 보관한다. 구입한 상품을 상점에서 우리나라로 직접 배송해 줄 경우에는 미리 가격에서 IVA(부가가치세)를 뺄 수 있다.
> 공항에서 : 공항 세관 창구에 구입한 상품과 함께 용지를 제출하고 도장을 받은 다음 환급 신청을 한다. 환급 금액은 계좌로 넣어주거나 소액 수표로 송금해주기도 하며, 공항에서 직접 현금으로 받을 수도 있다.
> 7. 스페인 바겐세일(Rebaja) 시즌은 1~2월과 7~8월로 연 2회. 세일 기간 초기일수록 물건의 종류와 사이즈가 많다. 할인율은 점포나 물품에 따라 다르지만 정가의 30~80% 정도. 세일 기간의 끝으로 갈수록 할인율이 커진다.

슈퍼마켓 쇼핑

대형 슈퍼마켓 카르푸(Carrefour)를 비롯해 동네 곳곳에 있는 디아(Dia),
메르카도나(Mercadona), 콘숨(Consum) 등의 슈퍼마켓에서
스페인산 식재료를 알뜰하게 구입할 수 있다.

발렌시아 지방에서 즐겨 먹는
음료 **오르차타(Horchata)**나
안달루시아 지방에서
즐겨 먹는 차가운 수프
가스파초(Gazpacho) 등은
슈퍼마켓에서 쉽게 살 수 있다.

투론(Turrón).
스페인 전역에서 크리스마스
시즌에 빼놓을 수 없는 디저트.
속에 들어간 재료에 따라 종류가
다양하다. 우리나라의 엿과 맛이
비슷하다.

스페인산 맥주.
바르셀로나는
에스트레야(Estrella),
마드리드는 **마오(Mao)** 등
각 지역의 맥주가 있다.

**버진 엑스트라 올리브오일(Aceite
de Oliva Virgen Extra).**
샐러드 드레싱으로 곁들이기 좋은
고급 올리브오일로 깡통에 들어
있어서 운반하기도 편리하다.

해산물을 구울 때 뿌리면
좋은 **페레힐(Perejil).**
파스타에 넣는 양념으로 좋은
오레가노(Oregano) 등의
향신료는 2€ 이내로 저렴하다.

**만사니야 차
(Te de Manzanilla).**
국화차와 비슷한 허브티인데 차로
마시거나 눈이 붓고 아플 때 팩을
하면 효과만점이다. 꿀이 포함된
**만사니야 콘 미엘(Manzanilla
con Miel)**도 인기만점.

파에야를 만들 때 넣는 소스인
파에예로(Paellero). 재료의 맛을
모두 담아내 요리 초보도 손쉽게
맛을 낼 수 있다.

파에야에 컬러와 맛을 더해주는
사프란(Azafràn). 국내에서는
비싼 가격에 판매된다.

스페인산 **와인(Vino)**,
카바(Cava), **로사도(Rosado)**
등은 선물용으로도 좋다.

슈퍼마켓의 햄 코너에 가면
하몬 세라노(Jamón Serrano)를
잡아들자. 종류가 다양하며
가격이 조금 비싼 게 맛도 좋다.

스페인산 굵은 소금 **살(Sal)**은
패키지도 예쁘고 조리된 요리 위에
장식용으로 뿌리기에도 좋다.
이비사 섬의 소금이
특히 유명하다.

슈퍼마켓의 치즈 코너에 가면
스페인 각 지방과 카탈루냐 지방의
치즈만을 별도로 모아놓았다.
스페인산 **치즈 만체고(Queso
Manchego)**는 누구나 무난하게
먹을 수 있다.

라 파데가(La Fadega)는
카탈루냐 지방의 유명 유제품
회사다. 요구르트와 잼은 타
브랜드에 비해 가격이 조금 비싼
대신 맛이 월등히 좋다. 미니
패키지는 선물용으로 안성맞춤.

발롤(Valor) 초콜릿.
130년 전통의 스페인산
초콜릿으로 선물용으로 인기가
많다. 맛과 사이즈도 다양하다.

아세이투나(Aceituna).
올리브 캔으로 검은 올리브,
씨 있는 올리브 등 종류에 따라
패키지 색상도 다양하다.

안달루시아의 영혼 **플라멩코 즐기기**

매일 밤 플라멩코 전문 극장인 타블라오에서 열리는 플라멩코 공연을 감상해 보자.
무희의 화려한 춤사위(바일레), 가슴을 울리는 기타 선율(토케), 숨막히는 노래(칸테)가
어우러져 잊지 못할 감동을 선사할 것이다.

플라멩코의 역사

플라멩코가 탄생한 것은 15~16세기 안달루시아 지방이라고 알려져 있다. 유대교, 그리스도교, 이슬람교의 세 종교가 교대로 지배하던 이곳에 로마족이 유입되어 안달루시아 지방의 춤과 노래를 자신들의 취향에 맞게 부르게 되었는데, 이것이 플라멩코의 시초였다.

초기의 플라멩코는 생활 속의 애환과 사랑 같은 일상적인 것을 주제로 노래했고, 반주는 팔마(손뼉)를 치는 것이 전부였다. 플라멩코에서 빼놓을 수 없는 파프인 기타나 캐스터네츠도 나중에 도입된 것이다. 박자도 맨발로 맞추었기 때문에 구두 소리(사파테아도)의 효과를 살릴 수도 없었을 것이다.

지금의 형태에 가까워진 것은 19세기 무렵으로, 세기말에 카페 칸탄테라는 플라멩코를 전문으로 공연하는 술집이 등장하면서 그 인기가 해외로까지 퍼졌으며 무대 공연을 하는 등 황금기를 맞았다. 하지만 그 인기도 오래가지 않아 라디오나 영화 같은 새로운 오락이 보급되고 1920년대 말부터 시작된 세계적인 불황, 1930년대의 내전으로 쇠퇴하기 시작했다.

다시 회복되기 시작한 것은 1950년대부터이다. 국민 생활이 안정되고 해외에서 찾아오는 관광객이 늘기 시작하자 타블라오(Tablao)라는 극장식 레스토랑이 등장했고 세계 각지에 애호가가 늘었다.

플라멩코 감상 포인트

안달루시아 지방에 간다면 플라멩코 감상은 필수다. 대도시인 세비야부터 항구도시인 카디스에 이르기까지 안달루시아 전 지역이 플라멩코의 고장이라 불린다. 특히 세비야에서는 매년 4월에 7일간 플라멩코 축제인 페리아가 열린다.

플라멩코는 작은 무대 위에 화려한 의상을 입은 무희가 정열적인 춤을 추는 것이다. 무희는 무대를 발바닥으로 힘있게 차며 구두 굽 소리와 절도 있게 꺾이는 손동작만으로도 관중의 마음을 사로잡는다. 무희에만 집중하지 말고, 남성 무용수의 관능적인 춤과 기타 연주, 노래에도 주목해 보자. 노래는 춤 이상으로 중요시되며 플라멩코의 진수이다. 흥겨운 리듬과 화려한 춤사위 외에도 비극적인 사랑의 결말이나 운명적인 삶의 애환을 담은 노래가 많다. 혼을 담은 듯한 떨리는 목소리, 찢어질 듯한 허스키 보이스 등 얼마나 감정이 담겨 있느냐가 주요 포인트이므로 스페인어를 몰라도 노래를 듣다 보면 저절로 빠져들게 된다. 감상할 때는 춤, 반주, 노래 각각에 주의를 기울이며 즐기면 된다. 너무 흥에 겨워 박수나 함성(Ole, 올레)을 연발하는 것은 삼가야 한다. 절묘한 타이밍에 소리를 넣어 주는 것은 좋으나 그 순간을 놓치면 도리어 방해가 되기 때문이다. 물론 주변 사람들이 시작하거나 무대에서 원한다면 얼마든지 호응을 해줘도 좋다. 공연이 끝나면 '케 아르테(Que Arte, 이건 예술이야!)', 또는 '오트라 오트라(Otra Otra, 한 번 더!)'를 외치면 된다. 관광객들을 대상으로 하는 플라멩코 업소는 대체적으로 수준 있는 공연을 보여준다. 기회가 있을 때 예약 가능한 업소에서 여유롭게 관람하면 된다. 처음 플라멩코를 접하는 사람들은 장시간 공연하는 고급 타블라오보다 짧은 시간 강렬한 쇼를 보여주는 바르 등에서 감상하길 추천한다.

플라멩코 어디에서 볼까?

플라멩코는 타블라오에서 즐기는 것이 좋다. 타블라오란 스페인어로 '판자를 깐다'를 뜻하는데, 말 그대로 널빤지로 만든 무대를 갖춘 극장식 레스토랑이다. 마드리드나 바르셀로나 외에도 세비야와 그라나다 등 플라멩코 본고장인 안달루시아의 각 도시에 타블라오가 많다. 관광안내소나 투숙하는 호텔 프런트에 문의하면 타블라오를 안내받을 수 있다. 호텔에서 예약을 대행해 주기도 한다. 타블라오 영업시간은 업소마다 다르지만 대개 밤 9~10시쯤부터 시작해 새벽 1~2시 정도에 끝난다. 약 1시간가량 진행하며, 하루 2~3회 공연한다. 첫 무대는 대개 관광객을 대상으로 하는 알기 쉬운 구성이며 밤이 깊어질수록 고도의 기술을 가진 무용수가 등장한다. 요금은 음료 한 잔 또는 저녁 식사를 포함한 공연 관람료로 구성되는 경우가 많고 대개 35~60€ 정도이다. 음료를 추가로 주문하면 요금이 약간 비싸지며, 요리도 그다지 맛있는 편은 아니므로 저녁 식사는 미리 하고 가는 것이 좋다.

스페인의 명물 **투우 관람하기**

우리가 흔히 말하는 투우는 스페인어로 'La Corrida de Toros'이며, 줄여서
토로스(Toros)라고도 한다. 투우 경기는 남부 지방으로 내려갈수록 인기가 좋고
젊은 사람들보다는 어르신들이 주로 관람한다. 오늘날에는 스페인
전 지역에서 투우의 잔인성 등을 이유로 반대 시위가 심해 대부분의 주에서
금지한 상태이며, 마드리드와 남부 몇몇 도시에서만 계속되고 있다.

투우의 역사

투우는 본래 목축업의 번성을 기원하면서 황소
를 재물로 바치는 의식에서 유래했다. 17세기
말까지 귀족들의 스포츠로 발달하다가 18세기
이후에 대중화되었으며 종교적 의미는 없어졌
다. 1701년 펠리페 5세의 왕위 즉위를 기념하
여 행해졌던 투우가 오늘날 투우의 모습과 흡사
하다. 언론 매체에서 투우 기사를 스포츠면에
다루지 않고 문화면에서 다루듯이 투우는 스페
인 사람들의 철학이 담겨 있는 그들만의 독특한
문화다.

거친 숨을 몰아쉬며 위협적인 뿔을 앞세워 돌
진하는 검은 수소와 맹수의 공격에 미동도 하
지 않고 장검을 뽑아 들어 날카로운 눈빛으
로 수소를 노려보는 투우사(Torero 또는
Matador)의 모습에서 관객들은 짜릿한 스릴
을 느낄 수 있다.

투우 경기 즐기기

투우는 3월 발렌시아의 불 축제를 시작으로
10월 초 사라고사의 필라르 축제까지 매주 일
요일 각 도시의 축제날에만 열린다. 원형 경기
장에 석양빛이 강하게 비춰 장내가 빛(Sol)과
그림자(Sombra)로 양분될 때, 정해진 시간
(여름은 오후 7시, 봄·가을은 오후 5~6시)에
시작된다.

좌석은 투우장과의 거리에 따라 Barreras,
Tendidos, Gradas, Andanadas로 나뉘
고, 태양빛에 따라 Sol(볕이 계속 드는 자리),
Sol y Sombra(볕이 들다 그늘로 바뀌는 자
리), Sombra(그늘 자리)로 구분되며, 가격도
달라진다. 스페인의 강렬한 햇볕 속에 투우를
관람하는 것은 상당히 괴로운 일일 뿐 아니라
역광에서는 잘 보이지도 않고 사진 찍기도 어렵
기 때문에 가격 차이가 상당하다.

그날 투우장의 좌장(보통 지방의 고위 관료 또는 경찰서장)이 입장하여 착석하면 악대가 행진곡인 파소 도블레(Paso Doble)를 연주하기 시작하고 투우사와 보조자들(Cuadrillas)이 등장한다. 주연 배우인 3명의 투우사(Toreros)와 작살을 꽂는 9명의 조연 배우(Banderilleros), 말을 타고 창으로 소를 찌르는 6명의 피카도레스(Picadores), 그리고 잡역(Monosabios)들이 차례로 입장하여 본부석에 예를 올린다.

투우사에 대한 소개가 끝나면 투우사와 맞설 소가 등장하는데, 이 소는 투우장에 들어오기 24시간 전부터 빛이 완전히 차단된 암흑의 방에 가둔다. 먼저 조연 배우가 등장하여 카포테(Capote)라는 붉은 천을 이리저리 휘두르면서 소를 흥분시킨다. 소는 어두운 곳에 갇혀 있다가 갑자기 밝은 햇빛 속에 나온 탓도 있고, 붉은 천의 조롱을 받으면 미쳐 날뛰듯이 장내를 휘젓는다. 이어 말을 탄 피카도레스가 등장하면서 조연 배우는 퇴장한다. 피카도레스는 교묘하게 말을 부리면서 창으로 소를 찌른다. 소는 더욱 흥분해 자기 성질을 억제하지 못할 정도에 이른다. 다음 조연 배우가 등장하여 소의 돌진을 피하면서 6개의 작살을 차례로 소의 목과 등에 꽂는다. 작살이 꽂힐 때마다 소는 더욱 미쳐 날뛰며 이에 따라 장내는 야릇한 흥분에 휩싸이게 된다. 이때 주연 배우인 마타도르가 검과 물레타(muleta)라고 하는 붉은 천을 감은 막대기를 들고 등장한다. 마타도르는 거의 미쳐버린 소를 물레타로 유인하고 교묘하게 몸을 비키면서 소를 다룬다. 싸우기를 약 20분, 장내의 흥분이 최고조에 이를 무렵 마타도르는 정면에서 돌진해 오는 소의 심장을 향해 검을 찔러 죽임으로써 투우는 끝난다. 투우는 단순히 소가 죽는 것으로 끝나는 경기가 아닌, 소와 맞서는 투우사의 자세에 달려 있다. 겁에 질려 피하는 것이 아니라 소와 맞서 당당하고 유연하게, 몸은 적게 움직이면서 우아한 동작을 뽐내는 것이 포인트라 할 수 있다.

스페인의 대표 볼거리가 되어 전 세계 관광객들이 투우를 보기 위해 스페인을 찾기도 하지만, 사실 스페인 사람들이 모두 투우를 즐기는 것은 아니다. 잔인성에 대한 논란이 십수 년째 계속되고 있으며 평생 투우를 관람하지 않은 사람도 많다. 특히 마드리드 같은 대도시에서 투우장에 자리를 메우고 있는 사람들은 관광객이나 노인들이 대부분이며, 남부 안달루시아 지방으로 내려가면 좀 더 활성화되어 있다. 카탈루냐 지방의 경우 투우가 금지되었다.

스페인
SPAIN

마드리드 & 스페인 중앙부
MADRID & ESPAÑA CENTRAL

바르셀로나 & 카탈루냐 지방
BARCELONA & CATALUÑA

그라나다 & 안달루시아 지방
GRANADA & ANDALUCÍA

스페인 북부
NORTE DE ESPAÑA

발렌시아 지방
VALENCIA

발레아레스 제도
ISLAS BALEARES

마드리드 &
스페인 중앙부

MADRID & ESPAÑA CENTRAL

스페인 중앙부에 위치한 마드리드는 해발 600~750m의 고지대에 있으며 만사나레스 강이 시가지를 가로질러 흐른다. 스페인의 수도답게 활기 넘치고 세련된 도시로, 세계적으로 유명한 미술관들이 모여 있으며 화려한 밤 문화를 만끽할 수 있다. 도시를 벗어나면 황량한 들판에 올리브 나무들이 늘어선 풍경이 펼쳐지고, 근교인 카스티야 이 레온(Castilla y León)과 카스티야 라만차(Castilla-La Mancha)로 나가면 매력 넘치는 여행지가 풍부하다.

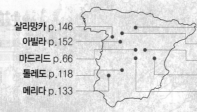

INTRO
마드리드 & 스페인 중앙부 이해하기

정치 · 경제의 중심지 마드리드

마드리드는 인구 약 300만 명에 이르는 스페인의 수도로서 정치 · 경제의 중심지이다. 스페인 중앙부에 위치해 있어 다른 지방으로 이동하기에도 편리하며, 역사적으로는 군사 전략의 요충지였다. 1309년 궁정과 의회가 마드리드에 첫발을 내디뎠고, 1556년 펠리페 2세가 왕위에 오르면서 처음으로 도시 외곽에 성벽을 쌓기 시작했다. 1561년 스페인의 수도로 정해진 이후 수백 년에 걸쳐 도시로서의 면모를 갖추어 나갔다. 거대한 성을 세우고 가톨릭 국가로서 위엄을 지키기 위해 웅장한 성당을 지었으며 부유층 귀족들의 저택도 속속 들어섰다. 17세기 제국주의의 황금시대를 거치면서 런던, 파리, 콘스탄티노플, 나폴리 다음으로 큰 도시로 성장하여 오늘날 마드리드의 구시가 모습이 완성됐다.

마드리드 주변의 매력 넘치는 도시들

스페인 특유의 매력을 찾고자 하는 여행자라면 마드리드보다는 근교로 나가기를 추천한다. 마드리드에서 1~2시간 거리에 스페인의 향기가 물씬 나는 매력 넘치는 도시들이 흩어져 있다. 북서쪽의 카스티야 이 레온(Castilla y León) 지방은 중세 모습이 그대로 남아 있어 볼거리가 가득하다. 주요 도시로는 성채 도시 세고비아(Segovia)와 아빌라(Ávila), 유서 깊은 대학 도시 살라망카(Salamanca), 스페인의 3대 대성당 중 하나가 있는 부르고스(Burgos), 스페인 표준어를 구사한다는 바야돌리드(Valladolid) 등이 있다. 남쪽의 카스티야 라만차(Castilla La Mancha) 지방은 소설 《돈키호테》의 무대로도 유명하다. 주요 도시로는 스페인의 대표 화가인 엘 그레코의 도시 톨레도(Toledo), 아름다운 궁전이 있는 엘 에스코리알(El Escorial)과 아란후에스(Aranjuez), 세르반테스의 고향이자 학문의 도시 알칼라 데 에나레스(Alcalá de Henares) 등이 있으며 당일치기로 충분히 다녀올 수 있다.

카스티야 이 레온
Castilla y León

부르고스
Burgos

세고비아
Segovia

살라망카
Salamanca

아빌라
Ávila

알칼라 데 에나레스
Alcalá de Henares

마드리드
Madrid

쿠엥카
Cuenca

톨레도
Toledo

아란후에스
Aranjuez

카스티야 라만차
Castilla La Mancha

메리다
Mérida

스페인 중앙부

**스페인의 요람과
중세의 성채 도시**

마드리드 주변의 카스티야 이 레온과 카스티야 라만차의 카스티야(Castilla)는 성(Castle)을 뜻하는 스페인어 카스테야(Castella)에서 나온 말이다. 이슬람교도와 기독교인들이 수백 년간 이어온 전쟁으로 마드리드 주변에는 많은 성이 지어졌고, 성 주변의 작은 마을들은 오늘날까지도 옛 모습 그대로 남아 있는 경우가 많다. 국토회복운동, 즉 레콩키스타의 중심이 된 곳은 현재 두 지방에 이름을 남긴 중세의 카스티야 왕국이었다. 카스티야 왕국은 초기에 레온 왕국 지배하의 속국으로 부르고스에 도읍을 두었으나, 1037년 카스티야 왕국의 페르난도 3세가 쇠퇴한 레온을 합병하고 1085년 톨레도를 점령해 이슬람교도들의 맹공격에도 도시를 지켜냈다. 1469년 카스티야의 이사벨 왕녀와 아라곤 왕 페르난도 2세가 결혼하면서 연합 왕국이 탄생했고, 이들은 이베리아 반도에서 마지막까지 이슬람 지배권에 있던 그라나다를 함락시켜 700여 년에 걸친 레콩키스타를 완결한다.

**소설
《돈키호테》의 무대
라만차**

톨레도에서 남동쪽으로 내려가면 메마른 붉은 대지에 드넓은 포도밭이 펼쳐지고 흙먼지 나는 황량한 벌판이 나타난다. 세르반테스의 소설 《돈키호테》가 이 지역을 배경으로 쓰였기 때문에 여행을 하다 보면 소설 속 무대가 된 곳을 만날 수 있다. 거인인 줄 알고 풍차와 결투를 벌였던 캄포 데 크립타나(Campo de Criptana), 상상 속 여인 둘시네아가 살던 엘 토보소(El Toboso), 아름다운 고성과 풍차가 있던 콘수에그라(Consuegra) 등 라만차 지방의 작은 마을들을 방문해 보자. 단, 대중교통이 발달하지 않았으므로 렌터카를 이용해 여행할 것을 추천한다.

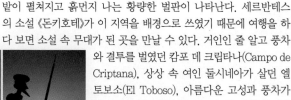

마드리드 **MADRID**

MADRID

마드리드는 스페인의 수도로 내륙의 중앙부에 위치해 있어 각 도시로 이동하기 편리하다. 19세기 후반부터 발전해 정치 · 경제의 중심지이자 스페인을 대표하는 현대적 문화 도시가 되었다. 다른 도시에 비해 역사가 짧아 전통적인 모습은 찾아보기 어렵지만 스페인 여행에서 빠뜨릴 수 없는 도시이다. 마드리드의 중요 관광 자원 중 하나로는 왕궁을 꼽을 수 있다. 18세기 부르봉 왕조의 번영을 반영한 화려한 건물과 내부의 소장품들은 관광객에게 멋진 볼거리를 선사한다. 또한 며칠이 걸려도 다 못 볼 정도로 많은 작품을 소장한 프라도 미술관과 그 외 여러 미술관들은 미술 애호가들의 사랑을 받고 있다. 시내 중심부에는 수많은 광장이 있고 골목 안에는 바르, 카페테리아, 레스토랑 등이 자리해 맛있는 타파스와 함께 향기로운 와인을 마시며 도시의 정취를 흠뻑 만끽할 수 있다. 자정이면 시작되는 파티 문화와 젊은이들의 열정이 뿜어내는 열기를 곳곳에서 느낄 수 있는 것도 마드리드의 매력이다.

마드리드 키워드 5

Keyword 1

미술관

마드리드에는 크고 작은 미술관과 갤러리가 곳곳에
있다. 그중에서도 세계 3대 미술관 중 하나로
꼽히는 프라도 미술관과 티센 보르네미사 미술관,
국립 소피아 왕비 예술 센터에서는 유럽 미술
거장들의 작품을 감상할 수 있다. 미술관 산책을
즐기는 여행자라면 아담한 개인 미술관과 갤러리를
추천한다. 살라망카, 추에카, 알론소 마르티네스,
아토차 지역과 국립 소피아 왕비 예술 센터 주변에
작은 갤러리들이 모여 있다. 참고로 마드리드의
미술관 협회 사이트인 아르테 마드리드(http://
artemadrid.com)에서 개성 넘치는 개인 미술관
정보를 찾을 수 있다.

Keyword 2

왕궁

마드리드와 그 주변 지역을 제외하고 스페인의 다른
도시에서 왕궁을 보기는 쉽지 않다. '태양이 지지 않는
제국'이라 불렸던 스페인의 황금시대에 지어진 왕궁은
그 규모부터 남다르며, 내부도 호화롭고 찬란하다.
약 30년에 걸쳐 완성된 궁전에는 2800여 개의 방이
있고 현재 공개하는 50여 개의 방에는 왕족들이
사용한 가구와 물건들이 그대로 전시되어 있어 옛
스페인의 번영을 짐작할 수 있다. 시간적 여유가
있다면 궁전 내부까지 꼭 둘러보자.

Keyword 3

메손

도시의 화려한 밤을 만끽하고 싶다면 마드리드만한 곳도 없다. 주말이 시작되는 금요일부터
일요일까지 밤 9시가 넘으면 거리의 레스토랑과 바르는 밤 문화를 즐기려는 사람들로 발 디딜 틈이
없다. 이 분위기를 제대로 즐기려면 저녁 8시쯤 바르에서 와인이나 베르무트와 타파스를 먹으며
허기를 달랜 후, 밤 10시쯤 레스토랑으로 들어가 느긋하게 스페인 요리로 만찬을 즐긴다. 식사를
마치고 밤 12시부터는 칵테일을 마시며 진짜 파티를 시작해 보자.

3

Keyword 4

근교 여행

관광객으로 북적거리는 대도시
마드리드가 피곤하게 느껴진다면
근교 소도시로 발걸음을 옮겨보자.
마드리드에서 열차나 버스를 타고
약 1시간 30분 정도만 가면
스페인의 전원 풍경을 마음껏
즐길 수 있는 예쁜 시골 마을들을
만날 수 있다. 그중에서도 톨레도,
세고비아, 아빌라, 쿠엥카 등은
여유롭게 여행을 즐기고 싶은
여행자들에게 인기 있으며,
당일치기나 1박 2일로 머물기에
좋은 곳들이다.

Keyword 5

쇼핑

여행 일정에서 마드리드가 최종
도시라면 짐 걱정 없이 마음껏
쇼핑을 즐길 수 있다. 스페인
유일의 백화점인 엘 코르테
잉글레스에서는 스페인산
식재료와 주방용품, 액세서리 등을
구입하기에 좋고, 그란비아 거리를
중심으로 뻗어 있는 골목에서는
중저가 브랜드와 다양한 유럽
제품을 구입할 수 있다. 고급
브랜드나 명품 쇼핑을 원한다면
세라노 거리를, 로컬 디자이너의
브랜드 쇼핑을 원한다면
살라망카를 집중 공략하자.

마드리드에서 꼭 해야 할 일 7가지

1 주말 벼룩시장 구경하기

일요일 오전 10시~오후 3시에 열리는 유럽 최고의 벼룩시장 엘 라스트로에 가보자(→p.113). 거리를 가득 메운 노점상과 골목골목 숨어있는 작은 가게들을 구경하는 재미가 쏠쏠하다. 물건을 고른 후 흥정은 필수!

2 마드리드 시내 전경을 한눈에 감상하기

가장 인기 있는 곳은 팔라시오 데 시벨레스 센트로 센트로(→p.86)와 시르쿨로 데 베야스 아르테스(→p.103). 저렴한 가격으로 최고의 전망을 즐길 수 있다. 레스토랑에서 식사를 하거나 야외 테라스에서 칵테일을 마시며 마드리드 시내의 아름다운 경관을 여유롭게 감상해 보자.

3 작지만 실속 있는 개인 미술관 탐방하기

유럽의 대형 박물관 순회에 지쳤다면 마드리드에서는 개인 미술관에 가보자. 옛 저택을 개조하여 미술관으로 개관한 낭만주의 미술관(→p.106)이나 소로야 미술관(→p.106)은 작품 외에도 그 시대의 생활모습과 직접 사용했던 아틀리에를 볼 수 있어 아기자기한 재미를 더해준다.

4 레티로 공원에서 시에스타 즐기기

강한 햇빛이 내리쬐는 오후 2~5시까지는 공식적으로 낮잠을 즐기는 시에스타 시간이다. 대부분의 상점이 문을 닫아 이 시간대에는 갈 곳이 마땅치 않다. 천천히 점심 식사를 하고 레티로 공원(→p.85)으로 가서 나무 그늘 아래에 드러누워 시원한 바람을 맞으며 달콤한 휴식을 즐겨보자.

5 카바 바하 거리에서 타파스 체험하기

마드리드의 저녁은 카바 바하 거리(→p.108)에서 즐겨보자. 마요르 광장에서 남쪽으로 조금만 걸어가면 좁다란 골목 양편으로 타파스 바르와 레스토랑, 선술집들이 줄지어있다. 마음에 드는 곳에 들어가 사람들이 많이 먹는 음식을 보고 같은 것으로 주문해 보자. 실패할 확률은 제로!

6 여름 밤 마요르 광장에서 야경 감상하기

한 손에는 오징어튀김 샌드위치인 칼라마레스 프리토스 보카디요(Calamares Fritos Bocadillo)를 들고 다른 한 손에는 와인이나 맥주잔을 들고 마요르 광장에 앉아 간단하게 저녁 식사를 즐겨보자. 시원한 바람이 불어오는 광장에서 삼삼오오 모여 야경을 감상하는 젊은이들로 활기가 넘친다.

7 또 다른 매력을 찾아 근교 도시로 떠나기

마드리드 도심의 번잡함이 싫다면 근교 도시로 발걸음을 옮겨보자. 톨레도, 쿠엥카, 아란후에스, 알칼라 데 에나레스, 라만차, 메리다, 세고비아, 살라망카, 부르고스, 아빌라 등은 당일치기나 1박 2일로 다녀오기에 충분하다. 스페인의 옛 정취를 품은 근교 도시에서 또 다른 매력을 찾아보자.

마드리드 가는 법

유럽 내에서 마드리드로 갈 때 비행기, 열차, 유로버스 등을 이용할 수 있다. 비행기는 이지젯, 라이언에어, 부엘링항공 같은 저가 항공을 이용할 수 있다. 또한 스페인 각 도시에서는 비행기, 열차, 버스 등 교통편이 많아 이동하기 편리하다.

ACCESS
MADRID

비행기

우리나라에서 마드리드로 가는 직항편은 대한항공에서 주 3회 운항하고 있다. 그 외에 루프트한자, 핀에어, KLM네덜란드항공, 카타르항공 등이 경유편을 운항하고 있으므로 여행 시기와 예산에 맞춰 선택하면 된다. 여름 성수기인 7~8월과 겨울 크리스마스 시즌인 12월을 제외하고 봄과 가을에는 각 항공사별로 특별 할인을 실시하기도 한다. 유럽의 주요 도시에서 마드리드로 갈 때는 이지젯, 라이언에어, 부엘링항공 등의 저가 항공을 이용하는 경우가 많다.

마드리드 바라하스 국제공항
Aeropuerto de Madrid-Barajas

마드리드 시내에서 북동쪽으로 약 13km 떨어진 곳에 위치해 있다. 공항에는 총 4개의 터미널이 있으므로 다른 나라나 도시로 갈 때는 어느 터미널인지 확인하고 이동한다. 터미널 1(T1)은 대한항공, 루프트한자, 카타르항공, 라이언에어, 이지젯, 에어유로파 등의 국제선이 발착한다. 터미널 2(T2)는 국내선과 셍겐조약 가입국이 취항하는 KLM네덜란드항공, 에어프랑스, 알리탈리

아항공 등의 국제선이 발착한다. 터미널 3(T3)은 거의 사용되지 않는다. 터미널 4(T4)는 국제선과 국내선, 셍겐조약 가입국의 항공편이 모두 발착하며 이베리아항공, 부엘링항공, 에미레이트항공, 핀에어 등이 도착한다. 터미널 1·2·3은 한 건물에 있고 터미널 4만 약 2km 떨어져 있다. 터미널 간의 이동은 약 5분 간격으로 운행하는 무료 셔틀버스를 이용하면 된다. 각 터미널에는 유료 짐 보관소가 있으며 요금은 하루에 10€. 1층 도착 로비에는 관광안내소와 환전소 등이 있다.

공항 홈페이지 www.aeropuertomadrid-barajas.com

> **Tip** 공항 내 관광안내소 이용하기
>
> 각 터미널에는 관광안내소가 여행객 도착 지점을 중심으로 4군데씩 곳곳에 위치해 있다. 특히 모든 터미널의 수하물 인도장 부근에는 거의 있다. 짐을 찾고 나가는 길에 관광안내소에 들러 시내 지도를 비롯해 축제 일정표, 월별 행사를 소개한 잡지, 메트로 노선도 등을 받아두자. 영어가 가능한 안내원이 항시 대기하고 있으므로 시내로 나가기 전에 궁금한 점이 있으면 무엇이든 물어보자.
>
> **관광안내소**
> **T2 :** 0층의 도착 지점, 2층의 체크인 존
> **T4 :** 0층의 도착 지점, 짐 찾는 SALA10 바로 앞, 1층의 검색대 H존, 2층의 체크인 존과 검색대 존
> **운영** 08:00~21:30

공항에서 시내로 가는 법

공항에서 마드리드 시내로 갈 때는 메트로, 버스, 택시, 근교 열차 등을 이용하면 된다. 가장 편하고 빠르게 이동할 수 있는 것은 메트로이다. 근교 열차는 저렴하긴 하지만 이동시간이 많이 소요되고, 하차 후 메트로로 환승할 때 역의 규모가 너무 커서 혼란스러울 수 있다. 택시는 짐이 많거나 일행이 있을 경우에 이용하도록 한다.

●메트로

메트로 8호선이 공항에서 시내까지 연결된다. 터미널 1·2·3에서 내리면 Aeropuerto T1-T2-T3역을, 터미널 4에서 내리면 Aeropuerto T4역을 이용하게 된다. 두 역은 두 정거장 떨어져 있다. 종착역인 Nuevos Ministerios역까지는 약 20분 걸리며 30분 간격으로 운행한다. 승차권은 1회권, 10회권 등이 있다. 마드리드 시내 어느 존이나 연결되는 Billete Sencillo Metro Zona A나 관광지 외에 마드리드 시내 남쪽 지역과 강 건너 지역까지 연결하는 Ete Sencillo Combinado 승차권을 구입하는 것이 경제적이다. 요금에는 공항 할증료 4.50~5€가 포함되어 있다. 승차권은 자동발매기에서 구입하며 역무원이 항시 대기하여 도움을 준다.

●버스

공항 리무진버스와 일반 시내버스가 공항과 시내를 연결한다.

공항 리무진버스
Línea Exprés Aeropuerto(203번)

공항의 터미널 1·2·4에서 마드리드 시내의 메트로 1호선 Atocha Renfe역까지 24시간 운행한다. 단, 심야(23:30~06:00)에는 시벨레스 광장 앞 나이트 버스 정류장에서 N27번이 정차한다. 요금은 5€이고 승차권은 버스 탈 때 운전기사에게 직접 구입한다. 운행 간격은 낮에는

약 15~20분, 밤에는 약 35분이며 시내까지 40분 정도 걸린다.

타는 곳
터미널 1(T1) – 0층 도착존, 1층 출발존
터미널 2(T2) – 0층 도착존, 1층 출발존
터미널 4(T4) – 0층 도착존

공항 리무진버스 노선 안내

Aeropuerto T4역 (터미널 4 출·도착) 메트로 8호선과 연결
↑↓
Aeropuerto T2역 (터미널 2 출·도착) 메트로 8호선과 연결
↑↓
Aeropuerto T1역 (터미널 1 출·도착) 메트로 8호선과 연결
↑↓
O'Donnell역 메트로 6호선과 연결
↑↓
Plaza de Cibeles 메트로 2호선 Banco de España역과 연결
↑↓
Atocha-Renfe역 메트로 1호선과 연결 (※23:30~06:00 사이에는 정차하지 않음)

일반 시내버스

200번 버스가 공항에서 메트로 4·6·7·9호선 Avenida de América역까지 연결한다. 운행 시간은 05:00~23:300이며 10~20분 간격으로 다닌다. 요금은 1.50€이고 승차권은 버스 탈 때 운전기사에게 직접 구입하면 된다.

●택시

도착 로비 밖으로 나오면 택시 승강장이 있다. 목적지의 정확한 스페인어 주소를 보여주면 택시기사가 알아서 데려다준다. 서비스는 좋은 편이며 내릴 때 영수증은 꼭 받아두자. 공항에서 시내까지의 요금은 약 30€를 예상하면 된다. 공항에서 시내까지 또는 시내에서 공항까지 이용할 경우 5.50€의 추가 요금이 붙는다. 짐은 별도의 추가 요금이 없다.

운행 시간 및 기본요금
월~금요일 07:00~21:00, 2.40€, km당 1.50€
토·일요일·공휴일 07:00~21:00, 2.90€, km당 1.20€
월~일요일·공휴일 21:00~06:00, 2.90€, km당 1.50€

● 근교 열차 세르카니아스(Cercanías)

근교 열차 세르카니아스(C1)가 공항과 시내 기차역을 연결한다. 타는 곳은 터미널 4(T4) 지하 1층의 메트로역 바로 옆이다. 근교 열차가 연결되는 주요 기차역은 차마르틴역, 아토차역, 프린시페 피오역, 누에보스 미니스테리오스(Nuevos Ministerios)역이다. 06:00~23:30 사이에 30분 간격으로 운행하며, 요금은 편도 2.60€, 왕복 5.20€. 티켓은 렌페(Renfe) 안내 창구 옆 전용 티켓 발매기에서 구입한다. 숙소가 시내 기차역 근처이거나 공항에 도착해 바로 근교 도시로 이동할 경우에 이용하면 편리하다.

공항에서 주요 역까지의 소요 시간

도착역	소요 시간
Chamartín역	11분
Nuevos Ministerios역	18분
Atocha역	25분
Príncipe Pío역	38분
Puerta del Sol역	22분

Tip 마드리드 시내 소매치기 주의!

1. 스페인 전역에 특별히 위험한 곳은 없지만 자신도 모르는 사이에 중요한 소지품을 훔쳐 가는 소매치기들이 많아 항상 주의를 기울여야 한다. 신변을 위협해 물건을 훔쳐가는 강도는 없지만 좀도둑이 많다. 무서워하지 말고 당당하게 쳐다보며 접근금지 눈빛을 보내자.

2. 관광객이 많이 앉아있는 레스토랑의 야외석에서 테이블 위에 휴대폰을 올려 놓으면 절대 안된다. 한눈을 파는 사이에 휴대폰을 훔쳐 가거나 광고용 전단지를 테이블 위에 올려놓는 척하면서 휴대폰을 가져가기도 한다.

3. 브랜드 로고가 찍힌 가방이나 화려한 액세서리 등을 하지 않는 스페인에서 브랜드 로고 가방을 들면 관광객임을 자처하는 것이며 소매치기들의 주요 표적이 됨을 잊지 말자. 최대한 간편하게 다녀야 마음도 편하다.

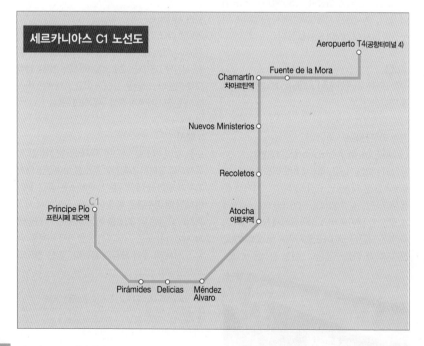

세르카니아스 C1 노선도

열차

스페인 각지와 유럽의 주요 도시에서 마드리드로 갈 때는 국영철도 렌페(Renfe), 고속철도 아베(AVE), 알타리아(Altaria), 저가 기차인 오우이고(OUIGO) 등을 이용하여 이동할 수 있다. 대부분의 노선이 마드리드를 중심으로 방사상으로 퍼져 있는 점이 특징이며 노선망도 잘 갖춰져 있다. 마드리드의 주요 기차역은 차마르틴역, 아토차역, 프린시페 피오역 3곳이다. 기차역은 메트로와 버스로 연결되어 있어서 시내로 이동하기에도 편리하다. 또한 환전소, 코인로커, 슈퍼마켓, 레스토랑, 관광안내소 등의 편의시설이 있다. 대부분 일요일이나 공휴일에도 영업하므로 시간에 구애받지 않고 이용할 수 있다.

철도 홈페이지 www.renfe.es

차마르틴역
Estación de Chamartín

스페인 북부 지방과 근교(세고비아), 그리고 유럽의 주요 도시를 연결하는 국제열차와 국내 야간열차가 발착한다. 마드리드 시내 북쪽에 위치하며 역 구내에는 은행, 관광안내소, 호텔안내소, 렌터카 영업소 등 다양한 시설이 있다. 메트로 1·10호선 Chamartín역과 연결되어 있다.

주소 Calle Agustín de Foxa, s/n
운영 티켓 예매 10:00~20:00(평일 기준),
당일티켓 구입 06:35~22:10

아토차역
Estación de Atocha

마드리드 근교(톨레도, 아란후에스)와 안달루시아 지방(코르도바, 세비야, 그라나다) 등 주로 남부 도시를 연결하는 열차가 발착하며, 고속철도 아베(AVE)도 이곳에서 발착한다. 마드리드 시내 남쪽에 위치하며 1851년에 문을 연 마드리드 최초의 철도역이다. 규모가 상당히 커서 총 3개 구역으로 나뉜다. 500여 종의 식물이 있는 넓은 식물원 건물은 푸에르타 데 아토차(Puerta de Atocha), 마드리드 근교 열차가 발착하는 아토차 세르카니아스(Atocha Cercanías)역, 메트로역과 연결되는 아토차 렌페(Atocha Renfe)역으로 구분된다. 아토차 세르카니아스역과 메트로 아토차 렌페역은 한 건물 내에 있어 환승이 편리하다. 역 앞에는 2004년 3월 11일 폭탄 테러로 숨진 191명을 기리는 기념비(Monumento en Homenaje a Las Víctimas del Atentado)가 있다. 메트로 1호선 Atocha Renfe역과 연결되어 있다.

주소 Plaza Emperador Carlos V
운영 티켓 예매 10:00~20:00(평일 기준),
당일티켓 구입 05:30~22:30

프린시페 피오역
Estación de Príncipe Pío

갈리시아 방면을 연결하는 열차가 발착한다. 마드리드 시내 서쪽에 위치하며 북역(Estación del Norte)이라고도 불린다. 프린시페 피오역과 오페라역을 오가는 메트로 R선, 근교 열차, 교외 버스와 장거리 버스 등을 탈 수 있는 버스 터미널이 함께 자리해 있다. 1859년부터 마드리드와 근교 도시를 연결하는 주요 역 중의 하나로, 1990년 리모델링하면서 대형 쇼핑몰이 들어섰다. 메트로 6·10호선 프린시페 피오역과 연결되어 있다.

주소 Paseo del Rey, s/n
운영 06:00~01:30

버스

아우토카르(Autocar)라고 불리는 장거리 버스가 마드리드와 스페인의 각 도시를 연결한다. 마드리드에는 주요 버스 터미널이 5~7군데 있으며, 다양한 버스 회사의 노선이 운행된다. 근교 도시에서 오는 노선, 스페인 북부와 남부 지방에서 오는 노선 등 출발지에 따라 도착하는 버스 터미널이 다르므로 미리 확인하도록 한다. 주요 도시에서 마드리드로 가는 데 소요되는 시간은 바르셀로나에서 7시간, 사라고사에서 4시간, 그라나다에서 5시간 정도 걸린다.

남부 버스 터미널
Estación Sur de Autobuses

마드리드 최대의 버스 터미널. 유럽의 주요 도시를 연결하는 국제선 버스를 비롯해 스페인 국내 중·장거리 버스가 발착한다. 터미널 내에는 각 버스 회사별 매표소 창구가 길게 늘어서 있으며, 중앙에는 안내센터가 있어서 시간표 등의 정보를 얻을 수 있다. 멘데스 알바로 버스 터미널(Intercambiador Méndez Alvaro)이라고도 불린다. 메트로 6호선 Méndez Álvaro역과 연결되어 있다.

주소 Calle Méndez Álvaro, 83
홈페이지 www.estacionautobusesmadrid.com

플라사 엘리프티카 버스 터미널
Intercambiador de Plaza Eliptica

지하 3층에서 메트로역과 바로 연결되며 버스 승차장은 지하 1, 2층에 있다. 톨레도를 오가는 장거리 버스가 지하 1층 7번 승차장에서 발착하며, 승차권은 지하 3층 알사(Alsa) 버스 회사의 매표소에서 구입하면 된다. 메트로 6·11호선 Plaza Elíptica역과 연결되어 있다.

주소 Plaza de Fernández Ladreda

프린시페 피오 버스 터미널
Intercambiador de Príncipe Pío

세고비아를 비롯해 마드리드 서쪽 방면을 연결하는 버스가 운행된다. 메트로역과 기차역, 버스 터미널이 통로로 연결되어 있다. 버스 터미널은 지하 1, 2층이며 승차권 매표소는 지하 1층에 있다. 메트로 6·10호선 Príncipe Pío역과 연결되어 있다.

주소 Calle Glorieta de San Vicente

아베니다 데 아메리카 버스 터미널
Intercambiador Avenida de América

대형 터미널로 마드리드 북쪽 방면을 연결하는 버스가 운행된다. 바르셀로나, 빌바오, 부르고스, 팜플로나 외에도 남부의 그라나다로 가는 콘티넨탈 아우토(Continental Auto) 회사의 장거리 버스와 알사(Alsa) 버스, 공항행 버스도 발착한다. 메트로 4·6·7·9호선 Avenida de América역과 연결되어 있다.

주소 Calle Francisco Silvela

버스 회사별 운행 지역

버스 회사	운행 지역
알사 (Alsa)	바르셀로나, 라 코루냐, 레온, 오비에도
콘티넨탈 아우토 (Continental Auto)	빌바오, 부르고스, 그라나다, 톨레도
아우토 레스 (Auto Res)	아빌라, 쿠엥카, 살라망카, 세고비아, 톨레도, 발렌시아

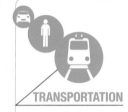

마드리드 시내 교통

마드리드는 시내 교통망이 잘 발달되어 있다. 주요 교통수단은 메트로와 버스이며, 시내 어디든 자유롭게 갈 수 있다. 시간과 거리에 따라서 택시가 편리한 경우도 있다. 마드리드에서 근교로 나갈 때는 운행 편수가 많고 요금도 저렴한 교외 버스가 편리하다.

메트로 Metro

메트로는 시내 관광을 할 때 가장 편리한 교통수단이다. 총 13개 노선(근교 노선까지 포함하면 16개)이 있으며 운행 시간은 06:00~01:00이다. 운행 시간이 끝난 후에는 시내 각 지점을 연결하는 나이트 버스가 운행된다. 주말에는 메트로부오(Metrobuho) 버스가 메트로 노선과 동일한 역에 정차하며 밤새 다닌다. 각 역에는 메트로 노선도가 배치되어 있으며 관광객도 알기 쉽게 잘 설명되어 있다. 메트로 승하차 시에는 구간에 따라 문에 손잡이가 달린 곳이 있는데 손잡이를 위로 올려야 문이 열린다. 역에 도착하

여 전동차에서 내리면 '나가는 곳'이라는 뜻의 'Salida'라고 쓰인 초록색 표지판을 따라 나오면 된다. 관광객이 많이 다니는 시내 중심의 메트로역에는 소매치기가 많으므로 항상 주의한다.

● 승차권

승차권은 1회권, 10회권, 1일권 등이 있으며 승차 횟수, 존(Zone), 기간에 따라 다양하다. 마드리드 시내는 A존에 속한다. 마드리드에서 3~4일 정도 머무를 예정이라면 10회권으로 충분하다. 10회권은 메트로와 버스를 공통으로 이용할 수 있으며, 요금도 경제적이고 일일이 표를 사지 않아도 되서 편리하다. 승차권은 매표소나 자동발매기에서 현금 또는 카드로 구입할 수 있다. 요금은 1회 1.50€이며(5정류장 이후 2€까지 추가), 개찰구를 나오지 않고 다른 노선으로 환승이 가능하다.

승차권의 종류와 요금

종류	요금	비고
1회권 Billete 1 viaje	1.50~2€	Zone A
10회권 Billete 10 viajes	12.20€	Zone A, 메트로와 버스 공용
관광객용 1일권 Abono Turístico	8.40€	Zone A, 하루 무제한, 공항 구간 이용 불포함
시내-공항 구간권 Billete Aeropuerto	6€	공항할증료 Suplemento 포함

> **Tip** 마드리드 시내 교통의 최신 정보
> 메트로, 버스, 렌페, 교외 버스 등 마드리드 시내 교통수단의 시각표와 요금 등에 관한 최신 정보는 CTM 마드리드 홈페이지에서 얻을 수 있다.
> 홈페이지 www.ctm-madrid.es

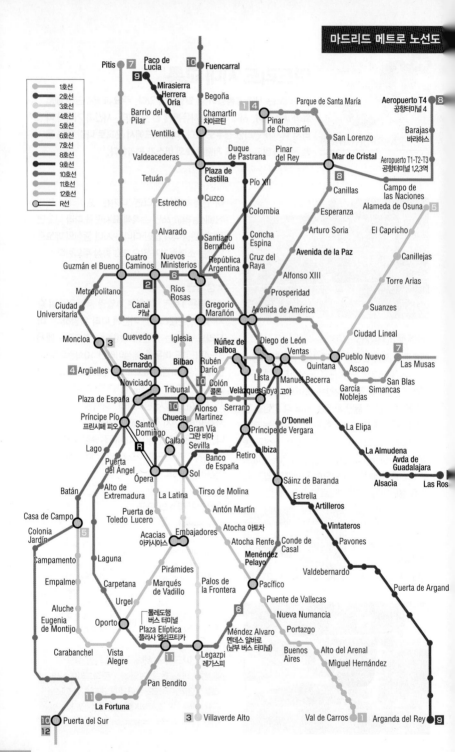

마드리드 메트로 노선도

1호선
2호선
3호선
4호선
5호선
6호선
7호선
8호선
9호선
10호선
11호선
12호선
R선

시내버스 Autobús

'아우토부스'라고 불리는 빨간색 버스로 150여 개의 노선이 마드리드 시내 곳곳을 연결한다. 시내버스는 낮에 운행하는 버스와 심야에 운행하는 버스(버스 번호 앞에 'N'이 붙음)로 구분된다. 버스를 이용하려면 버스 노선도가 꼭 있어야 한다. 노선도는 관광안내소 등에서 얻을 수 있다. 버스 정류장에는 노선 번호와 버스 정류장 이름 외에도 전체 노선도가 게시되어 있으므로 타기 전에 잘 확인한다. 내릴 때에는 정차 버튼을 누르고 버스 뒷문으로 내린다. 마드리드 시내는 출퇴근 시간대에 교통 체증이 심한 편이므로 빠른 이동을 원할 때는 메트로가 편리하다.

●승차권

승차권은 버스에 탈 때 운전기사에게 직접 구입할 수 있다. 10회권은 버스 안에 있는 개찰기에 통과시켜 개찰하면 된다. 1회권 요금은 메트로와 마찬가지로 1.50€이다. 버스 노선과 정류장 등에 관한 상세한 정보는 EMT 마드리드 홈페이지(www.emtmadrid.es)에서 얻을 수 있다.

> **Tip** **시내버스 이용 시 추천 애플리케이션**
>
> **EMT Madrid**
> : 버스 노선, 번호, 정류장 위치 확인
> **Rapibús Madrid**
> : 정류장별 버스 도착 시간 확인
> **goBus Madrid EMT**
> : 버스 번호별 정류장 위치 확인
> **Madrid EMT | Metro | Renfe**
> : 메트로, 렌페, 세르카니아스의 최신 정보 확인

교외 버스 Interurbanos

녹색 버스로 마드리드와 친촌, 아란후에스, 알칼라 데 에나레스 등의 근교 도시를 연결한다. 각 버스 터미널은 메트로역과 연결되어 있어 편리하다. 운행 시간은 보통 06:00~23:30이며 약 1시간 간격으로 운행한다.

●승차권

승차권은 버스에 탈 때 운전기사에게 직접 구입하거나, 정류장의 자동발매기에서 구입할 수 있다. 요금은 거리에 따라 다르며 대부분 5€ 이하로 저렴하다. 버스 노선과 시각표, 요금 등에 관한 상세한 정보는 CTM 마드리드 홈페이지(www.crtm)에서 'Interurbanos'를 클릭하면 얻을 수 있다.

택시 Taxi

마드리드의 택시는 흰색 차체에 붉은색 사선이 있다. 빈 차는 앞 유리에 '리브레(LIBRE)'라고 적힌 팻말을 내놓는다. 야간에는 지붕 위에 초록색 램프가 켜진다. 택시를 잡는 방법은 우리나라와 거의 같다. 거리에 있는 택시 승차장에서 택시를 기다리거나 호텔 등에서 전화로 호출한다. 목적지의 주소를 미리 스페인어로 써두었다가 기사에게 보여준다. 택시 요금은 미터기에 표시되며 기차역이나 버스 터미널에서 이용할 경우 3€의 추가 요금이 붙는다. 기본요금은 2.50€이고 토·일요일·공휴일이나 심야(21:00~07:00)에는 3.15€이다.

홈페이지 www.radiotelefono-taxi.com

주요 버스 터미널과 연결 도시

버스 터미널	터미널과 연결되는 메트로역	연결 도시
몽클로아 버스 터미널	메트로 3·6호선 Moncloa역	엘 에스코리알 등 마드리드 북쪽 방면
프린시페 피오 버스 터미널	메트로 6·10호선 Príncipe Pío역	세고비아 등 마드리드 서쪽 방면
플라사 엘리프티카 버스 터미널	메트로 6호선 Plaza Elíptica역	톨레도 등 마드리드 남서쪽 방면
레가스피 버스 터미널	메트로 3·6호선 Legazpi역	마드리드 남서쪽 방면
남부 버스 터미널	메트로 6호선 Méndez Alvaro역	아란후에스 등 마드리드 남쪽 방면과 스페인 전역
아베니다 데 아메리카 버스 터미널	메트로 4·6·9호선 Avenida de América역	알칼라 데 에나레스 등 마드리드 동쪽 방면
플라사 데 카스티야 버스 터미널	메트로 1·9·10호선 Plaza de Castilla역	마드리드 북쪽 및 북동쪽 방면

마드리드 추천 코스

이틀 정도면 마드리드 시내의 주요 명소들을 거의 훑어볼 수 있다. 프라도 미술관을 중심으로 미술관들을 둘러보고, 바르 골목에서 맛있는 타파스를 먹어보자. 쇼핑가도 시내 중심에 모여 있어 도보와 메트로를 적절히 이용하면 관광하는 데 어려움은 없다.

1DAY

1

프라도 미술관 P.88

도보 10분

2

카이샤 포럼 P.92

도보 15분

3

티센 보르네미사 미술관 P.87

도보 15분

4

시르쿨로 데 베야스 아르테스 P.103

도보 20분

5

솔 광장 P.100

도보 10분

6

마요르 광장 P.99

도보 5분

7

산 미구엘 시장 P.100

도보 7분

8

카바 바하 거리에서 타파스 투어 P.108

1일차 여행 포인트

어느 미술관에 가야 할까?
마드리드에는 세계적으로 명성 높은 미술관이 많다. 일정상 딱 한 곳만 방문한다면 흥미로운 작품이 많은 프라도 미술관에 집중하자. 그 밖에 티센 보르네미사 미술관이나 국립 소피아 왕비 예술 센터도 볼만하다.

점심은 어디에서 먹을까?
미술관 내 레스토랑이나 카페에서 해결하자. 메뉴 구성이 단순하지만 가격이 합리적이다.

도보 관광이 가능할까?
한 여름 햇볕이 가장 강한 오후 2~5시 사이만 피한다면 도보 관광이 가능하다. 솔 광장과 마요르 광장에는 숍들이 촘촘히 모여 있어 걷는 재미가 있다.

나이트라이프를 즐기려면?
저녁 8시경 바르가 모여 있는 카바 바하 거리로 가자. 음식 주문이 어렵다면 옆 테이블에서 주문한 음식 중에 먹음직스러워 보이는 것을 따라서 주문하자.

2DAY

국립 소피아 왕비
예술 센터 P.93

솔 광장 P.100

오리엔테 광장 P.96

메트로 15분

도보 15분

도보 5분

1 ➝ 2 ➝ 3

4

마드리드 왕궁 P.95

2일차 여행 포인트

도보 VS 메트로, 선택은?
이동이 많으므로 도보와
메트로를 적절히 이용하자.
여러 노선을 환승하는
것보다는 가급적 같은 호선의
메트로역으로 이동하고
조금 걷는 편이 낫다.

쇼핑 집중 지역은?
솔 광장 주변에는 로컬
브랜드와 유럽 브랜드가 많아
기념품 쇼핑을 하기에 좋다.
추에카 거리에는 로컬
디자이너 숍과 보세 숍들이
즐비하다. 살라망카 지역은
고급 브랜드와 명품 쇼핑이
가능하다. 숙소가 시내에
있는 경우 쇼핑 후 짐이
많으면 숙소에 두고 가볍게
저녁을 즐기는 게 좋다.

도보 5분

5

알무데나 대성당 P.96

도보 5분

6

비스티야스 정원 P.96

9   8   7

메트로 15분   도보 20분   메트로 10분

산타 아나 광장 주변에서
타파스 투어 P.101

살라망카에서 명품
브랜드 쇼핑 P.114

추에카 거리 산책 P.111

마드리드 시내 한눈에 보기

마드리드는 크게 4개 구역으로 나눌 수 있다. 광대한 공원과 세계 유수의 미술관이 모여 있는 레티로 공원 & 파세오 델 프라도, 화려한 궁전과 아름다운 산책로가 있는 왕궁 & 톨레도 문, 마드리드 최대의 번화가인 솔 광장 & 마요르 광장, 이국적인 매력이 가득하고 명품 쇼핑을 즐길 수 있는 추에카 & 콜론 & 살라망카이다. 각 구역의 특징을 이해한 후 구석구석 여행해 보자.

솔 광장 & 마요르 광장
Puerta del Sol & Plaza Mayor

솔 광장은 마드리드 시민들의 휴식처로 사랑 받는 광장으로 언제나 사람들이 북적거려 활기가 넘친다. 광장 주변에는 화려하고 멋진 숍들이 몰려 있고, 좁은 골목 안에는 바르와 레스토랑, 아기자기한 상점들이 빼곡하게 들어서 있다. 바로 옆에 위치한 마요르 광장 역시 시민들의 휴식처로 사랑 받는 곳으로 광장을 중심으로 4층짜리 건물들이 빙 둘러싸고 있다. 햇살 좋은 광장에 앉아서 지나가는 사람들을 구경하는 것만으로도 재미있다.

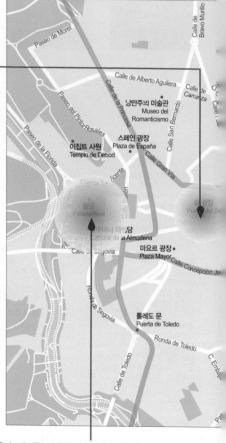

왕궁 & 톨레도 문 Palacio Real & Puerta de Toledo

마드리드가 걸어온 역사와 오늘날의 현대적인 모습까지 고루 볼 수 있는 구역이다. 메트로 2 · 5호선 오페라(Ópera)역에서 왕궁으로 이어지는 거리에 고급스런 저택들이 즐비하고 그 끝에 호화찬란한 왕궁이 위용을 드러낸다. 100년 넘게 공들여 지은 대성당과 웅장한 수도원, 잘 가꿔진 공원이 모여 있다. 일정에 여유가 있다면 메트로 5호선을 타고 푸에르타 데 톨레도(Puerta de Toledo)역으로 가보자. 역에서 내려 10분 정도 걸어가면 만사나레스 강을 따라 조성된 공원이 있다. 중세에 지어진 아름다운 톨레도 다리와 세련된 조형미를 자랑하는 아르간수엘라 다리를 구경하며 여유롭게 산책을 즐겨보자.

추에카 & 콜론 & 살라망카
Chueca & Colón & Salamanca

추에카는 마드리드에서 가장 국제적인 곳으로 손꼽힌다. 매력적인 숍들이 줄지어 있고 세계 각지에서 온 외국인들이 매일 거리 곳곳에서 파티를 즐긴다. 또한 1년에 한 번 유명 게이 축제가 열리는 곳이기도 해서 멋진 남자들이 많이 모여든다. 거리에는 로컬 디자이너의 브랜드 숍과 퓨전 레스토랑이 밀집되어 있다. 저마다 개성을 뽐내는 쇼윈도를 구경하며 천천히 걷다 보면 콜론 광장에 이른다. 광장을 기점으로 스페인의 고급 브랜드와 명품 숍들이 늘어선 살라망카 지구가 시작된다.

레티로 공원 & 파세오 델 프라도
Parque del Retiro & Paseo del Prado

파세오 델 프라도는 세계 유수의 미술관이 모여 있는 거리로 마드리드를 찾는 여행자라면 대부분 지나가게 된다. 미술관 규모도 매우 크고 각 미술관을 찾아 다니며 걷는 거리도 상당하다. 세계 3대 미술관 중의 하나인 프라도 미술관, 국립 소피아 왕비 예술 센터, 티센 보르네미사 미술관 외에도 카이샤 포럼 같은 개성 넘치는 미술관들이 많다. 대형 미술관은 제대로 보려면 하루 종일을 투자해도 시간이 모자란다. 미술관 수에 욕심내지 말고 꼭 가보고 싶은 곳만 선택해서 알차게 보기를 권한다. 걷다가 지치면 아름다운 호수가 있는 레티로 공원에서 휴식을 취해보자.

레티로 공원 & 파세오 델 프라도
PARQUE DEL RETIRO &
PASEO DEL PRADO

![camera icon] 추천 볼거리
SIGHTSEEING

레티로 공원
Parque del Retiro ★★

MAP p.84-B·D

둘레가 4km에 달하는 드넓은 공원

스페인 황금시대에 펠리페 2세가 세운 부엔 레티로(Buen Retiro) 별궁의 정원이었다. 펠리페 4세 시대에는 궁전과 정원으로 구성됐지만 나폴레옹 전쟁 때 파괴되어 현재의 모습으로 남았다. 예전에는 왕실의 여름 별장으로 사용되었으나 19세기 중반 이후 일반에게 공개되었다. 공원의 총 둘레가 4km에 달하는 큰 규모로 소풍을 나온 가족들, 데이트하는 커플들과 젊은이들로 가득 찬다. 공원 중앙에는 벨라스케스 궁전(Palacio de Velázquez)과 크리스털 궁전(Palacio de Cristal)이 남아 있다. 공원 북쪽에는 야외 음악당과 알폰소 7세의 기념비가 있는데 기념비 앞으로 인공 호수가 펼쳐진다. 야외 카페테리아에서 간단히 요기도 할 수 있다.

찾아가기 메트로 2호선 Retiro역에서 바로
주소 Plaza de la Independencia, 7
운영 10~3월 06:00~22:00, 4~9월 06:00~24:00

팔라시오 데 시벨레스 센트로센트로 ★★★
Palacio de Cibeles Centrocentro

MAP p.84-A

다양한 예술 활동을 지원하는 문화센터

그란비아 거리 끝에 있는 광장 뒤편으로 커다란 회색 건물이 보인다. 구 중앙우체국과 시청사 건물로 사용되다가 시민들을 위한 공공 복합문화센터로 탈바꿈한 곳이다. 높이 70m, 6층 구조의 건물 내부는 세미나실과 오디오실, 도서관, 갤러리, 휴식 공간으로 구성돼 있다. 다양한 예술 활동을 지원하는 문화센터이자 예술관 역할을 한다. 내부의 건축물과 전시 작품은 무료로 관람할 수 있다. 무엇보다 이곳의 하이라이트는 맨 꼭대기 층(6층)에 있는 전망대이다. 360도로 펼쳐지는 마드리드의 시내 풍경을 감상할 수 있다. 로비에서 전망대 관람 입장권을 구입해 올라가면 된다. 또한 같은 층에 유명 셰프인 아돌프 무뇨가 지휘하는 레스토랑 팔라시오 데 시벨레스(Palacio de Cibeles, www.adolfo-palaciodecibeles.com)가 있다. 식사를 하거나 야외 바르에서 칵테일을 마시며 로맨틱한 저녁을 보내기에 안성맞춤이다.

찾아가기 메트로 2호선 Banco de España역에서 도보 1분
주소 Plaza de Cibeles, s/n
운영 화~일요일 10:00~20:00(전망대 화~일요일 10:30~13:30, 16:00~19:00) 휴무 월요일
요금 무료(전망대 3€)
홈페이지 www.centrocentro.org

알칼라 문
Puerta de Alcalá ★

MAP p.84-A

18세기에 만들어진 마드리드의 관문 중 하나

레티로 공원으로 향하는 길목에 위치한 알칼라 문은 로마의 개선문과 모양새가 매우 흡사하다.

1599년에 세워진 스페인 최초의 개선문으로 1764년 현재의 모습으로 재건축되었다. 카를로스 3세의 명령으로 이탈리아 건축가 프란세스코 사바티니(Francesco Sabatini)가 네오클래식 양식의 로마 개선문을 본떠 설계했다. 문에는 통로가 총 5개 있는데 중앙의 3개는 아치 형태이고, 양 끝의 2개는 스퀘어 형태이다. 마드리드 시내로 들어오는 5개의 관문 중 하나이다.

찾아가기 메트로 2호선 Retiro역에서 바로
주소 Plaza de la Independencia, 1

Plus info

레티로 공원 주변에서 식사하기

레티로 공원 내에는 식사와 음료를 즐길 곳이 마땅치 않다. 공원이 워낙 넓기 때문에 둘러보는데 시간이 걸리므로 입장하기 전에 배를 채우고 싶다면 이곳에 들르자. 오전부터 늦은 시간까지 가벼운 브런치는 물론 식사가 가능하다.

엘 페로 야 라 칼레타 El Perro y La Galleta

MAP p.84-A

찾아가기 메트로 2호선 Retiro역에서 도보 5분
주소 Calle de Claudio Coello 1
문의 606 82 24 21 영업 일~수요일 10:00~00:30, 목~토요일 10:00~01:00
예산 브런치 15€, 점심 20~30€

티센 보르네미사 미술관
Museo Thyssen-Bornemisza ★★

MAP p.84-C

세기의 걸작들을 만나다

세계 2위의 예술 수집가로 유명한 티센 보르네미사 남작의 컬렉션을 바탕으로 개관한 미술관이다. 스페인 정부가 협정 체결 후 남작의 컬렉션을 인도해 1992년 800여 점의 작품을 전시했다. 1993년 스페인 정부는 나머지 미술품을 전부 구입하고 2000년 초에 2개의 건물을 연결해 더 많은 작품들을 전시하고 있다. 13세기의 중세 미술부터 20세기 현대 미술에 이르기까지 다양한 세기의 걸작들과 스페인 미술에 막대한 영향을 끼친 네덜란드 화파의 작품을 감상하는 동안 관람객들은 지루할 새가 없다.

2층(Segunda planta)에는 1번부터 21번까지의 방이 있으며, 13~14세기의 이탈리아, 독일, 플랑드르 화가의 종교화를 많이 전시하고 있다.

특히 11번 방에는 스페인 톨레도 출신 화가 엘 그레코의 작품이 있다. A부터 H까지의 방에는 19세기 유럽의 다양한 회화들을 전시하고 있다. 1층(Primera planta)에는 22번부터 40번까지의 방이 있는데 17세기 프랑스 인상주의 회화와 18세기 영국·프랑스 회화, 19세기 유럽 낭만주의 회화 작품이 이어진다. 특히 32번 방부터는 빈센트 반 고흐, 모네, 르누아르, 피사로의 걸작을 전시하고, 40번 방에는 에드워드 호퍼의 작품을 전시해 예술 애호가들의 눈길을 사로잡는다. 에드워드 호퍼의 작품은 40번 방의 I부터 P까지 이어지는데, 19세기 남미 회화와 19세기 유럽 회화 작품들이 다양하게 전시돼 있다.

0층(Planta baja)에서는 20세기의 작품들을 전시하고 있다. 입체파 화가의 작품부터 팝 아트까지 시대를 넘나드는 작품들을 볼 수 있다. 41번 방에는 조르주 브라크, 후안 그리스, 피카소의 걸작이 있고, 45번 방에는 호안 미로의 작품이 있다. 47번과 마지막 48번 방에서는 최고의 소장품이라 할 만한 에드워드 호퍼와 살바도르 달리, 프랜시스 베이컨, 로이 리히텐슈타인, 루시안 프로이트의 작품을 감상할 수 있다. 미술관 지하에는 카페테리아가 마련돼 있어 휴식을 취할 수 있다. 상설전 외에 기획전도 수시로 열리므로 방문 전에 홈페이지를 통해 정보를 확인하자.

찾아가기 메트로 2호선 Banco de España역에서 도보 10분, 프라도 미술관에서 도보 15분
주소 Paseo del Prado, 8 문의 902 760 511
운영 월요일 12:00~16:00, 화~일요일 10:00~19:00, 토요일 10:00~21:00
요금 상설전 일반 13€, 학생 9€, 18세 이하 무료, 월요일 무료
홈페이지 www.museothyssen.org
※온라인 사전 예매 가능

프라도 미술관
Museo Nacional del Prado ★★★

MAP p.84-C

세계 3대 미술관 중의 하나

마드리드의 프라도 미술관은 파리의 루브르 미술
관, 러시아 상트페테르부르크의 에르미타주 미술
관과 함께 세계 3대 미술관 중 하나로 꼽힌다. 예
술적 가치가 높은 작품을 8000점 이상 소유하고
있다.

카를로스 3세의 지시로 건축가 후안 데 비야누에
바(Juan de Villanueva)가 1785년 설계를 시
작했다. 자연과학박물관으로 사용할 예정이었
으나 계획이 변경되어 미술관이 되었다. 나폴레
옹과의 전쟁으로 한때 공사가 중단되었고, 전쟁
이 끝난 후에 페르난도 7세(Fernando VII)의
부인 마리아 이사벨 데 브라간사(reina María
Isabel de Braganza) 여왕이 스페인 왕가의
그림과 조각상 등 미술품을 소장하는 미술관으
로 사용할 것을 요청한 것이다. 스페인 왕가의

프라도 미술관 전시실 안내도

0층

■ 이탈리아 회화 1300-1600
■ 스페인 회화 1100-1910
■ 플랑드르 회화 1430-1570
■ 조각
■ 독일 회화 1430-1550

※전시실은 상황에 따라 변경될 수도 있다.

1층

■ 이탈리아 회화 1450-1800
■ 스페인 회화 1500-1810
■ 플랑드르 회화 1600-1700
■ 프랑스 회화 1600-1800
■ 영국 회화 1750-1800
■ 독일 회화 1750-1800
■ 영상실

※전시실은 상황에 따라 변경될 수도 있다.

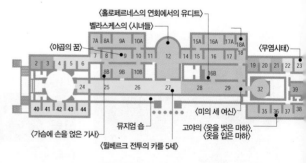

방대한 컬렉션을 기반으로 한 왕실 전용 갤러리 (전 프라도 미술관)로 1819년 11월에 일반에게 공개할 당시 311개의 그림과 1510여 개의 다양한 작품들을 보유하고 있었다. 이후 귀중한 국보급 미술품에 계속 관심을 기울여 2300여 개의 그림과 조각 외에 유명 작가인 고야, 엘 그레코, 벨라스케스, 파블로 보슈의 작품들도 모으기 시작했다.

오늘날 작품 구성을 보면 스페인 회화의 3대 거장 작품 외에 16~17세기 스페인 회화의 황금기에 활약했던 화가들의 주옥같은 작품들도 전시해 감탄을 자아낸다. 또한 스페인 왕실과 관계가 깊었던 네덜란드 플랑드르파의 작품도 많고, 르네상스 시대의 거장인 라파엘로와 보티첼리 등 이탈리아 회화 작품도 충실하게 보유하고 있다. 그 외 독일, 프랑스 등 유럽 회화의 걸작과 고대의 조각 작품도 감상할 수 있다. 현재는 7600여 개의 회화 작품과 1000여 개의 조각품, 4800여 개의 판화, 8200여 개의 그림들이 프라도 미술

관을 채우고 있다. 그 외에도 다양한 예술 장식품들과 역사적인 기록을 남긴 서류들도 전시 중이다.

찾아가기 메트로 1호선 Atocha역 또는 2호선 Banco de España역에서 도보 15분
주소 Paseo del Prado, s/n
문의 913 30 28 00
운영 월~토요일 10:00~20:00, 일요일·공휴일 10:00~19:00
요금 일반 15€, 18~25세 학생·18세 이하 무료 ※일반 월~토요일 18:00~20:00, 일요일·공휴일 17:00~19:00 상설전 전체 무료(특별전은 50% 할인)
홈페이지 www.museodelprado.es

2층

스페인 회화 1700-1800

※전시실은 상황에 따라 변경될 수도 있다.

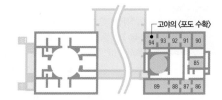

고야의 〈포도 수확〉

94 93 92 91 90
85
89 88 87 86

좌측부터 〈양을 모는 성 가족〉, 〈고야의 포도 수확〉, 〈옷을 입은 마하〉

프라도 미술관 감상 시 꼭 봐야 할 작품

1 십자가 La Crucifixión
후안 데 플란데스 (Juan de Flandes)의 작품. 플랑드르 출신의 화가로 스페인에서 활약했으며, 이사벨 여왕을 위해 그리스도의 생애에 관한 수많은 작품을 그렸다. (57번방)

2 가슴에 손을 얹은 기사
El caballero de la mano en el pecho
엘 그레코(El Greco)의 작품. 그의 작품 중 최고의 수작으로 꼽힌다. (8B번방)

3 시녀들 Las meninas
벨라스케스(Diego Rodriguez de Silvay Velâzqez)의 작품. 중앙에 있는 소녀는 마르가리타 공주이고 그 옆에서 시녀들이 시중을 들고 있다. 거울 속에 국왕 부부의 모습이 보인다는 점에서 이 그림의 시점도 국왕과 같은 위치라고 본다. (12번방)

4 야곱의 꿈 El sueño de Jacob
호세 데 리베라(José de Ribera)의 작품. 명암을 이용한 극적인 인물 묘사를 즐겼던 화가로 유명하다. (9번방)

5 1808년 5월 3일의 처형
El 3 de mayo en Madrid, o "Los fusilamientos"

고야(Francisco José de Goya y Lucientes)의 작품. 말년에 그린 것으로 스페인을 침략한 프랑스군의 만행을 묘사한 것이다. (64번방)

6 수태고지 La Anunciación
프라 안젤리코(Fra Angelico)의 작품. 천사 가브리엘이 성모 마리아에게 성령을 잉태했음을 알려주는 장면이다. 그림 아래쪽에는 성모 마리아의 생애가 시기별로 그려져 있다. (56B번방)

7 추기경 El Cardenal
라파엘(Rafael)의 작품. 삼각꼴 형태의 안정된 구성, 하얀 소매와 망토 빛깔이 조화롭게 표현되었다. (49번방)

8 뮐베르크 전투의 카를 5세
Carlos V en la Batalla de Mühlberg
티치아노(Tiziano Vecellio)의 작품. 이탈리아 출신의 궁정 화가로 왕과 귀족들의 초상화를 주로 그렸다. 말을 타고 있는 황제의 기마상을 표현한 이 작품은 다른 화가들에게도 많은 영향을 주었다. (27번방)

9 무염시태 La Inmaculada Concepción

티에폴로(Giovanni Battista Tiepolo)의 작품. 천사들과 성령, 비둘기에 둘러싸인 성모 마리아의 모습을 표현했다. (23번방)

10 십자가 강하 El Descendimiento

로히에르 판 데르 베이던(Rogier Van der Weyden)의 작품. 15세기에 활약한 플랑드르의 화가로 섬세한 표현력이 돋보이는 종교화를 많이 남겼다. (58번방)

11 쾌락의 정원 El jardín de las Delicias
히에로니무스 보스(Hieronymus Bosch)의 작품. 세 폭으로 이루어진 제단화로 왼쪽은 에덴 동산에서 아담과 이브가 만나는 장면을, 가운데는 세속적 쾌락을, 오른쪽은 지옥의 고통을 표현했다. (56A번방)

12 미의 세 여신 Las tres Gracias

루벤스(Peter Paul Rubens)의 작품. 17세기 바로크를 대표하는 화가로 세 여신의 풍만한 몸을 통해 여성의 아름다움을 한껏 묘사했다. 세 여신 중 왼쪽에 있는 여신은 루벤스의 아내를 모델로 했다고 전해진다. (29번방)

13 자화상 Autorretrato

알브레히트 뒤러(Albrecht Durer)의 작품. 자세히 관찰된 사실성과 내면성이 융합된 명작으로 손꼽힌다. (55B번방)

14 홀로페르네스의 연회에서의 유디트
Judit en el banquete de Holofernes

렘브란트(Rembrandt Harmensz van Rijn)의 작품. 프라도 미술관에 전시되어 있는 렘브란트의 유일한 작품으로, 구약성경에 나오는 여자 영웅 유디트를 묘사한 것이라고 전해진다. (16B번방)

`Plus Info`

산 헤로니모 엘 레알
(San Jerónimo el Real)

프라도 미술관 뒤편 언덕에 있는 성당이다. 16세기 르네상스의 영향을 받아 고딕 양식으로 지어졌으나, 1808년 나폴레옹 시대에 거의 파괴되었다. 수십 년에 걸쳐 보수와 재정비를 반복하면서 미술관 확장공사 때 함께 재건되었다. 실내에는 네오고딕 양식의 조명이 천장 곳곳에 매달려있고 창문은 스테인드글라스로 아름답게 장식했다. 성당 앞에서 프라도 미술관의 전경을 한눈에 내려다볼 수 있다.

찾아가기 프라도 미술관 후문에서 도보 5분
주소 Calle de Moreto, 4

왕립 식물원
Real Jardín Botánico

★

MAP p.84-C

3만 종 이상의 식물 보고

프라도 미술관 남쪽에 위치한 무리요 광장(Plaza de Murillo) 근처에 입구가 있다. 기하학적 모양의 계단형 언덕 주변으로 세계 각지에서 수집한 3만 종 이상의 식물이 약용식물, 향기가 있는 식물, 열매를 맺는 식물, 장미원 등 테마별로 나뉘어 심어져 있다. 카를로스 3세에 의해 조성되었으며 한적하고 조용해 산책을 즐기기 좋다. 식물원 남쪽의 모야노(Moyano) 언덕에는 고서들이 쌓여있는 헌책방(Librerias Cuesa Moyano)이 줄지어 있어 산책 도중에 들러볼 만하다.

찾아가기 메트로 1호선 Atocha역에서 도보 5분
주소 Plaza de Murillo, 2 문의 914 20 30 17
운영 11~2월 10:00~18:00, 3·10월 10:00~19:00, 4·9월 10:00~20:00, 5·8월 10:00~21:00
휴무 1/1, 12/25
요금 일반 4€, 학생 2€
※화요일 14:00 이후 입장 시 무료

카이샤 포럼
Caixa Forum ★★

MAP p.84-C

건물 자체가 하나의 작품

스페인 은행(La Caixa)에서 사회 환원의 일환으로 설립해 운영하는 미술관. 건물 자체가 또 하나의 작품으로 관람객들의 눈을 즐겁게 해준다. 총 4층 규모이며 건물 외벽은 녹색 식물로 뒤덮여있고 내부로 올라가는 계단은 스테인리스로 세련되게 꾸며져 있다. 1층에는 다큐멘터리 사진전을 열고, 2·3층에는 스페인 현지 작가를 비롯해 유럽 젊은 작가들의 비디오 영상 아트와 회화, 조각, 사진 등 다양한 작품을 전시한다. 4층에는 잠시 쉬어갈 수 있는 카페테리아가 있다.

찾아가기 메트로 1호선 Atocha역에서 도보 15분, 또는 프라도 미술관에서 도보 15분
주소 Paseo del Prado, 36 문의 913 30 73 00
운영 매일 10:00~20:00
요금 일반 6€, 카이샤 은행 카드 소지 시 무료

Plus info ┃ 카이샤 포럼 주변의 레스토랑

프라도 미술관 근처에는 조용히 쉬어가거나 식사를 할 만한 장소를 찾기가 쉽지 않다. 반면 카이샤 포럼 뒤편 한적한 골목 안에는 아담한 레스토랑과 카페, 서점, 디자인 숍, 미니 갤러리 등이 옹기종기 모여 있다. 화려하거나 고급스럽기보다 주인의 개성이 고스란히 담긴 아기자기한 숍들이 주를 이룬다.

라 말론티나 La Malontina ◉

MAP p.84-C

스페인 전통 음식을 새로운 요리법으로 해석한 코스요리를 주로 선보인다. 약 10개의 테이블이 있는 작은 레스토랑은 대부분 점심과 저녁 시간 모두 예약으로 꽉 찬다. 프라도 미술관과 티센 보르네미사 미술관 주변을 지나 카이샤 포럼 근처에서 적당히 식사할 곳을 찾는다면 이곳을 추천한다. 레스토랑이 위치한 골목은 조용하며 주변에 작은 로컬 레스토랑들이 드문드문 몇 개 더 있다.

찾아가기 카이샤 포럼 건물 뒤편으로 도보 5분
주소 Calle Veronica 4 문의 914 20 31 08
영업 월~금요일 13:30~16:30, 21:00~23:30 (토요일은 ~24:00), 일요일 13:30~16:30
예산 1인 20~30€

국립 소피아 왕비 예술 센터 ★★★
Museo Nacional Centro de Arte Reina Sofia

MAP p. 84-E

피카소의 〈게르니카〉로 유명한 미술관

스페인 최고의 현대 미술 작품을 한자리에 모아 놓은 미술관으로 1980년대 작품까지 아우르는 컬렉션을 자랑한다. 문화재로 지정될 정도로 유서 깊은 산 카를로스 병원을 1980년부터 보수하기 시작해 1986년 예술 센터로 바꾸면서 미술관으로 사용하고 있다.

건물은 크게 2개로 구분된다. 하나는 4층 규모의 사바티니 상설 전시관(Edificio Sabatini)으로, 건물 정면의 통유리창을 통해 엘리베이터가 운행하는 모습이 보인다. 또 다른 하나는 0층과 1층, 테라스가 있는 누벨 빌딩(Edificio Nouvel)으로 카페와 숍 등 각종 부대시설과 야외 정원을 갖추고 있다.

주요 작품은 현대 미술관이 소장하고 있던 컬렉션과 스페인 근·현대 미술 작품이며 그 수는 약 1만 점 이상에 이른다. 사바티니 건물 2층의 상설 전시관은 큐비즘, 초현실주의, 사실주의 등 금세기 초반부터 1970년대에 걸친 스페인 미술의 흐름을 알 수 있는 작품들로 구성돼 있다. 사바티니 상설 전시장 3층과 1층 일부의 특별 전시관에는 피카소, 달리, 미로 외에도 현대 미술의 거장인 안토니 타피에스의 작품이 전시돼 있다. 그중에서 가장 사랑받는 작품은 2층 206실에 전시된 파블로 피카소의 〈게르니카(Guernica)〉이다. 나치 독일 공군이 게르니카를 무차별 폭격한 것에 격분하여 그린 그림으로 그 앞에 서면 박진감에 압도당하고 만다. 미술관 홈페이지에서 화가의 이름을 검색하면 작품 설명과 작품이 전시된 방을 미리보기로 볼 수 있다. 시간이 부족한 여행자들은 방문하기 전에 홈페이지를 통해 원하는 작가의 작품을 찾아보고 갈 것을 권한다.

찾아가기 메트로 1호선 Atocha역에서 도보 5분
주소 Calle de Santa Isabel, 52
문의 917 74 10 00
운영 월·수~토요일 10:00~21:00, 일요일 10:00~14:30(티켓 구입은 폐관 1시간 30분 전까지)
※일요일 14:30~19:00에는 사바티니 건물 2층의 컬렉션 1(`게르니카` 작품)과 특별전만 운영한다(수시로 변경되므로 방문 전에 홈페이지에서 확인할 것). **휴무** 화요일
요금 상설전+특별전 12€(온라인 사전예매 8€), 특별전 4€
상설전+특별전+오디오 가이드 16.50€
※월·수~토요일 19:00~21:00, 일요일 12:30~14:30, 4/18·5/18·10/12 10:00~21:00 전체 무료
홈페이지 www.museoreinasofia.es

> **Plus info** 피카소의 〈게르니카〉

스페인 내전이 한창이던 1937년 4월 26일, 나치의 독일 군용기가 스페인 북부 바스크 지방을 폭격해 게르니카 지역 주민 6000여 명 중 598명이 사망하고 1500명이 부상당한 사건이 있었다. 피카소는 전투로 인해 민간인이 희생당했다는 점에 분노하여 1937년 5월 1일 〈게르니카〉의 첫 스케치를 발표했다.

피카소의 걸작 중 하나로 손꼽히는 이 그림은 폭격의 참상에 대한 구체적인 묘사가 아닌 울부짖는 말, 절규하는 여인들, 분해된 시신 등 대상의 괴기함을 통해 전쟁에 대한 공포와 참담함을 흑백톤으로 강하게 표현했다. 1937년 파리 만국박람회를 통해 〈게르니카〉를 발표하여 전쟁에 대한 분노와 생명의 존엄성을 전 세계에 호소했다. 게르니카 마을에는 지금도 벽면 가득 피카소의 〈게르니카〉 그림이 존재한다.

> **Tip** 경제적인 미술관 묶음 티켓
> ### 파세오 델 아르테 카드 Paseo del Arte Card
>
> 프라도 미술관, 티센 보르네미사 미술관, 국립 소피아 왕비 예술 센터를 모두 돌아볼 예정이라면 묶음 티켓을 구입하는 것이 경제적이다. 티켓은 1년간 유효하며 요금은 32€. 각 미술관 매표소에서 구입 가능하다. 단, 티센 보르네미사 미술관의 특별전은 별도의 티켓을 구입해야 한다.

왕궁 & 톨레도 문
Palacio Real & Puerta de Toledo

0 _____ 250m

A

이집트 사원 P.97
Templo de Debod

몬타냐 공원
Pauque de la Montaña

Calle Irún

Principe Pío역 10호선

B

스페인 광장 P.96
Plaza de España

그란 비아 Calle Gran Via

C

마드리드 왕궁 P.95
Palacio Real de Madrid

왕궁 정원
Jardines del Campo del Moro

오리엔테 광장 P.96
Plaza de Oriente

왕립 극장
Teatro Real

알무데나 대성당 P.96
Catedral de la Almudena

시청
Ayuntamiento

비야 광장
Plaza de la Villa P.101

바하 광장
Plaza de la Paja

비스티야스 정원 P.96
Jardines de las Vistillas

코르니사 공원
Parque de la Cornisa

산 프란시스코 엘 그란데 성당
San Francisco el Grande

E

D

그란 비아 Calle Gran Via
Gran Via역

카르멘 광장
Plaza del Carme

산 마르틴 광장
Plaza S. Martin

Sol역

마요르 광장 P.99
Plaza Mayor

산타 아나 광장
Plaza de Sta.

Plaza Ángel

Tirso de Molina역

F

벼룩시장 엘 라스트로 P.113

Puerta de
Toledo역

톨레도 다리 P.97,
아르간수엘라 다리 P.97 방향

 ## 추천 볼거리
SIGHTSEEING

마드리드 왕궁 ★★★
Palacio Real de Madirid

MAP p. 94-C

화려함의 극치를 보여주는 궁전

1931년까지 알폰소 13세가 머물렀던 왕궁으로 오늘날에는 왕실 공식 행사 때만 이용한다. 원래 이슬람교도의 성채가 있던 자리였으나 과거 기독교도가 마드리드를 탈환한 후 왕궁으로 사용했다. 1734년 크리스마스 때 화재로 왕궁이 소실되자 펠리페 5세는 유럽의 어느 왕궁보다 화려하게 다시 짓기로 결심한다. 1738년 짓기 시작해 여러 명의 건축가를 거쳐 원래 계획의 4분의 1인 2800여 개의 방을 완성한다. 공식 가이드 투어를 신청하면 벨라스케스와 프란시스코 데 고야의 작품들, 215개의 화려한 시계와 스트라디바리우스 바이올린이 있는 방 등 50여 개의 방을 관람할 수 있다. 그중 옥좌의 방(Salón del Trono)은 화려한 천장과 벽면 장식, 조각상 등

에서 호화로움의 극치를 보여준다. 가스파리니의 방(Salón de Gasparini)은 왕궁에서 가장 아름다운 방으로 손꼽히는데, 카를로스 3세가 머물던 당시의 모습을 지금도 그대로 간직하고 있다. 비단으로 장식된 벽면과 천장에 걸려 있는 우아하고 아름다운 램프 등을 감상해 보자. 왕궁 밖 파티오의 남쪽 끝 아르메리아 광장(Plaza de Armeria)에는 카를로스 1세의 갑옷과 스페인 영웅 엘 시드의 검 등을 전시한 무기박물관이 있

다. 왕궁 앞에서는 10월부터 7월까지 매월 첫째 수요일 오전 11시에 약 40분간 근위병 교대식이 열린다.

찾아가기 메트로 2·5호선 Ópera역에서 도보 10분
주소 Calle Bailén, s/n
운영 10~3월 10:00~18:00, 4~9월 10:00~20:00
요금 일반 12€, 학생 6€(투어 4€, 오디오가이드 5€, 책자 1€)
홈페이지 www.patrimonionacional.es

오리엔테 광장
Plaza de Oriente ★★

MAP p.94-C

펠리페 4세의 동상이 광장 중심에

메트로 2호선 오페라역에 내리면 정면에 왕립 극장(Teatro Real)이 보이고, 그 뒤로 고급 아파트와 야외 테라스 카페가 이어진다. 그 길을 지나면 광장 한가운데에 말을 타고 있는 펠리페 4세의 동상이 보인다. 청동으로 만든 조각상이 말 뒷굽만을 의지한 채 서있는데, 이 동상은 벨라스케스가 그린 초상화를 바탕으로 설계했다고 전해진다. 광장 주변에는 역사 속 군주들의 모습을 형상화한 대리석상과 아름답게 조성된 화단, 휴식을 취할 수 있는 벤치들이 있다. 왕궁으로 가기 전 잠시 쉬어가는 길목이 되어준다.

찾아가기 메트로 2·5호선 Ópera역에서 도보 5분
주소 Plaza de Oriente, s/n

알무데나 대성당
Catedral de la Almudena ★

MAP p.94-C

왕궁 바로 옆에 위치한 성당

1883년 알폰소 12세 때 짓기 시작해 100년 가까이 미완성으로 남아 있다가 1992년에 완성됐다. 711년 이슬람교도가 이베리아 반도를 침입해 마드리드를 점령했을 당시 기독교인들이 숨겨두었던 성모상이 370년 후에 기적적으로 발견된 것을 기념하여 지었다는 이야기가 전해진다. 다른 도시의 대성당에 비해 방문객 수는 많지 않지만 왕궁에 가는 길에 들러볼 만하다.

찾아가기 메트로 2·5호선 Ópera역에서 도보 10분
주소 Calle Bailén 10
운영 09:00~20:30 미사 월~토요일 12:00, 18:00, 19:00, 일요일 10:30, 12:00, 13:30, 18:00, 19:00

비스티야스 정원
Jardines de Las Vistillas ★

MAP p.94-E

마드리드 시내 풍경을 조망하기 좋은 곳

아담한 규모의 예쁜 정원으로, 정원 끝 발코니에서 마드리드 시내 풍경을 파노라믹 뷰로 즐길 수 있다. 특히 노을이 지는 풍경이 아름답기로 유명하다. 왕궁과 알무데나 대성당을 지나 짧은 다리를 건너면 바로 나온다. 도보 3분 거리에 산 프란시스코 엘 그란데(San Francisco el Grande) 성당이 있다. 마드리드에서 큰 성당 중 하나로 예쁜 돔을 얹은 바로크 양식이 이채롭다.

찾아가기 메트로 2·5호선 Ópera역에서 도보 20분
주소 Calle Moreria, 12

스페인 광장
Plaza de España ★★

MAP p.94-A

그란비아 거리의 중심 광장

1911년 미로처럼 얽힌 길을 정비하여 새롭게 만든 그란비아(Granvia) 거리와 이어지는 지점에

위치해 있다. 광장 중앙에는 마드리드에서 생을 마감한 세계적인 문호 세르반테스 사후 300주년을 기리기 위해 제작한 기념비가 서있고, 그 앞에는 돈키호테와 노새를 탄 산초의 동상도 함께 있다. 시내에서 약간 떨어져 있지만 광장까지 갔다면 근처 산책로에 있는 이집트 사원도 함께 들러보자.

찾아가기 메트로 3·10호선 Plaza de España역에서 바로

이집트 사원
Templo de Debod ★★

MAP p.94-A

이집트 정부로부터 선물 받은 사원

스페인 광장에서 가까우며 현지인들이 운동과 산책을 즐기는 몬타냐 공원(Parque de la Montaña) 내에 있다. 이집트 정부로부터 2200여 년 된 사원을 선물 받아 2년간의 이동과 재건축 과정을 거쳐 1972년에 완성됐다. 공원 내 정원 중심부에 사원을 세우고 그 주위에 작은 호수를 조성했다. 해 질 녘이면 호수 위로 석양이 내려앉아 붉은빛으로 물든 사원을 감상할 수 있고, 공원 내 전망대에서는 마드리드 시내와 호수도 함께 조망할 수 있어 더욱 매력적이다. 이집트 사원 내부는 입장 시간이 정해져 있다.

찾아가기 메트로 3·10호선 Plaza de España역에서 도보 20분
주소 Calle Ferraz, 1
이집트 사원 내부
운영 화~금요일 4~9월 10:00~14:00, 18:00~20:00,
10~3월 10:00~14:00, 16:00~18:00,
토·일요일 09:30~20:00
※이집트 사원 외관과 몬타냐 공원은 항시 개방
휴무 월요일
요금 무료

톨레도 다리
Puente de Toledo ★

MAP p.94-E

마드리드 시내에서 가장 역사 깊은 다리

펠리페 4세에 의해 1649~1660년까지 설계, 완공되었으며 여러 차례의 보수와 재건축을 거쳐 오늘날의 모습을 갖추게 되었다. 다리의 시작과 끝부분에 아름다운 분수를 조각하고, 다리 밑에는 산책로와 공원을 조성했다. 이 산책로는 아르간수엘라 다리까지 이어진다. 메트로 5호선 푸에르타 데 톨레도역에서 내리면 톨레도 문이 보이고, 여기서부터 톨레도 다리까지는 도보 10분 정도 걸리므로 산책 삼아 가볍게 걸어보자.

찾아가기 메트로 5호선 Puerta de Toledo역에서 도보 10분 또는 Pirámides역에서 도보 5분

아르간수엘라 다리
Puente de Arganzuela ★

MAP p.94-E

프랑스 건축가 도미니크 페로가 디자인

2005년부터 시작된 시 프로젝트의 일환으로, 만사나레스 강을 따라 공원과 분수, 자전거도로, 축구장, 테니스장 등의 여가 시설을 만들기 시작했다. 또한 약 6개의 커다란 공원을 조성했으며 약 18개의 어린이 놀이터와 강을 가로지르는 다리를 짓기 시작했다. 그중 하나인 아르간수엘라 다리는 프랑스 국립도서관을 건축한 도미니크 페로가 디자인한 것으로 유명하다. 약 278m에 이르는 긴 다리로 입구와 출구의 비대칭적인 구조가 세련된 조형미를 자아낸다.

찾아가기 메트로 5호선 Pirámides역에서 도보 10분

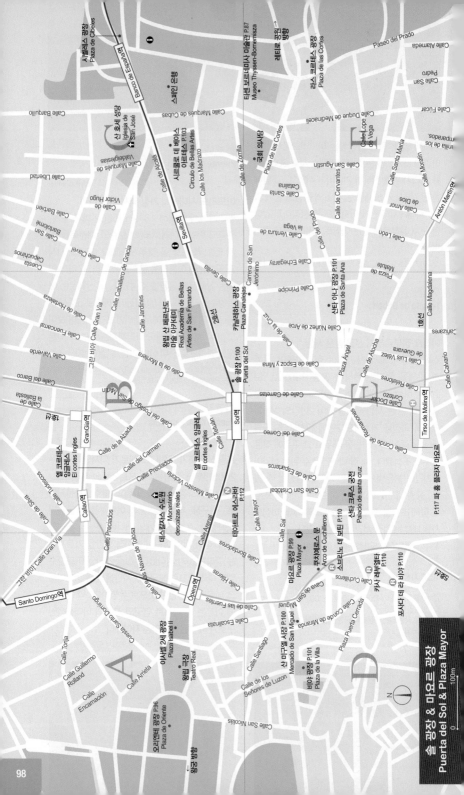

솔 광장 & 마요르 광장
Puerta del Sol & Plaza Mayor

솔 광장 & 마요르 광장
PUERTA DEL SOL & PLAZA MAYOR

추천 볼거리
SIGHTSEEING

마요르 광장
Plaza Mayor ★★★

MAP p.98-D

마드리드 시민들의 휴식처

가로 129m, 세로 94m에 이르는 넓은 광장으로 솔 광장과 왕궁 중간쯤에 위치해 있다. 광장 한가운데에는 펠리페 3세의 기마상이 서있고, 4층짜리 건물이 광장을 에워싸고 있다. 펠리페 3세의 명령으로 건축가 후안 고메스 데모라가 설계하여 1619년에 완성되었다. 투우 경기나 종교 재판이 열리는 등 마드리드의 중앙 광장으로서의 역할을 해오다가 1790년 화재로 광장 대부분이 파괴되었다. 이후 여러 차례의 보수와 재건축을 거쳐 1953년 오늘날의 모습을 갖추었다.

광장에는 외부로 나가는 9개의 아치 문이 있는데, 그중 쿠치예로스 문(Arco de Cuchilleros)에서 돌계단을 따라 내려가면 레스토랑과 선술집이 밀집한 쿠치예로스 거리가 나오며, 시우다드

로드리고 거리(Calle Ciudad Rodrigo)로 내려가면 산 미구엘 시장이 나온다. 광장을 에워싼 건물 중에 17세기 벽화를 고스란히 간직한 카사 데 라 파나데리아(Casa de la Panaderia) 건물은 1590년 광장 내에 처음 지어진 것으로, 현재 1층은 관광안내소로 사용되고 있다. 그 밖에 각 건물 1층에는 노천카페가 자리하고 있어 커피 한잔의 여유를 즐길 수 있다.

찾아가기 메트로 1 · 2 · 3호선 Puerta del Sol역에서 도보 15분 주소 Plaza Mayor, s/n

산 미구엘 시장
Mercado de San Miguel   ★★★

MAP p.98-D

마드리드의 대표 음식을 한자리에서

1835년부터 마드리드의 식탁을 책임지던 시장이 있었던 곳이지만, 지금은 그 자리에 33여 개의 바르와 선술집이 들어선 건물이 서있다. 스페

인의 다양한 햄과 치즈, 토르티야, 해산물 튀김 등의 타파스를 와인이나 맥주와 함께 맛볼 수 있다. 천천히 둘러보다가 마음에 드는 가게에서 주문을 하고 음식이 나오면 그 자리에 서서 먹거나 시장 중앙에 마련된 테이블에 앉아서 먹으면 된다. 시장 음식이라고 해서 가격이 저렴하지는 않지만, 현지인들의 평범한 일상을 느낄 수 있어 관광객들에게 인기가 많다. 항상 많은 사람들이 북적거리는 곳답게 음식맛도 좋은 편이다. 간단히 요기를 하고 싶을 때 들러보자.

찾아가기 메트로 2 · 5호선 Ópera역에서 도보 3분 주소 Plaza de San Miguel, s/n 운영 일~목요일 10:00~24:00, 금 · 토요일 10:00~01:00

> **Plus info** · 오징어튀김 샌드위치 가게
>
> 보카디요 드 칼라마레스(Bocadillo de Calamares)는 바게트 빵 안에 오징어튀김을 넣은 샌드위치로 마드리드의 명물 음식 중 하나. 올리브오일에 튀겨낸 오징어의 쫄깃한 식감이 일품이며 기호에 따라 마요네즈나 레몬을 넣어 먹기도 한다. 마요르 광장 근처의 작은 골목(Calle Botoneras)으로 들어가면 오징어튀김 샌드위치만 전문으로 파는 가게가 두세 곳 있는데 저렴한 가격에 맛있게 즐길 수 있다. 추천 가게는 바르 라 이데알 칼라마레스(Bar la Ideal Calamares), 세르베세리아 라 캄파나(Cerveceria la Campana) 등이다.

솔 광장
Puerta del Sol   ★★

MAP p.98-B

9개의 도로가 시작되는 0km 지점

스페인 각지로 이어지는 9개의 도로가 시작되는 곳으로, 광장 중앙의 시계탑이 있는 붉은 벽돌 건물 카사 데 코레오스(Casa de Correos) 앞 바닥에 0km 표지가 있다. 푸에르타 델 솔은 '태양의 문'이라는 뜻이며 약속을 기다리거나 휴식을 취하는 사람들로 언제나 붐빈다. 광장 한가운데에는 작은 분수가 있고, 마드리드의 상징인 나무에 코를 대고 있는 곰 동상이 한구석에 서있

풍경을 조망하고, 이어지는 작은 골목으로 들어가 각 건물의 아름다운 양식을 눈여겨 살펴보자. 광장 중앙에는 스페인 해군인 알바로 데 바잔 동상이 우뚝 서있다.

찾아가기 마요르 광장에서 도보 5분
주소 Plaza de la Villa

산타 아나 광장 ★★★
Plaza de Santa Ana

MAP p.98-E

일광욕을 즐기기 좋은 광장

마요르 광장 동쪽에 위치한 산타 아나 광장은 일광욕을 즐기면서 지나가는 사람들을 구경하거나 시간을 보내기에 적절한 곳이다. 1848년 이후 오늘날의 모습을 갖추었으며 노천카페와 바르, 레스토랑이 즐비해 늘 활기가 넘친다. 광장 입구에는 마드리드에서도 호화롭기로 유명한 호텔 메 레이나 빅토리아(Hotel ME Reina Victoria)가 있고, 그 맞은편에는 스페인의 주요 극작가들이 작품을 올리는 에스파뇰 극장(Teatro Español)이 있다. 광장 한가운데에는 스페인의 유명 극작가이자 시인인 페데리코 가르시아 로르카와 페드로 칼데론 데 라 바르카의 동상이 서있다.

찾아가기 메트로 1·2·3호선 Puerta del Sol역에서 도보 15분
주소 Plaza de Santa Ana, s/n

다. 한 해의 마지막 날에는 시계탑 꼭대기에서 종을 12번 울리며 새해를 맞이한다. 솔 광장과 이어지는 프레시아도스 거리(Calle Preciados), 아레날 거리(Calle Arenal), 카르멘 거리(Calle Carmen)는 마드리드의 대표적인 쇼핑 거리다. 광장에서 동쪽으로 가면 프라도 미술관이, 서쪽으로 가면 왕궁이 나온다.

찾아가기 메트로 1·2·3호선 Puerta del Sol역에서 바로
주소 Puerta del Sol

비야 광장 ★
Plaza de la Villa

MAP p.98-D

마드리드에서 손꼽히는 아름다운 광장

15~17세기에 지어진 중세 시대의 건물이 광장 삼면을 둘러싸고 있다. 광장 서쪽에는 17세기 합스부르크 시대의 바로크 양식 건물인 비야 저택(Casa de la Villa)이, 광장 동쪽에는 15세기의 고딕과 무데하르 양식이 조화를 이룬 루하네스 저택(Casa de los Lujanes)이, 광장 남쪽에는 르네상스 양식의 16세기 건물 시스네로스 저택(Casa de Cisneros)이 자리잡고 있다. 저택 안으로 들어가지는 못하지만 광장에서 바라보는 각 건물과 골목들이 중세 시대로 시간을 돌려놓은 듯하다. 광장 중앙에서 광장 전체의

Plus info 마드리드의 밤 문화 엿보기

산타 아나 광장 주변의 바르와 레스토랑은
여름이나 주말 밤 10시부터 뜨거운 열기로 가득
차며 자정이 넘어도 사람들로 넘쳐난다. 맥주와
함께 카타페(바게트 빵 위에 하몬이나 치즈 등
간단한 토핑을 올려 먹는 것)를 즐기는 현지들의
모습이 즐거워 보인다. 그중 1904년에 문을
연 세르베세리아 알레마나(Cerveceria
Alemana, 주소 Plaza de Santa Ana, 6)를
추천한다. 헤밍웨이가 마드리드에 머물 때 자주
와서 술을 마셨던 곳으로 유명한데, 스페인의
전통적인 바르를 느끼기에 딱이다. 플라멩코쇼를
보며 식사를 할 수 있는 곳도 있다. 1930년에
문을 연 타블라오 플라멩코 비야 로사(Tablao
Flamenco Villa Rosa, 주소 Plaza de
Santa Ana, 15)로 안달루시아 지방의 아술레호
타일로 장식한 화려한 벽면이 눈에 띈다. 그
외 100% 생맥주를 제공하는 세르베세리아
나트르비에르(Cervecería Naturbier,
주소 Plaza de Santa Ana, 9)도 유명하다.
마드리드의 흥겨운 밤 문화를 즐기기에 더없이
좋다.

국립 장식 박물관 ★★
Museo Nacional de Artes Decorativas

MAP p.84-A

중세 귀족들의 삶을 엿보다

팔라시오 데 시벨레스 센트로센트로와 레티로 공
원 사이에 있는 아담한 박물관으로 15~19세기
귀족들의 삶을 엿볼 수 있다. 5층 건물에는 귀족
들이 사용했던 가구와 도자기, 카펫과 장신구 등
이 각 방별로 잘 전시되어 있다. 18세기 발렌시아
지방의 도자기로 벽면 전체를 장식한 부엌을 그대
로 재현해 놓았으며, 장신구 그림이 그려진 부채
외에 다양한 액세서리를 감상할 수 있다. 특히 나
무로 짠 침대와 화려한 크리스털 램프가 놓여 있
는 방은 당시의 생활상을 고스란히 보여준다.

찾아가기 메트로 2호선 Retiro역에서 도보 5분
주소 Calle de Montalbán, 12
문의 91 532 64 99
운영 9/8~6/30 화·수·금·토요일 09:30~15:00,
목요일 17:00~20:00, 일요일·공휴일 10:00~15:00,
7/5~9/4 화~토요일 09:30~15:00,
일요일·공휴일 10:00~15:00 휴무 월요일
요금 일반 3€, 학생 1.50€(목요일 오후·일요일 전체 무료)
홈페이지 http://mnartesdecorativas.mcu.es

시르쿨로 데 베야스 아르테스
Circulo de Bellas Artes

★★★

MAP p.98-C

전망대가 있는 복합 문화 예술센터

다양한 장르의 예술가들이 모여 함께 공연을 무대에 올리고 시민들에게 풍부한 문화 체험 기회를 제공하기 위해 설립된 복합 문화 예술센터. 건축가 안토니오 팔라시오가 1921년에 짓기 시작해 1926년 높이 48m의 건물로 완성했다. 건물 내에는 전시회장, 연극 공연장, 영화관, 도서관, 살롱 등이 있으며 매월 새로운 프로그램을 운영한다. 옥상에는 전망대 겸 레스토랑인 라 페세라(La Pecera)가 있으며, 전망대만 구경하려면 건물 로비에서 티켓(5€)을 구입해야 한다. 이곳에서 칵테일과 식사를 즐기며 마드리드 시내의 아름다운 야경에 취해보자.

찾아가기 메트로 2호선 Banco de España역에서 도보 5분
주소 Calle de Alcalá, 42
문의 913 605 400
운영 화~일요일 11:00~14:00, 17:00~21:00(레스토랑 월~목요일 08:00~01:00, 금~일요일은 ~03:00)
휴무 월요일(전시회장)
홈페이지 www.circulobellasartes.com

Plus info 마드리드 최고의 전망대

마드리드에는 시내를 한눈에 내려다볼 수 있는 루프톱 바가 많다. 산타 아나 광장에 위치한 메 레이나 빅토리아 호텔(Hotel ME Reina Victoria, 주소 Plaza de Santa Ana, 14) 내에 있는 세련되고 시크한 분위기의 칵테일 바는 유명인들도 즐겨 찾는다. 그 근처의 모던 디자인 호텔 어번(Hotel Urban, 주소 Carrera de San Jerónimo, 34) 옥상에는 레스토랑 시엘로(El Cielo del Urban)가 있다. 부담 없이 방문할 수 있는 야외 테라스 전망대로는 메트로 2호선 추에카역 근처에 위치한 산 안톤 시장(Mercado de San Antón)의 최상층에 있는 카페테리아를 추천한다. 넓은 야외 테라스는 젊은이들로 가득하다. 카야오 광장(Plaza del Callao, 2)에 있는 엘 코르테 잉글레스 백화점의 최상층에도 야외 테라스 카페와 푸드코트가 있어 간단히 식사하거나 차를 마시면서 마드리드 시내 풍경을 감상하기에 좋다.

알폰소 12세 기념비 •
Alfonso XII

레티로 공원 P.85
Parque del Retiro

Calle de Alfonso XII

Calle de Montalbán

Calle Juan de Mena

Calle de Antonio Maura

독립 광장
Plaza Independencia

Calle de Lagasca

Serrano역

Calle de Goya

리츠 벤타스 투우 경기장 P.107 방향 →

Calle de Jorge Juan

Calle de Claudio Coello

Calle de Serrano

Calle Hermosilla

Calle Villanueva

Calle Columela

↑ 소로야 미술관 P.106 방향

4호선

콜론 광장 P.105
Plaza de Colón

스페인 국립 도서관
Biblioteca Nacional de España

국립 고고학 박물관
Museo Arqueológico Nacional

Calle de Recoletos

Calle Salustiano Olózaga

Calle de Valenzuela

Calle Ruiz de Alarcón

Colón역

Calle Génova

Paseo de Recoletos

2호선

Calle Bárbara de Braganza

Calle Piamonte

시벨레스 광장
Plaza de Cibeles

팔라시오 데 시벨레스/센트로센트로 P.86
Palacio de Cibeles
Centrocentro

스페인 은행
Banco de España

Calle Almirante

Calle de Prim

티센 보르네미사 미술관 P.87
Museo Thyssen-Bornemisza

Alonso Martínez역

Calle Orellana

Calle Santa Teresa

Calle de Argensola

Calle Fernando VI

온리 유 호텔 & 라운지 P.116

Calle Barquillo

산 호세 성당
Iglesia de San José

Calle Marqués de Cubas

Calle los Madrazo

Carrera de San Jerónimo

유 호스텔스 P.117

Calle Serrano Anguita

Calle Santa Teresa

Calle San Mateo

낭만주의 미술관 P.106
Museo del
Romanticismo

Calle de Gravina

Calle de Comenares

Calle Liberdad

Calle de Cedaceros

Calle de Zorrilla

Sevilla역

Calle Larra

Calle Barceló

Calle Hortaleza

Calle Augusto Figueroa

Calle Barbieri

Calle San Bartolomé

Chueca역

Calle Infantas

Calle Reina

Calle Caballero de Gracia

Calle Sevilla

007 벤타나 호스텔 P.117

마드리드 역사 박물관 P.106
Museo de Historia de Madrid

Tribunal역

Calle Fuencarral

Calle Corredera Alta de San Pablo

Calle San Marcos

Calle Gran Vía

Gran Vía역

Calle Jardines

Calle Aduana

Calle Príncip

↑ 아토차레스-몽클로아 방향

Calle San Andrés

Calle Espíritu Santo

Calle del Molino de Viento

Calle Corredera Baja de San Pablo

Calle de la Ballesta

Calle Barco

Calle Valverde

세쿤 마드리드 P.116

호텔 마드리드 P.116

5호선

Calle de la Montera

솔 광장
Plaza Puerta del Sol

Sol역

Calle de la Salud

일러스트레이션 박물관 P.107
Museo ABC

Calle Daoiz

Calle de la Palma

Calle Amaniel

Calle Novicado

Calle Jesús del Valle

Calle Madera

Calle Pez

Calle de la Luna

Calle de la Estrella

Calle Mesonero Romanos

Calle Preciados

Calle del Carmen

Calle Abada

Calle Mayor

Calle Acuerdo

Travesía Conde Duque

Calle San Bernardino

Calle Conde Duque

2호선

Noviciado역

Calle de los Reyes

Calle Antonio Grilo

Calle Gran Vía

Plaza Santo Domingo
산토 도밍고 광장

Santo Domingo역

Costanilla de los Ángeles

Callao역

Calle de Espartos

Calle de Esparteros

Calle Espejo

3호선

Plaza de España
스페인 광장 P.96

Calle de la Bola

Cuesta Santo Domingo

Cuesta de Santo Domingo

Calle Torija

Calle San Cristóbal

Calle Arenal

Ópera역

Plaza Isabel II
이사벨 2세 광장

N

추에카 & 콜론 & 살라망카
CHUECA & COLÓN & SALAMANCA

추천 볼거리
SIGHTSEEING

콜론 광장 ★
Plaza de Colón

MAP p.104-C

콜럼버스 기념상이 우뚝 서있는 광장

마드리드 시내 북쪽에 위치한 콜론 광장에는 세
계에서 가장 큰 국기로 꼽히는 스페인 국기가 약
50m 높이에서 펄럭인다. 신대륙을 발견한 콜럼
버스 기념상이 서있어 콜럼버스 정원(Jardines
del Descubrimiento)이라고도 한다. 높이
17m의 기념상은 네오고딕 양식으로 1885년에
세워졌으며, 정면의 지하 건물에는 전시실과 극
장을 겸한 문화센터가 있다. 주변에는 국립 도
서관(Biblioteca Nacional de España)과
국립 고고학 박물관(Museo Arqueológico
Nacional)이 있으며 고급 쇼핑 거리인 세라노 거
리와 고야 거리와도 가깝다.

찾아가기 메트로 4호선 Colón역에서 도보 2분
주소 Calle del Marqués de la Ensenada, 14

낭만주의 미술관
Museo del Romanticismo

★★★

MAP p.104-B

18세기 낭만주의 작품을 다수 전시

1921년 마르케스 데 베가-잉클란(Marqués de la Vega-Inclán) 공작 가문의 컬렉션을 기반으로 조성해 1924년 미술관으로 개관했다. 미술관 건물은 1776년에 지었으며 유럽에서 19세기 중엽까지 유행했던 낭만주의 시대의 생활상을 담고 있다. 낭만주의 화가의 작품을 상당수 전시하고 있으며, 마르케스 공작이 직접 사용했던 가구와 장신구, 액세서리 외 도자기 등의 생활용품들도 고스란히 보존하고 있다. 벽에는 초상화와 풍경화가 걸려 있다. 1층에는 작은 서점과 카페테리아, 야외 정원이 있다.

찾아가기 메트로 1 · 10호선 Tribunal역에서 도보 5분 또는
메트로 4 · 5 · 10호선 Alonso Martínez역에서 도보 15분
주소 Calle San Mateo, 13 문의 914 481 045
운영 11~4월 화~토요일 09:30~18:30,
일요일 · 공휴일 10:00~15:00, 5~10월 09:30~20:30,
일요일 · 공휴일 10:00~15:00
휴무 월요일
요금 일반 3€, 학생 1.50€(토요일 14:00 이후 전체 무료)
홈페이지 http://museoromanticismo.mcu.es

마드리드 역사 박물관
Museo de Historia de Madrid

★

MAP p.104-B

마드리드 시내와 외곽을 모형으로 재현

1726년에 지어진 바로크 양식의 건물로 화려하게 장식된 입구가 눈에 띈다. 18세기에 건설된 구제원을 보수 · 재정비하여 1929년 마드리드 역사 박물관으로 개관했다. 박물관 지하에는 1830년대 마드리드 시내와 외곽을 모형으로 재현해놓았다. 옛 거리의 영상 자료도 갖추고 있어 마드리드의 과거와 오늘날의 모습을 한눈에 가늠해 볼 수 있다. 입장은 무료이지만 현재 1층과 지하만 일반에게 공개하고 있다. 참고로 메트로 트리부날역에서 추에카역에 이르는 거리는 골목마다 상점들이 즐비해 언제나 인파로 북적거린다.

찾아가기 메트로 1 · 10호선 Tribunal역에서 도보 2분
주소 Calle de Fuencarral, 78
문의 917 011 863
운영 화~일요일 10:00~20:00
휴무 월요일 요금 무료

소로야 미술관
Museo Sorolla

★★

MAP p.104-C

인상주의 화가 소로야의 작품을 다수 전시

원래는 스페인 발렌시아 출신의 인상주의 화가인 호아킨 소로야 가르시아(Joaquín Sorolla García)의 아틀리에였다. 그가 생애 마지막까지 살았던 저택을 그의 부인이 1925년 국가에 헌납해 1932년 소로야 미술관으로 개관했다. 1910년에 지은 건물에

는 그가 생전에 발렌시아 지방에서 그린 작품들로 가득하다. 〈아빌라의 사람들〉〈세고비아의 사람들〉〈발렌시아의 어부〉 등 소로야의 작품을 통해 스페인 지방의 전통 속에 뿌리를 내리고 살아가는 사람과 자연에 대한 깊은 애정을 느낄 수 있다. 2층에 있는 3개의 방은 그가 직접 이용했던 작업실로 꾸며 놓았으며, 안달루시아 풍의 작은 파티오도 만날 수 있다.

찾아가기 메트로 1호선 Iglesia역, 5호선 Rubén Darío역, 7 · 10호선 Gregorio Marañón역에서 도보 10분
주소 Paseo del General Martínez Campos, 37
운영 화~토요일 09:30~20:00,
일요일 · 공휴일 10:00~15:00 휴무 월요일
요금 일반 3€, 학생 1.50€(토요일 14:00 이후 전체 무료)

일러스트레이션 박물관 ★
Museo ABC

MAP p.104–A

다양한 스타일의 일러스트 그림 감상

1900년대 마드리드 맥주 회사 마오우(Mahou)의 첫 번째 공장 건물이 있던 자리에 2010년 일러스트레이션 박물관이 문을 열었다. 건축가 호세 로페즈 살라베리가 옛 맥주 공장을 크리스털과 금속을 사용해 현대적인 건축물로 만들었다. 전시실과 세미나실 외에 다용도실과 실내 카페테리아 등 다양한 공간을 널찍하게 배치했으며 지하 1층 상설 전시관에는 1891년부터 수집한 1500여 명의 아티스트들이 그린 20만여 점의 일러스트 작품들을 전시하고 있다. 다양한 스타일의 일러스트 작품을 보고 싶은 사람에게 추천한다.

찾아가기 메트로 2 · 4호선 San Bernardo역에서 도보 20분
주소 Calle Amaniel, 29
문의 917 58 83 79
운영 화~토요일 11:00~20:00, 일요일 10:00~14:00
휴무 월요일, 1/1, 1/6, 12/24, 12/31 요금 무료

Plus info

라스 벤타스 투우 경기장 (Plaza de Toros de Las Ventas)

살라망카 지역의 투우 광장에 있다. 1931년에 지어졌으며 오늘날까지 스페인에서 가장 명성 있는 투우장으로 꼽힌다. 마드리드의 투우 경기는 매년 3월에서 12월까지 계속되는데 특히 5~6월 사이 약 20일간 열리는 산 이시드로 축제(Feria de San Isidro) 때에는 매일 오후 6시와 7시에 이곳에서 투우 경기가 펼쳐진다. 투우 경기 없이 투우장만 관람하는 것도 가능하다.

찾아가기 메트로 2 · 5호선 Ventas역에서 바로
MAP p.104–C 주소 Calle de Alcalá 237
운영 매일 10:00~17:30(내부 투어 가능)
휴무 1/1, 12/25 요금 투우 경기 관람
5~100€(좌석에 따라 다양), 투우장 투어 15€
홈페이지 http://lasventastour.com

개성 넘치는 마드리드의 맛집 골목

마요르 광장과 이어지는 카바 산 미구엘(Cava de San Miguel)부터 마드리드의 선술집인 메손과 바르가 늘어서 있으며, 찻길 건너 카바 바하(Cava Baja)까지 수십 개의 레스토랑과 타파스 바르들이 몰려 있다. 가게마다 분위기는 약간씩 다르지만 어딜 들어가도 맛있고 다양한 음식을 맛볼 수 있다. 가게 앞에 세워놓은 메뉴판을 살펴보고 마음에 드는 곳에 들어가자.

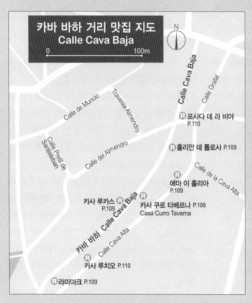

카바 바하 거리 맛집 지도
Calle Cava Baja

카사 쿠로 타베르나
Casa Curro Taverna

MAP p.108

즐거운 분위기에서 술 한잔하기 좋은 곳

마드리드에서 스페인 안달루시아의 정취를 마음껏 즐길 수 있는 곳. 금요일과 토요일 밤에는 플라멩코 기타 음악이 연주되어 흥겨운 분위기를 누릴 수 있는 곳이다. 주방이 작아 음식을 주문하면 조금 기다려야 하지만 바에는 늘 핀초스가 준비되어 있어 와인과 맥주, 틴토 데 베라노 등 음료와 간단히 안주거리를 즐기기 좋은 곳. 웨이터도 친절하고 늘 사람들로 북적이는 바르 중 한 곳이다.

찾아가기 메트로 5호선 La Latina역에서 도보 3분
주소 Calle Cava Baja, 23
문의 913 64 22 59
영업 목요일 19:00~00:00, 금~일요일 13:00~02:00
휴무 월~수요일
예산 15€~(1인 기준)

에마 이 훌리아 Emma Y Julia

MAP p.108

이탈리아 음식이 먹고 싶다면 이곳으로!

이탈리아 전통 화덕 피자와 홈메이드 면으로 만든 다양한 스파게티가 맛있는 집. 특히 오징어 먹물로 만든 스파게티(Spaghetti Nero di Sepia)와 돈가스처럼 튀긴 고기 요리인 밀라네세 카를로스(Milanese Carlos) 또는 솔로미요(Solomillo)를 추천한다.

찾아가기 메트로 5호선 La Latina역에서 도보 3분
주소 Calle Cava Baja, 19 문의 913 66 10 23
영업 수~일요일 13:30~16:30, 20:30~24:00,
화요일 20:30~24:00 휴무 월요일
예산 스파게티 15€~, 피자 12~15€
홈페이지 www.emmayjulia.com

훌리안 데 톨로사 Julián de Tolosa

MAP p.108

바비큐 중심의 육류 요리

1989년에 문을 연 레스토랑으로 벽돌로 마감한 내부 인테리어가 품격 있는 분위기를 자아낸다. 아스투리아스(Austrias) 지역의 음식을 선보이는데, 숯불에 구운 바비큐가 유명하다. 두툼한 쇠고기 육즙이 가득한 출레톤(Chuletón)과, 애피타이저인 에스파라고스 데 로도사(Espárragos de Lodosa)를 추천한다.

찾아가기 메트로 5호선 La Latina역에서 도보 4분
주소 Calle Cava Baja, 18 문의 913 65 82 10
영업 매일 13:30~16:00, 21:00~24:00
예산 애피타이저 10€~, 메인 요리 20~60€
홈페이지 www.casajuliandetolosa.com

카사 루카스 Casa Lucas

MAP p.108

창의적인 타파스로 인기몰이 중

이 집만의 독특한 타파스와 친절한 서비스로 인기가 높다. 실내에 자리가 없다고 포기하지 말고 바에 앉아서 핀초스와 타파스를 꼭 맛보자. 인기 메뉴는 문어 요리인 카르파치오 데 풀포(Carpaccio de Pulpo)와 오징어튀김인 칼라마레스 프리토스(Calamares Fritos).

찾아가기 메트로 5호선 La Latina역에서 도보 3분
주소 Calle Cava Baja, 30 문의 913 65 08 04
영업 목~화요일 13:00~15:30, 20:00~01:00,
수요일 20:00~24:00
예산 메인 요리 15€~, 와인 1병 15€
홈페이지 www.casalucas.es

라미아크 Lamiak

MAP p.108

한잔 더 마시고 싶을 때 가기 좋은 곳

카바 바하 거리 맨 끝에 위치한 이곳은 식사보다는 좋은 음악이 흐르는 식당에서 현지인들과 분위기 있는 시간을 보내고 싶은 여행자에게 추천한다. 레스토랑에서 저녁을 먹고 늦은 시간 한잔 더 마시고 싶을 때 들르면 좋다. 간단한 핀초스와 샐러드를 판다. 현지 젊은이들로 붐비는 곳이라 늘 활기차다.

찾아가기 메트로 5호선 La Latina역에서 도보 3분
주소 Calle Cava Baja, 42
영업 매일 11:00~01:30
예산 핀초스 4€~, 샐러드 10€, 치즈 & 햄 모둠 10€~,
맥주 3€, 와인 1잔 3€
홈페이지 www.lamiak.net

추천 레스토랑

포사다 데 라 비야 Posada de la Villa

MAP p. 98-D

유서 깊은 스페인 전통 레스토랑

새끼돼지 통구이로 유명하다. 1642년에 지어진 호텔을 레스토랑으로 개조하여 고풍스러운 분위기가 흐른다. 2층 객석의 대형 화로에서는 마드리드풍 전골요리인 코시도(Cocido)의 향기가 식욕을 돋운다. 가격은 다소 비싸지만 서비스와 음식 맛이 좋다.

찾아가기 메트로 5호선 La Latina역에서 도보 5분
주소 Calle Cava Baja, 9 문의 913 66 18 60
영업 월~토요일 13:00~16:00, 20:00~24:00,
일요일 13:00~16:00
예산 애피타이저 10€, 메인 요리 20€, 와인 1병 15~20€
홈페이지 www.posadadelavilla.com

소브리노 데 보틴 Sobrino de Botin

MAP p. 98-D

새끼돼지 통구이로 유명한 맛집

1725년에 문을 열어 약 300년이 되어가는 유서 깊은 레스토랑. 인기 메뉴는 새끼돼지 통구이인 코치니요 아사도(Cochinillo Asado)로 태어난 지 21일 된 새끼돼지를 구워 요리한다. 바삭한 껍질의 식감과 향, 육즙이 잘 어우러진 맛이 일품이다. 헤밍웨이가 즐겨 갔던 곳으로 유명해 관광객들로 항상 붐빈다.

찾아가기 메트로 5호선 La Latina역에서 도보 10분
주소 Calle Cuchilleros, 17 문의 913 66 42 17
영업 매일 13:00~16:00, 20:00~24:00
예산 애피타이저 10~15€, 메인 요리 20~30€, 디저트 10€
홈페이지 www.botin.es

카사 루치오 Casa Lucio

MAP p.108

마드리드의 전통 음식으로 유명

1900년대 초에 문을 열어 한자리를 지켜오고 있는 레스토랑으로, 전 세계 유명인들이 마드리드를 방문하면 꼭 들르는 곳 중 하나이다. 감자튀김 위에 달걀을 깨뜨려 내는 우에보스 데 에스트레야도스(Huevos de Estrellados), 쇠고기바비큐 추라스코(Churrasco), 전통 수프 가요스(Gallos) 등을 맛볼 수 있다.

찾아가기 메트로 5호선 La Latina역에서 도보 2분
주소 Calle Cava Baja, 35 문의 913 65 32 52
영업 매일 13:00~16:00, 20:30~24:00
휴무 8월
예산 메인 요리 20~30€ 홈페이지 www.casalucio.es

카사 레부엘타 Casa Revuelta

MAP p.98-D

마드리드 사람들이 사랑하는 바르

테이블 5~6개가 전부인 작은 바르로 서빙하는 직원들의 나이가 지긋하다. 짭짤한 대구에 튀김옷을 입혀 튀긴 바칼라오 레보사도(Bacalao Rebozado)는 마드리드 사람들이 즐겨 먹는 음식이다. 그 밖에 미트볼에 토마토소스를 입힌 알본디가스(Albóndigas)도 인기 메뉴.

찾아가기 메트로 5호선 La Latina역에서 도보 8분
주소 Calle de Latoneros, 3
문의 913 66 33 32
영업 화~토요일 10:30~16:00, 19:00~23:00,
일요일 10:30~16:00
휴무 월요일
예산 맥주 3€, 바칼라오 레보사도 1개 1€

추천 나이트라이프

마드리드는 유럽에서도 저녁 늦게 외출해 밤새 파티를 즐기기 좋은 도시 중 하나다. 저녁 8시쯤 가볍게 맥주나 베르무트를 마시며 분위기를 탄 후 밤 9시부터 본격적인 나이트라이프를 즐긴다. 자정 넘어서는 바르와 클럽에서 칵테일을 마시며 마드리드의 밤을 만끽하자. 클럽의 피크타임은 새벽 2시 넘어서 시작된다. 특히 메트로 5호선 추에카역 주변은 바르와 레스토랑이 밀집해 있다. 리베르타드 거리 (Calle Libertad)와 산 마르코스 거리(Calle San Marcos)에는 뉴욕 스타일의 모던 레스토랑들이 모여 있어 식사를 마친 후 한잔하기에 좋다.

> **Tip** 마드리드에서 가장 잘나가는 나이트 스폿

우에르타스 Huertas
솔 광장 근처는 관광객과 유학생들로 늘 붐빈다. 그중에서도 가장 유명한 곳은 우에르타스 거리(Calle de las Huertas)와 파랄레라스 거리(Calle Paralelas)이다.

추에카 Chueca
마드리드의 '소호'라 불리는 지역. 분위기가 늘 재미있고 활기차다. 날씨가 좋을 때는 추에카 광장부터 야외 테라스 카페에 사람들로 가득 찬다.

아베니다 데 브라질 Avenida de Brasil
마드리드의 축구 경기장 산티아고 베르나베우 스타디움(Santiago Bernabéu Stadium)이 있는 지역으로 분위기 좋은 고급 바르와 멋쟁이들을 만날 수 있다.

아르궤예스-몽클로아 Argüelles-Moncloa
대학생들이나 젊은이들이 모여 저녁 파티를 즐기는 지역이다.

마드리드의 추천 클럽

테아트로 카피탈 Teatro Kapital

MAP p.84-E

마드리드에서 제일 유명한 클럽

7개층 전체를 클럽으로 사용한다. 각 층마다 다른 테마의 음악과 분위기로 꾸며놓아 클러버들을 열광시키고 있다. 날씨가 좋으면 최상층에 위치한 야외 테라스도 개방한다. 유럽 각지의 젊은 여행자들이 많이 모이는 곳이다.

찾아가기 메트로 1호선 Atocha역에서 도보 2분
주소 Calle de Atocha, 125 문의 914 202 906
영업 목~토요일 00:00~06:00 요금 15€~(음료 2잔 포함)
홈페이지 teatrokapital.com

오피움 마드리드 Opium Madrid

MAP p.84-A

멋지고 세련된 고급 클럽

바르셀로나에서 유명한 오피움 클럽이 마드리드에도 문을 열었다. 저녁 오픈부터 자정까지는 레스토랑으로 운영하고 이후로는 클럽으로 변신한다. 모던하고 세련된 클럽으로 음료의 가격대가 높다.

찾아가기 메트로 7호선 Alonso Cano역에서 도보 10분
주소 Calle Jose Abascal, 56 문의 917 52 53 22
영업 매일 20:30~06:00 요금 15€(1인 기준),
음료 15€~ 홈페이지 opiummadrid.com

테아트로 에스라바 Teatro Eslava

MAP p.98-B

유명 인사들이 즐겨 찾는 곳

1981년에 문을 연 클럽으로 스페인 유명인들이 많이 찾는 곳으로 알려져 있다. 1년 365일 문을 열며 외국인들과 다양한 연령대의 사람들이 모두 함께 어우러지는 곳. 본격적인 클러빙이 시작되기 전 밤 10시쯤에는 초청 밴드의 콘서트와 공연 등이 계속된다.

찾아가기 메트로 1·2·3호선 Puerta del Sol역에서
도보 10분 주소 Calle del Arenal, 11 문의 913 66 54 39
영업 매일 00:00~06:00
요금 콘서트 15€(공연에 따라 다름),
클럽 10€~(DJ에 따라 다름)
홈페이지 teatroeslava.com

몬도 디스코 Mondo Disko

MAP p.84-A

유럽 뮤지션들의 활동을 보고 싶다면

좋은 일렉트로닉 음악을 듣고 싶은 사람들에게 추천하는 곳이다. 스페인과 유럽 등지에서 활동하는 뮤지션들의 수준 높은 음악을 들을 수 있는 곳으로, 겨울에는 목·토요일만 운영하고 여름에는 화요일에 문을 열기도 한다. 자세한 라인업은 홈페이지를 통해 공개되고 티켓 예약도 가능하다.

찾아가기 메트로 2호선 Sevilla역에서 도보 3분
주소 Calle de Alcala, 20 문의 692 39 74 77
영업 화·목·토요일 24:00~06:00(홈페이지에 사전 공지)
요금 25€(음료 1잔 포함) 홈페이지 mondodisko.es

추천 쇼핑

마드리드의 쇼핑 구역은 크게 두 곳으로 나눌 수 있다. 중저가 브랜드나 기념품 쇼핑을 원한다면 그란 비아 거리와 솔 광장 주변이 좋고, 고급 브랜드와 유럽 명품 쇼핑을 원한다면 메트로 4호선 고야역과 벨라스케스역, 세라노역 주변의 살라망카 지구를 집중 공략하자. 또한 매주 일요일에 열리는 벼룩시장이나 이국적인 분위기의 라바피에스에서는 기대 이상의 제품을 운 좋게 구할 수도 있다.

벼룩시장 엘 라스트로 El Rastro

MAP p.94-F

500년의 역사를 자랑하는 벼룩시장

매주 일요일에 열리며 오전 10시부터 오후 3시까지가 피크타임이다. 길거리에 노점상들이 길게 늘어서고 주변에 있는 중고 숍들도 모두 문을 연다. 일용 잡화를 비롯한 다양한 물건들을 파는데 관광객은 물론 현지인들도 많이 온다. 고급 앤티크 소품을 노린다면 노점보다는 주변에 있는 골동품 숍들을 공략하는 것이 좋다. 노점에서는 세계 각국에서 사들인 싸구려 물건에 바가지를 씌우는 경우가 많다. 리베라 데 쿠르티도레스(Calle de la Ribera de Curtidores) 거리에 골동품 숍들이 모여 있다. 푸에르트 데 톨레도(Puert de Toledo)에도 디자인 소품, 예술품, 골동품을 파는 갤러리가 많으며 평일에도 문을 연다. 꼭 쇼핑이 목적이 아니어도 일요일 아침 시장 풍경을 구경하고 주변의 바르에서 맛있는 음식을 즐기기 좋다.

찾아가기 메트로 3호선 Lavapiés역과 5호선 La Latina역 사이

라바피에스 Barrio Lavapiés

MAP p.84-E

이국적인 매력이 가득한 동네

중세 시대까지는 아랍인과 유대인들이 모여 살던 성벽 밖의 지역이었다. 20세기에 들어 이민자들이 정착해서 살기 시작했고, 1980~90년대에는 젊은이들이 모이는 지역으로 유명해지면서 마드리드에서 가장 보헤미안적이고 이국적인 동네가 되었다. 개성 넘치는 숍과 카페테리아, 바르인디언, 쿠바, 아르헨티나, 파키스탄, 중국 등 세계 각국 음식을 파는 식당이 모여 있다. 메트로 3호선 라바피에스역 바로 앞에 있는 라바피에스 광장(Plaza de Lavapiés)과 아베

마리아 거리(Calle Ave María)는 밤에도 흥거움이 넘쳐난다. 아베 마리아 거리에 있는 카페 바르비에리(Café Barbieri, 주소 Calle Ave María, 45)는 만남의 장소로 이름 높다.

살라망카 지역에 위치한 스페인산 브랜드 숍

1 아돌포 도밍게스 Adolfo Domínguez
스페인을 대표하는 고급 브랜드. 남성·여성 패션 의류 및 액세서리 제품을 갖추고 있다.
주소 C/Serrano 96, C/Serrano 5

2 캠퍼 Camper
마요르카 섬에서 시작한 스페인 대표 신발 브랜드. 디자인 가죽 신발과 운동화 등이 있다.
주소 C/Serrano 24

3 코르트피엘 Cortefiel
중·장년층 의류 브랜드로, 디자인이 우아해 부모님, 어른 선물용으로 좋다.
주소 C/Goya 29

4 코스 COS
프랑스 브랜드로 깔끔하고 세련된 룩을 선보인다. 디자인이 베이직하고 핏이 예쁜 옷들이 많다.
주소 C/Claudio Coello 53-55

5 엘 간소 El Ganso
클래식한 스포츠웨어와 셔츠, 편안한 스니커즈를 갖추고 있다. 컬러풀한 셔츠와 양복이 많아 캐주얼한 정장을 구할 때 적합하다.
주소 C/Serrano 46

6 프로노비아스 Pronovias
1922년 바르셀로나에서 시작했으며 결혼식 드레스와 파티복, 연회복 등을 갖춘 브랜드.
주소 C/Serrano 31

7 인트로피아 Intropia
30대 직장 여성을 겨냥한 캐주얼 의류 브랜드로 국내에도 부티크 매장이 진출해 있다.
주소 C/Serrano 18

8 로에베 Loewe
스페인 대표 명품으로 질 좋은 가죽 제품을 판매한다. 고가의 남성 신발과 액세서리류가 많다.
주소 C/Serrano 34

9 로에베 액세서리 Loewe Accesorios
명품 가죽 가방과 핸드백 전문 브랜드. 매장은 엘 코르테 백화점 내에 있다.
주소 C/Serrano 47

10 로투스 Lottusse 1877
최상급의 가죽으로 만든 로퍼와 옥스퍼드 신발 외 가방 전문 브랜드.
주소 C/Serrano 68

11 빔바이롤라 Bimba y Lola
스페인 브랜드로 개성 넘치는 여성의류, 의류, 가죽 가방과 신발, 독특한 액세서리 등을 갖추고 있다. 젊은 층부터 중년 여성들에게 폭넓은 사랑을 받고 있는 브랜드다. 국내 백화점에도 입점되어 있지만 가격은 비싼 편이다.
주소 C/Serrano 22

12 마시모 두티 Massimo Dutti
20대 후반~30대를 위한 캐주얼 정장 의류 브랜드. 국내보다 50% 이상 저렴하다.
주소 C/Serrano 48

13 아리스토크레이지 Aristocrazy
액세서리 전문 브랜드. 세련되고 심플한 디자인의 액세서리가 주를 이룬다. 은 제품을 합리적인 가격에 구입할 수 있다.
주소 C/Serrano 42

14 나이스 싱즈 팔로마 에스 Nice Things Paloma S
여성과 어린이를 위한 캐주얼 의류 브랜드. 아기자기한 소품도 많다.
주소 C/Lagasca 49

15 페드로 델 이에로
Pedro del Hierro
고급 남성 셔츠와 양복, 정장이
많고, 그 밖에 여성 의류와
액세서리 제품도 갖추고 있다.
주소 C/Serrano 29

16 시타 무트 Sita Murt
30대 직장 여성을 겨냥한
세련된 의류 브랜드. 유니크한
디자인으로 사랑받고 있다.
주소 C/Claudio Coello 58

17 에세오에세 Eseoese
캐주얼 여성 의류와 신발, 가방,
액세서리까지 토털 패션룩을
선보인다. 보기에도, 입었을
때에도 편한 룩을 지향하는
브랜드.
주소 C/Ayala 20

18 우노 데 신쿠엔타
Uno de 50
가죽과 메탈을 매치한 지중해
스타일의 액세서리 브랜드.
여름에 화려하게 매치하기 좋은
은과 메탈 제품이 주를 이룬다.
주소 C/Serrano 42

19 우먼 시크릿
Women's Secret
기능성 속옷 외에 다양한 디자인의
속옷, 파자마, 홈웨어까지 두루
갖추고 있다. 디자인이 예쁘고
가격도 저렴하다.
주소 C/Serrano 29

20 토스 Tous
작은 곰돌이 모양이 심벌인 반지,
목걸이, 팔찌 외에 가방류까지
다양한 제품을 갖춘 액세서리 전문
브랜드.
주소 C/Serrano 50

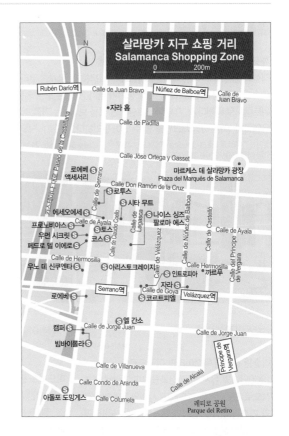

21 자라 ZARA
스페인 국민 브랜드. 저렴한
가격으로 최신 유행 제품을 모두
구입할 수 있다. 국내보다 가격이
훨씬 저렴하다.
주소 C/Serrano 23

 추천 숙소

온리 유 호텔 & 라운지 Only You Hotel & Lounge

MAP p.104-B

깨끗함과 디자인으로 승부하는 부티크 호텔

객실의 청결도와 시설, 디자인을 중요하게 고려하여 설계한 부티크 호텔. 위치와 시설, 직원들의 친절
도까지 모두 상위에 랭크될 정도로 평가가 좋다. 객실은 모두 커플룸이며 디럭스, 프리미엄, 주니어 스
위트룸으로 나뉜다. 신혼부부나 로맨틱한 밤을 보내려는 커플 여행자에게 추천한다. 24시간 리셉션을
운영하며, 이른 아침 체크인을 할 수 있어 편리하다. 성수기나 축제 기간에는 가격이 3배 이상 오른다.

찾아가기 메트로 5호선 Chueca역에서 도보 10분 **주소** Calle Barquillo, 21 **문의** 910 05 22 22
요금 더블 150~200€ **홈페이지** www.onlyyouhotels.com

호텔 아르트립 Hotel Artrip

MAP p.84-E

미술관 감상이 목적이라면 이곳으로!

1900년대의 유서 깊은 건물을 리모델링해 현대
적으로 꾸민 호텔. 마드리드 시내의 3대 미술관
과 가까워 미술관 공략이 목표인 여행자라면 편
하게 머물 수 있다. 객실은 커플룸 외에도 3인실,
패밀리룸이 있어 가족 단위 여행객도 머물기 좋
다. 1층 카페테리아는 24시간 무료 서비스로 운
영된다. 직원들도 친절해 마드리드 여행 정보를
세세하게 물어볼 수 있다.

찾아가기 메트로 3호선 Lavapiés역에서 도보 5분
주소 Calle Valencia, 11 **문의** 915 39 32 82
요금 더블 80~100€
홈페이지 www.artriphotel.com

세븐 이슬라스 호텔 마드리드

7 Islas Hotel Madrid

MAP p.104-E

마드리드 관광 최적의 위치

늦은 시간까지 관광하기 좋은 위치, 친절한 서비
스, 깔끔한 아침 식사, 깨끗한 룸을 기대하고 있
다면 이 호텔을 주목하자. 다양한 호텔 예약 사
이트에서 고객 평점이 높은 호텔 중 하나. 세련되
고 모던한 인테리어도 매력적이고, 자전거 대여
등 고객 편의 서비스도 잘 준비되어 있다.

찾아가기 메트로 1·5호선 Gran Via역에서 도보 2분
주소 Calle Valverde 14, Madrid
문의 915 23 46 88
요금 더블 140€(비수기)
홈페이지 www.7islashotel.com

파 홈 플라자 마요르 Far Home Plaza Mayor

MAP p.98-E

가격 대비 만족스러운 숙소

마요르 광장에서 도보 5분, 솔 광장에서 도보 2분 거리로 마드리드 시내 한가운데 위치한 호스텔. 16개의 룸은 최근 새롭게 리모델링해 청결하고 깔끔하다. 더블룸의 규모는 크지 않지만 가격 대비 훌륭한 편이다. 24시간 리셉션을 운영한다. 숙소에 오래 머물지 않고, 짧은 기간 관광지만 둘러보려는 여행자에게 추천한다.

찾아가기 메트로 1호선 Tirso de Molina역에서 도보 10분 주소 Calle Doctor Cortezo, 15 문의 913 69 46 94
요금 스몰 더블 50~60€(욕실은 공동 사용)

유 호스텔스 U Hostels

MAP p.104-B

배낭여행자에게 추천

호스텔치고는 비교적 큰 규모라 욕실과 샤워실의 개수가 충분하며 여행객에게 필요한 모든 시설을 갖추고 있다. 간단히 요리를 해 먹을 수 있는 주방과 영화감상실, 살롱 등을 이용할 수 있다. 호스텔 내의 루프톱 바에서는 매일 밤 다양한 파티를 열며, 각종 시내 워킹 투어도 진행한다. 저렴하면서 편한 숙소를 원하는 배낭여행자에게 추천한다.

찾아가기 메트로 4·5·10호선 Alonso Martinez역에서 도보 10분
주소 Calle Sagasta, 22 문의 914 45 03 00
요금 8~12인 도미토리 20€, 더블 70~150€
(예약 현황에 따라 요금이 계속 올라간다.)
홈페이지 www.uhostels.com

룸007 벤투라 호스텔 Room007 Ventura Hostel

MAP p.104-E

인테리어가 예쁜 호스텔

커플룸과 4인실, 6인실, 8인실 등 다양한 도미토리와 여성 전용 도미토리가 있다. 위치가 좋으며 시설, 요금 등이 합리적이고 객실도 깔끔한 편이다. 모든 객실에는 개인 욕실과 화장실이 딸려 있고, 타월 사용도 무료다. 커플 여행객 중에서 주방 사용을 원하고 저렴한 호스텔을 찾는다면 이곳을 추천한다.

찾아가기 메트로 2호선 Sevilla역에서 도보 10분
주소 Calle Ventura de la Vega, 5
문의 914 20 44 81
요금 6~8인 도미토리 12~30€
홈페이지 www.room007.com

엘 그레코의 도시

톨레도 TOLEDO

MADRID
TOLEDO

마드리드에서 남쪽으로 약 70km 떨어져 있는 톨레도는 중세 도시의 모습을 잘 보존하고 있어 스페인의 옛 모습을 찾아가는 마드리드 근교 여행지로 첫손에 꼽힌다. 타호 강(Rio Tajo)이 시내를 에워싸듯 감싸 흐르며, 역사를 간직한 유물과 건축물이 많아 1986년 도시 전체가 유네스코 세계문화유산으로 등재되었다.

톨레도는 로마인들이 이베리아 반도의 전략적 거점으로 삼아 성채 도시로 건설됐으며, 6세기에 서고트 왕국의 아타나길드가 세비야에서 수도를 옮겨오면서 발전하기 시작한다. 이어 이슬람 세력의 지배를 받아 번영을 누리면서 이슬람교와 유대교, 가톨릭교가 융합된 독특한 문화를 형성했다. 우여곡절 속에서도 급격히 성장한 톨레도는 1031년 코르도바의 이슬람 주권자가 붕괴된

후 독립해 50년 동안 스페인의 학문과 예술의 중심지로 거듭났다. 이어 레콩키스타 운동을 통해 1085년 알폰소 6세가 탈환하고 로마 교황청에서 톨레도를 스페인 교회의 중심으로 인정한다. 그럼에도 이슬람교와 유대교, 그리스도교가 평화롭게 공존했으나 1492년 가톨릭 왕조에 의해 그라나다가 톨레도로 편입된 후 아랍인과 유대인은 그리스도교로 개종하거나 추방당했다. 16세기 카를로스 1세는 톨레도를 왕국의 수도로 유지하고자 했으나 뒤이은 펠리프 2세가 1561년 마드리드로 수도를 옮기면서 톨레도는 정치·경제의 중심에서 멀어졌다. 그러나 톨레도는 여전히 스페인 가톨릭의 대교구로서 종교의 중심으로서 대성당 외에도 성당과 수도원 등 종교 관련 건물이 많이 남아 있다.

ACCESS 가는 법

🚂 열차
마드리드의 아토차역에서 열차로 약 33분 걸린다. 역에서 톨레도 구시가까지는 도보로 약 15분 걸리며 버스를 이용해도 된다. 시내버스는 역 앞의 정류장에서 타면 된다. L5·L61·L62·L92번과 B2번 등이 톨레도 시내 중심으로 들어간다.
운행 시간 및 배차 간격
마드리드 출발 06:50~21:50, 1일 15~18편 운행,
1시간 간격(요일별 운행 시간과 운행 횟수가 다르다.)
요금 편도 일반 9€
홈페이지 www.renfe.es

🚌 버스
마드리드에서 플라사 엘리프티카 버스 터미널과 아베니다 데 아메리카 버스 터미널에서 알사(Alsa) 버스와 콘티넨탈 아우토 버스가 연결한다. 일반 버스는 약 1시간 25분 걸리며, 직행버스는 약 50분 걸린다. 톨레도는 아란후에스, 쿠엥카, 그라나다 등지로 이동하기에 편리한 위치에 있다.
운행 시간 및 배차 간격
월~금요일 05:15, 06:00~22:30, 토요일 06:30~22:30,
일요일·공휴일 08:00~23:30, 30분 간격 요금 편도 일반
5.75€(일반 버스와 직행버스의 차이는 거의 없다.)

톨레도-주요 도시 간의 버스 운행 정보

출발지	목적지	운행 시간	소요 시간	버스 홈페이지
톨레도	마드리드 플라사 엘리프티카 버스 터미널	월~금요일 05:00~24:00 (매시간 4~5편), 토·일요일 06:30~24:00(매시간 2~3편)	1시간 30분	www.alsa.es
톨레도	콘수에그라(Consuegra)	월~금요일 1일 다수, 토·일요일 1일 1~2편	1시간 15분	http://samar.es
톨레도	쿠엥카(Cuenca)	1일 1~2편(목·토요일 운행 안 함), 월~금요일 06:00 (금요일 16:15 추가), 일요일 16:45	2시간~ 3시간 20분	www.aisa-grupo.com
톨레도	그라나다(Granada)	주 1~2편, 12:00	5시간 30분	www.alsa.es

톨레도 둘러보기

톨레도 버스 터미널에서 구시가까지 도보로 15분 정도 걸린다. 기차역에서 구시가로 가려면 다리를 건너야 하므로 시내버스를 타는 것이 좋다. 톨레도는 언덕길이 많고 미로처럼 얽혀 있어 한낮에 걸어 다니기는 힘들지만 해질 무렵 서늘해지면 걷기에 더할 나위 없이 좋다. 구시가의 중심은 소코도베르 광장(Plaza de Zocodover)으로 레스토랑과 바르 등 다양한 숍이 모여 있다. 광장에서는 톨레도의 명물 '소코트렌'을 타보자. 작은 전차의 바퀴를 타이어로 개조하여 달리는 예쁜 교통수단이다. 구시가의 언덕길을 힘차게 올라가 알카사르 요새를 일주하고 구시가 밖의 타호 강을 따라 전망대와 관광 명소 몇 군데를 경유한다. 톨레도 시내의 전경이 가장 잘 보이는 곳은 산 쪽에 위치한 국립 호텔 파라도르 앞이다. 하룻밤 머무는 것도 좋다.

소코트렌 Zocotren 타는 곳 소코도베르 광장
운행 여름철 월~목요일 10:00~20:30(금~일요일·공휴일 ~21:00, 토요일 ~22:00, 30분 간격) 소요 시간 50분
요금 일반 4.40€, 2~7세 1.50€

톨레도
Toledo

0   100m

N

고대 로마 원형 경기장 방향

알폰소 6세 광장
Plaza Alfonso VI

옛 비사그라 문
Puerta Antigua de Bisagra

시르코 로마노 거리 Paseo del Circo Romano

Paseo del Cristo de la Vega

아랍베스 성벽 Murallas Árabes

크리스트 데 라 베가 성당
Crist de la Vega

A

B

Cuesta de la Granja

C. Real Cjón la Merced

타베르나 엠브루호 P.126

카바 다리 거리 Av. Puente de la Cava

레카레도 거리 Paseo de Recaredo

산타 레오카디아 성당
Iglesia de Santa Leocadia

Santa Leocadia

산토 도밍고 엘 안티고 성당
Iglesia de Santo Domingo el Antigo

캄브론 문
Puerta del Cambrón

Plaza Padilla

Pintor Matias Moreno

Colegio de Doncellas

산 클레멘테 수도원
Convento de San Clemente

산 로만 성당
Iglesia de San Román

Cerro de la Virgen de Gracia

P.125 산 일데폰소 성당
Iglesia de San Ildefonso

P.123 산 후안 데 로스 레예스 수도원
Monasterio de San Juan de los Reyes

Las Bulas

Plaza de
Valdecaballeros

레예스 카톨리코스 거리 Los Reyes Católicos

Alfonso XII

C. Ángel

트리니다드
C. de la Tri

E

F

산 마르틴 다리
Puente de San Martín

산타 마리아
라 블랑카 성당
Santa María
la Blanca

유대인 지구 P.123
Jewish Quarter

산 실바도르 거리
San Salvador

산토 토메 성당 P.125
Iglesia de Santo Tomé

S. Juan de Dios

콘데 광장
Plaza del Conde

에유헤니오
몬티요 아
컬렉션 P.12

유대교 박물관

엘 그레코의 집과 미술관 P.124
Casa y Museo de El Greco

트란시토 성당
Sinagoga del Tránsito

메손 라 오르사
P.126

Juego de Pelota

산 후안 데 디오스 거리
San Juan de Dios

트란시토 거리
Paseo del Tránsito

트란시토 공원
Paseo del Tránsito

산 크리스토발 광장
Plaza de San Cristóbal

San Cipriano

칼바리오 로스 데스칼소스 거리 Calvario Los Descalzos

산 세바스티안 성당
Iglesia de San Sebastián

I

J

Plaza de las Melojas Carreras

에르미타 비르헨 델 카베사
Ermita Virgen de I Cabeza

타호 강 Río Tajo

타베라 병원 방향
↑ 버스터미널 방향   ↑ 마드리드 방향

비사그라 문
Puerta Nueva de Bisagra

고 델 아라발 성당
de Santiago del Arrabal

솔
레알 데 톨레도

C

C. Carretas

기차역 ·
아란후에스 방향

태양의 문
Puerta del sol

C. Gerardo Lobo

D

Paseo de la Rosa

크리스토 데 라 루스
Cristo de la Luz

Venancio Gonzalez

Nuñez de

Arce

산 호세 예배당
Capilla de San José

안티도토 룸 P.127

Plaza de la Concepción

알칸타라 다리
Puente de Alcántara

유스호스텔

Alfileritos

테 광장
de
cente

오아시스 호스텔 P.127

산타 크루스 미술관 P.122
Museo de Santa Cruz

소코도베르 광장
Plaza de Zocodover

C. Cervantes

코메르시오 거리
C. del Comercio

Alférez Provisional

Plaza Magdalena

레스토란테 엘 코베르티조 P.126

카를로스 5세 거리
Cuesta de Carlos

Ronda de Juanelo

알카사르 P.123
Alcázar

새 알칸타라 다리
Puente Nuevo de Alcántara

주교관
alacio Arzobispal

마요르 광장
Plaza Mayor

General Moscardo

H

Plaza del
Ayuntamiento

G

대성당 P.122
Catedral

Cta. Pasc

사
ntamiento

매표소

C. del Pozo Amargo

Cuesta de San Justo

Isabel

타 이사벨

Plaza Fuentes

페드로 광장
el Rey D. Pedro

C. Sacramento

San Pablo

타베라 병원

버스 터미널
Estaclón de Autobuses
de Toledo

산 루카스 성당
Iglesia de San Lucas

기차역
Estación de Toledo

Plegadero

Plaza Don Fernando

산 후안 데 로스 레예스
수도원

알카사르

La Vida Pobre

K

Carreras de San Sebastián

대성당

엘 그레코의 집과 미술관

Paseo de la Incurnia

파라도르 데 톨레도

L

121

추천 볼거리
SIGHTSEEING

대성당
Catedral ★★★

MAP p.121-G

장엄하고 화려한 스페인 가톨릭의 중심

스페인 가톨릭의 수석 대교구 성당답게 가장 큰 규모를 자랑한다. 현재 대성당이 있는 자리는 초기 서고트족이 지배할 당시부터 종교의 중심지였다. 이슬람 세력이 지배할 때는 300년간 모스크가 있었으나, 1085년 파괴된 후 13세기에 현재의 대성당이 세워졌다. 1227년 페르난도 3세 때 착공되어 1493년에 완공되었다. 프랑스 고딕 양식을 바탕으로 한 성당 안에는 조각과 회화 등 수많은 종교 예술품이 전시되어 있어 미술관을 방불케한다.

성당 주변에는 대시계문(Puerta del Reloj), 면죄의 문(Puerta de Perdón), 사자문(Puerta de las Leones) 등 5개의 문이 있으며, 문마다 장식된 조각상이 감탄을 자아낸다.

성당 내부는 내진(Capilla Mayor), 성가대석 (Coro), 성구실(Sacristía), 참사회 회의실 (Sala Capitular), 보물 보관실(Tesoro), 예배당(Capilla), 회랑(Claustro)으로 구성되어 있다.

격자로 둘러싸인 성가대석 소제단에는 내진 성직자석이 있고, 그 아래에 그라나다 정복을 모티프로 한 54점의 그림이 그려져 있다. 성가대석 뒤쪽에는 그리스도의 생애를 묘사한 거대한 제단과 장식벽이 있는 호화로운 내진이 있다. 톨레도의 대사교였던 추기경 멘도사의 대리석 관도 아름답다. 내진 안쪽에 있는 트란스파렌테 (Transparente)에는 창을 통해 빛이 들어와 그곳에 그려져 있는 성모상과 천사상을 비춘다. 성구실에는 엘 그레코의 〈성의의 박탈〉, 고야의 〈그리스도의 체포〉, 모랄레스의 〈슬픔의 성모〉 등 거장들의 대작이 소장되어 있다. 그 옆의 의상실에는 중세 성직자들이 입었던 미사용 제복 등이 전시되어 있다.

종루 아래에 있는 소예배당은 보물 보관실이다. 무게 180kg, 높이 3m의 금은보석으로 제작한 성체현시대(성광을 올려 놓는 대)가 전시되어 있다. 그리스도의 성체 축일에는 이 성체현시대를 가마처럼 둘러메고 거리를 순례한다. 참사회 회의실에는 500년 가까이 된 무데하르 양식의 아름다운 천장과 르네상스 시대의 종교 벽화 외에도 고야의 작품이 벽에 걸려 있다. 그 밖에도 산 일데폰소 예배당, 산티아고 예배당, 모사라베 양식의 예배당 등 총 22개의 예배당이 있다.

찾아가기 소코도베르 광장에서 도보 10분
주소 Calle Cardenal Cisneros, 1
문의 925 22 22 41
미사 10~6월 08:30, 09:00, 17:30,
일요일·공휴일 09:45
요금 12.50€
홈페이지 www.catedralprimada.es/historia

산타 크루스 미술관
Museo de Santa Cruz ★★

MAP p.121-D

스페인 회화 거장의 작품과 역사적 유물

지금은 미술관이지만 원래는 이사벨 여왕이 가난한 사람과 고아를 위해 세운 자선 병원이었다. 입구의 세밀하고 아름다운 조각이 새겨진 문이

눈길을 끌며 아름다운 파티오를 품은 건물 회랑과 웅장하게 조각된 나무 천장이 특히 압도적이다. 엘 그레코의 작품을 비롯한 16~17세기에 이르는 회화 컬렉션이 충실하다. 1층 갤러리에서는 고야의 〈십자가 위의 그리스도〉, 엘 그레코의 〈성모 승천의 제단화〉를 볼 수 있고, 한쪽 벽면 가득 15세기의 태피스트리가 장식되어 있다. 그외 종교 예술품과 톨레도의 역사적 유물도 감상할 수 있다.

찾아가기 소코도베르 광장에서 도보 5분
주소 Calle Miguel de Cervantes, 3
운영 월~토요일 10:00~18:00, 일요일 10:00~15:00
요금 일반 5€, 18세 이하 무료

알카사르
Alcázar

MAP p.121-G

스페인 내란의 격전지였던 성채

톨레도 구시가지의 소코도베르 광장에서 남쪽 고지대에 위치한 성으로 10세기에 적을 방어할 목적으로 세워졌다. 1538년 기독교인이 톨레도를 탈환한 후 카를로스 1세가 알카사르를 궁전으로 개조해 지금의 모습을 완성했으나, 왕실이 마드리드로 옮겨가면서 애물단지로 전락하고 만다. 1936년 스페인 내란 당시 프랑코파의 주둔지로 군인들과 가족들이 성에 머물면서 인민전선군과 격전을 벌여 전투로 집중 포화를 받아 폐허가 되기도 했다. 현재는 군사박물관으로 사용하며 내란 당시의 군복, 무기들을 전시하고 있다. 1층은 카스티야 라만차 공공 도서관으로 운영 중이다. 군사박물관이 흥미롭지 않다면 도서관이나 건물 내부를 감상하자.

찾아가기 소코도베르 광장에서 도보 5분
주소 Calle Unión, s/n 문의 925 23 88 00
운영 군사박물관 목~화요일 11:00~17:00,
도서관 월~금요일 08:30~21:15, 토요일 09:00~14:00
휴무 군사박물관 수요일, 도서관 7~8월, 일요일
요금 군사박물관 5€, 도서관 무료

유대인 지구
Jewish Quarter

★★★

MAP p.120-F

옛 유대인들의 흔적이 남아 있는 곳

톨레도의 옛 유대인 지구는 한때 유대인 예배당인 시나고가 (Sinagoga)가 11개나 있었을 정도로 번성했으나 1492년 이슬람교도와 유대교도의 국외 추방 명령이 내려지면서 대부분 사라지고 현재는 2개만 남아 있다. 대성당 앞을 지나 산토 토메 성당 뒷길로 난 좁은 돌길을 따라가다 보면 유대인 지구에 들어선다. 엘 그레코 미술관 뒤편으로 걷다 보면 그 길 끝에 14세기에 지어진 시나고가 델 트란시토 (Sinagoga del Tránsito)를 만날 수 있다. 페드로 1세의 특별 허가를 받아 1355년에 지어진 것으로 1492년부터 1877년까지 작은 수도원에서부터 암자, 군대 시설에 이르기까지 다양한 용도로 사용되었다. 현재는 내부에 세파르디 미술관(Museo Sefardi)이 있으며 스페인 남부에서나 볼 수 있는 무데하르 양식으로 아름답게 조각된 나무 천장을 감상할 수 있다. 각종 전시품을 통해 스페인에 존재했던 유대인 역사를 가늠해볼 수 있다.

시나고가 델 트란시토 Sinagoga del Tránsito
주소 Calle de Samuel Leví, s/n
운영 화~토요일 09:30~18:30(4~9월은 ~20:00),
일요일 · 공휴일 10:00~15:00 요금 3€

산 후안 데 로스 레예스 수도원
Monasterio de San Juan de Los Reyes

★★

MAP p.120-E

이사벨 여왕 양식으로 지어진 수도원

1476년 포르투갈과 벌인 토로 전투(Batalla de Toro)에서 승리한 기념으로 건립하기 시작해 17세기 초에 완성한 수도원이다. 스페인 가톨릭 신앙의 주권을 상징하고자 이사벨 여왕과 페르난도 왕이 세운 것으로 유대인 지구 한복판에 지어 논란이 되기도 했다. 이사벨 여왕과 페르난도 왕

톨레도가 낳은 스페인 회화의 거장
엘 그레코(El Greco)

고야, 벨라스케스와 함께 스페인 회화의 3대 거장으로 손꼽히는 엘 그레코는 1541년 그리스의 크레타(Creta) 섬에서 태어났다. 본명은 도메니코스 테오토코풀로스(Doménikos Theotokópoulos). 엘 그레코라는 이름은 스페인어로 '그리스인'이라는 뜻이며, 36세에 톨레도로 올 당시 붙은 별명이다. 평생 '그레코'라는 이름으로 불렸지만 자신의 작품에 서명을 할 때는 반드시 본명을 적었다고 한다. 엘 그레코의 작품 속에 등장하는 인물은 대부분 얼굴이 작고 상하로 늘린 듯한 긴 신체를 갖고 있는 점이 특징이다. 독창적인 기법이나 구도를 구사하여 환상과 사실주의를 조화시킨 종교화를 많이 남겼으며 가장 순수한 스페인의 혼을 표현한 화가로 평가된다. 엘 그레코가 스페인으로 온 것은 1577년 35세 때 엘 에스코리알 궁전이 한창 건축되고 있을 때였다. 많은 화가들이 이 궁전을 장식할 회화 제작에 참여했고, 엘 그레코도 펠리페 2세의 주문을 받아 작품을 완성했으나 왕의 마음에 들지 않아 지하 창고에 방치되고 말았다. 이 작품은 〈성 마우리시오의

순교〉로, 현재 엘 에스코리알 궁전의 보물이 되었다. 궁정화가가 될 가능성이 희박해지자 톨레도로 향한다. 그 후 죽을 때까지 약 40년간 톨레도에 머물며 수많은 걸작을 남겼다. 작품 수가 많아 스페인 대다수의 미술관에 그의 작품이 전시되어 있지만, 대표작들은 톨레도에서 만날 수 있다. 〈오르가스 백작의 매장〉은 산토 토메 성당에서, 〈톨레도 풍경과 지도〉는 엘 그레코의 집에서, 〈성의의 박탈〉은 대성당에서 감상할 수 있다. 엘 그레코가 살았던 집은 '엘 그레코의 집과 미술관'으로 개조되어 그의 작품을 전시하고 있으며 현재 톨레도의 주요 관광 명소가 되었다.

엘 그레코의 집과 미술관
Casa y Museo del Greco MAP p.120-F

주소 Paseo del Tránsito, s/n
문의 925 22 36 65
운영 화~토요일 3~10월 09:30~19:30(11~2월은 ~18:00), 일요일 10:00~15:00
휴무 월요일 요금 3€(토요일 14:00 이후, 일요일 전체 무료)
홈페이지 http://museodelgreco.mcu.es

엘 그레코의 〈성 마우리시오의 순교〉

은 사후 원래 이곳에 묻힐 예정이었으나 1492년에 그라나다를 함락한 뒤 그라나다 대성당 옆 카피야 레알(Capilla Real)에 묻혔다. 1477년 공사를 시작한 이래 1606년까지 보수와 재건을 반복했으며 내부는 이사벨 여왕의 이름을 따서 '이사벨 여왕 양식'으로 장식했다. 이는 고딕 양식을 바탕으로 무데하르 양식과 르네상스 양식을 혼합한 건축 양식을 뜻한다. 벽에 매달린 쇠사슬은 1492년 그라나다에서 해방된 그리스도교도 포로들을 묶었던 것이라고 한다.

찾아가기 대성당에서 도보 15분
주소 Calle Reyes Católicos, 17 문의 925 22 38 02
운영 3/1~10/15 10:00~18:45,
10/16~2/28 10:00~17:45 요금 일반 2.50€

> **Tip** 한적한 산책길을 거닐어보자
>
> 수도원 정면으로 난 거리(Calle Reyes Católicos)에서 카바 바하 거리(Calle Cava Baja) 위쪽으로 올라가면 쿠에스타 칼란드라하스 거리(Calle Cuesta Calandrajas) 앞으로 전망이 뚫린 야외 놀이터가 나온다. 이곳에서 수도원과 톨레도의 전경을 한눈에 내려다볼 수 있다. 놀이터 주변은 관광지 분위기의 구시가와는 사뭇 다른 한적한 스페인 시골마을 풍경을 만날 수 있다.

산 일데폰소 성당
Iglesia de San Ildefonso ★★★

MAP p.120-F

톨레토의 전경을 한눈에

톨레도의 화려한 성당과는 다르게 하얀 벽의 깔끔한 인테리어가 돋보이는 성당이다. 내부는 넓지만 소박하게 꾸며져 있다. 로스 헤수이타스 성당(Iglesia de Los Jesuitas)이라고도 불린다. 2.50€를 내면 2층 난간 끝에 있는 외벽 계단을 따라 전망대 역할을 하는 탑(Torre)에 오를 수 있다. 성당 종루에서는 톨레도 시내 전경을 한눈에 조망할 수 있다.

찾아가기 대성당에서 도보 5분
주소 Plaza del Padre Juan de Mariana, 1
문의 925 25 15 07 운영 월~토요일 10:00~18:00,
일요일 11:30~14:00, 15:00~18:00

산토 토메 성당
Iglesia de Santo Tomé ★

MAP p.120-F

엘 그레코의 걸작을 만나다

엘 그레코가 '나의 숭고한 작품'이라고 말한 〈오르가스 백작의 매장 El Entierro del Conde de Orgaz〉을 소장한 것으로 유명한 성당. 그의 천재성을 유감없이 발휘한 이 그림은 산토 토메 성당을 재건한 오르가스 백작의 장례식에 성 아우구스티누스와 성 스테파노가 지상으로 내려온 기적을 묘사하고 있다. 지상에서 매장하는 장면과 심판이 행해지는 하늘에서 그리스도와 성모 마리아가 오르가스 백작의 영혼을 맞이하는, 비현실적인 천계와 지상을 잘 표현한 것으로 평가받는다. 성당 밖의 높이 솟은 탑은 화려한 무데하르 양식으로 지어졌다.

찾아가기 엘 그레코의 집과 미술관에서 도보 5분
주소 Plaza del Conde, 4
문의 925 25 60 98
운영 3/1~10/15 10:00~18:45,
10/16~2/28 10:00~17:45
요금 2.50€

추천 레스토랑

메손 라 오르사 Meson La Orza

MAP p.120-F

맛있는 코스 요리를 여유롭게 즐기기

가격은 조금 비싼 편이지만 맛있는 음식을 먹을 수 있는 곳이다. 평일 점심에는 애피타이저, 메인 요리(고기나 생선), 디저트와 와인까지 3코스를 25€에 즐길 수 있다. 특별한 메뉴를 원한다면 스페인식 대구 요리인 바칼라오(Bacalao)나 푸아 소스를 곁들인 염소고기(Cordero) 등에 도전해 보자. 관광객을 상대로 성의 없는 음식을 비싼 가격에 내놓는 식당이 아닌, 여유롭게 스페인식 만찬을 즐길 수 있는 곳이다.

찾아가기 엘 그레코의 집과 미술관에서 도보 10분
주소 Calle de Descalzos, 5 문의 925 22 30 11
영업 월~목요일 13:30~16:00, 20:00~23:00,
금·토요일 20:0 0~23:30, 일요일 13:30~16:00
예산 점심 25€, 저녁 30~40€

타베르나 엠브루호 Taberna Embrujo

MAP p.120-B

스페인 전통 바르 겸 레스토랑

타파스에 맥주를 곁들이고 싶을 때 언제든 부담 없이 들를 수 있는 곳이다. 구시가에서 다소 벗어나 찾아가기 힘들지만 적당한 가격에 맛있는 음식을 먹고 싶다면 가볼 만하다. 치킨 요리인 모예하스(Mollejas), 작은 오징어 요리인 치피로네스(Chipirones), 육질이 살아 있는 쇠고기 요리인 출레톤 데 부에이(Chuletón de Buey) 등을 추천한다. 식사 시간 외에는 바에 진열된 음식을 작은 접시에 골라 담아 먹을 수 있다.

찾아가기 대성당에서 도보 25분
주소 Calle de Santa Leocadia, 6 문의 925 21 07 06
영업 월~토요일 09:30~17:00, 19:00~01:00
휴무 일요일
예산 타파스 1접시와 음료 10€

레스토란테 엘 코베르티조 Restaurante el Cobertizo

MAP p.121-G

톨레도 클래식 현지 음식

톨레도 관광 후 점심 식사를 한다면 코스별로 다양하게 골라 먹을 수 있는 음식점을 선택해보자. 이곳은 톨레도 시내 중심 대성당 주변에 위치해 관광 후 들르기 좋은 식당이다. 톨레도에서만 맛볼 수 있는 특별요리들

도 준비되어 있고, 세고비아 명물 통돼지 바베큐 요리인 코치니요(Cochinillo)나 양 요리(Cordero)도 메뉴에 포함되어 있다. 바베큐 그릴에 구워 나오는 모둠 야채 구이나 오븐 요리도 모두 훌륭하고 디저트까지 모두 직접 만들어 내온다. 톨레도 현지인들에게도 서비스, 맛과 양에서 높은 평가를 받고 있는 레스토랑이다.

찾아가기 대성당에서 도보 5분 주소 Calle Hombro de Palo 9
영업 일~금요일 13:00~16:30, 토요일 13:00~16:30, 20:00~22:00 예산 1인 20€, 점심 메뉴 18~25€

추천 숙소

안티도토 룸 Antidoto Rooms

MAP p.121-C

여행자들에게 인기 있는 디자인 호텔

16세기에 지어진 유서 깊은 건물을 개조한 호텔로, 옛 모습을 간직하면서도 세련되고 현대적인 분위기로 꾸몄다. 모든 객실에 화장실과 에어컨, TV, 커피 머신 등을 갖추고 있다. 소코도베르 광장까지 걸어서 갈 수 있는 거리이며 서비스, 시설, 요금 등 여러 면에서 여행자들에게 높이 평가받고 있다.

찾아가기 소코도베르 광장에서 도보 10분
주소 Calle Recoletos, 2 문의 925 22 88 51
요금 더블·트윈 70~90€
홈페이지 http://antidotorooms.com

에유헤니아 데 몬티요 아우토그라프 컬렉션
Eugenia de Montijo Autograph Colletion

MAP p.120-F

황후의 궁전이었던 건물을 개조한 호텔

중후한 멋과 품격이 느껴지는 고급 호텔. 호텔 내부의 앤티크한 가구와 장식물은 마치 시간을 거슬러 올라간 듯 귀족적인 분위기를 풍긴다. 스파와 트리트먼트 센터를 운영하고 있으며, 스파 존에는 아랍과 로마 시대의 유적이 남아 있다. 로맨틱한 하룻밤을 원하는 신혼부부에게 추천한다.

찾아가기 대성당에서 도보 5분
주소 Plaza Juego de Pelota, 7
문의 925 27 46 90
요금 트윈 140~170€(비수기 할인폭이 크다)

오아시스 호스텔 Oasis Hostel

MAP p.121-C

싱글 여행자들에게 인기 있는 호스텔

톨레도에는 2~3인실을 운영하는 호텔과 펜션이 대부분이어서 싱글 여행자들이 숙소 잡기가 쉽지 않다. 이곳은 톨레도에서 몇 안 되는 호스텔 중 하나로 요금이 저렴한 도미토리룸을 운영한다. 시내 중앙에 위치하며 호스텔의 루프톱은 여름밤을 보내기에 좋다. 이른 아침과 늦은 밤까지 언제든 이용할 수 있는 호스텔 전용 카페테리아도 운영하여 머무는 데 불편함이 없다.

찾아가기 소코도베르 광장에서 도보 5분
주소 Calle Cadenas, 5 문의 925 22 76 50
요금 도미토리 1인 30€
홈페이지 http://hostelsoasis.com

> **Tip**
>
> **스페인의 이색 숙소**
> **파라도르에서 하룻밤 보내기**
>
> 파라도르(Parador)는 스페인의 옛 궁전이나 성, 수도원, 귀족들의 저택 등 역사적으로 가치가 높은 건축물을 관리, 보존하기 위해 운영하는 국영 호텔로 현재 스페인 각지에 약 92곳이 있다. 대부분 전망 좋은 곳에 자리한 데다 수백 년 된 중후한 건축물을 숙소로 운영해 스페인 여행의 즐거움을 한층 더해준다. 뛰어난 전망을 자랑하는 톨레도의 파라도르, 알람브라 궁전 내에 있어 가장 인기가 높은 그라나다의 파라도르, 카미노 순례자의 길 종착지인 산티아고 데 콤포스텔라에 위치한 파라도르 외 수십 곳이 있다.
> 개중에는 시내에 위치한 4~5성급 호텔보다 요금은 비싸면서 시설은 낡은 곳도 있으므로 예약할 때 꼼꼼히 확인해야 한다. 스페인 각 지역의 파라도르와 객실 사진, 요금 등의 정보는 파라도르 홈페이지를 참고하자.
> 홈페이지 www.parador.es

왕실의 여름 휴양지
아란후에스 ARANJUEZ

MADRID
ARANJUEZ

과거 왕실의 여름 별장이 있는 아란후에스는 자연경관이 빼어난 작은 마을이다. 타호 강변에 위치해 있으며 호화로운 왕궁으로 유명하다. 주변은 산책하기 좋은 아름다운 정원들로 가득하다.

ACCESS 가는 법

버스
마드리드 남부 버스 터미널에서 아란후에스 시외버스(Interurbanos) 터미널까지 423번 버스를 운행한다. 평일은 15~45분 간격(06:30~23:30), 토·일요일·공휴일은 30분~1시간 간격으로 운행되며(07:00~23:30), 요금은 편도 4.30€. 터미널에서 왕궁까지는 도보로 15분 정도 걸린다.
홈페이지 www.redtransporte.com/madrid

열차
마드리드의 아토차역에서 일반 열차가 05:20~23:30에 약 20분 간격으로 운행되며, 약 40분 걸린다. 역에서 왕궁 앞까지는 도보로 15분 정도 걸린다.

 아란후에스 둘러보기

버스 터미널에서 내리면 왕궁이 정면에 보이고 관광안내소는 왕실 남서쪽 끝(주소 Plaza de San Antonio, 9)에 위치해 있다. 16세기 펠리프 2세가 건설하기 시작해 18세기 후반 카를로스 3세 때 도시 전체를 왕실의 별궁으로 완성했다. 타호 강의 물줄기를 이용해 조성한 인공 섬에는 프랑스식 정원인 섬의 정원(Jardín de Isla)과 6척의 왕실 선박을 전시한 뱃놀이 집(Casa de Marinos)이 있다. 과거에 이곳에서 왕족들이 뱃놀이를 즐겼다고 전해진다. 그 밖에 1763년 카를로스 4세가 광대한 규모로 조성한 왕자의 정원(Jardín de Principe), 카를로스 4세가 지은 별궁과 소궁전인 농부의 집(Casa del Labrador)도 빼놓지 말고 둘러보자. 작은 마을이라 편하게 걸어 다닐 수 있다.

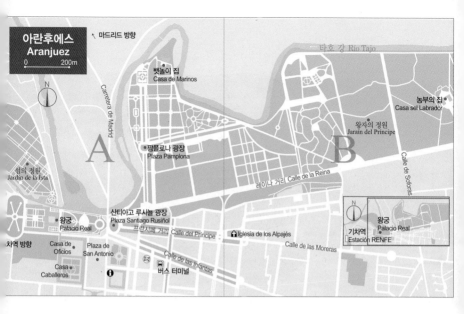

아란후에스
Aranjuez

0   200m

↖ 마드리드 방향

타호 강 Río Tajo

뱃놀이 집
Casa de Marinos

농부의 집
Casa sel Labrador

왕자의 정원
Jarain del Príncipe

팜플로나 광장
Plaza Pamplona

섬의 정원
Jardín de la Ísta

레이나 거리 Calle de la Reina

Calle de Sofurias

왕궁
Palacio Real

산티아고 루시뇰 광장
Plaza Santiago Rusiñol

프린시페 거리 Calle del Príncipe

🏛 Iglesia de los Alpajés

차역 방향

Casa de Oficios

Plaza de San Antonio

Casa Caballeros

Calle de las Infantas

Calle de las Moreras

버스 터미널

N

기차역
Estación RENFE

왕궁
Palacio Real

📷 추천 볼거리
SIGHTSEEING

왕궁
Palacio Real
★★★

MAP p.129-A

왕실의 호화로운 여름 별궁

아란후에스는 도시 전체가 왕실의 여름 휴양지로 조성된 곳이다. 왕궁에는 27개의 방이 있으며, 각 방마다 다른 이름이 붙어 있다. 테마별로 인테리어 장식을 하고 침대, 가구, 전시품을 배치해 중세 시대 왕족들의 호화로운 생활을 가늠해 볼 수 있다. 화려한 천장 벽화와 장식품을 그대로 보존한 왕족들의 음악실과 여왕의 집무실, 아랍 장식으로 꾸민 흡연실 및 중국 벽화로 장식한 방을 눈여겨보자.

찾아가기 기차역에서 도보 15분, Av. del Principe 길 끝
주소 Plaza de Parejas 문의 918 910 740
운영 왕궁과 농부의 집(Palacio Real & Casa del Labador) 화~일요일 10:00~3월 10:00~18:00,
4~9월 10:00~20:00 휴무 월요일
요금 일반 9€(수·목요일 10~3월 15:00~18:00, 4~9월 17:00~20:00 무료) 홈페이지 www.aranjuez.com

절벽 위의 도시
쿠엥카 CUENCA

MADRID
CUENCA

아름다운 우에카르 강(Río Huécar)과 후카르 강(Río Júcar) 사이 절벽 위에 세워진 성벽 도시 쿠엥카. 구시가지 위에 서서 내려다보이는 자연경관과 전망대에서 감상하는 협곡 위의 집들은 경이롭기까지 하다. 중세 시대의 모습을 가장 잘 간직한 도시로 손꼽히며 도시 전체가 유네스코 세계문화유산에 등재돼 있다.

ACCESS 가는 법

열차
마드리드의 차마르틴역과 아토차역에서 쿠엥카까지 06:11~21:10에 12편의 열차를 운행한다. 일반 열차로는 3시간 걸리며, 요금은 14.85€. 초고속열차로는 55분 걸리며, 요금은 20~35€.

버스
마드리드의 남부 버스 터미널에서 쿠엥카까지는 아반사(Avansa)의 버스가 1일 9회(06:45~22:00) 운행하며 약 2시간 30분 걸린다. 요금은 편도 13€. 쿠엥카 버스 터미널에서 시내까지는 도보로 약 30분 걸린다. 터미널 앞에서 로컬 버스를 타면 쿠엥카의 중심인 마요르 광장까지 갈 수 있다.
홈페이지 www.avanzabus.com

쿠엥카–주요 도시 간의 버스 운행 정보

출발지	목적지	운행 시간	소요 시간	버스 홈페이지
쿠엥카	테루엘(Teruel)	월~토요일 09:00, 일요일 14:00	3시간	www.samar.es
쿠엥카	알바세테(Albacete)	월~금요일 08:30, 15:00, 16:15, 일요일 16:30(토요일 운행 안 함)	1시간 45분~ 2시간 30분	www.monbus.es
쿠엥카	발렌시아(Valencia)	월~금요일 08:30, 일요일 16:30(토요일 운행 안 함)	3시간~	www.monbus.es
쿠엥카	시우다드레알(Ciudad Real)	화·금요일 16:00	3시간	

쿠엥카는 험준한 절벽 위에 자리한 도시로 좁은 대지 위에 집들이 빽빽이 들어서 있다. 그중에서도 유명한 곳은 매달린 집(Casas Colgadas). 14세기 건축물로 깎아지른 절벽 위에 발코니가 뻗어나와 있어 눈길을 끈다. 쿠엥카의 거리는 좁은 골목들이 굽이치듯 모여있어서 길을 찾기가 어려워 보이지만, 일단 구시가에 들어서면 지도 없이 발길 닿는 대로 걷기에 좋은 아담한 마을이다. 기차역과 버스 터미널은 구시가에서 남서쪽으로 약 2km 거리에 있다. 구시가까지 천천히 걸어서 가면 30분 정도 걸리지만, 오르막길 이어서 힘들 수도 있으므로 시내버스나 택시를 타는 것이 좋다.

추천 볼거리 SIGHTSEEING

알폰소 8세 길 ★★
Calle Alfonso VIII

MAP p.131

구시가의 주요 도로

알록달록하게 페인트를 칠한 건물들이 양 옆으로 늘어서 있고 길 끝에는 3개의 아치형 문이 있다. 이 문을 통과하면 쿠엥카의 중심인 마요르 광장(Plaza Mayor)이 나오고, 오른쪽으로는 대성당 정문이 보인다. 성당 벽을 따라 조금만 가면 그 유명한 '매달린 집'이 나온다. 그곳에서 왼편에 보이는 긴 구름다리는 산 파블로 다리(Puente de San Pablo)로, '매달린 집'을 배경으로 사진을 찍기에 가장 좋은 곳이다. 절벽 아래쪽에 보이는 길은 파세오 델 우에카르(Paseo del Huécar)로 우에카르 강과 면해 있어 산책을 즐기기에 좋다.

찾아가기 대성당에서 도보 10분
주소 Calle Alfonso VIII

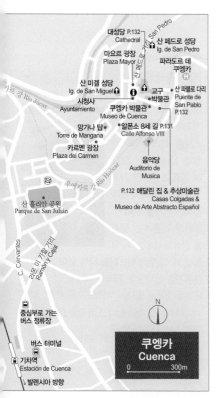

산 페드로 성당 Ig. de San Pedro
대성당 P.132 Cathedral
마요르 광장 Plaza Mayor
파라도르 데 쿠엥카
산 미겔 성당 Ig. de San Miguel
시청사 Ayuntamiento
교구 박물관
산 파블로 다리 Puente de San Pablo P.132
쿠엥카 박물관 Museo de Cuenca
망가나 탑 Torre de Mangana
알폰소 8세 길 P.131 Calle Alfonso VIII
카르멘 광장 Plaza del Carmen
음악당 Auditorio de Musica
산 훌리안 공원 Parque de San Julián
P.132 매달린 집 & 추상미술관 Casas Colgadas & Museo de Arte Abstracto Español
우에카르 강 Rio Huécar
리모 이 카할 거리 Ramón y Cajal
C. Cervantes
중심부로 가는 버스 정류장
버스 터미널
기차역 Estación de Cuenca
발렌시아 방향
쿠엥카 Cuenca
0 300m
N

매달린 집 & 추상미술관
Casas Colgadas&Museo de Arte Abstracto Español ★★

MAP p.131

절벽 위에 있는 미술관

깎아지른 절벽 위에 아슬아슬하게 걸쳐 있어 '매
달린 집'이라 불리는 쿠엥카의 대표 명소이자 추상
미술관. 발코니가 절벽 밖으로 나와 있는 외관이
눈길을 끈다. 14세기에 지어진 민가로 1966년부
터 한쪽에서 추상미술관과 레스토랑을 운영하고
있다. 미술관은 1950~1960년대 추상미술 작
품과 조각 작품을 전시하는데, 주로 호안 미로와
안토니 타피에스의 작품을 소장하고 있다.

찾아가기 대성당에서 도보 15분 주소 Calle Canónigos, s/n
문의 969 21 29 83 운영 화~금요일 11:00~14:00,
16:00~18:00, 토요일 11:00~14:00, 16:00~20:00,
일요일 11:00~14:30 휴무 월요일 요금 3€

산 파블로 다리
Puente de San Pablo ★★★

MAP p.131

'매달린 집'을 배경으로 사진을 찍는다면 여기!

1533~1589년에 걸쳐 건설된 다리로 길이
60m에 이르며 우에카르 강 위를 가로지르고 있
다. 당시에는 돌을 사용해 지었으나 세월이 흘
러 상당수가 허물어지자 1902년 유실된 부분 위
에 철제 골조를 덧대고 나무로 상판을 만들어 재
정비했다. '매달린 집'을 한눈에 감상하기에 가장
좋은 장소이며 다리를 건너면 스페인 국영 호텔
인 파라도르로 연결된다.

찾아가기 매달린 집에서 이어지는 내리막길을 계속 가면
다리와 연결된다. 주소 Puente de San Pablo

대성당
Cathedral ★★

MAP p.131

고딕 양식과 르네상스 양식의 성당

구시가의 마요르 광장에 있는 대성당. 카스티야
지역에서는 아빌라의 대성당과 함께 처음으로 지
은 고딕 양식 성당으로 1196년에 공사를 시작해
1257년에 완공했다. 그 후 15세기부터 여러 차
례 보수와 재건을 거쳤으며 성당 정면은 16~17
세기에 보수해 아름다운 모습을 완성했다. 내부
예배당의 벽면 장식과 천장의 화려한 조각 장식
등을 주의 깊게 살펴보자.

찾아가기 구시가의 마요르 광장
주소 Plaza Mayor, s/n 문의 969 22 46 26
요금 성당 4.80€, 박물관 3.50€

추천 레스토랑
엘 세크레토 El Secreto 🔟

MAP p.131

대성당에서 도보 5분
거리에 위치한 작은 레
스토랑. 화려한 벽화 타
일로 실내를 장식했으
며 정겹고 편안한 가정
집 분위기다. 야외 테라
스석은 식사를 하며 쿠
엥카의 아름다운 풍경
을 감상하기에 좋다. 여

름날 해 질 무렵에는 더할 나위 없이 로맨틱한
분위기를 선사한다. 타파스 메뉴와 점심·저녁
메뉴를 갖추고 있으며, 가격도 저렴한 편. 쿠엥
카에서 식사를 해야 한다면 이 집을 추천한다.

찾아가기 대성당에서 도보 5분
주소 Calle de Alfonso VIII, 81 문의 678 61 13 01
영업 목~월요일 10:00~16:30, 20:00~23:30
(화요일은 낮에만 영업) 휴무 수요일
예산 샐러드 9~10€, 치즈·카르파초·알본디가 8~10€,
스파게티 10€, 파에야 15€

스페인 최대의 로마 유적지
메리다 MÉRIDA

MADRID●
●MÉRIDA

메리다는 스페인에서 네 번째로 큰 주인 에스트
레마두라 주의 대표 도시. 동쪽으로는 카스티야
라만차, 남쪽으로는 안달루시아, 북쪽으로는 카
스티야 이 레온 주에 둘러싸여 있으며 포르투갈
과 국경을 마주한다. '작은 로마'라고 불리는 메
리다에는 2000년의 세월을 뛰어넘는 고대 로마
의 유적이 고스란히 남아 있다.

ACCESS 가는 법

버스

마드리드의 남부 버스 터미널에서 아반사
(Avanza) 버스가 1일 5~7회(07:30~23:00) 운
행하며 약 4시간 걸린다. 요금은 편도 27~40€. 터
미널 바로 앞으로 난 다리를 건너 시내 중심가까지 도
보로 약 15분 걸린다.

홈페이지 www.avanzabus.com

열차

마드리드와 세비야에서는 열차를 이용해 메리다
까지 갈 수 있다. 마드리드 아토차역에서 1일 2회
(10:15, 15:45) 운행하며 약 5시간 걸리고, 요금은
편도 약 25~45€. 세비야역에서 1일 2~3회(겨울철
1일 1회) 운행하며 약 3시간 30분 걸린다.

메리다 둘러보기

메리다는 로마 제국의 지배 아래 발전을 거
듭하며 거대한 로마 극장과 다리 등이 건설
되었는데 오늘날 스페인 최대의 로마 유적
지로 유네스코 세계문화유산에 등재되었
다. 바닥의 모자이크 무늬가 촘촘하고 아
름답게 수놓인 로마인의 별장(Casa del
Anfiteatro)과 6000여 명을 수용할 수 있
는 거대한 로마 극장(Teatro Romano), 운
동 경기나 사람과 맹수의 결투가 벌어졌던 원
형극장(Anfiteatro Romano)을 비롯해 발
굴된 유적을 전시하는 국립 로마 예술 박물
관(Museo Nacional de Arte Romano)
등이 지금까지 잘 보존되어 있다. 로마 극장
을 뒤로하고 강변을 1km 정도 걸어가면 9세
기에 건설된 이슬람교도의 성터가 남아 있
고 그 맞은편에는 멋진 로마 다리(Puente
Romano)가 보인다. 아름다운 강 풍경을
감상하며 산책하기에 좋은 코스다.

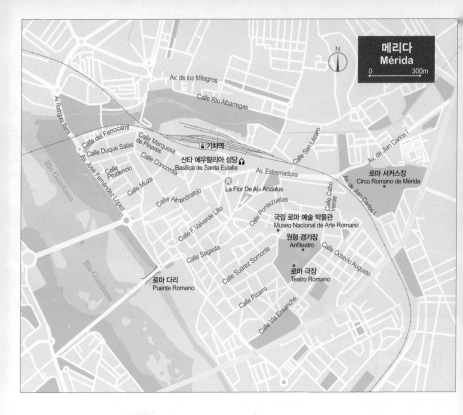

메리다
Mérida
0 ——— 300m

Av. de los Milagros
Calle Río Albarregas
Av. Rodríguez Ibarra
Calle del Ferrocarril
Calle Marquesa de Pinares
Calle Duque Salas
Calle Concordia
Av. José Fernández López
Calle Prudencio
Calle Muza
Calle Almendralejo
Río Guadiana
기차역
산타 에우랄리아 성당
Basílica de Santa Eulalia
Av. Estremadura
Calle San Lázaro
Av. de Juan Carlos I
로마 서커스장
Circo Romano de Mérida
Av. de Juan Carlos I
La Flor De Al - Andalus
Calle Cabo Verde
Calle F. Valverde Lillo
Calle Pontezuelas
국립 로마 예술 박물관
Museo Nacional de Arte Romano
원형 경기장
Anfiteatro
Calle Octavio Augusto
Calle Sagasta
Calle Suárez Somonte
로마 극장
Teatro Romano
Río Guadiana
로마 다리
Puente Romano
Calle Pizarro
Calle Vía Ensanche

Plus info 에스트레마두라(Extremadura)의 주요 도시

에스트레마두라 주는 '은의 길'이라 불리는 루트가 유명하다. 은의 길(Ruta de la Plata)은 남부 안달루시아 지방의 세비야에서 북쪽으로 뻗은 630번 국도를 가리키며 과거에는 이 국도를 따라 도로가 놓여있었다. 로마인은 이 길을 따라 스페인 북쪽 칸타브리아 주에서 채굴한 광물 자원과 각종 농작물을 세비야로 옮긴 후 대서양에서 지중해로 연결되는 과달키비르(Guadalquivir) 강을 이용해 로마로 보냈다. 에스트레마두라의 플라센시아(Placencia), 사프라(Zafra), 카세레스(Cáceres), 메리다(Mérida) 등은 이러한 교역의 중심지로 발전해 왔는데, 오늘날 그 흔적을 찾아볼 수 있는 마을이 남아 있다. 세비야에서 이동하기 쉽고 도자기 산지로 유명한 작은 마을 사프라, 아마존을 탐험하고 남미를 정복하기 위해 떠나간 사람들이 많은

트루히요(Trujillo), 포르투갈과의 접경 지대인 바다호스(Badajoz), 온천 도시 몬테마요르(Montemayor), 전원 풍경이 뛰어난 베하르(Béjar)와 칸델라리오(Candelario), 다양한 건축양식이 혼재된 수도원이 있는 과달루페(Guadalupe), 중세의 모습을 그대로 보존해 구시가지 전체가 유네스코 세계문화유산으로 등재된 카세레스(Cáceres), 스페인 최대의 로마 유적지로 유네스코 세계문화유산으로 등재된 메리다 등이다.

 추천 볼거리
SIGHTSEEING

로마 극장 ★★
Teatro Romano

MAP p.134

6000명을 수용할 수 있는 대극장

기원전 24년에 완성한 극장이다. 정면의 무대를
중심으로 객석을 반원형으로 넓게 계단식으로 짓
고 무대 앞에는 신전을 연상케 하는 2층의 벽을
만들었다. 수십 개의 대리석 열주와 천장은 수천
년의 세월을 감내하지 못하고 풍화되었지만 로
마 문화의 화려함과 찬란함이 고스란히 전해진
다. 수용 인원 6000명의 엄청난 객석 규모를 자
랑하며 무대 벽 뒤에는 당시 공중 화장실로 사용
했던 공간까지 남아 있다.

찾아가기 버스 터미널에서 로마 다리를 건너 도보 15분
주소 Calle Margarita Xirgu 문의 924 30 01 55
운영 7/1~9/15 09:30~13:45, 16:00~19:15,
9/16~6/30 09:30~13:45, 16:00~18:15
요금 원형 경기장+로마 극장 12€,
모든 로마 유적지 포함 15€
홈페이지 www.turismoextremadura.com

학문의 도시

알칼라 데 에나레스
ALCALÁ DE HENARES

ALCALÁ DE HENARES
MADRID

알칼라 데 에나레스의 역사는 기원전 1세기로 거슬러 올라간다. 선주민인 이베리아인의 정착지에 로마인이 콤플루툼(Complutum)이라는 도시를 세웠으며, 8세기에서 12세기까지는 아랍인의 지배를 받았다. 현재의 지명도 아랍어에서 유래했다. 소설 《돈키호테》의 작가 세르반테스가 태어난 곳으로 대학이 건립되면서 학문의 도시로 발전했다.

ACCESS 가는 법

 버스

마드리드의 아베니다 데 아메리카 버스 터미널에서 223·227·229번 버스가 06:15~22:20에 20분 간격으로 운행되며(22:20 이후에는 22:40, 23:30, 24:00 운행), 약 45분 걸린다.
홈페이지 www.redtransporte.com/madrid

 열차

마드리드 차마르틴역에서 1일 10여 편 운행하며 약 30~50분 걸린다. 역에서 마을 중앙 세르반테스 광장까지 도보로 약 15분 걸린다.

 알칼라 데 에나레스 둘러보기

마드리드 근교의 조용하고 작은 마을을 들러보고 싶거나 작가 세르반테스에게 관심이 있다면 가볼 만한 도시다. 스페인의 유명 대학 도시 중 한 곳으로 학생들이 많이 거주한다. 마을 중앙의 웅장하고 호화로운 대주교관(Palacio Arzobispal)은 국왕의 궁성으로 사용되기도 했고, 1486년 콜럼버스가 이사벨 여왕을 처음 알현한 곳이기도 하다. 1499년 대학을 설립하면서 학문의 도시로 발전해 17세기에는 40개 대학 건물이 들어섰다. 산 일데폰소 대학(Colegio Mayor de San Ildefonso)은 40개 대학 중에서 가장 중요하며 현재는 대학 본부가 자리하고 있다. 구시가는 1998년 유네스코 세계문화유산에 등재될 만큼 아름다운 곳으로 17세기 중반 건설된 다양한 건물들을 감상하기 좋다. 마드리드에서 반나절 여행지로 적당하다.

기차역
Estación de
Alcalá de Henares

알칼라 데 에나레스
Alcalá de Henares
0   200m

Ferrocarril
Infantado
Muelle

Torrelaguna
Talamanca

Parque
Daoíz y Velarde
Escuedos
Don Juan I
Angel
학교
예수회 성당
왕립 학교
Calle de Libreros

Avenida da Daganzo
Moral
Pl. Atilano Casado

Paseo de los Pinos
Parque de O'Donell
Via Complutense
Plaza Cruz Verde
Calle Santiago
산 일데폰소 대학
Colegio Mayor de San Ildefonso
(Antigua Universidad)

세르반테스의 집 박물관 P.137
Museo Casa
Natal de Cervantes
Calle Mayor
학생관 강당
시청사
Ayuntamiento

산 베르나르도 수도원
Convento de San Bernardo
대주교관
마요르 거리

이룬데세스 학교
Calle de Escritorios
Santa Úrsula
산타 우르술라
수도원
Gallo
Escuelas

Cardenal Sandoval y Rojas
Cardenal Cisneros
Avellaneda
Pl. San Juan de Dios

Murallas
성벽
마드리드 문 Puerta de Madrid
마히스트랄 대성당
Iglesia Magistral-Cathedral

추천 볼거리
SIGHTSEEING

세르반테스의 집 박물관 ★★★
Museo Casa Natal de Cervantes

MAP p.137

세르반테스 시대의 부유층 저택을 재현

세르반테스는 알칼라 데 에나레스에서 하급 귀족 가문의 일곱 자녀 중 넷째로 태어났다. 세르반테스의 어린 시절은 거의 알려져 있지 않지만 집안이 가난해서 교육을 제대로 받지 못했을 뿐만 아니라 여러 도시로 이사를 다녔다고 한다. 세르반테스의 집 박물관은 16세기 당시 부유층 저택을 재현해낸 박물관이다. 내부로 들어가면 작은 파티오가 있으며 1층에는 부엌과 식당, 서재, 침실, 거실 등이 있다. 각 방마다 중세 시대의 생활을 가늠해볼 수 있는 가구와 장식품들을 배치했으며 2층에는 세르반테스와 관련된 자료를 전시하고 있다.

찾아가기 기차역에서 도보 10분 주소 Calle Mayor, 48
문의 918 89 96 54 운영 화~일요일 10:00~18:00
휴무 월요일 요금 무료

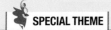

돈키호테의 흔적을 찾아가는
라만차 La Mancha 여행

약 400년 전에 쓰인 소설 《돈키호테》의 배경인
라만차 지방은 마드리드 남부의 톨레도 근처에
자리 잡고 있다. 소설 속 돈키호테가 거인으로
착각해 돌진했던 거대한 풍차들이 오늘날에도
황량하고 넓은 대지 위에 우뚝 솟아 제자리를
지키고 있다. 돈키호테가 종복 산초 판사와
함께 누빈 라만차 지방에는 아직도 그들의
흔적을 찾아볼 수 있는 마을이 그대로 존재한다.
돈키호테의 흔적을 따라 라만차 지방의 매력
속으로 빠져보자.

마드리드 남부의 톨레도 근교에 위치한 라만차는 작은 시골 마을들이 모여 있는 곳이라 대중교통이 발달하지 않았다. 라만차 지역을 여행하는 가장 좋은 방법은 렌터카를 이용하는 것이다. 조용한 시골길을 달리기 때문에 소형차여도 문제없다.

🚆 열차

마드리드의 차마르틴역에서 열차가 1일 4편(09:16, 14:19, 15:45, 18:18) 운행하며 약 2시간 걸린다. 요일에 따라 운행 횟수와 소요 시간이 변동되므로 반드시 홈페이지에서 시간을 확인할 것. 아토차역을 거쳐 캄포 데 크립타나(Campo de Criptana)에 도착한다. 알카사르 데 산 후안(Alcázar de San Juan)에서 캄포 데 크립타나까지는 열차를 매일 6편(06:45, 11:22, 16:04, 17:40, 18:28, 20:00) 운행하며, 약 5분 걸린다.

요금 마드리드-캄포 데 크립타나 열차 종류에 따라 편도 13~29€, 알카사르 데 산 후안-캄포 데 크립타나 편도 3€

🚌 버스

마드리드나 쿠엥카 등에서 버스로 이동한다면 주변 도시인 알카사르 데 산 후안 마을을 거쳐 캄포 데 크립타나까지 가야 한다. 알카사르 데 산 후안에서 캄포 데 크립타나까지는 버스편이 많지 않으므로 당일치기 여행이라면 버스 안내센터에서 당일 버스 시각표를 꼭 체크한 후 이동하자.

🚗 렌터카

톨레도에서 캄포 데 크립타나까지 차로 1시간 14분 소요된다. 마드리드에서 출발할 경우 차로 약 50분 거리인 아란후에스를 들러 캄포 데 크립타나로 이동해도 좋다. 약 2시간 50분 걸린다.

❶ 89번 출구로 나와 N-420을 향해 달리자. 방향은 Herencia/Alcázar de San Juan.
❷ 로터리에서 네 번째 출구인 Av de la Herencia/N-420을 선택하자. 방향은 Herencia/Alcázar de San Juan.
❸ N-420 도로를 타고 직진한다.
❹ 8개의 로터리를 계속 지나면 캄포 데 크립타나에 도착한다.

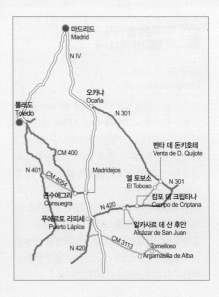

라만차-주요 도시 간의 버스 운행 정보

출발지	목적지	운행 시간	소요 시간	버스 홈페이지
알카사르 데 산 후안	콘수에그라	월~금요일 14:30	45분	http://cm.interbus.es
콘수에그라	알카사르 데 산 후안	월~금요일 07:30	45분	
쿠엥카	알카사르 데 산 후안	월~금요일 15:00	3시간	알시나(Alsina)
알카사르 데 산 후안	쿠엥카	월~금요일 05:30	3시간 30분	알카사르 데 산 후안 로컬 버스
알카사르 데 산 후안	캄포 데 크립타나	월~금요일 08:40, 11:30, 13:00, 14:30, 17:30, 18:30, 20:00, 토요일 09:15, 11:30, 13:00	10분	알카사르 데 산 후안 로컬 버스
캄포 데 크립타나	알카사르 데 산 후안	월~금요일 08:00, 09:45, 12:00, 14:00, 15:45, 17:45, 19:00, 토요일 08:30, 09:45, 12:00	10분	알카사르 데 산 후안 로컬 버스

 ## 추천 볼거리
SIGHTSEEING

캄포 데 크립타나
Campo de Criptana

거대한 풍차들이 넓은 대지 위에 자리해 장관을 이루는 곳으로 스페인의 다른 지역에서는 찾아볼 수 없는 라만차 지역의 특징이다. 돈키호테의 흔적을 쫓는 여행자라면 꼭 들러야 하는 풍차 마을로 약 10개의 거대한 풍차가 돌아가고 있다. 소설 속에서 풍차를 거인으로 착각한 돈키호테는 결투를 벌이기 위해 풍차를 향해 돌격한다. 실제로 풍차는 하얀 원통 모양의 기둥에 검은 원뿔 지붕을 얹어놓았으며, 두 날개는 바람이 부는 방향과 직각으로 회전한다. 작은 마을을 천천히 산책하며 풍차 부근에서 쉬어가자.

엘 토보소
El Toboso

돈키호테의 상상 속 여인인 둘시네아(Dulcinea)가 살던 곳으로 오늘날까지 돈키호테를 테마로 한 명소들이 곳곳에 있다. 둘시네아의 저택 박물관(Casa-Museo de Dulcinea)에는 세르반테스가 살았던 시대의 귀족의 집을 그대로 재현해놓았다. 16세기에 지어진 집 안에 당시의 생활상을 알 수 있는 주방, 침실, 와인 창고 등과 생활 도구, 집기들을 모두 갖춰놓았다. 세르반티노 미술관(Museo Cervantino)은 세계 각국 언어로 번역한 《돈키호테》를 보관하고 있다. 콘스티투시온 광장(Plaza de la Constitución)을 중심으로 마을을 한 바퀴 돌며 돈키호테의 흔적을 찾아보자. 골목 벽면에 1번부터 14번까지 번호를 달아 소설 속에서 묘사한 대로 문구를 적어놓았으므로 화살표 방향을 따라 소설 속을 걷듯 골목을 거닐어보자.

둘시네아의 저택 박물관 Casa-Museo de Dulcinea
주소 Calle Quijote, 1
운영 화~금요일 10:00~14:00, 16:30~19:30,
토요일 10:00~14:00, 16:00~18:30,
일요일 10:00~14:00 휴무 월요일 요금 3€

세르반티노 미술관 Museo Cervantino
주소 Calle de Daoíz y Velarde, 3 문의 925 19 74 56
운영 겨울 화~토요일 10:00~14:00,
16:30~18:00, 일요일·공휴일 10:00~14:00,
여름 화~토요일 10:00~14:00, 17:00~19:00,
일요일·공휴일 10:00~14:00 휴무 월요일
요금 일반 2€, 학생 1€

콘수에그라
Consuegra

캄포 데 크립타나를 거쳐 푸에르토 라피세 (Puerto Lápice)를 지나면 콘수에그라에 닿는 데 차량으로만 이동할 수 있다. 푸에르토 라피세에는 호텔 겸 레스토랑 및 기념품 숍인 벤타 델 키호테(Restaurante Venta del Quijote)가 있어 대부분 관광객이 이곳에서 휴식을 취한다. 레스토랑은 내부의 파티오와 야외 정원을 예쁘게 꾸며놓아 아름답지만 음식에 비해 요금이 턱없이 비싼 편이다. 콘수에그라에 다가갈수록 언덕 위에 나란히 서있는 12개의 풍차들이 보이기 시작한다. 대부분 1837년부터 운행해온 풍차들로 오늘날까지 잘 보존돼 있다. 그중에서 루시오 풍차(Molino Rucio)는 오전 9시부터 오후 7시까지 입장료(1.50€)를 받고 일반에게 공개해 3층 규모의 내부를 견학할 수 있다. 콘수에그라의 성(Castillo de Consuegra)도 빼놓을 수 없는 명소 중 하나로 성 위에서 내려다보는 풍차의 모습은 가히 절경이다. 톨레도에서 콘수에그라 마을까지는 차로 약 50분 걸린다.

찾아가기 마드리드에서 콘수에그라까지 고속도로 A-4를 따라 119km

Tip 인터버스(cm.interbus.es)와 사마르(http://samar.es) 버스가 라만차 지역의 시골 마을을 연결해준다. 계절에 따라 운행 시간이 달라지므로 자세한 시간은 홈페이지를 참조. 또한 사마르 버스 회사가 위치해 있는 마드리드의 멘데스 알바로 버스 터미널에서 자세한 계절별 버스 시간표를 얻자.

출발지	목적지	운행 시간	소요 시간	버스 회사
콘수에그라	톨레도	월~금요일 06:00, 06:55, 07:25, 10:10, 13:15, 15:20, 18:00, 토요일 06:55, 10:10, 13:15, 16:25, 일요일 08:25, 16:25, 16:55, 19:25, 19:45	1시간~1시간 20분	사마르(samar)
톨레도	콘수에그라	월~금요일 09:00, 12:15, 13:30, 14:30, 16:00, 17:30, 20:00, 21:00, 토요일 14:30, 17:30, 일요일 10:30, 16:30, 21:30	1시간~1시간 30분	사마르(samar)
콘수에그라	마드리드	1일 1편, 06:25	2시간 30분	인터버스(interbus)
마드리드	콘수에그라	1일 1편, 10:00	2시간 20분~30분	인터버스(interbus)

Plus info 세르반테스와 《돈키호테》

미겔 데 세르반테스 사아베드라(Miguel de Cervantes Savedra, 1547~1616)는 스페인의 소설가이자 시인, 극작가로 유명하다. 라만차 지역을 배경으로 펼쳐지는 소설 《돈키호테》는 스페인 최초이자 유럽 최초의 근대소설로 평가받는다. 발표 당시 큰 인기를 얻어 스페인 국왕인 펠리프 3세는 길가에서 책을 들고 울고 웃는 사람을 보고 "저 자는 미친 게 아니라면 《돈키호테》를

읽고 있는 게 틀림없다"고 말했다는 유명한 일화도 전해진다. 스페인 황금기의 대표적인 문학일 뿐만 아니라 문학사에서 가장 영향력 있는 작품으로도 손꼽힌다. 오늘날 라만차 지역에는 약 250km에 이르는 '돈키호테' 길이 있으며, 곳곳에 관광 명소가 조성돼 있다. 소설 속에 등장한 풍차는 캄포 데 크립타나, 모타 델 쿠에르보(Mota del Cuervo), 콘수에그라에 있다. 그 밖에 《돈키호테》와 관련된 흥미로운 명소는 둘시네아를 발견했던 벨몬테(Belmonte) 성과 엘 토보소(El Toboso)이다.

로마 수도교가 있는 성곽 도시
세고비아 SEGOVIA

SEGOVIA
MADRID

고대 로마 시대로 거슬러 올라갈 정도로 역사가 오래됐으며 한때 카스티야 지방의 중심지이기도 했던 성채 도시로, 도시 전체가 유네스코 세계문화유산에 등재되었다. 로마 시대의 수도교, 중세 시대의 구시가 외에도 월트 디즈니 만화영화 〈백설공주〉의 모태가 된 우아한 알카사르가 있다.

ACCESS 가는 법

버스
마드리드의 메트로 3·6호선 몽클로아(Moncloa)역 앞에서 세고비아까지 30~45분 간격으로 직행버스가 다니며(06:30~22:30) 약 1시간 20분 소요, 요금은 편도 9€이다. 세고비아 버스 터미널에서 아소게호 광장까지는 도보로 약 8분 소요.
홈페이지 http://avanzalbus.com

열차
마드리드의 차마르틴역에서 세고비아까지 1일 20편 이상 열차가 운행하며 고속열차로는 30분(편도 10~19€) 걸린다. 아토차역에서 1일 2회 출발하는 일반 열차로는 2시간(편도 8€) 걸린다. 역에서 2번 시내버스를 타면 아소게호 광장까지 갈 수 있다.

세고비아 둘러보기

중세에 지어진 성벽이 오늘날까지 구시가를 감싸고 있다. 구시가는 역에서 약간 떨어져 있으므로 시내까지는 버스를 이용하는 것이 좋다. 역에서 출발한 버스는 수도교가 있는 아소게호 광장(Plaza del Azoguejo)에 도착한다. 버스 터미널에서 아소게호 광장까지는 걸어서 약 8분 걸린다. 구시가의 중심은 마요르 광장이다. 마요르 광장 바로 앞에는 대성당이 있고, 광장을 중심으로 좁은 골목들이 이어져 있으므로 산책하듯 천천히 구경한다. 시내에는 로마네스크 양식의 성당이 많이 남아 있어 우아한 중세 도시의 분위기를 간직하고 있다. 성벽 밖으로 나가 쿠에스타 데 로스 오요스(Cuesta de los Hoyos) 거리를 따라 아름다운 자연경관을 감상하며 걷다 보면 백설공주의 성 알카사르에 닿는다.

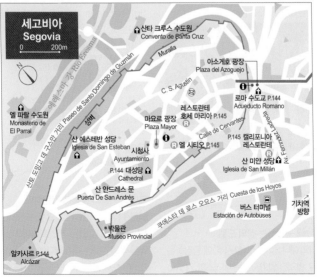

세고비아
Segovia
0   200m

산타 크루스 수도원
Convento de Santa Cruz

엘 파랄 수도원
Monasterio de
El Parral

아소게호 광장
Plaza del Azoguejo

로마 수도교 P.144
Acueducto Romano

C. S. Agustin

산 에스테반 성당
Iglesia de San Esteban

마요르 광장
Plaza Mayor

레스토란테
호세 마리아 P.145

Calle de Cervantes

시청사
Ayuntamiento

엘 시티오 P.145

P.145 캘리포니아
레스토란테

P.144 대성당
Cathedral

산 미얀 성당
Iglesia de San Millán

산 안드레스 문
Puerta De San Andrés

쿠에스타 데 로스 오요스 거리 Cuesta de los Hoyos

버스 터미널
Estación de Autobuses

기차역
방향

박물관
Museo Provincial

알카사르 P.144
Alcázar

대성당
Cathedral
★★★

MAP p.143

'귀부인'이라는 애칭을 가진 우아한 성당

1525년 카를로스 1세가 재건하기 시작해 1577년에 지금의 모습으로 완성되었다. 후기 고딕 양식의 장식과 우아하고 세련된 자태 덕에 '귀부인'이란 애칭을 가지고 있다. 대성당 안에 있는 부속박물관에서 각종 회화와 금속 공예품, 직물 공예품, 태피스트리 등의 전시품을 감상할 수 있다. 해 질 녘 조명이 켜진 성당의 아름다운 풍광도 놓치지 말자.

찾아가기 버스 터미널에서 도보 20분
주소 Calle Marqués del Arco, 1 문의 921 462 205
운영 11~3월 09:30~18:30, 4~10월 09:00~21:30
요금 일반 3€(일요일 09:30~13:15 전체 무료, 성당 내 미술관은 폐관), 성당 탑 가이드 투어 5€

알카사르
Alcázar
★★★

MAP p.143

〈백설 공주〉에 등장하는 성의 모델

월트 디즈니의 애니메이션 〈백설 공주〉에 등장하는 성의 모델로 알려진 알카사르는 에레스마 강(Río

Eresma)과 클라모레스 강(Arroyo Clamores)이 내려다보이는 바위산 위에 있다. 원래는 왕실의 거성이었으며 이사벨 여왕의 즉위식과 펠리프 2세의 결혼식이 거행되었던 장소이다. 성 내부의 파티오와 탑 위의 테라스 외에도 다양한 방을 구경할 수 있으며 꼭대기 탑(Torre)에서는 세고비아의 구시가지를 한눈에 조망할 수 있다. 강 건너편의 산 마르코스 길을 지나 베라 크루스 성당(Iglesia de la Vera Cruz)으로 가는 길에 바라다보이는 알카사르의 풍경도 놓치지 말자.

찾아가기 대성당에서 도보 15분
주소 Palza Reina Victoria Eugenia, s/n
문의 921 460 759, 921 460 452
운영 4~9월 10:00~19:30, 11~3월
10:00~18:30, 10월 월~목요일
10:00~18:30, 금·토요일 10:00~19:30
요금 8€(성과 탑 포함), 2.50€(탑만)
홈페이지 www.alcazardesegovia.com

로마 수도교
Acueducto Romano
★★★

MAP p.143

로마의 기술과 문명에 감탄하다

98~117년에 건설된 것으로 추정되는 수도교는 17km 떨어져 있는 푸엔프리아(Fuenfria) 산맥에서 발원하는 아세베다(Acebeda) 물을 세고비아까지 끌어와 고지대에 있는 주택가에 공

급하는 기능을 수행했다. 전체 길이 728m, 높이 28m에 이르는 수로교는 약 2만 개가 넘는 울퉁불퉁한 화강암 덩어리들을 접착제 없이 오로지 겹겹이 쌓기만 하여 2단 아치 형태로 완성시켰다. 당시의 로마 문명과 기술 수준에 감탄할 수밖에 없는 걸작품이다. 총 166개의 아치 상단 가운데에는 성 세바스티아누스 상이 안치되어 있다.

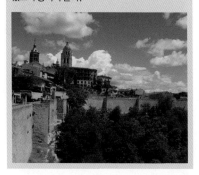

Tip 세고비아의 전망대

수도교 근처의 세르반테스 거리(Calle de Cervantes, 세고비아 주민들은 Calle Real이라고 부른다)에는 로컬 상점들이 밀집해 있다. 숍이 늘어선 세르반테스 거리 끝과 후안 브라보 거리(Calle de Juan Bravo)가 만나는 지점에 탁 트인 카날레하 전망대(El Mirador de la Canaleja)가 나온다. 정면으로는 많은 전설을 지닌 산(Montañas de La Mujer Muerta)이 펼쳐지고 그 앞으로 산 미얀 성당(Iglesia de San Millán)이 있는 산 미얀 지구를 내려다볼 수 있다. 부근에 알카사르를 조망할 수 있는 클라모레스 전망대(Mirador de Valle del Clamores)도 있으니 놓치지 말자.

추천 레스토랑

캘리포니아 레스토란테
California Restaurante

MAP p.143

가격 대비 맛 좋은 새끼돼지 통구이

바르 겸 레스토랑으로 실내는 약간 좁지만 음식이 맛있기로 유명하다. 특히 저렴한 가격에 새끼돼지 통구이를 맛볼 수 있어 인기. 점심 세트 메뉴는 13€, 18€, 23€의 총 3가지이며 와인, 빵도 코스에 포함된다. 비싼 메뉴일수록 고급 접시에 음식이 나온다. 메뉴는 요일별로 바뀌므로 입구에서 미리 확인하고 들어가자.

찾아가기 버스 터미널에서 도보 10분, 대성당에서 도보 15분
주소 Plaza Del Doctor Gila, 9 문의 921 46 37 49
영업 월·화·목~일요일 13:00~16:00
(금·토요일 21:00~23:00에도 영업) 휴무 수요일
예산 점심 세트 13€, 18€, 23€
(메인 메뉴에 따라 가격이 달라진다.)

레스토란테 호세 마리아
Restaurante José María

MAP p.143

관광객에게 인기 있는 식당

 세고비아의 명물 요리인 새끼돼지 통구이 전문점. 새끼돼지를 접시에 통째로 올려놓고 자르는 모습을 볼 수 있다. 음식은 맛있지만 가격이 조금 높은 편이며 특히 와인이 비싸다.

찾아가기 대성당에서 도보 10분
주소 Calle Cronista Lecea, 11 문의 921 46 11 11
영업 월~수요일 09:00~01:00(목·금요일은 ~02:00, 토·일요일 10:00~01:00) 예산 30~60€
홈페이지 http://restaurantejosemaria.com

엘 시티오 El Sitio

MAP p.143

다양한 메뉴를 갖춘 레스토랑

새끼돼지 통구이뿐만 아니라 다양한 스페인 요리를 즐길 수 있다. 스페인 어느 곳에서나 볼 수 있는 일반적인 식당이다. 다양한 음식을 편안한 분위기에서 맛볼 수 있으며 친절하다.

찾아가기 대성당에서 도보 7분
주소 Calle de la Infanta Isabel, 9 문의 921 46 09 96
영업 월~토요일 12:00~24:00 휴무 일요일
예산 25~35€ 홈페이지 www.elsitiorestaurante.es

대학의 도시
살라망카 SALAMANCA

SALAMANCA
MADRID

토르메스 강(Río Tormes) 주위에 펼쳐진 살라망카는 화려하고 섬세하게 장식된 건축물 덕에 도시 전체가 화사한 분위기를 풍긴다. 특히 구시가는 예술적인 건물이 즐비하여 구시가 전체가 유네스코 세계문화유산에 등재되었다. 또한 스페인에서 가장 오래된 대학이 있는 학문의 도시로 낮과 밤 모두 젊은이들의 에너지로 활기가 넘친다. 걷다 보면 정겨운 시골 정취도 느껴진다.

ACCESS 가는 법

버스
마드리드의 남부 버스 터미널에서 살라망카까지 1일 21편 버스가 운행하며(07:00~22:30) 3시간 걸린다. 요금은 편도 약 15~21€. 버스 터미널에서 구시가 마요르 광장까지는 도보로 약 20분 걸린다.
홈페이지 www.avanzabus.com

열차
마드리드의 차마르틴역에서 살라망카까지 열차가 1일 7~10편 운행하며, 약 1시간 40분~2시간 40분 걸린다. 요금은 편도 20~24€. 기차역에서 시내 중심인 대성당까지는 도보로 약 20분 걸린다.

 살라망카 둘러보기

버스 터미널이나 기차역에서 구시가의 마요르 광장까지 걸어서 20분 정도 걸린다. 구시가의 중심은 마요르 광장에서 시작된다. 마요르 광장에는 스페인풍 바로크 양식인 추리게라(Churriguera) 양식의 장중한 건물들이 늘어서 있어 스페인에서 가장 아름다운 광장이라 일컬어진다. 특히 해 질 무렵 구시가의 건물들에 조명이 밝혀지면 살라망카의 풍경은 황홀함 그 자체이다. 광장을 지나 마요르 거리를 따라 남쪽으로 가면 살라망카 대학이 나온다. 살라망카는 인구의 약 10%가 타지에서 온 학생들이어서 다른 시골 마을에 비해 자정이 넘은 시간까지 밤 문화를 즐기는 젊은이들의 열기가 넘친다. 그 맞은편에는 화려한 돔과 파사드가 아름다운 대성당이 있어 눈길을 사로잡는다.

추천 볼거리
SIGHTSEEING

마요르 광장 ★
Plaza Mayor

MAP p.147-B

구시가의 중심

1729~1759년에 세워진 이후 스페인에서 가장 아름다운 중앙 광장으로 손꼽힌다. 바로크 양식이 완벽하게 조화를 이루고 있으며 해 질 녘 조명이 들어오면 자정 넘은 시간까지 황홀한 야경을 즐길 수 있다. 광장 주변을 감싸고 있는 아치형 건물 내 원형 모양의 장식에는 유명 인물들의 흉상이 새겨져 있다. 북동쪽 모퉁이에는 스페인 독재자 프랑코의 얼굴도 있다. 19세기까지 광장에서 투우가 행해졌으며 마지막 투우는 1992년에 있었다. 광장은 많은 사람들로 붐빈다.

찾아가기 기차역에서 도보 15~20분

신/구 대성당 ★★★
Cathedral Nueva/Vieja

MAP p.147-B

살라망카의 상징

구대성당을 복원하기 위해 세운 신대성당은 1513년에서 1560년에 걸쳐 옛날 건물을 덮어

살라망카
Salamanca

0   200m

버스 터미널 방향

N

산 마르코스 성당
Iglesia de San Marcos

스페인 광장
Plaza de España

기차역 방향

Av. de Mirat

Calle Arco

Calle Zamora

Calle Rector Tovar

Calle Toro

Calle Azafranal

Gran Vía

Paseo de Canalejas

Paseo de San Vicente

Campo San Francisco

Calle Condes de Crespo Rascón

시청
Ayuntamiento

병원

Calle Ramón y Cajal

Calle Fonseca

Calle Compañia

마요르 광장 P.147
Plaza Mayor

중앙 시장
Mercado Central

메손 세르반테스 P.148

A

Calle Gracia Tejedo

Calle Ancha

B

Rúa Mayor

Calle San Justo

Gran Vía

Calle San Justo

Paseo de San Vicente

Calle Vaguada de la Palma

Calle Serranos

Calle de San Pablo

Rosario

Paseo de Canalejas

아나야 광장
Plaza de Anaya

살라망카 대학 P.148
Universidad de Salamanca

신/구 대성당 P.147
Cathedral Nuena / Vieja

Calle San Gregorio

아르누보와 아르데코 미술관 P.148
Museo de Art Nouveau y Art Déco(Casa Lis)

Paseo Rector Esperabé

씌우듯 증축한 것으로 살라망카 시내의 중심에 우뚝 서있다. 화려한 돔이 성당의 포인트로 시내 어느 곳에서나 그 모습을 볼 수 있다. 신대성당의 입구 중 푸에르타 델 나시미엔토(Puerta del Nacimiento)는 가장 아름다운 파사드로 손꼽힌다. 대성당 파사드에서 남서쪽 모퉁이에 자리한 푸에르타 데 라 토레(Puerta de la Torre, Plaza Juan XXIII, 10:00~07:15)를 따라 계단을 올라 누에바 성당과 비에하 성당의 전망대에 서면 성당 측면과 구시가지 전체를 조망할 수 있다. 전망대는 구대성당 내부를 통해서도 올라갈 수 있다.

찾아가기 마요르 광장에서 도보 15분
주소 Calle Cardenal Pla y Deniel 문의 923 21 74 76

**누에바 성당 Cathedral Nueva &
비에하 성당 Cathedral Vieja**
운영 10~3월 10:00~17:30, 4~9월 10:00~19:30
요금 4.75€(두 성당 포함)

살라망카 대학
Universidad de Salamanca
★★

MAP p.147-A

건물 외벽의 파사드를 눈여겨보자
1215년에 개교한 스페인에서 가장 오래된 대학이다. 현관 파사드에는 신화 속 영웅들과 종교 이야기, 가문의 문장들이 새겨져 있고 중앙에는 이사벨 왕비와 페르난도 왕의 흉상과 함께 개구리 조각상도 찾아볼 수 있다. 파사드에 장식돼 있는 개구리 조각상을 찾으면 행운이 온다고 전해진다. 대학 내 도서관은 유럽에서도 오래된 곳 중 하나로 후기 고딕 양식으로 꾸며져 있다.

찾아가기 대성당에서 도보 10분 주소 Calle Libreros
문의 923 29 44 00 운영 도서관 월~금요일
08:30~21:00, 토요일 09:00~13:00 휴무 일요일

아르누보와 아르데코 미술관
Museo de Art Nouveau y Art Déco(Casa Lis)
★★

MAP p.147-A

볼거리도 풍부하고 건물도 아름다운 곳
살라망카의 숨겨진 보석이라 불러도 손색없을 만큼 볼거리가 많고 아름다운 미술관이다. 19세기 미겔 데 리스(D. Miguel de Lis)가 지은 현대식 가옥으로 오늘날은 아르누보와 아르데코 양식을 테마로 구성해 독특한 미술관으로 자리 잡았다. 건물 내부의 천장은 스테인드글라스로 화려하게 꾸며 햇빛이 쏟아지는 낮에는 한 폭의 명화 못지않은 장관을 감상할 수 있다. 크리스털과 청동으로 만든 조각상과 다양한 장식품, 회화 작품, 모더니즘 시대의 다양한 가구들도 전시하고 있다.

찾아가기 대성당에서 도보 10분
주소 Calle Gibraltar, 14 문의 923 12 14 25
운영 4~10월 화~일요일 11:00~20:00,
11~3월 화~금요일 11:00~14:00, 16:00~19:00,
토·일요일 11:00~20:00 휴무 월요일
요금 4€(목요일 오전 무료)
홈페이지 www.museocasalis.org

추천 레스토랑
메손 세르반테스 Mesón Cervantes

MAP p.147-B

짧게 살라망카를 방문한다면 마요르 광장 한구석에 위치한 이곳에서 주변 풍경을 감상하며 여유 있게 식사를 즐겨보자. 위치는 더할 나위 없이 좋고 음식도 가격 대비 나쁘지 않다. 바에는 핀초(바게트 빵 위에 먹기 좋은 한입 음식들을 올려놓고 꼬치에 꿰어놓은 음식들)이 보기 좋게 진열돼 있어서 음료와 함께 간단히 허기를 채우기에도 좋다.

찾아가기 마요르 광장에서 도보 1분 주소 Plaza Mayor, 15
문의 923 21 72 13 영업 08:00~02:00
예산 점심 메뉴 12€

순례자의 도시

부르고스 BURGOS

BURGOS
MADRID

산티아고 데 콤포스텔라를 향해 가는 카미노 순례자들에게 중요한 기착점이 되는 곳. 부르고스는 레콩키스타의 영웅 엘 시드의 탄생지이자 11세기 카스티야 레온 왕국의 수도로 번영을 누렸던 도시이다. 스페인의 3대 성당 중 하나로 꼽히는 대성당뿐 아니라 구시가지와 어우러지는 베나 강(Río Vena) 주변의 산책도 놓치지 말자.

ACCESS 가는 법

 버스
마드리드의 아베니다 데 아메리카 버스 터미널에서 부르고스까지 1일 22편 운행되며(07:00~22:00) 약 2시간 45분 걸린다. 요금은 편도 12~20€. 터미널에서 시내 대성당까지는 도보로 약 15분 걸린다.
홈페이지 www.alsa.es

 열차
마드리드에서 열차를 타면 2시간 30분에서 5시간 걸린다. 요금이 편도 40€ 이상으로 비싼 편이라 대부분 버스를 이용한다.

 부르고스 둘러보기

남쪽에 위치한 버스 터미널에서 아를란손 강(Río Arlanzón) 위에 놓인 다리를 건너면 북쪽에 위치한 구시가로 들어갈 수 있다. 주요 다리인 산 파블로 다리(Puente de San Pablo)에는 검을 쥐고 망토를 두른 레콩키스타의 영웅 엘 시드의 조각상이 새겨져 있다. 이곳에서 서쪽으로 약 300m 떨어진 곳에 산타 마리아 다리(Puente de Santamaria)가 있는데 이 다리를 건너면 3층 높이의 아름다운 산타 마리아 아르크(Arco de Santa Maria)를 마주할 수 있다. 구시가의 마요르 광장과 대성당, 알론소 마르티네스 광장(Plaza Alonso Martinez) 위주로 관광하고 시간이 남으면 기차역을 지나서 여자 수도원인 라스 우엘가스 수도원(Monasterio de Las Huelgas)도 둘러보자.

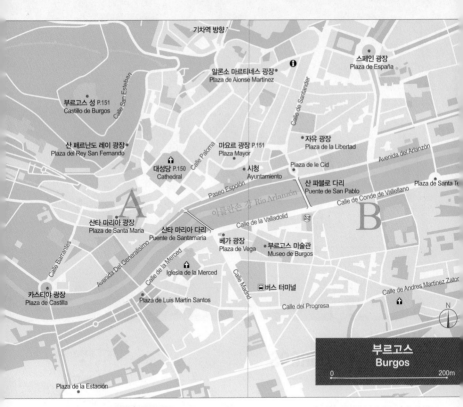

부르고스
Burgos

0 ——————————— 200m

기차역 방향

스페인 광장
Plaza de España

알론소 마르티네스 광장
Plaza de Alonse Martinez

부르고스 성 P.151
Castillo de Burgos

산 페르난도 레이 광장
Plaza del Rey San Fernando

마요르 광장 P.151
Plaza Mayor

자유 광장
Plaza de la Libertad

Plaza de le Cid

대성당 P.150
Cathedral

시청
Ayuntamiento

산 파블로 다리
Puente de San Pablo

Plaza de Santa Te

Avenida del Arlanzón

Calle de Conde de Vallellano

Paseo Espolón

아를란손 강 Río Arlanzón

산타 마리아 광장
Plaza de Santa Maria

산타 마리아 다리
Puente de Santamaria

Calle de la Valladolid

베가 광장
Plaza de Vega

부르고스 미술관
Museo de Burgos

Iglesia de la Merced

카스티아 광장
Plaza de Castilla

Plaza de Luis Martin Santos

버스 터미널

Calle de Andres Martinez Zator

Calle del Progresa

Plaza de la Estación

N

 추천 볼거리
SIGHTSEEING

대성당
Cathedral ★★★

MAP p.150-A

스페인의 3대 대성당 중 하나

세비야, 톨레도에 이어 세 번째로 규모가 큰 성당. 1221년 페르난도 3세 때 완공된 후 15세기 독일 건축가의 설계로 천장에 아름다운 별 모양의 채광창을 낸 콘데스타블레 예배당(Capilla del Condestable)을 지었다. 성당 내부에는 수많은 걸작 미술품들이 소장되어 있다. 호두나무로 제작한 103개의 성직자석이 있고, 일부에 성서 속 내용을 묘사한 조각도 새겼다. 영웅 엘 시드와 그의 아내의 묘표도 있다. 회랑 정면의 산타 카탈리나 예배당(Capilla de Santa Catalina)에는 조각품 외에 엘 시드의 결혼증명서 등 고문서도 전시하고 있다.

찾아가기 버스 터미널에서 강을 건너 도보 15분
주소 Plaza de Santa María, s/n
문의 947 20 47 12
미사 일요일·공휴일 09:00~14:00 매시, 19:30, 토요일 09:00, 10:00, 11:00, 19:30
요금 7€(화요일 16:30~18:30 전체 무료)

부르고스 성
Castillo de Burgos

★★★

MAP p.150-A

부르고스 시내 전경을 한눈에

대성당에서 언덕을 따라 올라가면 도심에서 높이 75m 지대에 방어 요새 목적으로 지은 성이 있다. 레콩키스타 시대인 884년에 완성되었다. 현존하는 방어 목적의 성 중에서도 오랜 역사적 가치가 있는 곳이다. 처음 세워진 후 여러 차례에 걸쳐 재건해 2003년 일반에게 개방되었다. 성 안에는 아름다운 부르고스 시내 전체를 내려다볼 수 있는 전망대와 깊이가 300m인 우물들이 남아 있으며 훌륭한 정원도 있다.

찾아가기 대성당에서 언덕을 따라 도보 10분
주소 Cerro de San Miguel, s/n 문의 947 20 38 57
운영 월~금요일 11:00~18:30, 토 · 일요일 · 공휴일 11:00~20:00 요금 3.70€

마요르 광장
Plaza Mayor

★★

MAP p.150-A

부르고스 구시가의 중심

부르고스 구시가의 중심에 위치한 마요르 광장은 대성당과도 가깝다. 여름이면 녹음이 짙은 강변 산책로인 파세오 에스폴론(Paseo Espolón)과도 근접해 산책을 즐기기에 제격이다. 1791년 재정비를 거쳐 오늘날의 모습으로 완성된 마요르 광장은 6월 19일 부르고스 도시 축제 때 모든 사람들이 모여 즐기는 장소이기도 하다. 광장에 면해 있는 가장 아름다운 빌딩인 카사 콘시스토리알(Casa Consistorial)은 네오 클라식 양식으로 페르난도 곤살레스 데 라라(Fernando González de Lara) 건축가가 설

계해 1791년 7월 완공했다. 6개의 아름다운 아르크 문을 통해 강변 산책로와 광장이 연결된다.

Plus info 부르고스의 주요 광장들

도시의 큰 행사를 진행하거나 일주일에 1번 장이 서고 사람들이 모여 회의를 하던 광장들이 부르고스 시내 곳곳에 남아 있다. 주로 17~19세기에 걸쳐 건설되었으며 광장 주변의 골목에는 아직도 중세 분위기를 물씬 풍기는 유서 깊은 가옥과 빌딩들이 남아 있다. 17세기의 주요 광장이며 꽃 광장(Plaza de La Flora)이라고도 불리는 우에르토 델 레이 광장(Plaza Huerto del Rey)과 아름다운 네오고딕 양식의 빌딩이 서있는 알론소 마르티네스 광장(Plaza de Alonso Martínez), 대성당의 모습을 한눈에 볼 수 있는 산 페르난도 레이 광장(Plaza del Rey San Fernando), 19세기까지 시민들을 위한 장이 섰던 자유 광장(Plaza de la Libertad) 등을 놓치지 말자.

테레사 성녀의 고향
아빌라 ÁVILA

ÁVILA
MADRID

11세기 이슬람교도의 공격을 방어하기 위해 지은 성벽이 오늘날에도 구시가지를 감싸고 있다. 수도원 개혁에 앞장선 테레사 성녀(Teresa de Jesús, 1515~1582)가 태어난 곳으로 곳곳에 테레사 성녀로부터 유래한 수도원이 많이 남아 있다.

ACCESS 가는 법

버스
마드리드 남부 버스 터미널에서 아빌라까지 버스가 평일 1일 10편(주말 6편) 운행하며 (06:45~21:00) 1시간 50분~2시간 걸린다. 요금은 편도 9€. 구시가까지는 도보로 약 15분 걸린다.
홈페이지 www.autobusmadridavila.es

열차
마드리드의 차마르틴역에서 열차가 1일 15편 운행하며, 약 1시간 50분~2시간 걸린다. 요금은 편도 8~12€. 역에서 내려 구시가의 대성당까지는 도보로 약 20분 걸린다.

 아빌라 둘러보기

시내에는 테레사 성녀와 관련된 유적들이 곳곳에 존재한다. 테레사 성녀의 생가가 있던 장소에 지은 고딕 양식의 산타 테레사 수도원(Convent de Santa Teresa), 테레사 성녀가 20여 년 동안 엄격한 규율 속에 지낸 엥카르나시온 수도원(Convent de la Encarnación), 테레사 성녀가 처음으로 설립한 산 호세 수도원(Convent de San José) 등을 둘러보자. 또 하나 놓칠 수 없는 볼거리로는 로스 쿠아트로포스테스(Los Cuatropostes) 전망대가 있다. 성벽 서쪽의 다리의 문(Puerta del Puente)으로 나가 아다하 강(Río Adaja)을 건너 조금 더 가면 화강암 기둥 4개가 십자가 받침 조각상을 중심으로 서있는 아빌라 도시 전체를 조망할 수 있다.

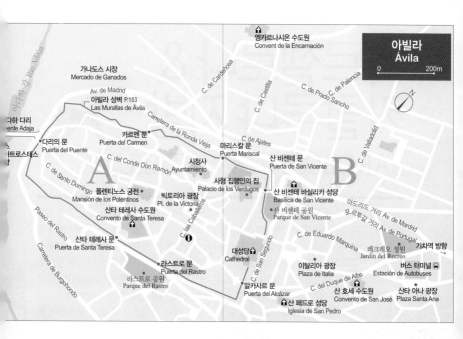

엔카르나시온 수도원
Convent de la Encarnación

아빌라
Ávila
0   200m

가나도스 시장
Mercado de Ganados

Av. de Madrid

아빌라 성벽 P.153
Las Murallas de Ávila

C. de Cardeñosa

C. de Castilla

C. de Prado C. de Palencia
Sancho

다리의 문
Puente del Puente

다하 다리
ente Adaja

트로스테스

카르멘 문
Puerta del Carmen

Carretera de la Ronda Vieja

C. de Ajates

마리스칼 문
Puerta Mariscal

산 비센테 문
Puerta de San Vicente

C. de Valladolid

C. del Conde Don Ramón

시청사
Ayuntamiento

사형 집행인의 집
Palacio de los Verdugos

산 비센테 바실리카 성당
Basilica de San Vicente

C. de Santo Domingo

폴렌티노스 궁전
Mansión de los Polentinos

빅토리아 광장
Pl. de la Victoria

산 비센테 공원
Parque de San Vicente

마드리드 거리 Av. de Madrid
포르투갈 거리 Av. de Portugal

Paseo del Rastro

산타 테레사 수도원
Convento de Santa Teresa

C. de las Canaleas

C. de Eduardo Marquina

레크레오 정원
Jardin del Recreo

기차역 방향

산타 테레사 문
Puerta de Santa Teresa

대성당
Cathedral

이탈리아 광장
Plaza de Italia

버스 터미널
Estación de Autobuses

Carretera de Burgohondo

라스트로 문
Puerta del Rastro

C. de San Segundo

C. del Duque de Alba

산 호세 수도원
Convento de San José

산타 아나 광장
Plaza Santa Ana

라스트로 공원
Parque del Rastro

알카사르 문
Puerta del Alcázar

산 페드로 성당
Iglesia de San Pedro

 추천 볼거리
SIGHTSEEING

아빌라 성벽   ★★★
Las Murallas de Ávila

MAP p.153-A

구시가를 에워싼 아빌라의 상징

11세기 중반 가톨릭교도가 이슬람교도의 반격을 방어하기 위해 구축한 성벽이다. 아빌라의 구시가를 완전히 에워싸며 안에는 모두 8개의 문이 있어 외부에서 들어오고 나가는 것을 차단할 수 있다. 방어를 위한 탑도 총 88개나 있어 성벽을 따라 거닐면서 탑에 올라 아빌라 중심부의 주요 수도원과 교회 및 골목까지 모두 조망할 수 있다. 특히 동쪽에 있는 산 비센테 문과 알카사르 문을 놓치지 말자.

성벽 입 · 출구

주소 입구 Pta. Alcázar,
출구 Carnicerías y Puente Adaja
운영 11~3월 10:00~18:00(4~6 · 9~10월은 ~20:00,
7 · 8월은 ~21:00)
휴무 월요일
요금 성인 5€, 어린이 3.5€
(화요일 14:00~16:00 전체 무료)
홈페이지 http://murralladeavila.com/es

바르셀로나 &
카탈루냐 지방

BARCELONA & CATALUÑA

스페인 동북부에 위치한 카탈루냐는 북쪽으로는 피리네오스(Los Pirineos) 산맥과 접경을 이루고, 내륙을 제외한 사방은 코스타 브라바(Costa Brava) 해안을 품고 지중해에 면해 있다. 카탈루냐인들은 스페인에 속하기보다는 카탈루냐 사람이라는 것에 큰 자부심과 강한 민족의식을 갖고 그들만의 언어를 사용하며 독자적인 문화를 이어가고 싶어한다. 스페인 제2의 도시이자 카탈루냐의 주도인 바르셀로나는 시내 중심부와 해안이 맞닿아 있고 연중 내내 온난한 지중해성 기후를 띠고 있어 바다를 선호하는 관광객에게 인기가 높다. 코스타 브라바 해안선을 따라 펼쳐진 작은 해안 도시들은 계절에 상관없이 휴양지로 사랑받는다.

INTRO
바르셀로나&카탈루냐 지방 이해하기

카탈루냐의
역사

801년 유럽 중서부를 대부분 차지하며 프랑크 왕국을 제국으로 확장시켜가던 카를로스 대제는 카탈루냐의 에브로 강이 흐르는 북쪽을 점령하여 바르셀로나 백작령으로 정하고 '카탈루냐 백작령'이라 불렀다. 1137년에 카탈루냐와 아라곤은 연합왕국을 형성하여 세력을 확장시켰으며 12세기 초 전성기를 맞아 유럽의 판도를 바꿔놓았다. 피리네오스 남반부부터 지중해안, 서남 프랑스까지 진출하였으나, 1213년 프랑스와 벌인 전쟁에서 패하여 피리네오스 이북으로 진출하지는 못한다. 그러나 연합왕국은 이탈리아의 나폴리와 시칠리아, 사르데냐까지 지배했다.

당시 카탈루냐 사람들은 지중해를 '우리의 바다'라고 부를 정도로 크게 번영을 누렸다. 그러다가 중앙의 카스티야 왕국이 세력을 키우면서 상대적으로 카탈루냐의 지위가 저하되어 스페인 제국(스페인이 한때 전 세계 패권을 장악했던 역사상의 제국)으로 흡수된다. 한편 20세기 스페인의 정치가이자 수상이었고, 독재자였던 프랑코는 카탈루냐 고유의 언어와 문화를 탄압한다. 하지만 그가 사망한 1975년 이후 카탈루냐어는 공식어로 채택되면서 스페인어와 함께 통용되고 있다. 1977년 프랑코가 죽으며 민주화되자 카탈루냐 지방은 바스크 지방, 갈리시아 지방과 함께 최초로 자치권을 획득한다.

카탈루냐

카탈루냐의
독자적인 문화와
카탈란 왕국

카탈루냐는 바르셀로나, 헤로나(지로나는 카탈루냐어), 레리다(예이다는 카탈루냐어), 타라고나 등 4개의 주도로 이루어져 있고 카탈루냐만의 독자적인 언어와 문화, 생활 양식 등을 중요하게 여기며 전통을 이어가고 있다. 카탈루냐 사람들과 언어를 총칭해서 '카탈란'이라 하는데 카탈루냐 주민들은 스페인 사람보다는 '카탈란'이라고 불리는 것에 자부심과 긍지를 느낀다. 카탈루냐 사람들은 스페인의 다른 도시 사람들보다 근면 성실하여 일을 열심히 하고 세금을 많이 내는 편이다. 하지만 인색하다는 인상이 강해 다른 도시 사람들에게는 '타카뇨(Tacaño, 구두쇠)'라 불리기도 한다. 대도시인 바르셀로나는 스페인어를 상당수 사용하지만 카탈루냐의 작은 시골에서는 여전히 집과 학교, 친구들이 모두 카탈란어를 사용하며 공식 문서에도 지명과 명칭 등을 카탈란어로 표기한다. 심지어 아직도 소수의 카탈란 사람들은 카탈루냐가 독립 국가가 되길 강하게 바라고 있다.

카탈루냐의
대표 도시

바르셀로나는 스페인에서 두 번째로 큰 도시이자 카탈루냐의 주도, 그리고 전 세계에서 연중 수많은 관광객을 불러 모으며 관광 도시 3위 안에 드는 곳이다.
19세기 천재 건축가 가우디의 작품이 도시 곳곳에 자리하고 피카소와 살바도르 달리, 호안 미로 등의 미술관과 작품을 감상할 수 있으며 온화한 지중해성 기후로 예술과 휴양 도시의 면모를 두루 갖추고 있다. 구시가와 맞닿은 해변은 일년 내내 관광객들로 붐비며 바르셀로나 시내의 카탈루냐 광장역에서 마타로(Mataro)행 근교 열차를 타고 도시 외곽으로 나가면 푸른 지중해를 끝없이 바라볼 수 있다.
헤로나는 프랑스인이 특히 사랑하는 강이 흐르는 중세 성곽 도시로

바르셀로나 북쪽에 있어 근교 여행지로 둘러보기 좋다. 바르셀로나에서 열차를 타고 30분만 달리면 만나는 하얀 마을 시체스는 카탈루냐를 대표하는 해안 도시로, 각종 축제와 영화제 등이 열리며 동성애자들이 많기로 유명하다. 바르셀로나 근교에는 지형이 톱니 모양으로 생긴 몬세라트 산이 있다. 어린이 합창단 성가대와 카탈루냐의 수호 성인 검은 마리아 상을 보려는 관광객들로 연중 붐비는 지역이다. 또한 살바도르 달리 미술관이 있는 피게레스와 지중해 해안이 끝없이 연결되는 코스타 브라바 등은 카탈루냐의 주요 관광지라고 할 수 있다.

카탈루냐의 기후

강수량이 적고 연중 온난한 지중해성 기후를 띤다. 겨울에도 낮 기온이 영상 10℃ 정도로 따뜻하지만 아침, 저녁으로는 쌀쌀하다. 여름에는 습도가 낮아 햇볕을 피해 그늘에 있으면 시원하며 저녁에는 선선한 바람이 불어 서늘하다. 여행을 떠난다면 카디건이나 스카프 등을 여벌로 챙겨두는 센스가 필요하다. 봄에는 비가 자주 오지만 주로 짧은 소나기여서 여행하는 데 큰 지장은 없다.

카탈루냐의 음식

카탈루냐에서는 모든 요리의 기본인 빵부터 먹는다. 바게트 빵에 마늘을 문질러 향을 내고 토마토를 문지른 다음 올리브오일과 소금으로 간을 한 부드러운 판 콘 토마테(Pan con Tomate)를 대부분의 요리와 곁들여 먹는다. 메인 요리로는 싱싱한 해산물에 올리브오일을 두르고 구워 먹는 그릴 음식이 많다. 카탈루냐 전통 소시지인 부티파라(Butifara)와 파에야와 비슷한데 면을 넣고 요리한 피데우아(Fideua)도 한국인 입맛에 잘 맞는다. 음료는 맥주에 레몬환타를 섞은 클라라(Clara)를 주로 마시며, 디저트는 달콤한 크레마나 데 카탈라나(Cremana de Catalana)가 유명하다.

카탈루냐의 축제

1월 동방박사의 날 축제 Día de los Reyes Magos

저녁 6시 람블라스 거리 끝의 항구에 정박한 배에서 동방박사 세 사람이 내려 말을 타고 행진하며 어린이들에게 사탕을 나눠준다. 바르셀로나 어린이들은 크리스마스 대신 이날 선물을 받으며, 1월 5일 저녁 화려한 퍼레이드가 열린다.

2월 초 시체스 카니발 Carnaval de Sitges

게이와 레즈비언의 천국이라 불리는 시체스 카니발. 참가자들 전원이 가면과 분장, 재미난 복장을 하고 마을 전체에서 축제를 즐긴다. 마지막 날의 화려한 퍼레이드 행렬은 자정을 넘겨 새벽 3~4시까지 이어진다.

3~4월 부활절 Semana Santa

스페인 전역의 축제로 가톨릭 국가답게 부활절 일주일 전부터 전국의 각 성당에서는 예수 십자가의 고난을 아름다운 퍼레이드로 재현한다.

4월 23일 산 조르디 축제 Fiesta de Sant Jordi

남자는 여자에게 장미꽃을, 여자는 남자에게 책을 선물한다. 장미꽃은 카탈루냐의 수호성자 산 조르디의 전설에서 유래한 것이며, 책은 이날이 '세계 책의 날'이기 때문이다. 시내 곳곳에서 책 마켓과 다양한 이벤트가 열린다.

4월 페리아 데 아브릴 Feria de Abril

원래는 스페인 남부 안달루시아 지방의 봄 축제로, 바르셀로나에 이민 온 안달루시아 지방 사람들에 의해 시작되었다. 바르셀로네타 해변 끝 메트로 4호선 엘 마레스메 포룸(El Maresme Fòrum) 주변에서 약 일주일간 맛있는 음식과 음악, 플라멩코 춤을 즐길 수 있다.

4~5월 헤로나 꽃 축제 Fiesta de Las Flores

바르셀로나 근교 도시인 헤로나에서 일주일간 열리는 축제. 도시 전체를 꽃으로 장식하며 미술관, 박물관, 각 집의 정원과 파티오 등을 일반인에게 무료로 개방한다. 거리와 대성당, 시청 앞 광장은 화려하고 아름다운 꽃으로 물든다.

8월 그라시아 축제 Fiesta de Gràcia

바르셀로나의 그라시아 지구에서 열리는 축제로 골목마다 아이디어 넘치는 화려하고 거대한 조형물들이 하늘을 뒤덮을 정도로 장식되며 다양한 무료 공연과 콘서트 등이 밤새 계속된다.

9월 라 메르세 La Mercè

바르셀로나에서 열리는 가장 큰 축제이자 카탈루냐 지방을 대표하는 축제. 9월 24일이 있는 주에 4일간 무료 콘서트와 퍼레이드가 거리 곳곳에서 열리고 도시 전체가 거대한 테마파크처럼 변한다. 시청 앞 광장에서 열리는 인간 탑 쌓기와 레이저 빔 쇼는 빼놓을 수 없는 볼거리.

Tip 카탈루냐 주에서 열리는 모든 축제들은 매년 날짜가 바뀌기 때문에 여행 전에 각 마을별 축제 캘린더를 미리 확인하자. 끊이지 않는 스페인의 축제를 경험하는 일은 여행에 색다른 추억을 더해준다. 축제 일정은 홈페이지를 통해 체크하자. http://festacatalunya.cat

Barcelona & Cataluña 01

바르셀로나 BARCELONA

스페인 제2의 도시 바르셀로나는 스페인을 찾는 관광객에게 첫 번째로 추천하고 싶은 도시다. 도시 전체가 하나의 커다란 박물관이라 해도 과언이 아닐 정도로 구시가에는 스페인 전성기 때 지은 역사적인 건축물들이 고스란히 남아 있다. 신 시가는 19세기 천재 건축가 가우디의 현대 건축물 외에도 당시 유럽에서 명성 높 았던 건축가들의 작품이 거리 곳곳을 아름답게 수놓고 있다. 또한 지중해 연안의 항구 도시인 만큼 바다에서 갓 잡아 올린 싱싱한 해산물과 제철 재료로 만든 맛 있는 요리로 전 세계 미식가들의 입맛을 사로잡은 미슐랭 셰프들의 레스토랑도 곳곳에서 만날 수 있다. 그 밖에도 스페인 특유의 정열을 느낄 수 있는 축구와 플 라멩코 등 즐길 거리도 풍부하다. 이 모든 것을 한 도시에서 즐기다 보면 지중해 여행의 매력에 흠뻑 빠질 것이다.

바르셀로나 키워드 6

Keyword 1

천재 건축가 가우디

건축가이자 조각가 그리고 예술가였던 가우디의 발자취를 찾아가는 여행은 바르셀로나에서 무척 중요하다. 자연에서 모티프를 얻어 건축이라는 새로운 창조물로 표현해낸 가우디의 작품을 도시 곳곳에서 볼 수 있다. 바르셀로나의 상징이라 할 수 있는 사그라다 파밀리아 성당을 비롯해 카사 밀라, 구엘 공원, 카사 바트요 등 시내에 있는 건축물만 해도 10개가 넘는다. 가우디만큼은 아니지만 꽤 유명했던 루이스 도메네크 이 몬타네르와 호셉 푸이그이 카다팔크 외 여러 건축가의 작품도 볼 수 있다는 것은 바르셀로나만이 가진 특별한 매력이다.

Keyword 2

점심 세트메뉴, 메뉴 델 디아

카탈루냐 사람들은 스페인에서 '구두쇠'로 불릴 만큼 공짜라는 말에 인색하다. 스페인 남부 식당에서는 무료로 제공하는 타파스도 바르셀로나에서는 돈을 내고 먹어야 한다. 때문에 레스토랑의 점심 세트메뉴인 메뉴 델 디아(Menu del Dia)를 풀코스로 맛보는 게 가장 경제적이다. 대부분의 레스토랑에서는 평일 점심시간에 세트메뉴를 선보인다. 애피타이저와 메인 요리 외 빵과 음료, 디저트가 포함된 가격이 평균 12€ 내외로 저렴하다. 고급 호텔 레스토랑에서도 25~30€ 선의 합리적인 평일 점심 메뉴를 선보인다.

Keyword 3

축구

FC 바르셀로나의 본거지인 바르셀로나. 특히 레알 마드리드와의 경기나 챔피언스 리그 경기가 있는 날이면 FC 바르셀로나의 유니폼을 입고 응원 구호인 포르샤 바르샤(Força Barça)를 외치며 거리를 행진하는 팬들을 시내 곳곳에서 흔히 볼 수 있다. 인색하기로 소문난 카탈루냐 사람들도 FC 바르셀로나의 유니폼을 입고 있는 외국인을 보면 갑자기 친절 모드로 변한다는 유머가 있을 정도로 그들의 축구 사랑은 절대적이다. 홈그라운드인 캄푸 누 스타디움에서 경기를 관람하거나 람블라스 거리 내의 축구 바에서 그 열기에 휩싸여보자. 축구 시즌은 9~5월이며 레알 마드리드 대항전이나 결승전 등의 큰 경기가 아니면 창구에서 바로 당일 티켓을 구할 수 있다.

Keyword 4

쇼핑 천국

국내 여성들에게도 인기 있는 스페인 브랜드
자라(ZARA), 망고(Mango) 등의 매장을 시내
어디에서나 흔히 발견할 수 있다. 유럽의 다른
나라보다도 최대 10% 이상 저렴하다. 유럽의 유명
브랜드와 바르셀로나 신진 디자이너 숍들의 아이템도
공략해볼 만하다. 주요 쇼핑가로는 에이샴플레
지구의 파세이그 데 그라시아(Passeig de
Gràcia), 보른(Born) 지구, 포르탈 델 앙헬(Portal
de l'Àngel) 거리를 꼽을 수 있다. 질 좋은 가죽으로
만든 가방과 신발을 저렴하게 구입할 수 있다.
바르셀로나 여행은 빈 트렁크를 들고 가서 채워오는
게 진리!

Keyword 5

바르셀로네타 해변과 지중해

바르셀로나가 주변 도시와 다른 점은 대도시의
현대적인 풍경에, 지중해를 접하고 있어
자연경관까지 훌륭하다는 것이다. 봄에는 해변에
드러누워 태닝하기에 좋고, 한여름에는 수영하며
피크닉을 즐기기에 좋다. 또 겨울에도 많이 춥지 않아
해변에 앉아 바다를 바라보거나 산책할 수 있다.
해변가에 늘어서있는 칵테일 숍에서 칠아웃 음악을
들으며 진토닉이나 모히토 등을 마시며 바다 풍경을
감상해 보자. 시푸드 레스토랑에서 해산물 모둠 한
접시와 파에야를 푸짐하게 맛보는 것도 좋다.

Keyword 6

마리스코(해산물 요리)

람블라스 거리에서 항구를 지나 바르셀로네타
지역으로 향하는 길목에는 해산물 전문 레스토랑이
즐비하다. 파에야는 기본이고 새우와 랍스터,
갑오징어, 꼴뚜기 등에 올리브오일을 발라 구운
요리들과 다양한 해산물 튀김 요리를 선보이는데,
맥주와 클라라 안주로 적당하다. 음식이 짜면
카탈루냐 지역에서만 먹을 수 있는 토스트 빵에
마늘과 토마토를 문지른 후 올리브오일을 촉촉하게
적신 판 콘 토마테(Pan con Tomate)를 곁들이자.
어느 요리와도 궁합이 잘 맞는다. 바다 내음을 맡으며
먹는 해산물 요리는 바르셀로나에서 먹는 식사의
하이라이트라 부르기에 손색없다.

바르셀로나에서 꼭 해야 할 일 10가지

1 에스파냐 광장에서 분수쇼 감상하기

여름에는 목~일요일, 겨울에는 금·토요일 밤에 에스파냐 광장에서 음악 소리에 맞춰 춤추는 분수쇼가 2시간가량 펼쳐진다. 여름에 인파가 많을 때는 가장 높은 곳이나 분수 근처의 잔디밭에 앉아 준비해 온 와인을 마시며 감상하자.

2 보케리아 시장에서 다양한 음식 맛보기

보케리아 시장에서 다양한 스페인 음식을 맛볼 수 있다. 올리브, 하몬, 퓨엣, 초리소 등을 꼬치에 꽂아 놓은 엠부티도 모둠과 시푸드 샐러드, 다양한 튀김 요리 등을 5~8€에 즐길 수 있다. 새로운 요리에 과감히 도전해 보자.

3 람블라스 거리의 예술가들과 기념촬영

람블라스 거리 끝, 항구 근처는 거리 예술가들의 재기 넘치는 퍼포먼스로 유명하다. 각기 다른 테마를 가지고 쇼를 하거나 포즈를 취하며 관광객들에게 웃음을 안겨 주는 예술가들이 많다. 사진촬영을 했다면 팁을 주는 것을 잊지 말자.

4 몬주익의 미라마르 전망대에서 지중해 풍경 감상하기

몬주익 언덕 중턱에서 표지판을 잘 따라가면 왼쪽으로 미라마르(Miramar) 전망대가 나온다. 지중해 푸른 바다와 어우러진 바르셀로나 시내 전체 풍경을 조망할 수 있다.

5 지중해 바다에서 수영하고 태닝하기

연중 내내 지중해의 푸른 물빛을 바라볼 수 있고 햇볕이 따스해지는 4월부터는 태닝이 가능하며 6월이면 수영을 즐기는 인파로 바르셀로네타가 가득 찬다. 여름철 바르셀로나를 방문한다면, 일정 중 하루 정도 바다 수영을 즐겨보자.

6 자전거 타고 바르셀로네타 해안 질주하기

자전거를 타고 바르셀로네타 해변에 들려 오른편 W호텔 앞, 또는 왼편의 물고기 조각상이 위치한 쌍둥이 빌딩 같은 두개의 빌딩 앞까지 자전거 페달을 밟아보자. 시내 곳곳에서 쉽게 자전거 렌탈 숍을 발견 할 수 있다.

7 보른 지구 골목에서 아티스트 공방과 숍 구경하기

보른 지구의 좁은 골목 안은 로컬 아티스트들의 공방과 스튜디오들로 가득 차 있다. 길을 잃은 채 반나절 정도 헤매다 보면 세상에 단 하나뿐인 귀엽고 아이디어 넘치는 숍과 예술품들을 만날 수 있다.

8 스페인산 브랜드 쇼핑하기

스페인산 브랜드를 집중적으로 골라 쇼핑하자. 카탈루냐 광장 한 켠의 엘 코르테 잉글레스 백화점 앞 포르탈 델 앙헬(Portal de l'Àngel) 거리에는 스페인 로컬 중저가 브랜드들이 모여 있다. 패션 브랜드 외 란제리와 액세서리 브랜드 등도 다양하게 입점돼 있다.

9 여름밤 자정 넘어 활기가 넘치는 시내 골목골목의 클럽과 바르 탐방

10시쯤에 저녁 식사를 시작해 밤 12시가 넘은 시간에는 더위가 식은 도시를 탐험해 보자. 자정이 지나면 람블라스 거리 중앙에 위치한 레알 광장을 시작으로 서서히 젊은이들의 열기가 불붙기 시작한다.

10 모더니스트 건축가의 발자취를 찾아서

가우디의 작품 부근에 있는 도미네크 이 문타네르의 작품이나 조셉 푸이그 이 카다팔치의 작품들도 눈여겨보자. 카사 아마트예르(Casa Amatller)나 데 산 파우 병원(Hospital de Sant Pau) 등 바르셀로나 시내 곳곳에 눈길을 끄는 대표 작품이 많이 있다.

ACCESS
BARCELONA

바르셀로나 가는 법

유럽이나 스페인 국내에서 바르셀로나까지는 비행기, 열차, 버스 등을 이용할 수 있다. 라이언에어, 부엘링항공 등의 저가 항공을 이용하면 항공권 구입 비용도 저렴하고 여행 중에 몸도 덜 피곤하다. 야간 열차나 버스로는 7~12시간 이상 걸린다.

비행기

현재 바르셀로나로 가는 직항편은 대한항공과 아시아나항공에서 운항하며 약 13~15시간 걸린다. 유럽 내에서 1회 경유하는 루프트한자, KLM네덜란드항공, 카타르항공, 에어프랑스 등을 이용하면 된다. 더 저렴하게 가려면 2회 경유하는 러시아항공, 중국항공 등을 이용한다. 입국 심사는 경유국에서 하고 바르셀로나 입국 시 여권에 도장을 찍고 입국 심사가 끝난다.

바르셀로나 엘 프라트 국제공항
Aeropuerto de Barcelona-El Prat

바르셀로나 시내에서 약 10km 떨어진 곳에 위치해 있다. 총 2개의 터미널이 있으며 터미널1(T1)은 국제선이, 터미널2(T2)는 저가 항공이나 EU 연합국가에서 오는 국제선이 발착한다. 두 터미널은 서로 떨어져 있으며 터미널 간의 이동은 약 6~7분 간격으로 운행하는 무료 셔틀버스로 15분 정도 소요된다. 비행기가 공항에 자정 넘어 도착하더라도 바르셀로나 시내까지 대중교통이 잘 연결되어 있어 편리하다. 유럽 내에 저가 항공을 이용할 경우 바르셀로나 외곽 도시인 헤로나(Girona), 레우스(Reus) 공항에 도착하기도 한다. 각 공항에서 바르셀로나 시내까지는 버스로 1~2시간 정도 걸린다.

공항에서 시내로 가는 법

● 공항버스 Aerobús

공항에서 시내로 이동하는 가장 편리한 방법은 공항버스인 아에로부스(Aerobús)를 타는 것이다. 바르셀로나 시내 중심지인 카탈루냐

광장(Plaça de Catalunya)까지 약 35분이면 갈 수 있다. 버스는 A1과 A2가 있으며 A1은 터미널 1(T1)에서, A2는 터미널 2(T2)에서 승차한다. 승차하는 곳만 다를 뿐 시내까지의 노선은 동일하다. 요금은 버스에 탈 때 운전기사에게 직접 내면 된다. 이때 잔돈을 준비해야 하는데, 현금이 없다면 버스 정류장 앞 티켓 자동발매기에서 신용카드로 구입이 가능하다. 버스 내에는 짐 놓는 공간이 따로 있는데, 분실하지 않도록 주의를 기울이자. 모니터를 통해 관광 명소를 볼 수 있고 정류장마다 안내 방송이 나온다.

요금 편도 5.90€, 왕복 10.20€
운행 시간
공항버스 A1
카탈루냐 광장 → T1 05:00~00:30(5~10분 간격)
T1 → 카탈루냐 광장 05:35~01:05(5~10분 간격)
공항버스 A2
카탈루냐 광장 → T2 05:00~00:30(10분 간격)
T2 → 카탈루냐 광장 05:35~01:00(10분 간격)
홈페이지 www.aerobusbcn.com

● 열차 Renfe

공항에서 시내로 이동하는 가장 저렴한 방법이다. 터미널 2(T2)에서 열차(R2선)를 타면 시내 중심의 바르셀로나 산츠역(Estación de Barcelona Sants)까지 약 20분 걸린다. 바르셀로나 산츠역에서 메트로로 환승하여 원하는 목적지로 이동하

공항 내 시설

2010년 초에 문을 연 터미널 1(T1)에는 면세점이 있다. 스페인 주요 패션 브랜드(아돌포 도밍게스, 자라, 마시모 두티)와 액세서리, 주류, 초콜릿 브랜드가 입점해 있어 출국 전에 빠른 쇼핑이 가능하다. 규모가 크고 시설도 깨끗한 편이다. 터미널 1(T1)의 출구는 한 곳인데, 출구 바로 앞에 커피숍과 관광안내소, 은행 등이 있어 찾기 쉽다. 관광안내소에서는 바르셀로나 지도를 1€에 판매한다. 시내의 관광안내소에서는 무료로 나눠주므로 꼭 공항에서 구입할 필요는 없다. 지하로 내려가면 택시 승강장과 공항버스 정류장 등이 있다.

바르셀로나의 소매치기 수법과 주의사항

1. 관광객이 주로 모이는 구엘 공원, 사그라다 파밀리아 성당 등 주요 관광 명소 등에서 더러운 오물을 주사기에 넣어 등에 쏜 후 도와준다며 접근한다. 닦아주는 척 하다가 지갑만 순식간에 가져가기도 한다.

2. 메트로 3호선 카탈루냐역, 리세우역, 산츠역, 디아고날역 외에 에스파냐 등 관광객이 몰리는 역에서 2~3명이 한 조로 움직여 지하철을 타고 내릴 때 뒤에서 밀며 가방 안의 지갑을 훔쳐간다.

3. 야외 테라스 테이블 위에 휴대폰을 올려놓으면 소매치기들에게 가져가라는 의미로 받아들인다. 식사를 하거나 차를 마실 때 절대 테이블 위에 소지품을 올려놓지 말자.

4. 공항버스를 타고 갈 때 항시 짐을 주시하자. 카탈루냐 광장에 도착하기 전 정류장에서 아무렇지도 않게 남의 가방을 자기 가방인 것처럼 들고 내리는 도둑도 있다.

5. 유동인구가 많은 카탈루냐 광장에서 지도와 휴대폰을 보며 숙소 위치를 찾는 사이에 가방을 통째로 가져갈 수도 있다.

6. 스타벅스, 맥도날드 등 관광객이 많이 가는 패스트푸드점에서 절대 가방을 의자에 걸어놓지 말아야 한다.

면 된다. 열차는 약 30분 간격으로 운행한다.

요금 1회권 2.20€, 메트로 10회권(T10) 10.20€
운행 공항 → 바르셀로나 산츠역 05:42~23:38
바르셀로나 산츠역 → 공항 05:32~23:06

● 지하철 Metro

메트로 9호선을 타고 시내로 갈 수 있다. 바르셀로나 공항 터미널 1(T1)에서 출발해 터미널 2(T2)를 거쳐 1·9호선 토라사(Torrassa)역을 교차한다. 숙소가 메트로 1·9호선과 연결되면 쉽고 간편하게 시내로 진입 가능하다. 터미널 1에서 입국장 밖으로 나와 5분 정도 걸으면 메트로 9호선 공항(Aeropuerto)역이 나온다. 반면 유럽 내에서 오는 저가 항공편이 발착하는 터미널 2에서 메트로역까지는 도보 15분 정도 소요된다. 터미널 1과 2 사이를 이용할 경우 공항 티켓을 구입해야 한다.

요금 1회권(공항 티켓 포함) 5.15€
운행 월~목·일요일·공휴일 05:00~24:00,
금요일 05:00~02:00, 토요일 24시간

● 택시 Taxi

목적지까지 가장 편하게 이동하는 방법은 택시다. 기본요금이 3.10€에서 시작하며 바르셀로나 람블라스 거리까지 평균 25~30€ 정도 예상하면 된다. 택시 좌석 옆의 유리창에 요금표가 붙어 있으므로, 요금이 많이 나왔다고 생각한다면 영수증을 챙겨 피해를 최소화하자. 싣는 짐의 개수당 1€가 추가된다.

요금 기본요금 4.20€
(08:00~20:00 1€/km, 20:00~08:00 1.24€/km)

열차

바르셀로나로 들어오는 국제선 열차와 스페인 국내선 열차는 대부분 시내에 있는 바르셀로나 산츠역에서 발착한다. 바르셀로나 산츠역은 바르셀로나에서 가장 큰 기차역으로 시체스, 타라고나 등으로 가는 근교선과 마드리드와 바르셀로나 구간의 초고속열차(AVE), 바르셀로나와 그라나다 구간의 열차 이용 시 종착점이다. 그 밖에 바르셀로나 시내 중심에 있는 프란사역은 프랑스에서 오는 열차가 발착한다.
바르셀로나의 경우 저가 항공이 유럽 각지로 잘

연결되어 있어 유럽 내 이동 시 열차 이용객이 적다. 유레일 패스 소지자는 무료로 이용 가능하지만 이동 시간이 길어 이용률이 떨어진다. 유럽 도시 내에서는 비행기가 가장 빠르다.

바르셀로나 산츠역
Estación de Barcelona Sants
메트로 3·5호선과 연결되며 역 밖으로 나가면 유로라인(Eurolines) 버스 터미널이 있다. 역 내에는 열차 예약 및 취소, 열차 시각표 등을 알아볼 수 있는 관광안내소와 숍, 맥도날드 등이 입점해 있으며 시내로 이동할 수 있는 버스와 택시 승강장, 렌터카 회사들이 있다. 관광객을 노리는 소매치기가 많으므로 소지품 관리에 주의한다.

찾아가기 메트로 3·5호선 Sants Estació역에서 바로
주소 Plaça dels Països Catalans, s/n
운영 월~토요일 04:30~00:30, 일요일·공휴일 05:00
~00:30(매표소는 월~토요일 05:40~22:30,
일요일·공휴일 06:10~22:30)

프란사역 Estación de França
바르셀로네타 해변과 보른 지구의 중간 지점에 위치해 있으며, 역에서 바르셀로나 시내 중심인 대성당까지는 도보로 20분 정도 소요된다. 또는 역 부근에 위치한 메트로 4호선 바르셀로네타(Barceloneta)역에서 메트로를 이용해 시내 곳곳으로 이동할 수 있다.

버스

바르셀로나 시내에는 버스 터미널이 2군데 있다. 목적지에 따라 터미널이 달라지므로 확인하고 타야 한다. 바르셀로나 산츠 버스 터미널은 유로라인 버스들이 주로 발착하며, 북부 버스 터미널은 스페인 주요 도시를 연결하는 버스가 발착한다.

바르셀로나 산츠 버스 터미널
Estación de Autobuses de Barcelona Sants
국제·국내선 버스의 종착점. 아라곤 지역의 우에스카(Huesca) 방향 버스들이 정차하며 독일, 이탈리아, 스위스, 체코, 포르투갈, 안도라 등에서 오는 유로라인 버스들이 정차한다. 바르셀로나 산츠역 부근에 위치해 있으며 정류장 외에 별다른 편의시설은 없다.

찾아가기 메트로 3·5호선 Sants Estació역에서 바로
주소 Carrer Viriat, s/n 홈페이지 www.eurolines.es

북부 버스 터미널
Estación d'Autobusos Barcelona Nord
스페인 각지로 가는 대부분의 버스와 프랑스, 모로코 등으로 가는 국제버스가 발착한다. 1층 안내센터에 가서 행선지를 말하면 어느 창구로 가야 할지 가르쳐 준다. 또한 버스 시각표와  요금 알림표도 비치되어 있다. 근교 지방 도시 등은 여러 버스 회사가 영업을 하여 복잡하기 때문에 이곳에서 정보를 얻는 것이 효율적이다.

찾아가기 메트로 1호선 Arc de Triomf역에서 도보 3분
주소 Carrer d'Alí Bei, 80
홈페이지 www.barcelonanord.cat

저가 항공

바르셀로나에서 안달루시아 지방의 말라가, 그라나다, 세비야, 북부의 산티아고 데 콤포스텔라 등의 도시까지는 버스와 열차로 10시간 가까이 걸리므로 비행기를 이용하는 것이 경제적이며 체력 소모도 덜하다. 스페인 국내 저가 항공인 부엘링항공은 빌바오, 산 세바스티안 등 스페인 내 주요 도시로 가는 운항 편수가 많다. 라이언에어는 포르투갈이나 산티아고 데 콤포스텔라, 산탄데르 등으로 이동할 때 용이하며, 요금이 가장 저렴해짐을 추가하지 않을 경우 매우 싸게 이용할 수 있다. 각 도시의 공항에서 시내 중심지까지 공항버스가 비행기 도착 시간에 맞춰 운행된다.

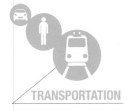

바르셀로나 시내 교통

바르셀로나 시내 중심부는 시간만 있다면 어느 곳이든 걸어 다닐 수 있을 정도로 각 지구 간의 거리가 멀지 않고 도시 자체도 크지 않다. 관광지가 몰려 있기 때문에 대부분 도보로 다니기 좋다. 주말인 토요일과 축제일, 공휴일에는 메트로가 24시간 운행하며 평일 밤에는 나이트 버스가 도시 곳곳을 연결해 대중교통 이용이 편리하다.

바르셀로나 교통국 www.tmb.cat

메트로 Metro

총 11개의 노선이 있으며, 시내 어느 곳이든 가장 정확하고 빠르게 연결한다. 관광객이 이용하는 주요 노선은 1호선과 3호선으로 각 구간의 정차 거리는 서울과 비교했을 때 짧은 편이다. 티켓은 버스와 공용이며, 인원수에 상관없이 10회 이용할 수 있는 메트로 10회권(T10)을 구입하는 것이 경제적이다. 티켓은 메트로 역의 자동발매기에서 현금이나 카드로 구입할 수 있다. 메트로 탑승 시 단말기에 화살표 방향으로 티켓을 넣은 후 왼쪽 개찰구를 이용해 들어가면 된다. 메트로가 자동문이 아닐 경우 문 정면의 초록색 버튼을 누르면 문이 열린다.

운행 월~목요일 · 일요일 · 공휴일 05:00~24:00,
금요일 · 공휴일 하루 전날 05:00~02:00
※토요일 · 1/1 · 6/24 · 8/15 · 9/24 05:00~밤새 운행
요금 1회권(Billete Sencillo) 2.40€,
10회권(T-casual) 11.35€

버스 Autobús

바르셀로나 중심부인 카탈루냐 광장에서 가우디가 설계한 구엘 공원까지 운행하는 24번 버스와 몬주익 언덕까지 올라가는 55번 버스가 유용하다. 고딕 지구와 람블라스 거리는 교통체증이 심하고, 천천히 안전 운행하기 때문에 구간별 소요

시간이 긴 편이다. 각 정류장에는 운행하는 버스 번호와 노선도가 비치되어 있다. 자정이 넘으면 나이트 버스인 N버스가 다닌다. 티켓은 메트로와 공용이며 메트로와 버스는 1시간 이내 1회 무료 환승된다.

투어 버스 Barcelona Bus Turístic

투어 버스는 3개 노선이 있으며 티켓 한 장으로 44개의 관광 명소 정류장에 닿는다. 주요 건축물을 천천히 둘러보며 여행하고 싶거나 연세가 있는 여행자에게 추천한다. 각 정류장마다 약 5분간 정차하는데, 다시 올라타거나 내려서 둘러보고 다음 정류장에서 탑승도 가능하다. 버스에는 영어, 프랑스어, 독일어, 이탈리아어, 중국어 등의 오디오 가이드가 탑재되어 있다. 홈페이지에서 예매하면 10% 할인된다.

요금 1일권 일반 30€, 어린이 16€, 2일권 일반 40€, 어린이 21€
홈페이지 www.barcelonabusturistic.cat

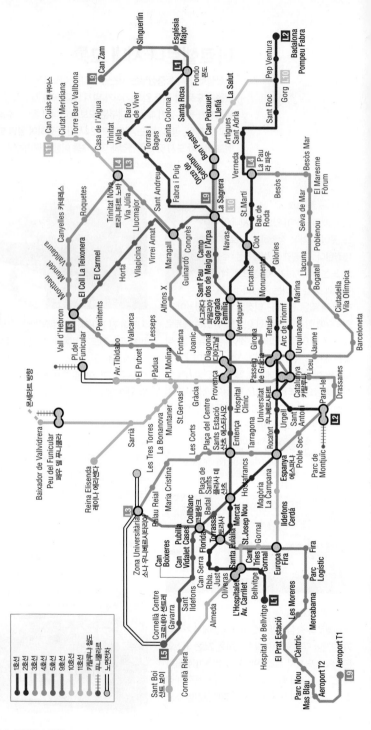

바르셀로나 메트로 노선도

1호선
2호선
3호선
4호선
5호선
9호선
10호선
11호선
바르셀루나 철도
무니쿨라
노면전차

택시 Taxi

바르셀로나 택시 디자인은 검은색 차체에 노란색 출입문으로 통일되어 있다. 요금도 다른 유럽 도시에 비해 비교적 저렴해 야간이나 짐이 있을 때 편하다. 기본요금은 2.30€(심야 20:00~08:00에는 3.10€)이며, 이후 1km당 1.21€씩 가산된다. 공항 통행료 4.30€가 별도로 붙는다. 내릴 때 미터기에 표시된 요금을 내면 된다.

카탈루냐 철도
FGC(Ferrocarrils de la Generalitat de Catalunya)

바르셀로나 시내와 교외를 연결한다. 카탈루냐 광장과 에스파냐 광장이 메인 역이다. 카탈루냐 광장에서는 바르셀로나 근교 도시인 빅(Vic), 테라사(Terrassa), 사바델(Sabadell), 만레사(Manresa)까지 2시간 만에 연결해 준다. 에스파냐 광장에서는 콜로니아 구엘까지 S33 라인이, 시체스까지 R2 라인이, 몬세라트까지 R5 라인이 운행된다. 승하차 방법과 티켓 구입 방법은 메트로와 동일하다.

홈페이지 www.fgc.cat

여행자를 위한 유용한 정보

관광안내소
바르셀로나 시내 지도를 비롯해 축제, 행사, 숍, 레스토랑 정보를 무료로 얻을 수 있다. 그 밖에도 관광지 입장 시간, 다른 도시로 가는 교통편, 투어 상품 관련 자료도 안내해 준다. 안내소 외에도 도시 곳곳에 작은 규모로 운영하는 안내센터가 여러 곳 있다. 1월 1일과 12월 25일에는 문을 닫는다.

■ **카탈루냐 광장 Plaça de Catalunya**
찾아가기 메트로 1호선 Catalunya역에서 도보 3분, 엘 코르테 잉글레스 백화점 앞
주소 Plaça de Catalunya, 17-S
운영 08:30~20:30(12/26~1/6 09:00~15:00)

■ **산 하우메 광장 Plaça Sant Jaume**
찾아가기 메트로 4호선 Jaume I역에서 도보 7분
위치 Ciutat, 2 운영 월~금요일 08:30~20:30,
토요일 09:00~19:00, 일요일·공휴일 09:00~14:00
(12/26~1/8 09:00~14:00)

■ **바르셀로나 산츠역 Estación de Barcelona Sants**
찾아가기 메트로 3·5호선 Sants Estació역 내
주소 Plaça dels Països Catalans, s/n
운영 08:00~20:00(12/26~1/6 09:00~15:00)

■ **공항 터미널 1·2 Airport Terminals 1·2**
찾아가기 바르셀로나 엘프라트 공항 터미널 1·2의 B구역
운영 매일 08:30~20:30

■ **대성당 안내센터 Oficina Catedral**
찾아가기 메트로 4호선 Jaume I역에서 도보 3분
주소 Col·legi Oficial d'Arquitectes de Catalunya. COAC. Plaça Nova, 5
운영 월~토요일 09:00~19:00, 일요일·공휴일 09:00~15:00(12/26~1/6 09:00~15:00)

■ **람블라스 안내센터 Cabina Rambla**
찾아가기 메트로 3호선 Liceu역에서 도보 10분

주소 Rambla dels Estudis, 115
운영 08:30~20:30(12/26~1/6 09:00~15:00)

■ **콜론 전망대 안내센터 Mirador de Colom**
찾아가기 메트로 3호선 Drassanes역에서 도보 5분
주소 Plaça Portal de la Pau, s/n
운영 08:30~20:30(12/26~1/6 09:00~15:00)

은행 Banco
카탈루냐 도시 주거래 은행인 라 카이샤(La Caixa)는 도시 곳곳에 있으며, 람블라스 거리와 그라시아 거리에서 은행 ATM기를 쉽게 찾을 수 있다. 1일 최대 300€까지 인출 가능하며 수수료는 5€선이다. 거리 곳곳에 있는 ATM기에서 한번에 인출하는 편이 매번 수수료를 내며 여러 번 인출하는 것보다 경제적이다.

중앙우체국 Correos
엽서와 편지를 보낼 때는 거리의 담배 가게인 타바코(Tabaco)에서 우표를 사서 붙여 노란색 우체통에 넣으면 된다. 소포 등을 부칠 때는 중앙우체국을 이용한다. 보르네 거리 끝, 바르셀로네타로 가는 거리에 있다. 각 동네별 우체국 검색은 홈페이지를 참조하자.
찾아가기 메트로 4호선 Jaume I역에서 도보 15분
주소 Plaça d'Antonio López, s/n
운영 월~금요일 08:30~21:30, 토요일 08:30~14:30
휴무 일요일 홈페이지 www.correos.es

경찰서 Policia
소매치기를 당하는 등 경찰에 신고해야 할 일이 생겼을 때는 시내 중심에 위치한 24시간 경찰서를 이용하자. 소매치기를 당했을 경우 물건을 찾을 확률은 거의 없지만 가입된 여행자 보험의 보험 약관에 따라 일정 금액을 보상받을 수 있다. 경찰서에서 사고경위서를 작성해 한국 보험회사에 제출하면 된다.
찾아가기 메트로 3호선 Liceu역에서 도보 20분, 메트로 2·3호선 Parallel역에서 도보 10분
주소 Nou de la Ramblas, 76-80 운영 24시간

바르셀로나 관광을 시작하기 전 꼭 알아야 할 것 10가지

1 바르셀로나 시내 중심에 위치한 관광지는 대부분 도보 이동이 가능하다. 하지만 사그라다 파밀리아 성당과 구엘 공원은 시내에서 멀리 떨어져 있어 메트로를 타고 이동하는 것이 낫다. 메트로 10회권을 구입하면 여유롭게 바르셀로나 관광을 마무리할 수 있다.

2 사그라다 파밀리아 성당과 구엘 공원은 사전 예약이 필수다. 홈페이지를 통해 예약 가능하며 예약번호를 입장 전 제출하면 선택한 시간에 바로 입장 가능하다. 예약하지 않고 현장 방문 시 평균 1~2시간 긴 줄을 서야 한다.

3 오후 2~5시는 시에스타 시간이므로 너무 더운 땡볕에 돌아다니지 말고 여유롭게 점심 식사를 즐긴 후 쉬었다가 오후 5시부터 관광하는 것이 좋다. 바르셀로나 시내 대부분의 레스토랑에서 평일 점심 세트메뉴를 15~20€에 즐길 수 있다.

4 바르셀로나 시내 중심에서 플라멩코 쇼를 보고 싶다면 레이알 광장에 있는 타란토스의 플라멩코쇼를 놓치지 말자. 매일 저녁 6시 30분, 7시 30분, 8시 30분에 공연하며, 예약할 필요는 없다. 공연비는 17€.

5 FC 바르셀로나의 홈 구장인 캄프 누에서 축구 경기를 보고 싶다면 미리 홈페이지에서 예약하는 것이 좋지만 예약이 안 되더라도 걱정하지 말자. 당일 현장 판매 티켓이 항시 있기 때문이다. 유럽 챔피언스리그처럼 빅매치 경기도 서두른다면 당일 티켓을 구할 수 있다.

6 대부분의 바에서 커피, 맥주, 와인 등은 평균 2~5€ 선이다. 음료값이 싸기 때문에 다리가 아프거나 쉬어가고 싶다면 비교적 여유로워 보이는 야외 테라스 카페에 들르자. 단, 람블라스 거리는 다른 구역에 비해 가격이 10배 이상 비싸므로, 람블라스 거리에서는 마시지 말자.

7 스페인 날씨는 덥지만 우리나라보다 습도가 훨씬 낮아 강한 햇볕만 피하면 여름철에도 서늘함이 느껴진다. 오후 1~3시는 열사병으로 쓰러질 정도의 땡볕이다. 시에스타 시간을 지켜 관광하면 쾌적한 지중해 기후를 만끽할 수 있다. 5~10월에는 밤 9시에도 해가 지지 않는다.

8 바르셀로나는 유럽인들에게 휴양 도시로도 많이 알려져 있다. 시내 중심의 카탈루냐 광장에서 열차를 타고 20분 정도 가면 바닷가 마을에 닿을 수 있다. 여름철에 여행한다면 하루쯤 바다 수영을 즐길 수 있는 일정을 넣도록 하자.

9 바르셀로나 시내는 관광객을 노리는 소매치기가 많으므로, 여권과 현금 등 귀중품은 숙소에 두고 관광에 나서자. 여권을 요구하는 곳은 없고, 신용카드 사용 시 신분증을 요구할 경우 휴대폰에 저장한 여권 사진을 보여주면 된다. 여권을 잃어버리면 한국 대사관이 있는 마드리드로 가야 한다.

10 휴대폰과 지갑을 훔쳐가는 소매치기가 극성이다. 테이블 위에 휴대폰을 절대 올려놓지 말고, 오픈된 공간에서 지갑을 꺼내거나 큰돈을 보이지 말자.

놓치지 말아야 할 요일별 관광 리뷰

LUNES
월요일

보케리아 시장에서 영업하는 숍들이 문을 닫는다. 문을 여는 숍은 대부분 비싼 가격에 물건을 판다. 토요일 오후부터 월요일까지 문을 닫는 보케리아 시장 때문에 월요일에는 바르셀로나 시내 레스토랑에서 싱싱한 해산물을 맛보기 어렵다. 따라서 월요일에 문을 닫는 레스토랑도 많다. 월요일에 가고자 하는 식당이 있다면 문을 여는지 미리 확인하고, 가급적 해산물 요리는 피하자.

MARTES
화요일

바르셀로나 대부분의 미술관들이 문을 닫는다.

MIÉRCOLES
수요일

가장 평범한 바르셀로나의 일상을 즐길 수 있는 요일이다. 숍들은 평일 오전 10시쯤에 서서히 문을 연다. 오후 2시부터 4시까지는 여유로운 점심시간이다. 오후 5시 정도까지 한숨 돌린 사람들은 5시 30분쯤부터 다시 거리로 쏟아져 나온다. 저녁 7~8시 정도에 카바(Cava) 한 잔을 들이킨 후 밤 10시에 저녁 식사를 즐겨보자.

JUEVES
목요일

대부분의 레스토랑에서 목요일 점심 세트메뉴에 파에야와 피데우아(파에야와 비슷한데 쌀 대신 면을 넣음)를 첫 번째로 선보인다. 보통 2인분 이상 주문이 가능한 파에야를 1인 세트메뉴로 만날 수 있으니, 혼자 온 여행자라면 목요일 점심시간을 공략하자.

VIERNES
금요일

스페인의 본격적인 주말이 시작되는 금요일. 나이트라이프를 즐기려는 사람들로 금요일 밤은 바르셀로나 거리 곳곳이 붐빈다. 밤 10시쯤 늦은 저녁 식사를 즐긴 후 자정이 되면 바르에서 시간을 보내자. 새벽 2시 전후에는 클럽을 찾아가 현지인과 신나게 어울려 놀자.

SÁBADO
토요일

시내 곳곳에 사람들이 가장 많이 몰리는 토요일. 보르네 지구와 고딕 지구, 라발 지구에 크고 작은 핸드메이드 마켓이 열린다. 개인 숍은 토요일 오후 3시 전후로 모두 문을 닫기 때문에 숍을 구경하려면 서둘러야 한다. 거리 곳곳의 좌판을 구경하는 재미도 쏠쏠하다.

DOMINGO
일요일

모든 브랜드 쇼핑몰과 대형 슈퍼마켓이 일제히 문을 닫는다. 일요일에는 람블라스 거리에만 관광객들이 돌아다닐 정도로 시내 중심이 한산하다. 바르셀로나 일정이 일요일과 겹친다면 가우디 건물 위주로 관광하거나 바르셀로네타 해변에서 바다 수영이나 일광욕, 산책을 즐길 것을 추천한다. 또는 몬주익 언덕이나 시우타데야 공원을 방문하거나 근교로 당일치기 여행을 떠나자.

바르셀로나 추천 코스

바르셀로나는 다른 도시에 비해 크기 때문에 지구별로 묶어서 관광하는 것이 좋다. 라발 지구와 고딕 지구, 바르셀로네타 지구와 보른 지구를 함께 돌아보자. 가우디의 건축물이 모여 있는 에이샴플레 지구나 분수쇼로 유명한 몬주익 지구의 일정은 반나절 이상으로 잡아야 한다.

1DAY

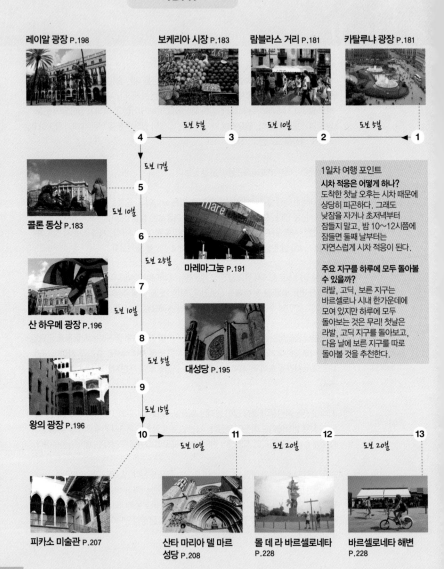

레이알 광장 P.198

보케리아 시장 P.183

람블라스 거리 P.181

카탈루냐 광장 P.181

도보 5분
도보 10분
도보 5분

4 ← 3 ← 2 ← 1

도보 17분

5

도보 10분

콜론 동상 P.183

6

마레마그눔 P.191

도보 25분

7

산 하우메 광장 P.196

도보 10분

8

대성당 P.195

도보 5분

9

왕의 광장 P.196

도보 15분

10 → 11 → 12 → 13

도보 10분
도보 20분
도보 20분

피카소 미술관 P.207

산타 마리아 델 마르 성당 P.208

몰 데 라 바르셀로네타 P.228

바르셀로네타 해변 P.228

1일차 여행 포인트

시차 적응은 어떻게 하나?
도착한 첫날 오후는 시차 때문에 상당히 피곤하다. 그래도 낮잠을 자거나 초저녁부터 잠들지 말고, 밤 10~12시쯤에 잠들면 둘째 날부터는 자연스럽게 시차 적응이 된다.

주요 지구를 하루에 모두 돌아볼 수 있을까?
라발, 고딕, 보른 지구는 바르셀로나 시내 한가운데에 모여 있지만 하루에 모두 돌아보는 것은 무리! 첫날은 라발, 고딕 지구를 돌아보고, 다음 날에 보른 지구를 따로 돌아볼 것을 추천한다.

2DAY

카탈루냐 광장 P.181

카사 바트요 P.219

카사 밀라 P.219

사그라다 파밀리아 성당 P.217

1 → 도보 15분 → 2 → 도보 10분 → 3 → 메트로 20분 → 4

메트로 20분 → 5

구엘 공원 P.219

2일차 여행 포인트

가우디 건축물 투어의 소요 시간은?
시간에 쫓기지 말고 한 건축물당 최소 1시간 30분~2시간가량 넉넉하게 잡는 것이 좋다. 카사 밀라, 사그라다 파밀리아 성당, 구엘 공원은 홈페이지에서 미리 예약하자. 내부에는 미니 박물관과 가우디 건물의 특징, 영상 자료 등 볼거리가 풍부하다. 특히 아파트 내부와 옥상 외부를 모두 둘러볼 수 있는 카사 밀라는 놓치지 말자.

3일차 여행 포인트

몬주익 지구는 어떤 여행자에게 적합한가?
몬주익 언덕은 작은 산이라 할 정도로 꽤 높은 언덕으로 아름다운 테마 공원이 수십 개 모여 있다. 가벼운 산책을 즐기며 쉬고 싶은 여행자에게 추천한다. 만약 호안 미로 미술관과 바다 전체를 조망할 수 있는 전망대에 가는 것과 산책에 관심이 없다면, 에스파냐 광장으로 가서 옛 투우장을 쇼핑몰로 개조한 아레나 쇼핑몰과 늦은 저녁 시작하는 몬주익 분수쇼를 관람하자.

3DAY

바르셀로나 현대 미술관 P.184

리세우 극장 P.182

카탈루냐 광장 P.181

호안 미로의 모자이크 P.182

1 → 도보 10분 → 2 → 도보 17분 → 3 → 도보 5분 → 4

도보 30분 또는 메트로3호선 리세우역 승차, 파랄렐 하차 후 무료 푸니쿨라 탑승, 5분 소요

5

도보 20분 → 6

미라마르 전망대 P.236

도보 30분 또는 케이블카 5분 소요 → 7

아레나 P.236

호안 미로 미술관 P.237

몬주익 마법의 분수쇼 P.238

카이샤 포럼 P.236

카탈루냐 국립 미술관 P.237

몬주익 성 P.235

11 ← 도보 15분 ← 10 ← 도보 15분 ← 9 ← 도보 15분 ← 8

도보 15분

도보 30분 또는 케이블카 하차 후 도보 20분

바르셀로나 시내 한눈에 보기

바르셀로나는 크게 6개 구역으로 나눌 수 있다. 구시가의 중심인 라발 지구, 역사유적이 가득한 고딕 지구, 피카소 미술관과 디자이너 숍들이 모여 있는 보른 지구, 가우디의 건축물이 있는 신시가지 에이샴플레 지구, 지중해가 넘실대는 바르셀로네타 지구, 나지막한 언덕 위에 펼쳐진 몬주익 지구로 구분된다. 각 구역의 특징을 이해한 후 구석구석 여행해 보자.

에이샴플레 지구 Eixample

주요 거리인 파세치 데 그라시아(Passeig de Gràcia) 거리는 카탈루냐 광장 바로 위에 위치하며 고급 숍들이 즐비하다. 가우디가 설계한 사그라다 파밀리아 성당 등도 있다. 도시계획에 의해 조성된 신시가지로 도로가 사각형으로 반듯하게 나뉘어 있어 길 찾기는 쉽지만 걷다 보면 각 구간이 엄청 넓다는 것을 깨닫게 된다. 대중교통을 이용하는 것이 바람직하다.

라발 지구 Raval

다양한 인종과 문화가 어우러져 독특한 매력을 뿜어내는 곳으로, 10년 전만 해도 이민자들이 모여 살던 낙후된 분위기였다. 하지만 최근 바르셀로나 현대 미술관(MACBA)과 현대 문화 센터(CCCB) 등이 생기면서 클래식한 멋을 유지하면서도 트렌디한 유행을 선도해 가는 지역으로 떠올랐다. 특히 현대 미술관을 중심으로 패션 숍, 미니 갤러리, 레스토랑과 라운지 바 등이 모여 있어 24시간 젊은이들의 활기가 넘치는 가장 핫한 동네가 되었다.

몬주익 지구 Montjuïc

바르셀로네타 항구 끝에서 이어지는 공원으로 산이라고 하기에는 작은 언덕만한 크기이다. 공원 안에 크고 작은 정원들이 20여 개에 달하며, 올림픽 경기장과 호안 미로 미술관, 카탈루냐 국립 미술관이 자리하고 전망대에서는 바르셀로나 시내와 바다를 모두 내려다볼 수 있다. 7~8월에 언덕 맨 위에 자리한 몬주익 성에서는 다양한 축제가 열리며 여름에는 목~일요일, 겨울에는 토·일요일 몬주익 분수쇼를 감상할 수 있다.

고딕 지구 Gòtic

대성당과 광장, 귀족들의 저택과 시청 등이 모여 있는 역사 지구인 만큼 바르셀로나에서 꼭 봐야 할 중요한 유적들이 많이 있다. 과거의 왕과 왕비, 귀족 등 로열층이 거주했던 곳으로 웅장하고 역사 깊은 건물과 로마 유적까지 볼거리가 풍성하다. 골목골목이 구시가까지 얽혀 있지만 모든 길은 람블라스 거리로 나오게 되어 있으므로 시청과 대성당을 기점으로 지도 없이 구석구석 기웃거려보자.

시내 존 구분도

N

사그라다 파밀리아 성당
Templo de la Sagrada Familia

Avinguda Meridiana

카사 밀라 Casa Mila

Carrer de la Marina

시우타데야 공원
Parc de La Ciutadella

산타 마리아 델 마르 성당
Basílica de Santa María del Mar

Ronda Litoral

포르트 올림픽
Port Olimpic

지중해

보른 지구 Born

로컬 디자이너들의 개인 숍과 스튜디오, 예술가의 공방과 작업실이 피카소 미술관과 산타 마리아 델 마르 성당 주변에 모여 있다. 5층 높이의 작은 집들이 다닥다닥 붙어 있고 개성 있게 꾸민 테라스와 발코니를 구경하며 천천히 산책을 즐기기에 좋다. 카페테리아와 바르, 레스토랑 등도 밀집해 있어 늦은 밤까지 분위기가 좋다. 보른 지구를 둘러본 후 바다까지 걸어가는 것도 베스트 초이스!

바르셀로네타 지구 Barceloneta

바르셀로나에서 며칠 관광을 하고 지칠 때 하루 정도는 바다를 보며 온전히 쉬기 좋은 곳. 해변에서 일광욕을 즐기거나 테라스에 앉아 시원한 모히토 한잔을 마시며 지중해를 만끽하자. 자정 넘은 시간 해안 끝, 포르토 올림피코(Porto Olimpico) 주변의 라운지 클럽들이 서서히 문을 열기 시작하는데 새벽으로 갈수록 열기는 더욱 뜨거워진다. 시내에서 자전거를 빌려 바르셀로네타 해변 산책로를 따라 달리는 것도 좋다.

구엘 공원 P.218
Parc Güell

가우디 박물관 P.220
Casa Museu Gaudi

Calle de la Gran Vista

Calle de la Gran Vista

Passeig de la Vall d'Hebron

Penitents역

Av. República
Argentina

Vallcarca역

A

B

Ronda del Gi

Alfons역

Ronda de Dalt

Travessera de Dalt

Joanic역

Calle de la Providencia

Calle de la Encarnació

Passeig de Sant

카탈루냐 철도

Passeig de la Bonanova

Passeig de Sant
Gervasi

Tigidago

El Putxet

Ronda del General Mitre

P.218 카사 비센스
Casa Vicens

Lesseps역

Fontana역

Travessera de Gràcia

P.225 제너레이터
호스텔
바르셀로나

Pàdua

Pl. Molina

Gràcia

카사 푸스테 P.225

카사 그라시아 호스텔 P.225

Serrià

산타 테레사 학교
Gollegi de les Teresianes

Sant Gervasi

Muntaner

오토 수트스 P.223

호안 카를로스 1세 광장
Plaça Rei Joan Carlos I

발루아드로 P.223

Reina
Elisenda

Les Tres Torres

La Bonanova

포에타 에두아르드 마르키나 정원
Jardins Poeta Eduard Marquina

Diagonal역

Diagonal역

카사 밀라 P.219
Casa Mila

E

Ronda de General Mitre

프랑세스크 마시아 광장
Plaça francesc Macià

Av. Diagonal

디아고날 거리

Calle del Comte d'Urgell

Provença

Passeig
de Gràcia

카사 바트요 P.219
Casa Batlló

독트르 레타멘디 광장
Plaça del Doctor Letamendi

레이나 마리아 크리스티나 광장
Plaça Reina Maria Cristina

Av. de Josef Tarradellas

Hospital Clínic역

비니투스 P.223

구엘 별장 P.218
Finaca Güell

Maria Cristina역

Calle de la Numància

Unigersitat역

Av. Gran Cia Carles III)

Les Corts역

Palau Relal역

Calle de Numància

바르셀로나 현대
Museu d'Art Conten
de Ba

캄프 누 P.221
Camp Nou

Plaça del Centre역

Santa Estació역

Av. De Roma

Calle Arago

Calle de la Diputació

Gran Via de les Corts Catalanes

Urgell역

바르셀로나 축구 박물관
Museu del Futbol Club Barcelona

Av. De Madrid

Calle Santa
Amènil

Tarragona역

Rocafort역

Universitat역

Santantoni역

Collblanc역

Badal역

Plaça de Sants역

Plaça de Sants역

Hostafrancs역

Mercat Nou역

Av. De Madrid

Calle de Gava

Espanya역

스페인 광장
Plaça Espanya

Poble Sec역

Pa

I

Calle Riera Blanca

Calle de Mas

Santa Eulália역

Av. Marquès de Comes

J

몬주익 역

Torrassa역

Calle de Santa Eulália

카탈루냐 국립미술관 P.237
Museu Nacional
d'Art de Catalunya

호안 미로 미술관 P.237
Fundació Joan Miró

Av. de l'Estadi

P.235 아니요 올림피코
Anillo Olímpico

P.235 몬주익 성
Castillo de Montjuic

군사 박
Museu M

올림픽 공원

몬주익 언덕
Montjuic

병원 P.220
Modernista
e Sant Pau

Calle de Cartagena

Hospital de Sant Pau

Camp de l'Arpa역

Av. De la Meridiana

Segrera역

Navas역

Calle de Guinuoça

Calle del Clot

Gran Via de les Corts Catalanes

Calle del Penú

Calle de Pere IV

Calle Josel Pla

Rambla de Prim

Besòs역

Besòs Mar역

Av. Diagonal

C

D

Av. De Gaudí

Sagrada Família역

가우디 광장
Plaça de Gaudí

사그라다 파밀리아 성당 P.217
Templo de la Sagrada Família

사그라다 파밀리아
공원
Parc de la Sagrada Família

Monumental역

Glòries역

Calle dels Enamorats

Clot역

글로리에스 카탈라네스 광장
Plaça de les Glòries Catalanes

Calle de Pallars

Selva de Mar역

Poble Nou역

Calle del Taulat

Cinturó del Litoral

Passeig de Calvell

Calle Dels Almogavers

Calle de Pallars

Llacuna역

H

Passeig Carles I

Marina역

테투안 광장
Plaça de Tetuán

Tetuán역

카사 칼베트
Casa Calvet

Arc de Triomf역

바르셀로나 개선문 P.209
Arco de Triunfo de Barcelona

동물학 박물관
Museu Zoología

지질학 박물관
Museu Geología

Urquinaona역

Via Laietana

Jaume I역

대성당
Catedral

람블라스 거리
Les Ramblas

Liceu역

레이알 광장 P.198
Plaça Reial

구엘 저택
Palau Güell
P.183, 218

Drassanes역

해양박물관
Museu Marítim

C. de St. Pau

Bogatell역

Calle de Badajoz

Calle de Wad-Ras

시우타데야 공원 P.208
Parc de la Ciutadella

동물원

Ciutadella / Vila Olímpica역

Passeig Pujades

프란사역
Estació
de França

Barceloneta역

Passeig de Colom

카탈루냐 역사 박물관 P.228
Museu d'Història de Catalunya

밀랍 인형 전시관
Museu de la Cera

G

Plaça Partal de la Pau

로프웨이 Telefèrico

마리티마역
Estació Marítima

K

모로역
Estació Morrot

Cinturó del Litoral

지중해
Mar Mediterràneo

L

N

바르셀로나
Barcelona
0   500m

179

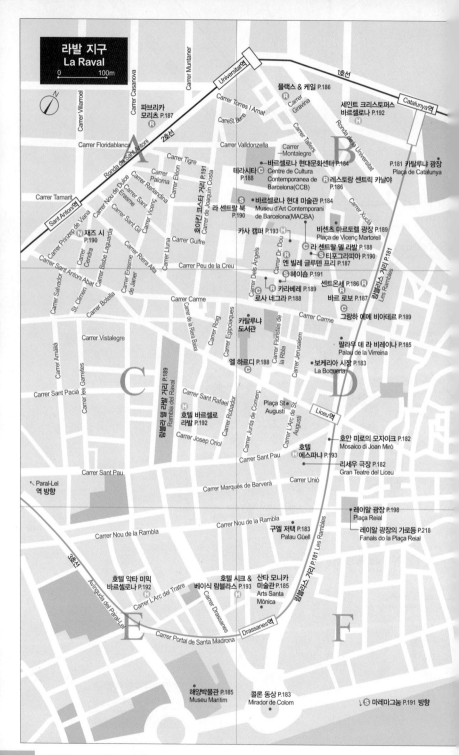

라발 지구
La Raval

0　　　100m

1호선
2호선
3호선

Universitat역
Catalunya역
Liceu역
Drassanes역

플랙스 & 케일 P.186
세인트 크리스토퍼스 바르셀로나 P.192
P.181 카탈루냐 광장
Plaça de Catalunya

파브리카 모리츠 P.187

바르셀로나 현대문화센터 P.164
Centre de Cultura Contemporanea de Barcelona(CCB)

테라시타 P.188

레스토랑 센트릭 카날야 P.186

바르셀로나 현대 미술관 P.184
Museu d'Art Contemporani de Barcelona(MACBA)

라 센트랄 북 P.190

카사 캠퍼 P.193

비센츠 마르토렐 광장 P.189
Plaça de Vicenç Martorell

재즈 시 P.190

라 센트랄 델 라발 P.188

티포그라피아 P.190

엔 빌레 글루텐 프리 P.187

헤이숍 P.191

카라베레 P.189

센트온세 P.186

로사 네그라 P.188

바르 로보 P.187

그랑하 엠메 비아데르 P.189

카탈루냐 도서관

팔라우 데 라 비레이나 P.185
Palau de la Virreina

엘 하르디 P.188

보케리아 시장 P.183
La Boqueria

호텔 바르셀로 라발 P.192

Plaça St Augusti

호안 미로의 모자이크 P.182
Mosaico di Joan Miró

호텔 에스파냐 P.193

리세우 극장 P.182
Gran Teatre del Liceu

레이알 광장 P.198
Plaça Reial

레이알 광장의 가로등 P.218
Fanals do la Plaça Reial

구엘 저택 P.183
Palau Güell

호텔 악타 미믹 바르셀로나 P.192

베이식 람블라스 P.193

호텔 시크 &
산타 모니카 미술관 P.185
Arts Santa Mònica

Paral-Lel 역 방향

해양박물관 P.185
Museu Marítim

콜론 동상 P.183
Mirador de Colom

마레마그눔 P.191 방향

람블라 델 라발 거리 P.189
Rambla del Raval

람블라스 거리 P.181 Les Rambles

 ## 추천 볼거리
SIGHTSEEING

카탈루냐 광장
Plaça de Catalunya

★★★

MAP p.180-B

바르셀로나 시내 중심부

1886년에 계획적으로 조성된 신도시의 중심부다. 바르셀로나 시민들의 휴식 공간이며 람블라스 거리와 맞닿아 있다. 공항버스 정류장이 있고 지하에는 메트로와 열차 승강장이 있다. 광장 북쪽으로는 바르셀로나의 신시가지인 에이샴플레가 펼쳐진다. 광장 주변에 주요 은행들이 모여 있고 스페인 제일의 백화점인 엘 코르테 잉글레스(El Corte Ingles)가 있다.

찾아가기 메트로 1호선 Catalunya역에서 바로
주소 Plaça de Catalunya

라발 지구
RAVAL

람블라스 거리
Les Rambles

★★★

MAP p.180-D

바르셀로나 제일의 명물 거리

1년 365일 밤낮 가릴 것 없이 관광객들로 물결을 이루는 바르셀로나의 대표 거리. 직선으로 매끄럽게 뻗은 보행자 전용 도로가 약 1.2km에 이른다. 거리 양 옆으로는 테라스 카페가 즐비하고, 화가들과 퍼포먼스를 펼치는 끼 많은 사람들이 가득해 길을 따라 걸으며 구경하는 재미가 넘친다. 이 거리를 중심으로 왼쪽은 라발 지구, 오른쪽은 고딕 지구로 구분된다.

거리 초입에는 카날레타스(Canaletas) 분수가 있다. 분수의 물을 마시면 다시 바르셀로나를 방문할 수 있다는 전설이 전해지며, FC 바르셀로나 축구팀이 승리하면 세레머니를 하는 장소로도 유명하다. 분수를 지나가면 애완동물을 파는 숍과 꽃가게가 이어지며 유럽 제일의 재래시장인 보케리아 시장이 나온다. 가우디의 초기 작품인 가로등이 있는 레이알 광장이 인접해 있으며 주말이면 핸드메이드 마켓이 서기도 한다. 거리 끝

에는 콜럼버스 동상과 지중해와 맞닿은 항구가 나오고 다리를 건너면 일요일에도 문을 여는 마레마그눔 쇼핑몰(Maremagnum)과 연결된다. 람블라스 거리 내에 있는 안내센터에서 시내 지도를 무료로 얻을 수 있다.

찾아가기 메트로 1호선 Catalunya역에서 바로, 또는 메트로 3호선 Liceu역에서 도보 1분

호안 미로의 모자이크 ★
Mosaico de Joan Mirò

MAP p.180-D

람블라스 거리의 명물

람블라스 거리에서 보케리아 시장을 지나 조금만 더 내려가면 카탈란 출신의 유명 화가 호안 미로의 작품을 바닥에 모자이크 해놓은 곳이 나온다. 바르셀로나를 방문하는 사람들을 환영하는 의미로 1976년에 설치한 것이다. 바닥에서 미로의 서명을 확인해 보자. 호안 미로의 모자이크가 있는 람블라스 거리 한쪽에는 19세기에 유명 우산 가게였던 건물이 현재까지 고스란히 남아 있어 용과 우산으로 장식된 외벽을 볼 수 있다.

찾아가기 메트로 3호선 Liceu역에서 바로

리세우 극장 ★
Gran Teatre del Liceu

MAP p.180-D

격조 높은 클래식 극장

1847년에 개관한 이래 유명 오페라 작품만을 공연해 유럽 내에서는 오페라의 전당으로 이름 높은 극장이다. 1861년 화재로 소실되었다가 19세기 말에는 테러를 당해 2번이나 재건축되었으며 현재 건물은 1994년에 재개관한 것이다. 공연을 관람하지 않더라도 공연장과 실내외 시설물을 견학하는 가이드 투어를 통해 내부를 둘러볼 수 있다. 극장 지하의 쾌적하고 조용한 분위기의 카페에서 람블라스 거리의 소란함을 피해 잠시 쉬어가는 것도 좋다.

찾아가기 메트로 3호선 Liceu역에서 도보 2분
주소 Les Rambles, 51-59
문의 934 859 900
운영 가이드 투어 14:00~18:00(매시 정각, 약 45분), 내부 관람 13:30(약 30분)
요금 입장료 6€, 가이드 투어 9€
※공연비는 공연에 따라 다름
홈페이지 www.liceubarcelona.cat

보케리아 시장
La Boqueria
★★★

MAP p.180-D

바르셀로나의 식탁을 책임져온 오랜 전통시장

신선한 해산물과 육류, 채소와 과일, 간식거리 등 없는 것 없이 모든 식재료를 구할 수 있는 재래시장. 주말이면 장을 보러 나온 현지인들로 발 디딜 틈 없이 붐빈다. 스페인의 대표 음식인 하몬(돼지 뒷다리를 그대로 말려서 만든 생햄)을 비롯해 소시지와 올리브, 각종 해산물 튀김, 먹기 좋게 썰어놓은 과일 등이 2~3€ 선으로 저렴하다. 메인 입구에서 안으로 깊이 들어갈수록 가격이 조금씩 낮아진다. 취사가 가능한 숙소에 묵는다면 간단한 요리 재료를 구입해 만들어 먹어보자. 시장 안에 있는 바르에서는 매일 신선한 식재료로 만든 맛있는 요리를 맛볼 수 있다. 간이의자에 앉아서 간단히 한 끼 식사를 해결하기에도 좋다. 초콜릿 숍은 가격이 비싼 편이다. 그 밖에 후문 쪽의 공원과 가까운 곳에 테이크아웃 전문 한국식품점 마시타(Massita)도 있다. 맛 좋고 푸짐한 점심 세트메뉴를 5€에 제공한다.

찾아가기 메트로 3호선 Liceu역에서 도보 2분
주소 Les Rambles, 91 문의 933 18 25 84
운영 월~토요일 08:00~17:00(가게마다 다름)
휴무 일요일(월요일은 일부 가게만 영업)
홈페이지 www.boqueria.info

콜론 동상
Mirador de Colom
★★

MAP p.180-F

바다를 향해 우뚝 솟아 있는 동상

카탈루냐 광장에서 람블라스 거리 끝까지 걸어가면 바다를 눈앞에 두고 높이 솟은 콜럼버스 동상이 나온다. 스페인어로 '콜론'이라 불리는 이

동상의 왼손에는 미국의 토산물인 파이프가 들려 있고, 오른손은 콜럼버스가 발견한 신대륙이 있는 지중해 너머를 가리키고 있다. 동상은 1888년 바르셀로나에서 개최된 세계 엑스포를 기념해 세운 것이다. 시내 전경을 한눈에 내려다볼 수 있는 전망대가 있으며 콜론 동상 주위에는 콜럼버스가 항해를 떠나기까지의 과정을 시기별로 새겨놓은 돌판화가 있다.

찾아가기 메트로 3호선 Drassanes역에서 도보 3분
주소 Plaza Portal de la Pau, s/n
운영 전망대 3~9월 08:30~20:30,
10~2월 08:30~19:30
요금 일반 6€, 어린이(4~12세) 4€, 4세 이하 무료

구엘 저택
Palau Güell
★

MAP p.180-F

가우디의 독창성이 엿보이는 대저택

가우디의 열렬한 후원자였던 구엘 가족의 주거지로 손님 초대를 위해 지어진 것이다. 외관이 다소 심플해 그냥 지나치기 쉽다. 하지만 옥상의 야외 정원과 지하 1층의 마구간, 2~3층으로 이어지는 건물 내부는 화려하며 가우디의 아이디어가 돋보인다. 대리석과 스테인드글라스로 장식한 총 6층 건물에서 19세기 바르셀로나에서 성공한 사업가의 부를 가늠해볼 수 있다. 저택은 1984년 유네

술관 내부로 들어오는 빛의 양이 달라져 건물 내
음영이 바뀐다. 미로, 타피에스를 비롯해 스페인
국내외 현대 작가들의 작품을 전시하고 있다. 바
르셀로나에서 가장 트렌디한 숍과 레스토랑, 카
페, 바 등이 미술관 일대에 넓게 분포되어 있어 문
화감성지대 역할도 한다. 날씨 좋은 여름날 미술
관 앞은 스케이트보더들이 몰려와 볼거리를 제공
하며 밤늦게까지 젊은이들로 북적거린다.

찾아가기 메트로 1·2호선 Universitat역에서 도보 7분
주소 Plaça dels Àngels, 1 문의 934 12 08 10
운영 월~금요일 11:00~19:30, 토요일 10:00~21:00,
일요일·공휴일 10:00~15:00 휴무 화요일
요금 일반 10€, 학생 8€
홈페이지 www.macba.cat

바르셀로나 현대문화센터 ★
Centro de Cultura Contemporánea de Barcelona(CCCB)

MAP p.180-B

바르셀로나의 열린 문화 공간

현대 미술관과 어깨를 나란히 하는 문화 공간으
로 바르셀로나 시에서 운영하며 무료 전시와 공
연이 끊이지 않는다. 영상, 사진, 회화 등 장르를
불문하고 다양한 작품을 선보이며 콘서트와 현
대 무용, 프리마켓, 퍼포먼스, 영화제 등 각종 공
연과 행사를 개최한다. 바르셀로나 시민들을 위
한 열린 공간으로서 높은 예술의 장벽을 대중화
시키는 역할을 톡톡히 하는 중이다. 넓은 광장을
둘러싸고 있는 현재의 미술관은 19세기 건물 옆
에 새로운 구조물을 조화롭게 연결시켜 탄생한
건물이다. 1층 로비의 상설전과 기획전은 무료
로 감상할 수 있다. 4월 말에는 아시안 필름 페
스티벌, 5월과 9월에는 핸드메이드 크래프트 마
켓, 6월에는 세계적인 음악 축제, 7월에는 댄스
페스티벌, 8월에는 야외 영화 상영 등 일년 내내

스코 세계문화유산에 등재되었다. 람블라스 거
리에서 보케리아 시장과 레이알 광장을 지나 오
른편 골목 안쪽에 위치해 있다.

찾아가기 메트로 3호선 Liceu역에서 도보 3분, 또는
Drassanes역에서 도보 5분
주소 Carrer Nou de la Rambla, 3-5
운영 4~10월 10:00~20:00,
11~3월 10:00~17:30 휴무 월요일
요금 일반 12€, 65세 이상·25세 미만 9€, 12세 이하 무료
(매월 첫째 일요일 전체 무료, 오전에 당일 무료 티켓 배포)

바르셀로나 현대 미술관 ★★★
Museu d'Art Contemporani de Barcelona(MACBA)

MAP p.180-B

라발 지구의 랜드마크

'마크바(MACBA)'라는 애칭으로도 불리는 현대
미술관이다. '백색 건축'으로 유명한 리처드 마이
어가 설계하여 건물 전체가 화이트 컬러로 모던
함을 극대화했다. 오전과 오후 일조량에 따라 미

행사가 끊이지 않는다. 미술관 옆 디자인 서점에서는 다양한 작품집과 디자인 서적을 구입할 수 있고, 미술관 내 야외 카페는 일광욕을 하며 쉬어 가기에 좋다.

찾아가기 메트로 1·2호선 Universitat역에서 도보 5분
주소 Montalegre, 5 문의 933 06 41 00
운영 화~일요일 11:00~20:00 휴무 월요일
요금 일반 6€, 25세 이하 4€, 12세 이하 무료
(일요일 15:00~20:00 전체 무료)
홈페이지 www.cccb.org

산타 모니카 미술관 ★
Arts Santa Mònica

MAP p.180-F

일년 내내 수준 높은 무료 전시

람블라스 거리 끝의 관광안내소 옆에 위치한 무료 미술관. 현재 스페인 국내외에서 활발히 활동하고 있는 신진 아티스트들의 작품을 감상할 수 있다. 영상물과 시 낭독, 거대한 조형물 설치, 일러스트 벽화와 퍼포먼스 등 다양한 대중문화를 접할 수 있다. 1988년 개관한 이후 리노베이션을 거쳐 현재의 모습을 완성했다. 건물 2~3층에는 매달 다양한 전시가 열리며, 1층 로비는 휴식 공간을 갖추고 있어 관광에 지쳤을 때 잠시 머물며 작품을 감상하기 좋다.

찾아가기 메트로 3호선 Drassanes역에서 도보 2분
주소 Les Rambles, 7 문의 935 67 11 10
운영 화~토요일 10:00~20:00, 일요일 11:00~19:00
휴무 월요일
요금 무료 홈페이지 www.artssantamonica.cat

해양박물관 ★
Museu Marítim

MAP p.180-E

대항해 시대의 선박을 볼 수 있는 곳

1993년에 문을 연 박물관으로, 재미있는 기획전과 다양한 해양 관련 교육 프로그램을 운영해

바르셀로나 현지인에게 인기 있다. 18~19세기에 지은 아름다운 건물에 규모도 큰 편이다. 대항해 시대 선박의 비품과 각종 선박, 과거 해전에 참가한 범선, 세계 최초의 본격 잠수함 등의 모형과 도면을 전시하고 있다. 야외 정원의 모형 잠수함은 박물관에 입장하지 않고도 관람할 수 있으며, 야외 레스토랑과 카페도 갖추고 있다.

찾아가기 메트로 3호선 Drassanes역에서 도보 5분
주소 Av. de les Drassanes, s/n
문의 933 429 920
운영 매일 10:00~20:00
요금 일반 10€, 7세 이하 무료(일요일 15:00 이후 전체 무료)

팔라우 데 라 비레이나 ★
Palau de la Virreina

MAP p.180-D

보케리아 시장 옆의 오픈 갤러리

카탈루냐 광장에서 람블라스 거리를 따라 내려가다 보케리아 시장 가기 전에 위치한 건물이다. 1772~1777년에 지어졌으며 바로크&로코코 양식을 보여준다. 예전에는 개인 저택과 바르셀로나 현대 미술관의 컬렉션 장소로 사용되었으나 1944년 이후 바르셀로나 시에서 구입, 현재는 오픈 갤러리로 사용 중이다. 특별 기획전이 없어도 입구에 위치한 작은 안마당으로 들어가 바르셀로나의 공식 축제인 메르세(Merce)에 등장하는 성인의 모양을 본뜬 거인 인형 등을 구경할 수 있다.

찾아가기 메트로 3호선 Liceu역에서 도보 5분
주소 Les Rambles, 99
문의 933 16 10 00
운영 화~일요일 12:00~20:00
휴무 월요일 요금 대부분 무료

추천 레스토랑

플랙스 & 케일 Flax & Kale

MAP p.180-B

트렌드 세터들의 아지트

햇살이 가득 들어오는 환한 실내와 2층 야외 테라스를 갖추고 있는 식당이다. 제철 식재료를 사용한 오가닉 음식과 글루텐 프리(gluten free) 음식을 선보여 바르셀로나의 핫 플레이스로 사랑받고 있다. 파스타와 햄버거, 야채와 과일을 즉석에서 갈아 만들어주는 생과일주스가 인기 메뉴다.

찾아가기 메트로 1·2호선 Universitat역에서 도보 2분 주소 Carrer Tallers, 74B
문의 933 17 56 64 영업 월~금요일 09:30~23:30, 토·일요일 09:30~23:30
예산 1인 20€~ 홈페이지 http://teresacarles.com/fk

레스토랑 센트릭 카날야
Restaurant Centric Canalla

MAP p.180-B

전형적인 유럽 바르 분위기

작은 테이블이 옹기종기 모여 있는 아담한 규모의 레스토랑으로, 바에 서서 커피 한잔을 마시는 로컬들을 만날 수 있다. 모닝 커피 세트를 시작으로 점심에는 세트메뉴, 오후에는 칵테일과 타파스 세트 등을 맛볼 수 있다. 클래식하면서도 모던한 인테리어가 유럽의 전형적인 바르의 분위기를 보여준다. 음식 맛과 서비스가 훌륭하다.

찾아가기 메트로 1·2호선 Universitat역에서 도보 5분
주소 Carrer Ramelleres, 27
문의 931 60 05 26 영업 매일 08:00~02:00
예산 칵테일 8€, 모닝 커피 세트 3€, 점심 세트메뉴 15€~

센트온세 Centonze

MAP p.180-D

호텔에서 즐기는 저렴한 점심 식사

평일 낮에 람블라스 거리에서 식사할 곳을 찾는다면 이곳을 추천한다. 점심 세트메뉴인 델 디아(del Dia)를 저렴하게 제공하여 우아한 분위기에서 점심을 즐길 수 있다. 세트메뉴는 메인 요리와 음료, 빵, 디저트로 구성되며 평일에는 17€, 주말에는 26€. 단품 요리는 메뉴당 10~15€ 선이다. 음식이 깔끔하고 서비스도 좋다. 여느 레스토랑처럼 목요일 점심 코스 요리 중 첫 번째는 파에야를 낸다.

찾아가기 메트로 3호선 Liceu역에서 도보 5분(르 메리디앙 바르셀로나 호텔 내) 주소 Les Rambles, 111 문의 933 16 46 60 영업 매일 12:30~23:00 예산 30€ 이내
홈페이지 www.lemeridienbarcelona.es

바르 로보 Bar Lobo

MAP p.180-B

현대식 타파스 레스토랑

람블라스 거리 뒤편에 위치한 바. 테라스석이 마련되어 야외에서 주변 풍경을 감상하며 식사하기 좋다. 레스토랑 내부 인테리어는 모던하고 심플하며, 음식도 깔끔한 편. 다양한 타파스를 즐기고 싶은 사람들에게 추천한다. 주변에 2~3개의 테라스 카페가 더 있어 선택의 폭이 넓다.

찾아가기 메트로 3호선 liceu역에서 도보 5분
주소 Carrer del Pintor Fortuny 3 문의 934 81 53 46
영업 매일 09:00~24:00 예산 점심 세트메뉴 13~17€,
햄버거 12€~, 스테이크 18€~, 타파스 7€~

엔 빌레 글루텐 프리 En Ville Gluten Free

MAP p.180-B

제로 글루틴 식단

풀코스 점심 세트메뉴를 여유롭게 즐길 수 있다. 실내가 넓어서 줄을 서지 않아도 된다. 분위기, 음식, 가격, 서비스 모두 만족스러운 곳이다. 세트메뉴에 추가 비용을 내면 더 맛있고 훌륭한 요리를 즐길 수 있다. 바르셀로나 현대 미술관에서 도보 1분.

찾아가기 메트로 1·3호선 Catalunya역에서 도보 6분
주소 Carrer del Doctor Dou, 14 문의 933 02 84 67
영업 매일 13:00~16:00(화~토요일 20:00~23:30)
예산 점심 세트메뉴 20€~, 스테이크 18€,
파에야(1인분) 17€~
홈페이지 www.envillebarcelona.es

파브리카 모리츠 Fàbrica Moritz

MAP p.180-A

다양한 맥주를 맛볼 수 있는 곳

1856년부터 모리츠 맥주공장으로 사용되었던 곳을 프랑스 유명 건축가 장 누벨이 현대적으로 재해석하여 맥주 바로 운영하고 있다. 메뉴가 약 300가지나 되어 주문이 어렵고 사람들로 북적이므로 너무 늦게 방문하지 않도록 한다. 수제 맥주와 모리츠 맥주, 와인 등 다양한 술과 타파스 등의 안주를 즐길 수 있다. 대기하는 줄이 길 때는 레스토랑 한쪽에 마련된 엠스토어(M-stores)를 구경하자. 모리츠 마크를 넣어 만든 액세서리와 다양한 맥주를 구매할 수 있다. 오가닉 빵집도 함께 운영한다.

찾아가기 메트로 1·2호선 Universitat역에서 도보 4분 주소 Ronda de Sant Antoni, 39-41 문의 934 26 00 50
영업 일~목요일 08:30~01:30, 금~일요일 08:30~02:00
예산 맥주 작은 잔 3€, 미니 모둠 해산물튀김 11€, 감자튀김(파타타 브라바스) 5€, 크로켓 3.80€

추천 카페 & 바르

로사 네그라 Rosa Negra

MAP p.180-D

캐주얼한 멕시코 레스토랑

점심 · 저녁 상관없이 늘 젊은이들로 북적이는 바 겸 레스토랑. 닭고기나 돼지고기에 치즈를 얹은 퀘사디아에 시원한 모히토 등을 곁들여 출출한 배를 채우기에 좋은 곳이다. 밤 11시가 넘어도 간단히 저녁을 먹으러 오는 사람들이 줄을 선다.

찾아가기 메트로 3호선 Liceu역에서 도보 6분
주소 Carrer dels Àngels, 6 문의 933 04 26 81
영업 월~목요일 13:00~24:00, 금요일 13:00~01:00,
토 · 일요일 12:30~24:00(토요일은 ~01:00) 예산 점심
세트메뉴 13€, 퀘사디야 9€, 타코 10€~, 나초 7€,
모히토 5€ 홈페이지 www.rosaraval.com

엘 하르디 El Jardi

MAP p.180-D

예쁜 정원에 자리한 미니 레스토랑

나무 그늘 아래서 새 소리를 들으며 커피를 즐기기에 좋다. 점심에는 샌드위치와 간단한 음료, 타파스 등의 메뉴를 선보이며, 저녁에는 맥주와 와인 등도 판매한다. 보케리아 시장 후문에서 도보 10분 거리에 있으며, 거리에 난 작은 문을 통해 들어가면 아담한 정원이 나온다.

찾아가기 메트로 3호선 Liceu역에서 도보 2분
주소 Carrer de l'Hospital, 56 문의 933 29 15 50
영업 월~금요일 10:00~24:00, 토요일 12:00~24:00
휴무 일요일 예산 점심 세트메뉴 12€~, 타파스 6€

라 센트랄 델 라발 La Central del Raval

MAP p.180-D

예쁜 정원과 미술 서적이 한곳에

미술 아트 서적을 전문적으로 판매하는 라 센트랄 북(La Central de Ravla)에서 오픈한 카페테리아. 복잡한 바르셀로나 도심 한가운데 포근하고 조용한 정원에서 쉬어갈 수 있다. 커피와 간단한 샌드위치를 맛보기 좋은 곳. 바르셀로나의 핫 플레이스.

찾아가기 바르셀로나 현대 미술관에서 도보 3분
주소 Carrer d'Elisabets, 6
문의 653 19 00 83 영업 매일 10:00~22:00
예산 1인 10€~

테라시타 Terracccita

MAP p.180-B

바르셀로나 현대 미술관 뒤편의 테라스 카페

실내 분위기도 좋지만 햇살이 가득 비치는 테라스에 앉아 커피를 마시기에 이상적인 곳. 이른 아침에는 샌드위치와 머핀, 크루아상 등 간단한 식사 메뉴를 선보이며, 점심에는 런치세트, 저녁에는 주류와 간단한 안주 등을 판매한다.

찾아가기 메트로 1·2호선 Universitat역에서 도보 5분
주소 Montalegre, 5 문의 933 01 33 15
영업 월~금요일 10:30~20:30,
토 · 일요일 11:00~21:00
예산 커피 2.50€, 와인 1병 14€~
홈페이지 www.cccb.org/es/visita/espacios

람블라 델 라발 거리 Rambla del Raval

MAP p.180-C

언제나 활기찬 테라스 카페 거리

낮에는 야외 테라스에 앉아 햇빛을 쬐며 브런치
나 커피 또는 차를, 밤에는 칵테일까지 언제든 먹
고 마실 수 있는 거리이다. 케밥과 피자를 파는
가게도 많고, 주말이면 크래프트 핸드메이드 마
켓이 거리 가득 늘어선다. 라발 지구에서 만남의
장소로 통하는 보테로의 뚱뚱한 고양이 동상도
있다. 현지인들이 밤에 가볍게 한잔 즐기러 나오
는 거리 중 하나이다.

찾아가기 람블라스 거리에서 몬주익 언덕으로 올라가기 전

비센츠 마르토렐 광장
Plaça de Vicenç Martorell

MAP p.180-B

작고 아담한 놀이터를 품은 광장

람블라스 거리의 카르푸 근처에 노천 카페와 디자
인북 서점, 미용실, 아이스크림 가게 등이 자리 잡
고 있는 광장이다. 광장에 4~5곳의 카페 중 카
스파로(Kasparo)는 스페인 샌드위치 보카디요
로 유명한 맛집이다. 아이스크림 가게에서도 커피
와 음료를 맛볼 수 있다.

찾아가기 메트로 3호선 Liceu역에서 도보 8분
주소 Plaça de Vicenç Martorell

카라베레 CARAVELLE

MAP p.180-D

인기 높은 브런치 카페

싱싱한 야채와 과일, 직접 만든 다양한 수제 소스
와 달걀로 장식한 건강한 브런치 메뉴들을 만날 수
있다. 식당 내부는 작으나 심플하고도 모던한 분
위기가 특징이다. 주말에는 긴 대기 줄이 입구 바
깥으로 늘어서기도 한다.

찾아가기 바르셀로나 현대미술관에서 도보 5분
주소 Carrer Pintor Fortuny, 31
영업 월·화요일 09:30~17:00, 수~토요일
09:30~24:00, 일요일 10:00~17:00
예산 1인 브런치+음료 15€~

그랑하 에메 비아데르 Granja M. Viader

MAP p.180-D

100년 전통의 고급 초콜라테

스페인의 유명 초코우유 카카올라트(Cacaolat)
를 1933년에 처음 개발하여 판매하기 시작한 곳
이다. 벽면에 당시의 사진들과 함께 최초 광고 문
구와 용기 등을 전시했다. 디저트로는 직접 만든
나타(Nata) 크림과 마토 치즈에 꿀을 얹은 마토
콘 미엘(Mato con Miel), 초콜라테를 추천한다.

찾아가기 메트로 3호선 Liceu역에서 도보 5분
주소 Carrer Xuclà, 4-6 문의 933 18 34 86
영업 월~토요일 09:00~13:15, 17:00~21:15 휴무 일요일
예산 초콜라테 3€~, 카카올라트(병 음료) 2€~

CAFÉ & BAR

재즈 시 Jazz Sí

MAP p.180-A

로컬 재즈 마니아들의 아지트

바르셀로나에서 밤에 할 일이 없다면 무조건 재즈 시로 향할 것. 1992년 음악학교로 문을 연후, 다양한 뮤지션들의 라이브 공연을 저렴한 가격에 선보이고 있다. 공연이 있는 날에는 1층과 2층 객석은 물론 객석으로 오르는 계단까지 빼곡하게 사람들로 들어찬다. 방문 전에 홈페이지에서 오늘의 공연과 시간을 확인하자. 월요일과 토요일에는 재즈, 화요일에는 팝과 록, 목요일에는 룸바 외 쿠바 음악, 금요일에는 플라멩코 공연을 진행한다.

찾아가기 메트로 2호선 Sant Antoni역에서 도보 3분
주소 Carrer de Requesens, 2
문의 933 29 00 20 요금 10€ 이내
홈페이지 www.tallerdemusics.com/jazzsi-club

 추천 쇼핑

티포그라피아 Typographia

MAP p.180-B

재기 넘치는 바르셀로나 로고 티

심플한 그림과 로고에 디자이너의 재치가 묻어나 보는 재미가 가득한 티셔츠를 판매하는 매장. 모든 제품이 질 좋은 면 소재 반팔 티셔츠이며 앞뒷면의 프린팅 디자인이 뛰어나 많은 이들에게 사랑받고 있다. 티셔츠 한 벌에 약 25€이며 바르셀로나 방문 기념용 또는 선물용으로 구입하기 적당하다.

찾아가기 메트로 1·3호선 카탈루냐 광장 도보 5분
주소 Carrer d'Elisabets 5
영업 월~일요일 11:00~15:00, 16:00~20:00
홈페이지 typographia.com

라 센트랄 북 La Central de Raval

MAP p.180-B

디자인 & 아트 서적을 갖춘 서점

시내 곳곳에서 만날 수 있는 디자인 & 아트 서점. 유럽 각지의 디자인 서적 및 젊은 바르셀로나 아티스트들의 작품집, 잡지, 요리, 미술, 사진, 철학, 관광 분야까지 아우르는 다양한 서적 외에 아이디어 넘치는 문구류와 홈데코 용품을 구비하고 있다. 바르셀로나 현대 미술관에서 도보 1분.

찾아가기 메트로 1·2호선 Universitat역에서 도보 5분
주소 Carrer d'Elisabets, 6 문의 900 81 21 09
영업 월~금요일 10:00~21:30, 토요일 10:30~21:00
휴무 일요일 홈페이지 www.lacentral.com

호아킨 코스타 거리 Calle de Joaquín Costa
MAP p.180-A

젊은이들의 나이트라이프를 엿보고 싶을 때

라발 지구에서 가장 트렌디한 거리. 빈티지 가구, 옷, 액세서리 숍 등과 로컬 케밥집, 철물점, 채소 가게 등이 사이사이 자연스럽게 섞여 있다. 바르셀로나에 머무는 외국인들이 많이 사는 골목으로도 알려져 있다. 저녁 7시 정도부터 바르와 카페테리아에 젊은이들이 모여들어 자정 넘어서까지 활기가 넘친다.

찾아가기 바르셀로나 현대 미술관 앞 테라스 카페들이 몰려 있는 골목을 지나자마자 나오는 거리

헤이숍 HeyShop
MAP p.180-D

요즘 제일 핫한 숍들이 한 골목에

새로 오픈한 헤이숍이 위치한 골목에는 바르셀로나의 트렌디한 숍들이 모여 있다. 로컬 디자이너들의 제품을 쇼핑하고 싶은 사람들에게 추천하는 골목. 헤이숍은 유니크한 디자인의 소품들이 가득하다. 숍 구경을 하고 커피도 한잔하며 쉬어가기에 제격.

찾아가기 바르셀로나 현대 미술관에서 도보 5분, 또는 보케리아 시장 후문에서 도보 5분
주소 Carrer del Dr.Dou, 4 문의 690 28 61 23
영업 월~토요일 11:00~20:30 휴무 일요일

마레마그눔 Maremàgnum
MAP p.180-F

일요일에도 문을 여는 유일한 쇼핑몰

람블라스 거리 끝에서 콜론 동상을 지나 다리를 건너면 자연스럽게 만나게 되는 쇼핑몰. 규모는 크지 않지만 의류, 홈데코 용품, 신발, 향수, 화장품, 속옷 등의 스페인 브랜드 매장이 모여 있다. 1층에는 다양한 레스토랑과 바르가 있어 쇼핑 후 식사도 가능한 복합 쇼핑몰이다.

찾아가기 메트로 3호선 Drassanes역에서 도보 10분
주소 Edificio Maremagnum, Moll d'Espanya, 5
문의 932 25 81 00 영업 10:00~21:00(레스토랑은 ~01:00)
홈페이지 www.maremagnum.es

추천 숙소

호텔 악타 미믹 바르셀로나
Hotel Acta Mimic Barcelona

MAP p.180-E

라발에 새로 생긴 부티크 호텔

커플이나 동성친구 등 2인이 묵기에 적합한 호텔로, 람블라스 거리 끝 콜럼버스 동상 주변에 위치해 있다. 라발 지구와 고딕 지구, 보르네 지구까지 도보로 걸어 다니기 좋은 곳. 객실마다 콘셉트가 다르게 꾸며져 있어 밝고 경쾌한 부티크 디자인 호텔이다. 옥상에 루프톱과 로비층의 레스토랑과 카페테리아가 넓고 쾌적하게 꾸며져 있다.

찾아가기 메트로 3호선 Drassanes역에서 도보 10분
주소 Carrer de l'Arc del Teatre, 58
문의 933 29 94 50 요금 트윈 150€
홈페이지 www.hotel-mimic.com/Barcelona

호텔 바르셀로 라발 Hotel Barceló Raval

MAP p.180-C

화려하면서도 모던한 디자인 호텔

새로 지은 모던한 건물을 다양한 인테리어로 장식한 디자인 호텔. 1층 로비의 라운지 바는 화려한 인테리어가 돋보이고, 옥상에 있는 360도 전망대에서는 몬주익 언덕까지의 풍경을 감상할 수 있다. 매주 일요일 낮 12~4시까지 선보이는 브런치(1인 25€) 메뉴는 투숙객이 아니어도 주문할 수 있다. 요일별로 요금이 다르므로 예약 시 홈페이지를 참고하자.

찾아가기 메트로 3호선 Liceu역에서 도보 15분
주소 Rambla del Raval, 17-21
문의 933 20 14 90 요금 슈페리어 200€~
홈페이지 www.barcelo.com/BarceloHotels/es

세인트 크리스토퍼스 바르셀로나 St Christopher's Barcelona

MAP p.180-B

최저 가격의 호스텔

2013년 바르셀로나에 문을 연 호스텔. 런던, 베를린, 암스테르담, 파리 등 유럽 곳곳에 체인점을 두고 있다. 카탈루냐 광장에서 도보 5분 거리로, 매일 밤 1층 로비 바에서 음악과 함께 클럽을 연다. 파티를 좋아하고 각국에서 온 외국인과 어울리고 싶은 여행자들에게 추천한다. 단점은 체크인 시간이 오후 2시로 다른 숙소에 비해 늦다.

찾아가기 메트로 1·3호선 Catalunya역에서 도보 10분 주소 Carrer de Bergara, 3 문의 931 75 14 01
요금 트윈 65€, 8인 여성전용 도미토리 25€~ 홈페이지 www.st-christophers.co.uk/barcelona

호텔 에스파냐 Hotel España

MAP p.180-D

19세기 건물에 자리한 모던한 호텔

바르셀로나의 유서 깊은 호텔에서 머물고 싶다면 이곳을 추천한다. 19세기에 지어진 건물을 유명 건축가 루이스 도메네크 이 몬타네르가 1859년 리모델링했다. 그 후 2010년 클래식한 멋을 살려 모던하게 탈바꿈했다. 화려하고 아름다운 타일 장식의 바닥과 천장, 내부 인테리어 등이 고급스러우며 라운지 바와 레스토랑, 82개의 객실이 있다.

찾아가기 메트로 3호선 Liceu역에서 도보 5분
주소 Carrer de Sant Pau, 9-11
문의 935 50 00 00
요금 스탠더드 커플 150€~
홈페이지 www.hotelespanya.com/es/el-hotel

카사 캠퍼 Casa Camper

MAP p.180-B

바르셀로나 최초의 유명 디자인 호텔

신발 브랜드 캠퍼(Camper)에서 운영하는 디자인 호텔로 바르셀로나와 베를린 두 곳에 지점이 있다. 바르셀로나에서 디자인 호텔 붐을 일으킨 곳이며 인테리어 소품 숍인 빈숀의 디자이너들이 호텔 장식에 참여한 것으로 유명하다. 25개의 객실이 있으며, 투숙객에 한해 24시간 오픈 바에서 간식을 무료 제공한다.

찾아가기 메트로 3호선 Liceu역에서 도보 10분
주소 Carrer d'Elisabets, 11
문의 933 42 62 80
요금 커플 250€~
홈페이지 www.casacamper.com

호텔 시크 & 베이식 람블라스 Hotel Chic & Basic Ramblas

MAP p.180-F

레트로 스타일로 꾸민 호텔

1960년대로 시간을 되돌려놓은 것 같은 레트로한 분위기로 실내를 꾸몄다. 총 97개의 객실이 있으며 대부분의 객실에 작은 발코니가 딸려 있다. 간단한 조리가 가능한 미니 키친도 마련해 놓았다. 리셉션은 24시간 운영하며 여행 정보를 제공한다. 1층 로비의 레스토랑에서는 주말 브런치가 22€에 제공된다. 호텔 조식은 투숙객이 아니어도 9€에 맛볼 수 있다.

찾아가기 메트로 3호선 Drassanes역에서 도보 7분 주소 Passatge de Gutenberg, 7 문의 933 02 71 11
요금 스탠더드 더블 100€~ 홈페이지 www.chicandbasic.com

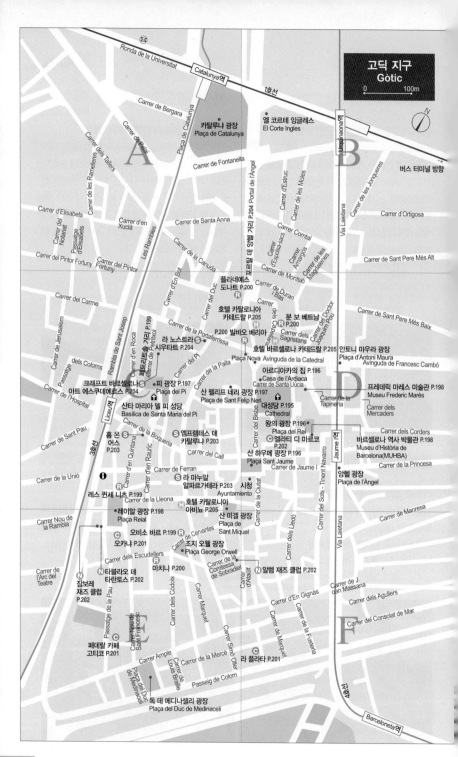

Ronda de la Universitat

Catalunya역

1호선

Carrer de Bergara

버스 터미널 방향

Carrer de Santaló

Carrer dels Tallers

Carrer dels Ramelleres

카탈루냐 광장
Plaça de Catalunya

엘 코르테 잉글레스
El Corte Ingles

Urquinaona역

Carrer de les Jonqueres

A

B

Carrer de Fontanella

Carrer d'Estruc

Carrer de les Moles

Carrer d'Ortigosa

Carrer d'Elisabets

Carrer del Notariat

Passatge d'Elisabets

Carrer d'en Xuclà

Carrer de Santa Anna

Carrer Comtal

Via Laietana

Carrer de Sant Pere Més Alt

Carrer del Pintor Fortuny

Carrer del Pintor Fortuny

Les Rambles

Carrer de la Canuda

포르탈 데 랑헬 거리 P.204 Portal de l'Angel

Carrer de Montsió

Carrer d'Espaseria-sacs

Carrer de les Magdalenes

Carrer del Carme

Rambla de Sant Josep

Carrer de Jerusalem

dels Coloms

Passatge

Carrer d'en Roca

Carrer del Duc

Carrer d'En Bot

플라네예스 도나트 P.200

Carrer de Duran i Bas

Carrer de Sant Pere Més Baix

Carrer de la Portaferrissa

호텔 카탈로니아 카테드랄 P.205

분 보 베트남 P.200

페트리촐 거리 P.199 Carrer de Petritxol

라 노스트라 시우타트 P.204

P.200 빌바오 베리아

Carrer dels Sagristans

Carrer del Doctor Joaquim Pou

Carrer de Sant Pere Més Baix

Carrer dels Petritxol

호텔 바르셀로나 카테드랄 P.205

안토니 마우라 광장
Plaça d'Antoni Maura

크래프트 바르셀로나 아트 에스쿠데에로스 P.204

Plaça Nova Avinguda de la Catedral

Avinguda de Francesc Cambó

Carrer de l'Hospital

Liceu역

Carrer del Pi

피 광장 P.197
Plaça del Pi

아르디아카의 집 P.196
Casa de l'Ardiaca

Carrer de Santa Llúcia

프레데릭 마레스 미술관 P.198
Museu Frederic Marès

D

Carrer de la Palla

산 펠리프 네리 광장 P.197
Plaça de Sant Felip Neri

Carrer de la Tapineria

Carrer dels Mercaders

3호선

산타 마리아 델 피 성당
Basílica de Santa Maria del Pi

Carrer de Sant Pau

Carrer de la Boqueria

엘프렌테스 데 카탈루냐 P.203

대성당 P.195
Cathedral

왕의 광장 P.196
Plaça del Rei

Carrer dels Corders

Carrer del Bisbe

홈 온 어스 S P.203

Carrer d'en Quintana

Carrer d'en Rauric

Carrer del Call

엘라리 디 마르쿠 P.202

바르셀로나 역사 박물관 P.198
Museu d'Història de Barcelona(MUHBA)

산 하우메 광장 P.196
Plaça Sant Jaume

Carrer de la Princesa

Carrer de Ferran

Carrer de Jaume I

Jaume I역

레스 퀸세 니츠 P.199

Carrer de la Lleona

라 마누알 알파르가테라 P.203

시청
Ayuntamiento

양헬 광장
Plaça de l'Àngel

Carrer de la Unió

Carrer de la Ciutat

Carrer del Sots - Tinent Navarro

Carrer Nou de la Rambla

레이알 광장 P.198
Plaça Reial

호텔 카탈로니아 아비뇨 P.205

산 미겔 광장
Plaça de Sant Miquel

Carrer de Manresa

Carrer de l'Arc del Teatre

오비소 바르 P.199

오카냐 P.201

Carrer de Cervantes

Carrer dels Escudellers

조지 오웰 광장
Plaça George Orwell

Carrer dels Lledó

Via Laietana

마치나 P.200

Carrer de la Comtessa de Sobradiel

알렘 재즈 클럽 P.202

타블라오 데 타란토스 P.202

잠보레 재즈 클럽 P.202

Carrer d'Atalut

Carrer d'En Gignàs

Carrer de Joan Massana

페데랄 카페 고티코 P.201

Carrer Nou de Sant Francesc

Passatge de la Pau

Carrer dels Còdols

라 플라타 P.201

Carrer dels Agullers

F

Carrer del Consolat de Mar

Carrer Ample

Carrer de Louis Braille

Carrer de la Mercè

Carrer Simó Oller

Carrer Marquet

Carrer de la Fusteria

Passeig de Colom

독 데 메디나셀리 광장
Plaça del Duc de Medinaceli

Carrer del Duc de Medinaceli

Plaça del Duc de Medinaceli

Barceloneta역

추천 볼거리
SIGHTSEEING

대성당
Cathedral

★★★

MAP p.194-D

고딕 지구의 상징

바르셀로나 시내 곳곳에 많은 성당이 있는데
제일 오래된 대성당만 '카테드랄'이라고 한다.
1298년 하우메 2세가 착공해 150여 년에 걸쳐
1차 완공한 후 전면 현관을 설계하기 위해 다시
350여 년을 쏟아부어 1913년에 완성했다. 정면
의 파사드 장식은 19~20세기에 개축한 것으로
건축 양식은 카탈루냐 고딕 양식이다. 성당 안으
로 들어가면 정면에 가장 먼저 성가대석이 보인
다. 성가대석을 에워싼 흰 대리석에는 바르셀로
나의 수호 성녀인 산타 에우랄리아가 순교하는
장면이 조각되어 있다. 르네상스 시대의 뛰어난
조각가 중 한 사람인 바르톨로메 오르도녜스가
조각한 것으로, 스페인 르네상스 시대 조각의 걸
작이라 칭한다. 성녀의 뼈는 지하 성당에 안치되
어 있다. 성당으로 들어가는 입구는 총 4개이며,

입장료는 무료지만 성당 내부 장소에 따라 입장
료를 받기도 한다.

찾아가기 메트로 4호선 Jaume I역에서 도보 5분
주소 Plaça la Seu, s/n
문의 933 151 554
운영 월~금요일 08:00~19:30, 토 · 일요일 08:00~20:00
요금 월~금요일 08:00~12:45, 17:45~19:30,
토요일 08:00~12:45, 17:15~20:00 무료 입장,
월~금요일 13:00~17:30(토요일은 ~17:00,
일요일은 14:00~) 기부금 7€, 테라스 3€

산 하우메 광장
Plaça Sant Jaume

★★★

MAP p.194-D

카탈루냐 지방의 정치적 중심지

고딕 지구의 중심이자 바르셀로나 시청이 자리한 광장. 바르셀로나에서 시위나 축제가 열릴 때 이 광장에서 시작과 끝을 알리는 경우가 많다. '산 하우메'는 그리스도의 12제자 중 한 사람인 성 야고보를 카탈루냐어로 읽은 것이다. 광장은 고딕 지구 내의 작은 골목들과 대부분 연결될 정도로 매우 넓다. 16세기에 지은 건물에 19세기에 시청이 자리한 후 현재는 광장을 마주 보고 정부 청사 건물이 들어서 있다. 바르셀로나 축제 때 인간 탑 쌓기 등 다양한 이벤트와 콘서트, 공연을 볼 수 있다. 시청 건물 한쪽에 자리한 관광안내소에서 다양한 정보를 얻거나 기념품을 구입할 수 있다.

찾아가기 메트로 4호선 Jaume I역에서 도보 5분
주소 Plaça St Jaume, s/n

아르디아카의 집
Casa de l'Ardiaca

★★

MAP p.194-D

안달루시아 지방의 아름다운 파티오

대성당 바로 뒤편에 위치하며 중앙에 파티오를 품고 있는 남부 안달루시아 가옥의 구조가 특징으로 아랍풍의 정원을 감상할 수 있다. 2층 발코니에 올라가면 대성당 주변의 좁은 골목들이 한눈에 보인다. 무료로 개방하므로 부담 없이 들러

보자. 참고로 대성당 정면에서 오른쪽으로 난 좁은 길을 따라 걸으면 로마 시대의 흔적을 발견할 수 있다.

찾아가기 메트로 4호선 Jaume I역에서 도보 7분
주소 Carrer de Santa Llúcia, 1
운영 월~금요일 09:00~20:45, 토요일 10:00~20:00
휴무 일요일 **요금** 무료

왕의 광장
Plaça del Rei

★★★

MAP p.194-D

밤의 조명이 아름다운 광장

사면이 건물로 둘러싸인 왕의 광장은 웅장하면서도 절제된 아름다움이 빛을 발한다. 광장 정면의 건물은 바르셀로나 백작 겸 아라곤 왕의 왕궁으로 사용됐다. 왕궁으로 오르는 계단은 첫 항해

를 마치고 돌아온 콜럼버스가 이사벨 여왕을 알현한 곳이라고 전해진다. 계단에 걸터앉아 바라보는 광장 풍경은 고요하며 밤에는 조명이 환하게 들어 더 아름답다. 광장 주변을 둘러싼 건물은 1943년 이후 역사 박물관으로 사용되고 있으며, 1층 정원으로 들어가면 성곽으로 통하는 문이 나온다.

찾아가기 메트로 4호선 Jaume I역에서 도보 3분

산 펠리프 네리 광장 ★★
Plaça de Sant Felip Neri

MAP p.194-C

바르셀로나 사람들이 가장 사랑하는 광장
작은 분수대를 중심으로 사방이 오래된 건물로 둘러싸여 있으며 아치형 문이 운치있는 아담한 광장이다. 한쪽 벽의 커다란 폭탄 자국과 작은

총알 구멍은 스페인 내전 당시에 생긴 총탄과 대포 자국으로 선명하게 남아 있다. 20세기에 광장을 다시 다듬어 현재는 학교가 자리 잡고 있어, 오후가 되면 아이들이 나와 뛰노는 모습을 구경할 수 있다. 조용히 앉아 사색을 즐기기에 안성맞춤이다. 대성당 옆 골목에서 샛길로 들어가 막다른 골목에 위치한다.

찾아가기 메트로 4호선 Jaume I역에서 도보 10분
주소 Plaça de Sant Felip Neri

피 광장 ★★★
Plaça del Pi

MAP p.194-C

옛 모습을 간직한 골목들을 거닐어보자
작은 광장이지만 우아하고 아름다운 산타 마리아 델 피 성당이 있어 눈에 띈다. 광장을 중심으로 펼쳐진 작은 골목들은 수백 년 전의 모습을 고스란히 간직하고 있다. 골목 안에는 오랜 세월 한자리를 지켜온 로컬 숍들과 초콜라테 전문 카페가 모여 있다. 토·일요일에는 성당 앞에 꿀과 치즈, 빵과 디저트 등을 파는 마켓이 열리고, 성당 옆 광장에서는 그림을 파는 장이 열린다. 광장 주변의 좁은 골목들을 구석구석 구경하는 재미가 쏠쏠하다.

찾아가기 메트로 3호선 Liceu역에서 도보 5분
주소 Plaça del Pi

레이알 광장
Plaça Reial

★★

MAP p.194-E

관광객들의 만남의 장소

마드리드의 마요르 광장처럼 바르셀로나의 대표 광장으로 규모는 마요르 광장보다 작다. 1848년 정사각형으로 지어진 광장은 사면으로 입구가 나 있어 시내 어느 방향으로도 통한다. 가우디의 학창 시절 작품인 가스 가로등이 유명하며 중앙의 큰 분수대는 만남의 장소로 애용된다. 광장 주변으로 라운지 바와 클럽들이 모여 있어 주말뿐만 아니라 평일 밤에도 항상 관광객들로 북적거린다. 일요일 오전 8시에는 옛날 동전과 우표를 파는 프리마켓이 열린다.

찾아가기 메트로 3호선 Liceu역에서 도보 5분

프레데릭 마레스 미술관
Museu Frederic Marès

★

MAP p.194-D

마레스의 방대한 개인 컬렉션을 소장

옛날 왕족들이 살았던 건물을 카탈루냐 출신의 조각가 프레데릭 마레스가 1984년에 미술관으로 개조하여 문을 열었다. 다양한 로마네스크 컬렉션을 감상할 수 있으며 그중에서도 지하부터 2층까지 전시된 조각들이 볼만하다. 기원전 이베리

아 반도의 밀랍 조각이나 중세에 제작된 400점에 이르는 목조 채색 조각 등은 질적으로나 양적으로나 어마어마하다. 그 밖에도 아이들 장난감으로만 가득 찬 방, 시계와 카메라, 파이프와 옛날 엽서 등 일상용품과 미술품 등을 전시해놓은 방 등 볼거리가 풍부하다.

찾아가기 메트로 4호선 Jaume I역에서 도보 5분
주소 Plaça de Sant Iu, 5~6 문의 932 56 35 00
운영 화~토요일 10:00~19:00, 일요일 11:00~20:00
(수요일 15:00 이후, 매월 첫째 일요일 무료)
휴무 월요일 요금 4.20€

바르셀로나 역사 박물관
Museu d'Història de Barcelona(MUHBA)

★

MAP p.194-D

도시의 역사를 한눈에

15세기의 전형적인 귀족 저택을 개조한 건물로 지하 1층에는 로마 시대의 성벽과 도시의 흔적이 그대로 남아 있다. 바르셀로나의 발전상과 카탈루냐 영토 확장에 관한 역사적인 자료들을 찾아볼 수 있다. 로마 성벽 유적에서 발견된 묘와 비석 등 흥미로운 유물들을 보며 2000년 전으로 시간 여행을 떠나보자.

찾아가기 메트로 4호선 Jaume I역에서 도보 5분
주소 Plaça del Rei, s/n 문의 932 56 21 00
운영 화~토요일 10:00~19:00, 일요일 10:00~20:00
휴무 월요일 요금 7€
홈페이지 www.museuhistoria.bcn.es

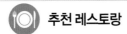

추천 레스토랑

레스 퀸세 니츠 Les Quinze Nits

MAP p.194-C

시내 중심의 분위기 좋고 저렴한 파에야 맛집

맛있는 파에야를 먹기 위해 바르셀로네타까지 가기 어려울 때나 람블라스 거리에서 맛있으면서 저렴한 저녁 식사를 즐기고 싶을 때 가보자. 가격, 분위기, 맛 모두 만족스러운 파에야 전문 식당이다. 일반 해산물 파에야보다는 먹물 파에야(파에야 네그로)가 더 맛있고, 밥 대신 면을 넣어 만든 파에야(피데우아)도 맛있다. 파에야와 함께 상그리아, 샐러드, 오징어튀김(칼라마레스 프리토스) 등을 곁들여 먹자. 람블라스 거리에서 레이알 광장 안으로 들어가면 왼편에 위치한다. 하얀 간판에 상호가 필기체로 적혀 있다.

찾아가기 메트로 3호선 Liceu역에서 도보 5분 주소 Plaça Reial, 6 문의 933 17 30 75
영업 매일 12:30~23:30 예산 점심 메뉴 12€ 홈페이지 www.lesquinzenits.com

페트리트솔 거리 Carrer de Petritxol

MAP p.194-C

초콜라테와 추로스 가게가 밀집한 골목

최소 100년 이상 된 유서 깊은 로컬 숍들이 모여 있는 골목. 창문에 추로스와 초콜라테 샘플을 전시한 가게들이 많다. 과거에 부유층들이 초콜릿을 녹여 초콜라테를 만들어 마시기 시작하면서 이 골목을 중심으로 추로스와 초콜라테 가게가 밀집하게 되었다. 추로스는 아침 식사 대용으로 좋다. 오후 간식으로 따뜻한 초콜라테에 갓 튀긴 바삭한 추로스를 찍어 먹어도 맛있다.

찾아가기 메트로 3호선 Liceu역에서 도보 5분
예산 초콜라테 3.50€~, 추로스 2.50€~

오비소 바르 Oviso Bar

MAP p.194-E

편한 주점 분위기의 캐주얼 레스토랑

조지 오웰 광장(Plaça George Orwell) 내에 있는 레스토랑으로 주변에는 바르와 카페가 몰려 있다. 화려한 그래피티가 벽면 가득 그려진 실내는 늦은 밤 맥주 등의 술을 마시기 좋은 분위기. 수프와 샐러드, 햄버거와 샌드위치, 크레페 등 간단한 요깃거리가 많다. 레이알 광장에서 도보 5분 거리에 있다.

찾아가기 메트로 3호선 Liceu역에서 도보 10분
주소 Carrer Arai, 5 문의 933 04 37 26
영업 일~목요일 09:00~02:30, 금·토요일 09:00~03:00
휴무 일요일 예산 전 메뉴 10€ 이하

RESTAURANT

마치나 Macchina

MAP p.194-E

수제면으로 만든 이탈리아 파스타

직접 만든 다양한 이탈리아 면을 맛볼 수 있는 집. 규모는 작지만 깔끔하고 혼자 식사를 하기에도 부담 없다. 면 종류와 소스를 고르면 닭, 고기, 채소 등을 넣어 즉석에서 파스타를 만들어준다. 질 좋은 재료를 사용하여 음식 맛이 좋고 늦은 시간까지 영업해 언제든 갈 수 있다.

찾아가기 메트로 3호선 Liceu역에서 도보 15분
주소 Carrer Escudellers, 47 문의 625 64 26 48
영업 매일 12:00~02:30(금·토요일은 ~03:00)
예산 파스타 8€~(첨가하는 재료에 따라 요금 변동)

빌바오 베리아 Bilbao Berria

MAP p.194-D

대성당이 보이는 테라스 식당

대성당 근처에서 간단히 먹으며 목을 축이고 싶을 때 찾아가기 좋은 집. 작은 핀초(바게트 빵 위에 다양한 한입 요리들을 올려놓고 꼬치로 고정한 음식)에 맥주나 와인을 곁들여보자. 바에서 접시를 받아 원하는 것들을 담아 먹는다. 계산은 남은 꼬치 개수로 한다.

찾아가기 메트로 4호선 Jaume I역에서 도보 10분
주소 Plaça Nova, 3 문의 933 17 01 24
영업 월~금요일 09:30~24:00(토·일요일은 ~01:00)
예산 핀초(개당) 3.50€~

분 보 베트남 Bun Bo Vietnam

MAP p.194-D

트렌디한 분위기의 베트남 쌀국수집

라운지 바 분위기로 식사 전에 민트와 론이 들어간 모히토 칵테일을 3.50€에 맛볼 수 있다. 점심 세트메뉴는 10€ 선. 애피타이저는 딤섬이나 넴(베트남 스프링롤)을 고르고, 메인 요리로는 쌀국수나 볶음밥을 선택한다. 대성당 광장의 피카소 벽화 건물 옆 골목에 있다.

찾아가기 메트로 4호선 Jaume I역에서 도보 15분
주소 Carrer dels Sagristans, 3 문의 933 01 13 78
영업 매일 12:00~24:00 예산 쌀국수 9€~, 점심 메뉴 12€~
홈페이지 www.bunbovietnam.com

플라네예스 도나트 Planelles Donat

MAP p.194-C

수제 아이스크림과 오르차타

1927년에 문을 열어 지금까지 꾸준히 사랑받고 있는 곳. 시내 중심 쇼핑가에 위치해 있으며 다양한 맛의 수제 아이스크림과 달콤한 캐러멜 투론(Turon)을 맛볼 수 있다. 여름에는 시원한 오르차타(Horchata)를 마시자.

찾아가기 메트로 1·3호선 Catalunya역에서 도보 10분
주소 Portal de l'Àngel, 7 문의 933 17 29 26
영업 월~토요일 10:00~20:30 휴무 일요일
예산 아이스크림 1.80€~, 오르차타 2€~
홈페이지 www.planellesdonat.com

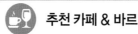

추천 카페 & 바르

페데랄 카페 고티코 Federal Cafè Gòtic

MAP p.194-E

모던 브런치 카페

바르셀로나에 처음 브런치 바람을 일으켰던 페데랄 카페의 2호점이다. 고딕 지구의 바다 끝, 후미진 작은 골목 안쪽에 있다. 조용한 테라스가 있어 모닝 커피를 즐길 수 있고, 컴퓨터를 사용하고 싶은 관광객이 잠시 머물다 가기 좋다. 따뜻한 컬러의 조명과 가구, 해가 잘 드는 공간 덕분에 편안한 분위기가 느껴진다. 팬케이크, 샌드위치, 에그 베네딕트 등 다양한 브런치 메뉴 또한 훌륭하다.

찾아가기 메트로 4호선 Jaume역에서 도보 10분 주소 Passatge de la Pau, 11 문의 932 808171
영업 월~일요일 09:00~16:00 예산 1인 음료 5€, 브런치 15€ 홈페이지 federalcafe.es

오카냐 Ocaña

MAP p.194-E

레이알 광장에 있는 노천 테라스 카페

엘레강스한 인테리어로 각종 디자인 사이트에서 호평을 받은 곳으로 레이알 광장에 있다. 실내는 총 4개의 공간으로 나뉘는데 점심·저녁 식사를 즐길 수 있는 레스토랑, 커피와 음료를 즐길 수 있는 테라스 카페, 칵테일 바, 밤에 문을 여는 클럽으로 구분되어 있다.

찾아가기 메트로 3호선 Liceu역에서 도보 15분
주소 Plaça Reial, 13-15 문의 936 76 48 14
영업 월·화요일 17:00~02:30, 수~일요일 11:00~02:30
(금·토요일은 ~03:00) 예산 와인한병 20€~, 모히토 8€~

라 플라타 La Plata

MAP p.194-F

스페인 멸치튀김과 샐러드

고딕 지구의 좁은 골목 안에 위치한 카페로 작고 아담하다. 바르셀로나에서 가장 맛있는 보케로네스 프리토스(Boquerones Fritos, 멸치튀김)와 샐러드, 소시지까지 메뉴는 딱 3가지뿐이다. 현지인들과 어울려 맛있는 타파스를 먹으며 스페인의 바르 분위기를 즐길 수 있는 곳이다.

찾아가기 메트로 3호선 Drassanes역에서 도보 15분
주소 Carrer de la Mercè, 28 문의 933 15 10 09
영업 월~토요일 10:00~15:00, 18:30~23:00
휴무 일요일 예산 멸치튀김 3€, 맥주 2€

CAFÉ & BAR

엘라티 디 마르코 Gelaaati di Marco

MAP p.194-D

핸드메이드 이태리산 젤라토

역사 깊은 광장과 박물관을 탐방할 때 고딕 지구 주변의 골목을 누비다 보면 이 아이스크림 가게를 마주치게 된다. 메뉴판은 심플하게 아이스크림과 엑스트라 토핑, 셰이크로 구성되어 있으며 디저트 메뉴로 칸놀리, 티라미수 등이 있다. 30가지 이상 되는 다양한 맛 중에서 피스타치오 맛이 가장 인기가 좋다.

찾아가기 메트로 4호선 Jaume역에서 도보 5분
주소 Carrer de la Libreteria 7
영업 월~금요일 12:00~00:00, 토~일요일 11:00~00:00
예산 아이스크림 2스쿱 3.50€, 3스쿱 5.50€
홈페이지 www.gelaaati.com

잠보레 재즈 클럽 Jamboree Jazz Club

MAP p.194-E

레이알 광장의 유서 깊은 재즈 클럽

늦은 밤에 활기를 띠는 바르셀로나에서 밤을 만끽하는 가장 좋은 방법은 재즈 공연을 감상하는 것이다. 이곳은 바르셀로나에서 50년 넘게 매일 재즈 공연을 해온 클럽이다. 주말이면 유명 그룹들의 공연이 펼쳐지기도 한다. 프로그램은 홈페이지를 통해 확인할 수 있다.

찾아가기 메트로 3호선 Liceu역에서 도보 10분
주소 Plaça Reial, 17 문의 933 19 17 89
예산 8~12€
홈페이지 www.masimas.com/es/jamboree

알렘 재즈 클럽 Harlem Jazz Club

MAP p.194-E

무대 바로 앞에서 감상 가능

바르셀로나에서 가장 낡고 좁은 라이브 재즈 공연장으로 리모델링해 재오픈했다. 탱고, 블루스, 브라질리안 보사노바에서 아프리카 캐리비언 음악까지 다양한 장르의 음악들을 선보인다. 평일 밤 10~11시를 기준으로 첫 공연을 시작해 자정이 훌쩍 넘은 시간까지 계속된다.

찾아가기 메트로 4호선 Jaume I역에서 도보 15분
주소 Carrer de Comtessa de Sobradiel 8
문의 933 10 07 55 영업 화요일 20:00~02:00,
목~토요일 20:00~03:00, 일요일 20:00~00:00
휴무 월·수요일 예산 8€~
홈페이지 www.halemjazzclub.es

타블라오 데 타란토스 Tablao de Tarantos

MAP p.194-E

바르셀로나에서 가장 오래된 타블라오

전문가와 아마추어 무희들이 함께 무대에 서며 요일별로 공연 팀이 다양하게 바뀐다. 플라멩코를 처음 관람하거나 짧은 공연을 관람하기 원하는 사람들에게 안성맞춤이다. 음료와 식사 없이 30분 동안 쇼만 진행한다.

찾아가기 메트로 3호선 Liceu역에서 도보 10분
주소 Plaça Reial, 17 문의 933 04 12 10
공연 20:30, 21:30, 22:30 예산 17€~
홈페이지 www.masimas.com

추천 쇼핑

라 마누알 알파르가테라 La Manual Alpargatera

MAP p.194-C

원조 알파르가테라 신발 숍

바르셀로나를 방문하는 유럽 여성들의 쇼핑 품목 1위는 알파르가테라 신발이다. 바르셀로나의 수많은 신발가게 중 이곳이 눈에 띄는 이유는 천연 고무, 천연 섬유를 사용한 핸드메이드 제품만을 취급하기 때문이다. 알파르가테라는 지중해 연안에서 주로 신는 신발로 발등은 코튼, 리넨 등의 가벼운 천으로 감싸고 고무 바닥과 삼베로 엮어 통풍이 잘 되며 편안하다. 캐주얼한 옷에 잘 어울린다. 1951년 이후 디테일은 조금씩 변했으나 기본 디자인은 변함없이 유지해 오고 있다. 매장 안에서 번호표를 끊고 기다려야 할 정도로 인기가 좋다.

찾아가기 메트로 3호선 Liceu역에서 도보 10분 주소 Carrer Avinyó, 7 문의 933 01 01 72
영업 월~토요일 09:30~13:30, 16:30~20:00 휴무 일요일 예산 여성용 샌들 20€~ 홈페이지 www.lamanual.net

엠프렘테스 데 카탈루냐
Empremtes de Catalunya

MAP p.194-C

카탈루냐산 재료를 이용한 고급 생활용품

바르셀로나에서 하나뿐인 질 좋은 기념품을 사고 싶다면 이곳을 추천한다. 주방용품, 액세서리, 아이들 장난감, 홈데코 용품까지 다양한 아이템을 갖추고 있다.

찾아가기 메트로 3호선 Liceu역에서 도보 15분
주소 Carrer dels Banys Nous, 11
문의 936 53 72 14
영업 월~토요일 10:00~20:00, 일요일 10:00~14:00
예산 올리브나무로 만든 도마 20€
홈페이지 www.aratesania-catalunya.com

홈 온 어스 Home on Earth

MAP p.194-C

퀄리티 높은 다양한 제품을 한눈에

바르셀로나에 약 3개의 매장을 가지고 있는 홈 & 데코레이션 선물용품 전문 숍. 자체 제작한 퀄리티 높은 제품을 판매한다. 부드러운 색감의 나무와 패브릭으로 만든 제품들이 대부분이며 작은 식기부터 실내화까지 다양한 제품을 취급한다. 아이 쇼핑만 한다고 해도 꼭 들러볼 만한 숍.

찾아가기 메트로 3호선 Liceu역에서 도보 3분
주소 Carrer de la Boqueria, 14 문의 933 15 85 58
영업 월~토요일 09:30~21:00, 일요일 10:00~21:00
예산 나무 접시 10€~ 홈페이지 http://homeonearth.com

SHOPPING

크래프트 바르셀로나 아트 에스쿠데예르스 Crafts Barcelona Art Escudellers

MAP p.194-C

스페인의 유명한 세라믹 그릇 숍

스페인산 세라믹 타일과
그릇, 장식품까지 고루 갖
춘 숍으로 꼭 구입하지 않
더라도 구경해볼 만하다.
바르셀로나 시내 곳곳에

매장이 있다. 특히 레이알 광장 뒤편에 위치한 본
점은 규모가 크고 스페인의 각 도시별 도자기를
전시해놓아 세라믹 디자인의 지역적 특색을 한눈
에 파악할 수 있다. 세라믹 액세서리나 장식품도
구입 가능하다. 피카소 미술관 근처에 있어 함께
둘러보면 좋다.

찾아가기 메트로 3호선 Liceu역에서 도보 5분
주소 Carrer dels Escudellers 23, 25 문의 936 24 01 09
영업 월~토요일 10:30~22:00 휴무 일요일
홈페이지 www.escudellers-art.com

라 노스트라 시우타트 La Nostra Ciutat

MAP p.194-C

유니크한 기념품을 사고 싶다면 추천

바르셀로나 출신 로컬 디자이너들이 직접 만든
다양한 물건들이 가득 차 있다. 바르셀로나를 기
념하는 다양한 일러스트 그림들이 벽면을 가득
채우고 있고, 다양한 액세서리와 아동 코너가 별
도로 마련되어 있다. 편집용품이나 직접 구운 도
자기로 만든 액세서리도 매장을 채우고 있다. 지
인을 위한 선물 또는 바르셀로나를 추억할 그림
과 액자를 찾는 사람에게 추천.

찾아가기 메트로 4호선 Jaume I역에서 도보 5분
주소 Carrer del Pi, 11 문의 931 56 15 39 영업 매일
11:00~21:00 예산 포스터 10€~, 액세서리 15€~
홈페이지 http://lanostraciutat.co

포르탈 데 앙헬 거리 Portal de l'Àngel

MAP p.194-B

스페인 브랜드가 모두 모인 쇼핑가

카탈루냐 광장의 공항버스 정류장에서 찻길을
건너면 시작되는 메인 거리로, 스페인의 유명 브
랜드 숍이 모여 있어 쇼핑을 즐기기에 좋다. 의
류 브랜드 자라(ZARA)를 필두로 마시모 두티
(Massimo Dutti), 풀&베어(Pull&Bear), 버
쉬카(Bershka), 스트라디바리우스(Stradi-
varius), 속옷 브랜드 오이쇼(Oysho), 고급 의
류 & 액세서리 우테르케(Uterque) 등의 매장이
있다.

찾아가기 메트로 1·3호선 Catalunya역에서 도보 5분
영업 10:00~21:00 휴무 일요일

 **추천 숙소**

호텔 카탈로니아 아비뇨 Hotel Catalonia Avinyo

MAP p.194-C

관광과 쇼핑에 편리한 최적의 위치

짧은 여행 일정으로 잠만 잘 수 있는 저렴한 숙소를 원한다면 추천할 만한 곳이다. 객실은 깨끗한 편이며 옥상에는 수영장도 갖추고 있다. 호텔 바로 앞에 로컬 패션 숍들이 즐비하다. 숙소 주변의 크고 작은 광장에는 밤늦게까지 문을 여는 레스토랑, 카페, 바, 클럽 등이 모여 있어 최고의 위치를 자랑한다. 람블라스 거리와 대성당과도 도보 10분 거리다.

찾아가기 메트로 3호선 Liceu역에서 도보 10분 주소 Carrer d'Avinyó, 16 문의 932 70 21 70 요금 커플 100€~

호텔 바르셀로나 카테드랄
Hotel Barcelona Catedral

MAP p.194-D

최고급 시설과 최적의 위치를 자랑

대성당 주변에서 가장 규모가 크고 위치도 좋은 호텔로 투숙객들의 만족도도 상당히 높다. 스위트, 슈페리어, 익스클루시브 등 객실 타입이 다양해 선택의 폭이 넓다. 정원을 품고 있어 산책하기 좋으며, 레스토랑과 라운지 바도 운영하고 있다. 수요일과 일요일 저녁에는 고딕 지구를 무료로 가이드해 주는 서비스도 진행한다.

찾아가기 메트로 3호선 Liceu역에서 도보 10분
주소 Carrer dels Capellans, 4 문의 933 04 22 55
요금 트윈 190€~
홈페이지 www.barcelonacatedral.com

호텔 카탈로니아 카테드랄
Hotel Catalonia Catedral

MAP p.194-D

바르셀로나 쇼핑 거리와 가까운 숙소

공항버스 정류장과 도보 10분 거리에 있고, 호텔 바로 앞이 바르셀로나 제일의 쇼핑 거리다. 호텔은 수영장, 레스토랑, 카페, 바, 스파 등 부대시설을 잘 갖추고 있으며 시내 중심지에 있어서 관광을 하다가 피곤하면 언제든지 들어가 쉴 수 있다. 객실은 세련된 인테리어로 꾸며져 있고 모든 객실에 무료 Wi-Fi를 제공한다.

찾아가기 메트로 3호선 Liceu역에서 도보 10분
주소 Carrer Arcs, 10 문의 933 43 67 75
요금 트윈 160~260€
홈페이지 www.hoteles-catalonia.com

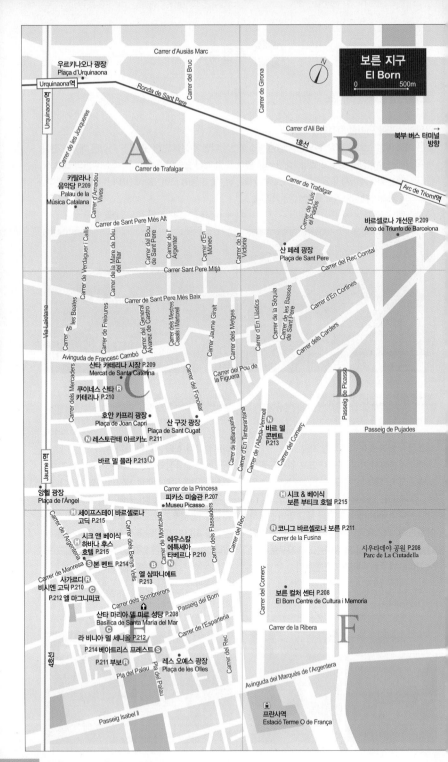

Carrer d'Ausiàs Marc

우르키나오나 광장
Plaça d'Urquinaona

Urquinaona역

Ronda de Sant Pere

Carrer del Bruc

Carrer de Girona

Carrer d'Alí Bei

보른 지구
El Born
0   500m

북부 버스 터미널
방향

A

Carrer de les Jonqueres

Carrer de Trafalgar

1호선

B

Arc de Triomf역

카탈라나
음악당 P.209
Palau de la
Música Catalana

Carrer d'Amadeu
Vives

Carrer de Trafalgar

Carrer de Lluís
el Piadós

바르셀로나 개선문 P.209
Arco de Triunfo de Barcelona

Carrer de Sant Pere Més Alt

Carrer del Bou
de Sant Pere

Carrer de l'
Argenter

Carrer d'En
Monec

Carrer de la
Victòria

산 페레 광장
Plaça de Sant Pere

Carrer del Rec Comtal

Carrer de Verdaguer i Callís

Carrer de la Mare de Deu
del Pilar

Carrer Sant Pere Mitjà

Carrer dels Mestres
Casals i Martorell

Carrer del General
Alvarez de Castro

Carrer de la Sèquia

Carrer d'En Cortines

Via Laietana

Carrer de les Beates

Carrer de Freixures

Carrer de Sant Pere Més Baix

Carrer Jaume Giralt

Carrer dels Metges

Carrer d'En Llàstics

Carrer de les Basses
de Sant Pere

Carrer dels Carders

Avinguda de Francesc Cambó

산타 카테리나 시장 P.209
Mercat de Santa Caterina

Carrer dels Mercaders

쿠이네스 산타
카테리나 P.210

C

Carrer del Fonollar

Carrer del Pou de
la Figuera

호안 카프리 광장
Plaça de Joan Capri

산 구갓 광장
Plaça de Sant Cugat

레스토란테 아르카노 P.211

바르 델 플라 P.213

Carrer de laBlanqueria

Carrer d'En Tantarantana

Carrer de l'Allada-Vermell

바르 델
콘벤트
P.213

Carrer del Comerç

Passeig de Picasso

D

Passeig de Pujades

Jaume I역

앙헬 광장
Plaça de l'Àngel

Carrer de la Princesa

피카소 미술관 P.207
Museu Picasso

시크 & 베이식
보른 부티크 호텔 P.215

세이프스테이 바르셀로나
고딕 P.215

시크 앤 베이식
하바나 후스
호텔 P.215

본 벤트 P.214

Carrer de l'Argenteria

Carrer de Manresa

Carrer dels Banys Vells

Carrer de Montcada

에우스칼
에툭세아
타베르나 P.210

Carrer dels Flassaders

코니그 바르셀로나 보른 P.211
Carrer de la Fusina

시우타데야 공원 P.208
Parc de La Ciutadella

사가르디
비시엔 고딕 P.210
P.212 엘 마그니피코

엘 샴파니에트
P.213

Carrer del Rec

Carrer dels Sombrerers

보른 컬처 센터 P.208
El Born Centre de Cultura i Memòria

산타 마리아 델 마르 성당 P.208
Basílica de Santa María del Mar

Passeig del Born

Carrer de l'Espartería

Carrer del Comerç

라 비니아 델 세니올 P.212

Carrer de la Ribera

F

4호선

P.214 베아트리스 프레스트

P.211 부뵤

레스 오예스 광장
Plaça de les Olles

Pla del Palau

Carrer del Rec

Avinguda del Marquès de l'Argentera

Passeig Isabel II

프란사역
Estació Terme O de França

 추천 볼거리
SIGHTSEEING

피카소 미술관
Museu Picasso   ★★

MAP p.206-C

피카소의 유년기 습작을 볼 수 있는 곳

피카소가 파리로 유학을 떠나기 전까지 살았던
곳으로 14세기에 지어졌다. 이후 건물을 개조
해 1963년 피카소가 기증한 작품을 전시하며
개관했다. 1968년 피카소가 직접 기부한 회화
와 스케치, 세라믹 작품들로 미술관을 채워 약
3000점의 컬렉션으로 구성되어 있는데, 그가
유년 시절에 그린 작품들은 천재성을 엿보기에
충분하다. 특히 벨라스케스의 대작 〈시녀들(Las
Meninas)〉을 모티프로 그린 창의적인 작품은
놓치지 말자. 보른 지구의 좁은 골목 안에 있어
찾기 어려울 수도 있으니 주의 깊게 살피자.

찾아가기 메트로 4호선 Jaume I역에서 도보 10분
주소 Carrer Montcada, 15-23
문의 932 56 30 00
운영 월요일 10:00~17:00, 화~일요일 09:00~20:30
(목요일은 ~21:30)
휴무 5/13, 5/20

요금 일반 12€, 16세 이하·65세 이상 무료
(목요일 18:00~21:30, 첫째 주 일요일,
2/12, 5/18, 9/24 전체 무료)
홈페이지 www.museupicasso.bcn.es

보른 컬처 센터
El Born Centre de Cultura i Memoria

MAP p.206-F

1876년 건설된 이 건물은 1920년대까지 보른 지구의 중심 역할을 하는 재래시장이었다. 그 후 야채와 과일을 파는 도매상가로 이용되다가 1980년대에 문을 닫았고 2011년 보수 공사를 거쳐 최근 다시 문을 열었다. 현재는 문화센터로 일반에게 공개하고 있다.

찾아가기 메트로 1호선 Arc de Triomf역에서 도보 10분
주소 Plaça Comercial, 12 문의 932 56 68 51
영업 화~일요일 10:00~20:00 휴무 월요일
요금 전시 4.40€
홈페이지 http://elbornculturaimemoria.barcelona.cat

산타 마리아 델 마르 성당
Basílica de Santa María del Mar

★★★

MAP p.206-E

보른 지구의 랜드마크

오래전 바다와 육지의 경계였던 곳에 출항을 앞둔 뱃사람들이 모여 안전을 기원하면서 기금을 모아 만든 성당. 1329년부터 50여 년에 걸쳐 지어졌고, 현재는 카탈루냐의 정치·경제의 중요한 상징이다. 당시 어부들이 성당을 짓기 위해 몬

주익 산의 돌을 깎아 등에 지고 나르던 상황을 묘사한 조각이 성당 입구 정면에 새겨져 있다. 건물 자체는 전형적인 카탈란 고딕 양식으로 평가받으며, 내부의 스테인드글라스 장식이 특히 아름답다. 성당 꼭대기의 팔각형 첨탑과 성당 정면 2층의 화려한 불꽃 모양의 창문 장식을 눈여겨보자.

찾아가기 메트로 4호선 Jaume I역에서 도보 10분
주소 Plaça de Santa Maria, 1 문의 933 10 23 90
운영 월~토요일 09:00~12:20, 15:00~20:30, 일요일 10:00~14:00, 17:00~20:00

시우타데야 공원
Parc de la Ciutadella

★★

MAP p.206-F

주말 나들이에 최적의 장소

몬주익과 구엘 공원 다음으로 바르셀로나 시민들이 사랑하는 휴식 공간이다. 넓은 공원 안에는 호수가 있고, 가우디가 참여해 공동 제작한 조각 장식의 커다란 분수와 동물원, 식물원도 있다. 관광과 쇼핑을 즐긴 후 시에스타 시간에 들러 휴식을 취하기 좋다. 주말에는 소풍 나온 스페인 가족들과 서커스 곡예사, 기타를 연주하는 젊은

이들을 만날 수 있다.

찾아가기 메트로 1호선 Arc de Triomf역에서 도보 5분
주소 Passeig de Picasso, 21
문의 638 23 71 15 운영 매일 10:00~20:00

바르셀로나 개선문
Arco de Triunfo de Barcelona ★

MAP p.206-B

바르셀로나의 상징

메트로 1호선 아르크 데 트리옴프(Arc de Triomf)역에 내리면 바로 보이는 큰 개선문. 주변으로는 곧게 내리뻗은 산책로가 이어진다. 1888년 세계박람회 당시 외국인들의 바르셀로나 방문을 환영한다는 의미로 건설했다.

찾아가기 메트로 1호선 Arc de Triomf역에서 바로
주소 Passeig Lluís Companys

산타 카테리나 시장
Mercat de Santa Caterina ★

MAP p.206-C

바르셀로나의 전통 재래시장

1848년에 문을 열어 지금까지 이어져 오는 전통 재래시장. 리노베이션을 한 후 파도가 출렁이듯 독특하고 화려한 지붕으로 더 유명해졌다. 보케리아 시장처럼 현지의 서민들이 즐겨 이용하는 시장으로 신선한 과일과 채소, 육류 및 해산물, 어패류, 치즈와 와인 숍들이 빼곡히 입점해 있고

빵집과 바르, 카페 등도 있다. 대성당 옆으로 난 큰 차도를 건너면 바로 보인다.

찾아가기 메트로 4호선 Jaume I역에서 도보 10분
주소 Avinguda de Francesc Cambó, 16
문의 933 19 57 40 운영 월·수·토요일 07:30~15:30,
화·목·금요일 07:30~20:30(가게마다 다름) 휴무 일요일
홈페이지 www.mercatsantacaterina.com

카탈라나 음악당
Palau de la Música Catalana ★

MAP p.206-A

몬타네르의 최고 걸작

20세기 초 가우디만큼이나 명성이 높았던 모더니즘 건축가 도메네크 이 몬타네르의 최고 걸작으로 손꼽히는 건축물이다. 형형색색의 모자이크 타일과 스테인드글라스로 장식된 실내, 정교한 조각들이 매우 아름답다. 1905년과 1908년 사이에 지어진 카탈란 모더니즘 작품으로는 최고로 꼽힌다. 유명한 공연이 열리는 음악당으로 사용되며 클래식 기타 연주와 플라멩코쇼 등 관광객을 위한 공연이 주를 이룬다. 공연을 관람하지 않아도 내부만 둘러보는 가이드 투어가 있으므로 참가해 보자. 공연 정보는 홈페이지에서 확인할 수 있으며 예약도 가능하다.

찾아가기 메트로 1·4호선 Urquinaona역에서 도보 5분
주소 Carrer de Palau de la Música, 4-6
문의 932 95 72 00
운영 매표소 월~토요일 09:30~21:00, 일요일
10:00~15:00 ※가이드 투어 월~토요일
10:00~15:30(매시 30분 영어·프랑스어로 55분간 진행)
휴무 일요일 요금 20€(가이드 투어)
홈페이지 www.palaumusica.org

 아이콘

추천 레스토랑

사가르디 비시엔 고딕 Sagardi BCN Goti

MAP p.206-E

간단하게 골라 먹는 재미가 있는 곳

산타 마리아 델 마르 성당으로 가는 길목에 위치한 핀초 레스토랑. 실내에 의자가 없어 바 주변에 둘러서서 골라온 핀초를 맛보는 구조다. 사람이 많아 왁자지껄한 분위기에 떠들면서 음식을 즐기기 좋은 곳으로 전형적인 파이스 바스코 지방의 타베르나(바르) 문화를 체험할 수 있다. 야외 테라스 의자에 앉을 경우 핀초 1개당 약 30~50¢의 자릿값을 더 내야 한다.

찾아가기 메트로 4호선 Jaume I역에서 도보 10분 주소 Carrer de l'Argenteria, 62 문의 933 43 54 10
영업 월·수~일요일 10:00~24:00 휴무 화요일 예산 핀초(개당) 3€~ 홈페이지 www.sagardi.com

에우스칼 에특세아 타베르나
Euskal Etxea Taberna

MAP p.206-E

바스크 지방의 전통 핀초 맛보기

핀초는 바게트 빵 위에 소시지, 치즈, 채소볶음, 하몬과 해산물 등 다양한 재료로 만든 요리를 먹기 좋게 올려놓은 음식을 말한다. 바에서 접시를 받아 음식을 골라 담고 남은 꼬치 수로 계산을 한다. 마실 것으로는 와인이나 맥주, 또는 바스크 지방의 전통주인 특사콜리(Txacoli)가 있다.

찾아가기 메트로 4호선 Jaume I역에서 도보 15분
주소 Placeta de Montcada, 1
문의 933 10 22 00 영업 화~토요일 13:30~16:00,
월~목요일 20:30~23:30, 금·토요일 20:30~24:00
예산 핀초(개당) 3€~, 맥주 2.50€~,
클라라(맥주 칵테일) 2.80€~

쿠이네스 산타 카테리나
Cuines Santa Caterina

MAP p.206-C

산타 카테리나 시장 내의 레스토랑

신선한 재료로 만든 맛있는 음식을 맛볼 수 있다. 실내는 모던한 분위기로 꾸며져 있고 꽤 넓은 편이지만 관광객과 현지인들로 붐벼 언제나 줄을 서서 들어가야 한다. 지중해 음식과 아시아 퓨전 음식 외 100여 가지 음식을 선보인다. 오징어 먹물로 만든 파에야(아로스 네그로)와 싱싱한 해산물 요리를 추천한다.

찾아가기 메트로 4호선 Jaume I역에서 도보 10분
주소 Avinguda de Francesc Cambó, 16
문의 932 68 99 18
영업 매일 13:00~16:00, 20:00~23:30
예산 애피타이저 10€~, 메인 요리 20€~

부보 Bubó

MAP p.206-E

매장에서 직접 만든 수제 초콜릿 & 케이크

바르셀로나에서 유명한 초콜릿 & 케이크 숍으로 언제라도 맛있는 케이크와 커피, 초콜라테를 맛볼 수 있다. 요리사와 디자이너가 공동 작업하여 초콜릿, 케이크, 마카롱 등을 예술의 경지로 끌어올렸다는 평가를 받고 있다. 작은 미니 케이크는 4€에 부담 없이 즐길 수 있다. 이곳은 바도 갖추고 있어 커피와 간단한 샌드위치 등으로 아침 식사를 하기에 좋다.

찾아가기 메트로 4호선 Jaume I역에서 도보 10분 주소 Carrer de les Caputxes, 10 문의 932 68 72 24
예산 미니 초콜릿 선물세트 & 케이크 7€~ 홈페이지 www.bubo.es

레스토란테 아르카노
Restaurante Arcano

MAP p.206-C

완벽한 한끼를 위한 선택

아름답고 전통적인 건물의 고즈넉한 분위기를 즐기며 천천히 식사를 즐기고 싶다면 꼭 찾아가 볼만한 식당. 구운 고기 요리와 생선 요리를 전문으로 다루는 지중해식 음식점이다. 36€부터 시작해 다양한 가격대의 코스 요리가 준비 되어 있다. 특히 메뉴 데구스타시온을 선택하면 다양한 요리를 접해볼 수 있다.

찾아가기 메트로 4호선 Jaume역에서 도보 5분
주소 Carrer dels Mercaders, 10 문의 932 95 64 67
영업 월~목요일 18:30~24:00, 금~일요일
13:00~17:30, 18:30~24:00
예산 메뉴 데구스타시온 45~55€
홈페이지 www.arcanobarcelona.com

코니그 바르셀로나 보른
Konig Barcelona Born

MAP p.206-F

보른 지구에서 가장 합리적인 레스토랑

헤로나에 본점을 두고 있는 레스토랑으로 다양한 종류의 샌드위치와 햄버거, 타파스 등을 선보인다. 바르셀로나에 지점이 2곳 있는데 이 매장은 규모가 넓은 편이다. 야외 테라스 카페가 있으며 실내가 쾌적하다. 아름다운 보른 광장에 위치해 있어 주변에 볼거리와 레스토랑이 집중돼 있다.

찾아가기 메트로 1호선 Arc de Triomf역에서 도보 10분
주소 Carrer Fusina 3
문의 935 41 65 71
영업 매일 08:30~24:00
예산 1인 10€~
홈페이지 konig.cat

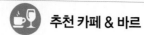

추천 카페 & 바르

엘 마그니피코 El Magnífico

MAP p.206-E

세계 각국의 커피 원두를 판매하는 카페

1919년부터 과테말라, 에티오피아, 브라질, 살바도르, 코스타리카, 콜롬비아 등 수많은 국가를 찾아다니면서 좋은 커피만을 수집해 직접 로스팅하는 바르셀로나의 로컬 커피 판매점. 스페인 내에서도 명성이 높을 뿐 아니라 유럽 내에서도 유명한 커피 공급처로 3대에 걸쳐 가업을 이어오고 있다. 한쪽 벽면에는 다양한 커피잔을 전시해놓았으며, 커피 원두를 설명해놓은 카탈로그도 비치해 원하는 커피를 직접 보고 고를 수 있다. 매장 한쪽에서 코르타도(에스프레소에 우유를 조금 넣은 커피), 카페콘레체(밀크 커피) 등을 마셔보자. 산타 마리아 델 마르 성당 근처에 있다.

찾아가기 메트로 4호선 Jaume I역에서 도보 5분 주소 Carrer de l'Argenteria, 64 문의 933 19 39 75
영업 월~토요일 10:00~20:00 휴무 일요일 예산 커피 2~3€ 홈페이지 www.cafeselmagnifico.com

라 비니아 델 세니올 La Vinya del Senyor

MAP p.206-E

전통이 느껴지는 와인 전문점

2층 건물의 와인 숍으로 내부는 작지만 늘 사람들로 가득 차 있다. 테라스석에 앉아 간단한 타파스 안주와 와인을 마시며 거리를 구경하기 좋다. 카탈루냐산 와인과 포르투산 와인, 스페인 남부의 헤레스산 와인 등도 취급한다. 바르셀로나에서 질 좋은 고급 와인을 맛보고 싶은 사람들에게 추천한다. 산타 마리아 델 마르 성당 정면 바로 앞에 있다.

찾아가기 메트로 4호선 Jaume I역에서 도보 10분
주소 Plaza Santa Maria, 5
문의 933 10 33 79
영업 월~목요일 12:00~01:00,
금·토요일 12:00~02:00, 일요일 12:00~24:00
예산 와인 1잔 3€~, 1병 15€~

바르 델 콘벤트 Bar del Convent

MAP p.206-D

옛 수도원 건물에 있는 아름다운 카페

14~15세기에 지어진 고딕 양식의 아름다운 건물 안쪽에 있는 카페테리아. 지금은 문화센터로 운영되고 있어서 아이들을 데리고 온 부모들의 발걸음이 잦은 편. 내부에는 어린이들을 위한 공간이 별도로 마련되어 있고 야외 테라스에는 테이블이 5~6개 놓여 있어 아름다운 건물을 감상하며 쉬어가기에 제격이다. 음료만 판매하며, 피카소 미술관에서 도보 5분 거리에 있다.

찾아가기 메트로 4호선 Jaume I역에서 도보 10분
주소 Plaça de l'Acadèmia, 0 문의 932 56 50 17
영업 화~토요일 10:00~20:00
휴무 월·일요일 예산 커피 2€, 클라라 2.50€

엘 샴파니에트 El Xampanyet

MAP p.206-E

1920년대부터 이어온 전통 바르

낡고 오래된 곳이다. 할아버지 웨이터들이 주문을 받고 와인을 따라준다. 주말이면 서있을 틈이 없을 정도로 붐빈다. 잔 맥주나 와인, 기본 타파스를 맛볼 수 있다. 칸타브리아 지방의 안초비(절인 생멸치), 하몬과 치즈, 올리브 등의 기본 타파스가 맛 좋기로 유명하다. 오래된 스페인 전통 주점의 왁자지껄한 분위기를 즐기고 싶다면 추천한다.

찾아가기 메트로 4호선 Jaume I역에서 도보 5분
주소 Carrer de Montcada, 22 문의 933 19 70 03
영업 화~토요일 12:00~15:30, 19:00~23:00,
일요일 12:00~15:30 휴무 월요일 예산 모둠 치즈 8€~

바르 델 플라 Bar del Pla

MAP p.206-C

맛있는 타파스로 유명

피카소 미술관에서 도보 1분 거리에 있어 관람 후 출출할 때 들르면 좋은 곳. 가격 대비 양이 적지만 맛있는 타파스를 선보인다. 카탈란 전통 음식을 작은 타파스로 즐길 수 있고 와인과 샴페인 리스트도 훌륭하다. 바르셀로네타의 신선한 생선 타파스, 전통 감자튀김(파타타브라바스), 큰 크로켓(봄바 크로케타스), 오징어를 넣은 크로켓(크로케타 데 칼라마레스), 거위 간으로 만든 타파스 등의 메뉴가 있다.

찾아가기 메트로 4호선 Jaume I역에서 도보 5분 주소 Carrer Montcada, 2 문의 932 68 30 03
영업 월~목요일 12:00~23:00(금·토요일은 ~24:00) 휴무 일요일 예산 1인 25€~ 홈페이지 www.bardelpla.cat

추천 쇼핑

베아트리스 프레스트 Beatriz Furest

MAP p.206-E

깔끔하고 세련된 가죽 브랜드

가방과 신발을 비롯해 벨트, 지갑, 팔찌 등 가죽
으로 만든 다양한 액세서리를 판매한다. 100%
바르셀로나 디자인만을 고수하며 빈티지한 느낌
이 매력이다. 특히 가방은 기본에 충실한 디자인
이며 오래 사용할수록 멋스러운 분위기를 낸다.
카사 밀라 주변(Bulevard Rosa)의 쇼핑몰 안
에도 입점해 있다.

찾아가기 메트로 4호선 Jaume I역에서 도보 10분
주소 Carrer de l'Esparteria, 1 문의 932 68 37 96
영업 월~토요일 11:00~21:00 휴무 일요일
홈페이지 www.beatrizfurest.com

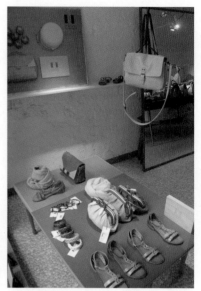

본 벤트 BON VENT

MAP p.206-E

유러피언 감성의 액세서리들을 한자리에

유럽 각지 및 모로코에서 직접 공수한 제품들로
매장이 가득 차 있다. 구경하는 재미도 쏠쏠한
곳. 신발과 가방, 패션 액세서리부터 홈 인테리
어를 도와주는 제품들이 한자리에 모여 있다. 아
름다운 세라믹 그릇과 주방용품, 시즌별로 달라
지는 홈 데코레이션 용품들을 쇼핑하기 좋은 곳.
매장 인테리어도 흥미로우니 관심 있는 사람들은
놓치지 말자.

찾아가기 메트로 4호선 Jaume I역에서 도보 5분
주소 Carrer de L'argenteria 41 문의 932 95 40 53
영업 월~금요일 10:00~20:30, 토요일 10:00~21:00
휴무 일요일 예산 작은 세라믹 그릇 8€~
홈페이지 http://bonvent.cat

> **Tip** 보른 거리(Passeig del Born)

평범함을 거부하는 개성파 여행자라면 보른 거리
로 나서보자. 오래된 건물이 늘어선 거리 양편으로
주인의 개성이 고스란히 묻어 있는 세상에 단 하나
뿐인 물건들을 파는 숍들이 즐비하다. 로컬 디자이
너들의 공방을 비롯해 숍에서 직접 만든 핸드메이
드 제품, 질 좋은 가죽으로 만든 가방과 신발, 또는
유럽의 유명 브랜드 중에서 엄선한 물건들을 모아
놓은 멀티숍과 홈인테리어 편집숍들을 만날 수 있
다. 구석구석 숨어 있는 보물을 찾으러 가는 기분
좋은 쇼핑이 될 것이다.

찾아가기 메트로 4호선 Jaume I역에서 도보 10분.
산타 마리아 델 마르 성당 앞에 곧게 뻗은 골목길이다.

추천 숙소

시크 & 베이식 보른 부티크 호텔 Chic & Basic Born Boutique Hotel

MAP p.206-D

다양한 콘셉트의 호텔과 아파트

바르셀로나에서 각 지구별로 호텔, 호스텔, 아파트 렌털 등 다양한 형태의 숙소를 운영하는 숙박 체인. 주요 관광지만 둘러볼 목적인 여행자에게는 이동이 불편한 단점이 있지만 고급스러운 레스토랑과 나이트라이프를 즐기고, 현지인들의 삶에 좀 더 가까이 가고 싶은 사람이라면 머물기 좋다. 올 화이트 컬러의 인테리어로 깔끔함을 강조했다. 홈페이지에서 각 지역별 숙소 정보를 한눈에 볼 수 있다.

찾아가기 메트로 4호선 Barceloneta역에서 도보 15분 주소 Carrer de la Princesa, 50
문의 932 95 46 52 요금 더블 100€~ 홈페이지 www.chicandbasic.com

세이프스테이 바르셀로나 고딕
Safestay Barcelona Gothic

MAP p.206-E

배낭여행객에게 제격인 도미토리

바르셀로나 시내 중심에서 저렴하게 즐겁게 지내고 싶은 배낭여행객이라면 이곳을 놓치지 말 것. 10여 개의 이층 침대가 놓여 있는 도미토리 룸이 대부분이지만 그 외 일층 로비, 옥상 테라스, 식당 등 공동 공간이 넓고 깨끗하고 쾌적하게 꾸며져 있다. 늦은 밤까지 관광을 하고 시내에서 머물다 떠나는 여행객이 하루 이틀 짧게 머물기에는 위치, 가격, 시설, 분위기 모두 만족할 만한 곳이다.

찾아가기 메트로 4호선 Jaume역에서 도보 4분
주소 Carrer Vigatans, 5 문의 932 31 20 45
요금 도미토리 1인 30€

시크 앤 베이식 하바나 후스 호텔
Chic & Basic Havana Hoose Hotel

MAP p.206-E

고품격의 세련된 호텔

 고딕 지구의 대성당과 람블라스 거리에서 가깝고, 바르셀로네타 해안까지도 금세 둘러볼 수 있는 위치에 있다. 18세기의 아름다운 건축물 내에 43개의 객실을 운영한다. 숙소 주변에 바르와 레스토랑 등 즐길 거리가 많다.

찾아가기 메트로 4호선 Jaume I역에서 도보 5분
주소 Carrer Argenteria, 37 문의 932 68 84 60
요금 싱글 90€, 커플 100€~, 스위트 130€~
홈페이지 www.hotelbanysorientals.com

에이샴플레 지구
Eixample

0 ————— 200m

A

B

C

D

카사 밀라 P.219
Casa Milà

카사 무스털 P.225
카사 바센스 P.218 방향

가우디 박물관 P.220
방향

갤러리 호텔 H P.225

카이사포룸 바르셀로나 P.225

산타 에우라리아 P.224 S

독토르 레탄멘트 광장
Plaça del Doctor Letamendi

안토니 타피에스 재단 P.219
Fundació Antoni Tàpies

람블라데 카탈루냐 P.224 S
Rambla de Catalunya

세르베세리아
카탈라나 P.222

카사 바트요 P.219
Casa Batlló

발바이플라 미술관 P.221
Fundació Antoni Tàpies

미요
마우 P.222

바르셀로나 중앙 대학
Universitat

앤 아디 스토리스
P.224

카사 칼베트
Casa Calvet

카사 파밀리아 성당 P.217
Temple de la Sagrada Família

사그라다 파밀리아 광장
Plaça de la Sagrada Família

가우디 광장
Plaça de Gaudí

모누멘탈 투우장
Plaça de Toros
Monumental

바르셀로나 개선문 P.209
Arco de Triunfo de Barcelona

바르셀로나 음악당 P.209
Palau de la Música Catalana

바르셀로나 현대 미술관 P.184
Museu d'Art Contemporani de Barcelona

카탈루냐 광장 P.181
Plaça de Catalunya

북부 버스 터미널
Estació d'Autobuses

신 피우 병원 → ↑
방향

Carrer de Rosselló

Carrer de Mallorca

Carrer de València

Carrer de Pau Clarís

Carrer del Bruc

Carrer de Girona

Carrer Roger de Llúria

Carrer de la Diputació P.223

Carrer de Sicília

Carrer de Nàpols

Carrer Roger de Flor

Carrer de Sardenya

Carrer de Sardenya

Carrer de Ribes

Gran Via de les Corts Catalanes

Gran Via de les Corts Catalanes

Carrer de Casp

Carrer Ausias Marc

Carrer de Trafalgar

Carrer Sant Pere Més Baix

Carrer de Consell de Cent

Carrer de Consell de Cent

Carrer Enric Granados

Carrer de Aribau

Carrer de Muntaner

Carrer de Casanova

Carrer de la Diputació

Passeig de Sant Joan

Passeig de Sant Joan

Passeig de Gràcia

Passeig de Gràcia P.220 그라시아 거리 Passeig de Gràcia

Passeig de Gràcia역

Ronda de Sant Pere

Carrer Fontanella

Carrer dels Tallers

Carrer del Carme

Carrer Valldonzella

Carrer de Tamarit

Sant Antoni

다이아고날 거리 Avinguda Diagonal

Tetuan역
테투안 광장
Plaça de Tetuan

Girona역

Verdaguer역

Diagonal역

Monumental역

Urquinaona역

Catalunya역

Universitat역

2호선

5호선

3호선

4호선

1호선

Sagrada Família역
P.220

사그라다 파밀리아역 P.220

Verdaguer역
↑구엘 공원 P.219
방향

↑가우디 박물관
방향

캄포 누 P.221,
구엘 별장 P.218 방향

구엘 저택 P.218 방향

Montmeló역

216

에이샴플레 지구
EIXAMPLE

추천 볼거리
SIGHTSEEING

사그라다 파밀리아 성당 ★★★
Templo de la Sagrada Familia

MAP p.216-C

가우디 생애 최고의 걸작

바르셀로나의 상징이자 가우디의 최고 걸작으로
평가받는 대성당. 1883년 31세였던 가우디는
성당 건축에 전 생애를 바쳤다. 100년이 넘은 현
재까지도 건설 중이고 완성하기까지 앞으로 얼
마나 더 걸릴지 예측할 수 없다. 정면에는 예수를
상징하는 중앙의 첨탑과 4대 복음 성인 마태, 누
가, 마가, 요한을 상징하는 4개의 첨탑, 그리고
예수의 열두 제자를 상징하는 12개의 첨탑이 장
식되어 있다. 성당은 방문객의 입장료로 계속 건
설되고 있다. 성당 꼭대기로 올라가는 엘리베이
터를 타려면 별도의 입장료를 내야 한다. 내려올
때는 계단을 이용한다.

찾아가기 메트로 2·5호선 Sagrada Familia역에서 바로
주소 Carrer de Mallorca, 401 문의 932 08 04 14
운영 4~9월 09:00~20:00, 11~2월 09:00~18:00,
3·10월 09:00~19:00 요금 성당 15€(온라인 예약),
성당+가이드 투어 24€(사전 예약 필수)
홈페이지 www.sagradafamilia.cat

바르셀로나에서 만날 수 있는 가우디의 작품들

'직선은 인간의 선이며, 곡선은 신의 선이다'라고 말한 가우디의 예술 세계를 그 누가 상상이나 할 수 있을까? 한 작가의 작품 하나가 세계문화유산에 등재되기란 힘든 일인데 가우디의 작품은 무려 3개나 등재되었으며, 모두 바르셀로나에서 만날 수 있다.

1 카사 비센스 ★
Casa Vicens(1878~1888)

MAP p.178-B

가우디가 건축학교를 졸업하기도 전에 설계한 건물로 바르셀로나 시에서 수여하는 건축상을 받기도 했다. 첫 작품인 만큼 열정을 쏟아 공사 현장에서 기술자들을 직접 지휘하며 엄격하게 건물을 지어 나갔다고 한다. 훗날 가우디는 이 같은 시공 태도를 원칙으로 고수했다. 이곳은 지하와 반지하, 지상 4층으로 이루어져 있으며 2018년부터 일반에게 공개하고 있다.

찾아가기 메트로 3호선 Fontana역에서 도보 10분
주소 Carrer de les Carolines, 18~24
운영 매일 10:00~20:00 요금 일반 16€

2 레이알 광장의 가로등 ★
Fanals de la Plaça Reial(1879)

MAP p.180-F

1878년 가우디가 학교를 졸업한 후 처음으로 제작한 작품. 바르셀로나 시의 공공사업으로 시내 전 지역에 설치될 예정이었으나 1879년 레이알 광장에만 설치되었다.

찾아가기 메트로 3호선 Liceu역에서 도보 10분
주소 Plaça Reial

3 구엘 별장 ★★
Finca Güell(1884~1887)

MAP p.178-E

시내 중심부를 벗어난 디아고날 거리 너머 넓은 주택가에 위치해 있다. 굳게 닫힌 쇠문은 1885년 가우디의 디자인 하에 공방에서 제작한 것으로 마차가 드나드는 출입문으로 이용됐다. 현재 별장의 대부분은 대학 부지로 매입됐다.

찾아가기 메트로 3호선 Maria Cristina역에서 도보 10분
주소 Avinguda de Pedralbes, 7

4 구엘 저택 ★
Palau Güell(1886~1889)

MAP p.179-K

구엘은 아버지의 집과 자신의 건물을 정원으로 연결하고 싶은 마음에 대지를 매입한 후, 가우디에게 새로운 저택 설계를 의뢰한다. 당시 부르조아들은 새로운 아르누보 스타일의 건축물을 지어 부와 명예를 자랑했는데 가우디 이에 맞춰 기존의 건축 양식에서 과감히 탈피해 격식 있고 세련된 건물을 설계하기 위해 힘썼다. 새로운 아이디어로 집 내부와 외관, 옥상의 야외 정원과 지하 1층의 마구간을 설계했다.

찾아가기 메트로 3호선 Liceu역에서 도보 5분
주소 Carrer Nou de la Rambla, 3-5

5 구엘 공원
Parc Güell(1900~1914)
★★★

MAP p.178-B

가우디의 후원자이자 파트너였던 구엘 백작은 도시의 소음에서 벗어나고자 가우디에게 전원주택 건설을 의뢰했다. 그러나 건설도 중 차질이 생겨 공사는 중단되고 가우디는 중앙 광장과 도로, 경비실과 관리실만 설계한다. 훗날 구엘 가족들이 이곳을 바르셀로나 시에 기증하면서 구엘 공원으로 탄생했다. 가우디는 자연미를 살린 건축물을 짓기 위해 통상적인 도로 건설 방법을 탈피했다. 산을 깎아내고 흙으로 계곡과 시냇가를 메우는 대신 산의 원형을 고스란히 살리기 위해 등고선을 따라 도로를 건설하고 움푹 들어간 곳을 메우기보다는 그 위에 다리를 설치했다. 구석구석 가우디의 손길이 닿은 공원은 14년간 계속 지어졌지만 결국 60여 채의 건물을 세우려던 계획은 수정되어 건물 3개 동만 건설되고 만다. 현재 구엘 공원의 상징물인 모자이크 분수와 구불거리며 물결치는 형태의 세라믹 타일 벤치가 광장을 둘러싸고 있다. 공원 내에 가우디가 살았던 가우디 박물관도 있다.

찾아가기 메트로 3호선 Lesseps역에서 도보 15분
주소 Carrer d'Olot, s/n
운영 1/1~3/25·10/29~12/31 08:30~18:30
(3/1~3/25은 ~18:00), 3/26~4/30·8/28~10/28
08:30~20:30, 5/1~8/27 08:00~21:30 요금 일반 10€

6 카사 바트요
Casa Batlló(1904~1906)
★

MAP p.216-B

가우디가 왕성하게 활동하던 시절인 1904년 건물주인 호셉 바트요의 요청으로 재보수하면서 탄생한 걸작이다. 가우디는 1904년부터 2년 여에 걸쳐 공사를 진행했는데, 개축이 새롭게 설계하는 것보

다 어려워 고민 끝에 1층과 2층 건물 정면을 새롭게 만든다. 건물 정면은 색유리의 파편과 원형 타일로 마감하여 햇빛을 받으면 화려하게 반짝이며 실내까지 밝은 빛을 전한다. 바다를 테마로 물결치듯이 구불거리는 곡선을 살린 내부는 가우디의 천재성을 엿볼 수 있는 부분이다. 1969년 스페인의 역사문화유산으로 지정되었으며 가우디의 걸작으로 높이 평가받고 있다. 입장 시 곡선 처리된 실내를 모두 볼 수 있고, 2층 외 옥상과 다락방까지 관람 가능하지만 규모는 카사 밀라보다 훨씬 작다.

찾아가기 메트로 3호선 Passeig de Gracia역에서 바로
주소 Passeig de Gràcia, 43 문의 932 16 03 06
운영 매일 09:00~21:00(마지막 입장은 ~20:00)
요금 일반 25€(온라인 예약), 학생 22€
(오디오 가이드 포함) 홈페이지 www.casabatllo.es

7 카사 밀라
Casa Mila(1905~1910)
★★★

MAP p.216-B

사그라다 파밀리아 성당을 짓기 전에 가우디가 완성한 대표 작품으로, 1906년부터 4년에 걸쳐 지은 고급 아파트다. 한 층에 4가구가 살고 있고 가구당 약 400㎡의 공간과 지하 차고까지 갖추고 있다. 현재도 사람들이 거주하고 있는 아파트의 최상층에서는 가우디의 건축 작품 평면도와 슬라이드를 전시하고, 비디오를 상영한다. 그 밖에 건축 당시 사람들이 살던 실내를 그대로 재현해놓아 각 방의 구조뿐만 아니라 가우디가 직접 디자인한 가구들까지 모두 둘러볼 수 있다. 파도가 물결치는 듯한 건물 모양 때문에 '채석장'이라는 별칭도 가지고 있다. 집안 구조도 모두 둥글게 처리돼 있고, 옥상에는 가우디의 걸작인 독특한 모양의 굴뚝도 있다. 줄을 길게 서므로 홈페이지에서 티켓 예매는 필수다.

찾아가기 메트로 3·5호선 Diagonal역에서 도보 2분
주소 Provença, 261-265 문의 932 14 25 76
운영 3/3~11/5·12/26~1/3 09:00~20:30,
11/6~12/24·1/4~3/2 09:00~18:30 휴무 12/25
요금 일반 22€, 학생 16.50€,
7~12세 11€, 6세 이하 무료
홈페이지 www.lapedrera.com

산 파우 병원
Recinte Modernista de Sant Pau ★★★

MAP p.179-C

중후한 건축미가 돋보이는 병원

1902년 카탈루냐 건축가 몬타네르는 48개의 동을 가진 현대식 병원을 설계한다. '예술에는 사람을 치유하는 힘이 있다'라는 신념으로 기존의 차가운 병원의 이미지에서 벗어나 편안하고 안락한 모습으로 디자인한다. 카탈루냐 지방의 중요한 문화유산인 산 파우 병원은 1997년 유네스코 세계문화유산으로 등재되었다. 수년간의 보수 공사 끝에 2016년부터 일반에게 공개되었다. 사그라다 파밀리아 성당과 가깝다.

찾아가기 메트로 5호선 Hospital de Sant Pau역에서 바로
주소 Carrer Sant Antoni Maria Claret, 167
문의 935 53 78 01
운영 11~3월 월~토요일 10:00~16:30
(일요일·공휴일은 ~14:30), 4~10월 10:00~18:30
(일요일·공휴일은 ~14:30)
휴무 1/1, 1/6, 12/25
요금 일반 14€, 12~29세 9.80€, 12세 이하 무료
홈페이지 www.santpaubarcelona.org

가우디 박물관
Casa Museu Gaudí ★

MAP p.178-B

가우디가 살았던 집을 박물관으로

구엘 공원을 짓는 동안 가우디는 공원 내 부지에 집을 짓고 살았다. 1906년부터 1925년까지 가우디가 사용한 건물을 박물관으로 개조해 1963년에 일반에게 공개했다. 그의 개인 물건과 소장품 외 직접 디자인한 가구와 사용한 침구, 테이블 등을

고스란히 전시하고 있다.

찾아가기 메트로 3호선 Lesseps역에서 도보 15분(구엘 공원 안에 위치)
주소 Park Güell, Carretera del Carmel, 23A
운영 10~3월 10:00~18:00, 4~9월 09:00~20:00
요금 일반 7.50€
홈페이지 www.casamuseugaudi.org

그라시아 거리
Passeig de Gràcia ★★★

MAP p.216-B

바르셀로나 최고의 쇼핑 거리

카탈루냐 광장에서 북서쪽으로 곧게 뻗은 거리로 명품 숍들이 즐비한 최고의 번화가. 스페인을 대표하는 명품 브랜드 로에베(Loewe)를 비롯해 막스마라(Max Mara), 코스(Cos), 빔바 이 롤라(Bimba y Lola), 아돌포 도밍게스(Adolfo Dominguez), 캠퍼(Camper) 등 다양한 가격대의 개성 강한 브랜드가 모여 있다. 매

장 규모도 커서 쇼핑하는데 집중하다 보면 시간 가는 줄 모른다. 바로 옆에 뻗은 길(Rambla de Catalunya)도 번화가를 이루고 있다.

찾아가기 메트로 2·3·4호선 Passeig de Gràcia역에서 바로

안토니 타피에스 미술관 ★
Fundació Antoni Tàpies

MAP p.216-B

바르셀로나가 자랑하는 현대 미술의 거장

바르셀로나 출신인 안토니 타피에스는 20세기를 대표하는 현대 미술의 거장으로 2012년 88세의 나이로 타계했다. 루이스 도메네크 이 몬타네르가 설계하여 1984년에 완공된 미술관에는 그의 작품들이 전시되어 있다. 회화와 콜라주, 조각, 판화에 이르는 그의 모든 작품을 만날 수 있다. 건물 옥상에 설치된 철사뭉치처럼 보이는 것은 〈Cloud and Chair〉라는 작품으로 건물 입구에서부터 눈길을 사로잡는다.

찾아가기 메트로 2·3·4호선 Passeig de Gràcia역에서 도보 5분 주소 Carrer d'Aragó, 255 문의 934 87 03 15 운영 화~일요일 10:00~19:00(금요일은 ~21:00, 일요일은 ~15:00) 휴무 월요일 요금 일반 8€
홈페이지 www.fundaciotapies.org

캄프 누 ★★★
Camp Nou

MAP p.178-I

FC 바르셀로나의 홈그라운드

1957년에 지어진 이후 증축 공사를 거쳐 현재는 11만8000명을 수용할 수 있는 유럽 최대의 축구장이다. 경기장 내에 FC 바르셀로나 팀의 역사와 선수들에 관한 모든 것을 전시한 박물관도 있다. 기념품 숍에서는 유니폼, 축구공 등 FC 바르셀로나 로고가 새겨진 잡화를 구입할 수 있다.

찾아가기 메트로 3호선 Maria Cristina역 또는 5호선 Collblanc역에서 도보 10분, 경기장 7번과 9번 게이트를 통해 입장
주소 Carrer d'Aristides Maillol, 12
문의 902 18 99 00
운영 월~토요일 10:00~19:30, 일요일·공휴일 10:30~14:00
요금 박물관+경기장 투어 일반 21€, 투어플러스 35€, 6~13세 20€, 6세 미만 무료

추천 레스토랑 & 클럽

세르베세리아 카탈라나 Cerveceria Catalana

MAP p.216-B

정통 타파스를 맛보고 싶을 때

바에 앉아서 타파스를 직접 눈으로 보고 골라 먹는 재미가 있는 곳. 가게 입구는 바르, 안쪽은 레스토랑으로 운영되는데, 언제나 자리가 없을 정도로 사람이 많다. 바 좌석은 자리가 금방 나고 음식을 보고 주문할 수 있으므로 일행이 소수이면 바에 앉는 것이 편하다. 송아지 고기(부에이), 꼴뚜기튀김(치피로네스 프리토스), 맛조개(나바하스) 등의 타파스를 추천한다. 바에 진열된 것을 보고 먹고 싶은 음식을 주문하자.

찾아가기 메트로 3호선 Passeig de Gràcia역 또는 3·5호선 Diagonal역에서 도보 5분 **주소** Carrer de Mallorca, 236 **문의** 932 16 03 68 **영업** 매일 09:00~01:30 **예산** 타파스 한 접시 8€~, 맥주 3€~

플라만트 Flamant

MAP p.216-A

클래식하고 우아한 프렌치 레스토랑

가격 대비 좋은 분위기, 서비스, 음식 맛까지 삼박자를 고루 갖춘 맛집. 점심 세트메뉴인 '오늘의 메뉴'는 10€ 선으로 저렴하다. 주변에는 테라스 카페와 레스토랑이 모여 있다. 구엘 공원 등을 둘러본 후 여유롭게 식사하고 싶을 때 추천한다.

찾아가기 메트로 1·2호선 Universitat역에서 도보 10분
주소 Carrer d'Enric Granados, 23
문의 933 23 16 35
영업 매일 13:00~15:45, 20:30~23:00
예산 점심 세트메뉴 15€, 저녁 메인 요리 23€~
홈페이지 www.flamantrestaurant.com

미우 레스토랑 Miu Restaurant

MAP p.216-B

모던한 일식 레스토랑

스페인식 지중해 요리와 일본 요리를 조화시킨 점심 세트메뉴에는 애피타이저를 비롯해 메인 요리, 디저트까지 4개의 접시를 코스로 서빙한다. 스페인 음식과 일식이 조화된 새로운 맛을 경험할 수 있다. 카사 바트요, 카사 밀라와 가깝다.

찾아가기 메트로 3호선 Passeig de Gràcia역에서 도보 5분 **주소** Carrer de València, 249 **문의** 931 93 23 00 **영업** 13:00~15:45, 20:30~23:00(수·목요일은 ~23:30, 금·토요일은 ~24:00)
예산 점심 세트메뉴 14€, 평일 저녁 메뉴 20€~
홈페이지 www.grupandilana.com/es

비니투스 VINITUS

MAP p.178-F

세련된 모던 타파스

깔끔하고 분위기 좋은 모던 타파스 가게로 이미 한국인 여행객들에게 입소문난 레스토랑. 다양한 타파스와 한 사람이 먹기 좋게 나오는 몬타디토(Montadito) 등 여러 개를 주문하고 와인과 함께 스페인 음식을 맛보기 좋은 곳. '오늘의 추천 메뉴'에 있는 주방장 추천요리를 시도해 보자.

찾아가기 메트로 Catalunya역에서 도보 10분
주소 Carrer del Consell de Cent, 333
문의 933 63 21 27
영업 매일 11:30~01:00 예산 1인 20~30€

발루아르드 BALUARD

MAP p.178-F

카사 밀라 주변에서 간식 타임을 가진다면 추천

바르셀로나에서 제일 맛있는 빵을 만들기로 소문난 가게로, 아침이면 문밖까지 줄을 선 사람들을 볼 수 있다. 부티크 호텔과 연결된 1층의 빵집으로 아침 식사 시간 오전 9시부터 10시에는 자리 잡기 힘들 정도로 붐빈다. 바게트로 만들어진 샌드위치 외에 다양한 케이크류가 감동적이다.

찾아가기 메트로 5호선 Diagonal역에서 도보 10분
주소 Carrer de Provença, 279 문의 932 69 48 18
영업 월~토요일 08:00~21:00, 일요일 08:00~14:30
예산 크루아상 3€~, 커피 2€~
홈페이지 baluardbarceloneta.com

엘 내셔널 바르셀로나
El Nacional Barcelona

MAP p.216-A

클래식과 모던 인테리어를 한자리에

4개의 식당과 4개의 바르가 한자리에 모여 있어 유럽에서 제일 큰 레스토랑이다. 고기와 생선, 해산물과 타파스 등을 맛볼 수 있는 레스토랑들이 다른 콘셉트로 나뉘어 있다. 꼭 식사를 하지 않더라도 구경 삼아 들러볼 만하다.

찾아가기 메트로 3호선 passeig de gracia 도보5분
주소 Passeig de Gràcia, 24 문의 935 18 50 53
영업 매일 12:00~03:00 요금 레스토랑별로 다름
홈페이지 www.elnacionalbcn.com

오토 수트스 Otto Zutz

MAP p.178-F

유럽 각지의 젊은이들이 모이는 인기 클럽

시내 중심부에서 약간 벗어나 있지만 평일에도 파티가 끊이지 않는 핫한 클럽. 3층 규모의 클럽으로 각 공간마다 다른 음악을 연주해 원하는 음악에 맞춰 춤출 수 있다. 힙합과 하우스음악이 주를 이루며 1980~90년대 초반의 팝도 나온다. 요일에 따라 새벽 2시 이전에 여성은 무료 입장.

찾아가기 메트로 3호선 Fontana역에서 도보 5분
주소 Carrer de Lincoln, 15 문의 932 38 07 22
영업 수~토요일 00:00~05:00 휴무 월·화·일요일
예산 25€(음료 포함) 홈페이지 www.ottozutz.com

추천 쇼핑

람블라 데 카탈루냐 거리
Rambla de Catalunya

MAP p.216-B

로컬 브랜드 숍이 즐비한 곳

그라시아 거리는 스페인의 유명 브랜드 외에 유럽 고급 브랜드 숍이 모여 있다. 반면 카탈루냐 광장에서 왼편으로 한 블록 옆에 위치한 람블라 데 카탈루냐 거리는 스페인산 로컬 브랜드 숍과 레스토랑이 모여 있어 현지인들이 즐겨 찾는다. 보행자 전용도로가 잘 정비되어 걷기 편하다.

찾아가기 메트로 1·3호선 Catalunya역, 또는
3·4호선 Passeig de Gràcia역에서 시작

빔바이롤라 Bimba y Lola

MAP p.216-B

한국에서도 유명한 브랜드 숍

스페인 여자라면 하나쯤은 소지하고 있는 가방이나 의류, 각종 소품, 액세서리 등을 판매하는 브랜드. 한국에서도 인기가 많으며 편하게 들 수 있는 데일리 백과 화려한 액세서리 디자인으로 유명하다. 여름과 겨울 정기세일에는 약 80%까지 세일해서 좋은 가격으로 구매 가능하다.

찾아가기 메트로 3호선 Passeig de Gràcia역에서 도보 1분
주소 Passeig de Gràcia, 55 문의 932 15 81 88
영업 월~토요일 10:00~21:00 휴무 일요일
홈페이지 bimbaylola.com

산타 에우라리아 Santa Eulàlia

MAP p.216-B

세계적인 럭셔리 브랜드와 컬렉션을 한 번에

럭셔리 브랜드 상품 중 엄선한 제품을 한데 모아 판매하는 숍이다. 매장에 발을 들여놓는 순간부터 황홀한 향기와 우아한 생화 장식에 매혹되고 만다. 지방시, 발렌시아가, 몽클레어, 발망, 톰 포드, 발렌티노 등 유명 브랜드 제품을 모두 한 곳에서 만나볼 수 있으며 내부에 커피숍도 운영한다.

찾아가기 메트로 3·5호선 Diagonal역에서 도보 3분
주소 Passeig de Gràcia, 93 문의 932 15 06 74
영업 월~토 10:00~20:30 휴무 일요일
홈페이지 www.santaeulalia.com

앤 아더 스토리스 & Other Stories

MAP p.216-E

스웨덴 브랜드 숍이 스페인에 착륙

H&M 그룹에서 선보이는 스웨덴 브랜드로 런던, 코펜하겐, 스톡홀름, 파리, 베를린, 밀라노에 이어 바르셀로나점을 2013년 5월에 오픈했다. 3층 건물에 품질 좋은 옷과 액세서리, 화장품 등 최신 유행하는 제품을 전시·판매한다. 카탈루냐 광장에서 도보 5분 거리에 있다.

찾아가기 메트로 2호선 Passeig de Gràcia역에서 도보 1분
주소 Passeig de Gràcia, 8 문의 936 34 61 78
영업 월~토요일 10:00~21:00 휴무 일요일
홈페이지 www.stories.com

추천 숙소

카사 푸스테 Casa Fuster

MAP p.178-F

몬타네르가 설계한 럭셔리 고급 호텔

총 5층 규모의 5성급 호텔. 옥상에 수영장과 라운지 바를 갖추었고, 옥상에서 그라시아 거리를 한눈에 내려다볼 수 있다. 사그라다 파밀리아 성당과 바르셀로나에서 가장 높은 언덕인 티비다보, 지중해까지 바라다보인다. 매주 목요일 로비의 레스토랑에서 재즈 콘서트를 연다.

찾아가기 메트로 3호선 Diagonal역에서 도보 5분
주소 Paseo de Gracia, 132 문의 932 55 30 00
요금 더블·트윈 300€~
홈페이지 www.hotelescenter.es/casafuster

제너레이터 호스텔 바르셀로나 Generator Hostel Barcelona

MAP p.178-F

호텔 분위기의 깔끔한 호스텔

바르셀로나 중심에서 조금 떨어져 있지만 깨끗하고 모던한 최신 시설에서 머물고 싶다면 이곳을 추천한다. 트윈룸, 트리플룸, 스위트룸, 6~8인 도미토리룸까지 객실 타입이 다양해 선택의 폭이 넓다. 매일 오전 8시부터 새벽 2시까지 바를 운영해 새로운 친구를 사귀고, 밤을 즐기기에 좋다.

찾아가기 메트로 5호선 Verdaguer역에서 도보 10분
주소 Carrer de Crsega, 373
문의 932 20 03 77 요금 트윈 54€, 6인 도미토리 18€~
홈페이지 www.generatorhostel.com

카사 그라시아 호스텔 Casa Gracia Hostel

MAP p.178-F

부티크 호스텔

구경할 거리가 많은 디아고날 거리 근처에 위치한 호스텔. 아름다운 건물에 자리해 있으며 규모도 큰 편이다. 객실은 심플하지만 테라스와 거실, 주방 등이 재미난 소품과 앤티크 가구, 장식으로 예쁘게 꾸며 놓아 여성 여행자들이라면 더욱 만족할 만하다.

찾아가기 메트로 3·5호선 Diagonal역에서 도보 5분
주소 Passeig de Gracia, 116
문의 931 74 05 28 요금 4~6인 도미토리 1인 25€~
홈페이지 casagraciabcn.com

갤러리 호텔 Gallery Hotel

MAP p.216-B

전망 좋은 옥상 테라스 바

호텔 내에서 맛보는 식사가 특히 만족스러운 곳. 건물 옥상의 테라스에 앉으면 바르셀로나의 중심인 에이샴플레 지구를 한눈에 둘러볼 수 있어, 시간 칵테일을 마시며 야경을 즐기면 특히 좋다. 호텔 청결도, 서비스, 위치 등 모든 면에서 높은 평가를 받는 곳이다.

찾아가기 메트로 3·5호선 Diagonal역에서 도보 2분
주소 Carrer Del Rosselló, 249 문의 934 159 911
요금 더블 150€~(비수기), 250€~(성수기)
홈페이지 www.galleryhotel.com

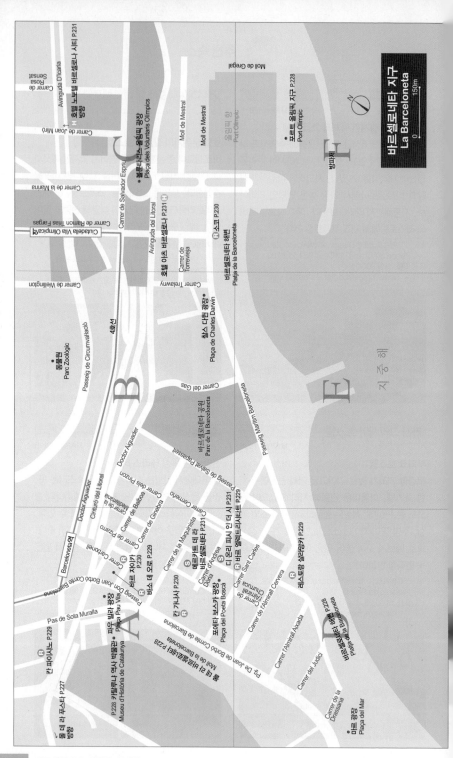

바르셀로네타 지구
La Barceloneta

바르셀로네타 지구 P.228

포르트 올림픽 지구 P.228
Port Olímpic

호텔 노보텔 바르셀로나 시티 P.231

Carrer de Rosa Sensat

Avinguda D'Icaria

호텔 방향

Carrer de Joan Miró

볼룬타리스 올림픽 광장
Plaça dels Voluntaris Olímpics

Carrer de Salvador Espriu

Moll de Gregal

Moll de Mestral

Moll de Mestral

올림픽 항
Port Olímpic

방파제

Carrer de la Marina

Carrer de Ramon Trias Fargas

Ciutadella Vila Olímpica 역

호텔 이츠 바르셀로나 P.231

Avinguda del Litoral

소크 P.230

바르셀로네타 해변
Platja de la Barceloneta

Carrer de Torrevieja

Carrer de Wellington

Carrer Trelawny

찰스 다윈 광장
Plaça de Charles Darwin

동물원
Parc Zoològic

Passeig de Circumval·lació

4호선

Carrer del Gas

지 중 해

바르셀로네타 공원
Parc de la Barceloneta

Passeig Marítim Barceloneta

Doctor Aiguader

Passeig de Salvat Papasseit

Doctor Aiguader

Cinturó del Litoral

Barceloneta 역

Carrer de la Mediterrània

Carrer de Balboa

Carrer dels Pinzón

Carrer de Ginebra

Carrer Cermeño

Carrer de la Maquinista

메르카트 데 라 바르셀로네타 P.231

더 온리 피시 인 더 시 P.231
Carrer d'Andrea

바르 엘레트리시테트 P.229

Carrer Sant Carles

Carrer de l'Almirall Cervera

바로 제이카 P.230

바소 데 오로 P.229

Carrer Carbonell

Passeig Don Joan Borbó Comte Barcelona

킨 가나샤 P.230

Can Maño
Dona d'Andrea

포에타 보스카 광장
Plaça del Poeta Boscà

레스토랑 살라망카 P.229

Carrer de l'Almirall Aixada

Carrer del Judici

바르셀로네타 해변 P.228
Platja de la Barceloneta

Pas de Sota Muralla

파우 빌라 광장
Plaça Pau Vila

칸 파이사노 P.229

Pg. De Joan Borbó Comte de Barcelona

바르셀로네타 역사 박물관 P.228
Museu d'Història de Catalunya

Moll de la Barceloneta

Carrer de la Drassana

마르 광장
Plaça del Mar

올 데 라 무스타 P.227

호텔 방향

N

0   150m

바르셀로나 & 카탈루냐 지방

226

바르셀로네타 지구
LA BARCELONETA

 추천 볼거리
SIGHTSEEING

몰 데 라 푸스타 ★★
Moll de la Fusta

MAP p.226-A

야자수가 늘어선 아름다운 해변 거리

람블라스 거리의 콜론 동상에서 산책로를 따라 해변까지 이어지는 길. 1888년 세계박람회를 개최하면서 바다였던 곳을 메워 길을 냈다. 1980년대 중반부터 현재의 모습을 갖췄으며, 자전거 전용도로와 보행자 전용도로가 있어 해 지는 저녁까지 바다를 보며 산책하기에 좋다. 거리 중간에는 커다란 가재 모양의 조각상이 놓인 산책

로가 나온다. 바르셀로나의 새로운 상징인 물방울무늬의 컬러풀한 옷을 입은 여자 동상은 뉴욕 태생의 팝아티스트 로이 리히텐슈타인(Roy Lichtenstein)이 만든 작품으로 가우디에게서 영감을 받아 1992년에 제작되었다.

찾아가기 메트로 4호선 Jaume I역에서 도보 10분

Tip **바르셀로네타와 몬주익을 연결하는 텔레페리코(Teleférico)**

바르셀로네타 해변 끝의 W호텔 방향으로 케이블카 승강장이 있다. 케이블카는 바다를 건너 몬주익 언덕의 미라마르(Miramar) 전망대까지 약 70m를 연결한다.

바다에서 몬주익으로 가려는 사람들이 많아 평균 30분은 기다려야 한다.

운행 11:00~19:00(10~2월은 ~17:30, 6~9월은 ~20:00) 요금 편도 11.50€, 왕복 16.50€
홈페이지 www.telefericodebarcelona.com

몰 데 라 바르셀로네타
Moll de la Barceloneta ★★

MAP p.226-A

해산물 레스토랑이 총집합한 거리
몰 데 라 푸스타 거리를 지나 왼편으로는 고급 해
산물 레스토랑이 즐비한 거리가 나온다. 오른편
은 바다를 낀 항구로 고급 보트들이 정박해 있
다. 주말이면 다양한 그룹들이 수준급의 거리 공
연을 펼친다. 거리 초입에는 고급 식당들이 즐비
하고 해변으로 들어갈수록 조금 더 다양한 가격
대의 해산물 식당들이 나타난다.

찾아가기 메트로 4호선 Barceloneta역에서 도보 10분

바르셀로네타 해변
Platja de Maritime de la Barceloneta ★★★

MAP p.226-D

바르셀로나의 아름다운 해변
람블라스 거리 끝의 콜론 동상에서 걸어서 20분
이면 닿을 수 있는 바르셀로나의 아름다운 해변.
4월부터는 일광욕을 즐기려는 태닝족, 겨울에는
서핑을 즐기려는 서핑족들로 연중 북적인다. 늦
은 밤까지 해변에서 스포츠를 즐기거나 기타를
연주하는 젊은이들을 많이 볼 수 있다. 해변 바
로 앞에 보이는 아파트는 현지인들과 외국인들
이 많이 산다. 해변가 근처의 야외 테라스 바에서
칵테일 등을 즐기며 해변 풍경을 감상하자.

포르트 올림픽 지구
Port Olímpic ★

MAP p.226-F

항구를 낀 레스토랑 지구
포르트 올림픽 지구는 1992년 바르셀로나 올림
픽 당시 건설된 곳이다. 바르셀로네타 해변과 연
결되며 쌍둥이 건물 사이로 쇼핑몰과 레스토랑이
빽빽하게 들어서 있다. 유명 건축가 프랭크 게리
가 디자인한, 바르셀로나에서 제일 럭셔리한 아
츠 호텔(Arts Hotel)도 있다. 높은 빌딩 앞으로
항구가 있고, 항구에서는 올림픽 당시 해양 경기
를 진행하기도 했다. 현재는 레스토랑과 바, 클
럽 등이 자리하고 있다.

찾아가기 메트로 4호선 Ciutadella Vila Olímpica역에서
도보 15분

카탈루냐 역사 박물관
Museu d'Història de Catalunya ★★

MAP p.226-A

카탈루냐의 역사를 한눈에

몰 데 라 바르셀로네타
거리에 있는 박물관으로
웅장한 외관이 눈에 띈
다. 카탈루냐의 역사를
이해할 수 있는 일반 자
료와 유물, 19~20세
기에 걸쳐 발전한 카탈
루냐 문화를 이해할 수 있는 모형과 영상 자료들
을 전시하고 있다. 박물관 내 레스토랑에서는 바
르셀로나 항구의 모습이 내려다보인다.

찾아가기 메트로 4호선 Barceloneta역에서 도보 3분
주소 Plaça de Pau Vila, 3 문의 932 25 47 00
운영 화~토요일 10:00~19:00, 수요일 10:00~20:00,
일요일·공휴일 10:00~14:30
휴무 월요일 요금 일반 4.50€(매월 첫째 일요일 전체 무료)
홈페이지 www.mhcat.cat

추천 레스토랑 & 카페 & 바르

바르 엘렉트리시타트 Bar Electricitat

MAP p.226-D

스페인 분위기가 물씬 흐르는 바르

바르셀로네타 해변에서 로컬들과 어울려 베르무
트 한잔과 타파스를 맛보기 좋은 바르. 홈메이드
타파스를 선보이며, 친절한 서비스, 스페인 특유
의 소란스러움이 바르 내에 가득하다. 매장 안쪽
에 빈 자리가 없다면 바에 서서 음료와 음식을 간
단히 즐겨보자.

찾아가기 메트로 4호선 Barceloneta역에서 도보 10분
주소 Carrer Sant Carles, 15 문의 932 21 50 17
영업 화~토요일 08:00~15:00, 19:00~22:00,
일요일 08:00~15:00 휴무 월요일
예산 1인 15€~ 홈페이지 baresautenticos.com

바소 데 오로 Vaso de Oro

MAP p.226-A

쇠고기와 푸아그라의 환상 조합

바르셀로나에서 오랫동안 최고의 생맥주를 판매
하는 곳으로 명성이 자자한 곳. 갓 만들어 내오
는 샌드위치는 간단해 보이지만 한입 먹어보면
쉽게 맛볼 수 없는 내공이 느껴진다. 특히 쇠고기
안심 부위를 두툼하게 잘라 구워 그 위에 푸아그
라를 듬뿍 올려주는 타파스는 놓치지 말자.

찾아가기 메트로 4호선 Barceloneta역에서 도보 2분
주소 Carrer de balboa, 6
문의 933 19 30 98
영업 매일 11:00~24:00 예산 1인 15€~
홈페이지 vasodeoro.com

레스토랑 살라망카 Restaurant Salamanca

MAP p.226-D

전통 파에야를 먹고 싶을 때

바르셀로네타에서 오랫동안 자리를 지켜온 집으
로 제대로 된 파에야를 맛볼 수 있다. 매일 싱싱
한 해산물을 들여와 파에야와 피데우아를 요리
하며 와인도 추천해 준다. 오징어튀김(칼라마레
스 프리토스)이나 꼴뚜기튀김(치피로네스 프리
토스)과 대표 메뉴인 파에야를 즐겨보자.

찾아가기 메트로 4호선 Barceloneta역에서 도보 10분
주소 Carrer de Pepe Rubianes, 34 문의 932 21 50 33
영업 매일 10:00~01:00
예산 1인 35€~

칸 파이샤노 Can Paixano

MAP p.226-A

핑크빛 와인과 수제 소시지

주문 즉시 철판에 구워주는 버거와 샌드위치 메
뉴가 맛있으며, 가격도 저렴해 언제나 현지인들
로 발 디딜 틈이 없다. 모두가 손에 들고 마시는
핑크빛 샴페인 '로사도(Rosado)'를 마셔보자.
카탈루냐 전통 소시지를 넣은 샌드위치(보카디
요 데 부티파라)도 추천한다.

찾아가기 메트로 4호선 Barceloneta역에서 도보 2분
주소 Carrer de la Reina Cristina, 7 문의 933 10 08 39
영업 월~토요일 09:00~22:00 휴무 일요일
예산 카바(잔 맥주) 1.50€~, 샌드위치 & 버거 3€~

칸 가나사 Can Ganassa

MAP p.226-A

양이 푸짐한 타파스 레스토랑

파에야와 해산물 요리, 다양한 타파스를 맛보기 좋은 레스토랑. 실내는 스페인의 전형적인 바르 풍경이며, 야외 테라스는 사람들로 늘 북적인다. 메뉴판에는 메뉴 그림과 가격이 보기 좋게 쓰여 있어 음식을 고르기가 쉽다. 여러 타파스를 맛보고 싶다면 생 안초비(보케로네스)와 올리브, 갑오징어구이(세피아), 매운 고추구이(피미엔토 파드론), 꼴뚜기튀김(치피로네스 프리토스)에 토마토소스를 올린 빵(판 콘 토마테)을 주문하자.

찾아가기 메트로 4호선 Barceloneta역에서 도보 7분 주소 Plaça de la Barceloneta, 6 문의 932 52 84 49
영업 매일 12:00~23:00 예산 1인 30€(음료와 다양한 타파스 포함) 홈페이지 http://canganassa.es

바르 자이카 Bar Jai-ca

MAP p.226-A

빠른 서비스, 다양한 종류의 타파스

바에 50여 가지의 타파스가 진열돼 있어 눈으로 보고 주문할 수 있다. 먹고 싶은 메뉴를 손으로 가리키면 종업원이 즉시 알맞은 양을 가늠해 접시에 담아준다. 여름에는 야외 테이블에 자리가 없을 정도로 붐빈다. 바르셀로네타 초입의 골목 안쪽 주택가에 위치해 있다.

찾아가기 메트로 4호선 Barceloneta역에서 도보 5분
주소 Carrer de Ginebra, 9 문의 933 19 91 64
영업 매일 09:00~24:00
예산 튀김 타파스 종류 8€~

소코 Shôko

MAP p.226-C

레스토랑 & 라운지 클럽

낮에는 레스토랑으로 운영하다가 자정이 넘으면 라운지 클럽으로 변모해 열기가 뜨거워진다. 실내는 모던한 분위기이며, 야외 테라스는 소파에 누워 술을 마실 수 있는 편안한 분위기. 저녁 무렵 바다를 보며 칵테일을 즐겨보자.

찾아가기 메트로 4호선 Ciutadella Vila Olímpica역에서 도보 5분
주소 Paseo Maritimo de la Barceloneta, 36
문의 932 25 92 00 영업 레스토랑 매일 13:00~15:00,
클럽 목~일요일 24:00~03:00
예산 점심 세트메뉴 30€ 홈페이지 www.shoko.biz

 **추천 쇼핑**

메르카트 데 라 바르셀로네타
Mercat de la Barceloneta

MAP p.226-A

해변에 가기 전 장보기 좋은 곳

바르셀로네타 해변에서 벗어나 주택가 안으로 들어서면 대형 슈퍼마켓 건물이 있다. 마켓을 중심으로 빵집, 식료품점, 바와 카페 등이 모여 있어 해변에서 먹을 간식거리를 사기 좋다.

찾아 가기 메트로 4호선 Barceloneta역에서 도보 6분
주소 Plaza Font, 1 영업 식품 코너 월~목요일 07:00~
15:00, 금요일 07:00~20:00, 토요일 07:00~15:00
야외 코너 월~목 · 토요일 09:00~14:00,
금요일 08:00~14:00, 17:00~20:00,
레스토랑 08:00~15:00, 20:00~24:00

디 온리 피시 인 더 시
The Only Fish in the Sea

MAP p.226-A

바다와 관련된 장식용품

 포에타 보스카 광장 앞에 있는 아담한 숍으로 바다와 관련된 장식용품과 소품, 의류, 액세서리 등을 판매한다. 바다를 테마로 물고기, 조개, 바다, 보트 그림이 그려진 용품들을 다양하게 구비해 놓았다. 기념품을 구입하거나 마린룩을 뽐내고 싶을 때 들러보자.

찾아가기 메트로 4호선 Barceloneta역에서 도보 9분
주소 Carrer L'atlantida 47
문의 619 21 83 32
영업 화~토요일 12:00~20:00, 일요일 12:00~18:00
홈페이지 www.theonlyfishinthesea.com

 추천 숙소

호텔 노보텔 바르셀로나 시티
Hotel Novotel Barcelona City

MAP p.226-C

바르셀로나의 새로운 뷰를 보고 싶다면

시내를 벗어나 색다른 도시 뷰를 원하는 사람들에게 추천하는 곳. 새롭게 뜨고 있는 글로리에스 구역에 위치하고 시내와 바다와 가까워 여유롭게 머무르기 좋다. 호텔 라운지 바에서 도시 뷰가 한눈에 보인다.

찾아가기 메트로 1호선 글로리에스Glories역에서 도보 2분
주소 Carrer de la Ciutat de Granada, 201
문의 933 26 24 99 요금 트윈 180€~
홈페이지 http://novotel.accorhotels.com

호텔 아츠 바르셀로나 Hotel Arts Barcelona

MAP p.226-C

바르셀로네타 해변에서 가까운 호텔

눈앞에 펼쳐지는 지중해 경관을 보며 머물 수 있는 곳. 바르셀로나 최상위 호텔 중 한 곳으로 국내 연예인들이 바르셀로나 여행을 할 때 자주 찾는 곳으로도 알려져 있다. 바르셀로나에서 보기 힘든 약 154m 높이의 건물에 위치해 탁 트인 오션 뷰를 즐길 수 있다. 넓은 야외 수영장 테라스, 다양한 칵테일을 맛볼 수 있는 내부 칵테일 바 등이 유명하다.

찾아가기 메트로 4호선 Ciutadella-vila Olímpica역에서 도보 5분 주소 Carrer de la Marina 19-21
문의 932 21 10 00 요금 2인 400€

SUMMER TIME!
바르셀로나에서 해변 즐기기

바르셀로나 시내 관광에 지쳤다면 비치 타월 한장 들고 바르셀로네타 해변으로 달려가 하루 종일 일광욕을 즐기며 모래사장에서 뒹굴어보자. 유럽인들이 바르셀로나에 오는 가장 큰 이유는 바로 바다 수영과 태닝 때문이다. 그 밖에 수상 레포츠인 윈드서핑을 즐기거나 출출해질 때쯤 야외 테라스 바에 앉아 타파스와 시원한 음료를 맛보는 것도 바르셀로네타를 만끽하는 방법이다.
2개의 큰 빌딩이 우뚝 솟은 포르트 올림픽 해안 쪽으로 갈수록 파도가 높고 거칠며 인적도 드물다.
W호텔 앞 해변도 조금 한산한 편이니 마음에 드는 해변을 골라보자. 분실 위험이 있으니 해변에 갈 때는 최소한의 물건만 들고 가고, 최대한 가볍게 입는 것이 좋다.

Plus info 바르셀로네타 해변의 렌탈 숍

바르셀로네타 해변에는 자전거 렌탈 숍들이 많이 모여 있다. 1인용, 2인용, 일렉트로닉 자전거 등 다양한 종류의 자전거가 구비되어 있다. 요금은 2시간에 6€, 4시간에 10€, 1일 15€ 선이다. 바르셀로네타 주변과 시우타데야 공원까지 자전거를 타고 달린다면 2시간 대여로 충분하다. 주변에 스쿠터나 미니카 렌탈 숍과 해양 스포츠를 즐길 수 있는 서프스쿨도 몇 곳 있으니 관심 있다면 둘러보자.

자전거 렌탈 숍
홈페이지 www.barcelonarentabike.com
(바르셀로네타 외에 시내 곳곳에 지점을 운영한다.)

서프렌탈 숍 Pukas Surf Eskola
주소 Passeig de Joan de Borbo, 93
(이 주변에 서핑숍 4~5곳이 밀집해 있다.)

현지인들이 수영하러 가는 해변은
근교 열차로 30분!

바르셀로네타 해변은 관광객들로 붐벼 여유롭게 해변을 즐기기 어렵다. 현지인들은 관광객들을 피해 북쪽에 있는 해변으로 떠난다. 카탈루냐 광장에 있는 페로카릴스(FGC) 기차역에서 근교 열차인 세르카니아스(Cercanias)를 타고 30분만 가면 도착한다. 열차를 타고 시내 외곽으로 10분만 달려도 에메랄드빛 지중해가 펼쳐진다. 어느 역에서 내리든지 역 건너편으로 작은 마을과 바다가 있다. 깨끗하고 사람도 적어 반나절 쉬면서 제대로 휴양과 수영을 즐길 수 있다. 가장 가까운 바다는 1존의 바달로나(Badalona)이며, 2존의 오카타(Ocata), 3존의 프레밀라 데 마르(Premila de Mar) 등 아름다운 바다가 이어진다. 마을을 산책하고 싶다면 4존의 칼데스 데에스트락(Caldes d'Estrac)도 괜찮다. 한적한 작은 마을 꼭대기에 전망대가 있어 마치 안달루시아 지방을 여행하는 듯한 기분까지 느껴진다. 5존의 산 폴 데 마르(San Pol de Mar)에는 미슐랭 스타 레스토랑이 위치해 있어 식도락 여행도 누릴 수 있다.

※1존부터 5존까지는 거리에 따라 열차 티켓 요금이 달라진다. 바르셀로나 메트로 티켓 10회권의 경우 1존에 속하며, 바르셀로네타 해변까지 갈 때는 10회권(T10)을 사용하면 되고 다른 존으로 넘어갈 경우 1회권을 구입하면 된다.

> **Tip** **해수욕 즐길 때 주의 사항**

1. 카메라, 휴대폰 등의 소지품을 가지고 모래사장에 누워 있다가는 소매치기의 표적이 되기 쉽다. 바다에 들어갈 때는 일행 중에 한 명이 짐을 지키거나 아예 빈 몸으로 가는 게 좋다.
2. 여름에는 햇빛이 강하니 자외선차단제를 꼭 챙겨 바르고, 가벼운 차양막을 준비해 가자.
3. 해변 근처 골목골목에는 작은 슈퍼마켓이 많다. 간단히 먹고 마실 것은 근처에서 구입하자.
4. 겨울에도 해만 나면 바닷가에서 여유로운 산책이나 태닝을 얼마든지 즐길 수 있다. 겨울 여행이라도 바다는 놓치지 말자.
5. 해변 근처에 설치된 미니 바들을 치링기토(El Chiringuito)라고 부르며, 간단한 스낵과 칵테일을 판매한다. 칵테일은 8~10€ 선, 간단한 식사류는 10~15€ 선에 판매한다.

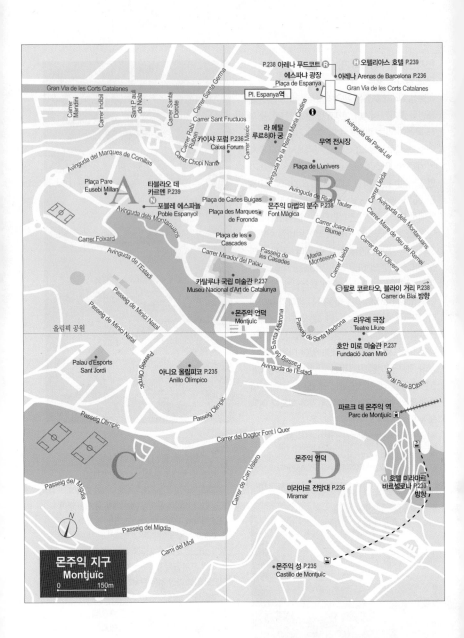

P.238 아레나 푸드코트 R
오펠리아스 호텔 P.239 H
에스파냐 광장
Plaça de Espanya
아레나 Arenas de Barcelona P.236

Gran Via de les Corts Catalanes
Gran Via de les Corts Catalanes

Carrer Mandiri
Carrer Indibil
Sant Pauli de Nola
Carrer Santa Dorote
Carrer Santa Germa

Pl. Espanya역

Carrer Sant Fructuos
Carrer Mexic

라 메탈
루르히아 궁

무역 전시장

Avinguda del Paral-Lel

Carrer Rabi Ruben
카이샤 포럼 P.236
Caixa Forum

Carrer Chopi Nano

Avinguda de la Reina Maria Cristina

Plaça de L'univers

B

Avinguda del Marques de Comillas

Plaça Pare
Eusebi Millan
A

타블라오 데
카르멘 P.239

Avinguda de Rius i Tauler

Carrer Lleida
Avinguda dels Montanuars
Carrer Mare de deu del Remei

포블레 에스파뇰
Poble Espanyol
N

Plaça de Carles Buigas

몬주익 마법의 분수 P.238
Font Màgica

Avinguda dels Montanuars

Plaça des Marques
de Foronda

Carrer Joaquim
Blume

Carrer Foixard

Plaça de les
Cascades

Passeig de
les Casades

Maria
Montesson

Carrer Lleida

Carrer Bob l'Olivera

Avinguda de l'Estadi

Carrer Mirador del Palau

카탈루냐 국립 미술관 P.237
Museu Nacional d'Art de Catalunya

팔로 코르타오, 블라이 거리 P.238 S
Carrer de Biai 방향

Passeig de Minici Natal

몬주익 언덕
Montjuïc

Passeig de Minici Natal

올림픽 공원

Santa Madrona

Passeig de Santa Madrona

리우레 극장
Teatre Lliure

호안 미로 미술관 P.237
Fundació Joan Miró

Palau d'Esports
Sant Jordi

아니요 올림피코 P.235
Anillo Olímpico

Passeig Blessed

Avinguda de l'Estadi

Carrer de Poeta B(Cabany)

Passeig Olimpic

Passeig Olimpic

파르크 데 몬주익 역
Parc de Montjuïc

Passeig del Migdia

C

Carrer del Dogtor Font I Quer

Carrer de Can Valero

D

몬주익 언덕

미라마르 전망대 P.236
Miramar

호텔 미라마르
바르셀로나 P.239 H
방향

Passeig del Migdia

Cami del Moll

몬주익 성 P.235
Castillo de Montjuïc

몬주익 지구
Montjuïc

0   150m

몬주익 지구
MONTJUÏC

추천 볼거리
SIGHTSEEING

아니요 올림피코
Anillo Olímpico ★

MAP p.234-C

바르셀로나 올림픽이 열렸던 곳
1992년 바르셀로나 올림픽 당시 사용되었던 경기장 외에 주변 건물들을 모두 포함한 지구를 일컬어 '아니요 올림피코'라 한다. 바르셀로나 올림픽 당시 5만5000명을 수용했던 경기장 일부는 현지 축구팀인 RCD 에스파뇰의 홈 구장과 올림픽 자료를 모아놓은 자료실로 사용되고 있다. 카탈루냐 국립 미술관(MNAC) 주변으로 에스컬레이터가 곳곳에 설치돼 있어 산책하듯 돌아보면 된다.

찾아가기 메트로 3호선 Poble Sec역에서 도보 30분, 또는 카탈루냐 국립 미술관(MNAC)에서 도보 7분

몬주익 성
Castillo de Montjuïc ★★

MAP p.234-D

바르셀로네타를 한눈에
중세 시대 때부터 언덕 위에 성채가 있었으며 1640년 요새로 개축했다. 19세기 말 프랑코 정권 지배하에서 수많은 공산주의자들을 수용하는 감옥으로 사용하기도 했다. 1960년대 프랑코 정권이 개·보수한 후 군사용품을 전시해 군사무기박물관으로 개관하였다. 성이 위치한 언덕 주변에서는 바르셀로네타 항구를 한눈에 내려다볼 수 있고, 6~7월에는 야외 필름 페스티벌을 개최한다.

찾아가기 몬주익 언덕 중턱에서 도보 20분. 케이블카를 타고 3분
주소 Carretera de Montjuïc, 66
운영 10~3월 10:00~18:00, 4~9월 10:00~20:00
요금 5€(일요일 15:00 이후, 첫째 주 일요일 전체 무료)

아레나
Arenas de Barcelona
★★★

MAP p.234-B

오랫동안 문 닫혀 있던 옛 투우장 건물

옛 투우장 건물 외관은 그대로 보존하고 내부는 영국 건축가가 설계해 2011년 복합 멀티 공간으로 새롭게 문을 열었다. 지하는 레스토랑, 1층부터 쇼핑 매장, 극장과 실내 체육관 등이 있으며 옥상은 야외 전망대로 에스파냐 광장을 비롯한 바르셀로나 시내를 내려다볼 수 있다. 옥상으로 바로 오르는 엘리베이터를 건물 밖에서 이용하려면 요금(1€)을 내야 한다. 건물 내 에스컬레이터를 통해서도 오를 수 있다.

찾아가기 메트로 1·3호선 Pl. Espanya역에서 도보 2분
주소 Granvia de Les Corts Catalanes, 373-385
문의 932 89 02 44

> **Tip** 몬주익 케이블카
> (Telefèric de Montjuïc)

메트로 2·3호선 Para-lel역에서 내려 케이블카를 타면 몬주익 언덕까지 힘들이지 않고 올라갈 수 있다. 몬주익 공원, 미라마르 전망대, 몬주익 성 총 3곳에서 내리며, 창밖으로 아름다운 풍경을 감상할 수 있다.

요금 일반 편도 8.40€, 왕복 12.70€, 4~12세 편도 6.60€, 왕복 9.20€, 4세 이하 무료
(온라인 예약시 10% 할인)
홈페이지 www.telefericdemontjuic.cat

미라마르 전망대
Miramar
★★★

MAP p.234-D

바르셀로나의 시내 전망을 한눈에

몬주익 언덕에서 바르셀로나 시내와 바다까지 훤히 보고 싶다면 미라마르 전망대를 찾으면 된다. 망원경이 배치되어 있는 전망대 앞에는 미라마르 호텔이 있고 호텔 앞 정원은 산책로로 제격이다. 이곳 전망대에서 케이블카를 타면 바르셀로네타 해변까지 한번에 다다를 수 있다. 전망대 내의 야외 카페테리아에서 바르셀로나 시내와 지중해를 바라보며 차를 마셔보자.

찾아가기 메트로 2·3호선 Paral-lel역에서 케이블카를 타면 된다. 케이블카역에서 도보 15분

카이샤 포럼
Caixa Forum
★

MAP p.234-B

여유로운 미술관 산책

카탈루냐를 대표하는 은행인 라 카이샤(La Caixa)에서 문화 사업의 일환이자 사회 기여에 의미를 두고 2003년 문을 연 전시장. 전시실, 라이브러리, 공연장, 교육장 등 3개의 동으로 이루어져 있다. 현재 건물은 1911년 공장 건물로 쓰기 위해 지은 것인데, 바르셀로나의 유명 건축가인 호셉 푸이그 이 카다팔크가 설계했다. 훗날

일본 건축가에 의해 재건축된 건물을 더해 독특한 풍경을 자아내며 감상하는 재미도 있다.

내부의 카페테리아와 옥상 테라스 등지에서 쉬어가기에 더없이 좋다.

찾아가기 메트로 1·3호선 Pl. Espanya역에서 도보 6분
주소 Av. Francesc Ferrer i Guàrdia, 6-8
문의 934 76 86 00
운영 매일 10:00~20:00(토요일은 ~22:00)
요금 4€

카탈루냐 국립 미술관 ★
Museu Nacional d'Art de Catalunya(MNAC)

MAP p.234-B

로마네스크 미술품의 보고

1929년 세계박람회를 위해 지은 유서 깊은 건물 안에 자리 잡고 있는 국립 미술관이다. 개관 직전 미술관을 방문한 피카소는 '서양 미술의 근원을 이해하고자 하는 사람들은 필히 들러야 할 곳'이라고 극찬을 아끼지 않았다. 1940년 이전 1000년 동안의 카탈란 예술을 총망라하며, 세계 최고의 로마네스크 양식과 고딕 양식의 회화, 조각, 벽화, 금속 공예품 등을 전시하고 있다. 미술관 로비와 카페테리아, 서점 등은 자유롭게 입장 가능하

므로 시간에 쫓기는 여행자라면 티케팅 없이 2층 내부를 구경하는 것으로 만족하자.

찾아가기 메트로 1·3호선 Pl. Espanya역에서 도보 20분
주소 Palau Nacional, Parc de Montjuïc, s/n
문의 936 22 03 60 운영 화~토요일 10:00~20:00(겨울은 ~18:00), 일요일·공휴일 10:00~15:00
휴무 월요일 요금 12€(토요일 15:00 이후, 첫째 일요일, 2/12, 5/18, 9/11, 9/24은 무료)
홈페이지 www.mnac.cat

호안 미로 미술관 ★★★
Fundació Joan Miró

MAP p.234-D

호안 미로의 작품 전시장

몬주익 언덕 중턱의 하얀색 건물로, 양 옆에 나무들과 푸른 하늘이 어우러져 눈에 띈다. 평생 동안 카탈루냐인으로 살았던 예술가 호안 미로가 세상을 떠나기 8년 전, 신예 예술가들의 육성과 전시장을 겸하기 위해 미래 재단을 설립해 개관했다. 미로의 친구이자 건축가인 호세 루이스 세르트가 설계를 맡아 완성했으며 1986년 확장 공사를 통해 현재의 모습을 갖추었다. 내부는 밝고 개방적이며, 미로가 기증한 회화, 콜라주, 조각 등 300여 점의 작품을 감상할 수 있다.

찾아가기 미라마르 전망대에서 도보 10분, 또는 카탈루냐 광장에서 50·55번 버스 이용
주소 Parc de Montjuïc, s/n 문의 934 43 94 70
운영 화·수·금요일 11~3월 10:00~18:00(4~10월은 ~20:00), 목요일 10:00~21:00(토요일은 ~20:00, 일요일·공휴일은 ~15:00)
휴무 월요일 요금 일반 12€, 학생 7€, 15세 이하 무료
홈페이지 www.fundaciomiro-bcn.org

🍽 추천 레스토랑

블라이 거리 Carrer de Blai

MAP p.234-B

타파스 바르가 즐비한 거리

몬주익 언덕 아래 쪽 일대를 포블레 섹(Poble Sec) 이라 하며 그곳의 메인 도로이다.

수많은 레스토랑과 바르, 카페테리아 등이 모여 있고 거리에는 노천카페가 즐비하다. 현지인들 이 퇴근 후 저녁 7~8시쯤 한잔하기 위해 모여드 는 거리이기도 하다. 최근에는 핀초를 파는 바르 가 많이 생겨 골라 먹는 재미를 만끽할 수 있다.

찾아가기 메트로 3호선 Poble-sec역에서 도보 3분

아레나 푸드코트 Arena Food Court

MAP p.234-B

원하는 대로 골라 먹을 수 있다

아레나 쇼핑몰의 옥상 테라스 에는 고급 레스토랑이 밀집되 어 있다. 지하 푸드코트에서 는 파에야, 하몬 샌드위치, 아 이스크림, 커피 등을 먹을 수 있다. 또 스페인 슈퍼마켓 체인인 메르카도나 (Mercadona)가 있어 간식거리를 살 수 있다. 몬주익 언덕에는 레스토랑이 없어 간식을 준비해 올라가는 것이 좋다.

찾아가기 메트로 1·3호선 Pl. Espanya역에서 도보 3분
주소 Gran Via de les Corts Catalanes, 373-385

팔로 코르타오 Palo Cortao

MAP p.234-B

새로운 퓨전으로 서비스되는 고급 타파스를 맛볼 수 있다. 안 달루시안 스타일의 튀김 종류, 카탈루냐 전통 음식이 새롭게 변형되어 서빙된다. 와인과 함께 다양한 음식을 간단히 맛보 고 싶은 사람들에게 추천.

찾아가기 메트로 3호선 파랄렐역 도보 10분 또는 핀초 블라이 거리에서 도보 5분 주소 Carrer Nou de la Rambla, 146
문의 931 88 90 67 영업 화~금요일 20:00~01:00, 토·일요일 13:00~17:00, 20:00~24:00
휴무 월요일 예산 1인 30€~

🎵 추천 나이트라이프

몬주익 마법의 분수 Font Màgica

MAP p.234-B

물과 불의 향연, 몬주익 분수쇼

저녁이 되면 에스파냐 광장 앞부터 카탈루냐 국립 미술관까 지 늘어선 분수대에 불이 밝혀지며 춤추듯 화려한 쇼가 펼쳐 진다. 분수쇼는 클래식과 팝, 1992년 올림픽 주제가 등 다 양한 노래에 맞춰 여름에는 3시간가량, 겨울에는 2시간가 량 계속된다.

찾아가기 메트로 1·3호선 Pl. Espanya역에서 도보 6분
운영 10/1~1/3 금·토요일 19:00~21:00,
5/1~9/28 목~일요일 21:00~23:30

타블라오 데 카르멘 Tablao de Carmen

MAP p.234-A

바르셀로나의 명문 타블라오

몬주익 언덕 위 포블레 에스파뇰(Poble Espanyol)이라는
테마파크 내에 있는 타블라오. 전설적인 플라멩코 댄서 카르
멘 아마야(Carmen Amaya)가 바르셀로나 만국박람회 당
시 매일 밤 전 세계 관람객을 상대로 플라멩코를 춘 곳으로 유
명하다. 쇼는 하루에 2번, 1시간 15분씩 진행된다.

찾아가기 메트로 1·3호선 Pl. Espanya역에서 도보 10분
주소 Avinguda de Francesc Ferrer i Guàrdia, 13
문의 933 25 68 95 영업 공연 화~일요일 19:00~20:00, 21:30~22:30
휴무 월요일 예산 음료 48€, 타파스 66€(공연비 포함)
홈페이지 www.tablaodecarmen.com

 ## 추천 숙소

호텔 미라마르 바르셀로나 Hotel Miramar Barcelona

MAP p.234-D

아름다운 전망을 자랑하는 호텔

몬주익 언덕 전망대에 위치한 호텔로 바르셀로나 시내 전체와
지중해 바다까지 내려다볼 수 있는 빼어난 조망을 자랑한다.
대중교통 이용이 쉽지 않아 렌터카를 이용하는 여행객들이 머
물기 좋다. 고급 호텔에 아름다운 정원을 품고 있으며 어느 객
실에 묵어도 바다를 내려다볼 수 있다.

찾아가기 메트로 2·3호선 Paral-lel역에서 도보 20분
주소 Plaça de Carlos Ibáñez, 3
문의 932 81 16 00 요금 트윈 190~230€
홈페이지 www.hotelmiramarbarcelona.es

오펠리아스 호텔 Ofelias Hotel

MAP p.234-B

에스파냐 광장에 위치한 호텔

에스파냐 광장 앞에 위치한 4성급 호텔. 바르셀로나에서 머
무는 기간이 짧고, 아늑하면서 로맨틱한 분위기의 호텔을 원
한다면 추천한다. 방은 넓지 않지만 테라스와 로비, 수영장
등 부대시설이 잘 갖춰져 있고 아기자기하다. 저녁에 분수쇼
보는 것을 잊지 말자.

찾아가기 메트로 1·3호선 Pl. Espanya역에서 도보 2분
주소 Carrer de Llança, 24
문의 934 23 38 98
요금 더블 160€~, 트리플 230€~
홈페이지 www.ofeliashotelbarcelona.com

절벽에 높이 솟은 바위산

몬세라트 MONTSERRAT

MONTSERRAT
MADRID

바르셀로나에서 북서쪽으로 약 56km 정도 가면 기암괴석으로 이루어진 회색 바위산이 있다. 이 산이 바로 '톱으로 자른 산'이라는 뜻의 몬세라트 산이다. 천재 건축가 가우디도 사그라다 파밀리아 성당을 설계할 때 이 산에서 영감을 얻었다고 한다. 해발고도 1236m의 몬세라트 산에는 11세기에 베네딕트회 수도원이 세워져 성모 마리아 신앙의 성지로서 카탈루냐 사람들의 종교적 터전이 되어 왔다. 최고의 볼거리는 성모 마리아가 아기 예수를 안고 있는 검은 마리아상 '라 모레네타(La Moreneta)'이다. 1881년 카탈루냐의 수호 성물로 지정되었고, 현재 수도원의 성당 안에 놓여 있다. 성당에서는 유럽에서 가장 오래된 합창단 중 하나인 에스콜라니아 소년 성가대가 부르는 찬송가를 들으며 미사를 드릴 수 있다.

바르셀로나 시내 일정이 넉넉하고 복잡한 도심을 벗어나 자연을 만끽하고 싶을

때 당일치기 여행지로 추천한다. 몬세라트 곳곳에 등산로와 산책로가 잘 조성되어 있어 가벼운 산행도 즐길 수 있다.

홈페이지 www.montserratvisita.com

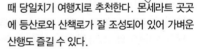

바르셀로나 메트로 1·3호선 에스파냐 광장(Pl. Espanya)역에서 R5선 열차가 모니스트롤 데 몬세라트(Monistrol de Montserrat)역까지 1일 최대 18편 운행한다. 모니스트롤 데 몬세라트역에서 크레마예라(Cremallera)를 타고 수도원까지는 약 17분(5km) 걸린다. 메트로와 열차, 크레마예라를 포함한 콤비 티켓을 바르셀로나 메트로역에서 구입할 수 있다.

메트로 Pl. Espanya역 안내 창구에서 몬세라트 산으로 가는 방법과 티켓을 안내해 준다. 에스파냐 광장역을 출발하는 열차와 크레마예라가 포함된 왕복 티켓 요금은 20.10€, 몬세라트 산 정상까지 올라가는 케이블카가 포함된 콤비 티켓 요금은 31.80€이다.

홈페이지 www.fgc.cat/esp/bitllets_oci_turisme.asp

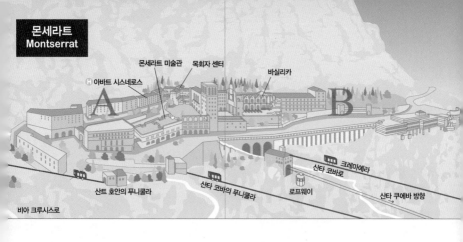

몬세라트
Montserrat

아바트 시스네로스

몬세라트 미술관   목회자 센터   바실리카

A

B

크레마예라

산타 코바로

산트 호안의 푸니쿨라   산타 코바의 푸니쿨라   로프웨이   산타 쿠에바 방향

비아 크루시스로

 추천 볼거리
SIGHTSEEING

바실리카
Basilica ★

MAP p.241-B

검은 마리아상을 눈여겨보자

16세기에 완성된 수도원 성당 대예배당 입구에 들어서면 양옆으로 예수의 제자들과 가톨릭 사제들의 이름이 붙은 소예배당이 칸칸이 이어지며 그들의 모습을 본떠 만든 조각상이 보인다.

소예배당을 지나 계단 위로 이어지는 천사의 문으로 들어가면 왼쪽에는 성모들, 오른쪽에는 동정녀들을 타일로 묘사해놓은 벽화도 감상할 수 있다. 가장 높은 곳에는 검은 성모 마리아상이 놓여 있다.

Plus info — 몬세라트 산행 코스

몬세라트 산의 성당을 중심으로 더 높이 올라가거나 옆으로 뻗은 5개의 등산로를 따라가자. 성당 앞 광장을 중심으로 등산로가 짧게는 약 3.2km(산행 50분)에서부터 길게는 약 7.5km(산행 2시간 5분)까지 뻗어있다. 곳곳에 화살표 방향 표시와 함께 이동 거리와 소요 시간 안내가 있으니 시간이 넉넉하다면 방향 표시를 따라 가벼운 산행에 도전해 보자. 푸니쿨라 산트 호안(Funicula Sant Joan)을 타고 250m 지점까지 올라가면 수도원 전체를 한눈에 내려다볼 수 있는 등산로가 나온다. 3km 구간으로 1시간가량 걸린다. 푸니쿨라 산타 코바(Funicula Santa Cova)를 타면 로사리오 기념비가 있는 동굴까지 갈 수 있는데 도보로는 몬세라트 바실리카가 위치한 산 중턱에서 40분가량 걸리므로 걸어볼 만하다. 푸니쿨라 산트 호안역 밑의 표시판을 따라 걸어가면 산트 호안 예배당까지 20분 걸리는데, 아름다운 산 경치를 만끽할 수 있다. 몬세라트 산에서 가장 높은 봉우리인 산트 헤로니(Sant Jeroni)로 올라가는 길에는 다양한 기암괴석을 구경할 수 있다. 2시간가량 걸린다.

바르셀로나 근교를 대표하는 휴양지

시체스 SITGES

SITGES
MADRID

바르셀로나 산츠역에서 열차를 타고 30분 정도 가면 아름다운 해변 마을에 도착한다. 골목골목 하얀 집들과 발코니의 꽃들, 넓게 펼쳐진 해변의 테라스 카페, 절벽 위에 자리한 성당이 마을의 운치를 더해준다. 로마 시대에는 상업 항구로서 번영을 누렸지만 현재는 유럽 내에서도 예술가들과 동성연애자들이 많이 모이는 곳으로 유명하며 매년 2월에 열리는 카니발은 밤새도록 볼거리가 풍성하다. 성당이 자리한 주요 해변을 기준으로 양옆에 해변이 끝없이 이어지며 성당을 지나 북쪽으로 산 세바스티아 해변(Playa de Sant Sebastian)으로 갈수록 동성연애자들을 많이 볼 수 있다. 해변 산책로를 따라 계속 걸어가면 고급 보트들이 정착되어 있는 리조트까지 닿는다. 여름이면 전 유럽에서 수많은 여행객들이 몰려와 매우 붐비고, 매년 10월에는 영화제도 개최한다.

ACCESS 가는 법

열차

바르셀로나 산츠역에서 시체스(Sitges)역까지 산 비벵크 데 칼데르스(Sant Vivenc de Calders)행 R2선 열차가 15분 간격으로 운행하며 약 30분 걸린다. 1인 편도 티켓 요금은 3.80€. 일행이 5명 정도 되면 인원수에 상관없이 사용 가능한 10회권 3존 티켓을 구입하는 것이 경제적이다. 시내에서 메트로를 타고 바르셀로나 산츠역에서 무료 환승이 가능하다. 메트로 10회권 3존 요금은 27.40€.

Tip

시체스역 바로 앞에 있는 안내센터에서 마을 지도를 얻을 수 있다. 기차역에서 정면으로 보이는 집들 사이 골목길을 따라 내려가면 해변에 닿는다. 여름에는 선베드를 빌려 바닷가에서 수영을 하거나 해안가에 즐비한 고급 해산물 레스토랑에서 분위기 있게 식사를 하기에도 좋다. 시체스는 매월 다양한 축제가 많이 열리므로 여행 일정에 맞는 축제를 홈페이지에서 체크하자.

홈페이지 www.sitgestur.cat

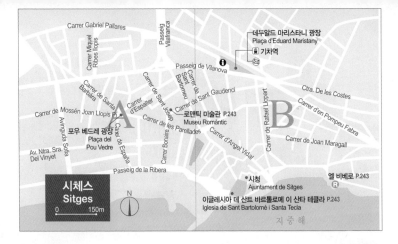

추천 볼거리
SIGHTSEEING

이글레시아 데 산트
바르톨로메 이 산타 테글라
Iglesia de Sant Bartolomé i Santa Tecla

MAP p.243-B

시체스의 중심 성당

17세기에 지어진 성당으로 로맨틱 양식과 고딕 양식의 성당이 있던 자리에 19세기 새로운 건물이 추가되면서 부분적으로 재건축되었다. 바닷가 풍경과 어우러져 더욱 아름답다. 성당 주변의 좁은 골목들은 산책하기에 좋다.

찾아가기 기차역에서 도보 10분
주소 Plaça de l'Ajuntament, 20
미사 9~6월 월~금요일 19:30, 토요일 20:00,
일요일 09:00, 11:00, 12:00, 19:30
7~8월 화·일요일 09:00, 11:30, 19:00, 20:00

로맨틱 미술관
Museu Romántic ★

MAP p.241-A

19세기의 생활상을 그대로 재현

1793년에 지어진 건물로 시체스 마을의 부유층이었던 칸 요피스(Can Llopis)의 저택이었으나 1935년 시에 기증하여 1949년에 미술관으로 문을 열었다. 19세기 당시 생활상이 재현된 각

층에는 피아노룸, 댄스룸, 거실, 침실 등이 있고 가구와 그림, 장식품 등도 잘 보존되어 있다. 400여 개의 클래식 인형과 미니어처 모형도 볼만하다.

찾아가기 기차역에서 도보 10분
주소 Carrer de Sant Gaudenci, 1 문의 938 94 03 64
운영 10~6월 화~토요일 10:00~14:00, 15:30~19:00,
일요일·공휴일 10:00~15:00 휴무 월요일 요금 3.50€
※복원 공사로 임시 폐관

추천 레스토랑

엘 비베로 El Vivero

MAP p.243-B

해안가에 자리한 라운지 바

시체스 마을과 바다가 바라다 보이는 자리에 위치한 라운지 바. 샴페인이나 화이트 와인과 함께 타파스를 즐기거나 칵테일 한잔을 시켜 놓고 편하게 앉아 바다를 감상하며 여유로운 시간을 보낼 수 있는 곳이다.

찾아가기 기차역에서 도보 20분 주소 paseo balmins
문의 938 94 21 49
영업 매일 13:00~16:00, 20:00~23:00
예산 1인 30€~

강이 흐르는 중세 성곽 도시

헤로나 GERONA

GERONA ●

● MADRID

카탈루냐어로는 '지로나(Girona)'라고 불리는 카탈루냐 지방 북쪽에 위치한 곳. 기원전 5세기에 이베로인(이베리아 반도의 어원이 된 선주민족의 하나)이 세운 역사 도시로 성벽으로 둘러싸인 구시가 중심에 강이 가로지른다. 강 옆으로는 알록달록 아름다운 집들이 다닥다닥 붙어 있어 중세의 분위기가 고스란히 느껴진다. 강을 사이에 두고 구시가와 신시가로 나뉜다. 신시가에는 기차역과 버스 터미널이 위치하고, 구시가와 도보로 약 15분 거리다.

구시가를 에워싼 성벽을 따라 산책하며 마을 전경을 감상할 수 있고, 크고 작은 광장을 중심으로 노천카페와 레스토랑, 숍 등이 있어 쇼핑과 관광을 즐기기 좋다. 매년 5월에 열리는 꽃 축제 때는 대성당 앞 중앙 계단과 각 집들의 정원, 미술관 등을 무료 개

방하며 예술가들과 마을 사람들이 공동 작업한 꽃 장식을 마을 전체에서 감상할 수 있다.

꽃 축제 정보 www.girona.cat

ACCESS 가는 법

🚆 **열차**
바르셀로나 산츠역에서 열차가 1시간에 2~3편 운행된다. 열차의 종류에 따라 소요 시간과 요금이 다르다. 일반 열차는 약 1시간 30분 걸리고 요금은 편도 10€, 직행열차는 약 30분 걸리며 요금은 15~20€ 선이다. 헤로나에서 달리 미술관이 있는 피게레스까지는 열차로 약 30분 걸리며 요금은 편도 5€ 선이다. 기차역에서 구시가까지는 걸어서 이동할 수 있으며 15분 정도 소요된다.
홈페이지 www.renfe.com

🚌 **버스**
바르셀로나 북부 버스 터미널에서 버스가 1일 7편 운행된다. 약 1시간 20분 걸리며 요금은 편도 14.50€, 왕복 22€. 홈페이지에서 각 도시를 연결하는 다양한 버스 회사의 요금과 시각표를 검색할 수 있다.
홈페이지 www.barcelonanord.com

헤로나
Gerona
0   100m
N

산 니콜라스 성당
Església de Sant Nicolau
갈리시아 산 페레 박물관 교회
Església Museu de Sant Pere de Galligants
아랍 욕장 P.246
Los Baños Árabes
대성당 P.245
Cathedral
벨미랄
유대인 역사 박물관 P.246
Museu d'Història dels Jueus
헤로나 미술관
Museu de Girona
마구에이 P.246
라 데베사 정원
Parque de la Devesa
페드라 다리
Pont de Pedra
노우 거리 Carrer Nou
페닌술라
소콜라테리아
르안티가 P.246
Gran Via de Jaume
Riu Onyar
Rambla de la Llibertat
Carrer de la Força
Las Murallas
케스 데 캄프스 광장
el Marquès de Camps
산타 에우제니아 거리
C. Santa Eugènia
바르셀로나 거리 C. Barcelona
레스 페드레레스 광장
Pl. Les Pedreres
콘달
에우로파
방향
기차역, 버스 터미널 방향

추천 볼거리
SIGHTSEEING

대성당
Cathedral

MAP p.245

천지창조 태피스트리를 눈여겨보자

언덕 위에 우뚝 서있는 대성당. 대성당에서는 헤
로나를 둘러싸고 있는 성곽 너머의 도시 외곽까
지 한눈에 내려다보인다. 11세기부터 18세기까
지 보수와 재건을 여러 차례 반복한 만큼 세월의
흔적이 곳곳에서 묻어난다. 전체적으로 고딕 양
식과 바로크 양식 등 다양한 건축 양식이 조화를
이루는데 내부에는 1100년경에 제작된 로마네
스크 양식의 천지창조 태피스트리가 있다. 신을
중심으로 아담과 이브, 하늘과 빛, 어둠의 창조
가 원을 그리며 아름답게 묘사되어 있어 볼만하
다. 성당 내부에 박물관도 자리하고 있다.

찾아가기 버스 터미널과 기차역에서 도보 20분
주소 Carrer Lluís B atl le i Prats, 4 운영
4~10월 10:00~18:30(7·8월은 ~19:30,
11~3월 10:00~17:30 미사 평일 09:00, 일요일
10:30, 11:00, 18:00 요금 7€(박물관)

로마 성벽
Las Murallas

MAP p.245

전망 좋은 산책 코스

헤로나 구시가를 감싸고 있는 성벽. 다양한 각도
에서 중세 분위기의 마을을 조망할 수 있다. 대성
당이 한눈에 내려다보이는 전망대와 탑, 아담한
미니 정원도 볼 수 있다.

찾아가기 대성당에서 도보 15분

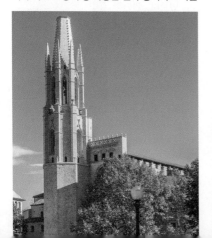

유대인 역사 박물관
Museu d'Història dels Jueus ★

MAP p.245

유대인의 발자취를 엿보다

1492년까지 헤로나는 중세 카탈루냐에서 바르셀로나 다음으로 중요한 유대인 거주 지역이었다. 현재 유대인 구역 안의 유대인 역사 박물관에서는 당시 유대인들의 생활상과 문화를 엿볼 수 있다.

찾아가기 대성당에서 도보 2분 **주소** Carrer de la Força, 8 **운영** 9~6월 화~토요일 10:00~18:00, 월·일요일·공휴일 10:00~14:00, 7·8월 월~토요일 10:00~20:00, 일요일·공휴일 10:00~14:00 **요금** 4€

아랍 욕장
Los Baños Árabes ★

MAP p.245

중세 시대의 아름다운 목욕탕

1194년에 지어진 대중목욕탕으로 로마 유적에 속한다. 1000여 년의 역사 동안 개·보수를 거쳐 완벽히 복원되었다. 중앙에 우물과도 같은 아름다운 욕탕에서 뻗은 기둥이 받치고 있는 채광창을 통해 자연광이 그대로 쏟아져 들어와 실내를 은은하게 장식해 준다. 여러 개의 작은 방으로 나뉘어 있으며 야외 테라스가 있어 건물 옥상의 탑과도 연결된다. 규모가 작기 때문에 한 바퀴 둘러보고 나오는데 10분 정도 소요된다.

찾아가기 대성당에서 도보 2분 **주소** Carrer Ferran el Catòlic, s/n **문의** 972 190 797 **운영** 4~9월 월~토요일 10:00~19:00, 일요일·공휴일 10:00~14:00, 10~3월 매일 10:00~14:00 **요금** 2€

마구에이 Maguey

MAP p.245

매콤한 멕시코로의 여행

이민자가 많은 스페인에서는 중앙 아메리카의 음식을 맛볼 기회가 많다. 페루, 아르헨티나, 멕시코, 콜롬비아 등 많은 식당에서 현지의 맛을 그대로 재현해 내니 기회가 된다면 꼭 찾아가 볼 것. 마구에이도 지로나에서 소문난 멕시코 식당인데, 마가리타 칵테일과 세비체, 타코, 퀘사디아 등 다양한 메뉴를 맛볼 수 있다.

찾아가기 대성당에서 도보 10분
주소 Carrer de la Cort Reial, 1 **문의** 659 69 56 31
영업 화~목요일 20:00~23:00, 금~일요일 13:00~16:00, 20:00~23:00
휴무 월요일 **홈페이지** www.magueygi.com

소콜라테리아 르안티가
Xocolateria l'ANTIGA

MAP p.245

간식으로 즐기는 초콜라테

19세기 모더니스트 풍의 인테리어가 고급스러운 초콜라테집. 짙고 깊은 풍미의 초콜라테를 맛볼 수 있으며, 간단한 아침·점심 식사나 저녁 식사 전 간식으로 먹기 좋은 스페인 샌드위치 보카디요의 다양한 버전을 선보인다. 양도 푸짐하고 맛이 좋아 현지인들에게 늘 사랑받는 곳이다.

찾아가기 페드라 다리 앞에서 도보 5분, 또는 시내 중앙 안내센터 앞에서 도보 3분
주소 Carrer Plaça del Vi, 8 **문의** 972 216 681
영업 월~토요일 07:00~21:00 **휴무** 일요일

헤로나 근교 여행

헤로나에서 내륙으로 조금 더 들어가면 중세 시대 모습을 그대로 간직하고 있는 소도시들이 있다. 여러 도시를 둘러보고 싶다면 대중교통보다는 렌터카를 이용하는 것이 빠르고 편하다. 대중교통을 이용할 예정이라면 헤로나 버스 터미널에서 소도시행 버스편을 알아보자. 사르파(Sarfa) 버스가 자주 다닌다. 여름철은 더위로 꽃과 단풍의 계절인 봄, 가을에 여행할 것을 추천한다.

인 아치형 담벽들과 옛 정취가 고스란히 남아 있는 성채와 성곽, 잘 가꾼 개인 저택 등을 산책하다 보면 타임머신을 타고 시간 여행을 하는 듯하다. 마을을 한 바퀴 돌아보는 데 1시간이면 충분하다.

찾아가기 라 비스발 드엠포르다(La Bisbal d'emporda) 마을에서 사르파 버스가 1일 2편 운행, 10분 소요. 운행 편수가 극히 적어서 차를 렌트하는 것이 좋다.

라 비스발 드엠포르다 ★
La Bisbal d'Empordà

세라믹 & 홈데코 쇼핑 마을

스페인 전통 시골에서 인테리어 용품 쇼핑을 즐기고 싶다면 꼭 들러야 하는 마을. 성당을 중심으로 펼쳐진 마을 광장과 대로변에 세라믹 숍과 앤티크 숍, 데커레이션 전문 용품 숍이 빼곡히 들어서 있다. 근교 대도시에서 인기 있는 각종 생활 인테리어 용품과 장식용품 등을 도매가에 구입할 수 있다. 매주 금요일마다 정겨운 시골장이 열리므로 시간이 맞는다면 구경해 보자. 마을 입구의 메인 차도에는 화려한 색감의 핸드메이드 세라믹 그릇 가게가 특히 많다.

찾아가기 헤로나 버스 터미널에서 사르파 버스가 1시간에 1대꼴로 버스 운행, 약 50분 소요
홈페이지 www.sarfa.com

페라타야다 ★
Peratallada

아름다운 풍경을 간직한 시골 마을

중세 시대에서 시간이 멈춘 마을. 마을 전체가 화보 촬영장이라 할 만큼 잘 보존되어 있으며 꾸밈없이 아름답다. 입구에서부터 꽃과 나무로 뒤덮

베살루트 ★
Besalut

로맨틱한 도시

마을 어귀에 아름다운 돌다리가 놓여 있어 다리 위에서 보는 마을 풍경이 무척 인상 깊다. 높은 성곽으로 둘러싸인 시내 중심지 아래쪽으로는 강이 흐르고 녹음이 짙게 우거져 봄부터 가을까지 어느 때 찾아가도 아름답다. 14세기 즈음에는 근교 마을 가운데 제일 큰 장이 열렸던 교역지로 모든 종류의 가게가 번성했다. 현재까지 마을 안에는 다양한 식료품점, 기념품점, 시장과 레스토랑 등이 영업하고 있다.

찾아가기 헤로나 버스 터미널에서 테이사(Teisa) 버스가 07:00~21:00 사이에 오전 1시간 간격, 오후 2시간 간격으로 운행, 50분 소요, 요금은 편도 5€ 선.
홈페이지 www.teisa-bus.com

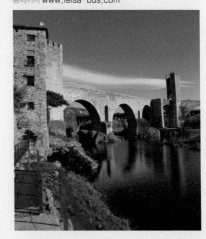

지중해의 발코니

타라고나 TARRAGONA

TARRAGONA ●
● MADRID

카탈루냐 남부 타라고나 주의 주도다. 옛 이름은 타라코(Tarraco)로 기원전 218년 로마인이 점령해 항구와 성벽을 고쳐 로마제국의 첫 스페인 거점으로 삼았다. 타라고나는 당시 로마에 이어 제2의 도시로 번영을 누리며 히스파니아 최대 규모의 도시로 성장했다. 그러나 3세기 프랑크족, 5세기 서고트족, 8세기 이슬람 세력의 연이은 침입으로 유적들이 많이 파괴되었다. 그럼에도 시내 곳곳에 여전히 남아 있는 로마 시대의 유물과 흔적들이 과거의 번영을 짐작하게 한다. 로마 시대의 도수관 유적과 성곽, 약 1만 명을 수용할 수 있는 규모의 원형경기장 일부가 잘 보존되어 있으며 15세기 중세 시대 건축물까지 남아 있다. 로마 시대의 유물과 중세 시대 건축물의 조화로운 풍경을 감상해 보자.

ACCESS 가는 법

🚈 **열차**
바르셀로나 산츠역에서 타라고나행 열차가 06:00~21:00 사이에 1시간마다 2~3편 운행된다. 열차 종류에 따라 50분~1시간 10분 정도 소요되며 요금은 편도 8~16€ 선. 역에서 구시가까지는 해안 도로를 따라 도보로 이동 가능하며 15분 정도 소요.
홈페이지 www.renfe.com

🚌 **버스**
바르셀로나 북부 버스 터미널에서 버스가 1일 6편 운행된다. 1시간 20분 정도 걸리며 요금은 편도 9€, 왕복 17€. 첫차는 09:00에 출발하며 당일치기 여행이라면 첫차를 타는 것이 안전하다. 알사 버스 회사 홈페이지에서 요금과 시각표를 확인할 수 있다.
홈페이지 www.alsa.es

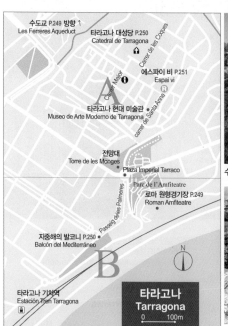

수도교

로마 원형경기장

추천 볼거리
SIGHTSEEING

수도교
Les Ferreres Aqueduc

MAP p.249-A

과거 마을에 물을 공급하기 위해 지어진 수도교
로마제국의 황제 아우구스투스 때 지어진 것으로 추정되며 유네스코 세계문화유산으로 지정되었다. 악마의 다리(Pont del Diable)라는 별칭으로 불리기도 하는 이 수도교는 18세기까지 사용했음에도 불구하고 깨끗하게 보존되어 있다. 총 길이 217m, 높이 27m의 웅장한 모습의 수도교는 당시 수로로 이용했으며, 오늘날에는 다리 역할을 한다. 양쪽 다리의 낙차가 20cm 정도임을 감안하면 약 2000년 전에 정밀한 측량 기술이 존재했다는 사실을 알 수 있다. 타라고나 시내에서 4km 정도 떨어져 있으므로 대중교통이나 차량으로 이동해야 한다.

찾아가기 임페리얼 타라고 광장(Plaza Imperial Tarraco)에서 산 살바도르(St. Salvador)행 85번 버스를 타고 약 7번째 정류장에 하차(11분 소요, 1시간에 2대꼴로 운행) 후 수도교까지 도보 10분 이내(평일과 주말의 운행 시간이 다르므로 버스 정류장의 시간표를 확인할 것)
주소 Carrer de Pere Martell, 2

로마 원형경기장
Roman Amfiteatre

MAP p.249-B

영화 〈글래디에이터〉의 촬영지
타라고나가 로마 유적지로 명성을 떨치는 데 일조한 원형경기장으로 지중해가 한눈에 내려다보인다. 1세기에 지어졌으며 당시에는 사람과 맹수가 싸우는 경기장이었으나 3세기에는 그리스도교도들을 처형하는 처형장으로 사용되기도 했다. 영화 〈글래디에이터〉에서 주인공이 노예로 팔려간 후 검투사로 활약하는 장면의 배경이 된 곳으로 유명하다. 관람석을 둘러보고 관람석 아래 입구로 입장할 수 있다.

찾아가기 기차역에서 도보 15분
주소 Parc de l'amfiteatre, s/n
문의 977 24 25 79
운영 10/1~4/11 화~금요일 09:00~19:30, 토요일 09:00~19:00, 일요일 09:00~15:00, 4/1~9/30 화~토요일 09:00~21:00, 일요일 09:00~15:00
요금 일반 3.30€
홈페이지 www.tarragona.cat

타라고나 대성당
Tarragona Catedral

MAP p.249-A

다양한 건축양식이 돋보이는 성당

구시가지에서 가장 높은 지대에 있으며 로마 시대에도 같은 자리에 신전이 있었던 도시의 중심지다. 타라고나 대성당은 소장하고 있는 유물이 많아 예배당 외에도 내부에 별도의 박물관을 보유하고 있다. 아름다운 아치형 건물 내부의 중정은 봄부터 가을까지 꽃과 식물이 만발해 아름답다. 외관은 장식이 없어 심플하지만 성당 내부는 모자이크 장식과 천정이 화려해 볼만하다. 또한 12세기에 착공해 16세기에 완공되었기 때문에 다양한 건축양식을 감상할 수 있다. 성당 건물 정면은 로마네스크 양식이지만 전체적으로는 고딕 양식을 띠고 있다.

찾아가기 로마 원형경기장에서 도보 10분
주소 Pla de la Seu 문의 977 22 69 35
운영 여름철 월~토요일 3/18~6/10 10:00~20:00,
9/11~10/31 10:00~19:00,
일요일·공휴일 6/18~9/10 15:00~20:00,
겨울철 월~토요일 3/18~6/10 10:00~19:00,
11/2~12/29·1/2~3/17 10:00~17:00
휴무 겨울철 일요일

요금 일반 5€, 학생 4€, 7~16세 3€,
오디오 가이드 2€
홈페이지 www.catedraldetarragona.com

지중해의 발코니
Balcón del Mediterráneo

MAP p.249-B

타라고나 시가지를 조망

타라고나 기차역에서 시내 중심으로 진입하는 길에 처음 만나게 되는 곳이다. 지중해의 발코니라 이름 붙은 곳답게 눈앞에 지중해 바다와 해변이 펼쳐져 있고, 그곳을 배경으로 하는 로마 원형경기장과 타라고나 도시 전체를 한눈에 조망할 수 있다. 1889년 타라고나 출신 건축가 라몬 살라스 이 리코마가 디자인한 모더니즘 양식의 발코니 창살을 눈여겨보자. 이 발코니 뒤편으로는 람블라 거리(La Rambla)가 1km 정도 이어지는데 길 끝에 카탈루냐 전통인 인간 탑 쌓기를 모형화한 거대한 조각상이 있다.

찾아가기 기차역에서 도보 5분
주소 Passeig de les Palmeres, s/n

포럼

포럼은 고대 로마 시대에 공공 집회가 열린 광장을
일컫는다. 타라고나 구시가지에서도 포럼을 만날
수 있는데 현재는 한여름 밤이나 주말에 현지인들이
술을 마시고 식사를 하는 활기찬 공간으로
유명하다. 포럼 주변으로 10여 개의 타파스
레스토랑과 바르가 모여 있고 대부분 야외 테라스
석을 운영한다. 운이 좋다면 다양한 공연이나
축제를 구경할 수 있다. 주변의 산트 베르나트
광장(Plaza de l'Arc de Sant Bernat), 로베야트
광장(Plaza de Rovellat)을 한 바퀴 돌아 나오면
주택가에 형체만 남은 로마 유적들이 자연스럽게
어우러져 있다.

유적지 표지판

타라고나 시내에는 관광객을 위한 길 안내 및
유적지 설명이 잘되어 있다. 설명 표지판은 주로
카탈루냐어이며, 스페인어, 영어, 프랑스어 순으로
되어 있다. 또 유적지의 중요도에 따라 글뿐만
아니라 그림과 영상까지 볼 수 있어 정보를 얻기
편하다. 세심하게 마련된 표지판을 보며 로마
시대 당시의 주변 풍경과 오늘날의 모습을 비교해
상상하는 즐거움을 누려보자.

추천 레스토랑

에스파이 비 Espai vi

MAP p.249-A

제대로 된 한 끼 식사

광장 주변에는 음료와 차를 마시며 간식을 먹거나 타파스를 곁들여 가벼운 식사를 할 수 있는 식당이
많다. 그중 에스파이비는 좀 더 제대로 된 식사
를 하고 싶을 때 방문하면 좋은 곳이다. 단품 식
사 메뉴를 갖추고 있으며 와인 셀렉션이 훌륭하
다. 야외 테라스석에 앉으면 광장 분위기를 만
끽하며 식사할 수 있다.

찾아가기 대성당에서 도보 10분
주소 Carrer de Santa Anna, 13 문의 672 26 68 94
영업 화~일요일 12:00~16:00, 19:00~23:00
휴무 월요일
예산 1인 20€~

타라고나 근교 여행

타라고나주는 바르셀로나와 가까워 현지인들에게 주말 여행지나 여름 휴가지로 각광받는 지역이다. 타라고나의 다우라다 해안(Costa Daurada)은 수심이 얕고 모래가 고와 가족 단위 휴양객에게 인기가 높다. 내륙에는 관광과 휴양을 동시에 즐길 수 있는 도시들이 자리 잡고 있다. 짧은 시간에 여러 소도시를 둘러보고 싶다면 차량을 빌리자. 해안과 가까운 도시들은 4~10월 사이에 방문하면 좋다.

다우라다 해안
Costa Daurada

호젓한 휴양 마을들이 자리한 해안

바르셀로나와 타라고나 사이에는 수많은 해안들이 있다. 다우라다 해안의 대표 휴양지로는 시체스가 있는데 워낙 유명하다 보니 다소 번잡스럽다. 좀 더 호젓한 분위기를 원한다면 해안 쪽으로 이동해 현지인이 주로 찾는 해변에 머물면 된다. 타마리트(Tamarit), 코마루가(Comaruga), 알타푸야(Altafulla), 캄브릴스(Cambrils), 토레뎀바라(Torredembarra), 칼라펠(Calafell), 록 데 산트 가이에타(Roc de Sant Gaieta) 등 수많은 해안 마을에는 호텔과 캠핑장 등 편의시설이 잘 갖춰져 있어 여름 휴가를 즐기기에 제격이다.

찾아가기 바르셀로나 산츠역에서 타라고나행 기차를 타면 주요 마을에 정차한다. 기차는 1시간에 4~5대꼴로 운행되며 열차의 종류에 따라 티켓 요금과 소요시간 등에 차이가 있다.
홈페이지 www.renfe.es

발스
Valls

칼솟타다 축제의 근원지

타라고나 주에 위치한 작은 마을. 카탈란 전통 음식 중 하나인 칼솟(Calçot)을 먹는 칼솟타다(Calçotada) 축제의 근원지로 유명하다. 매해 1월 마지막 주 일요일에는 도시 전역에서 축제가 열린다. 칼솟은 대파처럼 생긴 파를 숯불에 구워 껍데기를 손으로 벗겨낸 후 하얗게 익은 속살을 로메스코 소스(토마토와 아몬드, 마늘, 올리브 등을 넣어 만든 소스)에 찍어 먹는 음식으로 1월부터 3월까지 카탈루냐 전 지역에서 맛볼 수 있다.

찾아가기 바르셀로나 산츠역에서 1일 2회(07:00, 19:00) 운행하는 기차를 타면 약 1시간~1시간 30분 소요된다. 온라인 사전 예약은 안 된다.
홈페이지 www.renfe.es

토르토사
Tortosa

중세 유적이 남아 있는 마을

중세 시대의 유적이 많이 남아 있는 곳으로 도시 곳곳의 유적지를 구경하려면 하룻밤 머무는 것이 좋다. 마을에서 가장 높은 곳에는 파라도르로 영업 중인 아랍 성(El Castillo de la Suda)이 있는데 이곳에서 에브로 강을 끼고 있는 도시 전체 풍광을 감상할 수 있다.

찾아가기 바르셀로나 산츠역에서 06:00~21:00 사이에 2시간에 1대꼴로 1일 10여 편의 기차가 운행된다. 2시간 15분 정도 소요되며 요금은 15€ 이내
홈페이지 www.renfe.es

미라베트
Miravet

에브로 강이 흐르는 평화로운 마을

마을 중앙의 산꼭대기에는 12세기 성당 기사단이 이 지역을 정복한 후 요새 겸 수도원으로 사용하기 위해 세운 미라베트 성이 있다. 이 성은 카탈루냐 지방에서 가장 큰 규모로 당시의 로마네스크 양식을 잘 간직하고 있다. 입장료를 내고 성 안으로 들어서면 성벽과 내부를 구경할 수 있다. 가파른 탑을 따라 성 꼭대기까지 올라가면 나오는 전망대에서 내려다보는 마을 전경이 인상적이다. 에브로 강 바로 앞에는 야외 테라스를 갖춘 레스토랑과 바르가 몇몇 모여 있다.

찾아가기 바르셀로나 산츠역에서 기차를 타고 모라 라 노바(Móra la Nova) 역으로 가서 미라베트까지 버스나 택시로 이동할 수 있다. 바르셀로나 산츠역에서 출발하는 기차는 06:30~20:00 사이에 1일 6편 운행된다. 2시간 20분 소요되며, 요금은 약 12€
홈페이지 www.renfe.es, www.hife.es(모라 라 노바와 미라베트 구간 외 주변 로컬 버스 노선 확인 가능)

가우디와 구엘의 합작 마을

콜로니아 구엘 COLONIA GÜELL

바르셀로나에서 열차로 30분 거리에 있는 작은 마을이다. 넓은 들판 가운데 세라믹 타일이나 철재 등을 사용한 19세기 모더니즘 건축물이 곳곳에 산재해 있다.

1890년경 구엘 백작은 섬유 노동자들의 유토피아를 꿈꾸며 노동자들의 성당 건축은 가우디에게 맡기고 기타 조합 건물과 집의 건축은 다른 건축가에게 맡긴다. 1908년 가우디가 성당의 지하 무덤을 설계했으나 7년 후 구엘 가가 재정상의 이유로 공사를 중단하자 가우디는 현장을 떠나게 된다. 가우디가 설계하고 건축에 관여한 콜로니아 구엘 성당이 주요 볼거리이며, 2005년 유네스코 세계문화유산에 등재됐다.

ACCESS 가는 법

바르셀로나 메트로 1 · 3호선 에스파냐 광장(Pl. Espanya)역에서 FGC(광역전철) S3선, S4선을 타고 콜로니아 구엘(Colònia Güell)역에서 하차. 열차는 약 15분 간격으로 운행하며 약 30분 걸린다. 2존 티켓 1회권을 사용하면 된다. 요금은 왕복 5.60€.

 ## 콜로니아 구엘 둘러보기

기차역에 내려 마을 입구까지는 도보로 약 5분 걸린다. 작은 마을이어서 기차역도 작고 고요하다. 별도의 안내 요원이 없으므로, 역 바닥의 파란색 방향 표시를 따라 기차역을 나와 마을 입구로 향하자. 가로수길을 따라서 주택이 모여 있는 마을에 도착하며 콜로니아 구엘 안내소로 향하는 방향 표시가 보인다. 티켓을 구입하고 안내소의 전시를 구경한 후 콜로니아 구엘까지는 도보 5분. 그 외 마을을 둘러보는 데도 30분이면 충분하다.

Tip 콜로니아 구엘(Colònia Güell)역에서부터 길바닥에 파란색 방향 표시가 있다. 표시를 따라가면 안내소에 닿는다. 안내소에서 콜로니아 구엘 성당 티켓을 구입할 수 있으며, 마을 지도도 얻을 수 있다. 참고로 메트로 1·3호선 에스파냐 광장(Pl. Espanya)역 내 열차 티켓 판매소에서는 콜로니아 구엘 콤비 티켓(FGC 왕복, 콜로니아 구엘 성당, 오디오 가이드 포함)을 15.20€에 판매한다.

 추천 볼거리
SIGHTSEEING

콜로니아 구엘 성당　★
Cripta de la Colonia Güell

MAP p.255

가우디의 또다른 걸작

1915년과 1917년 다른 건축가에 의해 공사는 마무리됐으나 이 건축물은 사그라다 파밀리아 성당의 모델이 되어준 중요 작품으로 가우디의 작품 세계에 초석이 되었다. 아치 천장을 떠받치고 있는 벽돌 기둥은 나뭇가지와도 같이 부드럽게 다양한 각도로 뻗어있는데 마치 구엘 공원의 아치와도 같으며 두 곳은 같은 시기에 설계·건축되었다.

찾아가기 기차역에서 도보 20분
주소 Colònia Güell Carrer Claudi Güell, s/n
문의 936 30 58 07
운영 11~4월 월~금요일 10:00~17:00,
토·일요일·공휴일 10:00~15:00,
5~10월 월~금요일 10:00~19:00,
토·일요일·공휴일 10:00~15:00
요금 일반 8.50€, 입장료+오디오 가이드 9.50€
홈페이지 www.gaudicoloniaguell.org

카탈루냐의 알프스
발 데 누리아 VALL DE NÚRIA

VALL DE NÚRIA
• MADRID

발 데 누리아(Vall de Núria, 누리아 분지)는
프랑스 국경의 피리네오스 산맥과 맞닿아 있는
바예(Valle, 계곡에 접한 분지)로 리베스 바예
(Ribes Valle, 리베스 분지) 지역 중에서 가장
높은 약 3000m 상공에 위치한 리조트이자 휴양
지이다. 복잡한 도심에서 벗어나 아름다운 호수
와 푸른 잔디밭에서 평화로운 휴양을 즐기고 싶
은 여행자에게 추천한다. 마치 스위스의 알프스
처럼 깨끗하고 쾌적한 곳이다.

발 데 누리아에 가기 위해서는 리베스 데 프레세
르(Ribes de Freser)역에서 유일한 교통수
단인 산악열차 크레마예라를 타고 12.5km를
달려서 약 1000m 상공까지 올라가야 한다. 산
악열차는 7월 중순부터 10월까지만 운행한다.
7~8월에는 시원하며 9~10월에는 아름답게 물
든 가을 산을 감상할 수 있다. 발 데 누리아에는
레스토랑과 호텔 리조트, 카페테리아 등이 있지
만 메뉴가 다양하지 않고 음식값도 비싸다. 미리
간단한 샌드위치와 음료 등을 준비해 가면 좋다.

ACCESS 가는 법

🚆 **열차**

바르셀로나 카
탈루냐 광장(Plaça
de Catalunya)
에서 로달리에스
(Rodalies) 열차를
타고 리베스 데 프레

세르(Ribes de Freser)역에서 하차 후 산악열차인
크레마예라로 환승해 발 데 누리아까지 간다.
크레마예라는 약 2시간 간격으로 운행한다. 열차와
산악열차 왕복 티켓(발 데 누리아 콤비 티켓)은 역내
자동발매기와 안내 창구에서 구입 가능하며 요금은
30€.

운행 시간
바르셀로나 카탈루냐역 → 리베스 데 프레세르역 열차
1일 7편 운행(06:27, 07:54, 09:56, 12:38, 15:06,
17:07, 19:02)
리베스 데 프레세르역 → 발 데 누리아 산악열차
1일 5편 운행(09:10, 11:10, 12:50, 14:40, 16:30)
홈페이지
로달리에스 열차 정보 http://rodalies.gencat.cat
발 데 누리아 여행 정보 www.valldenuria.com

 ## 발 데 누리아 둘러보기

리베스 데 프레세르역에 도착한 후 크레마예라를 타지 않고 발 데 누리아까지 걸어 올라간다면 2시간 30분 정도 소요된다. 아름다운 경치를 만끽하며 산행을 즐길 수 있으며 발 데 누리아에서 다른 산맥까지 2~3시간 걸리는 트래킹 코스도 많이 있다. 여름에는 트래킹 코스와 캠핑, 겨울에는 스키장으로 각광받고 있다.

Tip ### 주변 마을 방문하기

발 데 누리아를 구경한 후 여유가 있다면 산악열차 리베스(Ribes)행을 타고 한 정거장 후인 케랄브스(Queralbs) 마을에 가보자. 전형적인 북부 카탈루냐 시골 마을을 구경할 수 있다. 역에 도착해 리베스로 돌아가는 열차 시간을 확인한 후 이동하자. 발 데 누리아 콤비 티켓이 있으면 산악 마을 중간에 승·하차는 무료다.

살바도르 달리의 기상천외한 미술관

피게레스 FIGUERES

피게레스는 살바도르 달리의 출생지이자 달리 미술관의 명성 덕에 1년 내내 관광객의 발길이 끊이지 않는 카탈루냐 지방의 명소다. 1974년에 오픈한 달리 미술관은 화려한 모습에 걸맞게 내부도 상상을 초월하는 장식과 작품으로 가득하다. 내란 중에 문을 닫은 시민극장을 개조해 개관했는데 초현실주의의 대가 달리의 무한한 상상력과 편집광적인 취미 생활을 엿볼 수 있는 미술관으로 건물 전체가 또 하나의 작품으로 탄생한 곳이다. 가까이에서 보면 창밖 풍경을 바라보는 달리의 아내 갈라의 누드이지만 멀리서 보면 링컨의 얼굴로 바뀌는 오브제, 평범한 응접실인 듯한데 2층 높이에서 내려다보면 여배우의 얼굴로 보이는 룸 등 달리 특유의 재치만점인 눈속임 기법을 활용한 작품 등이 곳곳에 가득하다.

달리는 1989년 84세의 나이로 세상을 떠날 때까지 약 1만 점의 작품을 남겼으며, 직접 디자인한 보석 장식품을 포함한 600여 점이 이곳에 전시되어 있다.

ACCESS 가는 법

열차
바르셀로나 산츠역에서 1일 20여 편 운행, 약 2시간 소요, 요금은 편도 16~30€. 역에서 달리 미술관이 있는 시내 중심까지는 도보로 15분 걸린다.
홈페이지 www.renfe.com

버스
바르셀로나 북부 버스 터미널에서 1일 5편 정도 운행하며, 헤로나를 거쳐 피게레스까지 약 2시간 30분 걸린다. 요금은 편도 20€.
홈페이지 www.barcelonanord.com

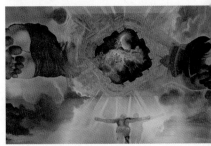

피게레스
Figueres
0   100m

추천 볼거리
SIGHTSEEING

달리 미술관
Teatre-Museum Dalí

MAP p.259-A

달리의 기괴한 아이디어가 돋보이는 미술관

일반 미술관의 진부함과 형식주의를 과감히 탈피한 달리의 아이디어가 전적으로 돋보이는 공간이다. 1974년 오픈한 미술관은 과거 마을 극장을 개조한 건물로, 한눈에 쏙 들어오는 재미난 모양을 하고 있다. 붉은 톤의 외벽에는 빵 모양의 오브제가 붙어 있고 건물 꼭대기에는 달걀 모양의 조형물을 올려 놓아 재미와 신비감을 더한다. 미술관 관람은 1층부터 순서대로 하는 것이 아니라 맨 위층부터 관람하면서 내려오게 되어 있다. 달리의 그림, 조각, 가구와 포스터, 자동차 장식품 외 소장품 등 600여 점의 작품이 전시되어 있다.

찾아가기 기차역에서 도보 15분
주소 Plaza Gala-Salvador Dalí, 5
운영 3·10월 09:30~18:00, 4~9월 09:00~20:00,
1·2·11·12월 10:30~18:00(야간 개장 8월 22:00~01:00)
휴무 10~5월 월요일, 1/1, 12/25 요금 15€

Plus info 살바도르 달리의 생애
(Salvador Dali, 1904~1989)

1904년 피게레스에서 태어난 달리는 10세 때부터 그림을 그리기 시작해 15세 때 미술 공부를 위해 마드리드 학교에 들어가지만 퇴학당하고 만다. 처음 예술활동을 시작했을 때부터 자신의 그림에 대한 시와 이론적 주석을 발표하면서 회화와 문학 작품을 통해 자신을 적극적으로 표현한다. 1929년 파리의 초현실주의 모임에 가입하면서 그의 예술적 개성은 성숙한 모양새를 갖추는데 10년 동안 적극적으로 참여해 1924년 초현실주의를 선언한 앙드레 브르통(André Breton)의 신임을 얻는다. 때맞춰 영원한 동반자이자 모델이던 갈라를 만난다. 1930년대로 접어들면서 과장되고 세속적인 이미지들을 작품화하여 대중적인 인기 작가로 변해갔고 언론플레이를 통해 유럽에서와 마찬가지로 미국에서도 대단한 성공을 거둔다. 말년에는 갈라와 함께 스페인 북부의 카다케스(Cadaqués) 부근에 정착하고 종교적 주제를 중심으로 예술 세계를 담아낸다. 그의 활동은 영화 제작과 연극무대 장치, 보석 디자인, 홀로그램에까지 확장되는데 이 모든 작품들을 제작하면서도 세속적이고 거만하고 과장된 변장을 포기하지 않고 그림과 글쓰기를 계속 병행한다. 그리고 생의 마지막 시기인 1974년 본인의 이름을 내건 미술관을 연다. 1982년 갈라가 죽자 그 다음 해부터 단 한 작품도 그리지 않았다. 창작의 열정이 모두 꺾인 달리는 1989년 심장마비로 최후를 맞는다.

스페인의 3대 해안 휴양지

코스타 브라바 COSTA BRAVA

COSTA BRAVA
MDARID

바르셀로나의 카탈루냐 광장역에서 근교 열차인 세르카니아스(Cercanias)를 타면 바르셀로나 북쪽 해안선의 수많은 바다를 지나 마지막 정류장인 블라네스(Blanes)까지 갈 수 있다. 코스타 브라바는 이 블라네스부터 프랑스 국경과 맞닿은 포르트보우(Portbou)까지 이어지는 해안으로 길이가 총 206km에 이른다.

코스타 브라바는 스페인의 3대 해안 휴양지로 손꼽힌다. 가파른 절벽이 만들어낸 크고 작은 협곡에 형성된 해안들이 많아 스쿠버다이빙을 하거나 바다 수영을 즐기는 사람들에게 인기가 높다. 긴 백사장을 낀 큰 도시들은 각종 편의시설과 쇼핑센터, 레스토랑, 리조트를 갖춰 여름철 최고의 휴양지로 각광받고 있다.

해안선 산책로를 따라 크고 작은 마을들이 이어져 있으며 도보로 2~3시간 정도면 마을 간 이동이 가능하므로 가벼운 산행을 마친 후 바다 수영을 즐기기에 좋다.

초여름부터 일찍이 캠핑과 아파트 렌털, 호텔 등이 성업을 이루며 여름철이면 바르셀로나에서 코스타 브라바 대부분의 해안 도시를 다니는 직행버스가 증편된다.

ACCESS 가는 법

코스타 브라바에 위치한 여러 도시들을 짧은 시간 안에 여행할 계획이라면 대중교통보다는 렌터카 이용을 권한다. 코스타 브라바의 여러 도시와 바르셀로나를 연결하는 직행버스는 1일 5~8편 운행되며, 한두 도시만 쉬어갈 예정이라면 버스로 충분히 이동할 수 있다. 코스타 브라바 전용 버스회사 사르파(Sarfa)가 바르셀로나에서 출발해 카다케스, 플라트하 다로, 산 펠리우 데 긱솔스, 팔라모스, 칼라야 데 팔라프루헬, 토사 데 마르 등의 도시를 운행한다. 이동 시간과 요금 등은 홈페이지(www.sarfa.com)에서 확인할 수 있다. 큰 도시 외 작은 마을들 간의 이동 방법은 www.teisa-bus.com에서도 확인이 가능하다.

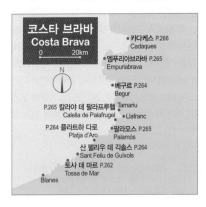

코스타 브라바
Costa Brava
0   20km
N

● 카다케스 P.266
　Cadaques

● 엠푸리아브라바 P.265
　Empuriabrava

● 베구르 P.264
　Begur

P.265 칼라야 데 팔라프루헬　● Tamariu
Calella de Palafrugell

● 팔라모스 P.265
　Palamós

P.264 플라트하 다로　● Llafranc
Platja d'Aro

● 산 펠리우 데 긱솔스 P.264
　Sant Feliu de Guíxols

● 토사 데 마르 P.262
　Tossa de Mar

● Blanes

코스타 브라바의 출발점

블라네스 BLANES

바르셀로나와 코스타 브라바를 잇는 첫 번째 해안 도시. 바르셀로나에서 기차를 타고 갈 수 있고 도시에는 로컬 숍들과 야외 테라스 카페가 가득하고 넓은 해안을 따라 사 팔로메라(Sa Palomera)라고 불리는 커다란 바위산이 우두커니 서있다. 이곳은 코스타 브라바의 시작점이기도 하며 해변과 다리로 연결되어 있어 바위산 정상까지 올라갈 수 있다. 정상에는 전망대가 위치해 있고 블라네스 시내 전경뿐만 아니라 끝없이 이어지는 해안 절경도 감상 가능하다.

ACCESS 가는 법

 열차
로달리에스 근교선 Rodalillas R1

바르셀로나 시내 카탈루냐 광장(Plaça de Catalunya)에서 로달리에스(Rodalies) 열차를 타면 블라네스역까지 연결된다. 최종 목적지가 블라네스역으로 표시된 기차 또는 토르데라(Tordera), 종착역 마사네스(Massanes) 방향으로 표시된 기차를 타면 된다.

블라네스역 하차 후 바로 앞에 정차해 있는 마을버스를 타면 된다. 기차 운행 시간에 맞춰 버스가 운행되며 블라네스 시내 중심부를 지나 버스 터미널역까지 운행한다. 블라네스역에서 시내 중심까지는 마을버스로 10분 미만으로 소요되며. 요금은 1.85€.

운행 시간
바르셀로나 카탈루냐역→ 블라네스 역 열차 1일 12편
운행(09:45, 10:25, 11:15, 12:05, 12:45, 13:45, 15:10, 15:45, 16:35, 17:25, 18:15, 19:20)
요금 편도 2.50€, 왕복 5€
전화 972 33 10 84
홈페이지 www.busbotanic.com

Tip

시내 관광열차, 꼬마기차 (Tren Turistico Blanes)

아이들과 함께 탑승하기 좋은 꼬마기차로, 개방된 창문에서 블라네스 시내 풍경을 보면서 바위산 꼭대기에 위치한 보타닉 가든 언덕까지 올라갈 수 있다. 항구 및 시내 전망을 두루 볼 수 있으며 돌아올 때는 시내를 한 바퀴 돌아 블라네스 카탈루냐 광장에 정차한다.

유럽인들의 여름 휴양지
토사 데 마르 TOSSA DE MAR

코스타 브라바의 시작점에 위치해 있는 휴양 도시로, 해안가를 따라 중세 시대의 건축물과 레스토랑, 기념품 숍이 즐비해 휴양과 관광을 함께 즐기기 좋다. 바르셀로나에서 가까워 당일치기로 다녀오기에도 무리가 없다. 그중 빌라 베야(Vila Vella) 지구는 안달루시아를 연상시키는 구시가지 골목으로, 꽃으로 장식한 테라스가 돋보이는 하얀 집들이 즐비해 눈을 즐겁게 해준다. 이 밖에도 해안 절벽을 따라 이어지는 산책로와 성곽, 교회, 요새로 쓰인 탑이 고스란히 남아 있어 둘러볼 만하다.

ACCESS 가는 법

🚌 버스

바르셀로나 북부 버스터미널에서 토사 데 마르행 버스를 탄다. 티켓은 버스 터미널 1층에서 구입 가능하다. 1시간 20분 정도 소요되며, 요금은 편도 10€. 보통 평일에 1일 8편 운행된다. 운행 횟수와 시간은 계절과 요일에 따라 다르므로 홈페이지에서 미리 확인하자.

홈페이지 www.sarfa.com

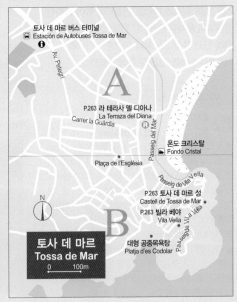

토사 데 마르 버스 터미널
🚌 Estación de Autobuses Tossa de Mar

A

P.263 라 테라사 델 디아나
La Terraza del Diana
Carrer la Guàrdia

Av. Pelegrí

Passeig del Mar

폰도 크리스탈
Fondo Cristal

Plaça de l'Església

Passeig de Vila Vella

P.263 토사 데 마르 성
Castell de Tossa de Mar
P.263 빌라 베야
Vila Vella

B

대형 공중목욕탕
Platja d'es Codolar

Passeig de Vila Vella

N

토사 데 마르
Tossa de Mar

0   100m

추천 볼거리
SIGHTSEEING

토사 데 마르 성 Castell de Tossa de Mar

MAP p.262-B

중세 시대의 완벽한 재현

해변에서 바라보는 성곽도 아름답지만 산책로를 따라 꼭대기까지 올라가서 내려다보는 풍경도 멋지다. 가파른 돌길을 따라 30분 정도 오르면 끝없이 펼쳐지는 지중해와 아름다운 해변이 내려다보인다. 7세기에서 14세기 사이에 해적들을 막기 위해 300m 높이로 지어진 성곽이 오늘날까지 잘 보존되어 있어 절경을 선사한다. 돌길을 따라 오르면서 성곽 주변에 남아 있는 대포와 교회 등을 둘러보자.

찾아가기 토사 데 마르 버스 터미널에서 마을 중심까지 도보 15분. 마을을 가로질러 해변으로 나가면 성곽으로 올라가는 길이 보인다.
주소 Passeig de Vila Vella, 1

빌라 베야 Vila Vella

MAP p.262-B

아기자기한 집들이 모여 있는 곳

빌라 베야는 '아름다운 빌라'라는 뜻으로 토사 데 마르 성곽으로 올라가는 길 뒤편에 남아 있는 구시가지를 뜻한다. 상업지구를 벗어나 성곽 뒤편으로 가면 좁은 골목의 돌길이 이어진다. 과거에는 어부들이 주로 거주했던 곳으로 안달루시아의 작은 마을에 온 듯한 풍경을 만날 수 있다. 빌라 베야 중심에는 15세기에 지어진 성당이 있다. 페인트 칠한 나무 문과 꽃, 발코니가 골목을 더욱 분위기 있게 만들어 사진 찍기 좋다. 국내 드라마 〈푸른 바다의 전설〉의 촬영지이기도 하다.

찾아가기 메인 해변 앞 파세이그 데 빌라 베야(Passeig de Vila Vella) 길에서 왼쪽으로 올라가면 성곽 산책로를 걸을 수 있으며, 직진하거나 오른쪽 좁은 골목으로 들어가면 레스토랑이 밀집한 빌라 베야 지구로 갈 수 있다.

Plus info

토사 데 마르 보트 투어

토사 데 마르에서 보트를 타고 해안 동굴에 들러 물고기에게 먹이를 주고 아름다운 협곡들을 지나는 투어 프로그램을 이용할 수 있다. 보트 내 바닥이 크리스탈로 되어 있어 바닷속에서 움직이는 물고기들을 관찰할 수 있다. 배는 토사 데 마르에서 출발해 칼라 폴라(Cala Pola), 칼라 히베롤라(Cala Giverola) 해변에 정차하므로 원하는 장소에 내려 오후 시간을 보내면 된다. 갈 때는 40분, 돌아올 때는 20분 정도 걸린다. 해변에 내려 시간을 보낼 계획이라면 수영복과 간단한 간식거리를 준비해 가자.

찾아가기 토사 데 마르의 메인 해변 바로 앞 폰도 크리스탈(Fondo Cristal) 부스
주소 Passeig del Mar s/n 문의 972 34 22 29
영업 4~10월 11:00~16:00(매시 정각),
5/1~6/21·9/16~30 11:00~17:00(매시 정각),
6/22~9/15 09:30~18:00(30분~1시간 간격)
요금 일반 10~16€(루트에 따라 가격 변동),
6세 이하 무료 홈페이지 www.fondocristal.com/en

추천 레스토랑

라 테라사 델 디아나 La Terraza del Diana

MAP p.262-A

바다를 감상하며 식사하기 좋은 곳

모더니즘 양식의 아름다운 외관과 장식이 돋보이는 디아나 호텔 내 레스토랑. 해변 바로 앞에 있어 바다를 감상하며 식사를 즐길 수 있다. 가격에 비해 음식의 맛과 양이 만족스럽다. 깔끔하고 모던한 분위기의 야외 테라스석, 친절한 서비스 등이 여행의 행복한 기분을 한껏 돋운다. 점심 세트로 파에야가 포함된 메뉴가 많은 것이 특징이다. 호텔 야외 테라스와 2층 라운지에 앉아 바다와 성곽을 내려다보며 칵테일을 즐겨도 좋다.

찾아가기 토사 데 마르 메인 해변 앞. 성곽에서 도보 10분
주소 Passeig del Mar 45 문의 972 82 86 17
영업 매일 09:00~16:00, 20:00~24:00
예산 아침 8€ 이내, 점심 20€ 이내

추천 해안 마을
SIGHTSEEING

베구르
Begur

MAP p.260

코스타 브라바를 대표하는 해안 도시 중 하나
드라마 〈푸른 바다의 전설〉에서 초반에 등장했던 마을. 두 주인공이 처음 만나는 장면을 촬영한 장소로 최근 국내에 알려졌지만 유럽인들에게는 여름 휴양지로 이미 인기가 높은 지역이다. 거주 인구는 4천 명 안팎이지만 여름에는 휴양객들로 4만 명에 이른다. 아름다운 해안 절벽과 바다를 끼고 있으며 골목마다 돌담과 하얀 집들이 가득하다. 16~17세기에 지어진 베구르 성(Castell de Begur)이 마을 중앙에 위치해 있다.

산 펠리우 데 긱솔스(산 폴 데 마르) ★
Sant Feliu de Guíxols(San Pol de Mar)

MAP p.260

소박한 풍경의 어촌 마을
해변 끝에 보트들이 정박한 선착장이 있고 고기잡이를 하는 어선들도 쉽게 볼 수 있는 어촌 마을이다. 관광객이 들끓는 코스타 브라바의 큰 도시

에 비해 제법 현지인들이 많이 모여 사는 중소 도시다. 옆 마을인 플라트하 다로까지는 해안 산책로를 따라 도보로 2~3시간 정도 걸린다. 중간중간 크고 작은 수많은 해안을 볼 수 있는데, 그중 700m 길이에 달하는 산 폴 데 마르(Sant Pol de Mar) 해안은 부드러운 모래와 낮은 수심, 잔잔한 파도와 1970년대에 지어진 탈의실이 현재까지 보존되어 있어 이국적인 풍경을 선사한다.

플라트하 다로 ★
Platja d'Aro

MAP p.260

휴양과 나이트라이프를 동시에
끝없이 펼쳐진 백사장과 해안가에 빼곡히 들어선 해산물 레스토랑, 그리고 다운타운의 화려한 쇼핑몰과 식당들, 코스타 브라바의 소도시에서는 보기 드문 밤의 화려함까지 동반하고 있는 도시다. 낮에는 수영하고 태닝하며 해변에서 쉬고, 밤에는 해안에서 도보 10분이면 닿는 다운타운에서 나이트라이프를 즐기고 싶은 사람에게 추천한다. 메인 해안에서 북쪽으로 도보 1시간 이내 거리, 아름다운 절벽 끝에 인적 드문 해안들이 많다. 가까운 카스텔 다로(Castell d'Aro) 해변은 규모는 작지만 아름답다.

팔라모스
Palamós ★

MAP p.260

아름다운 해안 산책로

현재까지도 성업 중인 어부들 덕에 해 질 녘 선착장으로 들어오는 어선들을 구경할 수 있으며 예전에 어부들이 살았던 구시가지와 새롭게 정비된 해변 산책로를 따라 신시가지가 조화를 이루고 있는 도시다. 보트 선착장이 있어 고급 리조트들도 많이 들어서 있다. 도시에 접한 메인 해변은 약 600m 길이에 달하며 고운 모래사장으로 이루어져 있다. 해안 산책로를 따라 20분만 걸어가면 스쿠버다이빙을 즐기기 좋은 바위들과 절벽을 끼고 있는 해안들을 만날 수 있다. 플라트하다로 마을까지 도보로 2~3시간 걸리는 해안 산책로에서 아름다운 지중해 전망을 감상하자.

칼라야 데 팔라프루헬
Calella de Palafrugell ★

MAP p.260

그림처럼 예쁜 풍경의 인기 휴양지

코스타 브라바에서 손꼽히는 아름다운 마을 중 하나. 마치 1960~1970년대 영화 속 이탈리아와 프랑스 남부의 모습처럼 해변에 마을이 빼곡히 모여 있다. 아치형의 건물들과 작은 보트, 파랗고 깨끗한 지중해가 어우러진 모습은 한폭의 그림 같다. 칼라야(Calella), 타마리우(Tamariu), 야프랑크(Llafranc) 등 세 마을은 해변을 품고 있다. 해안 산책로를 따라 2시간 정도 걸으면 세 마을을 지나 산 세바스티아(Sant

Sabastia) 등대 전망대까지 오를 수 있다. 여름에는 작은 해변이 인파로 가득 차 휴양지 분위기가 물씬 나고, 겨울에도 해안로를 따라 예쁜 마을들을 구경하며 산책하기에 좋다. 좀 더 내륙에 위치한 팔라프루헬(Palafrugell) 마을은 카엘라 데 팔라프루헬에서 차로 10분 걸리며 두 구간을 연결하는 버스가 매시 30분 간격으로 운행한다.

엠푸리아브라바
Empuriabrava ★

MAP p.260

수상 레포츠를 즐기기에 최적

럭셔리한 베네치아를 보는 듯한 스페인 유일의 수상 도시. 곤돌라 대신 고급 보트들이 수영장 딸린 고급 주택들 사이로 물살을 가르며 달린다. 바다와 약 23km의 수로로 연결된 마을은 다리 위에서 한눈에 내려다보인다. 직접 보트를 빌릴 수도 있다. 엠푸리아브라바는 물의 도시답게 다양한 수상 레포츠와 스카이다이빙 등의 액티비티를 즐기기에 좋다. 수로 입구에 자리 잡은 보트 회사에서 보트를 대여할 수 있다. 요금은 1시간에 35€.

살바도르 달리와 갈라가 사랑에 빠졌던
카다케스 CADAQUÉS

CADAQUÉS
MADRID

지중해가 내려다보이는 소박한 어촌 마을. 카다케스는 코스타 브라바 해안의 마을 중에서도 가장 아름다운 휴양지로 카탈루냐 사람들뿐만 아니라 프랑스, 독일, 영국 등 유럽인들에게도 사랑 받는 마을이다. 달리와 갈라가 사랑에 빠져 함께 살았던 저택이 있는 포르트 이가트(Port Lligat) 해안까지 도보로 20분이면 닿을 수 있으며 해안 산책로는 어디에서든지 바다와 어우러

지는 아름다운 전망을 자랑한다.
여름이면 휴양객들이 몰려와 숙소 잡기가 어려우며 한겨울에는 대부분의 식당과 숙소가 문을 닫고 교통편이 많지 않으므로 미리 확인 후 이동해야 한다.

ACCESS 가는 법

🚌 **버스**
바르셀로나 북부 버스 터미널에서 카다케스 행 버스를 탈 수 있다. 버스 터미널 1층에 카다케스로 운행하는 사르파(Sarfa) 버스의 티켓 박스가 있고 모든 버스의 플랫폼은 0층에 있다. 평균 2시간 45분 소요되며 요금은 편도 24.50€. 7~8월 성수기에는 1일 5편(08:00, 10:15, 12:15, 16:00, 21:00), 그 밖의 계절에는 1일 1~2편(12:00, 20:45)으로 운행 횟수가 다르므로 홈페이지에서 확인하자. 당일치기로 바르셀로나-피게레스-카다케스를 여행하고 바르셀로나로 돌아올 수 있다. 피게레스에서 카다케스까지 버스가 1일 4편(08:00, 13:45, 16:30, 19:30, 7~8월에는 운행편수 늘어남) 운행되며 약 1시간 소요, 요금은 편도 5.50€.
버스 홈페이지 www.sarfa.com

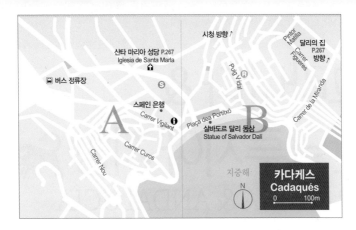

시청 방향 ↑

Pintor
Malilla
Carrer
Figueres

달리의 집
P.267
방향 ↑

산타 마리아 성당 P.267
Iglesia de Santa Maria

Puig Vidal

Carrer de la Miranda

🚌 버스 정류장

스페인 은행
Carrer Vigilant

ℹ️

Plaça dea Portitxó

A

B

살바도르 달리 동상
Statue of Salvador Dali

Carrer Curos

Carrer Nou

지중해

N

카다케스
Cadaqués
0   100m

추천 볼거리
SIGHTSEEING

산타 마리아 성당   ★
Iglesia de Santa Maria

MAP p.267-A

카다케스의 전경을 한눈에

카다케스 마을 중심부에 우뚝 솟은 16~17세기
의 성당. 내부에 바로크 양식으로 도금된 제단
장식 등이 있다. 성당 앞에서 내려다보이는 카다
케스 시내 전경과 지중해를 감상하고 좁은 골목
길을 따라 해안가에 내려오면 보행자 전용 산책
로가 이어진다.

찾아가기 카다케스 마을 중심의 제일 높은 언덕에 위치,
버스 터미널에서 도보 6분 주소 Carrer Eliseu Meifren

달리의 집   ★
Casa Museu Salvador Dalí

MAP p.267-B

달리가 살았던 집

카다케스 마을 중심지에서 도보로 25분이면 닿
을 수 있는 달리와 갈라의 집. 생전에 집 공개를
꺼리고 지인들이 먼 곳에서 놀러 와도 꼭 호텔로
초대했다는 달리는 죽기 직전에 생가를 시에 기

증하며 일반인에
게 공개할 것을
희망했다. 스페
인 내란 기간 등
12년을 제외하
고 1930년부터
1982년까지 달
리가 머물던 집
이다. 현재 철저
하게 예약제로
운영되며 시간에 맞춰 약 8~10명의 관람객이
함께 입장한다. 영어, 불어, 스페인어 가이드 설
명과 함께 집 안 내부의 서재, 식당, 거실, 화장
실 외 스튜디오 등을 둘러보며 달리의 흔적을 찾
아볼 수 있다. 재기 발랄한 장식으로 집을 꾸며
놓아 거대한 하나의 오브제를 보는 듯하다. 야외
정원은 가이드의 동행 없이 자유롭게 둘러볼 수
있다.

찾아가기 버스 정류장에서 도보 25분
주소 Platja Portlligat, s/n 운영 1/1~8 · 2/11~6/14
10:30~18:00, 6/15~9/15 09:30~21:00,
9/16~12/31 10:30~18:00
휴무 1/2, 1/9~2/10, 2/11~3/14, 5/29,
10/2, 11/2~12/31 월요일, 12/25
홈페이지 www.salvador-dali.org

Tip   달리의 집을 방문하려면 예약은 필수.
예약자에 한해 입장을 허용한다. 입장 시간 30분
전에 매표소에서 티켓을 받아야 한다. 요일과 달에
따라 미술관 운영 시간이 달라지므로 홈페이지를
통해 미리 확인하자.
홈페이지 www.salvador-dali.org

카다케스

267

그라나다 & 안달루시아 지방
GRANADA & ANDALUCÍA

스페인 남부 안달루시아 지방은 유럽과 아프리카의 교차점인 대서양과 지중해를 모두 품으며 이베리아 반도 끝자락에 위치해 있다. 스페인 국토의 약 17%를 차지하는데, 이는 벨기에, 스위스, 덴마크의 면적보다 넓다. 한낮에 내리쬐는 따사로운 햇살, 스페니시들의 정열적인 기질을 엿볼 수 있는 투우와 플라멩코 등 우리의 기대 속 스페인을 가장 실감할 수 있는 지역이 바로 안달루시아이다. 최남단 알헤시라스(Algeciras)와 타리파(Tarifa) 마을에서 배를 타면 닿을 수 있을 만큼 가까운 북아프리카의 아랍 문명을 수세기에 걸쳐 흡수해 온 안달루시아로 여행을 떠나보자.

INTRO
그라나다 & 안달루시아 지방 이해하기

아랍 문명과 가톨릭 문화의 만남

예로부터 고대 로마인, 게르만계 서고트족, 북아프리카의 무어인, 팔레스타인에서 쫓겨난 유대인, 그리고 이슬람교도가 거쳐간 안달루시아는 다양한 인종과 종교가 혼재한다.

그중에서도 특히 스페인에 큰 영향을 미친 것은 이슬람 문화다. 711년 이슬람교도가 침입하면서 코르도바를 중심으로 756년부터 1031년까지 건축, 문화 등에 영향을 미쳤다. 지금도 코르도바를 걷다 보면 눈에 띄는 시원스러운 파티오(안뜰)는 북아프리카에서 볼 수 있는 이슬람 문화의 흔적이다. 세력이 강했던 이슬람 문화는 그리스도교도의 세력이 정비됨에 따라 점차 남쪽으로 밀려가고, 1212년 이슬람 대국이었던 마호메트 왕조는 가톨릭교도의 군대에 패했다. 1230년에 성립한 그라나다 왕국은 1492년 멸망할 때까지 쇠퇴하는 이슬람 문화를 그대로 이식했으며 그 결정체인 알람브라 궁전을 남기고 북아프리카로 물러갔다.

스페인 문화는 흔히 이슬람 문화와 가톨릭 문화의 융합이라고 말하지만 안달루시아는 지리적인 조건 때문에 거리 곳곳에 이슬람 정서가 강하게 남아 있다. 모로코인이 운영하는 상점과 이민자들의 주거지가 많으며 도시마다 이슬람 문화에 영향을 받은 건축물과 이슬람 사원(메스키타)을 하나씩 간직하고 있다. 유대인의 밀집 거주 지역이던 유대인 거리 등도 남아 있어 유럽에서 유일하게 아랍 문명이 짙게 밴 관광 명소를 볼 수 있는 곳이기도 하다.

안달루시아의 마지막 이슬람 왕국 그라나다의 역사

711년 1만2000여 명의 이슬람군을 이끈 지야드(Ziyad) 장군은 북아프리카 탕헤르를 출발, 현재 스페인 내 영국령인 지브롤터 해협(Strait of Gibraltar)을 건너 이베리아 반도로 들어와 그라나다를 넘겨받는다. 그리고 가톨릭 세력을 스페인 북부 아스투리아스 지방까지

내쫓고 북서 산악 지대를 제외한 이베리아 반도 전체를 점령한다.

그라나다는 8세기 이후 점차 번영을 누리며 1238년 왕국을 건국, 나스르(Nasrid) 왕조를 열면서 화려한 이슬람 문명의 꽃을 피워 약 15세기 말까지 250년간 예술, 문화, 경제 방면에서 눈부신 업적을 이룬다. 반면 북부로 내쫓긴 가톨릭 세력은 끊임없이 저항을 계속하며 9세기 무렵부터 국토회복운동인 '레콩키스타(Reconquista)'를 본격적으로 펼쳐 1002년부터 강한 반격을 시작한다. 결국 1031년 코르도바(Cordoba) 왕국은 멸망, 1085년 이슬람 세력의 심장이기도 한 톨레도(Toledo)를 점령하며 레콩키스타 운동은 격렬해지고 이슬람 세력은 위축된다. 마침내 1238년 무함마드(Muhammad) 1세가 세운 그라나다 왕국은 이베리아 반도의 마지막 이슬람 왕조로 운명을 다하며 1492년 멸망한다.

1492년 1월 2일 카스티야의 이사벨(Isabel) 여왕과 아라곤의 페르난도(Fernando) 왕이 그라나다에 입성하면서 그라나다 왕국의 마지막 왕 보아브딜은 모로코로 망명의 길에 올랐는데, 아름다운 알람브라 궁전을 떠나는 게 아쉬워 멀리서 그라나다를 바라보며 하염없이 눈물을 흘렸다고 한다. 1492년은 가톨릭 왕조가 다시 이베리아 반도를 되찾아 레콩키스타가 끝난 해인 동시에 이사벨 여왕의 원조를 받은 콜럼버스가 신대륙을 발견해 스페인이 세계로 진출하는 대항해 시대의 첫 관문이 열린 해이기도 하다.

안달루시아의 대표 도시들

대성당과 알카사르, 유대인 골목과 남부 지방의 다양한 타파스를 저렴한 가격에 맛보기 좋은 세비야는 안달루시아의 중심 도시이다. 그리고 알람브라 궁전과 집시 동굴 마을인 사크로몬테, 알바이신 지구 등이 잘 보존되어 있는 그라나다, 이슬람 왕조 시대에는 인구 100만명이 살았다는 코르도바 등이 남부 내륙 지역의 대표 여행 도시이다. 남쪽의 코스타 델 솔(Costa del Sol) 해안을 따라 말라가, 네르하를 위주로 한 크고 작은 해안 도시들이 위치해 있다. 무어인

들의 삶의 흔적이 남아 있는 시에라 네바다 산맥에 자리한 소도시들은 그라나다를 거점 삼아 당일치기로 다녀오기 좋으며 성벽에 둘러싸인 언덕 위의 하얀 마을들이 론다를 중심으로 안테케라, 아르코스 데 라 프론테라 등의 내륙에 밀집되어 있다. 서쪽에는 셰리주로 유명한 헤레스 데 라 프론테라와 해안 마을 카디스 등이 있다.

안달루시아의 기후

안달루시아는 스페인 남부 해안 지역으로 일년 내내 온난한 지중해성 기후이다. 반면 세비야에서 코르도바, 그라나다에 이르는 지역은 낮과 밤의 일교차가 큰 편이다. 특히 그라나다는 시내 어디에서나 보이는 만년설이 쌓인 시에라 네바다 산맥에서 불어오는 바람 때문에 초여름에는 카디건이 필요할 정도로 서늘하다. 초가을이 시작되는 10월부터 겨울이 끝나가는 2월에는 밤에 혹독한 칼바람과 맞서야 할 때도 있다. 겨울 여행 시 스페인 다른 지역에서는 필요 없는 두꺼운 패딩 재킷이 안달루시아 지방에서는 필요하다.

안달루시아의 음식

안달루시아 지방의 대명사처럼 떠오르는 가스파초(Gazpacho)는 토마토와 오이, 피망 등에 마늘을 넣고 갈아 차갑게 먹는 수프로 한국인의 입맛에 잘 맞는다. 가스파초와 비슷한데 빵을 넣어 갈아 만들고 달걀 조각과 하몬 조각으로 장식하는 살모레호(Salmorejo)도 스페인 남부 사람들이 선호하는 전채 음식. 그 밖에 지중해 남부 해안 도시와 내륙에서는 신선한 생선튀김인 페스카디토 프리토스(Pescadito Fritos)와 오징어튀김인 칼라마레스 프리토스(Calamares Fritos), 꼴뚜기튀김인 치피로네스 프리토스(Chipirones Fritos) 등이 푸짐하게 나온다.

안달루시아는 마드리드, 바르셀로나보다 음식 값이 저렴하고 서비스가 좋은 편이어서 식도락 여행을 즐기기에도 좋다. 바르에서 음료를 주문하면 서비스로 작은 안주인 타파스를 무료로 내 주기도 한다. 음료로는 와인과 레몬 환타를 믹스한 틴토 데 베라노(Tinto de Verano), 맥주와 레몬 환타를 믹스한 클라라(Clara) 등을 마셔보자. 그라나다에서만은 오늘의 메뉴를 주문하기보다는 여러 바르를 다니며 음료와 함께 나오는 무료 타파스 투어를 즐겨보자.

안달루시아의 축제

2월 카디스의 카니발 Carnaval de Cádiz
스페인 내에서도 유명한 카니발 중의 하나. 2월 중 11일간 진행하는데 도시 전체가 한 달 내내 축제 분위기다.
홈페이지 www.cadizturismo.com

4월 페리아 데 아브릴 데 세비야 Feria de Abril de Sevilla
세비야의 플라멩코 축제라고도 불리는 축제. 세비야 시내의 중심을 흐르는 강 건너편 로스 레메디에스(Los Remedies) 지역에 천막을 쳐놓고, 가족과 친구들이 함께 천막 안에서 밤새 플라멩코를 추고 와인을 즐긴다. 일반 관광객이 들어갈 수 있는 존은 따로 있으며 시내 곳곳이 축제 분위기로 가득하다.

3~4월 부활절 Semana Santa

안달루시아 주요 도시에서 부활주일 7일간 예수님의 십자가와 재림의 순간을 재현, 교회와 거리 곳곳에서 시간에 맞춰 행렬을 계속한다. 코르도바, 카디스, 그라나다, 세비야, 말라가, 알메리아(Almeria), 하엔(Jaén), 우엘바(Huelva) 등에서 축제가 열린다.

5월 크루세스 데 마요 Las Cruces de Mayo
5월 초에 열리는 십자가 축제. 도시 곳곳에 있는 십자가를 꽃으로 아름답게 꾸민 다음 등수를 매겨 1등을 뽑는다. 파티오를 예쁘게 꾸미는 파티오 축제와 병행하는 곳이 많다. 사람들은 밤새 플라멩코를 추며 축제를 즐긴다. 그라나다와 코르도바 축제가 가장 유명하다.

5~6월 코르푸스 크리스티 Corpus Christi
스페인에서 가장 오래된 축제로 전해지며 가톨릭 왕들이 이슬람교도들로부터 그라나다를 되찾은 후 만든 종교 축제이다. 그라나다, 세비야, 톨레도 등에서 열리는데 그라나다의 축제가 가장 명성 높다. 탈을 쓴 거인 인형 과 꽃으로 만든 카펫이 거리를 장식한다.

8월 말라가 페리아 Feria de Agosto de Málaga
말라가 도시 전체에서 8일간 열리는 축제로 500여 년의 역사를 자랑한다. 거리에서는 무료 공연과 광장마다 콘서트, 퍼레이드, 음악 밴드의 공연이 열린다. 밤에는 도시에서 4km 떨어진 코르티호 데 토레스(Cortijo de Torres)에 놀이기구를 설치해놓고, 마켓 등을 개장해 밤새도록 축제를 즐긴다.

※안달루시아 관광청 홈페이지(www.andalucia.org)에서 매년 축제 일정을 미리 확인하자.

그라나다 GRANADA

MADRID ●

● GRANADA

스페인을 대표하는 또 하나의 도시 그라나다. 800여 년간 찬란하게 꽃피웠던 이슬람 문화와 꾸밈없고 성실한 가톨릭 문화가 융합되어 묘한 분위기를 자아낸다. 해마다 수백만 명의 관광객이 찾아오는 알람브라 궁전, 집시 동굴 마을인 사크로몬테, 언덕 위의 하얀 동네 알바이신 등 매력 넘치는 볼거리가 풍부하여 안달루시아 지방의 보석이라 불릴만하다. 시내 중심가는 대성당을 중심으로 볼거리가 펼쳐져 있으며, 이슬람 시대의 시장이 있던 자리에는 지금도 아랍풍의 독특한 토산품 가게가 즐비하다. 스페인의 민족예술이자 안달루시아의 영혼이라 일컫는 플라멩코도 놓치지 말자. 특히 그라나다에서는 집시들의 터전이었던 동굴에서 플라멩코를 볼 수 있다는 것이 큰 매력이다. 또한 미식의 도시이기도 해서 어느 바르에 들어가도 산해진미를 맛볼 수 있다. 이외에도 수많은 그라나다의 매력을 빠짐없이 보고, 즐기고, 느껴보자.

그라나다 가는 법

유럽이나 스페인 국내에서 그라나다까지는 저가 항공, 열차, 버스를 타고 간다. 그라나다에서 1~2시간 거리의 근교 도시로의 이동은 알사(Alsa) 버스가, 마드리드, 바르셀로나 등 대도시로의 이동은 저가 항공이 편리하다. 그라나다-바르셀로나 간의 야간열차 이동은 7시간 이상 걸린다.

ACCESS GRANADA

비행기

부엘링항공이 마드리드에서 1일 6~10회, 바르셀로나에서 1일 4회 운항한다. 마드리드에서 출발하는 항공편은 바르셀로나를 경유해 5시간 이상(요금은 130€~) 걸리며, 바르셀로나에서는 직항편으로 약 1시간 30분 걸린다(왕복 요금 비수기 50€~, 성수기 100€~). 그라나다 공항은 시내에서 약 20km 떨어져 있으며 규모가 작은 편이다.
부엘링항공 홈페이지 www.vueling.com

공항에서 시내로 가는 법
●공항버스
비행기 도착 시간에 맞춰 공항 밖 버스 정류장에 버스가 대기하며(약 30분 간격으로 운행), 주요 명소마다 정차한다. 그라나다 시내까지는 40분 정도 걸리며 요금은 3€. 버스에 탈 때 운전기사에게 직접 요금을 내면 된다. 시내에서 공항행 첫차는 팔라시오 콘그레소(Palacio de Congresos) 앞에서 05:00에 출발한다.

●택시
그라나다의 택시 요금은 차체 위에 적힌 숫자에 따라 다르게 적용된다. 1이라고 적힌 택시는 평일 07:00~22:00에 운행하며 기본요금은 1.50€이고 1km당 0.81€씩 가산된다. 2라고 적힌 택시는 토·일요일·공휴일과 야간(22:00~07:00)에 운행하며 기본요금은 1.89€이고 1km당 1.03€씩 가산된다. 짐 1개당 0.5€, 기차역이나 시외버스 터미널 이용 시 0.5€가 추가된다. 평일 기준 공항에서 시내까지의 택시 요금은 25~30€ 선이다.

열차

마드리드, 바르셀로나, 세비야, 코르도바 등에서 열차를 타고 갈 수 있다. 그라나다 중앙역은 알바이신 지구 근처에 위치해 있으며 누에바 광장까지는 도보 약 10~15분, 시내 중심의 대성당 앞까지는 도보 약 20분 걸린다. 짐이 많을 경우 기차역 앞 큰길에 위치한 버스 정류장(Av. de la Constitución III역)에서 로컬 버스 3·33번을 타면 누에바 광장, 대성당 앞에 정차한다.

버스

마드리드, 세비야, 코르도바에서 버스가 자주 다닌다. 그라나다의 시내 중심부에서 버스 터미널까지는 3km 거리로 버스 SN1번을 타면 된다. 그란비아, 대성당 앞을 거쳐 버스 터미널까지 약 20분 걸린다.
버스 홈페이지 www.alsa.es

그라나다-주요 도시 간의 버스 운행 정보

출발지	운행 시간	소요 시간	편도 요금
마드리드	01:30~23:30 1일 16편	5시간	20~45€
세비야	08:00, 10:00, 12:00, 15:30, 16:30, 18:30, 20:30	3시간~ 3시간 40분	23~35€
코르도바	08:30, 10:30, 11:00, 14:00, 15:00, 16:30, 18:30, 20:00	2시간 45분 ~3시간	15~18€

그라나다 시내 교통

그라나다 시내 중심부는 규모가 작기 때문에 주로 도보로 이동한다. 누에바 광장에서 알람브라 궁전까지는 아름다운 산책로가 조성되어 있어 걷기에 좋지만 오르막길이므로 알람브라 버스를 이용하는 것이 편하다.

버스

그라나다의 시내버스는 06:00~24:00까지 운행하며, 야간(00:00~06:00)에는 111·121번 야간버스가 운행된다.

티켓은 1회권(1.40€)과 충전식 교통카드(Credibus)가 있다. 충전식 교통카드는 1회 승차 시 약 87₵가 지불되며, 5€, 10€, 20€씩 충전해서 사용하면 된다(카드 보증금 2€ 별도). 신문 가판대(Kiosco)나 담배가게(Tabaco) 또는 버스 안에서 구입할 수 있다. 그라나다는 시내 규모가 작아서 버스 탈 일이 거의 없지만 버스를 이용할 계획이라면 몇 번 정도 탈 건지 계획을 세우고 카드를 충전하자.

알람브라 버스 Alhambra Bus

그라나다의 좁고 높은 언덕을 달리는 미니 버스로 알람브라, 알바이신, 사크로몬테 등의 지역을 운행한다. 총 4개의 노선이 있으며 누에바 광장이나 이사벨 라 카톨리카 광장에서 출발한다. 요금은 1.40€. 알람브라 궁전으로 가려면 C3번 버스를 타고 종점인 헤네랄리페 정류장에서 내리면 된다.

노선	경로	운행 시간	운행 간격
C1	누에바 광장~알바이신	첫차 07:00 막차 23:00	8분
C2	누에바 광장~사크로몬테	첫차 08:00 막차 22:00	20분
C3	이사벨 라 카톨리카 광장~알람브라 궁전	첫차 07:12 막차 23:00	8분
C4	이사벨 라 카톨리카 광장~바랑코 델 아보가도	첫차 07:00 막차 21:30	30분

> **Tip** 경제적인 그라나다 카드
> **보노 투리스티코(Bono Turistico)**
>
>
>
> 알람브라 궁전, 대성당 등 총 10개 관광 명소의 입장료가 포함되어 있고 시내버스 회수권이 제공된다. 기본권(Basica)과 플러스권(Plus)이 있으며, 누에바 광장의 키오스크나 카르멘 광장의 관광안내소에서 구입할 수 있다.
>
> | 종류 | 요금 | 시내버스 회수권 |
> |---|---|---|
> | 기본권 | 37€ | 5회분 제공 |
> | 플러스권 | 40€ | 9회분 제공 |

그라나다 시내 한눈에 보기

센트로 Centro

'센트로'는 시내 중심부를 뜻하는 스페인어로, 어느 도시나 대성당과 광장, 레스토랑과 카페, 쇼핑 거리 등이 밀집된 곳을 의미한다. 그라나다의 센트로에도 여느 도시와 다를 바 없이 성당, 광장, 레스토랑, 쇼핑 거리 등이 모여 있다. 여행 일정이 짧은 관광객이라면 센트로보다는 그라나다만의 매력을 좀 더 많이 볼 수 있는 알바이신 지구에 집중하는 편이 낫다.

알바이신 Albaicin

옛 이슬람교도들의 거주지로 언덕을 따라 하얀 집들이 빼곡하게 자리한 동네다. 알람브라 궁전에서 보는 알바이신 지구의 모습은 전망대에서 보는 것 못지 않게 아름답다. 골목들이 복잡하게 얽혀 있어 지도를 보며 다니는 게 오히려 더 헷갈린다. 발길이 이끄는 대로 걷다 보면 주요 전망대에 닿는다. 관광객을 노리는 소매치기가 특히 많으므로 조심하자.

시내 존 구분도

레알레호 Realejo

알람브라 궁전의 아랫동네로 현지인들이 많이 모여 산다. 골목들이 복잡하게 얽힌 알바이신 지구와는 달리 광장이나 계단들로 길이 나 있으며 중심지인 캄포 델 프린시페(Campo del Principe)에는 바르 등이 밀집해 있다. 축제 때는 광장에서 현지인들이 즉흥적으로 펼치는 플라멩코와 공연 등을 볼 수 있다. 거리 곳곳에서 수준급의 그래피티 작품도 만날 수 있다.

사크로몬테 Sacromonte

집시 동굴은 기원전 5세기 무렵 로마 제국의 지배를 받았을 당시부터 로마인들이 언덕 경사면에 동굴을 파고 거주하며 겨울에는 따뜻하게, 여름에는 시원하게 지내던 데서 유래했다. 사크로몬테 집들의 상당수는 언덕에 구멍을 뚫어 만든 동굴 안으로 깊숙이 들어가 방들을 만든 구조이다. 알바이신 중심지에서 도보 10분 거리로 가깝다.

사크로몬테 방향↑

사크로몬테 동굴 박물관 P.288
Museo Cuevas del Sacromonte

쿠에바 라 로치오 P.293

쿠에바 마리아 라 카나스테라 P.293

시야 델 모로 전망대 P.287
Mirador de la Silla del Moro

산 미구엘 알토 전망대 P.287
Mirador de San Miguel Alto

헤네랄리페 P.285
Generalife

쿠에바스 로스 타란토스 P.293

C. San Luis

Cuesta del Chapiz

알람브라 궁전 매표소
알람브라 궁전 P.282
Palacio de Alhambra

아르페시니아 참보 P.292

알 아이레 아르테시니아 P.292

파라도르 데 그라나다
Parador de Granada

C. de Pagés

살바도르 성당
Iglesia del Salvador

A

파르탈 정원
Jardines del Partal

레스타우란테 라 트라야나 카사 라라 P.290

하르디네스 데 소라야 P.293

화이트 네스트 호스텔 P.295

나스르 궁전 P.284
Palacios de Nazaries

코마레스 탑
Torre de Comares

B

산 니콜라스 성당
Ig. de San Nicolás

라르가 광장
Plaza Larga
P.286

산 니콜라스 전망대 P.286
Mirador de San Nicolás

고고학 박물관
Museo Arqueolóico

카톨로스 5세 궁전 P.285
Palacio de Carlos V

파야 박물관
Casa Museo
Manuel de Falla

산타 카탈리나 데 사프라 수도원
Convento de Santa Catalina de Zafra

알카사바 P.284
Alcazaba

심판의 문
Puetra de la Justicia

산 크리스토발 전망대 P.287
Mirador de San Cristobal

알바이신
Albaicín

아랍 욕장 P.288
El Bañuelo

벨라 탑
Torrede la Vela

P.287 플라세타 카르바할레스 전망대
Mirador Placeta de Carvajales

P.293 쿠에바 플라멩코 라 코미노
P.288 산 후안 데 디오스 박물관
Museo San Juan de Dios
P.295 호텔 카사 1800

그라나다 문
Puerta de las Granadas

누에바 광장
Pl. Nueva

Plaza Campo del Principe

고메레스 언덕
Cuest de Gomarz

Calle de Molinos

C. de Zenete

C. de Santiago

비라 문 P.286
Puerta de Elvira

엘비라 거리 P.291
Calle Elvira

C

P.290 보데가스 카스타녜다

Gran Via de Colón

공항행 버스 정류장

톡 호스텔 그라나다 P.295

C. de Pavaneras Santa Escolástica

산토 도밍고 성당
Ig. Santo Domingo

D

기차역, 버스 터미널, 카르투하 수도원 방향

P.287 대성당
Cathedral

왕실 예배당 P.289
Capilla Real

C. San Matías

팔라시오 데 로스 나바스 P.294
Palacio de los Navas

마리아나 피네다 광장
Pl. Mariana Pineda

C de San Jeronimo

P.292 조코 나자리

이사벨 라 카톨리카 광장
Pl. Isabel la Católica

나바스 거리 P.291
Calle Navas

알카이세리아
Alcaiceria

시청사
Ayuntamiento

Angel Ganivet

Carrera del Genil

비브 람블라 광장
Pl. Bib-Rambla

C. de la Duquesa

C. de los Mesones

푸에르타 레알
Puerta Real

아세라 델 다로
Acera del Darro

엘 코르테 잉글레스
El Corte Inglés

트리니다드 광장
Pl. Trinidad

C. Alhóndiga

룸 메이트 레오 P.294

부티크 호텔 루나 그라나다 센트로 P.294

C. san Isidro

막달레나 성당
Ig. la Magadalena

바르 아빌라 P.290
Calle de San Antón

레몬 록 호스텔 P.295

호스텔 누트 P.295

찬타렐라 P.290

E

P.279

Calle de las Recogidas

F

C. de Alhamar

C. Mulhacen

카르투하 수도원

C. del Sargento

버스 정류장

기차역

Calle Agustin a Aragón

Camino de Ronda

로르카 박물관 방향↓

그라나다 추천 코스

대표 명소인 알람브라 궁전은 물론 안달루시아 지방의 매력을 가득 품은 알바이신 지구와 집시 동굴이 모여 있는 사크로몬테 지구도 놓치지 말자. 골목골목 보이는 모든 풍경이 아름다울 뿐 아니라 스페인 사람들의 정열이 고스란히 느껴져 진짜 스페인의 모습을 만날 수 있다.

1DAY

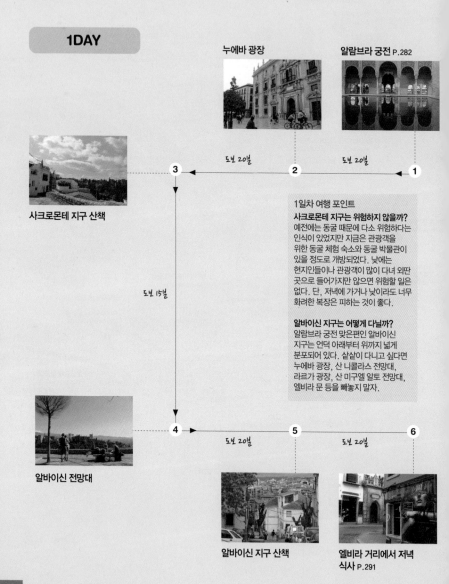

누에바 광장

알람브라 궁전 P.282

도보 20분

3 ◀ 2 ◀ 1

도보 20분

사크로몬테 지구 산책

1일차 여행 포인트

사크로몬테 지구는 위험하지 않을까?
예전에는 동굴 때문에 다소 위험하다는 인식이 있었지만 지금은 관광객을 위한 동굴 체험 숙소와 동굴 박물관이 있을 정도로 개방되었다. 낮에는 현지인들이나 관광객이 많이 다녀 외딴 곳으로 들어가지만 않으면 위험할 일은 없다. 단, 저녁에 가거나 낮이라도 너무 화려한 복장은 피하는 것이 좋다.

알바이신 지구는 어떻게 다닐까?
알람브라 궁전 맞은편인 알바이신 지구는 언덕 아래부터 위까지 넓게 분포되어 있다. 샅샅이 다니고 싶다면 누에바 광장, 산 니콜라스 전망대, 라르가 광장, 산 미구엘 알토 전망대, 엘비라 문 등을 빼놓지 말자.

도보 15분

알바이신 전망대

4 ◀ 5 ◀ 6

도보 20분 도보 20분

알바이신 지구 산책

엘비라 거리에서 저녁 식사 P.291

대성당 주변의
아랍 상점에서 쇼핑 P.292

왕실 예배당 P.289

1 ──── 도보 10분 ────→ **2**

도보 7분

누에바 광장

3

도보 5분

4

산 후안 데 디오스 박물관 &
아랍 욕장 P.288

도보 30분

2일차 여행 포인트

플라멩코쇼는 어디서 볼까?
처음 본다면 짧고 강렬하며 가격도 저렴한 쇼를
추천한다. 세비야는 플라멩코의 본고장이라고 알려진
덕분에 1시간 공연에 40€나 내는 곳이 많은 반면,
그라나다에서는 20€ 정도면 충분히 즐길 수 있다.

왕실 예배당의 의미는?
스페인 역사에 관심이 있다면 왕실 예배당을 놓치지 말자.
스페인을 통일한 가톨릭 부부 왕의 다양한 유물을 만날 수 있다.
카스티야 왕국의 이자벨 여왕과 아라곤 왕국의 페르난도가
결혼하여 왕국을 통합한 이야기와 그라나다를 아랍인들 손에서
빼앗을 당시의 생생한 그림이 전시되어 있어 흥미롭다.

산 미구엘 알토 전망대 P.287

5

도보 20분

라르가 광장 P.286

8 ──── 도보 20 ~ 30분 ──── **7** ──── 도보 10분 ────→ **6**

플라멩코쇼 관람 P.293

산 니콜라스 전망대에서
노을 감상 P.286

2DAY

그라나다

추천 볼거리
SIGHTSEEING

알람브라 궁전
Palacio de Alhambra ★★★

MAP p.279-B

이슬람 왕조의 흔적

나스르 왕조의 초대왕 알 갈리브(1237~1273 재위)는 상공업 발전에 힘을 쓰며 나라가 윤택해지자 1238년 넓은 대지 위에 그라나다 시내를 한눈에 내려다볼 수 있는 알람브라 궁전 건설 계획을 추진한다. 초대 왕이 죽은 뒤에도 역대 왕들이 증축과 보수를 거쳐 14세기 후반 7대 왕인 유수프 1세 때 코마레스 궁(Palacio de Comares)을 완공하며 지금의 모습을 갖추게 된다.

마지막 이슬람 왕인 무함마드 7세 보아브딜(Boabdil)은 1492년 가톨릭 왕들인 페르난도와 이사벨 여왕에게 알람브라 궁전을 넘기고 떠난다. 가톨릭 왕들은 알람브라 궁전을 조금씩 보수·수리를 하며 왕궁으로 사용한다.

1526년 결혼식 이후 알람브라 궁전을 방문한 카를로스 5세는 이슬람교도들이 지은 건물 사이에 가톨릭교인들이 직접 스페인 제국의 탄생을 기념할 만한 건축물을 세울 목적으로 본인의 이름을 붙인 카를로스 5세 궁전을 짓는다. 이후 18세기 가톨릭 왕의 왕위 계승 전쟁과 나폴레옹 전쟁을 거치면서 알람브라 궁전은 황폐해지고 버려진다. 19세기에 들어 미국인 작가 워싱턴 어빙이 1829년 알람브라 궁전을 방문한 후 〈알람브라 이야기〉를 집필하며 그 아름다움과 역사적 가치가 재조명되어 알람브라 궁전은 주목을 받는다. 1984년 유네스코 세계문화유산에 등재, 현재 스페인에서 가장 많은 관광객들이 찾는 명소가 되었다.

찾아가기 누에바 광장에서 도보 20분, 또는 이사벨 라 카톨리카 광장에서 알람브라 버스(C3)를 타고 5분
주소 Calle Real de la Alhambra, s/n
문의 958 02 79 71
홈페이지 www.alhambra-patronato.es
운영 시간 및 요금

궁전 정원	4/1~10/14	매일 08:30~20:00	궁전 14€, 정원 7€	
	10/15~3/31	매일 08:30~18:00		
야간	나스르 궁전	4/1~10/14	화~토요일 22:00~23:30	8€
		10/15~3/31	금·토요일 20:00~21:30	
	헤네 랄리페	4/1~5/31	화~토요일 22:00~23:30	정원 5€, 헤네랄리페 7€
		9/1~10/14	화~토요일 22:00~23:30	
		10/15~3/14	금·토요일 20:00~21:30	

※12세 이하 무료

알람브라 궁전 이용 팁

궁전 티켓 예약

1일 입장객 수에 제한이 있으므로
성수기에는 반드시 예약해야 한다. 티켓은
홈페이지(www.ticketmaster.es)를 통해
예약하거나 스페인 주요 도시 중심가에 위치한
라 카이샤(La Caixa) 은행의 ATM에서 구입할
수 있다. 특히 주말이나 공휴일에는 온라인상의
티켓도 빨리 매진되므로 서두르는 것이 좋다.
누에바 광장의 관광안내소(C/Reyes Catolicos
40)에도 티켓 자동발매기가 있다. 운이 좋으면
자리가 남아 있는 날짜의 티켓을 구할 수도 있다.

궁전 내 매표소에서 당일
현장 티켓도 판매하지만
이른 아침부터 줄을
서야 구입할 수 있다.
관광안내소에서는
알람브라 궁전 가이드
책자를 무료로 제공하며,
관련 서적과 비디오,
다양한 자료들은
유료로 판매한다.

티켓의 종류

티켓은 오후 2시를 기준으로 오전과 오후 입장으로
나뉜다. 나스르 궁전의 입장 시간은 30분 단위로
정해져 있어 입장 후 바로 나스르 궁전부터 관람한 뒤
다른 궁전을 돌아보는 게 효율적이다. 낮에 알람브라
궁전 전체를 둘러보는 티켓(Alhambra General),

오전이나 오후에 알카사바와 헤네랄리페,
정원만을 둘러보는 티켓(Alhambra Jardines),
밤에 나스르 궁전과 헤네랄리페를 둘러보는
티켓(Alhambra Nocturna) 등 계절이나
시간에 따른 다양한 종류의 티켓이 있다.
한여름에는 뜨거운 태양을 피해 이른 아침이나
늦은 오후 또는 저녁 시간의 입장을 추천한다.

궁전 방문의 팁

티켓 판매소에서부터 알카사바까지는 도보로
약 20분, 나스르 궁전까지는 도보로 약 17분
걸린다. 나스르 궁전은 입장 시간의 제한이 있다.
티켓에 궁전 입장 시간이 나와 있으니 입장 시간
5분 전 미리 궁 앞에 가서 줄을 서도록 한다.
궁전을 천천히 둘러보려면 3시간 정도 걸린다.
시간 배분을 잘해 효율적으로 관람하자.

왕궁 찾아가기

누에바 광장에서 알람브라 궁전 이정표를
따라 언덕길을 5분 정도 올라가면 그라나다의
문(Puerta de Granada)이 나온다. 이 문을
통해 알람브라 성 안으로 들어갈 수 있다. 이곳에서
티켓 판매소까지 15분 정도 걸어 올라가야 한다.
워싱턴 어빙의 기념상이 보이고 아름다운 공원의
물 흐르는 소리가 들리는 즐거운 산책로이다.
이미 티켓을 구입했다면 티켓 판매소까지
가는 길에 있는 헤네랄리페와 카를로스 5세
궁전, 알카사바 등을 자유롭게 구경한다.

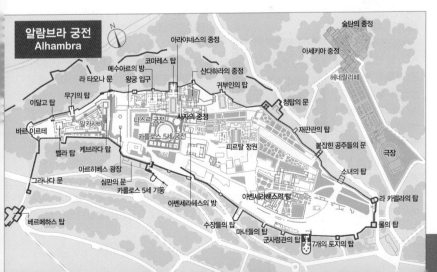

알카사바(성채) Alcazaba

알람브라 제일의 전망대

나스르 왕조를 연 그라나다 왕국의 건국자 무함마드 1세가 9세기에 지은 로마 시대 성채를 현재의 규모로 정비·확장하였다. 알람브라 궁전에서 가장 오래된 것으로 가톨릭군의 공격을 막기 위한 군사 요새로 쓰였다. 24개의 탑과 군인들의 숙소, 창고, 터널과 목욕탕까지 갖춘 견고한 성채였다. 현재는 몇몇 탑과 외성벽, 내성벽, 건물의 기초 등 그 자취만 남아 있다. 성채 중앙의 벨라 탑(Torre de Vela)에서 내려다보이는 그라나다 시가지의 전망이 훌륭하며, 헤네랄리페에서 다로 강을 끼고 있는 알바이신 지구, 사크로몬테, 그라나다 중심부, 그리고 멀리 시에라네바다 산맥까지 일대 경관을 만끽할 수 있다.

나스르 궁전 Palacios de Nazaries

알람브라의 꽃

이슬람 건축물의 결정체라 할 만큼 아름다운 건물로 알람브라 궁전의 하이라이트. 수차례 증·개축을 반복하여 약 100년에 걸쳐 완공된 복합형 궁전이다. 내부는 방과

정원, 파티오, 탑 등으로 세분화되어 있다. 궁전 관람은 메수아르의 방(Sala del Mexuar)에서부터 시작된다. 왕이 집무를 보던 곳으로 벽

면이나 천장을 장식한 아라비아 문양의 타일과 석회 세공의 아름다움을 눈여겨보자. 북쪽 방에는 벽을 석회 세공으로 마감한 예배실이 있는데, 창밖으로 알바이신의 거리 풍경이 환하게 내려다보인다.

메수아르의 방에서 나가면 코마레스 궁(Palacio de Comares)이 나온다. 궁 내에는 아라야네스 중정(Patio de Arrayanes)과 커다란 직사각형 연못이 있고, 양옆으로 아라야네스를 심어놓았다. 연못에서 남쪽을 바라보면 정면에 가늘고 우아한 석주가 지탱하는 7개의 아치가 있고, 그 앞에 붉게 빛나는 코마레스 탑(Torre de Comares)이 있다. 연못에 비친 탑의 모습이 인상적이다. 왕이 여러 나라에서 온 사절을 만나던 공식 행사장이었던 대사들의 방(Salón de Embajadores)은 왕궁에서 가장 넓은 방으로 한 변의 길이가 11m나 되는 정사각형 모양이다. 말굽 모양 아치의 연속적인 반원 무늬, 코란 글자 하나하나가 예술 작품처럼 새겨져 있어 나스르 궁전에서 가장 아름답다고 평가되는 곳이다. 왕궁 관람의 백미라 할 수 있는 사자의 중정(Patio de los Leones)은 왕의 정치 집무실이자 사적인 주거 공간이었다. 왕 이외의 남자들은 출입이 금지되었다. 실물이나 기하학적 문양의 이슬람 장식으로 만든 사자의 중정은 이슬람 건축에서도 극히 드문 예에 속한다. 중정은 124개의 가느다란 대리석 기둥으로 에워싸여 있으며, 기둥 머리를 아치로 연결한 모든 벽면에는 도저히 인간의 힘으로 만들었을 것 같지 않은 정교하

고 유려한 석회 세공이 빼곡하다. 중앙 정원에는 12마리의 사자가 받치고 있는 원형 분수가 있다. 사자의 입에서 물이 뿜어져 나오는데, 이는 이슬람교에서 생명의 근원을 의미한다. 그만큼 아랍 왕들이 신과 함께했던 신성한 공간임을 보여주는 예이다. 중정 남쪽에 있는 아벤세라헤스의 방(Sala de Abencerrajes)과 두 자매의 방(Sala de dos Hermanas)은 각각 둥근 천장에 모카라베(Mocàrabe) 기법으로 장식되었다. 모카라베란 천장을 뒤덮은 무수한 종유석 모양의 장식을 말한다. 정원의 동쪽에는 천장에 10명의 왕을 묘사한 왕의 방(Sala de los Reyes)이 있다. 역대 왕들의 침실로 사용되었으며, 내부는 몇 개의 작은 방으로 나뉘어 있다.

카를로스 5세 궁전 Palacio de Carlos V

이슬람과 가톨릭 문화의 교차점
1526년 카를로스 5세는 스페인 제국의 상징이 될 건축물을 만들기로 결심했다. 당시의 최신식 기법이었던 르네상스 양식을 채택해 건축을 시작했지만 자금난 등으로 건설이 중단되면서 18세기가 되어서야 지붕을 얹었다. 화려한 아랍 양식의 이슬람 궁전 한켠에 가톨릭교도들이 세운 16세기

건물로 알람브라 궁전과의 부조화가 재미있다. 카를로스 5세 궁전이 위치한 알람브라 궁전의 안뜰은 일반에게 무료로 개방된다. 궁전 1층에는 스페인 이슬람 미술관, 2층에는 알람브라의 공예품을 전시하는 주립 미술관이 있다.

헤네랄리페 Generalife

꽃이 만발한 아름다운 정원
알람브라 궁전을 둘러싼 성곽 건너편에는 헤네랄리페 별궁이 있다. 14세기 초에 정비된 그라나다 왕의 여름 별궁으로, 왕궁에서 동쪽으로 10여 분 걸어가면 나온다. 건설 당시의 시설은 별로 남아 있지 않다. 꼭 봐야 할 것은 정원 안쪽에 있는 아세키아 중정(Patio de la Acequia)이다. 전체 길이 50m 정도의 세로형 정원 중앙에 기다란 수로를 설치하고 좌우에 많은 분수를 두어 끊임없이 물이 솟아난다. 분수는 시에라 네바다 산맥의 눈을 녹인 물을 이용해 만들었다고 한다. 작은 시냇물 흐르는 소리를 내며 맑은 물이 흐르는데, 꽃이 만발한 봄에는 그 아름다움이 절정에 달한다. 분수와 정원을 꾸민 아랍인들의 자연에 대한 애정과 아프리카 사막에서 건너온 무어인들의 물에 대한 애정까지 느낄 수 있는 정원이다.

라르가 광장
Plaza Larga ★★

MAP p.279-A

활기 넘치는 로컬 광장
알바이신 지구의 중심 광장. 알바이신에 사는 현지인들의 일상을 여과 없이 볼 수 있는 곳이다. 이른 아침 좁은 골목마다 채소와 과일을 파는 장이 서고, 하루를 시작하는 현지인들로 붐빈다. 광장에 위치한 레스토랑과 바르에서 커피나 시원한 음료를 마시기 좋으며, 라르가 광장을 중심으로 안달루시아 지방의 전형적인 순백색 가옥이 붙어 있는 파나데로스 거리(Calle Panaderos)가 펼쳐진다.

찾아가기 산 니콜라스 전망대에서 도보 5분, 또는 엘비라 문에서 도보 15분

엘비라 문
Puerta de Elvira ★

MAP p.279-C

알바이신의 관문
누에바 광장에서 시작된 엘비라 길을 따라 끝까지 걸어가면 엘비라 문을 만날 수 있다. 11세기에

아랍인들이 지은 것으로 추정되며 당시 알바이신 지구로 들어오는 성문과도 같은 역할을 했다. 이사벨 여왕과 페르난도 왕도 이 문을 통해 그라나다에 들어왔으며 현재는 주변에 수많은 바르와 레스토랑이 밀집해 있다. 누에바 광장에서 엘비라 문을 지나쳐 언덕길을 올라가면 알바이신의 중심 지구인 라르가 광장까지 이어진다.

찾아가기 누에바 광장에서 도보 10분
주소 Calle Acera Merced, s/n

산 니콜라스 전망대
Mirador de San Nicolás ★★★

MAP p.279-A

알람브라의 강인한 추억
사방이 뻥 뚫린 전망대. 시에라 네바다 산맥을 배경으로 알람브라 궁전이 보인다. 전망대 앞 광장에는 같은 이름의 산 니콜라스 성당이 있다. 항상 플라멩코 음악 소리와 여행객들의 카메라 셔터 소리가 끊이지 않는 알바이신의 대표 전망대이다. 산 니콜라스 전망대를 중심으로 하얀 집들이 아름답게 자리하고 있다.

찾아가기 알바이신 지구의 꼭대기 언덕에 위치
주소 Calle Jón Atarazana, 4

대성당
Cathedral

★★

MAP p.279-C

그라나다 시내의 중심에 위치한 곳

그라나다 최대의 가톨릭교 건축물로 원래 이슬람 사원인 메스키타가 있던 자리에 지은 성당이다. 1523년부터 1703년에 걸쳐 지어졌으며 고딕 양식으로 짓기 시작해 르네상스 양식으로 완성했다. 이슬람교도의 영향으로 내부에는 무데하르 양식도 적용했다. 이슬람교의 건축 양식을 좋아한 이사벨 여왕은 그라나다를 함락시킨 후에도 가톨릭교도들이 짓는 새로운 건축물에 이슬람 양식을 적용하기도 했다. 현재 대성당을 중심으로 야외 테라스 레스토랑과 카페들이 밀집해 있다. 대성당 앞의 계단 광장에서는 여름밤 클래식 기타 공연이 열리고, 토요일이면 결혼식이 거행된다.

찾아가기 누에바 광장에서 도보 15분
주소 Gran Via de Colon, 5
운영 3~9월 월~토요일 10:45~13:30, 16:00~19:00,
일요일·공휴일 16:00~20:00,
10~2월 월~토요일 10:45~13:30, 16:00~19:00,
일요일·공휴일 16:00~19:00
입장료 5€(온라인 사전 예약 시 일요일
15:00~18:00 무료 입장)
홈페이지 http://archidiocesisgranada.es

Plus Info 그라나다의 손꼽히는 전망대

그라나다에는 대표적인 산 니콜라스 전망대 외에도 환상적인 전망을 자랑하는 전망대가 곳곳에 자리해 있다. 산 니콜라스 전망대에서 도보 20분 거리에 위치한 산 크리스토발 전망대는 알람브라 궁전부터 시에라 네바다 산맥의 풍경까지 감상할 수 있다. 누에바 광장에서 도보 15분 거리에 있는 플라세타 데 카르바할레스 전망대는 알람브라 궁전의 아름다운 경치를 정면으로 바라볼 수 있다. 석양에 물든 알람브라 궁전을 보고 싶다면 시야 델 모로(Silla del Moro) 전망대를 추천한다.

산 미구엘 알토 전망대
Mirador de San Miguel Alto

알바이신과 사크로몬테 전체 풍경이 보인다. 알바이신 정상에 위치. MAP p.279-A

플라세타 데 카르바할레스 전망대
Mirador Placeta de Carvajales

알바이신을 가장 가깝게 볼 수 있는 전망대. 누에바 광장에서 도보 15분. MAP p.279-C

산 크리스토발 전망대
Mirador de San Cristobal

눈 덮인 시에라 네바다 산맥과 알바이신의 풍경이 보인다. 알바이신의 엘비라 문에서 도보 20분. MAP p.279-C

시야 델 모로 전망대
Mirador de la Silla del Moro

알람브라 궁전 위쪽의 산속에 위치한 전망대. 다로 강변 끝에서 도보 30분. MAP p.279-B

아랍 욕장
El Bañuelo
★★

MAP p.279-C

아랍인들의 대중 목욕탕

가톨릭교가 그라나다를 재정복할 당시 개인 주택 밑에 감춰져 있어 손실 없이 지금까지 잘 보존된 공중 목욕탕이다. 6세기에 건축했으며 당시 아랍인들은 목욕을 종교만큼 중요한 의미로 여겼다. 목욕 외에도 머리카락을 자르거나 마사지를 받는 장소로도 사용했다. 목욕탕 물은 바로 옆에 위치한 다로 강의 물을 끌어다 사용했으며 천장에 뚫린 별 모양의 구멍으로부터 햇빛이 들어와 내부는 언제나 밝았다.

찾아가기 다로 강변, 누에바 광장에서 도보 10분
주소 Carrera Darro, 31
운영 매일 10:00~17:00 요금 2.20€(일요일 무료)

사크로몬테 동굴박물관
Museo Cuevas del Sacromonte
★★

MAP p.279-A

동굴 집들을 재현하다

전 세계의 동굴 집에 대한 이해를 돕는 영상 자료를 전시한 박물관. 1950~1960년대 동굴 집의 부엌, 거실, 방과 가구, 생활 도구 등을 전시해놓아 당시의 삶을 짐작할 수 있다. 개인이 직접 가

꾼 듯한 박물관 내 정원은 그라나다의 다양한 식물로 소박하게 꾸며졌다. 전망대에서는 알람브라 궁전과 사크로몬테의 풍경을 바라볼 수 있다.

찾아가기 누에바 광장에서 알람브라 버스(C2)를 타고 종점에서 하차 주소 Barranco de Los Negros s/n
운영 매일 10/15~3/14 10:00~18:00,
3/15~10/14 10:00~20:00 요금 5€
홈페이지 http://sacromontegranada.com

산 후안 데 디오스 박물관
Museo San Juan de Dios
★

MAP p.279-C

그라나다 귀족의 유품을 전시

15세기 말 귀족이었던 피사 일가가 지은 저택이다. 현재는 가난하고 의지할 데 없는 사람들을 위해 병원을 창설했던 산 후안 데 디오스의 공적을 기리는 박물관으로 사용하고 있다. 전형적인 안달루시아 저택으로 파티오에는 작은 정원이 있다. 2층 건물은 산 후안 데 디오스가 실제 생활했던 방에 회화, 조각, 장식물 등을 전시하고 있다.

찾아가기 누에바 광장에서 도보 2분
주소 Calle de la Convalecencia, 1
운영 월~토요일 10:00~14:00,
17:00~19:30(가이드가 영어 또는 스페인어로 안내)
휴무 일요일
요금 3€(가이드 투어 포함)
홈페이지 http://museosanjuandedios.es

왕실 예배당
Capilla Real ★★★

MAP p.279-C

가톨릭 부부 왕의 묘지

아라곤 왕국의 페르난도 왕과 카스티야 왕국의 이사벨 여왕이 혼인하면서 강력한 가톨릭 부부 왕이 탄생하였고 이들은 힘을 합쳐 그라나다의 마지막 이슬람 왕조를 내쫓았다. 그라나다와 사랑에 빠졌던 이사벨 여왕은 1504년부터 왕실 예배당을 건립하기 시작했다. 같은 해에 여왕이 사망하고 1516년 페르난도 2세도 사망했지만 1521년 준공과 함께 왕들의 유해는 이곳에 안치되었다.

예배당 초입의 한쪽 벽면에는 이사벨 여왕과 페르난도 왕이 그라나다를 정복하며 이슬람 왕에게 그라나다 왕궁의 열쇠를 받는 벽화가 크게 장식되어 있다. 예배당 안쪽에서는 금빛 철제 안에 화려하게 장식된 대리석 묘를 볼 수 있다. 오른쪽은 가톨릭 부부 왕의 것이고 왼쪽은 남편에 대한 사랑과 질투에 미쳐 48년간 성에 유폐되어 생활하다가 사망한 왕의 딸 후아나 라 로카(Juanna la Loca)와 남편 펠리페(Felipe)의 묘이다. 성물실에는 이사벨 여왕의 소장품과 수집품 외에도 이탈리아, 스페인 거장들의 작품이 전시되어 있다.

찾아가기 대성당에서 도보 3분
주소 Calle Oficios, s/n
운영 월~토요일 10:15~13:30, 15:30~18:30(겨울 16:00~19:30), 일요일 11:00~13:30, 14:30~18:30(겨울 14:30~17:30)
요금 일반 5€ **홈페이지** www.capillarealgranada.com

이사벨 여왕과 페르난도 왕

1469년 아라곤의 왕자 페르난도와 카스티야 레온의 공주 이사벨이 이베리아 반도에서 가장 강대했던 두 가톨릭 왕국의 결합을 위해 정략 결혼한다. 그 후 1474년 이사벨은 카스티야의 여왕으로 즉위하고 페르난도는 아라곤 왕국의 왕으로 즉위해 두 왕국을 공동 통치한다. 페르난도가 아라곤 왕위를 계승한 다음 두 나라의 군대를 병합하여 1492년 그라나다 공략에 성공하자 교황으로부터 레콩키스타의 완성자로서 가톨릭 부부 왕(로스 레예스 카톨리코스 Los Reyes Catolicos)이라는 칭호를 받는다. 그라나다를 되찾은 스페인은 완전한 국토의 통일, 가톨릭 종교의 통일, 카스티야와 아라곤 연합왕국 지배하의 정치적 통일을 이루게 된다.

Tip 석류로 해석되는 그라나다

그라나다의 모든 골목길 벽면에는 길 이름을 표기한 표지판이 부착되어 있다. 표지판의 색은 파란색과 초록색이 대부분이며, 석류 그림이 그려져 있다. 석류는 스페인어로 '그라나다'로 표기하고 발음한다. 때문에 표지판 외에도 도시 곳곳에서 석류 그림을 쉽게 찾을 수 있다. 약 350년의 역사를 지닌 세라믹 타일 공장 파하라우사(Fajalauza)에서 모든 표지판을 제작했다고 한다. 공장은 알바이신 언덕 꼭대기의 산 크리스토발 전망대 근처에 위치한다. 간단한 그릇과 기념품을 판매하며, 원하는 문구를 넣은 표지판을 주문·제작해 주는데 최소 7일 정도 걸린다. 장기 여행자라면 기억에 남을 만한 기념품으로 주문해 보는 것도 좋을 것이다.

찾아가기 산 크리스토발 전망대가 위치한 큰 차로를 따라 위쪽으로 도보 10분
주소 Carretera de Murcia, 15
영업 월~금요일 09:00~18:30, 토요일 09:00~14:00 **휴무** 일요일

추천 레스토랑

그라나다는 다른 도시와 달리 바르에서 음료를 시키면 타파스가 무료로 나온다. 레스토랑에서 식사로 배를 채우는 것보다 장소를 바꿔가며 다양한 음료와 먹음직스러운 타파스를 맛보는 것이 그라나다에서 먹고 마시는 요령이다.

보데가스 카스타녜다 Bodegas Castañeda
MAP p.279-C

유서 깊은 바르

안달루시아의 전형적인 바르 분위기로 늘 사람들로 붐벼 친절한 서비스를 기대하긴 어렵다. 테이블에 앉아서 먹기보다는 바르에 서서 베르무트나 하우스 와인을 마시며 분위기에 취해보자. 무료로 내주는 타파스도 맛있고 질 좋은 치즈, 하몬, 시푸드 샐러드 등의 메뉴도 있다.

찾아가기 누에바 광장에서 도보 1분 주소 Calle de Almireceros, 1 문의 958 215 464 영업 월~금요일 12:00~01:00, 토 · 일요일 12:00~02:00 예산 와인 1잔(타파스 포함) 3€, 점심메뉴 12€~

찬타렐라 Chantarela
MAP p.279-E

푸짐한 양과 화려한 플레이팅

큼직한 문어 다리와 조린 딸기를 곁들인 오리 스테이크 등 스페인에서 쉽게 경험하지 못한 새로운 레시피의 요리를 선보인다. 메인 요리는 물론 무료 타파스 등 플레이팅이 화려하고 양도 푸짐하다. 한국인 여행자의 입맛에도 잘 맞는다.

찾아가기 대성당에서 도보 10분 주소 Calle Águila, 20 문의 958 25 42 36 영업 월~토요일 13:00~16:00, 20:00~24:00 휴무 일요일 예산 1인 15€~

바르 아빌라 Bar Ávila
MAP p.279-F

골라 먹을 수 있는 무료 타파스

푸짐한 양과 맛, 가족적인 분위기에서 타파스를 골라 먹을 수 있는 바르. 편하게 앉아서 먹기보다는 서서 빠르게 먹고 나오기 좋은 곳이다. 가장 인기 있는 메뉴는 하몬을 바비큐한 하몬 아사도(Jamon Asado), 문어다리튀김 레호스(Lejos). 여름에 먹는 차가운 토마토 수프인 가스파초와 비슷한 맛의 살모레호(Salmorejo) 외 어떤 메뉴를 시켜도 실패할 확률이 적다.

찾아가기 엘 코르테 잉글레스 백화점 맞은편 골목에 위치 주소 Calle Verónica de la Virgen, 16 문의 958 26 40 80 영업 월~금요일 09:00~16:45, 20:00~24:00, 토요일 12:00~17:00 휴무 일요일 예산 맥주 3€(타파스 포함), 틴토 데 베라노 3€(타파스 포함)

레스타우란테 라 엔트라이야 카사 라파
Restaurante la Entraiya Casa Rafa
MAP p.279-A

안달루시아 튀김의 진수

무료로 제공되는 타파스는 대부분 튀김 요리인데, 음료 몇 잔을 더 주문하면 제대로 된 해산물튀김 타파스를 무료로 맛볼 수 있다. 점심 세트메뉴인 메뉴 델 디아를 10€에 선보이는데, 해산물 모둠 튀김(Mariscos Fritos)이 포함되어 있다. 수~금요일에는 수프 메뉴를 5€에 제공한다.

찾아가기 알바이신 언덕의 라르가 광장에서 도보 10분 주소 Calle Pagés, 13 문의 958 28 53 11 영업 화~금요일 12:00~15:30, 20:00~23:00, 토요일 12:00~16:00(영업 시간 변동이 잦다.) 휴무 월 · 일요일 예산 점심 세트메뉴 12€

그라나다에서 제대로 먹고 마시는 요령

그라나다에서는 일부러 레스토랑을 찾아다닐
필요가 없다. 골목마다 눈에 보이는 어떤 바르에
들어가도 훌륭한 타파스를 무료로 맛볼 수 있기
때문이다. 가급적이면 관광객들이 몰리는 바르보다
현지인들이 많이 보이는 바르를 공략하자.
주로 맛봐야 할 음료는 레드 와인에 레몬 맛 환타를
섞은 틴토 데 베라노(Tinto de Verano), 맥주에
레몬 맛 환타를 섞은 클라라(Clara), 작은 잔에
담겨 나오는 맥주인 카냐(Caña) 또는 중간 크기의
잔에 담겨 나오는 맥주인 투보(Tubo)이다.
음료는 2€ 안팎으로 저렴하며 음료 한 잔에
무료 타파스 1개가 제공된다. 첫 번째 잔과
두 번째 잔의 타파스는 종류가 다르게 나오는데,
갈수록 요리가 더 업그레이드된다. 타파스 맛이
별로라면 부담 없이 다른 바르로 옮기면 되니
크게 손해볼 일은 아니다. 아래에 소개하는
바르 외에 거리에 즐비한 바르를 차례로 돌면서
즐기다 보면 그라나다의 밤이 무르익을 것이다.

엘비라 거리 Calle Elvira

MAP p.279-C

누에바 광장에서 곧게 뻗은 엘비라 거리
양쪽으로 오래된 메손 분위기의 바르가
즐비하다. 주말에는 발 디딜 틈 없이 많은
사람들이 이 거리를 찾는다. 오래된 분위기의
전통적인 바르가 대부분이라 현지인들과
어울리기 좋다. 누에바 광장 입구 쪽보다는
안쪽으로 들어갈수록 로컬 분위기가 더 난다.

나바스 거리 Calle Navas

MAP p.279-D

시청 광장 주변의 나바스 거리는 '튀김 골목'이라는
별명으로 불릴 만큼 맛있는 생선튀김을 맛볼 수
있는 집이 많다. 좁은 골목 가득 야외 테이블이
자리하고 있어 지나가는 사람들을 구경하는 재미도
있다. 골목 초입에 자리한 바르가 괜찮은데, 특히
나바스 거리 28번지에 있는 디아만테스(Los
Diamantes)는 싱싱한 새우 타파스를
선보이는 집으로 현지인들에게 인기가 높다.

추천 쇼핑

그라나다 쇼핑의 묘미는 아랍 문화의 영향을 받은 독특한 무늬와 문양의, 세상에 단 하나뿐인 핸드메이드 제품을 발견하는 것이다. 어느 곳에서나 다 있는 공장 물건보다 훨씬 가치 있고 아름답다. 천연 가죽으로 만든 핸드메이드 제품이나 예술가들이 직접 만든 금속 공예품 등은 값이 저렴할 뿐만 아니라 다른 어느 곳에서도 구할 수 없는 유니크한 제품이다. 숍의 영업 시간은 다양한 아티스트들 만큼이나 제각각이다. 시에스타 때문에 문을 닫았더라도 실망하지 말자.

아르페사니아 참보 Artesania Chambo

MAP p.279-A

손으로 직접 만든 액세서리와 퍼커션

플라멩코 음악과 룸바 음악을 연주할 때 리듬감을 더해주며 감초 역할을 하는 네모난 나무 박스 모양의 퍼커션(Percussion). 직접 그린 그림으로 장식한 다양한 버전의 퍼커션 제품을 판다. 그 외 그라나다의 신진 아티스트가 만든 다양한 공예품과 액세서리, 그림, 사진, 엽서 등도 있다. 숍에서는 만들기 수업도 진행한다.

찾아가기 산 니콜라스 전망대에서 도보 10분
주소 Cuesta del Chapiz, 70

문의 637 39 32 03
영업 월~토요일 11:00~19:00(손님이 없으면 일찍 문을 닫는다.)
휴무 일요일

조코 나자리 Zoco Nazari

MAP p.279-C

아프리카 모로코의 골목 시장

시장의 가게들이 모여 있는 골목으로, 조코(Zoco)란 아랍어로 시장을 뜻한다. 그라나다의 대성당 주변을 탐방하다 보면 작은 기념품 매장이 모여있는 골목을 발견할 수 있다. 발을 들여놓는 순간 이국적인 분위기를 뽐내는 화려한 등과 세라믹 장식품, 액세서리와 공기 가득 퍼진 향신료 냄새에 취해 마치 모로코에 온 것 같은 착각에 빠지게 된다. 입구만 봤을 때는 좁아 보이는 매장도 안으로 들어가면 넓게 연결되어 있어 다양한 아이템을 만나볼 수 있다.

찾아가기 그라나다 대성당에서 도보 1분
주소 Placeta de la Seda, 5 문의 902 40 60 10
영업 월~일요일 10:00~22:00

알 아이레 아르테사니아 Al Aire Artesania

MAP p.279-A

아티스트들의 공방

알바이신 지구의 작고 아름다운 광장 한구석에 자리한 숍. 알람브라 궁전에서 영감을 얻은 듯한 아티스트의 독특한 용품들이 가득하다. 숍은 전통 문양 타일을 응용한 액세서리, 장식품, 세라믹으로 만든 액세서리, 식물을 담아 걸 수 있는 아이디어 화분 등으로 아기자기하게 꾸며져 있다. 한쪽의 미니 공방에서는 아티스트가 작업하는 모습을 직접 볼 수 있다.

찾아가기 산 니콜라스 전망대에서 도보 18분
주소 Plaza Aliatar, 16
문의 722 61 80 03
영업 매일 10:30~15:00, 17:30~21:00

그라나다에서 플라멩코 즐기기

플라멩코의 본고장이 세비야라고 알려져 관광객들은 대부분 세비야에서 플라멩코 공연을 본다. 그래서 가격이 비싸고, 숙소에서 예약을 대행해줄 경우 커미션까지 지불해야 한다. 하지만 안달루시아 지방에는 세비야 외에도 플라멩코쇼를 볼 수 있는 도시가 많다. 특히 그라나다에서는 집시들의 터전이었던 동굴에서 플라멩코를 감상할 수 있는 것이 가장 큰 매력이다.

쿠에바 라 로치오 Cueva La Rocío

MAP p.279-A

1951년부터 이어져온 전통 타블라오. 약 150명을 수용할 수 있을 만큼 규모가 커 단체 관람객이 많이 찾는다. 식사를 할 수 있는 넓은 식당과 테라스가 있다. 홈페이지에서 예약 가능하다.

찾아가기 누에바 광장에서 도보 30분, 또는 알람브라 버스(C2)를 타고 5분 주소 Camino del Sacromonte, 70 문의 958 22 71 29 시간 21:00, 22:00, 23:00 요금 쇼+음료 20€(차량 포함 30€), 쇼+저녁 식사 55€(차량 포함 60€) ※겨울에는 5€ 할인 홈페이지 http://cuevalarocio.es

하르디네스 데 소라야 Jardines de Zoraya

MAP p.279-A

야외에 미니 파티오가 있는 전형적인 안달루시아풍의 레스토랑 겸 타블라오. 플라멩코 공연이 훌륭하면 식사 메뉴나 서비스가 별로인 경우가 많은데, 이곳은 음식과 서비스, 공연 모두 뛰어나다.

찾아가기 산 니콜라스 전망대에서 도보 7분 주소 Calle Panaderos, 32 문의 958 20 62 66 시간 20:00, 22:30 ※예약 필수 요금 쇼+음료 20€, 쇼+저녁 식사 49€ 홈페이지 www.jardinesdezoraya.com

쿠에바스 로스 타란토스
Cuevas los Tarantos

MAP p.279-A

공연이 수준급은 아니지만 플라멩코를 처음 접하는 사람이라면 무난하게 즐길 수 있는 곳. 기타의 선율과 정열적인 댄서의 몸짓, 눈빛만으로도 강렬한 인상을 받을 것이다. 사크로몬테 초입에 있어 다른 타블라오보다 찾아가기 쉽다.

찾아가기 누에바 광장에서 도보 25분, 또는 알람브라 버스(C2)를 타고 5분 주소 Camino del Sacromonte, 9 문의 958 22 45 25 시간 매일 21:00, 22:30 요금 쇼+음료 26€(차량 포함 30€), 쇼+저녁 식사 56€(차량 포함 60€) 홈페이지 www.cuevaslostarantos.com

쿠에바 플라멩코 라 코미노
Cueva Flamenco la Comino

MAP p.279-C

플라멩코를 처음 접하는 사람에게 추천한다. 가격 대비 꽤 훌륭한 공연을 선보인다. 1층 바르에서 술을 주문해 자유롭게 마실 수 있고, 반지하의 동굴에서 플라멩코 공연을 감상한다. 규모가 작아서 어디에 앉든 무대의 분위기가 그대로 느껴진다. 오후 5~6시에 현장 예매를 받는다.

찾아가기 누에바 광장에서 도보 5분 주소 Carrera del Darro, 7 문의 602 568 052 시간 매일 18:30, 20:00, 21:30 요금 25€(음료 포함) 홈페이지 www.lechienandalou.com

쿠에바 마리아 라 카나스테라
Cueva Maria la Canastera

MAP p.279-A

사크로몬테의 전형적인 동굴 타블라오. '삼브라 마리아 라 카나스테라(Zambra Maria la Canastera)'라는 이름으로도 불린다. 건물 외벽을 꾸민 장식품들에서 안달루시아의 전형적인 가옥 분위기를 엿볼 수 있다. 불과 16세에 바르

셀로나 세계 엑스포에서 이름을 날린 플라멩코 댄서 바일라오라(Bailadora), 마리아 코르테스 에레디아(María Cortés Heredia)가 어릴 적부터 춤을 춘 곳으로 알려져 있다.

찾아가기 누에바 광장에서 도보 20분, 또는 알람브라 버스(C2)를 타고 5분 주소 Camino del Sacromonte, 89 문의 958 12 11 83 시간 매일 22:00 요금 쇼+저녁 식사 52€ 홈페이지 www.marialacanastera.com

추천 숙소

최근 그라나다에도 젊은 배낭여행객을 겨냥한 시설 좋고 저렴한 호스텔이 생겨 숙소 선택의 폭이 넓어졌다. 또한 트렌디한 호텔형 아파트도 증가하여 장기간 머물 예정이라면 주방 사용이 가능한 아파트도 고려해볼 만하다. 기존에 유명했던 파라도르는 시설 대비 숙박비가 비싸므로 같은 가격이면 디자인 호텔을 추천한다. 그라나다의 정취를 흠뻑 느끼고 싶다면 알바이신 지구나 사크로몬테의 동굴 호텔 등도 살펴보자.

팔라시오 데 로스 나바스
Palacio de Los Navas

MAP p.279-D

아름다운 옛 궁전 건물

16세기 궁전 건물을 복원해 호텔로 문을 열었다. 객실은 총 19개로 조용히 머물고 싶은 여행자에게 추천한다. 안뜰에는 안달루시아의 전형적인 파티오가 잘 가꾸어져 있다. 객실 내부는 청결에 포인트를 두고 화이트 톤의 인테리어로 깔끔하게 꾸몄으며 주변에 타파스 바르가 밀집해 있어 나이트라이프를 즐기기에도 좋다.

찾아가기 시청 광장에서 도보 10분
주소 Calle Navas, 1
문의 958 215 760
요금 더블 160€~(비수기에는 70€~)
홈페이지 www.hotelpalaciodelosnavas.com

부티크 호텔 루나 그라나다 센트로
Boutique Hotel Luna Granada Centro

MAP p.279-F

그라나다에서 즐기는 가성비 럭셔리 호텔

스페인의 다른 대도시에 비해 물가가 저렴한 편인 안달루시아에서는 고급 호텔 숙박료 또한 바르셀로나나 마드리드의 반값 정도이다. 특히 겨울 비수기에는 가격이 많이 떨어져 고급 호텔에서의 하룻밤 호사도 누려볼 만하다. 주차, 위치, 서비스, 청결 그리고 특히 그라나다의 분위기를 한껏 살린 실내 인테리어로 이용자들에게 극찬을 받는 곳이다.

찾아가기 그라나다 대성당에서 도보 10분
주소 Calle Acera Del Darro, 44 문의 958 876010
요금 100€(성수기·비성수기 가격 편차가 큰 편이다.)

룸 메이트 레오 ### Room Mate Leo

MAP p.279-E

세련된 모던 디자인 호텔

디자인 호텔로 세련되고 깔끔한 인테리어를 선보인다. 공항버스 승·하차 지점인 대성당과 비브람블라스 거리에서 가깝다. 시내 중심지인 알바이신 지구와는 다소 떨어져 있다. 옥상 테라스에 라운지 바르가 마련되어 있어 그라나다 시내와 알람브라 궁전의 전망을 즐길 수 있다.

찾아가기 대성당 앞에서 도보 10분
주소 Calle Mesones, 15
문의 958 53 55 79
요금 더블 60€~
홈페이지 http://leo.room-matehotels.com

호텔 카사 1800 Hotel Casa 1800

MAP p.279-C

로맨틱한 호텔

17세기 건물을 복원한 호텔. 고급 가구와 인테리어로 꾸며 우아하고 럭셔리한 분위기로 커플이나 허니문 여행객에게 추천한다. 성수기에는 가격이 만만

치 않으니 요금을 50% 할인하는 비수기를 공략하는 것도 방법이다. 다로 강변이 시작하는 곳에 위치해 있다.

찾아가기 누에바 광장에서 도보 5분
주소 Calle Benalua 11
문의 958 21 07 00
요금 더블 164~300€(겨울철에는 80€ 선)
홈페이지 www.hotelcasa1800.com

도미토리룸을 갖춘 호스텔

호스텔월드(hostelworld)와 백패커스(backpackers) 홈페이지, 모바일 앱에서 요금, 위치, 시설 부분에 높은 평가를 받은 곳 위주로 소개했다.

톡 호스텔 그라나다 TOC Hostel Granada

MAP p.279-C

당구대와 서재를 포함한 거실 그리고 식당 등 세계 각국에서 모인 새로운 친구를 사귈 수 있는 공용 공간이 마련되어 있어 젊은 여행객이 선호한다. 보통 6인용 침실로 구성되어 있고, 숙박료에 조식이 포함된다.

주소 Placeta de Castillejos, 1

화이트 네스트 호스텔 White Nest Hostel

MAP p.279-A

알람브라 궁전이 바로 보이는 곳에 위치한 호스텔로 다로 강변과도 가깝다. 주방, 객실 등의 시설이 괜찮고, 다른 여행자와도 쉽게 어울릴 수 있는 분위기의 숙소다.

주소 Calle Santisimo San Pedro, 4

레몬 록 호스텔 Lemon Rock Hostel

MAP p.279-E

인테리어도 감동이지만 내부 파티오, 테라스 카페, 레스토랑의 음식과 퀄리티로 좋은 반응을 얻고 있는 호스텔. 특히 테라스는 여름에 사전 예약을 해야 할 정도로 자리가 금방 찬다. 투숙객들은 루프톱도 이용 가능하다.

주소 Calle Montalban, 6

호스텔 누트 Hostel Nut

MAP p.279-F

남녀혼용 도미토리로 방마다 침대가 약 12개까지 놓여 있으며 건물 전체가 호스텔로 운영되고 있다. 호스텔 로비와 공용 공간이 널찍하게 잘 꾸며져 있다. 도미토리 외에도 더블 룸도 운영 중이다.

주소 Calle San Jose Baja, 6

Granada & Andalucía (02)

세비야 SEVILLA

MADRID ●
● SEVILLA

스페인 하면 떠오르는 이미지를 모두 만날 수 있는 세비야. 쇼윈도의 화려한 플라멩코 의상, 강렬한 투우 경기 포스터, 미니 정원을 품은 파티오, 거리에 울려 퍼지는 플라멩코 음악 등 과거와 현재를 넘나들며 머물기 좋은 도시다. 세비야는 로마 시대에 이미 안달루시아 지방의 중심 도시였으며 서고트 왕국의 수도이기도 했다. 8세기 이후에는 이슬람 세력의 지배를 받았지만 이는 한층 발전하는 계기가 된다. 인류 최초의 지구 항해사 마젤란도 세비야에서 세계 일주 여행을 시작한다. 당시 세비야는 예술 방면에서도 눈부신 발전을 이룩해 대예술가 벨라스케스를 배출한다. 300여 년 후 흑사병이 돌고 강에 침적토가 생기면서 항구 기능을 상실해 대항해 시대의 막이 내렸고 세비야도 쇠퇴하기 시작한다. 1936년 스페인 내전이 벌어지면서 부침을 겪었으나 1980년대 안달루시아의 주도가 되었다. 1992년 국제 박람회를 성공적으로 개최했으며, 당시 세워진 에스파냐 광장과 건물들은 현재까지도 관광객들의 사랑을 듬뿍 받고 있다.

ACCESS
SEVILLA

세비야 가는 법

안달루시아의 주요 도시답게 유럽 각지에서 세비야까지 저가 항공이 다수 운항된다. 그 밖에 버스, 열차를 통해서 스페인 전 구간으로 자유롭게 이동이 가능하다.

비행기

파리, 암스테르담, 로마, 뮌헨 등에서 세비야까지 부엘링항공이 직항편을 운항한다. 스페인 내에서는 바르셀로나, 빌바오, 갈리시아, 이비사, 마요르카, 메노르카에서 부엘링항공이 수시로 운항한다. 프랑스의 부르도, 마르세유, 보베와 스페인의 바르셀로나, 그란 카나리아, 팔마, 산탄데르, 산티아고 등에서 세비야까지는 라이언에어도 운항한다. 런던에서는 이지젯이 세비야까지 운항한다. 세비야 공항(Aeropuero de Sevilla)에서 시내까지는 공항버스를 타고 약 35분 걸린다. 공항 밖으로 나오면 왼편에 버스 정류장이 있고 티켓은 버스 탈 때 운전기사에게 구입 가능하다. 세비야 공항은 오전 1시 30분부터 오전 4시 30분까지 문을 닫는다.

공항버스 EA
운행 시간 세비야행 05:20~01:15, 공항행 04:30~00:30 (25~30분 간격) 요금 편도 4€, 왕복 6€

열차

마드리드, 그라나다, 코르도바, 카디스 등에서 열차를 타고 세비야로 갈 수 있다. 초고속 열차 아베(AVE)와 일반 열차를 운항한다. 세비야 산타 후스타역(Estación de Santa Justa)은 구시가와 거리가 있으므로 버스를 이용해 시내로 들어가는 것이 좋다. 버스 C1번을 타면 구시가와 가장 가까운 산 세바스티안(Prado San Sebastian)역에 하차할 수 있다. 세비야의 트램인 메트로 센트로(Metro Centro)를 타면 구시가의 중심인 대성당 앞(Av. de la Constitución)에 정차한다.

세비야-주요 도시 간의 열차 운행 정보

출발지	열차 종류	운행 시간	소요 시간	편도 요금
카디스	일반	1일 13편, 1시간 간격	1시간 40분	12~19€
코르도바	아베(AVE)	1일 13편	45분	12~33€
	일반	1일 6~10편	1시간 20분	13~15€
그라나다	일반	1일 4편	3시간 10분	25~30€
헤레스 데 라 프론테라	일반	1일 12편	1시간 10분	10€
마드리드	아베(AVE)	1일 20편	2시간 30분	50~100€

버스

스페인 전 지역을 연결하는 알사(Alsa) 버스에서 대부분의 주요 도시를 연결한다. 알사 버스가 운행하지 않는 곳은 로컬 버스가 다닌다. 평일과 비교해 주말에는 1~3편 줄어든다. 또 시에스타 시간인 오후 2시부터 5시 사이에는 버스 운행 횟수가 줄어든다. 대체적으로 오전과 늦은 오후에 많이 운행하는 편이다. 알사 버스 홈페이지 또는 모바일 앱에서 티켓 구매가 가능하다.

프라도 데 산 세바스티안 터미널
Estación de Autobuses
Prado de San Sebastián

안달루시아의 그라나다, 코르도바, 말라가, 카디스, 알메리아 등 소도시를 오가는 버스가 발착한다. 터미널에는 남부 도시들을 연결하는 코메스(Comes), 리네수르(Linesur), 로스 아마리요스(Los Amarillos), 알시나(Alsina) 등의 버스 회사 부스가 입점해 있다. 안내센터에서 각 도시별 운행 회사와 시각표, 요금 정보를 얻을 수 있다. 터미널은 메트로 센트로 T1선 프라도 데 산 세바스티안(Prado de San Sevastián)역과 연결된다. 구시가의 대성당까지 가려면 도보로 약 15분 걸린다.

플라사 데 아르마스 터미널
Estación de Autobuses
Plaza de Armas

세비야에서 장거리 이동 시 이용하는 터미널. 주로 스페인 마드리드, 바르셀로나, 발렌시아, 알리칸테, 아스투리아스, 갈리시아 등 북부 지방과 포르투갈의 남부 도시로 가는 버스가 발착한다. 스페인 주요 도시를 운행하는 알사(Alsa)외 다마스(Damas), 레다(Leda), 리네수르(Linesur), 아우토카레스 산체(Autocares Sanchez), 소시부스(Socibus), 유로라인(Eurolines) 등의 버스 회사 부스가 입점해 있다. 포르투갈의 파로까지는 2시간 45분, 라고스까지는 5시간 30분, 리스본까지는 6시간이 걸린다. 티켓은 홈페이지에서 예매 가능하다. 터미널에서 세비야 구시가까지는 로컬 시내버스 C4번을 타고 간다.

세비야-주요 도시 간의 버스 운행 정보

출발지	운행 횟수	소요 시간	편도 요금	버스 홈페이지
카디스	1일 11편	1시간 45분	13€	www.tgcomes.es
헤레스 데 라 프론테라	1일 6편	1시간 15분	8.25€	www.tgcomes.es
론다	1일 8편	2시간 3분	12€	www.avanzabus.com
타리파	08:30, 12:30, 15:00, 16:00	3시간	19€	www.tgcomes.es
그라나다	1일 9편	3시간	22€	www.alsa.es
코르도바	1일 7편	2시간	12€	www.alsa.es
마드리드	1일 8편	6시간	12~20€	www.alsa.es

세비야 시내 교통
TRANSPORTATION

버스, 트램(Tranvia), 메트로 등이 있다. 시내 외곽으로 이동할 때는 버스나 메트로를 이용하는 것이 효율적이다. 도보 이동이 지루하다면 자전거를 대여해 시내 곳곳을 누비자.

세비야의 대중교통은 버스, 트램, 메트로 등이 있으며 버스와 트램은 티켓을 공통으로 사용할 수 있다. 트램은 구시가의 주요 관광지를 돌아 대성당 앞까지 운행하며 메트로는 세비야 외곽을 연결해 준다. 관광객은 구시가를 중심으로 다니기 때문에 교통수단을 이용할 일이 거의 없다. 필요한 경우 티켓은 1회권을 이용하는 편이 1일권(5€)이나 3일권(10€)을 이용하는 것보다 경제적이다. 1회권은 약 1.40€로 승차 시 운전기사에게 직접 구입 가능하다.

구시가 중심에서 마리아 루이사 공원과 황금의 탑까지 대중교통을 이용할 거리는 안되지만 걷기엔 멀다고 느껴질 때는 자전거를 대여해 보자. 시내 곳곳에서 자전거 대여점을 쉽게 발견할 수 있다. 시에스타 시간에는 문을 닫으므로 홈페이지를 통해 영업 시간을 확인하자.

자전거 대여 업체
- **사이클로투어** www.cyclotour.es
마리아 루이사 공원, 에스파냐 광장 앞에 위치
- **키케시클레** www.quiquecicle.com
Ave. Menendez y Pelayo, 11에 위치
- **렌트 어 바이크** www.rentabikesevilla.com
아르마스 광장(Plaza de Armas) 앞 버스 정류장에 위치
- **비시포시티** www.bici4city.com
토로스 광장(Plaza de Toros) 근처에 위치

세비야 시내 한눈에 보기

카스코 안티구오 Casco Antiguo

세비야 시내의 심장부로 모든 관광객이 모이는 대성당, 히랄다 탑, 알카사르가 있다. 살바도르 광장(Plaza del Salvador)에서부터 현지인의 삶을 엿볼 수 있는 골목이 시작된다. 현재 세비야의 랜드마크가 된 전망대이자 박물관인 버섯 모양의 건물 라스 세타스(Las Setas)는 엔카르나시온 광장(Plaza de la Encarnación)에 있다. 낮에는 재래시장과 라스 세타스 건물 주변으로 활기찬 로컬 장들이 열린다. 특히 조명을 밝히는 밤 풍경이 잊을 수 없을 만큼 아름답다.

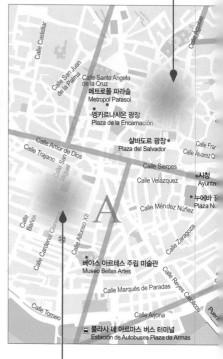

산트 비센테 지구 Sant Vicente

시내 중심지에서 조금 떨어져 있으며 미술관이나 건축물을 좋아하는 사람이라면 반가울 만한 지역. 베야스 아르테스 주립 미술관(Museo Bellas Artes)과 세비야 제일의 현대 미술관인 센트로 안달루스 데 아르테 콘템포라네오(Centro Andaluz de Arte Contemporáneo)가 있다. 옛 수도원 건물 내에 위치해 있어 규모가 상당하며 미니 파티오와 올리브나무가 심어진 정원이 아름답다. 15세기부터 19세기에 걸쳐 건설된 여러 채의 예배당에 작품을 전시해 여유롭게 감상하기 좋다.

산타 카탈리나 지구 Santa Catalina

중심에 산타 카탈리나 성당(Iglesia de Santa Catalina)이 있으며, 성당 주변에 유명 바르가 밀집해 있다. 여름에는 저녁 7시 이후로 타파스를 먹는 현지인들의 모습을 찾아볼 수 있다. 이슬람 양식에 유럽 건축의 요소를 가미한 무데하르 양식에 이탈리아 르네상스의 기조가 더해진 세비야 명문 귀족 저택인 필라토의 집(Casa de Pilatos) 등이 있다.

시내 존 구분도

산타 크루스 지구 Santa Cruz

유대인들이 살았던 지역으로 과거의 모습을 가장 많이 간직하고 있다. 개인 주택을 개조해 영업하는 레스토랑과 카페, 기념품 숍, 호텔이 골목마다 모여 있다. 17세기 이후에는 세비야의 귀족들이 모여 살기도 해 담 너머로 보이는 저택들의 모습이 근사하다. 산타 크루스 지구를 구석구석 돌아보고 싶다면 알카사르 정원(Jardines del Alcazar) 옆에 붙은 아구아 거리(Calle Agua)와 비다 거리(Calle Vida)를 가보고 도나 엘비라 광장(Plaza de Dona Elvira)도 눈여겨보자. 찾아가는 길에 파티오를 품고 있는 주택과 작은 광장이 보이고, 골목을 돌 때마다 알록달록한 꽃들이 반겨줄 것이다.

마리아 루이사 공원 지구 Parque de María Luisa

에스파냐 광장(Plaza de España)의 명성 때문에 대부분의 관광객이 무심코 지나치는 마리아 루이사 공원은 현지인들이 사랑하는 곳으로 천천히 산책하며 구경할 것들이 많다. 궁전과 잘 가꿔진 테마별 화단, 미니 분수와 다리, 다리 아래 연못에 무리지어 떠있는 오리 떼 등을 볼 수 있는 로맨틱한 자연적인 공원이다. 아메리카 광장(Plaza de América) 앞의 건축물이 멋진 고고학 박물관과 예술·풍습 박물관도 관람 가능하다.

세비야 추천 코스

세비야는 대성당과 알카사르 등 과거의 모습과 메트로폴 파라솔 등 현대의 모습이 공존해 볼거리가 풍부하다. 또한 값싸고 맛있는 타파스 투어를 하기에도 적당하다. 플라멩코 기타 선율에 맞춰 밤새 먹고 마시고 즐기기에 더없이 좋은 도시이다.

1DAY

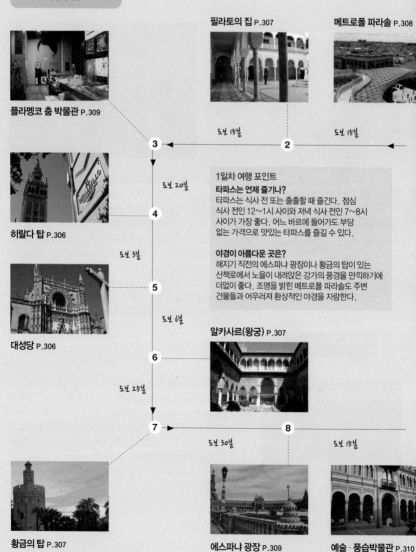

필라토의 집 P.307

메트로폴 파라솔 P.308

플라멩코 춤 박물관 P.309

도보 15분

도보 15분

3

2

1일차 여행 포인트

타파스는 언제 즐기나?
타파스는 식사 전 또는 출출할 때 즐긴다. 점심
식사 전인 12~1시 사이와 저녁 식사 전인 7~8시
사이가 가장 좋다. 어느 바르에 들어가도 부담
없는 가격으로 맛있는 타파스를 즐길 수 있다.

야경이 아름다운 곳은?
해지기 직전의 에스파냐 광장이나 황금의 탑이 있는
산책로에서 노을이 내려앉은 강가의 풍경을 만끽하기에
더없이 좋다. 조명을 밝힌 메트로폴 파라솔도 주변
건물들과 어우러져 환상적인 야경을 자랑한다.

도보 20분

4

히랄다 탑 P.306

도보 3분

5

대성당 P.306

도보 6분

알카사르(왕궁) P.307

6

도보 25분

7

8

도보 30분

도보 15분

황금의 탑 P.307

에스파냐 광장 P.309

예술 · 풍습박물관 P.310

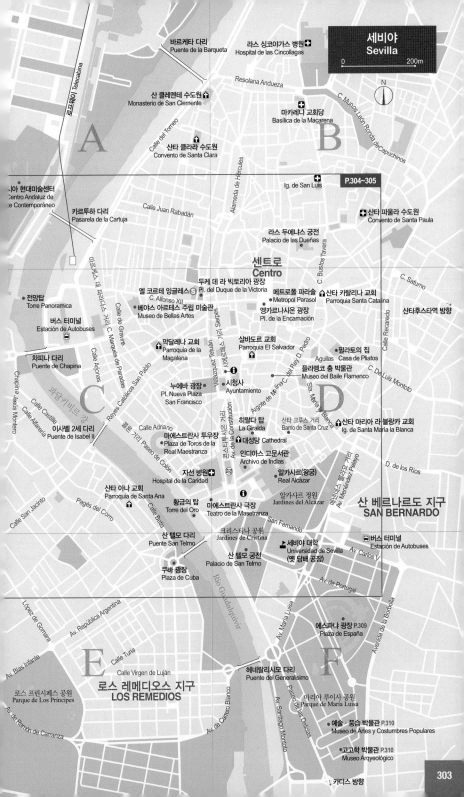

0   200m

N

바르케타 다리
Puente de la Barqueta

라스 싱코야가스 병원
Hospital de las Cincollagas

Resolana Andueza

산 클레멘테 수도원
Monasterio de San Clemente

Calle del Torneo

산타 클라라 수도원
Convento de Santa Clara

마카레나 교회당
Basílica de la Macarena

C. Muños León Ronda de Capuchinos

Alameda de Hércules

...아 현대미술센터
...Centro Andaluz de
...e Contemporáneo

카르투하 다리
Pasarela de la Cartuja

Calle Juan Rabadán

Ig. de San Luis

P.304~305

산타 파울라 수도원
Convento de Santa Paula

라스 두에냐스 궁전
Palacio de las Dueñas

C. Bustos Tavera

C. Saturno

센트로
Centro

두케 데 라 빅토리아 광장
Pl. del Duque de la Victoria

전망탑
Torre Panoramica

엘 코르테 잉글레스
C. Alfonso XII

베야스 아르테스 주립 미술관
Museo de Bellas Artes

메트로폴 파라솔
Metropol Parasol

산타 카탈리나 교회
Parroquia Santa Catalina

산타후스타역 방향

Calle Recaredo

버스 터미널
Estación de Autobuses

엥카르나시온 광장
Pl. de la Encarnación

막달레나 교회
Parroquia de la
Magalena

살바도르 교회
Parroquia El Salvador

필라토의 집
Casa de Pliatos

Aguilas

차피나 다리
Puente de Chapina

누에바 광장
Pl. Nueva Plaza
San Francisco

시청사
Ayuntamiento

플라멩코 춤 박물관
Museo del Baile Flamenco

C. De Luis Montoto

Reyes Católicos San Pablo

Calle Adriano

이사벨 2세 다리
Puente de Isabel II

마에스트란사 투우장
Plaza de Toros de la
Real Maestranza

히랄다 탑
La Giralda

산타 크루스 거리
Barrio de Santa Cruz

산타 마리아 라 블랑카 교회
Ig. de Santa María la Blanca

D. de los Ríos

산타 아나 교회
Parroquia de Santa Ana

자선 병원
Hospital de la Caridad

인디아스 고문서관
Archivo de Indias

대성당
Cathedral

알카사르(왕궁)
Real Alcázar

산 베르나르도 지구
SAN BERNARDO

Pagés del Corro

황금의 탑
Torre del Oro

마에스트란사 극장
Teatro de la Masetranza

알카사르 정원
Jardines del Alcázar

버스 터미널
Estación de Autobuses

산 텔모 다리
Puente San Telmo

크리스티나 공원
Jardines de Cristina

San Fernando

세비야 대학
Universidad de Sevilla
(옛 담배 공장)

Av. Carlos V

쿠바 광장
Plaza de Cuba

산 텔모 궁전
Palacio de San Telmo

Río Guadalquivir

Av. de Portugal

로스 레메디오스 지구
LOS REMEDIOS

Calle Virgen de Luján

헤네랄리시모 다리
Puente del Generalísimo

에스파냐 광장 P.309
Plaza de España

로스 프린시페스 공원
Parque de Los Príncipes

예술 · 풍습 박물관 P.310
Museo de Artes y Costumbres Populares

고고학 박물관 P.310
Museo Arqueológico

마리아 루이사 공원
Parque de María Luisa

카디스 방향

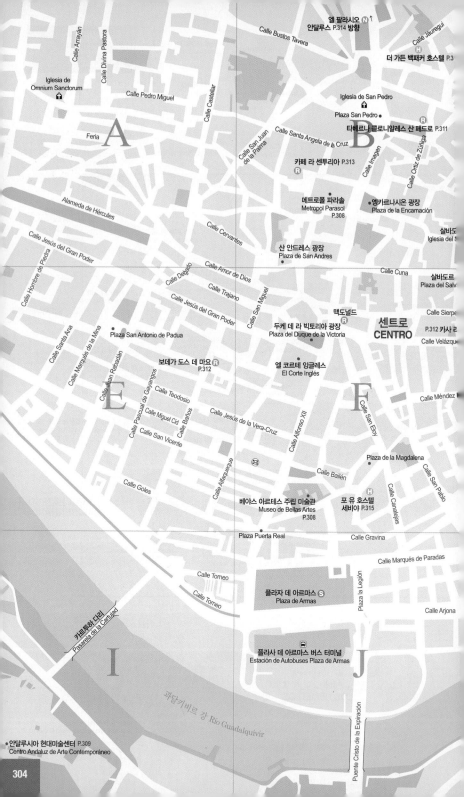

Calle Arrayán

Calle Divina Pastora

Iglesia de Omnium Sanctorum

Calle Pedro Miguel

Calle Castellar

엘 팔라시오 안달루스 P.314 방향

Calle Bustos Tavera

Calle Jáuregui

더 가든 백패커 호스텔 P.3

Iglesia de San Pedro

Plaza San Pedro

타베르나 콜로니알레스 산 페드로 P.311

Feria

A

Calle San Juan de la Palma

Calle Santa Angela de la Cruz

Calle Imagen

카페 라 센투리아 P.313

Calle Ortiz de Zúñiga

B

Alameda de Hércules

메트로폴 파라솔
Metropol Parasol
P.308

엔카르나시온 광장
Plaza de la Encarnación

살바도
Iglesia del S

Calle Cervantes

Calle Jesús del Gran Poder

Calle Amor de Dios

산 안드레스 광장
Plaza de San Andres

Calle Cuna

살바도르
Plaza del Salv

Calle Hombre de Piedra

Calle Delgado

Calle Trajano

Calle San Miguel

맥도널드

Calle Sierpe

Calle Jesús del Gran Poder

두케 데 라 빅토리아 광장
Plaza del Duque de la Victoria

센트로
CENTRO

P.312 카사 라

Calle Santa Ana

Plaza San Antonio de Padua

엘 코르테 잉글레스
El Corte Inglés

Calle Veláz que

Calle Marqués de la Mina

Calle Juan Rabadán

E

보데가 도스 데 마요
P.312

Calle Méndez

Calle Pascual de Gayangos

Calle Teodosio

Calle Miguel Cid

Calle Baños

Calle Jesús de la Vera-Cruz

Calle Alfonso XII

Calle San Eloy

Calle San Vicente

Calle Alfaraque

Plaza de la Magdalena

Calle Bailén

F

Calle San Pablo

Calle Goles

베야스 아르테스 주립 미술관
Museo de Bellas Artes
P.308

포 유 호스텔
세비야 P.315

Calle Canalejas

Plaza Puerta Real

Calle Gravina

Calle Marqués de Paradas

Calle Tomeo

Plaza la Legión

Calle Tomeo

플라자 데 아르마스
Plaza de Armas

Calle Arjona

카르투하 다리
Pasarela de la Cartuja

I

플라사 데 아르마스 버스 터미널
Estación de Autobuses Plaza de Armas

J

과달키비르 강 Río Guadalquivir

안달루시아 현대미술센터 P.309
Centro Andaluz de Arte Contemporáneo

Puente Cristo de la Expiración

집 P.307
Pilatos

뉴 사마이 호스텔 세빌 P.315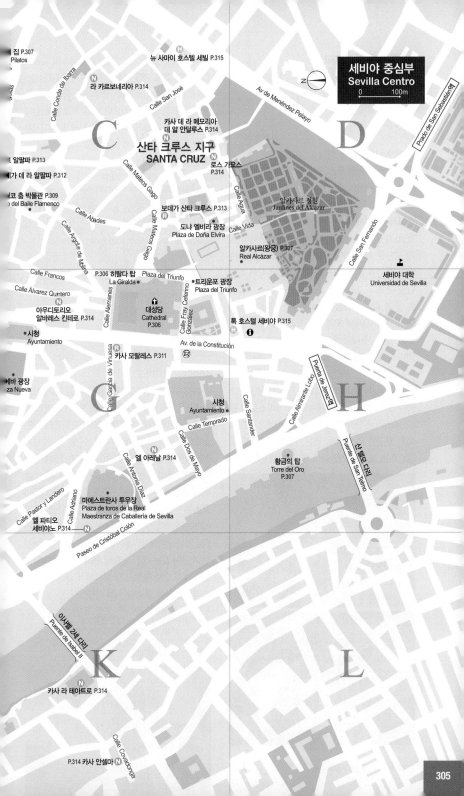

라 카르보네리아 P.314

Calle Conde de Ibarra

Calle San José

C

카사 데 라 메모리아
데 알 안달루스 P.314

산타 크루스 지구
SANTA CRUZ

D

Av de Menéndez Pelayo

Prado de San Sebastián 역

세비야 중심부
Sevilla Centro

0   100m

로스 가요스
P.314

Calle Mateos Gago

알파파 P.313

가 데 라 알팔파 P.312

코 춤 박물관 P.309
o del Baile Flamenco

Calle Abades

Calle Argote de Molina

Calle Mateos Gago

보데가 산타 크루스 P.313

Calle Agua

알카사르 정원
Jardines del Alcázar

Calle Vida

도냐 엘비라 광장
Plaza de Doña Elvira

알카사르(왕궁) P.307
Real Alcázar

Calle San Fernando

Calle Francos

P.306 히랄다 탑
La Giralda ●

Plaza del Triunfo

● 트리운포 광장
Plaza del Triunfo

세비야 대학
Universidad de Sevilla

Calle Álvarez Quintero

아우디토리오
알바레스 킨테로 P.314

Calle Alemanes

대성당
Cathedral
P.306

Calle Fray Ceferino González

톡 호스텔 세비야 P.315

● 시청
Ayuntamiento

Av. de la Constitución

카사 모랄레스 P.311

Calle García de Vinuesa

G

바 광장
za Nueva

시청
Ayuntamiento ●

Calle Santander

Calle Almirante Lobo

Puerta de Jerez 역

H

Calle Temprado

Puente de San Telmo

산 텔모 다리

엘 아레날 P.314

Calle Dos de Mayo

황금의 탑
Torre del Oro
P.307

Calle Antonia Díaz

Calle Adriano

마에스트란사 투우장
Plaza de toros de la Real
Maestranza de Caballería de Sevilla

Calle Pastor y Landero

엘 파티오
세비야노 P.314

Paseo de Cristóbal Colón

Puente de Isabel II

이사벨 2세 다리

K

L

카사 라 테아트로 P.314

Calle Covadonga

P.314 카사 안셀마

305

📷 추천 볼거리
SIGHTSEEING

대성당 ★★★
Cathedral

MAP p.305-G

스페인에서 제일 큰 성당

원래 있던 이슬람 모스크를 부수고 1402년 1세기에 걸쳐 완공한 대성당이다. 로마의 산 피에트로 대성당과 런던의 세인트 폴 대성당에 이어 유럽에서 세 번째로 큰 성당으로 폭 116m, 깊이 76m의 규모다. 예배당에 있는 격자무늬의 목제 제단은 세계 최대 규모로, 성경에 나오는 수많은 장면들을 황금으로 섬세하게 조각해 화려함을 더했다. 예배당 안쪽으로 높은 아치가 끝나는 곳이 왕실 예배당(Capilla Real)이며, 좌우에 알폰소 10세와 모후 베아트리스의 묘가 안치되어 있다. 주제단 중앙에는 세비야의 수호신인 역대 왕의 성모를 모셔놓았다. 대성당 곳곳은 프란시스코 고야, 프란시스코 데 수르바란, 발데스 레알 등 유명 화가의 명화로 장식해 웬만한 미술관 못지 않다. 성당 남쪽의 산 크리스토발 문(Puerta de San Cristóbal) 근처에는 4대 스페인 왕국인 카스티야, 레온, 나바라, 아라곤을 상징하는 4개의 거인상이 지키는 콜럼버스 묘가 자리잡고 있다. 관 안에는 콜럼버스의 유골이 안치되어 있다. 성당 북쪽의 오렌지 중정(Patio de los Naranjos)에는 분수대를 중심으로 오렌지 나무가 심어져 있으며 나무 위로는 히랄다 탑이 보인다. 성당을 방문하기 전에 홈페이지를 통해 미리 안내도와 특징을 보고 가면 효율적으로 관람할 수 있다.

찾아가기 누에바 광장에서 도보 6분
주소 Avenida de la Constitución, s/n
문의 902 09 96 92
운영 월요일 11:00~15:30, 화~토요일 11:00~17:00, 일요일 14:30~18:00(7~8월 월요일 09:00~14:30, 화~토요일 09:30~16:00, 일요일 14:30~18:00)
미사 대성당 08:00~10:30(여름철 08:00~09:00), 왕실 예배당 08:00~14:00, 16:00~19:00
※여름철은 오전 미사만 진행
요금 히랄다 탑과 대성당 공용 티켓 일반 9€, 25세 이하 학생 4€
홈페이지 www.catedraldesevilla.es

히랄다 탑 ★★
La Giralda

MAP p.305-G

세비야의 랜드마크

세비야 구시가에서 고개를 들면 가장 높게 보이는 탑으로 대성당 근처에 있다. 98m 높이의 탑이 우뚝 솟아 있기 때문에 멀리서도 히랄다 탑만 찾으면 구시가로 쉽게 찾아올 수 있다. 12세기에는 이슬람 모스크의 첨탑이었는데, 16세기 가톨릭교도들이 모스크를 없애고 남겨진 70m 높이의 첨탑 종루 부분에 모형물을 덧대어 지금의 모습을 완성했다. 탑 꼭대기에 청동 여신상을 장식했는데, 바람이 불면 이 여신상이 빙글빙글 돈다. 정사각형의 탑 내부에는 전망대까지 이어지는 계단이 없는 대신 사람이 편하게 다닐 수 있을 정도의 폭으로 슬로프가 설치되어 있다. 탑에서 바라보는 노을 풍경이 무척 아름답다.

찾아가기 대성당에서 도보 3분
주소 Calle Placentines, 53 운영 월요일 11:00~15:30, 16:30~18:00(오디오 가이드), 화~토요일 11:00~17:00, 일요일 14:30~18:00
요금 일반 8€, 26세 이하 학생 3€

알카사르(왕궁)
Real Alcázar

★★

MAP p.305-D

알람브라 궁전의 축소판

12세기 후반에 이슬람교도가 지은 성채였으나 현재는 당시의 모습을 찾아볼 수 없다. 현존하는 것은 대부분 14세기 중·후기에 잔혹왕으로 불린 페드로 1세가 건설한 페드로 궁전이다. 스페인 특유의 이슬람 양식인 무데하르 양식의 대표적 건축물로, 그라나다의 알람브라 궁전과 비슷한 채색 타일 장식과 격자 천장, 파티오 등이 감탄을 금치 못할 정도로 아름답다. 그라나다 왕국의 건축가들도 세비야 알카사르 건축에 많이 참여했다는 설이 있을 정도로 알람브라 궁전과 흡사하다. 알카사르 내부에는 페드로 궁전 외에도 콜럼버스가 탔던 산타마리아호의 모형, 카를로스 1세의 궁전, 아름답게 가꾸어놓은 정원 등 구경할 거리가 많다.

찾아가기 대성당에서 도보 1분
주소 Patio de Banderas, s/n
문의 954 50 23 24
운영 10~3월 09:30~17:00, 4~9월 09:30~19:00
휴무 1/1, 1/6, 12/25
요금 일반 11.50€, 17~25세 학생 3€, 16세 이하 무료
홈페이지 www.alcazarsevilla.org

황금의 탑
Torre del Oro

★

MAP p.305-H

강변 산책로의 작은 탑

세비야를 지키는 방어벽이기도 한 과달키비르 강을 내려다보며 서있는 정이십각형의 탑. 13세기에 이슬람교도들이 세운 건축물로 적의 침입을 감시하기 위한 망루였다. 예전에는 탑의 상부가 황금색으로 꾸며져 있어 '황금의 탑'이라 불렸으며, 강 건너편에 은의 탑이 있었으나 현재는 남아 있지 않다. 황금의 탑 주변으로 강을 따라 산책로가 잘 마련되어 있으며 해 질 녘 산 텔모 다리(Puente del San Telmo) 중간에서 바라보는 탑의 모습은 과달키비르 강과 잘 어우러진다.

찾아가기 대성당에서 도보 10분
주소 Paseo de Cristóbal Colón, s/n
문의 954 22 24 19
운영 월~금요일 09:30~18:45,
토·일요일 10:30~18:45
요금 일반 3€, 오디오 가이드 2€(월요일 전체 무료)

필라토의 집
Casa de Pilatos

★★

MAP p.305-C

호화로운 대저택

15세기 후기에 착공을 시작하여 16세기 초에 완공한 세비야 명문 귀족의 저택. 이슬람 양식에 유럽의 건축 요소를 가미한 무데하르 양식의 걸작으로 손꼽힌다. 아름다운 정원은 이탈리아 르네상스 풍의 조각상과 장식들로 꾸몄는데 당시 이탈리아로 자주 왕래했던 엔리케 리베라 가족이 새로운 이탈리아 스타일을 접목해 집을 보수·장식한 결과다. 최고 볼거리는 사각형의 파티오. 이슬람 양식의 석회 세공을 입힌 아치가 에워싸

를 다수 소장하고 있
다. 세비야 사람들이
특히 좋아하는 바르
톨로메 에스테반 무
리요의 작품이 많이
있는 제5전시실은 절
대 놓치지 말자. 처
녀의 몸으로 아이를
잉태한 동정녀 마리

아를 부드러운 시선으로 묘사한 〈원죄 없는 집〉
은 무리요 최고의 걸작으로 꼽힌다. 제2전시실
에 있는 엘 그레코의 초상화 〈호르헤 마누엘〉이
나 제10전시실을 장식한 수르바란의 종교화들
도 눈여겨보자.

찾아가기 황금의 탑에서 도보 10분
주소 Plaza del Museo, 9
문의 955 54 29 42
운영 9/16~6/15 화~토요일 09:00~20:00, 일요일
09:00~15:00, 6/16~9/15 화~일요일 09:00~15:00
휴무 월요일, 1/1, 5/1, 12/24~25, 12/31 요금 1.50€

고, 아름다운 꽃들이 그 위를 장식하고 있다. 아
치를 따라 나 있는 복도의 벽면은 색채와 의장에
정성을 쏟은 타일 세공과 창으로 장식되어 있다.
저택 구석구석의 색다른 디자인과 장식이 조화를
이룬다.

찾아가기 대성당에서 도보 15분
주소 Plaza de Pilatos, 1
문의 954 22 52 98
운영 4~10월 09:00~19:00, 11~3월 09:00~18:00
요금 1층 전시실 8€, 집 전체 관람 10€

베야스 아르테스 주립 미술관 ★
Museo de Bellas Artes

MAP p.304-F

여유로운 미술관 산책

17세기에 세워진 수도원을 현재 미술관으로 사
용하고 있다. 내부에 넓은 파티오를 품은 건물로
스페인 바로크 회화의 전성기를 대표하는 명화

메트로폴 파라솔 ★★★
Metropol Parasol

MAP p.304-B

세비야의 최신식 건물

버섯 모양으로 생겼다 하여 현지인들이 라스 세
타스(Las Setas)라는 별칭을 붙인 전망대이
자 세비야의 혁신적인 문화 아이콘으로 떠오르
는 복합 문화 공간이
다. 1층은 기존의 재
래시장을 현대적으
로 리모델링한 시장
이며, 높이 26m의
건물 옥상은 대성당
과 히랄다 탑을 한눈

에 내려다볼 수 있는 전망대이다. 지하에는 공사 당시에 발굴한 로마 시대 유적을 보존해 놓았다. 미래지향적인 최신식 건물 사이사이로 보이는 세비야의 가장 오래된 구시가와 기념비적인 건물들이 조화를 이루고 있다. 밤늦은 시간 조명을 밝힌 건물의 풍경도 놓치지 말자.

찾아가기 대성당에서 도보 15분
주소 Plaza de la Encarnación, s/n
운영 매일 10:00~23:00
휴무 월요일 요금 3€(음료 한 잔 포함)
홈페이지 www.setasdesevilla.com

안달루시아 현대미술센터 ★★
Centro Andaluz de Arte Contemporáneo

MAP p.304-I

미술관과 아름다운 정원

15세기에 지어진 수도원 건물이 전쟁을 거친 후 1840년부터 타일과 도자기 생산 공장으로 사용되었다가 1997년 안달루시아 현대미술센터로 문을 열었다. 지역사회에 현대 예술에 관한 문화 공간을 제공하자는 취지로 개관했다. 20세기 중반부터 현재에 이르는 안달루시아 지역 출신 화가의 작품과 스페인 현대 예술가의 회화, 조각, 공예, 영상, 사진, 설치미술 등 다양한 장르의 예술 작품을 거대한 공간에 전시해놓았다. 전시 작품 외에도 출입문이나 아름다운 반구형 돔, 안뜰을 둘러싼 대규모 회랑 등도 눈길을 끈다. 이 건물은 1964년 국가 기념물로 지정되었다.

찾아가기 메트로폴 파라솔에서 도보 20분

주소 Avenida Américo Vespucio, 2 문의 955 03 70 70
운영 화~토요일 11:00~21:00, 일요일 10:00~15:30
휴무 월요일 요금 3.01€(화~금요일 19:00~21:00,
토요일 11:00~21:00 전체 무료) 홈페이지 www.caac.es

플라멩코 춤 박물관 ★
Museo del Baile Flamenco

MAP p.305-C

플라멩코쇼를 보기 좋은 곳

세비야가 낳은 세계적인 플라멩코 댄서 크리스티나 오요스(Christina Hoyos)가 설립한 플라멩코 춤 박물관. 플라멩코 댄서의 의상 관람실, 플라멩코의 역사 영상 관람실, 숍과 플라멩코쇼를 볼 수 있는 타블라오가 어우러진 공간이다. 박물관이라고 하기에는 시설이 다소 협소하지만 플라멩코 공연만큼은 바르셀로나 올림픽 당시 전 세계인의 찬사를 받았던 크리스티나 오요스의 명성에 걸맞게 훌륭하다.

찾아가기 필라토의 집에서 도보 10분
주소 Calle de Manuel Rojas Marcos, 3
문의 954 34 03 11
운영 10:00~19:00, 플라멩코쇼 19:00~20:00
요금 박물관 일반 10€, 학생 8€, 쇼 일반 20€, 학생 14€
홈페이지 www.museoflamenco.com

에스파냐 광장 ★★★
Plaza de España

MAP p.304-F

웅장하고 아름다운 광장

세비야 구시가를 벗어나서 꼭 들러야 할 곳 중의 하나. 1929년에 개최된 세계 박람회인 〈이베로 아메리칸 박람회〉를 위해 스페인 건축가 아니발 곤살레스가 대규모의 건물과 공원을 설계한 세비야의 대표 광장이다. 광장 앞에는 마리아 루이사 공원과 3개의 유명 건축물이 자리하고 있다. 반달 모양의 광장을 둘러싼 2개의 건물은 현재 고고학 박물관, 예술·풍습 박물관으로 사용되

고 있다. 건물 앞으로는 강이 흘러 산책과 휴식을 취하기 좋으며 강을 따라 보트도 탈 수 있다. 광장 건물 벽면의 화려한 모자이크 타일 장식을 눈여겨보자. 스페인 각 도시의 깃발 문양과 역사적 사건들을 타일 모자이크로 장식해놓았다.

찾아가기 대성당에서 도보 25분
주소 Avenida de Isabel la Católica

고고학 박물관 ★★
Museo Arqueológico

MAP p.303-F

아름다운 정원 산책과 박물관 콤비

세계 박람회 당시 지어진 화려한 건물을 고고학 박물관으로 사용하고 있다. 선사 시대부터 로마 시대에 걸친 많은 소장품들을 전시 중이다. 세비야 교외에 있는 로마 시대의 도시 유적지에서 발견된 히스파니아 여신의 두상, 황제 트라야누

스나 미의 여신 비너스상 등을 볼 수 있다. 그중 1958년 세비야 서북쪽 엘 카람볼로 언덕에서 발굴된 카람볼로 보물이 특히 볼만하다. 21점의 황제 장신구는 기원전 5세기 무렵에 사용된 것으로 추정되는데, 정교한 세공과 세련된 디자인에 감탄을 금치 못할 정도다.

찾아가기 에스파냐 광장에서 도보 15분
주소 Plaza de América, s/n
문의 955 12 06 32
운영 9/16~6/15 화~토요일 09:00~20:00, 일요일 09:00~15:00, 6/16~9/15 화~일요일 09:00~15:00
휴무 월요일, 1/1, 5/1, 12/31
요금 1.50€
홈페이지 www.museosdenandalucia.es

예술 · 풍습 박물관 ★
Museo de Artes y Costumbres Populares

MAP p.303-F

스페인 전통의 다양한 생활용품

마리아 루이사 공원 지구에서 놓치지 말아야 할 박물관. 이슬람교, 유대교, 가톨릭교의 건축 양식을 한데 결합한 파빌리온 무데하르를 전시 공간으로 사용한다. 아름다운 건물 내부에는 16~19세기에 걸쳐 스페인 전역에서 제작, 사용한 생활 필수품 등을 전시하고 있다.

당시의 생활 모습을 상상할 수 있도록 옛 모습 그대로 재현해놓은 전시실이 재미있다. 일반 민중의 생활용품과 궁중용품, 의상, 액세서리와 세라믹 제품, 금 · 은 세공품, 주방용품 및 각종 가구류까지 전시하고 있다. 당시에 입었던 파티복, 일상복, 가톨릭 미사복과 세례복, 레이스 등도 볼 수 있다.

찾아가기 에스파냐 광장에서 도보 13분
주소 Plaza de América, 3 문의 955 54 29 51
운영 9/16~6/15 화~토요일 09:00~20:00, 일요일 09:00~15:00, 6/16~9/15 화~일요일 09:00~15:00
휴무 월요일 요금 1.50€

추천 레스토랑 & 카페 & 바르

타베르나 콜로니알레스 산 페드로 Taberna Coloniales San Pedro

MAP p.304-B

분위기, 맛, 서비스 모두 최고

가격 대비 만족도가 높기 때문에 현지인뿐만 아니라 관
광객들에게도 이름이 알려진 맛집이다. 타파스는 2€
선으로 저렴하고 맛과 서비스 모두 훌륭하다. 전형적인
안달루시아 분위기의 작은 3층 건물은 언제나 붐빈다.
주문 후 음식이 빠르게 서빙된다.

찾아가기 대성당에서 도보 10분
주소 Plaza del Cristo de Burgos, 19
문의 954 50 11 37 영업 매일 12:30~00:15
예산 점심 또는 저녁 타파스 2인 15€ 미만(음료 포함) 홈페이지 www.tabernacoloniales.es

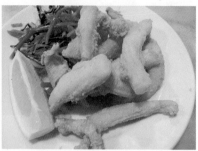

카사 모랄레스 Casa Morales

MAP p.305-G

오랜 역사를 간직한 로컬 바르

1850년에 문을 연 바르로 가게 곳곳에서 세월의 흔적이 느껴진다. 기본에 충실한 타파스를 맛보고 싶
을 때 찾아가면 좋다. 와인과 잘 어울리는 만체고 치즈, 스페인 최고급 이베리코 하몬, 소금에 절인 멸
치 안초아 등이 훌륭하다. 헤레스 데 라 프론테라 마을에서 만든 셰리주도 맛볼 수 있다. 시내 중심에
서 조금 떨어진 작은 골목 안에 위치해 찾아가기 쉽지 않다.

찾아가기 대성당에서 도보 5분 주소 Calle García de Vinuesa, 11 문의 954 22 12 42
영업 월~토요일 12:00~16:00, 20:00~24:00 휴무 일요일 예산 1인 타파스와 음료 8€~

보데가 도스 데 마요 Bodega Dos de Mayo

MAP p.304-E

앉아서 즐길 수 있는 바르

구시가에서 인기 있는 맛집은 늘 붐벼서 서서 먹어야 할 때가 많은데 이곳은 테이블이 많아 웬만하면 앉아서 편하게 즐길 수 있다. 한 번 먹으면 계속 먹고 싶어지는 맛있는 타파스 메뉴가 많다. 웨이터들이 서빙하는 메뉴를 보고 주문하거나, 영어 메뉴판을 보고 주문하면 된다. 맛, 서비스, 분위기 모두 만족스러운 곳이며 홈페이지에서 음식 사진을 볼 수 있다.

찾아가기 대성당에서 도보 20분 주소 Plaza de la Gavidia, 6 문의 954 90 86 47
영업 월~목요일 12:30~16:30, 20:00~24:00, 금~일요일 12:30~24:00
예산 타파스 3€, 맥주 2€ 홈페이지 http://bodegadosdemayo.es

카사 라 비우다 Casa la Viuda

MAP p.304-F

바칼라오가 유명한 맛집

대성당과 히랄다 탑에서 가까운 곳에 위치한 현지인들이 사랑하는 바르. 추천 메뉴는 위스키에 절인 쇠고기를 적당하게 익힌 솔로미요 알 위스키, 스페인 사람들이 즐겨 먹는 생선 대구로 만든 요리 바칼라오 데 라 카사, 스페인식 달걀 오믈렛인 토르티야 에스파뇰라가 있다. 그 외에도 맛있는 메뉴가 많다.

찾아가기 대성당에서 도보 7분
주소 Calle Albareda, 2 문의 954 21 54 20
영업 월~목요일 12:30~16:30, 20:00~24:00,
금·토요일 12:30~24:00, 일요일 12:30~23:30
예산 저녁 타파스 1인 10~15€

라 보데가 데 라 알팔파 La Bodega de la Alfalfa

MAP p.305-C

현지인들이 즐겨 찾는 맛집

타파스 접시들이 진열되어 있어 직접 보고 고르면 된다. 염소 치즈인 카브라 치즈와 푸아를 곁들인 타파스, 달걀 오믈렛인 토르티야 에스파뇰라, 각종 햄과 치즈가 나오는 차시나 티피카(Chacina Tipica)를 추천한다. 현지인들이 추구하는 부에노(Bueno, 맛있고), 바라토(Barrato, 싸고), 보니토(Bonito, 예쁘고)를 모두 갖춘 곳이다.

찾아가기 플라멩코 춤 박물관에서 도보 3분
주소 Calle Alfalfa, 4 문의 954 22 73 62
영업 월~목요일 12:30~16:00, 20:00~24:00,
금~일요일 12:30~24:00 예산 타파스 5€

바르 알팔파 Bar Alfalfa

MAP p.305-C

안달루시아의 전형적인 바르

다양한 타파스와 음료를 즐길 수 있으며 브루스케타 안달루사(Brusquetta Andaluza)를 와인 한 병과 먹다 보면 진짜 스페인의 맛, 안달루시아의 맛을 느낄 수 있다. 마지막에는 달콤하지만 도수가 높은 리코르 데 카넬라(Licor de la Canela)로 마무리하면 좋다. 공간이 작은 데다 늘 사람들로 북적거려 앉아서 먹는 것은 포기하는 게 좋다. 분위기 좋은 음악도 이곳의 인기 비결이다.

찾아가기 대성당에서 도보 20분 주소 Calle Candilejo, 1 문의 954 222 344
영업 매일 09:00~24:00 예산 1인 저녁 타파스와 음료 10~15€

보데가 산타 크루스 Bodega Santa Cruz

MAP p.305-C

부담 없이 맛볼 수 있는 타파스

히랄다 탑 앞에 위치해 관광객으로 가득한 바. 세비야의 타파스 바 분위기를 처음 접하기 좋다. 규모도 다른 곳에 비해 큰 편으로 운이 좋다면 기다리는 수고 없이 착석할 수 있다. 메뉴판 가득 적혀 있는 음식 이름이 어렵다면 다른 사람들이 주문한 것을 보고 선택해 보자. 맥주 한 잔이 곧 바로 두 잔으로 이어질 것이다.

찾아가기 대성당에서 도보 5분
주소 Calle de Rodrigo Caro, 1A
문의 954 21 32 46
영업 매일 11:30~24:00
예산 타파스 3€, 맥주 외 음료 2€ 미만

카페 라 센투리아 Cafe la Centuria

MAP p.304-B

뜨거운 초콜라테에 찍어 먹는 갓 튀긴 추로스

20여 년간 가게를 운영해온 노부부가 직접 튀긴 추로스를 내놓는 곳. 동네 할머니, 할아버지들의 아지트이기도 하다. 간단하게 먹기 좋은 추로스를 아침부터 오후까지 언제라도 즐길 수 있다. 햇살이 내리쬐는 광장에서 세타스 전망대를 바라보며 맛보자. 다 먹고 옆 골목 레지나 거리(Calle Regina)로 들어가 로컬 숍을 구경하면 안성맞춤이다.

찾아가기 메트로폴 파라솔에서 도보 5분
주소 Plaza de la Encarnación, 8
영업 월~토요일 10:00~22:00 휴무 일요일
예산 초콜라테와 추로스 4€ 미만

🎵 추천 나이트라이프

플라멩코 바르

라 카르보네리아 La Carboneria

전 세계 가이드북에 소개됐다고 해도 과언이 아닐
정도로 많은 사람들에게 사랑받는 곳이다. 여름
에는 아름다운 테라스까지 음악이 울려 퍼지고,
겨울에는 장작 난로를 피우며 은은한 분위기를 선
사한다. 입장료는 무료.

MAP p.305-C 찾아가기 알카사르에서 도보 10분
주소 Calle Céspedes, 21, A 문의 954 22 99 45
영업 매일 20:00~02:00

플라멩코쇼(저녁 식사 불포함)

카사 데 라 메모리아 데 알 안달루스
Casa de la Memoria de Al Andalus

MAP p.305-C
찾아가기 대성당에서 도보 18분
주소 Calle Ximénez de Enciso, 28
문의 954 56 06 70 시간 매일 19:30, 21:00
예산 일반 18€, 학생 15€, 6~11세 10€
홈페이지 www.casadelamemoria.es

아우디토리오 알바레스 킨테로
Auditorio Alvarez Quintero

MAP p.305-G
찾아가기 대성당에서 도보 10분
주소 Calle Álvarez Quintero, 48
문의 668 57 06 78 시간 매일 21:00(예약 필수)
예산 일반 17€, 26세 미만 학생 15€
홈페이지 www.tablaoalvarezquintero.com

플라멩코 춤 박물관
Museo del Baile Flamenco

MAP p.305-C
찾아가기 필라토의 집에서 도보 10분
주소 Calle de Manuel Rojas Marcos, 3
문의 954 34 03 11 시간 매일 19:00, 21:45
예산 쇼/박물관+쇼 일반 20€/24€,
학생 14€/18€, 어린이 12€/15€
홈페이지 www.museoflamenco.com

카사 라 테아트로
Casa La Teatro

MAP p.305-K
찾아가기 대성당에서 도보 20분
주소 Mercado de Triana, Puestos 11
문의 651 64 34 55 시간 13:30, 18:30, 20:00 예산 18€
홈페이지 www.casalateatro.com

플라멩코쇼(저녁 식사 포함)

로스 가요스 Los Gallos

MAP p.305-C
찾아가기 대성당에서 도보 10분
주소 Plaza de Santa Cruz, 11
문의 954 21 69 81
시간 매일 20:30~22:00, 22:30~24:00
예산 쇼+음료 일반 35€, 6~10세 20€(1시간 30분 공연)
홈페이지 www.tablaolosgallos.com

엘 파티오 세비야노 타블라오 플라멩코
Tablao Flamenco El Patio Sevillano

MAP p.305-G
찾아가기 대성당에서 도보 15분
주소 Paseo de Cristóbal Colón, 11
문의 954 21 41 20 시간 매일 19:00~20:30,
21:30~23:00(1시간 30분 공연)
예산 쇼+음료 38€, 쇼+타파스 60€, 쇼+저녁 식사 72€
홈페이지 www.elpatiosevillano.com

엘 팔라시오 안달루스 El Palacio Andaluz

MAP p.304-B
찾아가기 플라멩코 춤 박물관에서 도보 20분
주소 Calle Matemáticos Rey Pastor y Castro, 4
문의 954 53 47 20
시간 매일 19:00, 21:30(1시간 30분 공연)
예산 쇼+음료 41€, 쇼+타파스 63€,
쇼+저녁 식사 81€(온라인 사전 예약시 할인)
홈페이지 www.elpalacioandaluz.com

 **추천 숙소**

톡 호스텔 세비야 Toc Hostel Sevilla

MAP p.305-H

프리 시티 투어외 다양한 서비스 만점

모던 & 코지 호스텔로, 위치와 청결·서비스 부분에서 높은 평점을 받고 있는 호스텔이다. 야외 오픈 테라스 라운지와 내부 '톡톡 타파스 바르'는 평일 자정까지 운영하고 호스텔 내 영화 감상실이 있어서 장기 여행객들이 편안히 쉬어가기 좋다. 여성 전용 도미토리 룸이 별도로 운영되어 국내 여행객들에게 인기가 좋다. 톡톡 호스텔 홈페이지를 통해 예약하면 24시간 도착 전 예약 취소가 무료, 사전 예약 시 10% 할인, 체크아웃 오후 1시까지 연장 혜택이 있다.

찾아가기 알카사르에서 도보 5분 주소 Calle Miguel Mañara, 18 문의 954 50 12 44
요금 도미토리룸 16~45€, 더블룸 80~180€ 홈페이지 https://tochostels.com

포 유 호스텔 세비야
For you Hostel Sevilla

MAP p.304-F

4인실부터 10인실까지 다양한 룸

도미토리룸의 침대별로 칸막이와 콘센트, 조명, 선반 등 시설이 구비되어 있어 편하게 머물 수 있는 호스텔이다. 여성 전용 도미토리룸도 마련되어 있다. 넓은 야외 테라스 바, 실내 호스텔 내부의 바와 카페는 이곳의 하이라이트. 이곳들은 투숙객들이 가장 만족하는 공간이다.

찾아가기 베야스 아르테스 주립 미술관에서 도보 5분
주소 Calle Bailén, 15
문의 954 32 15 30 요금 4~10인실 25~36€
홈페이지
https://foryouhostelsevilla.zenithoteles.com

뉴 사마이 호스텔 세빌
New Samay Hostel Seville

MAP p.305-C

옥상 루프트의 전망대

객실, 야외 테라스, 주방 등 시설을 깨끗하게 잘 관리해 만족스러운 호스텔. 도미토리룸 외에 싱글룸도 갖추고 있다. 2인실은 본채 옆 다른 건물에서 운영한다. 산타 크루스 지구까지 도보로 15분.

찾아가기 대성당에서 도보 15분
주소 Avenida de Menéndez Pelayo, 13
문의 955 10 01 60
요금 더블 67€~
홈페이지 www.samayhostels.com

Granada & Andalucía 03

말라가 MÁLAGA

MADRID ●

MÁLAGA ●

아름다운 해변이 몰려 있는 코스타 델 솔(Costa del Sol)의 첫 번째 관문으로 말라가를 손꼽는다. 오랜 역사를 간직한 말라가는 과거에 페니키아인과 로마인의 지배를 받은 흔적이 도시 곳곳에 남아 있다. 피카소 박물관이 자리한 곳 아래와 이슬람교도들이 지은 알카사르 요새 앞에서도 로마 유적이 출토되었다.

말라가는 1950년 스페인 정부가 태양과 해변을 관광객에게 팔아보자는 솔 이 플라야(Sol y Playa) 관광 정책을 코스타 델 솔에서 펼치면서 큰 수혜를 입은 지역이기도 하다. 관광객 전용 아파트와 고급 리조트, 호텔과 별장들이 자리해 햇빛이 절대적으로 부족한 북유럽인들에게 큰 인기를 모으고 있다. 스페인의 많은 도시들이 관광지로 개발되면서 해안 주변에 높은 건물이 많이 들어섰지만 아직까지 코스타 델 솔은 여름, 바다, 지중해, 휴양, 휴식을 원하는 관광객에게 인기 만점의 휴양지다. 피카소 박물관만 보고 발길을 돌리기에는 말라가의 매력이 무척 많다. 도시와 인접한 해변에 들러 하루 정도는 온전히 스페인의 뜨거운 태양과 지중해 해변을 즐겨보자.

ACCESS
MALAGA

말라가 가는 법

유럽 내에서 말라가로 가는 경우에는 비행기, 열차, 버스 등을 이용할 수 있다. 비행기는 부엘링항공이나 라이언에어 같은 저가 항공을 주로 이용한다. 또한 스페인 각 도시에서도 말라가로 가는 교통편이 많아 이동하기에 편리하다.

비행기

바르셀로나와 빌바오에서 말라가까지 부엘링항공이 1일 6회 이상 운항하고, 마드리드와 이비사 등에서 말라가까지 부엘링항공이 1일 10여 회 운항한다. 바르셀로나, 산티아고, 산탄데르, 이비사, 팔마 등에서 라이언에어를 타면 말라가에 도착할 수 있다.

공항에서 시내로 가는법

터미널 3(T3)에 도착하면 공항 밖 버스 정류장에서 익스프레스 공항버스를 타고 말라가 시내로 이동할 수 있다. 약 15~25분 걸리며(배차간격 20~25분) 요금은 편도 3€. 운행 시간은 공항에서 시내는 07:00~24:00, 시내에서 공항은 06:25~24:00.

열차

마드리드, 코르도바, 세비야에서 일반 열차와 초고속열차 아베(AVE)를 운행한다. 기차역은 버스 터미널 바로 앞에 위치한다. 시내까지는 도보로 20분 정도 걸린다. 스페인 각 도시로 이동하고 싶다면 열차 홈페이지를 참고하자.

말라가→주요 도시 간의 열차 운행 정보

출발지	열차 종류	운행 시간	소요 시간	요금
코르도바	아베 (AVE)	08:40~ 21:00	1시간	편도 40€
마드리드	아베 (AVE)	06:20~ 21:00	2시간 45분	편도 80€
세비야	일반	07:43, 11:03, 13:11, 17:28, 20:08	2시간~ 2시간 30분	편도 42€

버스

그라나다, 세비야, 코르도바 등에서 말라가까지 버스가 연결된다. 말라가 버스 터미널은 시내에서 남동쪽으로 1km 떨어져 있고 기차역과는 10m 떨어져 있다. 버스 터미널에서 구시가까지는 도보로 약 20분, 버스로는 약 10분 걸린다.
버스 홈페이지 www.alsa.es

말라가→주요 도시 간의 버스 운행 정보

출발지	운행 시간	소요 시간	편도 요금
그라나다	07:00~ 22:00, 1시간에 1대꼴	1시간 30분~ 2시간	11.43€~
세비야	1일 8편	2시간 45분	18~23€
네르하	06:30~ 23:00, 1시간에 1대꼴	1시간~ 1시간 25분	3.66~ 4.25€
코르도바	1일 4~5편	2시간 30분~ 3시간	12€
안테케라	1일 11편	1시간~1시간 15분	6€

 말라가 둘러보기

버스 터미널에서 구시가로 걸어오는 길에 현대 미술관이 위치해 있다. 무료 입장이며, 한 번 둘러볼 만한 가치가 있다. 구시가에는 대성당, 피카소 미술관, 피카소 생가 미술관과 쇼핑 거리, 오래된 바들이 모여 있다. 알카사바로 들어가는 입구는 로마 원형극장 바로 앞에 있다. 알카사바는 말라가 바다와 도시를 한눈에 조망할 수 있는 곳으로 천천히 둘러봐도 1~2시간이면 충분하다.

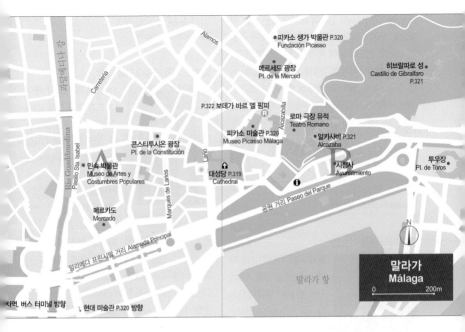

피카소 생가 박물관 P.320
Fundación Picasso

메르세드 광장
Pl. de la Merced

히브랄파로 성
Castillo de Gibralfaro
P.321

Alamos

Carretería

P.322 보데가 바르 엘 핌피

로마 극장 유적
Teatro Romano

콘스티투시온 광장
Pl. de la Constitución

피카소 미술관 P.320
Museo Picasso Málaga

알카사바 P.321
Alcazaba

민속 박물관
Museo de Artes y
Costumbres Populares

대성당 P.319
Cathedral

시청사
Ayuntamiento

투우장
Pl. de Toros

Río Guadalmedina
Pasillo Sta. Isabel

Marqués de Larios

Larios

Alcazabilla

공원 거리 Paseo del Parque

메르카도
Mercado

N

알라메다 프린시팔 거리 Alameda Principal

말라가
Málaga

말라가 항

0   200m

~역, 버스 터미널 방향   ↘ 현대 미술관 P.320 방향

추천 볼거리
SIGHTSEEING

대성당
Catedral   ★★

MAP p.319-B

르네상스 양식 건축의 절정

이슬람 사원이 있던 터에 1528년 건축을 시작했으며, 여러 건축가가 대를 이어 참여해 1782년에 완성했다. 출입문은 고딕 양식, 40m의 돔이 있는 실내 장식은 고딕과 르네상스 양식의 혼합, 파사드는 18세기 바로크 양식을 채택해 여러 양식이 혼합되어 있다. 하지만 르네상스 양식이 주를 이루어 안달루시아 자치 지역에 남아 있는 르네상스 양식의 건축물 가운데 가장 훌륭한 것으로 꼽는다. 설계 당시 2개의 탑이 있었으나 자금 부족으로 남쪽 탑은 완성하지 못했다. 현재까지 하나의 팔, 외팔이란 뜻으로 라 망키타(La Manquita)라는 별명으로 불리기도 한다. 북쪽

탑은 높이가 84m에 달하며 내부는 많은 예술 작품으로 꾸며져 있다. 그중 가장 뛰어난 것은 중앙의 대규모 신도석 앞에 위치한 초콜릿색의 17세기 목재 성가대석과 조각상들, 그리고 성당에 딸린 부속 예배당들이다. 예배당 한쪽에는 스페인 내전 시 학살된 희생자들의 유해를 모셔놓았다.

찾아가기 라 마리나 광장(Plaza de la Marina)에서 도보 5분
주소 Calle Molina Lario, 9 문의 952 22 03 45
운영 월~금요일 10:00~18:00, 토요일 10:00~17:00, 일요일 14:00~18:00 요금 6€

피카소 미술관 ★★★
Museo Picasso Málaga

MAP p.319-B

말라가의 대표 미술관

중세 시대 유대인 거주지였던 좁은 골목에 16세기에 건설된 부에나비스타 궁전(Buenavista Palacio)을 개조해 만든 미술관이다. 피카소의 아들이 기증한 피카소의 그림, 드로잉, 판화와 조각 작품 등 미공개 작품 233여 점을 전시하고 있다. 지하에는 궁전을 미술관으로 개조할 때 발굴한 페니키아와 로마 시대의 유적을 보존·전시하고 있다. 그 밖에 피카소 서적이 풍부한 서점과 카페테리아도 있다.

찾아가기 대성당에서 도보 3분
주소 Calle San Agustin, 8
문의 952 12 76 00
운영 3~6·9·10월 매일 10:00~19:00
(7·8월은 ~20:00, 11~2월은 ~18:00)
요금 상설전+기획전 일반 12€, 26세 이하 학생 7€
(오디오 가이드 1€) ※일요일 문 닫기 2시간 전부터 전체 무료
홈페이지 www.museopicassomalaga.org

피카소 생가 박물관 ★★
Fundación Picasso

MAP p.319-B

피카소 가족의 일대기를 짐작

1881년 피카소가 태어나 스페인 북부로 떠나기 전 10세까지 살았던 곳. 피카소의 유년 시절을 짐작해볼 수 있는 소품과 사진, 자료 등이 전시되어 있다.

피카소가 어릴 적 입었던 세례식 의상과 사진, 피카소 부친의 유화와 가족이 함께 찍은 사진, 주고받은 편지, 피카소의 친필이 담긴 노트 등이 전시되어 있다. 박물관 주변에는 어린 시절 피카소의 추억이 서린 놀이터와 그가 다녔던 학교와 성당 등이 있다. 옆 건물에는 피카소 재단에서 만든 상설 전시관도 있다(Plaza de la Merced, 13).

주소 Plaza de la Merced, 15
문의 952 92 60 60
운영 매일 09:30~20:00 휴무 1/1, 11/8, 11/15, 12/25
요금 피카소 생가+오디오 가이드 3€, 상설전+오디오 가이드 3€, 피카소 생가+상설전+오디오가이드 4€
※일요일 16:00 이후 전체 무료
홈페이지 http://fundacionpicasso.malaga.eu

현대 미술관 ★★
Centro de Arte Contemporáneo(CAC)

MAP p.319-A

미술관 나들이 최적의 장소

말라가 현대 미술관은 시민들의 현대 미술에 대한 이해를 돕기 위해 유명 작가의 실험적이고 독특한

작품을 다양하게 보관하며 수준 높은 전시회를 연다. 400여 점의 상설 전시 중인 작품을 기본으로 안달루시아의 어느 곳에서도 볼 수 없는 기획전을 장르의 구분 없이 항시 전시한다. 서점과 야외 테라스가 있는 카페테리아도 있으며 단층 건물인 미술관 밖에도 'Man Moving' 이라는 이름의 사람 모양 조각상이 세워져 있어 눈길을 끈다.

찾아가기 버스 터미널과 기차역을 거쳐 시내로 들어가는 길목에 위치, 구시가에서 도보 15분
주소 Calle Alemania, s/n
문의 952 20 85 00
운영 화~일요일 10:00~20:00(6/21~9/6 10:00~14:00, 17:00~21:00)
휴무 월요일, 1/1, 12/25 요금 무료
홈페이지 www.cacmalaga.eu

알카사바 ★★★
Alcazaba

MAP p.319-B

말라가 바다와 도시를 한눈에

8세기에 거주 공간인 궁전과 군사용 방어 시설이 결합된 요새로 짓기 시작했으나 별다른 진척이 없다가 11세기에 들어서 완성했다. 2층으로 둘러싸인 요새의 중앙에는 3개의 이슬람식 정원과 궁전의 일부가 잘 보존되어 있다. 스페인에 남아 있는 알카사바 가운데 보존 상태가 가장 훌륭한 것으로 꼽히며 알람브라 궁전의 축소판을 보는

듯 아름답다. 내부에는 이슬람식 정원과 연못, 아치로 둘러싸인 방의 흔적이 남아 있어 당시의 화려함을 상상해 볼 수 있다. 말라가 시내가 한눈에 내려다보이는 언덕 위에 자리 잡고 있어 작은 언덕을 오르듯 산책하며 여유롭게 둘러보기 좋다.

찾아가기 로마 원형극장 뒤편의 성벽
주소 Calle Alcazabilla, 2 운영 4~10월 09:00~20:00, 11~3월 08:30~19:00 휴무 1/1, 12/24~25, 12/31, 공휴일 요금 3.50€(일요일 14:00 이후 전체 무료)

히브랄파로 성 ★★
Castillo de Gibralfaro

MAP p.319-B

말라가에서 가장 높은 전망대

알카사바보다 한참 높은 131m의 산 정상에 자리 잡고 있는 성. 국토회복운동에 매진하던 가톨릭 왕들의 군대에 맞서 1487년 말라가 시민들이 끝까지 항전하던 장소이기도 하다. 3개월 동안 포위됐던 이슬람교도들은 배고픔에 지쳐 결국 항복했고 히브랄파로 성은 가톨릭교도에게 넘어갔다. 돌로 쌓아올린 방벽이 요새 정상까지 올라가는 가파른 산길에 길게 이어져 있으며, 전망대에서는 말라가 시내와 지중해까지 모두 내려다볼 수 있다. 30~40여 분 걸으면 요새 정상에 다다른다. 전쟁 용품이 전시된 미니 박물관도 관람 가능하다. 알카사바에서 성까지는 걸어서 1시간

30분 정도 걸리므로 각오를 해야 한다. 성 정상
에는 쉬면서 간단히 배를 채울 수 있는 카페테리
아가 있다. 내려오는 길은 조금 수월한 편으로 알
카사바까지 약 1시간 걸린다.

찾아가기 알카사바 입구 바로 오른편 도로를 따라가면
왼편으로 꺾이는 곳에 터널이 위치해 있고
그 오른편 계단을 통해 들어간다.
주소 Calle Camino Gibralfaro, 11
운영 여름 09:00~20:00, 겨울 09:00~18:00
요금 2.20€(알카사바와 콤비 티켓 3.55€)
※히브랄파로 성과 알카사바 티켓 박스에서 구입 가능

말라가와 가까운 마을

마르베야 Marbella
예전부터 왕족들이 방문했다는 가장 화려한
휴양지. 고급 리조트와 골프장, 별장
등이 모여 있어 레포츠를 즐길 수 있으며,
시내 중심의 쇼핑 거리에는 브랜드 숍들이
다양해 쇼핑을 즐길 수 있다. 16세기의
고급 저택형 숙소도 찾아볼 수 있다.

토레몰리노스 Torremolinos
말라가에서 버스로 약 30~40분이면 닿을 수 있는
곳. 전형적인 여름철 관광 휴양지답게 모든 편의
시설이 관광객 위주로 구축돼 있다. 해안을 따라
야외 레스토랑과 바르, 숙박업소들이 가득하다.

푸엔히롤라 Fuengirola
하얀 마을로 유명한 미하스(Mijas, 9km)와도
가깝고 해수욕장 외에도 로마 시대의 유적지,
이슬람 시대에 만들어진 성들이 시내 안팎에
남아 있다. 아이들을 위한 동물원도 있어
가족 단위 여행객들이 즐겨 찾는다.

에스테포나 Estepona
영국령인 지브롤터 공항과 가까워 영국인 관광객으로
붐비는 여름 휴양지.

말라가에서 지브롤터(Gibraltar)까지 지중해를
따라 펼쳐진 해안선을 코스타 델 솔(태양의
해변)이라 부른다. 하얀 모래사장과 푸른 지중해
그리고 강렬한 햇살이 비치는 곳으로, 유럽인들은
한 달간의 긴 여름휴가 동안 아파트형 숙소를
잡아놓고 일주일 이상 체류하기도 한다. 코스타
델 솔에는 수많은 마을과 수십 개의 아름다운
해안선을 낀 해수욕장이 있고 맛있는 해산물을
요리하는 레스토랑과 다양한 숙박 시설이 있어
휴양을 즐기러 오는 이들에게 제격이다. 푸른
바다를 마음껏 누리고 싶다면 코스타 델 솔의
다양한 마을에 들러 바다 수영의 재미를 느껴보자.

추천 레스토랑

보데가 바르 엘 핌피
Bodega Bar El Pimpi

MAP p.319-B

알카사바 앞에 자리한 레스토랑

말라가 시민들도 자주 찾
는 레스토랑으로, 좋은 와
인을 즐길 수 있는 보데가
(Bodega) 중의 한 곳이
다. 넓은 테라스는 낮과 밤
언제나 자리가 없을 정도로
사람이 꽉 차며 18세기 건물에 자리한 내부는
그 명성만큼 오랜 세월이 느껴진다. 피카소 가
족 외 영화인과 작가, 시인과 플라멩코 무용수
등 수년에 걸쳐 많은 유명인들이 찾아왔다.

찾아가기 대성당에서 도보 10분
주소 Calle Granada, 62
문의 952 22 54 03 영업 매일 11:00~02:00
가격 점심 세트메뉴 12€~

산속에 숨은 하얀 도시
알푸하라스 ALPUJARRAS

MADRID
ALPUJARRAS

스페인에서 가장 높은 봉우리이며 국립공원으로 지정될 정도로 아름다운 자태를 뽐내는 시에라 네바다 산맥에 자리한 하얀 도시, 알푸하라스. 시에라 네바다 산맥의 남쪽 기슭에 약 70km 길이로 라스 알푸하라스(Las Alpujarras) 계곡이 있으며, 깊숙한 협곡 사이로 하얀 마을들이 보석처럼 알알이 박혀 있다.

알푸하라스 마을은 약 1500m 높이의 산속에 위치해 40분가량 차를 타고 구불구불한 산길을 올라야 한다. 쉬운 길은 아니지만 막상 마을에 도착하면 깨끗한 공기와 아름다운 산속 절경에 누구든 반하고 만다. 10~11세기 북아프리카 모로코에서 베르베르인들이 이주해 정착하면서 알푸하라스에는 누에 농장이 많이 생겼다. 하지만 1492년 가톨릭 왕들이 그라나다를 정복하자 이슬람교 무어인들이 이곳으로 숨어들면서 누에 산업은 쇠퇴하고 만다. 지리적 여건상 여름의 태양과 겨울의 눈바람에 맞설 수 있게 설계된 가옥은 스페인 어느 도시에서도 볼 수 없는 독특한 형태를 이룬다. 여름에는 더위를 식혀주고, 겨울에는 추위를 막아주도록 집과 집 사이에 통나무를 얹어 가림막을 만들어놓았다.

ACCESS 가는 법

 버스

그라나다 시외버스 터미널에서 알사(Alsa) 버스가 1일 3편 운행하며 2시간 25분 정도 소요된다. 팜파네이라-부비온-카필레이라 순으로 정차하며 돌아올 때는 카필레이라-부비온-팜파네이라 순으로 거친다. 당일치기 여행을 계획한다면 그라나다에서 버스를 타고 카필레이라에서 내려 도보로 부비온, 팜파네이라를 돌아본 후 팜파네이라에서 버스를 타고 그라나다로 돌아오는 것이 효율적이다.

운행 시간 그라나다→카필레이라 10:00, 12:00, 16:30, 팜파네이라→그라나다 07:15, 17:00, 18:30
요금 편도 6€

Tip 무어인이란 이베리아 반도와 북아프리카의 거주민들을 부르는 말이었는데, 이베리아 반도가 이슬람 지배를 받은 뒤에는 이슬람교도 아랍인을 의미하는 말로 쓰인다. 무어란 이들의 피부색에서 유래한 말로 검다, 어둡다라는 뜻을 지니고 있다.

알푸하라스의 대표 마을들

알푸하라스의 초입에 있는 마을인 란하론(Lanjaron)은 온천수로 유명한 스파 호텔들이 모여 있어 단체 관광객이 많이 찾는다. 구불거리는 절벽 산악길을 따라 올라가면 끝에 알푸하라스에서 가장 아름다운 마을인 카필레이라(Capileira)가 나온다. 여행객들에게도 상당히 알려져 다양한 레스토랑과 기념품 가게 외 숙박 시설이 성업 중이다. 카필레이라에서 부비온(Bubion) 마을까지는 차로 20분 정도 걸린다. 산책로로 40분가량 걸어 내려가면 빼어난 경치를 즐길 수 있다. 부비온은 차로에 레스토랑 한두 곳이 전부인 작은 마을이다. 카필레이라, 부비온 다음으로 가장 낮은 마을인 팜파네이라(Pampaneira)는 아랍인들이 만든 카펫과 모로코산 가죽 가방 등을 파는 기념품 숍과 골목골목에 아기자기한 레스토랑, 식료품점이 가득하므로 놓치지 말고 여행해 보자.

알푸하라스의 실용 정보

시에라 네바다 산맥이 보이는 알푸하라스 지역을 운행하는 버스는 구불거리는 산길을 따라 팜파네이라, 부비온을 지나 카필레이라 마을에 정차한다. 원래 알푸하라스의 더 깊은 산골 마을까지 버스가 다니는데 그라나다에서 출발한 당일치기 관광객은 대부분 카필레이라에서 내린다. 하얀 집들과 예쁜 모로코산 제품, 가죽 제품들을 집중적으로 파는 로컬 숍들을 구경하고 마을 어귀를 둘러보는 데 20분이면 충분할 정도로 마을 규모가 작다. 하루 머문다면 카필레이라 마을에 숙소를 잡자. 카페테리아에서 간단히 아침 식사를 하거나 차를 마시며 쉬기 좋다. 차가 다니는 도로를 따라 아랫마을인 부비온으로 가거나 카필레이라 마을 사람들이 다니는 산길을 따라 부비온에 갈 수도 있다. 부비온은 작은 마을로 차로변의 레스토랑과 카페테리아가 전부이다. 부비온 마을의 주차장 공원 들길을 따라 팜파네이라까지 걸어갈 수 있는데 풍경이 아름다워 산책하기에 그만이다. 팜파네이라 꼭대기에 닿으면 한눈에 펼쳐지는 마을 풍광이 무척 인상적이다. 팜파네이라는 세 마을 중에서 가장 남쪽에 위치한 마을로, 광장 주변에 식당들이 5~6군데 모여 있고 아랍 카펫과 기념품을 파는 숍들이 있다. 당일에 그라나다로 돌아가려면 오후 5시 또는 막차인 6시 30분 버스를 꼭 타야 한다.

버스 홈페이지 http://autocuses.costasur.com

카사 훌리오
Casa Julio

팜파네이라에서 즐기는 여유로운 점심 식사

알푸하라스의 여느 레스토랑에나 있는 전통 메뉴 알푸하라(Alpujarra)를 선보인다. 알푸하라는 초리소와 모르치야(Morcilla) 등의 전통 소시지, 오븐에 구운 감자, 알푸하라스에서 생산한 유명 하몬과 조리한 돼지고기 등을 한 접시에 담아 내는 음식이다. 각 마을마다 많은 레스토랑이 있고 대부분 시골 가정식을 선보여 맛있게 먹을 수 있다. 이곳은 팜파네리아 마을에 들어서자마자 오른편의 가장 높은 곳에 위치하며 야외 테라스에서 풍경을 감상하며 식사할 수 있다. 무료 타파스 외 점심 세트메뉴인 메뉴 델 디아가 있다.

찾아가기 팜파네이라 마을 초입에 위치
주소 Avenida de la Alpujarra 9, Pampaneira 문의 958 763 322

타예르 데 피엘 제이 브라운
Taller de Piel J. Brown

카필레이라의 대표 가죽 숍

싸구려 기념품 숍도 꽤 많은 카필레이라 마을에서 독보적으로 질 좋은 제품만을 판매하는 가죽 전문 숍. 부드럽고 가벼운 최상의 가죽으로 기본적인 디자인의 상품들을 직접 제작하며 가격도 저렴하다. 매장 한구석에서 제작하는 과정을 직접 볼 수 있으며 가죽 재킷과 가방, 벨트, 동전지갑까지 제품의 종류가 다양하다. 오래 메도 질리지 않고 쓰면 쓸수록 멋스러운 가죽 가방을 원한다면 한번 방문해 보자.

주소 Calle Doctor Castilla, 7 문의 958 76 30 92 예산 가방 50€ 선, 동전지갑 5€~
홈페이지 www.jbrowntallerdepiel.com

그라나다의 동굴 마을

과딕스 GUADIX

MADRID
GUADIX

사크로몬테의 동굴 집이 인상적이었다면 그라나다 근교의 과딕스에 가볼 것을 추천한다. 그라나다 사람들에게도 근교 주말 여행지로 각광받는 과딕스는 넓게 펼쳐진 붉은 토양 위로 낮은 구릉들이 자리하고 있고, 곳곳에 동굴 집이 무리지어 있는 마을이다. 무수한 동굴 집을 한눈에 볼 수 있어 입장료 없는 동굴 박물관이라 해도 과언이 아니다. 동굴 집은 40℃에 육박하는 여름과 영하로 떨어지는 겨울에도 내부가 18~20℃로, 사람이 살 수 있는 적정 온도를 항상 유지한다. 동굴 집의 최초 형성 시기는 알 수 없으나 가톨릭 왕들의 그라나다 정복 이후 쫓겨난 아랍인들이 동굴 집을 짓고 살면서 마을이 만들어졌다고 전해진다.

과딕스 시내 중심부는 스페인의 다른 도시 마을과 다를 바 없이 고딕 스타일과 네오 클래식의 영향을 받은 대성당과 광장이 자리하고 있다. 동굴 집을 보려면 대성당을 지나 쿠에바(Cueva)까지 도보로 15분 정도 올라가야 한다. 마을 중심에 '바리오 데 쿠에바(Barrio de Cueva, 동굴 마을 지역)'라는 표지판이 있다. 파드레 포베다 전망대(Mirador Padre Poveda)에서는 동굴 집을 한눈에 바라볼 수 있다.

ACCESS 가는 법

🚌 **버스**

그라나다에서 알사(Alsa) 버스가 1일 12편 운행하며 약 1시간 걸린다. 요금은 편도 4.47~5.50€. 과딕스에 들어서면 마을 어귀를 돌며 2~3차례 정차 후 버스 터미널에 도착한다. 쿠에바로 바로 찾아가려면 마을 어귀에서 내리는 편이 낫다.

버스 홈페이지 www.alsa.es
운행 시간 그라나다→과딕스 06:30, 08:00, 10:15, 11:30, 13:15, 14:00, 14:45, 15:30, 16:00, 17:45, 18:15, 20:15 / 과딕스→그라나다 06:45, 07:35, 07:45, 08:15, 08:45, 09:30, 11:00, 15:00, 16:30, 18:45, 22:45
소요 시간 45분~1시간
요금 5.50€

산간에 펼쳐진 역사 깊은 도시
안테케라 ANTEQUERA

MADRID
ANTEQUERA

안달루시아 지방의 핵심 관광지는 아니지만 30여 개의 크고 작은 성당이 있을 정도의 규모로 말라가에서 반나절이나 당일치기로 다녀오기에 좋다. 잘 정비된 하얀 벽돌집과 르네상스와 바로크 양식의 건축물이 공존하는 도시 모습이 이국적이면서도 아름답다.

마을의 가장 높은 곳에 위치한 성(Castillos)은 1410년 가톨릭교가 그라나다 왕국을 공격할 때 최초로 함락시킨 성채. 아름다운 도시 전체를 훤히 내려다볼 수 있는 마을의 뷰 포인트이다. 성 안의 정원과 성곽 전망대는 입장료를 내고 들어가야 한다. 성곽 앞 광장에는 성당과 함께 커다란 아치형 문, 아르코 데 로스 히간테스(Arcos de los Gigantes, 거인 문)가 자리 잡고 있다. 시내 중심지 어디서나 눈에 띌 정도로 탑이 곧게 뻗은 산 세바스티안 성당(Iglesia de San Sebastian)은 14세기에 무데하르 양식으로 지어졌다. 아름답고 화려한 장식이 돋보이는 성당이다.

ACCESS 가는 법

그라나다, 말라가에서 알사(Alsa) 버스를 타고 갈 수 있다. 안테케라 마을 중심의 버스 정류장에서 내린다. 시내 중심인 산 세바스티안 성당까지는 도보로 약 15분 걸린다.
버스 홈페이지 www.alsa.es
운행 시간 및 편도 요금
그라나다→안테케라 1일 5편 운행, 약 2시간 소요, 8.80€
말라가→안테케라 1일 11편 운행, 약 1시간 소요, 5.73€

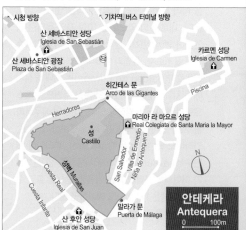

지중해의 절경이 펼쳐진 도시
네르하 NERJA

MADRID ●

NERJA

코스타 델 솔의 수많은 도시 중에서도 아름답기로 손꼽히는 휴양 도시. 해안 절벽과 함께 끝없이 펼쳐진 지중해를 바라볼 수 있는 곳이다. 절벽을 낀 작은 해변들이 모여 있어 절경이 빼어나고 안달루시아 지방의 하얗고 낮은 가옥들이 해안을 따라 배치된 모습이 휴양지다운 면모를 내세운다. 네르하 양 옆으로는 10여 개의 유명한 해안들이 뻗어 있으니 산책로를 따라 이동하며 수영을 즐겨보자. 유럽의 발코니라 불리는 발콘 데 에우로파(Balcon de Europa)는 시내 중심지에 위치하며 알폰소 12세의 동상 주변으로 레스토랑과 호텔 등이 밀집해 있다. 발콘 데 에우로파를 지나 칼라온다 해변(Playa Calahonda), 카라베오 해변(Playa Carabeo), 부리아나 해변(Playa Burriana)까지 지중해를 낀 산책로가 이어져 아름답고 낭만 가득한 산책을 즐길 수 있다. 산책은 1시간 정도 예상하면 된다.

여행 정보 홈페이지 www.nerja.es

ACCESS 가는 법

 버스

그라나다와 말라가에서 버스를 타면 네르하 마을 입구에 하차한다. 버스 정류장에서 마을 중심지인 발콘 데 에우로파까지는 도보 15분. 네르하에서 주변 소도시로 출발하는 버스 시간표는 홈페이지를 참고하자.

버스 홈페이지 www.alsa.es

네르하-주요 도시 간의 버스 운행 정보

경로	운행 시간	소요 시간	편도 요금
그라나다 ↓ 네르하	07:00, 09:00, 10:15, 13:00, 16:00, 17:15, 20:00	1시간 50분~ 2시간 20분	11€
네르하 ↓ 그라나다	06:30(월요일 운행 안함), 10:00, 14:30, 16:00, 17:00, 19:00	2시간 15분	11€
말라가 ↓ 네르하	07:00~23:00, 1일 20여 편 운행	1시간~ 1시간 30분	4.51€

지도 범례 (네르하 Nerja)

P.330 일요 마켓 방향 ↗
쿠에바 데 네르하 방향
Campo de Fútbol
알 안달루스
Julio Romero
알메리아 방향
푸엔테 델 아길라
Puente del Aguila
Río Chillar
방향
버스 정류장 🚌 칸타레로 광장
Plaza Cantanero
라스 앙구스티아스 예배당
Ermita de Las Angustias
산 미겔 교회
Iglesia de San Miguel
네르하 역사관
Centro Historico de Nerja
Bronce La Cruz
Nueva Pintada
Huertos
바르 엘 몰리노 P.330
파라도르 데 네르하
Paradot de Nerja
Torrox
Almuñécar
시청사
Hernando de Carabeo
Prol Carabeo
치링기토 아요 P.330
Granada
엘 살바도르 성당
Iglesia de El Salvador
에우로파
발콘 데 에우로파
Balcón de Europa
지중해
Mr Mediterráneo

네르하
Nerja
0   200m

P.330 일요 마켓 방향

네르하 둘러보기

버스 정류장에서 네르하 중심 광장까지는 도보로 약 10분 걸린다. 하얀 집들이 즐비한 주택가를 지나면 바다가 보이는 곳에 레스토랑과 카페가 밀집해 있다. 바다를 따라 주택가를 걷다 보면 틈틈이 해수욕장으로 내려가는 산책로가 있다. 절벽을 따라 크고 작은 해수욕장들이 끝없이 이어지므로 바다 수영을 즐기며 휴식을 취해보자.

프리힐리아나 Frigiliana

안달루시아의 전형을 보여주는 프리힐리아나 마을. 입구부터 촘촘히 모여 있는 집들이 길을 따라 언덕 위까지 계속되며 남부의 화려한 세라믹 그릇이나 꽃들을 벽에 걸어 하얀 집에 포인트를 주었다. 마을 전체가 깔끔하고 아기자기하게 꾸며져 있으며 골목골목에서 스페인 시골 마을의 여유로운 풍경을 느낄 수 있다. 코르도바와 세비야, 그라나다의 알바이신 지구 등 남부의 작은 도시에서 쉽게 볼 수 있는 풍경이므로, 남부 일정이 길다면 애써 들를 필요는 없다.

찾아가기 네르하에서 버스로 15~20여 분 걸리며
프리힐리아나 마을 입구에 내려준다. 마을 중심까지 도보로 약 5분 소요
운행 네르하→프리힐리아나 07:20, 09:45, 11:00, 12:00, 13:30, 15:00, 16:00, 19:00, 20:30(토요일 11:00, 16:00은 운행 안 함)
요금 편도 1€

바르 엘 몰리노
Bar El Molino

MAP p.329

매일 밤 라이브 공연

네르하에서 가장 오래된 바르로 관광객들이 모이기보단 흥이 난 스페인 사람들을 무대로 이끄는 분위기다. 즉흥 플라멩코 공연이나 클래식 기타 공연 등이 여름 밤 끊이지 않는다. 16세기에 지어진 건물로 예전에는 곡식 창고나 마구간 등으로 사용됐다. 남부의 특징을 가장 잘 보여주는 동굴 벽, 아치형의 입구와 플라멩코 공연을 위한 나무 무대, 화사한 꽃 그림이 그려진 나무 의자

등에서 세월이 느껴진다.

찾아가기 에스파냐 광장(Plaza de España)에서 도보 5분
주소 Calle San José, 4
문의 693 62 03 38 영업 매일 20:00~새벽

치링기토 아요
Chiringuito Ayo

MAP p.329

대형 철판에 내주는 파에야

40년 가까이 현지인과 관광객들에게 사랑받고 있는 레스토랑. 입구에서 엄청 큰 파에야 판에 직접 파에야를 요리하기 때문에 만드는 과정을 볼 수 있다. 주문과 동시에 접시 가득 파에야를 담아 내오며 다 먹으면 무료로 1번 리필해 준다. 다양한 해산물 모듬 튀김도 맛보도록 하자.

찾아가기 네르하 시내에서 해변을 따라 도보 25분
주소 Paseo Burriana, 15
문의 952 52 22 89 영업 매일 10:00~18:00
홈페이지 www.ayonerja.com

일요 마켓
Mercadillo

MAP p.329

일요일에 열리는 제일 큰 중고 마켓

일요일에 네르하를 방문한다면 꼭 들러야 할 중고 마켓. 수년 전부터 시작되었다. 네르하로 이민 온 영국인, 독일인 등이 참가하며 여러 나라의 중고 앤티크 제품을 판매한다. 가구, 의류, 전자제품, 도서, 그릇, 액세서리 등 다양한 판매 상품을 구경하는 재미가 쏠쏠하다.

찾아가기 메르카디요(Mercadillo) 길 앞에 위치, 버스 정류장 근처 칸타레로 광장(Plaza Cantarero)에서 도보 15분 주소 Calle Mirto 영업 일요일 10:00~14:00

볼거리가 풍부한 항만 도시

카디스 CÁDIZ

MADRID●

CÁDIZ

1492년 콜럼버스가 신대륙을 발견한 이후 새로운 물자를 유럽으로 실어 나르는 관문이었다. 현재는 어업이 번성한 항만 도시로 구시가에는 대성당을 중심으로 광장과 시장, 공원 등 주요 명소가 있으며, 대성당 앞으로 해안가가 끝없이 이어진다. 산책로를 따라 1시간가량 걸어가면 신시가의 빅토리아 해안(Playa de la Victoria)이 나온다. 해변가를 중심으로 레스토랑과 바르가 즐비하며, 아파트형 숙소가 많아 여름 휴양을 즐기는 장기 여행객들이 쉬어 가기에 좋다.

2월에 열리는 카디스 축제는 안달루시아 지방에서도 손꼽히는 축제로 알려져 있다. 1685년과 1719년에 걸쳐 건설된 바로크 양식의 산 펠리페 네리 성당(Iglesia Oratorio de San Felipe Neri)은 세비야 출신의 화가 무리요(Murillo)의 성모상이 있어 유명하다. 구시가 중심의 타비라 탑(Torre Tavira)에 올라가면 카디스 시내 전체를 내려다볼 수 있다. 신고전주의 양식으로 지어진 웅장한 카디스 대성당은 카디스 해변 어느 곳에서 봐도 황금빛 둥근 지붕이 햇빛을 받아 반짝거린다. 대성당 주변으로 바르와 분위기 좋은 해산물 레스토랑이 모여 있다.

ACCESS 가는 법

🚆 열차

마드리드, 그라나다, 세비야 등지에서 카디스까지 열차가 다닌다. 기차역과 버스 터미널에서 대성당까지는 도보 10분이면 닿는다.

카디스-주요 도시 간의 열차 운행 정보

출발지	열차 종류	운행 시간	소요 시간	편도 요금
헤레스 데 라 프론테라	일반	07:46~22:56, 매 시간 운행	40분	6~11€
세비야	일반	06:35~21:50, 매 시간 운행	2시간	16€
그라나다	일반	1일 2편	5시간 5분	34€
마드리드	아베(AVE)	06:35~17:35, 1일 8편	4시간 40분	75~81€

🚌 버스

타리파, 알헤시라스, 헤레스 데 라 프론테라, 세비야, 그라나다 등 안달루시아 지방에서 카디스까지 코메스(Comes) 회사의 버스가 운행된다.
홈페이지 www.tgcomes.es
운행 시간 및 편도 요금 그라나다→카디스 1일 4편, 5시간 소요, 약 36€ / 세비야→카디스 1일 10편, 직행버스는 1시간 40분 소요, 13.45€

절벽 위에 펼쳐진 도시

론다 RONDA

MADRID
RONDA

론다 산지를 유유히 흐르는 과달레빈 강은 깊은 협곡을 만들고 그 바위산 위에 펼쳐진 도시가 론다이다. 협곡을 사이에 두고 하얀 집들이 이어지는 구시가와 상점, 레스토랑이 즐비한 신시가로 나뉜다. 인구 3만6000명의 작은 도시지만 구시가와 신시가를 잇는 누에보 다리와 협곡의 웅장한 경관은 스페인을 대표하는 풍광 중 하나이다. 누에보 다리 아래 절벽은 100m나 되는 낭떠러지로, 타호 계곡 맞은편으로 시골 전원 풍경이 펼쳐진다. 누에보 다리 오른쪽에 있는 알라메다

델 타오 공원(Alameda del Tajo)에서 바라보는 풍경도 멋지다. 또한 론다는 스페인에서 가장 오래된 투우장이 있는 투우의 본고장으로 볼거리가 풍부하다.

ACCESS 가는 법

 버스

근교의 작은 마을들이 주로 산악 지대에 형성되어 있어 대형 회사의 버스보다는 로컬 버스들이 자주 운행된다. 론다 관광청 홈페이지에서 론다와 근교 도시 간의 버스 운행 시간표를 확인할 수 있다. 말라가, 세비야 등지에서도 론다까지 버스가 연결된다.

홈페이지 www.turismoderonda.es(관광청),
www.losamarillos.es(버스 스케줄 확인)

론다-주요 도시 간의 버스 운행 정보

경로	운행 시간	편수	소요 시간	요금
론다→ 말라가	월~금요일 07:00~19:45/ 토·일요일 08:00~19:45	1일 9편/ 1일 6편	1시간 45분	편도 10.71€
론다→ 세비야	월~금요일 06:30~19:00/ 토·일요일 10:00~19:15	1일 7편/ 1일 5~6편	2시간~ 2시간 30분	편도 12.64€

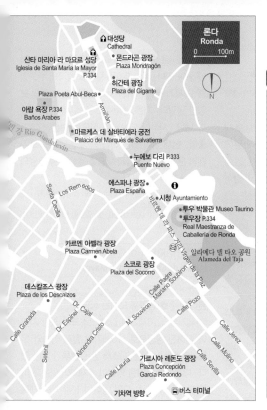

대성당
Cathedral

산타 마리아 라 마요르 성당
Iglesia de Santa María la Mayor
P.334

몬드라곤 광장
Plaza Mondragón

히간테 광장
Plaza del Gigante

Plaza Poeta Abul-Beca

아랍 욕장 P.334
Baños Arabes

마르케스 데 살바티에라 궁전
Palacio del Marqués de Salvatierra

과달레빈 강 Río Guadalevín

Amiñán

Los Remedios

누에보 다리 P.333
Puente Nuevo

에스파냐 광장
Plaza España

Santa Cecilia

시청 Ayuntamiento

투우 박물관 Museo Taurino

투우장 P.334
Real Maestranza de
Caballería de Ronda

비르헨 데 라 파스 거리 Calle Virgen de la Paz

마리아노 소우비론 거리 Calle Padre Mariano Soubirón

카르멘 아벨라 광장
Plaza Carmen Abela

소코로 광장
Plaza del Socorro

알라메다 델 타호 공원
Alameda del Taja

데스칼조스 광장
Plaza de los Descalzos

Calle Granada

Dr. Espinel

Dr. Cajal

Almendra Cristo

M. Souviron

Calle Pozo

Calle Jerez

Calle Molino

Setenil

Calle Lauria

Calle Sevilla

가르시아 레돈도 광장
Plaza Concepción
García Redondo

기차역 방향

버스 터미널

론다 둘러보기

버스 터미널은 시내 중심과 비교적 가까운 곳에 위치해 있다. 론다의 주요 볼거리인 누에보 다리까지 도보로 약 15분 걸린다. 누에보 다리 위에서 론다의 전체 풍경을 감상할 수 있다. 시간이 넉넉하다면 누에보 다리 옆의 비에호 다리(Puente viejo)를 따라 짧은 산책을 즐겨보자. 다리를 따라 아래로 내려가다 보면 아랍인의 목욕탕이 있었던 흔적이 있다.

추천 볼거리
SIGHTSEEING

누에보 다리
Puente Nuevo
★★★

MAP p.333

론다 관광의 하이라이트

론다 시내는 120m 깊이의 협곡을 사이에 두고 구시가와 신시가로 나뉜다. 누에보 다리는 구시가와 신시가를 연결하기 위해 건설한 다리 중 하나로 40여 년 동안 공사해 1793년에 완공했다. 누에보 다리 앞 에스파냐 광장(Plaza de España)에는 레스토랑과 카페가 많다. 테라스에서 론다의 풍경을 편하게 감상할 수 있다. 파라도르를 지나면 산책로가 알라메다 델 타호 공원(Alameda del Tajo)까지 이어진다.

찾아가기 버스 터미널에서 도보 15분
주소 Calle Arminan

투우장
Real Maestranza de Caballería de Ronda

MAP p.333

스페인에서 가장 오래된 투우장

1785년 호세 마르틴 데 알데우엘라가 건설한 바로크 양식의 투우장. 인간과 황소의 힘겨루기는 6세기에 기원한 것으로 추측되며, 로마 원형극장에서 시작해 투우장은 둥근 형태를 띠게 된다. 론다는 근대 투우의 발상지로서 유명한 투우사를 많이 배출했다. 5000여 명을 수용할 수 있는 거대한 돔과 일렬로 늘어선 136개의 석주에서 오랜 역사를 느낄 수 있다. 투우장 안에는 일류 투우사를 배출해낸 로메로 가문의 투우사 외 론다가 배출한 투우사를 기념하는 박물관이 있다. 투우사들이 입었던 의상이나 사진, 포스터 등을 전시하고 있다.

주소 Paseo de Reding, 8
문의 952 874 132 운영 11~2월 10:00~18:00, 3·10월 10:00~19:00(4~9월은 ~20:00) 요금 박물관 8€

아랍 욕장
Baños Arabes

MAP p.333

이슬람 시대의 아랍인들의 목욕터

누에보 다리를 건너면 왼편으로 더 낡은 다리를 뜻하는 비에호 다리(Puente Viejo)가 위치해 있고, 비에호 다리보다 더 작은 다리인 아랍인의

다리 너머로 아랍인들이 목욕탕으로 사용했던 터가 남아 있다. 론다가 이슬람계 소왕국의 수도였던 14세기 무렵 지어진 것으로 현재는 아치의 모양만 남았다. 저온, 상온, 고온 등 세 종류의 탕과 냉탕, 사우나까지 있을 정도로 보존 상태가 좋다. 현재 남아 있는 아랍 욕장 중에서 규모가 제법 큰 편이다. 우물과 채광을 겸했던 별 모양의 환풍구 등을 살펴보자.

찾아가기 스페인 광장을 지나 비에호 다리 건너편에 위치
주소 Calle San Miguel
운영 월~금요일 10:00~18:00, 토·일요일 10:00~15:00
요금 3.50€

산타 마리아 라 마요르 성당
Iglesia de Santa María la Mayor

MAP p.333

론다의 수호 성인을 모시는 성당

15세기부터 16세기에 걸쳐 모스크가 있던 자리에 지어진 성당으로, 13세기의 철제 아치와 무데하르 양식의 탑을 개조해 만든 종루가 남아 있다. 내부에는 다양한 양식이 혼재되어 있는데 바로크 양식의 제단, 고딕 양식의 신랑, 플라테레스코 양식(15~16세기 스페인의 건축 양식, 장식벽을 분출해 풍부하게 장식)의 내진 등이 조화롭게 어우러져 있다.

찾아가기 스페인 광장에서 도보 10분
주소 Plaza Duquesa de Parcent
운영 월~토요일 10:00~19:00, 일요일 10:00~12:30, 14:00~19:00 요금 4€

론다 근교의 하얀 마을

대도시 위주의 관광에 지쳤거나 큰 볼거리보다는 스페인의 작은 마을을 산책하며 먹고 마시는 소소한 즐거움을 꿈꾼다면 론다 근교의 작은 마을을 돌아보자. 론다에서 1~2시간 거리에 로스 푸에블로스 블랑코스(Los Pueblos Blancos, 하얀 마을들)라고 이름 붙은 작은 도시들이 모여 있다. 작은 마을이라도 중심에 대성당과 광장이 있으며, 관광안내소에서 무료 지도를 얻을 수 있어 여행하는 데 어려움은 없다. 작은 시골 마을을 여행할 때는 버스보다는 렌터카를 이용할 것을 추천한다. 버스는 운행 시간과 횟수에 제약이 있기 때문이다. 렌터카는 그라나다 공항에서 빌릴 수 있다.

올베라
Olvera

아름다운 풍경을 간직한 마을

골목길을 따라 하얀 집들을 구경하며 올라가다 보면 마을 전체를 한눈에 내려다볼 수 있는 시청 앞 광장이 나온다. 시청 광장에서 계단을 따라 더 올라가면 올베라 성(Castillo de Olvera) 앞에서 마을 풍경을 감상할 수 있다. 낮 풍경 못지않게 해 질 녘의 풍경도 아름답다. 올베라의 관광 명소는 골목들에서 시작된다고 할 정도로 경사진 언덕을 올라갈수록 경치가 빼어나다.

찾아가기 말라가에서 버스가 월~금요일 1일 1편(18:30) 운행, 2시간 소요, 요금 편도 12.96€
버스 홈페이지 www.losamarillos.es

아르코스 데 라 프론테라
Arcos de la Frontera

마을 전체가 전망대

아랍인이 지은 건축물이 도시 곳곳에 남아 있으며, 마을 정면에는 과달레테 강(Río Guadalete)이 흐르고 마을을 받치고 있는 절벽 아래로 넓은 평원이 드리워져 있다. 카빌도 광장(Plaza del Cabildo)에 위치한 발콘 데 아르코스(Balcon de Arcos)에서 보는 전망이 가장 아름답다. 이 외에 아바데스 전망대(Mirador de Abades), 산 아구스틴 전망대(Mirador de San Agustin)도 놓치지 말자.

찾아가기 카디스에서 M950번 버스가 월~금요일 1일 4편(10:00, 11:45, 14:00, 18:00), 토요일 1일 3편(10:00, 18:30, 20:15), 일요일 1일 2편(10:00, 20:15) 운행, 1시간 소요, 요금 편도 5~10€
버스 홈페이지 www.cmtbc.es

알 아마 데 그라나다
Alhama de Granada

절벽과 협곡이 어우러진 마을

역사가 오래된 도시지만 기원은 정확하지 않다. 현재의 도시는 8세기에 이 지역을 지배했던 무어인들이 건설한 중세 도시에서 출발한다. 그라나다와 말라가 중간에 위치해 그라나다에서 가기 쉽다. 시내에서 얼마 떨어지지 않은 곳에 온천이 있어 온천 도시로도 알려져 있으며 무어인들이 세운 목욕탕 유적이 지금도 남아 있다. 론다와 비슷한 형태의 절벽, 협곡들이 도시를 아우르고 있고 2~3시간의 트레킹, 산책을 즐기며 도시를 감상하기에 더없이 좋다.

찾아가기 그라나다에서 버스가 1일 3편(11:45, 15:30, 18:00) 운행, 1시간~1시간 25분 소요, 요금 편도 5.89€
버스 홈페이지 www.alsa.es

셰리주와 플라멩코의 본고장

헤레스 데 라 프론테라
JEREZ DE LA FRONTERA

MADRID ●

JEREZ DE LA FRONTERA

인구 2만 명 정도의 작은 도시지만 수세기 동안 무역의 거점으로 자리 잡아온 '헤레스'는 와인 생산지로 유명하다. 도시 주변이 포도밭으로 둘러싸여 있고, 보데가(Bodega)라고 불리는 대규모 와인 양조장이 약 30군데나 있다. 셰리주는 헤레스 지역에서 생산되는 와인이다. 400여 년 전 헤레스 와인을 영국에 수출하기 위해 술통에 상표를 붙였는데, 헤레스(Jerez)라는 마을 이름을 영국인들이 영어식으로 발음하면서 셰리(Sherry)라는 이름이 탄생한 것이다. 헤레스 지방 특산 포도와 특수 누룩이 안달루시아의 온난한 기후와 만나 탄생한 도수 높은 와인이다. 매년 9월부터 10월에 헤레스 마을 축제가 열린다. 셰리주를 나눠 마시고 기마 행렬이 거리를 화려하게 장식하며 플라멩코 축제에서는 듣는 이의 마음을 사로잡는 혼의 노래가 울린다. 그 밖에 유럽 최고의 기술과 전통을 자랑하는 스페인 마장 기술의 원조격이라 할 수 있는 왕립 안달루시아 승마학교도 있다. 주 1회 승마쇼를 개최하는데, 전통 의상을 차려입은 기수들의 노련한 조종 아래 화려하게 장식한 말들이 우아한 춤을 추며 기량을 뽐낸다. 향기로운 술과 맛있는 음식, 플라멩코쇼와 승마쇼에 흠뻑 빠져보자.

ACCESS 가는 법

✈ **비행기**
바르셀로나에서 부엘링항공이 주 5회, 1일 1편 운항한다. 2시간 미만 소요.

🚆 **열차**
마드리드와 세비야에서 열차를 운항한다.
운행 시간 및 편도 요금 헤레스 데 라 프론테라→세비야
06:15~21:11 매시 운행, 1시간 15분 소요, 10€ 선
헤레스 데 라 프론테라→마드리드 06:15~19:41
1일 10편 운행, 4시간 소요, 평균 50€

레스 데 라 프론테라
erez de la Frontera

0   300m

왕립 안달루시아 승마 학교
Real Escuela Andaluza de Arte Ecuestre

셰리 파크

세비야 방향

라 아탈라야(시계 박물관)
Museo de los Relojes la ATALAYA

Sevila

투우장

마멜론 광장
Pl. Mamelón

Ancha

Lealtas

Ponce

Guadalete

Porvera

Chancilleria

Pl. San

안달루시아 플라멩코 센터
Centro Andaluz de Flamenco

산트 도밍고 성당
Sant Domingo

Tomeia

Bizcocheros

Mercado

Francos

Larga

Arcos

an Ildefonso

Medina

곤살레스 비아스 보데가 티오 페페 투어 P.337
Gonzales Byass Bodega Tio Pepe Tour

대성당
Cathedral

Pl. del Arenal

도냐 블랑카

기차역 방향

Manuel Maria Gonzalez

알카사르
Alcázar

산 미겔 성당
San Miguel

버스 터미널

카디스 방향

엘 코로스

Tip   코스타 데 라 루스
Costa de la Luz

스페인과 포르투갈의 접경 지역과 근접한 도시 우엘바(Huelva)를 시작으로 카디스를 거쳐 남쪽 타리파(Tarifa)까지 이어지는 해안을 코스타 데 라 루스, 즉 '빛의 해안'이라 부른다. 대서양을 마주한 해안 마을은 고운 모래와 높은 파도의 해수욕장이 이어지는 것이 특징. 특히 코닐 데 라 프론테라(Conil de la Frontera)는 지평선이 낮은 바다가 끝없이 펼쳐지고 해변 모래사장도 고와서 여름철이면 태닝과 수영, 서핑을 즐기려는 휴양객에게 인기가 많다. 로스 카노스 데 메카(Los Canos de Meca) 바닷가는 관광객이 드물어 조용히 바다 수영을 즐기고 싶을 때 찾으면 좋다. 그 외 관광객이 덜 붐비는 휴양지를 찾는다면 항구가 인접한 작은 마을인 바르바테(Barbate)와 타리파 등을 추천한다.

 추천 볼거리
SIGHTSEEING

곤살레스 비아스 보데가 티오 페페 투어 ★
Gonzales Byass Bodega Tio Pepe Tour

MAP p.337

셰리주는 와인을 증류하여 만든 브랜디를 와인에 첨가해 알코올 도수를 18~20% 정도로 높인 강화 와인이다. 주로 식전이나 식후 디저트 와인으로 마신다. 곤살레스 비아스에서는 티오 페페라 불리는 드라이 셰리주를 만들어낸다. 스페인 주요 보데가 외 카디스 등지에서 쉽게 볼 수 있는 티오 페페 보데가를 직접 투어할 수 있다. 홈페이지에서 사전 예약 후 방문 가능하다.

주소 Calle Manuel Maria Gonzalez, 12
문의 956 35 70 16
운영 월~토요일 6/1~10/31 12:00, 13:00, 14:00, 17:15,
11/1~5/31 12:00, 13:00, 14:00, 17:00,
일요일 12:00, 13:00, 14:00(영어 가이드 투어 1시간)
요금 15.50€(와인과 헤레스 제조 과정+와인 2잔, 와인과
타파스 추가 시 3€)
홈페이지 www.bodegastiopepe.com

모로코의 향기가 가득한 휴양 도시

타리파 TARIFA

MADRID ●

TARIFA

대서양과 지중해의 접점, 아프리카 대륙에서 불과 15km 거리에 있는 타리파. 빛의 해안이라 불리는 해변 휴양지 코스타 데 라 루스의 시작점이며, 지브롤터 해협을 사이에 두고 모로코와 마주 보고 있다. 1년 중 절반은 따뜻한 햇빛을 즐길 수 있으며 타리파 시내와 가까운 란세스 해안(Playa de los Lances)은 여름에는 휴양족들로, 가을과 겨울에는 해양 스포츠를 즐기는 서핑족들로 가득하다.

성벽에 둘러싸인 구시가는 흡사 아프리카의 모로코에 온 듯한 느낌을 준다. 모로코의 전통 재래시장인 수쿠와 흡사한 시장이 있으며, 광장, 10세기 무렵에 건설한 구스만 성(Castillo de Guzman) 등이 남아 있다. 모로코의 탕헤르나 세우타로 향하는 배들이 출항하는 타리파 항구(Puerto de Tarifa)도 시내에 있다. 1시간 남짓이면 아프리카 땅을 밟을 수 있는 타리파의 이국적인 분위기에 취해보자.

ACCESS 가는 법

🚌 **버스**

타리파에 갈 수 있는 유일한 교통편은 코메스(Comes) 회사의 버스다.

버스 홈페이지 www.tgcomes.es

타리파-주요 도시 간의 버스 운행 정보

출발지	운행 시간	소요 시간	요금
카디스	09:00	1시간 25분	편도 10€
세비야	09:30, 14:00, 17:00, 19:30	3시간~ 3시간 30분	편도 20€

스페인에서 모로코 다녀오기

스페인 최남단 항구에서 1시간 정도 배를 타면 아프리카 땅을 밟을 수 있다. 주로 알헤시라스(Algeciras)-세우타(Ceuta), 알헤시라스(Algeciras)-탕헤르(Tanger), 지브롤터(Gibraltar)-탕헤르(Tanger), 타리파(Tarifa)-탕헤르(Tanger) 구간을 운항하며 발레아리아(Balearia), 인터시핑(Intershipping)의 선박을 타게된다. 요금은 40~60€로 선박 회사와 출항 시간에 따라 달라진다. 지브롤터와 알헤시라스보다 타리파에서 배를 탈 것을 추천한다. 각 도시의 관광안내소에는 탕헤르 1일 투어, 2~3일 투어, 사하라 사막 투어 관련 안내 책자가 비치되어 있다.

여행 정보 www.directferries.es, www.ferries.es, www.clickferry.com

모로코의 대표 관광 도시

배를 타고 모로코로 들어갈 경우, 탕헤르에서 버스를 타고 2~3시간 거리의 파란 마을 셰프샤우엔(Chefchaouen)을 방문할 수 있다. 사하라 사막을 가길 원한다면 모로코 내륙 중심부의 도시 마라케시(Marrakech)에서 여행사 상품을 이용해 1박 2일, 2박 3일 투어를 신청할 수 있으며, 마라케시 근교 여행지로는 성과 바다가 아름다운 에사우이라(Essaouira)를 추천한다. 수도인 카사블랑카(Casa Blanca)와 페스(Fez), 라바트(Rabat), 메크네스(Meknes) 등이 대표적인 관광 도시. 모로코의 숨은 속살을 보고 싶다면 도시보다는 시골이나 외곽 도시로 여행을 가보자.

모로코의 숙소

아름다운 실내 정원과 연못, 모로코의 전통 등과 패브릭 장식들로 수놓은 침실, 대리석으로 만든 욕실 등과 화려한 아랍 장식을 그대로 사용한 전통 숙소를 리아드(Riad)라고 부른다. 마치 아랍 왕의 궁전에 들어온 듯 화려한 장식이 포인트. 모로코 물가를 생각하면 저렴하지 않지만 다른 유럽 국가 여행 시 호스텔 도미토리에 묵는 요금으로 왕궁에서 자는 듯한 기분을 마음껏 낼 수 있다. 호스텔이나 일반 호텔보다 리아드에서 하룻밤을 보낼 것을 추천한다.

옛 번영을 간직한 도시
코르도바 CORDOBA

MADRID●

CORDOBA●

기원전 로마 식민지 시절부터 안달루시아의 중심지이자 로마 문화의 중심지였으며 10세기에는 이슬람 왕국의 중심지로 발전을 거듭한 코르도바. 현재는 세비야와 그라나다에 밀려 조용한 소도시로 남아 있지만 오늘날에도 도시 곳곳에서는 당시의 번영을 충분히 가늠해볼 수 있는 볼거리가 많다.

711년 이베리아 반도에 침공한 이슬람교도들은 점령한 토지를 알 안달루스(Al-Andalus, 게르만족의 일파인 반달족이 건너온 땅이란 의미)라 부르고, 756년 아브드 알라흐만 1세 때 수도를 코르도바로 정한 후 알 안달루스 왕국은 발전을 거듭해 나갔다.

10세기에 코르도바는 인구가 50만 명으로 늘어나고 유럽과 북아프리카 이슬람 왕국의 중심지로 떠오르며 동로마 제국의 수도였던 콘스탄티노플과 더불어 유럽 최대의 도시로 성장했다. 전성기에는 이슬람 사원이 700여 개, 병원이 50개, 대학이 7개에 이르고 도서관 또한 70개가 넘는 학문의 도시이기도 했다.

중세 시대, 유럽의 암흑기에 이슬람교가 전파되고 고대 그리스와 로마의 문헌이 아랍어로 번역

되어 들어오면서 황금기를 맞은 코르도바로 유럽 각지에서 학문을 배우고자 하는 학생들이 몰려든다. 이들을 수용하고자 모스크 안에 스페인 최초의 교육기관인 마드라사를 설립한다.

결국 이곳에서 시작된 학문의 씨앗이 11~13세기에 라틴어로 번역되면서 아리스토텔레스나 다른 철학자의 업적을 후세에 전할 수 있게 되었다. 레콩키스타 후 코르도바는 쇠퇴, 1031년 코르도바 왕국은 끝내 멸망하지만 지금까지 이슬람교, 가톨릭교, 유대교가 뿌리 내린 문화의 흔적들이 공존하고 있다.

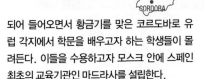

코르도바 둘러보기

메스키타를 중심으로 대부분의 관광 명소를 도보로 돌아볼 수 있다. 메스키타를 돌아보고 근처에 위치해 있는 유대인 거리를 골목골목 구경하자. 메스키타에서 강을 따라 걸어가면 포트로 광장이라는 작은 광장이 나오고 아름다운 집들을 볼 수 있다. 강을 따라 로마 다리를 건너 산책하기에도 좋다.

열차

마드리드와 세비야, 말라가, 그라나다 등지에서 열차를 이용해 갈 수 있다. 코르도바역에서 시나고가와 이슬람 사원이 위치한 구시가 중심까지 도보로 약 15분 소요. 공원을 따라 시내 중심지까지 걸어가면 된다.

코르도바-주요 도시 간의 열차 운행 정보

출발지	열차 종류	운행 시간	소요 시간	편도 요금
마드리드	아베(AVE), 아베시티(AV City), 알비아(ALVIA)	07:00~21:25, 30분 간격	1시간 42분~2시간 7분	30~60€
세비야	아베(AVE), 일반	1일 30편	45분~1시간 18	13~30€
말라가	아베(AVE)	06:20~20:15, 1일 15편	1시간	24~27€
그라나다	일반	06:45, 18:50	1시간 55분~2시간 40분	23~40€

 버스

세비야와 말라가 등 안달루시아 지방에서 코르도바까지는 버스를 이용하는 게 편리하다.

코르도바-주요 도시 간의 버스 운행 정보

출발지	운행 시간	소요 시간	편도 요금	버스 홈페이지
세비야	1일 7편	2시간	12€~	www.alsa.com
말라가	1일 4편	2시간 15분~4시간	5~11€~	

 추천 볼거리 SIGHTSEEING

유대인 마을 ★★★
La Judería

MAP p.342-C

코르도바의 하얀 골목

알 안달루시아 왕국은 자유롭게 개방된 나라여서 기원후 73년 팔레스타인에서 쫓겨나 여러 나라를 떠돌던 유대인이 정착하기 좋았다. 유대인은 부지런히 노력하여 재물을 관리하거나 번역이나 통역을 하며 소위 지식인 계급에 들어가게 된다. 하지만 가톨릭교가 전파되어 612년 반유대인 칙령이 내리면서 가톨릭으로 개종하지 않은 유대인은 추방당하기 시작했고 700년 무렵에는 극심한 박해에 시달린다. 이때 코르도바 왕국이 들어서면서 신앙의 자유를 허락하는 이슬람교가 유대인을 인정하기 시작하자 유대인들은 왕국의 전성기를 이루는데 큰 역할을 한다. 고대 그리스, 로마의 고전을 번역해 이베리아 반도에 소개하고 금융시장에서 핵심적인 역할을 하며 많은

유대인들이 코르도바에 정착한다. 하지만 인정을 받았던 유대인들은 레콩키스타 후 1492년 코르도바를 떠나게 된다.

코르도바에는 당시 유대인이 많이 모여 살았던 유대 중심 지구가 고스란히 남아 있다. 아름다운 정원을 품은 파티오와 벽면 가득 화려한 꽃으로 장식한 꽃의 거리(Calleja de las Flores), 유대인 교회였던 시나고가(Sinagoga), 전형적인 안달루시아의 집(Casa Andalucia) 등에서 전성기의 유대인 거주지를 회상해 볼 수 있다.

코르도바
Córdoba

0   200m

파라도르 데
코르도바 방향
버스
터미널
기차역
Estación RENFE

Av. de América

↑ 산타 마리나 성당
Ig. de Santa Marina

콜론 광장
Plaza de Colón

마놀레테 상
Monumento a Manolete

등불의 그리스도 상
El Cristo de los Faroles

비아나 궁전
Palacio de los Marquése de Vi

농업 공원
Jardines de la Agricultura

Ronada de los Tejares

Av. del Gran Capitán

C. Conde

A

디에고 데 리바스 공원
Jardines Diego se Rivas

↑ 산타 마르타 성당
Ig. de Santa Marta

Av. Medina Azahara

산 니콜라스 데 라 비야 성당
Ig. de San Nicolás de la Villa

↑ 산 미겔 성당
Ig. de San Miguel

B

산 안드레스 성당
Ig. de San Andrés

Av. de la República

Paseo de la Victoria

C. Gondomar

텐디야스 광장
Pl. de las Tendillas

C. Claudio Marcelo

시청사
Ayuntamiento

빅토리아 공원
Jardines de la Victoria

Av. Antonio Maura

C. Ambrosio Morales

C. San Fernando

고고학 박물관
Museo Arqueológico

코레데라 광장
Pl. de la Corredera

훌리오 로메로 데 토레스 미술관
Museo Julio Romero de Torres

투우 박물관
Museo Taurino

P.341 유대인 마을
La Judería

꽃의 골목
Calleja de las Flores

포트로 광장
Pl. del Potro

시나고가(유대인 교회)
Sinagoga

C. Rey Heredia Cabederos

코르도바 미술관
Museo de Bellas Artes

마에스트레

아미스타드

마리사

마드리드

후다 레비 광장
Pl. de Judá Leví

메스키타 P.343
Mezquita

C. Cardenal Gonzalez

Ronda de Isasa

Río Guadalquivir

C. D. Fleming

엘 트리운포

로마 다리
Puente Romano

C. Salto Cristo

N

C

알카사르 P.343
Alcázar

Av. del Conde de Valelaino

Av. del Alcázar

D

칼라오라 탑
Torre de la Calahorra

산타 테레사 광장
Pl. Santa Teresa

알카사르 거리

과달기비르 강

알카사르 정원
Jardines del Alcázar

안달루시아에 유대인 마을이 남아 있는 이유?

기원후 73년까지 저항하다가 로마군에 패배한 유대인들은 대부분 이스라엘 땅에서
쫓겨나 세계 각지로 흩어졌고, 이방인에게 비교적 관대했던 이베리아
반도와 동유럽으로 흘러들어가 살게 된다. 유대인들이 모여 살던 공동체를
가리켜 디아스포라(Diaspora)라고 한다. 당시 이베리아 반도를 지배했던
이슬람교도들은 가톨릭을 믿는 이베리아인들과 유대교를 믿는 유대인들의
종교를 인정하고 개종을 강요하지는 않았다. 단, 이슬람으로 개종하면
사회적인 혜택을 주었다. 덕분에 유대인들은 유대인 거리를 형성하며 시나고가(Sinagoga,
유대인 성전)를 세우고 안달루시아 곳곳에 뿌리를 내려 살기 시작한다. 이슬람이 지배할 당시의
이베리아 반도는 가톨릭교, 이슬람교, 유대교가 평화롭게 공존했던 시대이기도 했다.

메스키타
Mezquita ★★

MAP p.342-D

이슬람교와 가톨릭교가 혼재하는 사원

후기 우마이야 왕조를 세운 아브드 알라흐만 1세가 바그다드의 이슬람 사원에 뒤지지 않는 규모의 사원을 만들 목적으로 785년에 건설하기 시작했다.

그 후 여러 차례 확장 공사를 거쳐 987년 2만 5000여 명의 신자를 한꺼번에 수용할 수 있는 규모로 완성한다. 지금까지 남아 있는 단일 회교 사원으로는 세계에서 가장 큰 규모를 자랑한다. 모두 1293개의 기둥을 세웠는데 현재 남아 있는 것은 856개가 전부이다. 당시 이슬람교도들은 기도를 올리기 전, 오렌지 정원(Patio de los Naranjos)에 있는 연못에서 몸을 정갈히 씻고 예배당으로 들어갔는데 지금은 그 흔적을 찾아볼 수 없다. 사원에서 가장 오래된 부분인 종려의 문(Puerta de las Palmas)은 건물의 중량을 분산시키고 천장을 더욱 높이 만들기 위해 2층 아치 구조를 택했다. 아치의 문양은 칠을 한 것처럼 보이지만 백색돌과 적색 돌을 틈 하나 없이 완벽하게 짜 맞춰 완성한 것이다. 페르난도가 코르도바를 점령했을 때 메스키타의 일부를 허물었으며 현재 사원 한가운데에는 당시 왕이었던 카를 5세를 설득하여 지은 가톨릭 대성당이 있다. 완공 후 카를 5세 왕은 '어디에도 없는 것을 부수고 어디에나 있는 것을 지었다'며 한탄했다고 한다. 하지만 결국 이슬람 사원 안에 가톨릭교도들의 성당이 있다는 점, 이슬람 문화와 가톨릭 문화가 혼재하고 있다는 점에서 코르도바의 이슬람 사원(스페인어로 '메스키타')은 어느 곳에서도 볼 수 없는 독특한 건축물이 되었다.

찾아가기 로마 다리 앞에서 도보 2분
주소 Calle del Cardenal Herrero, 1
문의 957 47 05 12 운영 월~토요일 10:00~18:00,
일요일 09:00~10:30, 14:00~18:00 요금 일반 10€

알카사르
Alcázar de los Reyes Cristianos ★★

MAP p.342-C

가톨릭 부부 왕이 거주했던 성

1328년 알폰소 11세가 세웠으며 가톨릭 부부 왕이 거처했던 궁전을 겸한 요새이다. 스페인 각지에서 알카사르를 많이 볼 수 있는데 732년부터 8세기 동안 이슬람 지배 이후 가톨릭교도들이 축조한 것 또는 이슬람교도들이 가톨릭교도들을 방어하기 위해 지은 것들로 나뉜다. 코르도바의 알카사르는 가톨릭교도들이 이슬람교도들을 몰아내기 위해 축조한 것으로 레콩키스타 당시에는 이사벨 여왕과 페르난도 왕이 거주하던 성이자 요새로 쓰였다. 그 후 1490년부터 1821년까지 약 400년간 가톨릭 이단자들을 심문하는 장소로 사용되기도 했다. 현재 내부에는 로마 시대의 석관과 아름다운 정원, 분수가 있는 파티오 등이 남아 있으며 가톨릭 부부 왕의 조각상도 감상할 수 있다.

찾아가기 메스키타에서 도보 5분
주소 Calle Caballerizas Reales, s/n
문의 957 42 01 51
운영 9/16~6/15 화~금요일 08:30~20:15,
토요일 08:30~16:30, 일요일 08:30~14:00,
6/16~9/15 08:30~15:00, 일요일 08:30~14:00
휴무 월요일
요금 일반 4.50€, 학생 2.25€

스페인 북부
NORTE DE ESPAÑA

스페인 북부는 여행객들에게 아직 미지의 땅과도 같다. 순례자의 길 덕분에 산티아고 데 콤포스텔라가 조명을 받았고, 구겐하임 빌바오 미술관의 명성 덕분에 빌바오가 친숙하며, 분자 요리의 대가인 페란 아드리아가 일으킨 미식 혁명 덕분에 미슐랭 톱 셰프의 레스토랑이 많은 산 세바스티안이 이제 조금씩 국내 여행객들 사이에 알려지고 있다. 넓게 펼쳐진 산과 평야, 대서양을 끼고 있는 수많은 해안 도시와 그곳을 감싸고 있는 작은 마을은 유럽의 어느 도시 못지않은 매력을 뽐낸다. 스페인을 두 번째 방문하는 여행자라면 북쪽 지방의 소도시로의 여행을 추천하고 싶다.

INTRO
스페인 북부 이해하기

스페인 북부의
각 주 경계

스페인 북부 지방은 대서양과 면하고 산림이 우거진 국립공원이 있어 천혜의 자연환경을 자랑하는 관광 도시가 많다. 또한 상공업이 발달해 스페인 근대화의 원동력이 된 신도시들 사이에 작은 항구를 낀 어업 도시들이 어우러져 다른 지방에서는 찾아볼 수 없는 색다른 면모를 발견할 수 있다. 기후에 영향을 받은 가옥 형태와 식생활, 습관 등이 주별로 또렷하게 나뉜다. 갈리시아의 언어 가예고(Gallego)와 파이스 바스크의 언어 에우스케라(Euskera)와 같이 독자적인 언어를 사용해 스페인 타 지역과는 다른 생활 방식을 보여주는 도시들도 상당수다. 아스투리아스 주와 칸타브리아 주는 현지인들이 선호하는 여름 휴양지이며, 갈리시아 주와 바스크 지방은 볼거리와 먹을거리가 풍부해 이미 오래전부터 북유럽과 영국인들이 즐겨 찾은 관광지이다.

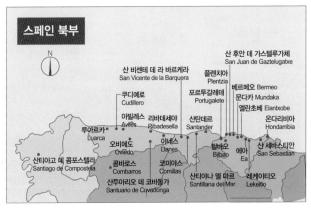

스페인 북부

N

산 후안 데 가스텔루가체
San Juan de Gaztelugatxe

산 비센테 데 라 바르케라
San Vicente de la Barquera

플렌치아
Plentzia

베르메오 Bermeo

쿠디예로
Cudillero

포르투갈레테
Portugalete

문다카 Mundaka

아빌레스
Avilés

리바데세야
Ribadesella

산탄데르
Santander

엘란초베 Elantxobe

루아르카
Luarca

온다리비아
Hondarribia

오비에도
Oviedo

야네스
Llanes

빌바오
Bilbao

에아
Ea

산 세바스티안
San Sebastian

산티아고 데 콤포스텔라
Santiago de Compostela

콤바로스
Combarros

코미야스
Comillas

산티야나 델 마르
Santillana del Mar

레케이티오
Lekeitio

산투아리오 데 코바동가
Santuario de Covadonga

대서양 연안의 아름다운 항구 도시들

아스투리아스 주의 쿠디예로(Cudillero), 야네스(Llanes), 루아르카 (Luarca) 등은 유럽에서 손꼽히는 아름다운 어촌 마을로 독특한 매력을 뽐낸다. 칸타브리아 주의 산탄데르에서 바스크 지방의 산 세 바스티안에 이르는 해안선은 아름다운 비경을 자랑한다. 특히 바스크 지방의 빌바오를 방문한다면 일정을 넉넉하게 잡고 엘란초베 (Elantxobe), 플렌치아(Plentzia), 레케이티오(Lekeitio), 문다카 (Mundaka) 등 근교 도시에 가볼 것을 추천한다. 아기자기하고 평화로운 시골 마을 풍경을 감상할 수 있다. 최근에는 산 세바스티안이 미슐랭 스타 셰프의 레스토랑이 집중된 미식의 고향으로 새롭게 조명받고 있다. 산 세바스티안의 구시가에서 새로운 스타일의 핀초를 맛보거나 미슐랭 톱 스타 셰프들이 요리하는 레스토랑을 찾아가보자. 단, 유명해진 만큼 3~4개월 전 예약은 필수다.

북쪽 지방의 교통편

스페인 북쪽 지방 여행을 계획한다면 순례자의 길로 유명한 산티아고 데 콤포스텔라가 속한 갈리시아 주, 우디 앨런이 사랑한 도시 아스투리아스 주, 스페인 왕족들의 별장이 모여 있는 산탄데르를 포함한 칸타브리아 주, 북쪽의 타파스라 일컫는 핀초의 고장 바스크 주 중에서 한두 곳을 선택하자. 동쪽 끝인 갈리시아 주부터 서쪽 끝인 바스크 주까지 해안선을 따라 구불거리는 도로가 많고 주행 시간이 길기 때문에 하루에 한두 도시를 여행하는 게 적당하다. 열차와 버스 등 대중교통편은 배차 간격이 길기 때문에 여러 도시들을 여행할 때는 렌터카를 이용하길 권한다. 갈리시아 주는 비고(Vigo), 아 코루냐(A Coruña), 산티아고(Santiago)에 공항이 있어 바르셀로나와 마드리드 외 유럽의 주요 도시와 연결된다. 아스투리아스 주의 아스투리아

환상의 일주일, 스페인 북부 여행 추천 루트

1. 아스투리아스와 칸타브리아 주의 소도시 여행

아스투리아스 공항 IN ----> 오비에도 ----> 아스투리아스의 소도시들(쿠디예로, 야네스, 루아르카) ----> 코미야스

산티야나 델 마르 ----> 산탄데르 공항 OUT

※소도시들은 보통 3~4시간이면 충분히 여행할 수 있는 곳이 많기 때문에 버스 배차 간격을 고려해 세부 일정을 짜는 것이 좋다.

2. 스페인 북부의 주요 대도시 여행

산 세바스티안 공항 IN ----> 빌바오 ----> 산탄데르

----> 오비에도 ----> 아스투리아스 공항 OUT

※각 도시 간 거리가 꽤 멀지만 고속도로가 잘 연결돼 있어 이동 시간은 비교적 짧다.

3. 바스크 지방에서 먹고 마시고 즐기는 미식 여행

빌바오 IN ----> 빌바오 근교 도시 ----> 베르메오 ----> 문다카

레케이티오 ----> 산 세바스티안 ----> 온다리비아 ----> 산 세바스티안 공항 OUT

4. 북부의 자연환경과 문화·음식 체험 여행

산티아고 데 콤포스텔라 공항 IN ----> 피니스테레 (Finisterre) ----> 아 코루냐 (A Coruña) ----> 오비에도

----> 아빌레스 ----> 아스투리아스 공항 OUT

5. 스페인 제일의 국립공원 방문과 가벼운 트레킹 여행

오비에도, 아스투리아스 공항 IN ----> 산투아리오 데 코바동가 ----> 코바동가의 호수(안내센터에서 피코스 데 에우로파 국립공원의 트레킹 상세 코스 지도 배포) ----> 산탄데르 공항 OUT

스(Asturias) 공항은 오비에도, 근교 마을인 아빌레스와 가까이 위치해 있다. 칸타브리아 주에는 산탄데르(Santander) 공항이 있으며, 바스크 주에는 빌바오와 산 세바스티안에 공항이 있다. 바르셀로나와 마드리드 등 주요 도시에서 비행기를 타고 북쪽으로 이동할 경우에는 출발지와 도착지를 달리 정하는 게 좋다. 예를 들어 산 세바스티안 공항으로 들어가 바스크 지방을 여행한 후 칸타브리아 주로 이동해 산탄데르 공항에서 떠날 것을 추천한다.

북부 지방의 기후

프랑스와 국경을 이루는 피레네 산맥의 남서쪽에 위치한 스페인 북부 지방은 햇빛이 뜨겁게 내리쬐는 남부 지방과 달리 사계절 내내 비가 많이 내려 습하고 녹음이 무성하며 여름에도 시원하다. 이 때문에 북부는 여름철 휴가지로 더할 나위 없이 좋다. 낮에는 따뜻하지만 밤에는 서늘한 기후 덕에 가벼운 재킷을 걸쳐야 할 때도 있다. 반면 겨울에는 그다지 춥지 않고 비가 오지 않는 날에는 햇살이 퍼져 기후가 온화하다. 갈리시아와 칸타브리아, 파이스 바스크 주 내륙으로 들어가면 기온 차가 심할 수도 있다.

북부 지방의 요리

북부는 스페인에서도 요리가 맛있기로 유명하다. 바게트 빵 위에 한 입거리의 재료를 올려 먹는 핀초의 본고장이기도 하다. 안달루시아 지방에 타파스가 있다면 북쪽에는 핀초가 있다고 말할 정도다. 갈리시아 지방의 문어 요리인 풀포(Pulpo), 채소와 생선, 참치 등을 넣은 파이인 엠파나다 데 가예가(Empanada de Gallega)는 갈리시아의 대표 음식으로 스페인 다른 지역에서도 종종 맛볼 수 있다. 아스투리아스는 쇠고기가 유명하며 어느 곳에서나 전통주인 시드라(사과주)를 마실 수 있다. 특히 바스크 지방은 핀초 요리가 발달했는데, 여러 바르를 돌아다니면서 핀초와 술을 한잔씩 곁들이며 밤을 즐기는 사람들이 많다. 바스크 지방의 산 세바스티안은 음식 업계에서 가장 주목하는 도시로 미슐랭 스타 레스토랑들이 곳곳에 산재해 있다. 이미 국내에도 많이 알려진 마르틴 베라사테기(Martín Berasategui), 아케라레(Akeláre), 아르작(Arzak) 레스토랑이 선두를 달리고 있으며, 무가리츠(Mugaritz) 등이 그 뒤를 잇고 있다. 산 세바스티안 여행에서는 단순히 미슐랭 레스토랑의 요리가 아닌 예술을 맛보는 기회를 놓치지 말자.

성지 순례의 종착지

산티아고 데 콤포스텔라
SANTIAGO DE COMPOSTELA

SANTIAGO DE COMPOSTELA
MADRID

9세기에 성 야고보의 무덤이 발견되었다고 전해져 세계 3대 그리스도교의 성지로서 매년 수많은 순례자들이 찾는 도시. 도시 전체가 하나의 거대한 박물관처럼 느껴지는 이유는 대부분의 건물이 12~18세기에 지어졌기 때문이다. 오랜 세월의 흔적을 덧입은 성당과 신학교, 수도원 등은 거대한 장벽을 이루며 산티아고 데 콤포스텔라를 감싸고 있다. 구시가 전체가 유네스코 세계문화유산에 등재되었다. 산티아고 데 콤포스텔라 여행의 하이라이트는 무엇보다 시간을 거꾸로 돌려놓은 듯한 아름다운 골목 산책에 있다. 대성당 주변을 걷다가 마음에 드는 레스토랑에서 갈리시아 전통 음식을 맛보는 것도 좋다. 북부는 특히 비가 자주 오는데, 비 내리는 산티아고 데 콤포스텔라의 모습은 한 편의 흑백 영화를 보는 것 같은 분위기를 선사한다. 여유롭게 골목골목을 거닐며 도시를 느껴보자.

ACCESS 가는 법

비행기
바르셀로나, 마드리드에서 부엘링항공, 라이언에어 등의 저가 항공을 이용하면 1시간 20분~45분 정도 걸린다. 공항에서 산티아고 데 콤포스텔라 시내 중심인 갈리시아 광장까지는 공항버스가 오전 7시부터 오후 11시 30분까지 30분 간격으로 운행한다. 약 30분 걸리며 요금은 편도 3€, 왕복 5.10€.

버스
마드리드 남부 버스 터미널에서 알사(Alsa) 버스로 6~10시간가량 걸린다. 1일 7편 운행하며 요금은 약 50€. 자정에 출발, 새벽에 도착하는 버스는 요금이 20€ 이하로 저렴하다.

TRANSPORTATION 시내 교통

공항에서 버스를 타면 시내 중심인 킨타나 광장에 도착한다. 볼거리는 대성당을 위주로 구시가에 모여 있어 도보로 돌아보면 충분하다. 주변 도시나 갈리시아 미술관 & 도서관으로 이동할 때만 시내 곳곳에 정차하는 버스를 이용하는 게 편리하다.

산티아고 데 콤포스텔라 둘러보기

공항에서 칸타나 광장까지 버스를 타고 이동하며 시내에서는 튼튼한 두 다리만 있으면 된다. 대성당 앞을 기점으로 시내 관광을 시작하자. 성당 규모가 크기 때문에 건물을 한 바퀴 도는 사이 작은 골목들과 광장, 성당으로 들어가는 옆문과 후문 등을 자연스레 둘러볼 수 있다. 시내 전망을 조망할 수 있는 알라메다 공원은 산책 겸 꼭 들르도록 하자. 작은 성벽에 둘러싸여 있는 산티아고 시내 골목골목을 감상 후 시내를 벗어나 갈리시아 미술관 & 도서관도 방문해 보자.

추천 볼거리
SIGHTSEEING

알라메다 공원
Parque de Alameda
★★★

MAP p.351

대성당과 구시가의 전경을 한눈에

공원 입구 정면으로 들어가 페라두라 산책길(Paseo da Ferradura)을 따라 걷다 보면 대성당과 구시가의 전경이 푸른 수목 사이로 보인다. 언덕 위에는 19세기 갈리시아 지역의 로맨틱 소설가이자 시인이었던 로살리아 데 카스트로(Rosalía de Castro)의 동상이 서있다.

찾아가기 대성당에서 도보 15~20분
주소 Paseo Central de Alameda, s/n

산티아고 데 콤포스텔라
Santiago de Compostela

0 200m

N

시청
Ayuntamiento
산 마르틴 피나리오 수도원
Monasterio de
San Martín Pinario
카사 마놀로 P.353
대성당 P.352
Cathedral
오브라도이로 광장
Plaza do Obradoiro
킨타나 광장 P.351
Plaza da Quintana
레스토란테
트레볼 P.353
알라메다 공원 P.351
Parque de Alameda
갈리시아 광장
Plaza de Galicia
록사 광장
Plaza Roxa
기차역
갈리시아 미술관
& 도서관 P.353 방향

Rúa des Rodas
Rúa das Galeras
Rúa das Hortas
Rúa do Pombal
Rúa de Franco
Rúa de Xelmírez
Rúa Nova
Rúa do Horreo
Rúa da Viñe da Cerca
Rúa des Trompas
Rúa do Castrón Douro
Avenida de Xoán Carlos I
Rúa de Montero
Avenida de Lugo
Rúa de República Arxentina
Avenida de Romero Donallo

버스 터미널

킨타나 광장
Praza da Quintana
★★★

MAP p.351

면죄의 문을 향한 광장

대성당 주변에는 크고 작은 광장들이 4개 정도 모여 있다. 그중에서 가장 큰 광장은 대성당 정면의 오브라도이로 광장(Praza do Obradoiro)으로 유서 깊은 건물들이 에워싸고 있다. 대성당 뒤편에 있는 킨타나 광장은 작은 정원으로 꾸며져 있으며 대성당의 면죄의 문(Puerta de Perdón)을 향해 있다. 면죄의 문은 1611년 페르난데스 레추가(Fernández

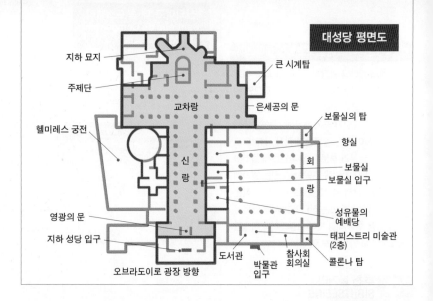

대성당 평면도

지하 묘지
주제단
큰 시계탑
교차랑
은세공의 문
보물실의 탑
헬미레스 궁전
향실
신랑
회
보물실
보물실 입구
랑
성유물의 예배당
영광의 문
태피스트리 미술관 (2층)
지하 성당 입구
참사회 회의실
콜론나 탑
오브라도이로 광장 방향
도서관
박물관 입구

Lechuga)가 제작했으며 명장 마테오가 만든 예언자상으로 장식되어 있다. 킨타나 광장 주변에는 구시가의 거리 풍경과 집들을 구경할 수 있는 좁은 골목들이 펼쳐진다.

찾아가기 대성당에서 도보 2분

대성당 ★★★
Cathedral

MAP p.351

중후한 분위기의 대성당

9세기 무렵에 발견된 성 야고보의 묘 위에 지어진 교회가 여러 차례 증·개축을 통해 대성당으로 재탄생했다. 로마네스크의 걸작으로 불리는 성당 외관은 16세기부터 17세기에 걸쳐 바로크 양식으로 개조되었다. 건축가이자 조각가인 마테오가 1168년부터 20여 년 동안 건축했다. 대성당의 정면 입구로 들어가면 영광의 문이 나온다. 그 문을 통과해 들어가면 주 제단이 있고, 화

려한 장식으로 에워싼 황금빛의 성 야고보 동상이 놓여 있다. 순례자들은 동상 앞 기둥에 손을 대고 순례가 무사히 끝난 것에 대해 감사 기도를 드린다. 제단 밑은 지하 묘소로 성 야고보와 그의 두 제자를 안치했다. 또한 은세공의 문(Puerta de Las Platerias)으로 나가면 성서의 이야기를 소재로 한 아름다운 조각이 새겨져 있다. 그 외 향실, 보물실, 성유물의 예배당, 도서관들이 줄지어 자리 잡고 있으며, 별도의 입장료를 내야 하는 박물관과 미술관도 있다.

찾아가기 킨타나 광장에서 도보 2분
주소 Praza do Obradoiro, s/n 문의 981 58 35 48
운영 매일 대성당 07:00~20:30, 박물관 매일 09:00~20:00(11~3월은 10:00~), 미사 월~토요일 09:00~12:00(순례자를 위한 미사), 19:30, 일요일 10:00, 12:00(순례자를 위한 미사) 13:15, 18:00, 19:30
요금 12€(성당 내 모든 미술관·박물관 포함)
홈페이지 www.catedraldesantiago.es

Plus info 산티아고 데 콤포스텔라의
새로운 문화공간

갈리시아 지방의 새로운 문화 흐름을
조성하겠다는 취지로 2013년 갈리시아 미술관 &
도서관(Cidade da Cultura de Galicia)을
개관했다. 미래지향적인 현대식 건물이 다른 유서
깊은 건물들과 대조를 이루어 눈에 띈다. 미술관과
도서관 외에도 전시, 콘서트, 연극 등 문화 교류를
위한 다양한 공간을 갖추고 있다. 여름이면 야외
콘서트와 축제 등 즐길 거리가 풍부하므로 방문
전에 미리 체크해 보자.

찾아가기 9번 버스 월~금요일 07:30~22:30,
토요일 08:30~13:30 1시간 간격으로 운행,
C11번 버스 토요일 17:30~20:00, 일요일·공휴일
10:40, 13:45, 17:25, 20:05 운행
주소 Monte Gaias, s/n
문의 881 99 75 65
운영 매일 08:00~23:00
요금 대부분 무료(미술관은 전시와 공연에 따라 10€ 선)
홈페이지 www.cidadedacultura.org

미술관 Museo Centro Gaiás
문의 881 99 51 72
운영 화~일요일 10:00~20:00 휴무 월요일

도서관 Biblioteca e Arquivo de Galicia
문의 881 99 75 86
운영 매일 08:00~20:00

추천 레스토랑

카사 마놀로 Casa Manolo
MAP p.351

저렴하고 맛있는 인기 맛집

음식 값이 비교적
비싼 산티아고 데
콤포스텔라에서 현
지인들과 순례자
들에게 저렴한 가
격에 푸짐하고 맛
있는 음식을 선보
여 수십 년간 사랑
받고 있는 레스토랑. 점심 세트메뉴를 9€에 제
공하며, 첫 번째 코스에는 약 12개의 타파스를
준비해놓아 골라 먹을 수 있다. 대부분 정통 갈
리시아 요리를 취급하며, 붐비는 식사 시간에
는 식당 밖으로 줄이 길게 늘어서 있다. 실내 인
테리어도 깔끔하다.

찾아가기 대성당에서 도보 5분
주소 Plaza de Cervantes 문의 981 58 29 50
영업 13:00~16:00, 19:30~11:30
(월요일은 오후에만 영업)
예산 점심 세트메뉴 10€
홈페이지 www.casamanolo.es

레스토란테 트레볼 Restaurante Trebol
MAP p.351

순례자들의 마지막 성지

순례를 마친 여행자들이 신선하고 맛있는 해산
물과 고기로 기력을 보충하기 위해 찾는 집으로
알려져 있다. 게, 문어, 가리비, 조개 외에도 양
고기, 소고기 요리도 있으며 갈리시아산 재료
로 만들어 신선한 맛이 일품이다. 시내 중앙에
위치해 내부도 깔끔한 편이다.

찾아가기 대성당에서 도보 10분 주소 Rúa da Raíña, 16
문의 697 69 48 13
영업 목~화요일 13:00~17:00, 20:00~23:00
휴무 수요일 예산 1인 30€

SPECIAL THEME

성지 순례의 길
카미노 데 산티아고
Camino de Santiago

산티아고 데 콤포스텔라로 향하는 길
성지 순례자들의 최종 목적지인 산티아고 데 콤포스텔라를 향해 걷는 길을 '카미노 데 산티아고'라고 한다. 카미노 데 산티아고의 루트는 출발지와 거리에 따라 다양하게 나뉜다. 현재도 새로운 루트가 계속 추가되고 있으며 가장 일반적이면서도 오래된 루트는 피레네 산맥을 넘어 오는 카미노 프란세스(Camino Francés). 약 775km의 거리를 하루에 22~28km씩 걸으면 약 30일 만에 도착한다.

성 야고보의 흔적을 찾아서
산티아고 데 콤포스텔라와 관련된 전설은 무궁무진하다. 그중 가장 유명한 것을 소개한다. 예수의 12제자 중 한 명인 성 야고보는 예수 생전에 하느님의 복음을 더 널리 전파하겠다는 사명을 띠고 스페인 북부 갈리시아 지방으로 전도 여행을 떠난다. 약 7년간의 전도를 마치고 예루살렘으로 돌아오나 헤롯 왕에게 참수를 당하여 예수의 12제자 중 첫 번째 순교자가 된다. 제자들은 그의 유골을 스페인 북부 지방에 묻는다.
오랜 세월이 지나 813년 한 수도사가 별빛의 인도를 받아 야고보의 유골과 부장물을 발견하고

주교로부터 야고보와 그의 두 제자라는 인증을 받는다. 유골이 발견된 자리는 산티아고(성 야고보의 스페인어 이름)와 콤포스텔라(별들의 들판이라는 뜻)를 붙여 '산티아고 데 콤포스텔라'라는 지명으로 부르게 되었다. 이후 예루살렘, 로마와 함께 그리스도교의 3대 성지로 손꼽는다.

역대 왕들이 보호한 순례의 길
성 야고보의 묘가 발견된 9세기는 이슬람교도에 대항하는 그리스도교 성자들이 레콩키스타를 막 벌이면서 정신적 지주가 필요하던 시기였다. 이런 상황에서 그리스도교 영토였던 갈리시아에서 성 야고보의 묘가 발견되자 역대 아스투리아스 지방의 왕들은 보존에 신경을 쓰며 산티아고 데 콤포스텔라로 향하는 길을 잘 정비해 곧 유럽 각지에서 순례자들이 모여들게 되었다.
전성기였던 12세기에는 연간 약 50만 명의 순례자들이 카미노 데 산티아고 길을 지나갔으며 오늘날에도 전 세계의 사람들이 그 길을 걷기 위해 모여들고 있다. 38세의 파울로 코엘료도 자신의 첫 작품 〈순례자〉에서 밝혔듯이 카미노 데 산티아고를 통해 인생의 전환점을 맞아 작가의 길을 선택했다고 한다.

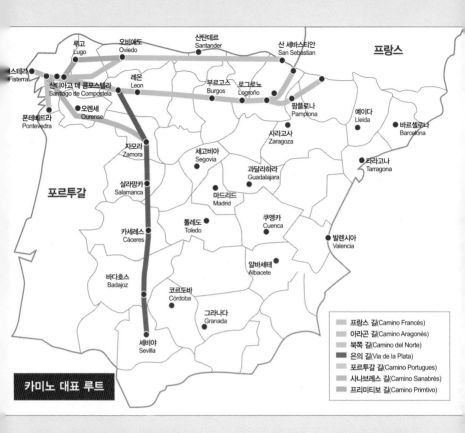

카미노 대표 루트

산티아고 데 콤포스텔라로 가는 대표 루트

루트명	총 거리	알베르게 숙소수	평균 소요 일수	출발지
프랑스 길 (Camino Francés)	775km	301	31일	생장 피에 드 포르 (Saint Jean Pied de Port)
아라곤 길(Camino Aragonés)	164km	22	6일	아라곤 지방의 솜포르트(Somport)
프리미티보 길(Camino Primitivo)	265km	30	11일	아스투리아스 오비에도(Oviedo)
북쪽 길(Camino del Norte)	815km	99	32일	파이스 바스크 이룬 산 세바스티안 (Irun–San Sebastian)
은의 길(Via de la Plata)	705km	64	26일	안달루시아 세비야(Sevilla)
사나브레스 길 (Camino Sanabrés)	368km	40	13일	그랑하 데 모레루엘라 (Granja de Moreruela)
포르투갈 길(Camino Portugues)	119km	24	6일	갈리시아 투이(Tui)

갈리시아 지방의 소박한 풍경을 담은 도시

콤바로스 COMBARROS

COMBARROS
MADRID

갈리시아와 카스티야 이 레온 지방의 국경에 위치한 마을로 전형적인 갈리시아의 시골 풍경을 고스란히 느낄 수 있는 곳이다. 18세기에 지어진 집들이 잘 보존되어 있고 골목마다 현지인들이 사는 모습을 통해 당시의 생활상을 가늠해볼 수 있다. 부유한 집들은 당시에 돌로 만든 발코니가 딸려 있다. 1층 출입구는 어부들이 물고기 잡는 도구를 보관하고, 와인 창고로 쓰는 등 다용도실로 사용하고 있다. 2층은 부엌과 거실, 침실 등 주거 공간으로 이용한다. 신의 보호를 기원하며 세운 십자가 동상(Los Cruiceiros)과 현재는 국가에서 관리하는 문화재인 오레오스 (Horreos, 음식 저장 창고)가 마을 곳곳에 남아 있는 역사적인 도시이다. 마을을 산책한 후 조용한 바닷가 쪽으로 향하자. 전망 좋은 테라스가 있는 레스토랑 두세 곳이 눈에 띈다.

ACCESS 가는 법

버스

산티아고 데 콤포스텔라에서 콤바로스까지 알사(Alsa) 버스가 왕복 운행한다. 콤바로스는 볼거리가 많지 않으므로 산티아고 데 콤포스텔라에서 오전에 출발해 쉬엄쉬엄 구경하고 오후에 돌아오는 당일치기 일정으로 계획하면 된다.

버스 홈페이지 www.alsa.es

콤바로스-주요 도시 간의 버스 운행 정보

운행 구간	출발 시간	소요 시간	요금
산티아고 데 콤포스텔라 → 콤바로스	08:00	7시간	편도 23€, 왕복 43€
콤바로스 → 산티아고 데 콤포스텔라	13:57, 18:30		

아스투리아스 왕국의 중심지였던 고도

오비에도 OVIEDO

우디 앨런이 감독한 영화 〈내 남자의 아내도 좋아(Vicky Cristina Barcelona)〉에는 감독이 가장 사랑하는 도시로 꼽은 오비에도에 대한 애정이 가감 없이 드러나 있다. 아스투리아스의 주도이자 1200여 년의 역사를 간직한 도시 오비에도. 지브롤터 해협을 건너 이슬람교도가 이베리아 반도를 대부분 제압하던 8세기, 남쪽부터 차례로 도망쳐 북부 산악지대로 쫓겨난 가톨릭교도는 아스투리아스 왕국을 건국한다. 그 후 약 800년 가까이 이슬람의 지배를 받은 이베리아 반도는 이슬람교와 가톨릭교의 종교 전쟁터로 변하게 된다. 아스투리아스 왕국 794년에 오비에도를 수도로 정하고 2세기 후에는 레온으로 옮겨 카스티야 왕국으로 발전하는 계기를 마련한다. 1934년 광산 노동자들의 대대적인 봉기와 1937년 프랑코군과 벌인 전투로 오비에도는 상당 부분 파괴되었지만 이후 재건에 힘써 현대적인 도시로 거듭났다. 현재 대성당 주변과 평일 낮에 마켓이 열리는 폰탄 광장 주변의 역사지구는 유네스코 세계문화유산으로 등재되었다.

✈ 비행기

바르셀로나에서 이베리아항공, 부엘링항공 등의 저가 항공으로 1시간 30분 소요. 마드리드에서 이베리아항공을 타면 1회 경유하며 3시간 20분 소요. 아스투리아스 공항에 도착 후 오비에도(40분), 아빌레스(20분), 히혼(30분)행 직행버스를 타고 각 지방 도시로 이동한다.

🚌 버스

오비에도에서 북부의 여러 지역으로 알사(Alsa) 버스가 운행된다. 버스 터미널에서 구시가의 중심인 대성당 앞까지는 도보로 약 20~30분 소요. 버스 홈페이지 www.alsa.es

오비에도-주요 도시 간의 버스 운행 정보

목적지	운행 횟수	소요 시간	편도 요금
산티아고 데 콤포스텔라	1일 3편	4시간 30분~5시간 30분	30~43€
산탄데르	1일 13편	약 3시간	12~30€
빌바오	1일 9편	3시간 30분~5시간	20~40€
아빌레스	06:30~23:00, 30분 간격	1시간 30분	2.55€
칸가스 데 오니스	1일 13편	1시간 30분~40분	7.05€

버스 터미널

기차역

Calle Fray Ceferino

Avenida Pumarín

General Elorza

Avenida Santander

Calle Río San Pedro

Calle Manuel Pedregal

Calle Campoamor

Calle Fray Ceferino

Calle Caveda

Calle Doctor Casal

Calle Covadonga

Calle la Lila

Calle Gascona

Calle Foncalada

Calle Alfonso III el Magno

Calle Vítor Chávarri

론고리아 카르바할 광장
Plaza Longoria Carbajal

A (S) 엘 코르테 잉글레스

우디 앨런 동상
Woody Allen Statue

Calle Gil de Jaz

Calle Conde de Toreno

Calle Milicias Nacionales

Calle Pelayo

Calle Uría

B

Calle Gascona

Calle Jovellanos

카르바욘 광장
Plaza Carbayón

산 살바도르 대성당
Cathedral of San Salvador

알폰소 2세 광장 P.359
Plaza de Alfonso II el Casto

오비에도 대학
Universidad de Oviedo

캄포 데 산 프란시스코
Campo de San Francisco

Calle Santa Teresa de Jesús

Calle Santa Susana

Calle Marqués de Santa Cruz

Calle Ramón y Cajal

산 이시드로 성당
Iglesia de San Isidro

시청사
Ayuntamiento

스페인 광장
Plaza España

P.359 폰탄 광장
Plaza del Fontán

콘스티투시온 광장
Plaza de la Constitución

카사 라몬

Calle Rosa

다오이즈 이 벨라르데 광장
Plaza Daoiz y Velarde

오비에도 둘러보기

오비에도를 여유롭게 둘러보고 싶은 여행자라면 일박할 것을 추천한다. 시내는 걸어서 다니기에 충분하다. 오전 10시부터 오후 3시까지 역사지구인 폰탄 광장(Plaza del Fontán) 주변으로 장이 열린다. 야외 테라스 카페나 레스토랑에 앉아 분주히 움직이는 현지인들을 구경할 수 있다. 오비에도 구시가에서 가장 큰 공원인 캄포 데 산 프란시스코(Campo de San Francisco)는 조용히 산책을 즐기며 쉬어가기 좋다. 공원 근처에 상점이 모여 있는 밀리시아스 나시오날레스 거리(Calle Milicias Nacionales)에서는 우디 앨런 감독의 실제 모습을 똑같이 본떠 만든 동상(Woody Allen Statue)을 볼 수 있다. 구시가의 중심은 산 살바도르 대성당이 위치한 알폰소 2세 광장(Plaza de Alfonso II el Casto)으로 주요 성당과 수도원, 미술관 등이 밀집해 있다.

기차역 앞의 와인길(Ruta del Vino)이라는 표지판으로 시작되는 작은 골목인 캄포아모르 거리(Calle Campoamor)에는 와인과 타파스 바르가 즐비하며, 저녁 7시 이후에는 인파로 붐빈다. 저녁 식사 전 와인을 즐기기에 더할 나위 없이 좋다. 아스투리아스 전통주인 시드라를 전문으로 파는 시드레리아(Sidreria)들은 가스코나 거리(Calle Gascona)에 모여 있다.

폰탄 광장
Plaza del Fontán ★★★

MAP p.358-B

오비에도의 대표 광장

오비에도 시민이 가장 사랑하는 곳이자 만남의 장소. 1500년 무렵부터 물물교환을 하거나 물건을 사고팔기 위해 사람들이 모여들던 장소였다. 사각 형태 광장의 내부에는 가게들이 들어섰고, 야외는 대중 앞에서 연설을 할 수 있는 장소로 쓰였다. 1977년 허물어져가던 건물을 새롭게 정비해 현재의 모습을 갖추게 되었다. 광장의 맨 왼쪽 끝에 자리한 파란색 페인트칠을 한 시드레리아 카사 라몬(Casa Ramon)만이 그나마 최초의 모습을 간직하고 있다. 목·토·일요일은 폰탄 광장 바로 앞의 다오이즈 이 벨라르데 광장(Plaza Daoiz y Velarde)에서 커다란 장이 열린다. 아스투리아스산 생선과 육류, 치즈 등 식재료를 구입할 수 있다.

찾아가기 산 살바도르 대성당에서 도보 5분, 또는
산 이시드로 성당(Iglesia de San Isidro)에서 도보 1분
주소 Plaza 19 de Octubre, s/n

Plus Info 아스투리아스의 전통주

시드라(Sidra)는 사과를 발효해 만든 발포성 술이다. 알코올 도수는 5~6도 정도이며, 첫맛은 탄산음료처럼 톡 쏘고 시큼하다. 시드레리아(Sidreria)는 시드라를 전문으로 파는 술집이다. 공기에 닿는 면이 넓을수록 맛과 향이 좋아지기 때문에 시드라를 따를 때는 높은 곳에서 시드라용 잔의 모서리에 맞춰 떨어트리면서 따라 공기와 접촉하는 면을 최대화한다. 보통 시중에서는 7~8개월 숙성된 시드라를 맛볼 수 있다. 숙성이 덜 된 것일수록 단맛이 강하다. 레스토랑에서도 1병당 2~3€로 저렴한 편이다.

알폰소 2세 광장
Plaza de Alfonso II el Casto ★★★

MAP p.358-B

오비에도의 역사를 말해주는 광장

산 살바도르 대성당이 자리한 알폰소 2세 광장은 주요 역사지구라 할 수 있다. 광장 중심에 자리한 대성당은 14세기부터 16세기에 걸쳐 지어졌는데 내전 당시 손상돼 재건하였다. 대성당 뒤편으로 수도원 건물을 개조해 아스투리아스 왕국의 주요 기념물들을 보관한 고고학 박물관이 있다. 그 외에 학교와 성당, 미술관 등이 광장을 중심으로 곳곳에 포진해 있다. 광장 주변을 구경한 후 콘스티투시온 광장(Plaza de la Constitución)까지 걸어가보자.

찾아가기 산 살바도르 대성당에서 도보 1분
주소 Plaza Alfonso 2 El Casto, s/n

문화와 예술의 도시

아빌레스 AVILÉS

아스투리아스 주에서 손꼽히는 예술의 도시이며 오비에도와 히혼(Gijon) 다음으로 인구 밀도가 높다. 히혼에서 25km, 오비에도에서 27km 거리이며 대서양과도 가깝다. 아스투리아스 공항에서 14km 떨어져 있으며, 공항버스가 다니기 때문에 이동이 편리하다. 도시 전체에는 12~14세기에 지어진 유서 깊은 건물들이 잘 보존되어 있다. 로마네스크, 네오고딕 양식의 성당과 17세기 바로크 양식의 시청사 건물 등 다양한 건축물들이 조화를 이뤄 가볍게 산책하며 감상하기 좋다. 도시 전체 면적의 3%를 차지하는 아빌레스 강은 아빌레스가 아스투리아스의 중요 항구 도시로 발돋움하며 산업 도시로 성장하는 데 밑바탕이 되었다. 문학, 음악, 영화 관련 문화센터와 미술관 등 공공시설물이 많아 국제적인 축제의 장으로 각광받고 있다. 2011년에 새롭게 오픈한 오스카르 니에메예르 국제문화센터(Centrocultural Internacional Oscar Niemeyer)에서는 매년 다양한 무료 전시와 공연, 축제 등을 개최한다.

ACCESS 가는 법

 버스

오비에도에서 아빌레스까지 알사(Alsa) 버스가 오전 6시 30분부터 오후 11시 30분까지 15~30분 간격으로 운행된다. 약 30분~1시간 걸리며 요금은 편도 2.55€. 버스 터미널에서 구시가와 센트로 니에메예르까지 도보로 약 15분 걸린다.

버스 홈페이지 www.alsa.es

 아빌레스 둘러보기

버스 터미널이나 기차역 뒤편으로 작은 강이 흐르며 국제문화센터 센트로 니에메예르가 보인다. 강 위로 놓인 다리를 건너 전시관을 둘러본 다음 시청과 성당, 공원이 모여 있는 구시가로 향하자. 가장 큰 공원인 페레라 공원(Parque de Ferrera)을 지나면 구시가가 나온다. 스페인 광장을 중심으로 상점들이 모여 있다.

버스 터미널 🚌
기차역
📍 Plaza Merced
메르세드 광장
아빌레스 강
Ría de Avilés
📍시청사
Ayuntamiento
61 티에라 아스투르
Tierra Astur
스페인 광장
Plaza España
센트로 니에메예르 P.361
Centro Niemeyer
Puente de
San Sebastián
🚉 기차역
🏥 병원
Puente Azul

아빌레스
Avilés
0 ——— 200m

추천 볼거리
SIGHTSEEING

센트로 니에메예르 ★★★
Centro Niemeyer

MAP p.361

열린 복합 문화 공간

현대 건축계에 큰 영향을 미친 브라질 건축가 오스카르 니에메예르(Oscar Niemeyer)의 문화 프로젝트 가운데 하나로 완공된 국제문화센터이다. 전시, 음악, 연극, 댄스, 영화, 음식 등 문화의 다양한 장르를 망라하는 전시관이자 교류센터로 2011년 3월에 오픈했다. 아빌레스 구시가에서 다리를 건너면 닿을 수 있다. 총 5개의 낮은 조각과도 같은 건물들이 하나로 연결된 건축물로 18m 높이의 레스토랑과 칵테일 바가 있는 전망대에 올라가면 강과 도시를 한눈에 감상할 수 있다. 붉은색과 노란색, 파란색만을 사용한 건물이 심플하면서도 미래지향적이다. '모두에게 열린 교육 장소로 문화와 쉼이 어우러진 센터'라는 취지로 개관했다. 아스투리아스에서 세계적

Plus Info 추천 시드레리아!

아스투리아스 주에는 시드라를 즐길 수 있는 시드레리아가 많다. 그중 티에라 아스투르(Tierra Astur)는 아스투리아스 주에서도 유명한 곳으로, 음식과 함께 시드라를 맛볼 수 있다. 애피타이저로는 아스투리아스의 전통 치즈 모둠인 케소스(Quesos), 다양한 햄 모둠인 엠부티도스(Embutidos)를 추천한다. 메인 요리로는 돌판에 내오는 아스투리아스의 쇠고기 스테이크, 쇠고기 커틀릿(Cachopu de Ternera) 등을 추천한다. 식당 메뉴판에 사진과 설명 등이 자세히 표시되어 있고, 시드라를 주문하면 잔이 빌 때마다 웨이터들이 와서 따라준다. 오비에도, 히혼, 아빌레스, 콜로토(Colloto)에 지점을 둔 식당으로 주민들에게도 사랑받고 있다.

MAP p.361
찾아가기 구시가의 도밍고 알바레스 아세발 광장
(Plaza Domingo Álvarez Acebal)에서 도보 1분
주소 Calle San Fracisco, 4
문의 984 83 30 38
홈페이지 www.tierra-astur.com

으로 명성 있는 건축가의 작품을 보고 싶은 사람이라면 잠시 시간을 내어 들러볼 만하다.

찾아가기 버스 터미널에서 도보 10분
주소 Avenida del Zinc, s/n 문의 984 83 50 31
운영 매일 11:00~19:00 요금 무료
홈페이지 www.niemeyercenter.org

국토회복운동의 발상지

산투아리오 데 코바동가
SANTUARIO DE COVADONGA

SANTUARIO DE COVADONGA
MADRID

711년 지브롤터 해협을 건너온 아랍인 이슬람교도들에게 쫓겨난 가톨릭교도들이 북쪽 산악 지대에 자리를 잡는다. 718년부터는 이슬람 세력에 반대하며 종교전쟁을 일으키는데 그 시발점이 바로 아스투리아스 지방의 코바동가라고 전해진다. 펠라요(Pelayo) 장군이 이끄는 서고트 왕국의 가톨릭군이 코바동가 동굴에서 처음으로 이슬람군을 격파하는데 성모 마리아의 보호를 받았기에 가능했던 일이라는 믿음을 갖는다. 이 전투를 계기로 가톨릭교도들은 국토를 되찾자는 운동을 시작해 1492년까지 800여 년에 걸친 레콩키스타를 펼친다. 현재까지 코바동가는 조국 해방과 국토회복운동의 발상지로 유명하며, 코바동가 동굴은 순례자들이 찾는 성지 중의 한 곳이 되었다. 또한 이곳은 '유럽의 최고봉'이란 뜻인 피코스 데 에우로파(Picos de Europa)의 절경을 보기 위해 들러야 하는 관문으로 손꼽힌다.

ACCESS 가는 법

🚌 **버스**
오비에도에서 칸카스 데 오니스(Cangas de Onís)까지 알사(Alsa) 버스를 타고 간 후 산투아리오 데 코바동가로 가는 버스로 갈아탄다. 마을에 들러 코바동가 호수까지 운행한다. 코바동가 호수는 부활 주일 기간과 여름 성수기에는 입장할 수 없다. 날짜는 홈페이지(www.lagoscovadonga.com) 참고.

운행 구간	운행 시간	소요 시간	요금
오비에도→칸가스 데 오니스	1일 13편	1시간 20분~30분	편도 7€
칸가스 데 오니스→코바동가	09:00~19:30, 10~15분 간격	약 15분	왕복 1.50€

산투아리오 데 코바동가
Santuario de Covador
0   50m

추천 볼거리
SIGHTSEEING

코바동가 동굴
Santa Cueva de Covadonga ★★★

MAP p.362

전설 속 영웅의 무덤

아스투리아스 최초의 가톨릭교도 왕인 펠라요(Pelayo)는 이슬람교도가 아스투리아스를 진압하러 왔을 때 산속의 코바동가 동굴 속에 숨어있다가 전략을 세워 제압했다고 전해진다. 이 전투를 계기로 이슬람교도에 반하는 가톨릭교도의 저항 세력이 형성되었으며 펠라요는 국가적 영웅으로서 높은 명성을 얻는다. 관광객들은 전설 속 영웅의 무덤을 보기 위해 높은 계단을 올라 코바동가 동굴을 찾는다. 폭포수가 떨어지는 동굴 꼭대기에는 내전으로 여러 차례 보수를 거친 작은 제단과 마리아상 및 펠라요 왕의 무덤이 있다.

찾아가기 버스 터미널에서 도보 1분

피코스 데 에우로파
Picos de Europa ★★★

유럽의 최고봉

아스투리아스와 칸타브리아 및 레온(Leon) 지방에 걸쳐 넓게 분포한 산맥으로 스페인에서 1918년 처음 국립공원으로 지정했다. 현재는 테네리페의 테이도 국립공원(National Parquet del Teido) 다음으로 스페인에서 가장 많은 관광객을 불러 모으는 국립공원이다. 피코스 데 에우로파의 제일 높은 봉우리는 2500m로 피레네산맥과 시에라 네바다 산맥에 이어 세 번째로 높으며 오비에도, 레온, 산탄데르 등의 각 도시에서 약 85~90km 떨어져 있다. 여행자라면 칸가스 데 오니스(Cangas de Oins)를 거쳐 11km 떨어져 있는 코바동가 마을에서 버스를 이용해 산 속에 위치한 코바동가 호수(Lagos de Covadonga)에 갈 것을 추천한다. 코바동가 호수는 가장 규모가 큰 에놀 호수(Lagos de E'nol)와 지상 1100m 높이에 위치한 에르시나 호수(Lagos de Ercina), 산에 쌓인 눈이 녹아 내릴 때만 물이 고이는 브리시알 호수(Lagos del Bricial)까지 총 3개로 이루어져 있다.

찾아가기 칸가스 데 오니스에서 코바동가 호수까지 버스를 타고 15분

산타 마리아 레알 코바동가 성당
Basilica de Santa Maria la Real de Covadonga ★★

MAP p.362

고딕풍의 간결한 성당

1777년 코바동가 동굴 안 예배당이 무너지자 100년 후인 1877년 알폰소 7세 때 새로운 예배당을 세우기로 한다. 약 30년에 걸쳐 공사해 1901년 9월에 완공되었다. 녹음이 무성한 숲 속 한가운데 지어진 예배당은 붉은 벽돌 건물이라 어디에서 봐도 눈에 띈다. 예배당 앞에는 넓은 테라스 정원이 있다. 1964년에는 성당 정원 앞에 커다란 펠라요 조각상을 세워 그의 업적을 기리고 있다.

찾아가기 버스 터미널에서 도보 4분
주소 Basilica de Santa Maria la Real de Covadonga
미사 매일 09:00, 11:00, 12:00, 13:30, 18:00, 18:30

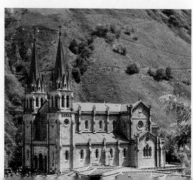

363

아스투리아스 주의
작은 어촌 마을들

대서양에 면한 아스투리아스 지방에는 매력 넘치는 소도시들이 많다. 대부분 탁 트인 대서양을 앞에 두고 크고 작은 항구를 끼고 있다. 마을 뒤편으로는 아스투리아스의 녹음이 짙은 산들이 어우러져 마치 한국의 배산임수 지형을 보는 듯하다. 수많은 마을 중에서도 손꼽히는 경관을 자랑하는 작은 어촌 마을 네 곳을 소개한다. 유럽의 소도시를 산책하며 소소한 재미를 찾고자 하는 여행자에게 추천한다.

알사(Alsa) 버스가 오비에도-야네스-리바데세야 등 주요 구간을 운행한다. 알사 버스가 다니지 않는 곳은 로컬 버스와 열차가 운행되므로 이동 경로에 따라 안내창구에 문의하자. 여기서 소개하는 마을은 모두 대중교통으로 이동이 가능하나 배차 간격이 넓어 일정이 짧은 여행자라면 렌터카를 이용하는 것이 좋다.

버스 홈페이지 www.alsa.es

> **Tip** 차량 렌트는 렌터카 홈페이지에서 예약 가능하다. 다양한 렌터카 회사가 있으며 주로 공항이나 시내의 렌터카 사무소에서 픽업할 수 있다. 신분증과 국제 운전면허증은 필히 지참해야 한다. 대부분 보험 가입은 필수이며, 당일 주유비는 선불로 받는 경우도 있다. 결제는 본인 명의의 신용카드로만 가능하다.
>
> 렌터카 홈페이지 www.rentalcar.com, www.europcar.es, www.atesa.es

야네스
Llanes

하얀 등대와 바다 앞 산책로가 절경

야네스의 구시가 중심에는 각종 물품을 파는 상가와 레스토랑, 성당이 모여 있고, 항구 근처에는 바다로 향하는 하얀 등대(Faro) 앞까지 산책로가 잘 정비되어 있다. 등대 앞에는 전망대(Mirador de Cubos de la Memoria)가 있으며 대서양을 배경으로 방파제 야외에 바스크 지방 화가의 작품을 전시하고 있다. 사블론 바다(Playa de Sablon)를 끼고 있는 산 페드로 전망대(Mirador de San Pedro) 앞 산책길도 놓치지 말자. 대서양과 어우러진 마을의 아름다운 풍경을 감상하기에 제격이다. 항구 근처에는 야외 테라스 카페가 즐비하고, 주말에는 항구 앞에 시장이 선다.

찾아가기 오비에도에서 야네스까지 알사(Alsa) 버스가 1일 11편 운행한다. 약 2시간 30분~45분 소요, 요금은 편도 10.75€

리바데세야
Ribadesella

바다와 항구를 품은 마을

리바데세야의 산타 마리나 해변(Playa de Santa Marina)은 하얀 백사장이 부드러운 곡선을 이루며 끝없이 펼쳐져 있다. 상점들이 많은 구시가는 작지만 인디오의 집(Casas de Indianos)이라 불리는 남미 스타일의 컬러풀한 집이 모여 있어 이국적인 풍경을 자아낸다. 항구를 끼고 그루아 산책로(Paseo de la Grua)를 걷다 보면 탁 트인 대서양을 배경으로 산타 마리나 바다와 항구가 한눈에 보이는 기아 전망대(Mirador de Guia)에 이르게 된다. 전망대에는 작은 예배당과 예전에 사용했던 대포들이 아직도 남아 있다. 마을 근교에는 2008년 유네스코 세계문화유산으로 등재된 티토 부스티요 동굴(Cueva de Tito Bustillo)이 있다. 동굴까지 가려면 차량을 이용해야 한다.

찾아가기 오비에도에서 리바데세야까지 알사(Alsa) 버스가 1일 8편 운행한다. 약 1시간 10분~50분 소요, 요금은 편도 8.05€

Plus info 인디오의 집

콜럼버스가 신대륙을 발견한 후 새로운 땅에 금은보화가 가득하다는 이야기를 들은 스페인의 하급 귀족이나 시골의 작은 지주, 군인들도 신대륙을 찾아 떠난다. 약 100년에 걸쳐 스페인이 남북 아메리카 대륙은 물론 전 세계로 식민지를 찾아 떠나는 시기가 대항해 시대이다. 신대륙에서 돈을 벌고 스페인으로 돌아온 사람들은 부를 과시하기 위해 넓은 정원에 커다란 야자수를 심고 바깥에서도 집 안을 들여다볼 수 있는 형태로 건물을 짓기 시작했다. 이를 인디오의 집(Casas de Indianos)이라 부른다. 아스투리아스 주에서 흔히 볼 수 있다.

쿠디예로
Cudillero

'스페인의 로맨틱 여행지 10선'에 뽑힌 마을

마을 어귀부터 구불거리며 이어지는 1차선 도로를 따라 바다를 향해 내려가다 보면 시청과 산 페드로 성당이 있는 산 페드로 광장(Plaza de San Pedro)에 닿는다. 산 페드로 광장 앞으로 노천카페와 레스토랑이 가득한 활기 넘치는 마리나 광장(Plaza de la Marina)이 펼쳐진다. 이 광장들 뒤편에는 알록달록한 인디오의 집이 층을 이루며 모여 있다. 비좁은 골목에 다닥다닥 붙어 있는 집들 사이의 계단을 따라 가장 높은 곳으로 올라가면 가리타 전망대(Mirador de la Garita)가 나온다. 정상에서는 푸른 산과 바다, 컬러풀한 집들이 이루어내는 풍경을 한눈에 볼 수 있다. 해가 어슴푸레 내려앉고 마리나 광장의 가로등에 서서히 불이 켜질 때 방파제로 향하는 길목에서 바라본 마을의 전경은 카메라가 다 담아내지 못할 정도로 아름답다.

찾아가기 오비에도에서 쿠디예로까지 알사(Alsa) 버스가 1일 20편 운행한다. 약 1시간 40분~2시간 10분 소요, 요금은 편도 5.75€

루아르카
Luarca

빼어난 경치를 자랑하는 어촌 마을

아스투리아스 주의 소도시들 중에서 관광객에게 가장 많이 알려진 어촌 마을이다. 여름이면 구시가와 항구가 여행객들로 가득 찬다. 아스투리아스에서는 보기 드물게 외벽을 하얗게 칠한 건물이 많아 일명 '하얀 마을'이라고도 불린다. 마을 어귀 항구에는 배가 정박해 있으며, 남미의 영향을 받은 인디오의 집이 구시가 곳곳에 남아 있어 관광객들의 시선을 사로잡는다. 차노 전망대(Mirador de Chano)를 오르는 길 곳곳에는 벤치가 마련되어 쉬어가며 풍경을 즐길 수 있다. 루아르카에서 빼놓지 말고 꼭 들러야 할 곳은 세멘테리오(Cementerio). 이곳은 아스투리아스에서 가장 오래된 납골당으로 하얀색 묘비와 묘석, 예배당으로 꾸며져 있다. 가장 아름다운 장소에서 대서양을 바라보며 죽은 영혼을 기리는 곳이라 여행객들의 방문이 줄을 잇는다.

찾아가기 오비에도에서 루아르카까지 알사(Alsa) 버스가 1일 6편 운행한다. 약 1시간 15분~30분 소요, 요금은 편도 9.90€

아스투리아스 주의 작은 어촌 마을들

연중 내내 인기 있는 고급 휴양지

산탄데르 SANTANDER

SANTANDER
MADRID

세계적인 금융 그룹 방코 산탄데르(Banco Santander)의 본사가 위치한 산탄데르는 비교적 대도시에 속한다. 대서양이 펼쳐지고 깨끗한 모래사장이 끝없이 이어지는 천혜의 자연환경으로 유명해 오래 전부터 왕실의 여름 별장이 자리했다. 귀족들의 별장과 리조트가 밀집한 고급 휴양지로 도시 관광의 묘미를 만족시켜 준다. 도시에 면한 10개 남짓의 아름다운 해수욕장은 여름뿐만 아니라 겨울에도 인기가 높다.

ACCESS 가는 법

✈ 비행기
바르셀로나에서 부엘링항공은 주 4회, 라이언에어는 주 4회 1일 1편씩 운항하며, 약 1시간 20분 걸린다. 공항에서 시내까지 공항버스가 오전 7시부터 오후 11시까지 30분 간격으로 운행된다. 또한 공항버스는 스페인 북쪽의 빌바오, 히혼, 오비에도까지 다닌다.

🚌 버스
산 세바스티안, 빌바오 등 근교 도시까지 다수의 로컬 버스편을 운행해 이동이 편리하다. 버스 터미널에서 구시가의 중심까지는 도보 이동이 가능하다.

산탄데르-주요 도시 간의 버스 운행 정보

목적지	운행 횟수	소요 시간	편도 요금
산 세바스티안	1일 4~10편	2시간 25분 ~4시간	13~30€
빌바오	1일 20여 편, 30분 간격	1시간 15분	7~15€

Calle Santa Lucia
Calle Guevara
칸타브리아 대학 Universidad de Cantabria
카나디오 광장 Plaza Cañadio
Calle Lope de Vega
Calle Peña Herbosa
에스페란사 마켓 Mercado de la Esperanza
Calle Rualasal
Calle Daoiz y Velarde
포르티카다 광장 Plaza Porticada
Calle Hernán Cortés
폼보 광장 Plaza Pombo
마티아스 몬테로 광장 Plaza Matias Montero
시청사 Ayuntamiento
Calle Jesús de Monasterio
Calle San José
Paseo Pereda
Paseo Pereda
Calle Isabel II
Calle Calvo Sotelo
페레다 산책로 Paseo Pereda
Paseo Pereda
막달레나 궁전 P.369
페레다 정원 Jardines de Pereda
Calle Alfonso XII
Calle Isabel II
대성당 Cathedral
Calle Lealtad
Calle Muelle de Calderón
N

막달레나 궁전 P.369

산탄데르
Santander
0   100m

➕ 병원
기차역, 버스 터미널 방향

🚶 산탄데르 둘러보기

산탄데르 관광의 포인트는 해변이다. 일년
내내 기후가 따뜻하기 때문에 비만 오지 않
는다면 겨울에도 해변을 따라 산책하기 좋
다. 19세기 중반 산탄데르가 본격적으로 여
름 휴양지로 개발되면서 남부 유럽인과 영국
인들에게 가장 인기를 끌었던 이유는 해수욕
장 때문이다. 메인 해변인 사르디네로 해변
(Playa del Sardinero)과 막달레나 궁전
앞의 비키니 해변(Playa de Bikini), 막달레
나 해변(Playa de la Magdalena)은 관광
객뿐 아니라 현지인에게도 사랑받고 있다.

전통 재래시장을 구경하고 싶다면 1897년
에 세워진 에스페란사 마켓(Mercado de
la Esperanza)을 추천한다. 낮에는 해변
에서 쉬고 밤에는 구시가의 광장에 모여 스
페인의 화려한 밤을 즐겨보자. 카냐디오 광
장(Plaza Cañadío)과 한 블록 떨어져 있
는 폼보 광장(Plaza Pombo)은 저녁 8시
이후부터 타파스를 즐기려는 사람들로 가
득 찬다. 광장에서 정면으로 바다를 향해 나
아가면 페레다 산책로(Paseo Pereda)가
나오는데 4명의 아이를 조각한 청동 조각상
(Monumetos a los Raqueros)을 만날
수 있다. 바다를 바로 보고 서있는 아이와 앉

아 있는 2명의 아
이, 그리고 다이빙
포즈로 관광객이
던진 돈이나 떨어
뜨린 물건을 주워
오려는 아이의 모
습을 정감 있게 표
현했다.

📷 추천 볼거리
SIGHTSEEING

막달레나 궁전 ★★★
Palacio de la Magdalena

MAP p.368

왕실의 여름 별궁

산탄데르의 맨 끝부분을 지도에서 보면 작은 다
리로 섬과 육지를 연결해 놓은 듯한 모양이다. 이
섬 모양의 대지에서는 눈에 거슬리는 것 하나 없
이 탁 트인 대서양과 잘 가꾸어놓은 수목들을 감
상할 수 있다. 제일 높은 곳에 왕실의 여름 별장
이 홀연히 위치해 있다. 티켓 창구를 지나 막달
레나 길(Avenida Magdalena)을 따라 올라
가면 작은 돌산 위에 자연친화적인 야외 동물원
(Zoo de la Magdalena)이 있는데, 바닷물을
끌어와 만들어놓은 우리 안에서 놀고 있는 펭귄,
물개, 원숭이 등을 구경할 수 있다. 조금 더 높은
곳에는 실제로 사용되었던 군사선을 전시해 놓
은 야외 박물관이 있으며 언덕 위에 위치한 막달
레나 궁전은 박물관으로 꾸며놓아 입장료를 내
고 들어가야 한다.

찾아가기 산탄데르 시내에서 4·7·17·15번 버스 이용
(15번 버스는 여름철에만 운행)
주소 Avenida de la Magdalena, s/n
문의 942 20 30 84
운영 월~금요일 11:00, 12:00, 13:00, 16:00, 17:00,
18:00, 토·일요일 10:00, 11:00, 12:00(45분 투어)
요금 3€ 홈페이지 www.palaciomagdalena.com

중세 시대의 풍경이 고스란히 남아 있는 도시

산티야나 델 마르
SANTILLANA DEL MAR

SANTILLANA DEL MAR
MADRID ●

산티야나 델 마르는 애니메이션에서 봤을 법한 작고 아름다운 중세 도시 풍경이 실제로 눈앞에 펼쳐지는 곳이다. 도시 건립의 기원은 수도원을 세우면서 비롯되었는데 오늘날에도 가장 중요한 볼거리는 수도원 건물을 개조해 만든 성당이다. 거리에는 반들거리는 돌바닥이 좁고 길게 이어지며, 붉은 지붕의 집들이 옹기종기 모여 있다. 칸타브리아주의 소도시들 중 가장 아름다운 도시로 정평이 나 있으며 1889년 도시 전체가 국가 기념물로 지정되었다. 알타미라 동굴과는 불과 2km 남짓 떨어져 있다.

ACCESS 가는 법

 버스

산탄데르에서 버스가 1일 4~5회 운행하며, 약 40분 걸린다. 평일과 주말의 배차 간격이 많이 달라지므로 홈페이지를 참조하자.
버스 홈페이지 www.transportedecantabria.es

 산티야나 델 마르 둘러보기

광장 3개와 골목 3~4개를 돌면 끝일 정도로 도시 규모가 작지만 아기자기하게 잘 가꿔져 있다. 마을 입구에 있는 관광안내소를 기점으로 둘러보면 된다. 아바드 프란시스코 나바로 광장(Plaza del Abad Francisco Navarro)과 아레나스 광장(Plaza de las Arenas)까지 길이 곧게 뻗어 있는데, 기념품 숍과 전통 음식을 판매하는 레스토랑이 즐비하다. 두 광장 사이에 있는 산타 훌리아나 성당(Colegiata de Santa Juliana)은 12~13세기에 로마네스크 양식으로 지어진 것으로, 성 프리아나의 조각상을 볼 수 있다. 메인 광장인 마요르 광장(Plaza del Mayor)에서 로스 오르노스 거리(Calle los Hornos)로 조금만 더 올라가면 칸타브리아의 시골 전원 풍경을 마음껏 감상할 수 있다.

추천 볼거리
SIGHTSEEING

알타미라 박물관
Museo de Altamira

★★★

MAP p.371

알타미라 동굴 벽화를 재현

산티야나 델 마르에서 2km 떨어진 곳에 위치해 있다. 동굴 속에서 발견된 3만5000년 전의 벽화를 똑같이 재현해놓은 네오 쿠에바(Neo Cueva)관과 인류 최초의 구석기 시대 생활상을 이해하기 쉽게 모형으로 설명해 놓은 관, 벽화 발굴 과정을 알기 쉽게 재현해 놓은 관 등 동굴을 찾는 사람들이 직접 체험하며 감상할 수 있게 꾸며놓았다. 입구에서 티켓을 구입한 후 산책로를 따라 올라가면 박물관에 입장할 수 있다.

찾아가기 산티야나 델 마르−토레라베가(Torrelavega)행 버스가 알타미라 동굴 앞을 지나간다. 버스 시각표와 정류장 정보는 홈페이지(www.transportedecantabria.es) 참조.
주소 Avenida Marcelino Sanz de Sautuola, s/n
운영 5〜10월 화〜토요일 09:30〜20:00,
11〜4월 화〜토요일 09:30〜18:00
(일요일 · 공휴일은 〜15:00) **요금** 일반 3€
(토요일 14:00 이후, 일요일 전체 무료)
홈페이지 http://museodealtamira.mcu.es

알타미라 동굴 벽화의 유래

고고학을 취미로 연구하던 마르셀리노 사우투올라와 그의 여덟 살 난 딸이 동굴 안을 구경하던 어느 날, 딸이 위를 보라는 뜻으로 아버지에게 알타미라(Alta 위, Mira 보다)라고 외친다. 천장 가득 그려진 황소와 사슴, 들소들의 그림을 발견한 사우투올라는 벽화가 구석기 시대의 것이라고 스페인 고고학회에 보고한다. 하지만 벽화의 보존 상태와 표현력이 매우 뛰어나 당시 사람들은 그 사실을 전혀 믿지 않았다. 그 후 20세기 초부터 학자들이 이 동굴이 구석기 시대 인간들의 거주지였다는 사실을 밝히면서 스페인에 이미 구석기 시대부터 인류가 살아왔음을 증명한다. 길이 270m에 이르는 알타미라 동굴 안은 천장과 벽면 가득 그림이 그려져 있고 붉은색과 황토색 등의 색깔로 채색되어 있다. 1900년대 들어 수많은 방문객이 인류 최초의 벽화를 보러 오면서 동굴과 벽화가 훼손되어 1977년부터 관람객의 방문을 제한하고 있다.

가우디의 손길이 닿은 소박한 어촌 마을

코미야스 COMILLAS

COMILLAS
MADRID

19세기 후반 가우디와 몬타네르가 주축이 된 모데르니스모 건축물은 대부분 카탈루냐 주에서 볼 수 있는데, 칸타브리아 주의 작은 어촌 마을인 코미야스에도 몇몇 남아 있다. 중세 시대의 바로크 건물들 사이로 천재 건축가 가우디의 작품을 볼 수 있다는 것만으로도 방문할 가치가 충분하다. 아름다운 항구의 풍경과 바다를 향한 산책로는 코미야스에서 얻을 수 있는 보너스다.

ACCESS 가는 법

🚌 버스

산 빈센테 데 라 바르케라–코미야스–산티아나 델 마르–산탄데르 방향으로 칸타브리아 로컬 버스가 다닌다. 운행 시간은 홈페이지를 참조. 작은 마을이라 버스 터미널이 따로 없고 마을 입구에 내려준다. 마을 중심의 광장을 중심으로 걸어서 둘러보면 된다.
버스 홈페이지 www.transportedecantabria.es

추천 볼거리
SIGHTSEEING

트레스 카뇨스 분수
Fuente de los Tres Caños ★★

MAP p.373-A

마을 중심에 있는 아담하고 예쁜 분수

가우디와 함께 유명한 스페인 모데르니스모 건축가 도메네크 이 몬타네르가 1899년에 지은 분수로, 마을 중심 광장에 위치해 있다. 천사와 방패, 꽃 모티프 등으로 곡선의 미를 살려 정교하게 조각되었으며 지금도 분수로 사용되고 있다.

찾아가기 호아킨 델 피에라고 광장 바로 앞
주소 Calle Joaquín del Piélago

엘 카프리초 데 가우디
El Capricho de Gaudí ★★

MAP p.373-A

화려한 디테일이 돋보이는 가우디의 초기 작품

스페인 북부에 몇 안 되는 가우디의 작품 중 하나로 1883~1885년에 건축되었다. 바르셀로나에 있는 가우디의 첫 번째 작품 카사 비센스(Casa Vicens)와 동일한 모양의 해바라기 타일을 벽면 가득 활용했다. 현관 입구에 우뚝 솟아 있는 원형 탑은 전망대로, 이슬람 사원의 종탑과 섬세한 조각을 융합하여 가우디만의 묘한 분위기와 독창성을 보여주고 있다.

찾아가기 마을 입구에서 남쪽으로 도보 5분
주소 Barrio Sobrellano, s/n 문의 942 720 365
운영 11~2월 10:30~17:30, 3~8 · 10월 10:30~20:00
요금 일반 5€, 7~14세 2.50€, 7세 미만 무료

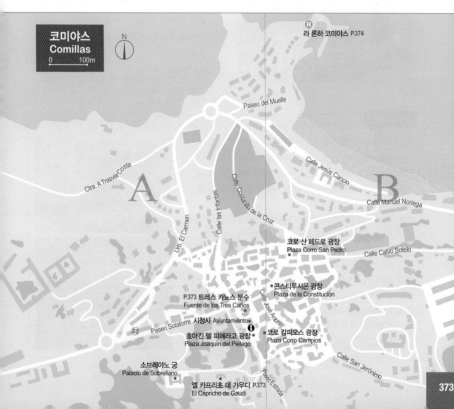

코미야스
Comillas
0   100m
N

ⓡ 라 론하 코미야스 P.374

Paseo del Muelle

Ctra. A Trasvia Costa

Calle Jesús Cancio

A

B

Calle las Infantas

Calle Cossapila de la Cruz

Urb. El Carmen

Calle Manuel Noriega

코로 산 페드로 광장
Plaza Corro San Pedro

Calle Calvo Sotelo

콘스티투시온 광장
Plaza de la Constitución

P.373 트레스 카뇨스 분수
Fuente de los Tres Caños

Calle José Antonio

Paseo Solatorre 시청사 Ayuntamiento ⓘ

호아킨 델 피에라고 광장
Plaza Joaquín del Piélago

코로 캄피오스 광장
Plaza Corro Campios

Calle San Jerónimo

소브레야노 궁
Palacio de Sobrellano

엘 카프리초 데 가우디 P.373
El Capricho de Gaudí

Paseo Estrada

Tip 놓치기 아까운 산책 코스

코미야스에서는 마을 중심부에서 바다로 이어지는 산책 코스도 빼놓을 수 없는 즐거움이다. 터널 아래를 지나 항구로 나가면 푸른 바다와 차도를 사이에 두고 카페테리아가 모여 있으며 가장 전망 좋은 곳에는 바구니를 든 해녀 동상(Monumentos a la Sardinera)이 서있다. 이곳에서 코미야스의 해수욕장과 항구를 모두 조망할 수 있다. 어업이 주요 수입원인 마을답게 항구를 수시로 드나드는 작은 어선들과 항구에 앉아 그물을 정비하는 어부들의 모습을 쉽게 볼 수 있다. 아름다운 경치와 서민들의 소박한 일상을 동시에 볼 수 있는 소도시만의 매력이 가득한 풍경이다.

추천 레스토랑

라 론하 데 코미야스
La Lonja de Comillas

MAP p.373-B

신선한 해산물 요리

코미야스의 작은 항구에서 만날 수 있는 유일한 레스토랑으로 2층의 넓은 테라스에서는 대서양의 아름다운 전망을 마음껏 만끽할 수 있다. 칸타브리아 해안에서 잡아들인 신선한   해산물과 생선을 이용한 요리를 선보인다. 칸타브리아의 전통 수프로 커다란 하얀콩과 다양한 햄을 넣어 끓인 '알루비아 데 살다나(Alubia de Saldana)', 오징어를 넣어 만든 미트볼 모양의 '알본디가스 데 칼라마르(Albondigas de Calamar)', 문어를 넣어 만든 오믈렛 '토르티야 데 폴포(Tortilla de Pulpo)', 대구를 넣은 샐러드 '엔살라다 데 바칼라오 아우마도(Ensalada de Bacalao Ahumado)' 등이 주 메뉴다.

주소 Paseo el Muelle, s/n
문의 942 722 458 영업 일~목요일 11:00~17:00, 금·토요일 11:00~17:00, 20:00~23:00(금요일은 ~23:30까지) 휴무 화요일 예산 해산물 요리 10€ 선

Plus Info 코미야스의 아름다운 근교 마을

칸타브리아에서 가장 아름답고 평화로운 어촌 마을인 산 빈센테 데 라 바르케라(San Vicente de la Barquera). 오이암브레 국립공원(Parque National de Oyambre) 심장부에 위치한 마을로 0.5km 길이의 마사 다리(El Puente de la Maza)를 통해서 들어가고 나올 수 있다.

6세기에 나무로 만들어진 다리를 15세기에 아르코 모양의 버팀목 32개를 세워 돌로 제작했다. 옛 건물들이 잘 보존된 마을에는 13~16세기의 성과 벽들이 아직도 존재하며 마을 어귀에는 아름다운 산책로와 작은 항구가 자리하고 어선들이 고요한 바다 위를 아름답게 수놓고 있다. 해안 산책로를 따라 걸어가면 나오는 바르케라(Puente de la Barquera) 다리를 건너 바라보는 마을 풍경이 특히 평화롭고 아름답다.

찾아가기 코미야스에서 출발하는 칸타브리아 버스(11:25, 12:25, 13:50, 17:55, 18:10, 20:10)를 타고 15분 소요, 버스가 마을 어귀에 하차한다. 마을을 돌아보는 데는 도보로 1시간 정도면 충분하다.

예술의 도시로 거듭나다

빌바오 BILBAO

BILBAO
MADRID

빌바오는 철강, 조선 등의 중공업을 기반으로 막대한 부를 축적한 바스크 지방의 중심 도시였으나, 제2차 세계대전 후 철강 산업의 쇠퇴와 함께 점차 빛을 잃어갔다. 하지만 1997년 세계적인 미술 재단 구겐하임 미술관과 유명 건축가 프랭크 오 게리의 만남으로 탄생한 구겐하임 빌바오 미술관 덕분에 한해 100만 명이 넘는 관광객이 찾아오는 예술 도시로 급부상했다. 새로 건설된 도시 중심부는 메트로와 트램, 버스 등이 관통해 빌바오에서 외곽 도시로의 이동도 편리하다.

ACCESS 가는 법

 비행기
바르셀로나에서 빌바오까지 부엘링항공을 타면 약 1시간 10분 걸린다. 공항에서 시내까지는 공항버스가 30분 간격으로 운행되며 약 30분 걸린다.

 버스
산 세바스티안, 산탄데르, 오비에도 등 스페인 북부 도시와 빌바오를 연결하는 알사(Alsa) 버스가 운행된다. 운행 횟수가 많은 편이라 이동하기 편리하다.
버스 홈페이지 www.alsa.es

빌바오-주요 도시 간의 버스 운행 정보

목적지	운행 횟수	소요 시간	편도 요금
산 세바스티안	1일 6~10편	1시간 20분	6~15€
산탄데르	06:00~23:30, 30분~1시간 간격	1시간 10~30분	6~15€
오비에도	1일 10편	4~5시간	15~40€
마드리드	1일 24편	4시간 30분	30~50€

TRANSPORTATION 시내 교통

메트로, 트램, 버스 등의 교통수단이 있다. 메트로는 현재 2개의 노선이 운행 중이며 외곽까지 폭넓게 연결한다. 트램(Tranvia)은 강을 따라 한 바퀴 도는데, 도보 관광에 지칠 때 트램을 이용하면 강가 풍경을 바라보며 쉬기 좋다. 시내에서 근교 외곽을 연결하는 빌보버스(Bilbobus)가 운행 중이다. 수십 개의 노선이 있지만 관광객들이 이용할 일은 거의 없다.

대중교통 요금

메트로	1존 1회권 1.50€, 2존 1회권 1.70€, 3존 1회권 1.75€, 1일권 4.60€
트램	1회권 1.50€, 1일권 4.20€
버스	1회권 1.25€

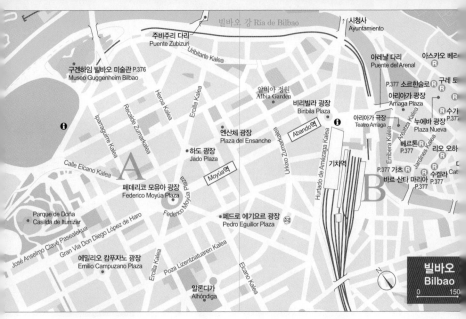

빌바오 강 Ría de Bilbao

주비주리 다리
Puente Zubizuri

Urbitarte Kalea

구겐하임 빌바오 미술관 P.376
Museo Guggenheim Bilbao

Heroa Kalea

Recalde Zumatekalea

Iparraguirre Kalea

Ercilla Kalea

알비아 정원
Albia Garden

엔산체 광장
Plaza del Ensanche

하도 광장
Jado Plaza

Calle Elcano Kalea

A

페데리코 모유아 광장
Federico Moyúa Plaza

Federico Moyúa Plaza

Parque de Doña
Casilda de Iturrizar

Gran Vía Don Diego López de Haro

José Anselmo Clavé Pasealekua

에밀리오 캄푸자노 광장
Emilio Campuzano Plaza

Ercilla Kalea

Poza Lizentziaturaren Kalea

Federico

페드로 에기요르 광장
Pedro Eguillor Plaza

Elcano Kalea

알론디가
Alhóndiga

Moyúa역

Abando역

Urkixo Zumarkalea

Hurtado de Amézaga Kalea

기차역

시청사
Ayuntamiento

아레날 다리
Puente del Arenal

아스카오 베르

P.377 소르한술로 구레 토

아리아가 광장
Arriaga Plaza

아리아가 극장
Teatro Arriaga

수가

누에바 광장 P.377
Plaza Nueva

베르톤 P.377

리오 오하

P.377 가초

바르 산타 마리아 P.377

수켈라 Cat
P.377

Ensanza Kalea

Embera Kalea

Jardines Kalea

B

N

빌바오
Bilbao

0   150

 빌바오 둘러보기

빌바오의 첫 번째 관광 포인트는 구겐하임 미술관이다. 미술관을 방문하고 주변의 강가를 산책한 후 최근에 문을 연 복합 문화 공간인 알론디가(Alhóndiga)에 들러보자. 사각형 건물을 받치고 있는 각기 다른 모양의 기둥과 실내 천장에서 바라다보이는 수영장 모습이 이색적이다. 빌바오 시내의 메인 광장인 페데리코 모유아 광장(Federico Moyúa Plaza) 앞에서 로페스 데 아로(López de Haro) 길을 따라 아레날 다리(Puente del Arenal)를 건너 구시가로 들어가자. 정면에 핀초 레스토랑이 모여 있는 누에바 광장이 나온다. 두세 블록 떨어진 곳의 산티아고 광장 앞에는 14~15세기에 지어진 고딕 양식의 산티아고 대성당이 있다. 해 질 녘에 조명이 들어오는 구겐하임 미술관을 다시 한 번 가볼 것을 추천한다. 주변의 주비주리 다리(Puente Zubizuri)도 놓치지 말자. 이 다리는 발렌시아 지방 출신의 건축가 산티아고 칼라트라바의 작품으로 새로운 빌바오의 탄생을 상징한다. 그의 전형적인 스타일대로 부드러운 곡선을 살려 아름다움을 더했다.

 추천 볼거리
SIGHTSEEING

구겐하임 빌바오 미술관 ★★★
Museo Guggenheim Bilbao

MAP p.376-A

빌바오의 랜드마크

예전 조선소와 공장의 산업 폐기물이 쌓였던 곳에 건축물 자체가 하나의 예술 작품인 구겐하임 미술관이 위치해 있다. 구겐하임 미술관은 1997년 개관과 함께 쇠퇴해 가는 도시의 경제를 살리고 세계적인 미술관으로 급부상하여 빌바오를 전 세계에 알리는 역할을 했다. 네르비온(Nervion) 강에 비치는 미술관의 모습과 티타늄 패널이 햇빛에 반사될 때마다 다채로운 색을 뽐내는 외관, 그리고 외부에 설치된 오브제

등은 미술관을 더욱 돋보이게 해준다. 외부 설치 작품인 큰 거미 모양의 루이스 부르주아(Louise Bourgeois)의 마마, 제프 쿤스(Jeff Koons)의 퍼피(Puppy)와 컬러풀한 튤립 모양 조각상을 감상하고 3개 층으로 나뉜 전시관과 레스토랑, 카페에도 들러 여유롭게 미술관 나들이를 즐기자.

찾아가기 구시가에서 강을 따라 도보 20분
주소 Abandoibarra Etorbidea, 2 문의 944 35 90 80
운영 화~일요일 10:00~20:00
휴무 월요일(7~8월 월요일은 개방), 1/1~2, 4/10, 4/17,
5/1, 9/4, 9/11, 12/4, 12/25 요금 일반 13€, 학생 7.50€
홈페이지 http://guggenheim-bilbao.es

Plus info

핀초의 유래와 빌바오 핀초 골목

작은 빵에 한입 크기의 음식을 올려놓고 꼬치를 꽂아 고정한 메뉴를 핀초라고 한다. 스페인 남부에 타파스가 있다면 북부에는 핀초가 있다. 핀초는 바에 다양하게 진열되어 있으므로 웨이터에게 접시를 달라고 한 후 원하는 대로 직접 골라 담아 먹으면 된다. 다 먹은 후 꼬치 개수로 계산하는 시스템이다. 정직한 바스크인들은 꼬치 개수를 확인하지 않고 본인이 먹은 핀초 수를 직접 웨이터에게 말하고 계산하기도 한다. 핀초는 바스크 지방에서 유래했으며 본격적인 식사 전에 가볍게 와인이나 음료와 곁들여

먹는 애피타이저 성격이 강하다. 빵 위에 올리는 음식에는 제한이 없는데 바스크 가정 요리 중심의 생선 요리나 크로켓, 스페인식 오믈렛 요리 등을 주로 올린다. 곁들이는 음료로는 빌바오에서 주로 마시는 콜라와 레드 와인을 섞은 칵테일 칼리모초(Calimocho)나 파이스 바스크의 전통 화이트 와인 차콜리(Txakoli)를 추천한다. 바르가 문을 여는 오전 9시부터 10시 사이에 핀초를 준비하는 대로 진열한다.

누에바 광장 주변의 핀초 바르 MAP p.376-B

• **소르힌술로(Sorginzulo)** : 누에바 광장에 위치한 전통 핀초집. 스페인의 다양한 해산물튀김이나 햄과 치즈 등의 전통 타파스를 핀초로 맛볼 수 있다. **주소** Plaza Nueva, 12

• **수가(Zuga)** : 전형적인 스페인 음식이 아닌 새롭게 변형된 퓨전 요리를 즐길 수 있다. **주소** Goikolan Cueva Kales, s/n

• **구레 토키(Gure Toki)** : 모양과 맛까지 화려한 핀초들을 맛볼 수 있으며 종업원들이 영어를 잘하고 친절하다. **주소** Nueva Plaza, 12

• **빅토르 몬테스(Victor Montes)** : 서서 먹는 핀초 바르가 힘들다면 이곳으로 가자. 내부에 레스토랑 구역이 따로 마련되어 있고 야외 테라스도 있어서 앉아서 음식을 즐길 수 있다. **주소** Plaza Nueva, 8

• **리오 오하(Rio Oja)** : 전통 가정식 요리들로 핀초를 선보이며 테이블에 앉아 마음에 드는 음식들을 주문해 먹을 수 있다. **주소** Txakur Kalea, 4

• **수켈라(Xukela)** : '리오 오하' 바로 옆에 있는 식당으로 하몬 이베리코 핀초가 맛있다. **주소** Txakur Kalea, 2

• **바르 산타 마리아(Bar Santa Maria)** : 1960년대 스타일로 장식한 레스토랑으로 바에 진열되어 있는 핀초 외에 특별 핀초를 주문해 먹을 수 있다. **주소** Santa Maria Kalea, 18

• **가츠(Gatz)** : 생선 대구살을 넣어 만든 오믈렛인 토르티야 데 바칼라오(Tortilla de Bacalao)가 맛있다. **주소** Santa Maria Kalea, 10

• **베르톤(Berton)** : 맛있는 핀초에 퀄리티 높은 와인까지 함께 마실 수 있는 곳. **주소** Jardines Kalea, 11

Plus info

메트로 타고 떠나는 빌바오 근교 여행
빌바오 메트로는 1·2호선뿐이지만 빌바오 시내를
벗어나 약 25km까지 운행되어 하루 정도 메트로
를 타고 여유롭게 근교 마을들을 둘러보기 좋다. 해
수욕장에 면한 마을이나 작은 어촌 마을이 많아 도
시와는 또 다른 휴양 여행이 가능하다. 1호선 종착
점인 플렌치아(Plentzia) 마을이나 2호선 종착점
인 산투르트지(Santurtzi) 어촌 마을, 830m의 해안
선을 자랑하며 서퍼들에게 인기 높은 라라바스테라
(Larrabasterra), 아름다운 바다와 맞닿은 네구리
(Neguri), 세계문화유산에 등재된 철제 다리가 있는
포르투갈레테(Portugalete) 등을 추천한다.

플렌치아 Plentzia

메트로 1호선 플렌치아역에서 나오면 아름답고
평화로운 플렌치아의 강과 함께 동네 사람들의
산책로인 다리가 눈에 들어온다. 다리를 건너
강변 산책로를 따라 걸어보자. 아스티예로
엔파란차(Astillero Enparantza) 광장이 나오고
온 거리만큼 더 가면 항구와 해수욕장에 닿는다.
구시가의 유서 깊은 건물들과 조용하고 나지막하게
흐르는 강물, 그리고 그 위에 두둥실 떠있는
보트들이 한 폭의 그림 같다.
찾아가기 메트로 1호선 Plentzia역에서 하차

포르투갈레테 Portugalete

네르비온(Nervion) 강 어귀에 있는 게초(Getxo)
마을과 포르투갈레테(Portugalete) 마을을
잇는 비스카야 다리(Puente de Vizcaya)는
교통수단이자 물자를 운송하는 기능을 했다.
1893년에 만들어졌으며 45m 높이에 160m
길이를 자랑하는 명물이다. 기존의 다리는 배가
지나갈 때면 통행을 제한한 채 열고 닫았는데
비스카야 다리는 케이블로 연결된 운송대가 매달려
있어 두 마을 사이를 왔다 갔다 하며 사람들과
자동차들을 운반한다. 세계 최초의 철제 다리로
2006년 유네스코 세계문화유산에 등재되었다.
찾아가기 메트로 2호선 Portugalete역에서 하차

휴양과 미식의 도시

산 세바스티안 SAN SEBASTIÁN

SAN SEBASTIAN
MADRID ●

프랑스와 국경을 접하고 있으며 아름다운 해안
선이 있어 오래 전부터 휴양지로 인기가 높았다.
또 프랑스 요리의 영향을 짙게 받아 미식의 고장
으로 유명해졌다. 최근에는 미슐랭이 인정한 톱
셰프들의 레스토랑들이 많이 모여 있어 미식가의
발걸음이 끊이지 않는다. 관광과 휴양에 이어 미
각까지 만족시켜 주어 제2의 전성기를 맞고 있는
도시에서 핀초 바르와 미슐랭 스타 레스토랑을
찾아다니는 미식 여행을 즐겨보자.

ACCESS 가는 법

✈ 비행기
바르셀로나에서 부엘링항공을 타면 산 세바스
티안까지 약 1시간 10분 걸린다. 공항에서 시내까지
는 공항버스 E21번을 탄다. 오전 6시부터 오후 9시
15분까지 1일 15편 운행된다. 자세한 스케줄은 홈페
이지(www.ekialdebus.net) 참조.

🚌 버스
산 세바스티안에서 팜플로나, 빌바오, 마드리
드 등으로 로컬 버스가 다닌다.

목적지	운행 횟수	소요 시간	편도 요금
팜플로나	07:00~21:30, 30분 간격	1시간 15~30분	8€
빌바오	1일 12편	1시간 25분	7~16€
마드리드	1일 17편	5시간 30분 ~6시간	36~46€

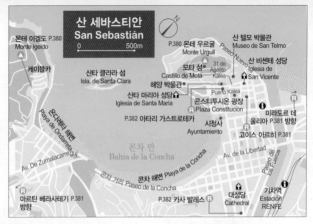

산 세바스티안
San Sebastián
0   500m

몬테 이겔도 P.380
Monte Igeldo

케이블카

산타 클라라 섬
Isla. de Santa Clara

P.380 몬테 우르굴
Monte Urgull

산 텔모 박물관
Museo de San Telmo

모타 성
Castillo de Mota

31 de
Agosto
Kalea

산 비센테 성당
Iglesia de
San Vicente

해양 박물관

Puerto Kalea

산타 마리아 성당
Iglesia de Santa Maria

콘스티투시온 광장
Plaza Constitución

온다레타 해변
Playa de Ondarretagui

P.382 아타리 가스트로테카

시청사
Ayuntamiento

미라도르 데
울리아 P.381 방향

고이스 아르히 P.381

콘차 만
Bahia de la Concha

Av. De Zumalacarregui

콘차 거리 Paseo de la Concha

콘차 해변 Playa de la Concha

Av. de la Libertad

Paseo de los Fueros

마르틴 베라사테기 P.381
방향

P.382 카사 발레스

대성당
Cathedral

기차역
Estación
RENFE

미슐랭 레스토랑에서 맛있는 음식을 먹고 해변에서 여유롭게 휴양까지 즐기려면 2박 정도 머물 것을 추천한다. 산 세바스티안의 중심인 콘차 해변(Playa de la Concha)은 해안 산책로가 잘 정비되어 있다. 산책로를 따라 걸어가면 구시가와 수족관을 지나 전망대가 위치한 몬테 우르굴(Monte Urgull)에 이르게 된다. 전망대를 오르거나 언덕을 한 바퀴 돌아 수릴라 해변(Playa de Zurrila)까지 걸어갈 수도 있다.

산 세바스티안 관광의 하이라이트는 활기찬 구시가다. 1722년에 지어진 콘스티투시온 광장(Plaza de Constitución)은 구시가의 중심으로 산 세바스티안 축제나 행사의 시작점이며 야외 테라스 카페들이 즐비하다. 구시가의 골목은 핀초 골목이라 불릴 정도로 레스토랑과 바르가 밀집해 있으며 먹음직스런 핀초들로 장식해 놓았다. 여름 밤에는 골목마다 사람이 넘쳐나며 특히 트렌타이우노 데 아고스토 거리(31 de Agosto Kalea)는 1800년대부터 핀초 레스토랑들이 모여 있는 곳으로 유명하다.

골목들 사이로 18세기 바로크 양식의 산타 마리아 성당(Iglesia Santa Maria)을 볼 수 있고 성당 앞으로 직진하다 보면 상점들이 즐비한 신시가에서 대성당 부엔 파스토르(Catedral del Buen Pastor)를 만나게 된다.

추천 볼거리
SIGHTSEEING

몬테 우르굴 & 몬테 이겔도   ★★★
Monte Urgull & Monte Igeldo

MAP p.380

산 세바스티안의 전경을 한눈에

구시가를 지나 무엘레 길(Paseo del Muelle)을 따라 걷다가 콘스트루시온 데 바시아(Construccion de Vacia) 조각상을 지나 서서히 언덕을 오르면 몬테 우르굴 꼭대기에 도착한다. 이곳에서 정면으로 보이는 또 다른 언덕이 몬테 이겔도로 온다레타 해변(Playa de Ondarreta) 끝에서 케이블카를 타고 올라갈 수 있다. 정상에는 놀이공원과 전망대가 있는데 아름다운 산 세바스티안의 야경을 볼 수 있는 곳으로 이름 높다. 몬테 우르굴은 아침에, 몬테 이겔도는 해 질 녘에 오를 것을 추천한다.

미슐랭 레스토랑

마르틴 베라사테기 Martín Berasategui

MAP p.380

미슐랭 3스타에 빛나는 고품격 레스토랑

산 세바스티안 외곽에 있어 택시로 이동해야 하지만 그만한 가치가 있다.
미슐랭 3스타에 선정된 마르틴 베라사테기 셰프가 요리하는 레스토랑으로,
추천 메뉴는 그랑 메뉴 데구스타시온(Gran menú degustación).
지금까지 선보인 요리 중 연도별로 가장 사랑받은 것만을 모은 코스 메뉴로,
음식의 모양과 색감이 조화롭게 어우러져 하나의 예술 작품이라 평가받는다.
오징어 먹물이 들어간 라비올리는 씹을 때 입안 가득 고소함이 퍼지고,
어린잎 채소와 꽃으로 장식한 샐러드에서는 화사한 봄향기가 전해진다.
숭어 요리는 생선 비늘과 부드러운 살이 조화를 이뤄 색다른 맛이 느껴진다.

찾아가기 시내에서 택시로 20€ 이내 주소 Loidi Kalea, 4
문의 943 36 64 71(수개월전 예약 필수)
영업 수~토요일 13:00~14:45, 20:30~22:00, 일요일 13:00~14:45
예산 250~300€(음료 별도) 홈페이지 www.martinberasategui.com

미라도르 데 울리아 Mirador de Ulía

MAP p.380

음식도 경치도 모두 예술

산 세바스티안을 이끌어나갈 톱 셰프 4인에 선정된 루벤 트린카도가
요리하는 레스토랑. 미슐랭 1스타에 선정된 맛집으로 시내 동쪽의 울리아
산 중턱에 자리하고 있다. 창밖으로 시원하게 펼쳐지는 멋진 경치까지 함께
즐길 수 있는 곳이다. 질 좋은 식재료만을 엄선하여 재료 본연의 풍미가
살아 있고, 산 세바스티안의 전통 요리에 기반한 창의력 넘치는 메뉴를
선보인다. 미슐랭에서 선정한 레스토랑 중에서 비교적 저렴한 가격으로
계절마다 바뀌는 새로운 요리를 접할 수 있다는 것이 가장 큰 장점이다.
여름 성수기가 아니면 당일 예약으로도 방문이 가능하다.

찾아가기 시내에서 택시로 15€ 이내 주소 Ulia Pasealekua, 193
문의 943 27 27 07 영업 수~토요일 13:30~15:00, 20:30~22:30,
일요일 13:30~15:00 예산 120€~ 홈페이지 www.miradordeulia.es

현지인들이 추천하는 핀초 바르

고이스 아르히 Goiz Argi

MAP p.380

주문 즉시 구워주는 꼬치요리가 인기

테이블 하나 없는 좁은 공간이지만 언제나 현지인들로 북적거리는 인기
바르. 새우와 갑오징어, 꼴뚜기 등 다양한 식재료를 꼬치에 꽂아 보기 좋게
진열해놓고 주문을 하면 즉석에서 모두 구워준다. 특히 새우꼬치
(Brocheta de Gambas)가 맛있기로 유명하다. 종업원과 눈이 마주치면
먹고 싶은 것을 손가락으로 가리켜 주문하자.

찾아가기 구시가의 콘스티투시온 광장에서 도보 5분
주소 Fermin Calbeton Kalea, 4 문의 943 42 52 04
영업 화요일 10:00~16:00, 수~일요일 10:00~16:00, 18:30~23:30
휴무 월요일 예산 채소 그릴 5€~

카사 발레스 Casa Valles

MAP p.380

꾸준히 사랑받는 동네 타파스 집

1942년 문을 연 이후로 지역민들이 꾸준히 찾는 진정한 로컬 맛집. 먹고 싶은 핀초를 고르면 바로 그 자리에서 따뜻하게 데워준다. 스페인식 오믈렛 토르티야, 미트볼, 문어 요리 등이 가장 인기 좋은 메뉴이며, 핀초 외에 타파스로 주문할 수도 있다. 왁자지껄한 분위기 분위기를 즐기고 싶다면 식당 내부에서, 조용히 대화를 나누거나 혼자만의 시간을 가지며 핀초를 먹고 싶다면 테라스에 앉는 것을 추천한다.

찾아가기 대성당에서 도보 3분
주소 Reyes Catolicos Kalea, 10
문의 943 45 22 10 예산 1인 10€
홈페이지 www.barvalles.com

아타리 가스트로테카 Atari Gastroteka

MAP p.380

맛있는 음식과 질 좋은 와인 셀렉션

구시가의 산타 마리아 델 마르 성당 앞에 위치해 찾기 쉽다. 최근 새롭게 리모델링한 내부는 클래식하면서도 깔끔하다. 데리야키 소스를 곁들인 스테이크(Solomillo con Salsa Teriyaki), 문어 요리(Pulpo con la Patata), 대구 요리(Revuelto de Bacalao) 등 다양한 핀초 메뉴가 있다. 야외 테라스석도 있어 여유롭게 식사하기 좋은 곳이다.

찾아가기 구시가의 콘스티투시온 광장에서 도보 5분
주소 Calle Mayor, 18 문의 943 44 07 92
영업 월~토요일 12:00~02:00
예산 핀초 3€~, 주문용 타파스 6€~

Plus info   산 세바스티안 근교로 떠나는 반나절 여행

산 세바스티안 공항이 위치한 중세풍 마을 온다리비아(Hondarribia). 비다소아 강(El Ria Bidasoa)을 사이에 두고 프랑스와 국경을 마주하고 있어 스페인 여느 마을과는 또 다른 풍경이다. 가옥 형태와 색감이 이국적인 느낌을 주는데, 발코니와 창문을 그린, 블루, 레드 등의 짙은 색깔로 칠해 매우 화사하다. 마을 중심 광장에서 에스컬레이터를 타고 뒷산 전망대에 오르면 바다와 항구, 프랑스 국경 너머까지 한눈에 내려다보인다. 동화 속에서 본 듯한 예쁜 마을로 산 세바스티안 시내에서 반나절 여행으로 다녀오기에 좋은 곳이다.

찾아가기 산 세바스티안에서 공항 셔틀버스 21E번을 타면 공항을 거쳐 온다리비아 마을에 정차한다. 약 20분 소요

놓치기 아쉬운
북부 소도시 여행

빌바오와 산 세바스티안 사이의 소도시들은 바다에 둘러싸여 작은 항구를 품고 있으며 눈에 보이는 모든 풍경이 그림처럼 아름답다. 인심 좋고 소박한 어촌 마을에서 맛 좋고 값싼 핀초를 마음껏 맛보자. 대도시와는 또 다른 평화로운 여행을 만끽할 수 있는 곳이다.

ACCESS 가는 법

스페인 전 지역의 주요 도시들을 잇는 알사(Alsa) 버스로 큰 도시 간의 이동이 가능하다. 알사 버스 모바일 앱이나 홈페이지에서 목적지까지의 운행 정보 검색은 물론 티켓 예매도 가능하다.

알사 버스가 닿지 않는 소도시 간의 이동은 비스카이 버스(Bizkaibus)를 이용한다. 파이스 바스크의 해안 마을들을 다니는 로컬 버스로 하루에 적게는 3편, 많게는 8편 정도 시골 마을들 사이를 왕래한다. 홈페이지(www.bizkaia.net)에 들어가 오른편의 bizkaiabus 섹션으로 접속하면 마을 간 이동 경로와 시간표를 확인할 수 있다.

베르메오
Bermeo

활기찬 어촌 마을

바스크 지방의 전형적인 어촌 풍경을 만끽할 수 있는 활기찬 시골 마을이다. 현재까지 어업이 성행해 항구 가득 어선들이 정박해 있고 갓 잡은 싱싱한 해산물로 맛있는 핀초를 만드는 바르가 가득하다. 구시가에는 어부들의 집이 고스란히 남아 있어 현지인의 삶을 엿볼 수 있다. 전망대에 올라 항구의 모습을 한눈에 조망해 보자.

산 후안 데 가스텔루가체
San Juan de Gaztelugatxe

바스크 해안의 절경

빌바오에서 약 50km 떨어져 있으며 베르메오 마을과 바키오(Bakio) 마을 사이에 위치한다. 빌바오 주민들이 추천하는 주말 나들이 장소 중의 한 곳으로 미국 드라마 〈왕좌의 게임〉 촬영지로 최근에 더욱 유명해졌다. 바다로 완전히 둘러싸여 있어 마치 작은 섬과 같은데 231개의 돌로 다리를 만들어 육지와 연결하고 있다. 다리를 건너 섬 꼭대기에 있는 전망대에 오르면 성당이 있다. 성당 밖에서 종을 13번 치면 소원이 이루어진다는 전설이 전해온다. 주변의 에네페리 레스토랑(Restaurate Eneperi)의 야외 정원에서는 섬과 바다 풍경이 아름답게 펼쳐진다.

문다카
Mundaka

서퍼들의 천국

바스크 지방의 여러 마을 가운데 가장 평화롭고 아름다운 마을이다. 과거 어업이 성행했을 때의 모습을 그대로 간직하고 있으며 현재는 일년 내

내 서퍼들과 관광객들의 발길이 끊이지 않는 유명 관광지다. 문다카 마을 관광은 산타 마리아 성당(Iglesia de Santa Maria)이 위치한 아탈라야 전망대(Mirador de la Atalaya)에서 시작한다. 산책로에는 벤치가 마련돼 있어 눈부시게 빛나는 풍경을 한눈에 감상하며 쉬어갈 수 있다. 배 몇 채가 정박해 있는 작은 항구 앞의 야외 카페에서 바라보는 풍경도 멋지다. 주변 건물들은 17~18세기에 지어진 것으로 현재까지 잘 보존되어 있다. 항구에서 언덕 위로 보이는 산타 카탈리나 에르미타(Ermita de Santa Catalina)까지는 도보로 약 15분 걸린다. 바다로 향하는 산타 카탈리나 길을 걸어가다 보면 아름다운 마을과 포구의 풍경을 찍을 수 있는 포토 포인트가 나온다. 20세기 들어 세계적인 서핑 장소로 각광받으며 연중 다양한 서핑 대회가 개최되는 장소이기도 하다. 4m 높이로 400m가 넘는 길이의 파도 터널을 만들어내는 곳으로 유명하다.

엘란초베
Elantxobe

절벽 위에 펼쳐진 예쁜 마을

마을 구조가 재미있다. 마을이 오고뇨(Ogoño) 절벽을 따라 형성돼 절벽 아래에 항구와 상점 몇 개가 모여 있다. 도로를 따라 처음 닿는 마을 어귀는 주차장이자 버스 정류장. 하지만 그 크기가 너무 작아 기다란 버스가 돌아나올 수 없다. 그래서 도로에 설치한 기계판이 움직여 정차한

버스의 앞과 뒤를 바꿔놓는 시스템을 만들었다. 주차장에서 마을 항구로 가기 위해서는 절벽을 따라 난 수십 개의 계단을 걸어 내려가야 한다. 1783년에 만들어진 마을로 모든 집들이 바다를 향하고 있는 작은 어촌이다.

에아
Ea

고즈넉한 풍경이 매력

16세기에 형성된 작은 마을. 중간에 흐르는 강을 기준으로 두 지역으로 나뉘는데 총 4개의 짧은 다리가 두 지역을 연결하고 있다. 여름이면 레케이티오와 문다카를 찾는 관광객들이 잠시 들러가지만 겨울에는 대체적으로 문 닫힌 곳이 많고 고요하다. 카사 룰라르(Casa Lular)라 불리는 소박한 숙박업소가 몇 군데 있어 작은 마을에서 요양 겸 휴식을 원하는 사람이 머물기 좋다. 마을을 지나 강을 따라 걸어나가면 볼 수 있는 썰물 때의 황량한 해안가가 인상적이다.

레케이티오
Lekeitio

현대판 모세의 기적

산 니콜라스 섬을 마주하는 넓고 깨끗한 해수욕장과 항구, 구시가 등을 모두 갖춘 마을이다. 이곳의 하이라이트는 바닷물이 빠지는 썰물 때이다. 온다르트사 바다(Playa Hondartza)와 카라스피오 바다(Playa de Karraspio)에서 정면으로 보이는 산 니콜라스 섬까지 물이 다 빠져나가면서 돌로 만들어놓은 길이 드러나 그 위를 걸을 수 있다. 마치 현대판 모세의 기적을 체험하는 느낌이다. 바다 앞의 넓은 인데펜덴트시아 광장(Plaza Independentzia)은 산책하는 사람들로 늘 붐비는 곳으로 벤치에 앉아 바다와 항구를 감상하기 좋다. 바로 옆에 15세기 고딕 양식 건물인 산타 마리아 성당(Basílica de la Asunción de Santa María)이 위치해 있다. 견고하고 소박한 성당의 모습이 인상적이다. 레케이티오 항구를 따라 레스토랑이 모여 있다. 650m 길이의 카라스피오 해변은 여름철 파이스 바스크 해변들 중에서 사람들이 가장 많이 찾는다. 카라스피오 해변 위 온다로아(Ondarroa) 도시를 향해 위쪽으로 걸어가는 산책로에서는 마을 전망을 감상하기 좋다.

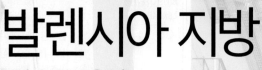

발렌시아 지방
VALENCIA

스페인 동부에 위치한 발렌시아는 북쪽으로는 코스타 델 아사아르(Costa del Azahar), 남쪽으로는 코스타 블랑카(Costa Blanca)라 불리는 해안선을 따라 지중해에 면해 있다. 일년 내내 온난하고 녹음이 풍부한 도시로 해마다 550만 명이 넘는 관광객이 해수욕과 태닝을 즐기기 위해 찾아온다. 수세기 동안 마드리드와 바르셀로나의 그림자에 가려져 있었으나, 최근 발렌시아 출신의 건축가 산티아고 칼라트라바(Santiago Calatrava)가 설계한 예술 과학 도시 같은 웅장한 건축물들이 주목을 받으면서 휴양지에서 관광지로 새롭게 발돋움하고 있다.

INTRO
발렌시아 지방 이해하기

발렌시아의 역사

기원전 138년 로마인은 투리아 강(Río Turia) 기슭에 발렌시아 도시를 세웠다. 이후 아랍인들이 비옥한 토지에 물을 댈 관개시설을 확장하며 농업과 산업의 중심지로 발전해 오늘날 스페인에서 제일가는 쌀 생산지가 되었다. 스페인의 대표적인 쌀 요리인 파에야도 발렌시아 지방에서 탄생했다. 1094년 카스티야의 왕 엘 시드(El Cid)가 이슬람 세력을 물리치고 1238년 카탈루냐 왕국에 통합됨에 따라 가톨릭의 역사가 시작되었다. 지중해의 교역 중심지로 15~16세기에 전성기를 누린 발렌시아는 스페인 왕위 계승 전쟁과 내전으로 어려운 역사의 길을 걷기도 했다.

발렌시아
근교 도시

마드리드에서 가장 가까운 해안 리조트 지역을 품고 있는 발렌시아 지방은 지중해성 기후의 특징을 잘 보여주며 좁고 긴 해안선을 따라 해수욕장이 잘 정비돼 있어 여름철 휴양을 즐기려는 관광객이 많이 찾아온다. 바르셀로나 근교 도시 타라고나(Tarragona)가 위치한 코스타 도라다(Costa Dorada)와 접한 남부 지역을 코스타 델 아사아르

(Costa del Azahar)라고 부른다. 이 지역에 속한 주요 도시로는 페니스콜라(Peñíscola), 카스테욘 데 라 플라나(Castellón de la Plana), 간디아(Gandía), 올리바(Oliva) 등을 꼽을 수 있다. 휴양과 관광을 모두 만족시켜주는 도시들이다. 주도인 발렌시아 시 아래쪽에 위치한 알리칸테(Alicante) 지역에는 백색 모래사장이 이어진 코스타 블랑카(Costa Blanca)의 유명한 해변들이 펼쳐져 있다. 고급 리조트가 모여 있는 베니도름(Benidorm), 발렌시아 중심 도시로 활기찬 분위기의 알리칸테(Alicante), 등산 코스가 아름다운 칼프(Calp), 스페인의 시골 마을 정취를 물씬 풍기는 데니아(Dénia) 등이 있다.

발렌시아 기후

매년 550만 명이 넘는 유럽 관광객들이 발렌시아 지방을 찾는 이유는 도시 외곽의 좁고 긴 해안인 코스타 델 아사아르에서 지중해성 기후를 만끽하며 여름을 보내기 위해서이다. 여름철 한낮의 태양이 내리쬐는 정오 무렵에는 바다에서 낮잠과 수영을 즐기고, 해가 살짝 기운 오후 5시 이후에는 해안가 마을을 구경하거나 관광을 즐기기 좋다. 저녁에는 서늘한 바람이 불어 야외 테라스에서 밤을 보내기에 적절하다. 일년 내내 온난해 겨울에도 관광하기 좋다.

발렌시아 음식

농업이 번성한 발렌시아 지방은 스페인 최대의 쌀 생산지로 오래전부터 직접 재배한 쌀로 음식을 만들어 먹어왔다. 오늘날 스페인 전 지역에서 맛볼 수 있는 파에야는 발렌시아 지방의 대표 요리이다. 해산물, 닭고기, 토끼고기, 채소 등을 넣어 만든 다양한 종류의 파에야를 먹을 수 있다. 또 하나 유명한 것은 오렌지. 발렌시아 오렌지는 세계적으로도 높은 생산량을 자랑한다. 시내 곳곳의 카페와 바르에서 바로 갈아주는 신선한 오렌지 주스를 싼 가격에 마실 수 있다.

Valencia 01

발렌시아 **VALENCIA**

MADRID ●

VALENCIA

스페인 제3의 도시 발렌시아는 햇살이 강하고 푸른 지중해를 끼고 있어 오랜 세월 휴양지로 사랑받아 왔다. 구시가에는 이 도시의 역사를 말해주는 유서 깊은 건물들이 발길을 붙잡는다. 스페인 대표 요리 파에야의 본고장답게 시내의 어느 레스토랑에 들어가도 맛있는 파에야를 맛볼 수 있다. 외곽에는 건축물 자체가 하나의 예술 작품인 예술 과학 도시가 시선을 압도한다. 또한 매년 봄에는 스페인 3대 축제 중 하나인 불 축제가 성대하게 열려 도시를 뜨겁게 달구며 잊지 못할 추억을 선사한다.

발렌시아
Valencia

0   200m

버스 터미널

식물원
Jardi Botànic

Àngel Guimerà역

Gran Via de Ferran el Catòlic

Carrer de Guillem de Castro

카넬라 P.396

Carrer de Quart

Pl. Espanya역

A

B

Carrer de Blanqueria

Carrer de València

Av. del Baró de Càrcer

발렌시아 중앙시장
Mercat Central de Valencia

라 론하 데 라 세다 P.394
La Lonja de la Seda

시청사
Ayuntamiento

발렌시아 북역
Estación Valencia Nord

Av. del Marquès de Sotelo

시청 앞 광장
Plaça de l'Ayuntamiento

레이나 광장
Plaza de la Reina

비르헨 광장
Plaza de la Virgen

발렌시아 호아킨 소로야역
(Estación Valencia Joaquín Sorolla) 방향

대성당 P.394
Cathedral

국립 도자기 박물관 P.395
Museo Nacional de Cerámica González Martí

Carrer de Don Juan de Austria

Carrer de la Pau

알폰스 엘 마그나님 광장
Plaça d'Alfons el Magnànim

Colón역

카사 로베르토
P.396

C

레알 다리
Puente del Real

왕립 정원
Jardines del Real

D

Gran Via Marquès del Túria

Carrer de Sorní

Pont de
l'Exposició

Paseo de la Alameda

Av. del Botánico Cabanilles

Alameda역

불 축제 박물관 P.396,
예술 과학 도시 P.395 방향

Facultats역

발렌시아 가는 법

발렌시아는 스페인 국내의 주요 도시와 주변 국가에서 열차와 버스, 비행기를 타고 갈 수 있다. 주로 열차와 버스를 이용하며 비행기는 이지젯, 라이언에어, 부엘링항공 등 저가 항공을 이용하는 경우가 많다. 발렌시아의 시내 교통수단은 메트로, 버스, 트램 등 다양하다.

열차

발렌시아의 기차역은 2곳이다. 발렌시아 호아킨 소로야역(Estación de Valencia-Joaquín Sorolla)에서는 발렌시아와 마드리드 간 고속열차(AVE) 외에도 바르셀로나, 알리칸테, 카스테욘, 알바세테행 열차가 발착한다. 발렌시아 북역(Estación Valencia Nord)에서는 세비야, 프랑스 국경 지대인 포르트 보우, 그라나다, 사라고사, 빌바오 외에도 스페인 대부분의 지역을 연결하는 열차가 발착한다. 두 역은 걸어서 약 10분이면 오갈 수 있을 정도로 가깝다. 시내 중심인 시청 앞 광장까지는 도보로 약 15분 걸린다.

마드리드 아토차역 출발
운행 1일 10여 편, 약 2시간 소요 요금 편도 25~58€
바르셀로나 산츠역 출발
운행 1일 20여 편, 3~4시간 소요 요금 편도 30~40€

버스

스페인의 주요 도시는 물론 포르투갈의 리스본 등에서 오는 모든 버스가 발렌시아 버스 터미널에 정차한다. 발렌시아 버스 터미널에서 구시가까지는 도보로 약 15분 걸린다.

마드리드 남부 버스 터미널
운행 아반사(Avanza) 버스가 1일 9편, 약 4시간 15분 소요
요금 편도 27~37€
버스 홈페이지 www.venta.avanzabus.com

바르셀로나 북부 버스 터미널
운행 알사(Alsa) 버스가 1일 10편, 약 4시간 15분 소요
요금 편도 16~35€
버스 홈페이지 www.alsa.es

시내 교통

기차역이나 버스 터미널에서 구시가까지는 걸어서 충분히 갈 수 있다. 시내 관광도 대부분 도보로 가능하지만, 불 축제 박물관이나 예술 과학 도시 등으로 갈 때는 버스를 타고 이동한다. 메트로는 총 9개의 노선이 있으며, 외곽이나 해안으로 갈 때 메트로를 타면 쉽게 이동할 수 있다. 구시가에서 로컬 버스 EMT 95번을 타면 예술 과학 도시로 이동이 가능하다.

홈페이지 www.emtvalencia.es

발렌시아 둘러보기

발렌시아 북역에서 구시가까지는 걸어서 약 15분 정도 걸린다. 마르케스 데 소텔로 대로(Av. del Marqués de Sotelo)를 따라 직진하면 도시의 중심이자 아름다운 꽃 정원이 있는 시청 앞 광장(Plaça de l'Ayuntamiento)에 닿는다. 광장에서 북서쪽으로는 재래시장인 중앙시장(Mercat Central)을 둘러볼 수 있다. 레이나 광장(Plaza de la Reina)에는 대성당을 비롯해 볼거리가 집중되어 있다. 오른쪽 다리를 건너 왕립 정원(Jardines del Real)에서부터 약 4km의 산책로가 나 있다. 산책로가 끝나는 지점에는 바다가 펼쳐진다. 예술 과학 도시(CAC)는 도보로 약 40분 걸린다. 걷기에 부담스럽다면 시청 앞 광장에서 95번 버스를 타면 된다.

추천 볼거리
SIGHTSEEING

대성당 ★★★
Cathedral

MAP p.392-D

발렌시아의 랜드마크

1262년 이슬람 시대의 모스크가 있던 자리에 짓기 시작해 약 200년간 작업을 이어와 15세기 들어서 비로소 완성되었다. 남쪽의 팔라우 문(Puerta del Palau)은 로마네스크 양식, 북쪽의 사도의 문(Puerta de los Apóstoles)은 고딕 양식, 정면 입구의 파사드(Puertas de los Hierros)는 바로크 양식으로 지어 발렌시아 건축 역사를 한눈에 보여준다.

내부에는 성배 예배당(La Capilla del Santo Cáliz)이 있으며 그리스도가 최후의 만찬에서 사용했다는 성스러운 술잔이 장식되어 있다. 또 대성당 남서쪽 모퉁이에는 나선형 돌계단이 있는데, 이 계단을 따라 올라가면 미겔레테 탑(Torre del Miguelete)이 나온다. 전망대에서 발렌시아 시내 전경을 한눈에 조망할 수 있다.

찾아가기 발렌시아 북역에서 도보 20분
주소 Plaça de l'Almoina, s/n **문의** 963 918 127
운영 6~9월 월~토요일 10:00~18:30(10~5월은 ~17:30), 일요일 · 공휴일 14:00~18:30(10~5월은 ~17:30)
미사 월~금요일 08:00, 09:00, 09:45, 11:00, 12:00, 18:00, 19:00, 20:00, 토요일 18:00, 19:00, 20:00, 일요일 · 공휴일 08:00~13:00 매 시간, 18:00,19:00, 20:00 **홈페이지** www.catedraldevalencia.es
미겔레테 탑
입장 월~토요일 10:00~18:30, 일요일 10:00~13:00, 17:00~18:30 **요금** 일반 2€

라 론하 데 라 세다 ★★★
La Lonja de la Seda

MAP p.392-B

건물 자체가 하나의 예술품

론하(Lonja)란 스페인어로 거래소, 시장이라는 뜻이다. 15세기 말 이슬람 왕궁 터 위에 비단 상품 거래소로 건축되었다. 고딕 양식으로 지어졌으며 건물 입구 정면이나 천장의 화려한 조각, 아름답게 장식된 창문과 나선형 기둥 등이 멋스럽고 내부에서 창문을 통해 바라보는 바깥 풍경도 아름답다. 1996년 유네스코 세계문화유산으로 등재되었으며 현재는 박람회장이나 다양한 이벤트장으로 활용되고 있다.

찾아가기 대성당에서 도보 10분
주소 Carrer de la Lonja
전화 926 084 153
운영 월~토요일 10:00~19:00, 일요일 · 공휴일 10:00~14:00
휴무 5/1, 6/1, 12/25
요금 일반 2€

예술 과학 도시
Ciutat de las Arts I las Ciències(CAC)
★★★

MAP p.392-C

세계 최고 건축가의 걸작

발렌시아 도시 외곽에 있는 거대 규모의 복합 오락 시설과 박물관이다. 넓은 대지 위에 커다란 대형 조각품과도 같은 아름다운 건물이 여러 채 놓여있는데 IMAX 영화관과 과학 박물관(Museu de les Ciéncies), 오페라와 콘서트를 즐길 수 있는 예술관(Palau de les Arts), 유럽 최대의 수족관이 위치한 해양 박물관 로세아노그라픽(L'oceanografic) 등이 모여 있다. 특히 발렌시아 태생의 유명 건축가 산티아고 칼라트라바(Santiago Calatrava)의 작품은 마치 타임머신을 타고 미래 도시에 온 듯 간결하면서도 임팩트가 강하다. 잠시 들러 유명 건축가의 작품을 감상하거나 박물관과 수족관, 극장 등에서 하루 종일 놀기 좋은 곳이다.

찾아가기 메트로 3·5호선 Almeda역에서 도보 15분, 또는 버스 터미널에서 95번 버스로 40분
주소 Av. del Professor López Piñero, 7
문의 961 974 686 운영 **영화관과 과학박물관** 월~목요일 10:00~18:00(금~일요일은 ~19:00, **해양 박물관** 금~일요일 10:00~18:00(토요일은 ~20:00) ※시즌별로 문을 여는 날짜가 다르므로 홈페이지에서 미리 확인할 것.
요금 과학 박물관 8€, 해양 박물관 30.70€
홈페이지 www.cac.es

국립 도자기 박물관
Museo Nacional de Cerámica González Martí
★★

MAP p.392-C

발렌시아의 도예 수준을 한눈에

발렌시아의 3대 도자기인 마니세스(Manises), 파테르나(Paterna), 알코라(Alcora)를 중심으로 스페인 곳곳에서 모은 5000여 점의 도자기를 전시하고 있다. 3층에는 벽 전체에 타일 벽화를 붙인 19세기 발렌시아의 전형적인 주방을 재현하고 있다. 후작의 궁전이었던 건물도 주의 깊게 살펴보자. 내부 장식과 가구, 소품은 물론 로코코 양식의 정면 입구 파사드까지 볼거리가 풍부하다.

찾아가기 대성당에서 도보 10분
주소 Calle del Poeta Querol, 2
문의 963 516 392
운영 화~토요일 10:00~14:00, 16:00~20:00, 일요일 10:00~14:00 휴무 월요일
요금 3€(토요일 16:00 이후, 일요일, 5/18(미술관의 날) 전체 무료)

불 축제 박물관
Museu Faller de Valencia ★

MAP p.392-C

발렌시아 불 축제의 역사를 한눈에

매년 봄 발렌시아에서 열리는 불 축제는 스페인의 3대 축제 중 하나로 손꼽힌다. 축제 기간에는 시내 곳곳에 크고 작은 수백 개의 인형이 전시되고 가장 마음에 드는 인형을 뽑는 콘테스트가 열린다. 축제 절정인 마지막 날 밤, 가장 득표수가 많은 인형을 제외한 나머지 인형들은 모두 불태워 도시 전체가 화염에 휩싸인다. 콘테스트에서 우승한 인형은 이곳 박물관에 전시된다. 박물관에서는 우승한 인형 외에도 사진과 잡지, 영상 등을 통해 당시의 축제 현장을 볼 수 있다.

찾아가기 시청 앞 광장에서 14번 버스로 15분, 사라고사 광장(Plaza de Zaragoza)에서 25번·95번 버스로 30분 주소 Plaza Monteolivete, 4 문의 963 525 478 운영 월~토요일 09:30~19:00, 일요일·공휴일 09:30~15:00

요금 2€(일요일·공휴일 전체 무료)
홈페이지 www.fallas.com

 ## 추천 레스토랑

카넬라 Canela

MAP p.392-B

정통 파에야를 맛볼 수 있는 레스토랑

2인용 애피타이저와 파에야, 디저트가 포함된 세트메뉴가 20€ 선에서 시작한다. 해산물을 넣은 파에야, 오징어 먹물로 요리한 파에야 네그로(Paella Negro) 등이 메뉴에 포함된다. 저녁 시간에 오래 기다리지 않으려면 미리 예약하는 것이 좋다.

찾아가기 대성당에서 도보 15분
주소 Calle de Quart, 49
문의 963 917 538
운영 화~일요일 13:30~16:00, 20:30~23:30
휴무 월요일 예산 특별 세트 18~22€
홈페이지 www.restaurantecanela.es

카사 로베르토 Casa Roberto

MAP p.392-C

현지인들이 추천하는 식당

가격은 조금 비싸지만 맛있는 파에야로 정평이 난 곳이다. 파에야는 조리 시간이 오래 걸리므로 기다리는 동안 애피타이저를 먼저 맛보자. 메뉴판이 따로 없고 주방장이 그날의 재료에 따라 메뉴를 추천해 준다. 양도 푸짐해서 만족스럽게 먹을 수 있다.

찾아가기 발렌시아 북역에서 도보 15분
주소 Carrer del Mestre Gozalbo, 19 문의 963 951 361
운영 화~토요일 13:00~16:00, 20:30~23:00, 일요일 13:00~16:00 휴무 월요일
예산 애피타이저 15~18€, 파에야(1인) 17~20€
홈페이지 www.casaroberto.es

불 축제, 라스 파야스(Las Fallas)

매년 3월 12일부터 19일까지 8일 동안 열리는 축제로 스페인의 3대 축제 중 하나로 손꼽힌다. 파야스(Fallas)란 나무와 특수 종이로 만든 거대한 인형을 가리키는 말로, 최고 15m에 이르는 높고 커다란 인형부터 기발한 아이디어로 꾸민 인형, 유명 인사나 불필요한 관습 또는 정치적 풍자를 한 인형 등 모습도 다채롭다. 축제 기간에는 도시 전체가 커다란 인형들로 가득 차며 가장 마음에 드는 인형을 뽑는 콘테스트도 열린다. 발렌시아에서는 이 축제를 준비하기 위해 1년간 엄청난 투자를 하는데, 그만큼 관광객들에게 평생 잊지 못할 추억을 선사한다. 발렌시아 근교의 작은 마을에서도 이 축제에 참가하기 위해 각자 파야스(인형)를 준비해온다. 거리 곳곳에 수많은 인형들과 함께 커다란 장이 열리며, 발렌시아 지방의 대표 음식인 파에야와 오르차타(Horchata), 추로스 등 다양한 먹을거리를 맛볼 수 있다. 그 밖에 전통 퍼레이드, 야외 콘서트와 불꽃놀이, 투어 등에도 참여할 수 있다. 축제 마지막 날 자정이 지나면 불꽃놀이가 벌어지는 가운데 콘테스트에서 우승한 인형을 제외하고 나머지 모든 파야스를 불태운다. 축제와 관련된 자세한 정보와 프로그램 일정은 홈페이지 참조.

홈페이지 www.fallasvalencia.es

토마토 축제, 라 토마티나(La Tomatina)

발렌시아에서 열차로 50여 분 떨어져 있는 작은 시골 마을 부뇰(Buñol)에서는 매년 8월의 마지막 수요일에 하얀 옷을 입고 토마토를 던지는 라 토마티나(La Tomatina) 축제가 열린다. 축제에 참여하는 사람들은 하루 전날 부뇰 마을에 도착해 밤새 파티를 즐긴다. 축제는 다음 날 오전 11시에 1시간 동안 진행된다. 주로 유럽의 젊은이들이 참가하며 시골 마을의 작은 축제여서 화려한 볼거리는 없다.

홈페이지 www.tomatina.es

아름다운 풍경을 담은 지중해 마을
페니스콜라 PEÑÍSCOLA

PEÑÍSCOLA
MADRID

발렌시아 북쪽에 위치한 페니스콜라는 끝없이 펼쳐진 모래사장과 해변을 따라 하얀 집들이 보석처럼 빛나는 마을이다. 마을은 좁은 모래 언덕으로 육지와 연결되어 있고 표고 35m 높이로 돌출된 바위 위에는 성이 있다. 언덕 위의 하얀 집들과 성, 푸른 바다와 강렬한 태양이 어우러져 다른 어느 곳에서도 볼 수 없는 독특한 마을 풍경을 그려낸다. 구시가는 자갈이 깔린 좁은 골목들이 미로처럼 이어져 있고 하얀 집들을 감싸안듯 성벽이 둘러싸고 있다. 발렌시아를 찾는 여행객들이 첫손에 꼽을 정도로 아름다운 풍경과 해변의 낭만을 즐길 수 있는 아담한 마을이다.

ACCESS 가는 법

🚆 열차
페니스콜라까지 한 번에 가는 열차는 없다. 바르셀로나, 마드리드, 발렌시아, 타라고나, 알리칸테, 세비야 등에서 출발하는 열차를 타고 베니카를로(Benicarló)까지 간 후 로컬 버스를 타고 페니스콜라로 이동하면 된다(편도 5.75€). 버스는 오전 7시 30분부터 오후 11시까지 30분 간격으로 운행된다. 버스 정류장에 내려 마을 중심까지는 도보로 약 10분 걸린다.

🚌 버스
마드리드에서 페니스콜라까지 아반사(Avanza) 버스가 1일 1편 운행되며 약 7시간 소요. 요금 편도 40€
버스 홈페이지 www.venta.avanzabus.com

페니스콜라
Peñíscola
0   50m
N

Av. De Lamar
Calle Calabuch
Calle Calabuch
Av. Dr. D. Marcelino Roca
보우스 광장
Plaça de Bous
시청사
Ayuntamiento
General Aranda
Calle Saiz de Carlos
Juan José Fuladosa
Calle Mayra
Calle San Vicente
Calle San Roque
Calle Subida al Castillo
Jaime Sanz Roca
페니스콜라 성 P.
Castillo de Peñísc
Calle Atarazanas
Calle Príncipe

페니스콜라 둘러보기

구시가를 통해 커다란 바위 위에 위치한 페니스콜라 성 안으로 들어갈 수 있다. 마을 내의 모든 관광지를 도는 작은 관광열차(Tren Turistico)는 파세오 마리티모(Paseo Maritimo)와 로스 델피네스 호텔(Hotel Los Delfines) 앞에서 탑승 가능하다. 편하게 투어를 즐길 수 있어 여행자들이 많이 이용한다. 해안가에는 해산물 레스토랑들이 모여 있다. 특히 파파 루나 대로(Avenida de Papa Luna)에는 파에야 집과 그릴 요리를 먹을 수 있는 레스토랑이 밀집해 있어 식사를 하기에 좋다. 가까운 곳에 바세타 해변(Playa Basseta), 토레노바 해변(Playa Torrenova), 이르타 해변(Playa Irta), 페브레트 해변(Playa del Pebret) 등 수십 개의 해변이 끝없이 이어진다. 페니스콜라에서 남쪽으로 뻗어 있는 시에라 데 이르타(Sierra de Irta)는 국립공원이자 해양보호구역으로 렌터카나 산악 자전거 렌털 투어로 갈 수 있다.

추천 볼거리
SIGHTSEEING

페니스콜라 성 ★★
Castillo de Peñíscola

MAP p.398

페니스콜라의 상징

1294년에 짓기 시작해 1307년에 완공되었다. 바다 수면에서 64m 높이의 꾸불꾸불한 성벽이 눈길을 끈다. 14세기 템플 기사단이 아랍 유적 위에 세운 것이다. 후에 교황 베네딕토 13세(Benedicto XIII)가 거처로 사용했으며, 크고 작은 보수 공사를 거쳐 현재의 모습에 이르렀다. 성벽 사이로 아사아르 해안을 수놓는 해변을 바라볼 수 있다.

찾아가기 페니스콜라 마을 중심에 위치
주소 Castillo de Peñíscola, C/Castillo, 12
운영 10/16~4/9 10:30~17:30,
4/10~10/15 09:30~21:30 요금 5€

Plus info 페니스콜라 북쪽의 해안 도시, 모렐라(Morella)

페니스콜라에서 베니카를로(Benicarló)와 비나로스(Vinaròs)를 지나 내륙으로 들어가면 산이 많아 캠핑족과 등산객들이 많이 몰린다. 낮은 산등성이에 작은 시골 마을이 모여 있는데, 그중 모렐라 마을은 중세 요새 도시의 좋은 본보기다. 마을 전체의 약 2km가 성벽으로 둘러쳐졌으며 총 7개의 문을 외부와 연결하는 통로로 사용한다. 성벽 안은 좁은 골목길과 가파른 계단이 얽혀 있는 스페인 옛 마을 풍경을 고스란히 간직하고 있다. 직접 만든 꿀과 치즈, 소시지 등을 파는 식료품점들이 골목마다 줄지어 있어 소소한 쇼핑도 즐길 수 있다. 언덕 정상에 있는 성 위에 올라가면 주변의 전원 풍경을 만끽할 수 있다.

찾아가기 카스테욘(Castellón)에서 출발해 산 마테오(San Mateo)를 지나 모렐라를 연결하는 버스가 오전 8시부터 오후 10시까지 1일 20여 편 운행한다. 이 버스를 타고 비나로스(Vinaròs)로 이동할 때 산 마테오에서 갈아탈 수 있다. 주말에는 운행 시간표가 바뀌므로 홈페이지에서 미리 확인한다.
홈페이지 www.autosmediterraneo.com

유럽인들이 사랑하는 여름 휴양지
코스타 블랑카 COSTA BLANCA

MADRID
COSTA BLANCA

코스타 블랑카는 스페인어로 '백색 해안'이라는 뜻이며, 발렌시아 남쪽의 데니아(Dénia)부터 필라르 데 라 오라다다(Pilar de la Horadada)까지를 코스타 블랑카 해안이라 일컫는다.

고운 모래와 끝없이 이어지는 해안선, 그리고 따뜻한 태양에 반한 유럽인들이 여름 휴가를 보내기 위해 많이 찾아오는 곳 중 하나이다. 코스타 블랑카 해안을 따라 리조트와 별장이 가득하지만 내륙으로 들어가면 해안의 분위기와는 사뭇 다른 발렌시아 전통 마을이 모여 있다. 여름에는 해변과 시내의 모든 숙소가 가득 찰 정도로 피서객들이 몰려들지만, 비수기에는 성수기의 절반 가격으로 예약할 수 있어 북유럽인들이 와서 몇 달간 쉬어가는 것이 일반적이다. 곳곳에 레스토랑과 다양한 숍들이 줄지어 있고 가족 단위 여행객을 위한 놀이시설 등이 잘 배치되어 있어 도시를 벗어나 바다에서 여유롭게 휴가를 즐기기에 안성맞춤이다.

ACCESS 가는 법

발렌시아에서 코스타 블랑카의 알리칸테까지 알사(Alsa) 버스가 운행한다. 알리칸테에서 베니도름을 거쳐 데니아까지는 트램이 연결되어 있다. 대중교통을 이용하는 여행자라면 버스와 트램을 적절히 섞어 이용하면 된다.

트램 홈페이지 www.tramalicante.es

코스타 블랑카
Costa Blanca

N

간디아
Gandia

데니아 P.401
Dénia

P.401 알테아
Altea

칼페 P.401
Calpe

베니도름
Benidorm

P.401 알리칸테
Alicante

산타 폴라
Santa Pola

과르다마르 델 세구라
Guardamar del Segura

토레비에하
Torrevieja

필라르 데 라 오라다다
Pilar de la Horadada

추천 볼거리
SIGHTSEEING

데니아
Dénia ★★

MAP p.400

옛 모습을 간직한 해변 도시

그리스 시대부터 식민지로 발전한 역사 깊은 도시. 로마 시대에 지어진 성과 성벽이 그대로 남아 있고 성벽을 따라 옛 스페인의 전통 가옥들이 늘어서 있다. 발렌시아의 부유층들이 별장을 소유하고 있어 마을 곳곳에 부티크 숍과 고급 레스토랑이 많이 있다. 북쪽으로는 마리나 모래 해변(Playa de la Marina)과 바위로 된 만이 아름다운 로타스 해변(Playa de las Rotas) 등이 있다.

알리칸테
Alicante ★★

MAP p.400

천혜의 자연을 품은 빛의 도시

코스타 블랑카의 중심 도시로 아름다운 해안선이 끝없이 펼쳐져 있다. 로마인들이 '빛의 도시'라 부른 것처럼 바다를 즐기기 가장 좋은 도시. 바다 수영에 지칠 때쯤에는 지상에서 약 150m 높이에 위치한 언덕 정상의 산타 바르바라 성(Castillo de Santa Barbara)에 올라 지중해와 알리칸테의 시내 풍경을 한눈에 바라보자.

베니도름
Benidorm ★★

MAP p.400

지중해의 대표 휴양지

유럽인에게 인기 있는 휴양지로 스쿠버다이빙이나 바다낚시, 윈드서핑 등 다양한 해양 스포츠를 즐길 수 있다. 고급 리조트가 많이 모여 있어 바다 수영보다 리조트 안에서 원스톱으로 모든 것을 해결하며 수영장 시설을 즐기고 싶은 휴양객에게도 제격이다.

칼페
Calpe ★★

MAP p.400

해수욕과 산행을 모두 즐기는 마을

해안을 따라 고도 322m의 바위산, 페뇬 데 이파크(Peñón de Ifach)가 솟아 있어 휴양과 함께 간단한 산행도 즐길 수 있다. 산 정상까지 오르는 데 1시간 정도 걸린다. 등산로가 잘 정비돼 있으며 산 위에서 아름다운 해안과 포살 바다(Playa de El Fosal)가 내려다보인다. 해변 근처에는 해산물 레스토랑들이 즐비하다.

알테아
Altea ★★

MAP p.400

조용하고 한가로운 예쁜 마을

코스타 블랑카 해안에서 큰 도시들의 상업적인 모습에 실망했다면 알테아에 주목하자. 좁은 길 양쪽에 가득한 새하얀 건물들은 그리스를 연상시킨다. 푸른 지중해변은 여름 성수기에도 다른 도시들에 비해 한산하고 평화로운 모습이다. 작은 시골 마을에서 로컬들의 일상을 들여다보고, 소박한 숍을 구경하며 여유롭게 보내고 싶은 여행자에게 추천한다.

발레아레스 제도
ISLAS BALEARES

스페인 대륙 오른편의 지중해에 떠있는 섬들로, 가장 큰 섬인 마요르카, 때 묻지 않은 자연 그대로를 간직한 메노르카, 세계 최고의 클러버들이 모이는 이비사, 가장 작은 섬인 포르멘테라 등을 포함한다. 이들 섬은 여름 휴가가 한 달 가까이 되는 유럽인들이 가장 선호하는 휴양지로, 카탈루냐 지방 다음으로 관광객이 많이 찾는다. 마요르카 섬은 주로 영국인과 독일인들이 많이 오고, 이비사 섬의 클럽 시즌에는 섬 전체가 이탈리아인들로 물결을 이룬다. 네 섬의 총 인구수보다 더 많은 관광객이 방문한다고 하니 발레아레스 섬의 인기를 짐작할 수 있을 것이다. 섬 여행은 따뜻한 날씨가 시작되는 5월 초부터 10월 초까지가 최적이며 태닝과 바다 수영을 즐기기에 안성맞춤이다.

메노르카 섬 p.413
마요르카 섬 p.405
이비사 섬 p.417

ACCESS
ISLAS BALEARES

발레아레스 제도 가는 법

발레아레스 제도는 스페인 내륙과 유럽 각지에서 비행기나 페리를 이용해 갈 수 있다. 바르셀로나에서 라이언에어, 부엘링항공 등 저가 항공을 이용하는 경우가 많고, 페리는 바르셀로나 또는 발렌시아에서 각 섬을 오가는 편이 있다.

비행기

마요르카 섬의 주도이자 발레아레스 제도의 수도인 팔마 데 마요르카(Palma de Mallorca)로 이동하는 항공편이 많다. 바르셀로나에서 팔마 데 마요르카로 이동하는 항공편은 약 40분 소요되고, 마드리드에서 팔마 데 마요르카로 이동하는 항공편은 약 1시간 30분 소요된다. 바르셀로나에서 출발하는 것이 마드리드에서 출발하는 것보다 가격도 저렴하고 이동편도 다양하다.

벨기에, 덴마크, 프랑스, 독일, 아일랜드, 이탈리아, 포르투갈 등에서 발레아레스 제도로 가려면 라이언에어를, 코펜하겐, 크로아티아, 제노바, 룩셈부르크, 밀라노, 뮌헨, 파리, 프라하,

로마, 베네치아, 취리히 등에서는 부엘링항공을 이용한다. 마요르카 공항은 시내에서 약 8km, 메노르카 공항은 약 4km 떨어져 있으며 버스나 택시, 렌터카를 이용해서 시내로 가면 된다.

페리

스페인 내륙에서는 바르셀로나 또는 발렌시아에서 팔마 데 마요르카, 이비사 섬을 연결하는 페리가 있다. 섬 간의 이동은 팔마 데 마요르카와 이비사 섬을 연결하는 페리가 있어 편리하다. 운항 편수와 요금은 시즌에 따라 달라지므로 페리 회사의 홈페이지를 참조한다. 페리 내부에는 객실 외에도 레스토랑, 야외 테라스, 어린이 놀이방, 라운지 바 등 부대시설이 잘 갖춰져 있다.

페리 홈페이지 www.trasmediterranea.es/en

발레아레스-주요 도시 간의 페리 운항 정보

운항 구간	소요 시간
바르셀로나 - 팔마 데 마요르카	8시간
바르셀로나 - 이비사	9시간
발렌시아 - 팔마 데 마요르카	8시간
발렌시아 - 이비사	6시간 30분
팔마 데 마요르카 - 이비사	3시간 45분

> **Tip** 발레아레스 제도 여행 팁
> 발레아레스 제도의 여행 목적은 관광이 아닌 휴양이기 때문에 조용하고 깨끗하며 아름다운 해안가를 찾는 게 관건이다. 특히 가장 큰 섬인 마요르카 섬과 메노르카 섬은 공항에서 숙소로 이동하거나, 숙소에서 바다로 이동할 때 렌터카를 이용할 것을 권한다. 마요르카 섬은 적어도 3박 이상 머무르며 여유롭게 쉬어갈 것을 추천하며, 1~2박으로 일정이 짧다면 마요르카 섬보다는 메노르카 섬이나 이비사 섬을 선택하는 게 좋다. 푹 자고 일어나 오전 11시쯤 아침 식사 후 바다에서 수영이나 태닝을 즐긴 후 점심을 먹거나 늦은 브런치를 맛보며 하루 종일 해변에서 시간을 보낸다. 오후 6~7시까지 해변에 누워 책을 보거나 낮잠을 잔 후 저녁 식사로 발레아레스 전통 음식을 먹고 시간을 보내면 며칠이 눈 깜박할 새에 흘러간다. 장기간 휴양하는 관광객들이 많아 숙소도 호텔뿐 아니라 렌털 아파트가 많다.

마요르카 섬 **MALLORCA**

발레아레스 제도에서 가장 큰 섬으로 지중해의 낙원이라 불린다. 깨끗한 바다와 따뜻한 태양을 찾아 1950년대부터 관광객들이 모여들기 시작했으며, 전 세계 유명인들의 별장이 있는 유럽에서도 손꼽히는 리조트 지역이다. 수많은 해변과 협곡이 아름다운 풍광을 자아내는 팔마 데 마요르카, 쇼팽의 발자취가 남아 있는 발데모사, 목제 열차와 트램을 타고 낭만을 즐길 수 있는 항구 도시 소예르 등 천혜의 자연을 마음껏 누릴 수 있는 멋진 섬이다.

MENORCA
MALLORCA
IBIZA

마요르카 섬의 대표 도시

팔마 데 마요르카 PALMA DE MALLORCA

마요르카 섬의 관문 역할을 하는 팔마 데 마요르카는 섬 인구의 절반이 살고 있을 정도로 규모가 크다. 비행기나 페리를 타고 섬에 도착했을 경우 가장 먼저 만나는 도시로, 섬의 남서쪽에 자리하고 있으며 바위로 이루어진 만과 항구들이 해안을 이루고 있다.

시내는 스페인 주요 도시의 구시가와 모습이 비슷하다. 대성당을 중심으로 궁전과 광장이 있고 숍과 레스토랑도 즐비하다. 높은 언덕 위에는 성곽도 있어 시내 전경과 바다를 한눈에 내려다볼 수 있다. 짧은 일정이라면 스페인 여느 도시의 모습과 다를 바 없는 시내보다는 마요르카 섬에서만 만날 수 있는 인적 드문 해변이나 시골 전원의 풍경 속으로 떠나보자.

ACCESS 가는 법

버스

공항에서 EMT 버스 1번을 타면 시내 중심인 에스파냐 광장(Plaça d'Espanya)까지 약 30분 소요된다. 입국장 밖으로 나오자마자 정면에 공항버스 정류장이 있다. 버스는 15~30분 간격으로 운행하며 요금은 편도 5€. 목적지별 운행 시간표와 요금 등은 터미널 내 게시판이나 홈페이지를 참조하자. 버스 외에 트램, 메트로 등의 운행 정보와 요금 검색도 가능하다.

버스 홈페이지 www.tib.org

소예르 P.410
Sóller

포옌사 P.412
Pollença

P.408 발데모사
Valldemossa

산트 엘름 P.412
Sant Elm

팔마 데 마요르카 P.406
Palma de Mallorca

칼라 바르케스
Cala Varques
P.412

P.412 포르토콜롬
Portocolom

칼로 블랑크
Caló Blanc P.412

에스 칼로 데스 막스 P.412
Es Caló des Macs

마요르카 섬
Mallorca

0   20km

 ## 추천 볼거리
SIGHTSEEING

마요르카 대성당　★
Cathedral de Mallorca

팔마 데 마요르카의 상징

1229년 이슬람교도로부터 마요르카를 탈환한 아라곤 왕이 1230년부터 짓기 시작해 1601년에 완공되었다. 가장 높은 곳은 44m에 달하며, 1851년 지진으로 일부 손상된 파사드 부분을 네오고딕 양식으로 재건하였다. 성당 내 제단 위쪽의 장식과 왕의 예배당은 개축 공사에 참여한 가우디의 1912년 작품이다. 석양이 내릴 때 성당 주변에서 보는 항구의 경치가 예술이다.

찾아가기 페리 선착장에서 도보 15분
주소 Plaza Almoina, s/n 문의 971 713 133
운영 토요일 10:00~14:15, 4·5·10월 월~금요일
10:00~17:15(6~9월 ~18:15, 11/2~3월 ~15:15)
휴무 박물관 일요일·공휴일 요금 회랑 무료, 박물관 2€
홈페이지 www.catedraldemallorca.info

파세오 마리티모　★
Paseo Maritimo

전망 좋은 산책로

대성당 앞 바다공원(Parc de la Mar)을 사이에 두고 길게 펼쳐진 해안 산책로. 자전거를 타고 자전거도로를 달리거나 지중해를 끼고 해 질 녘 산책하기에 좋다. 산책로는 시내에서 가장 가까운 팔마 해수욕장(Playa de Palma)까지 이어진다.

Plus info 시내의 주요 볼거리

바르셀로나의 람블라스 거리와 같은 이름의 넓은 산책로에는 꽃집이 늘어서 있으며, 보른 거리(Passeig del Born)에는 고급 숍과 야외 테라스 카페가 모여 있어 쉬어가기 좋다. 시청이 있는 코르트 광장(Plaça de Cort)에는 수백 년 된 올리브나무가 무성하게 자라고 있으며, 광장을 중심으로 뻗어 있는 골목골목에는 작은 숍들이 즐비하다. 마요르 광장(Plaça Mayor)에는 거리의 화가들과 기념품 숍, 예쁜 카페가 있다. 올리바르 광장(Plaça de l'Olivar)에 있는 건물 안에는 재래시장(Mercat Olivar)도 있다. 시내 한 모퉁이에 있는 이슬람 유적 바니스 아라베스(Baños Arabes)도 가볼 만하다.

쇼팽이 머물렀던 조용한 산간 마을
발데모사 VALLDEMOSSA

팔마 데 마요르카에서 북쪽으로 약 18km 떨어져 있는 조용한 산골 마을. 마요르카의 여느 시골 마을과 다를 바 없지만 폴란드의 가장 위대한 작곡가 쇼팽(1810~1849)과 조르주 상드가 이곳에서 겨울을 보냈다고 알려진 덕분에 꼭 가봐야 할 관광지 중 한 곳이 되었다. 특히 두 사람이 머물렀던 카르투하 수도원에서 쇼팽의 발자취를 찾아볼 수 있다.

그 밖에 집들마다 개성 있게 가꾸어놓은 파티오

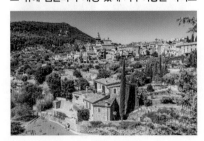

와 벽면의 꽃 장식, 거리 곳곳에 그림이 그려진 세라믹 타일 장식, 더운 날씨에 잘 자라는 선인장류의 꽃들도 놓치지 말고 구경하자. 수도원을 중심으로 마을 골목골목을 걸어 다니다 보면 스페인 시골 마을의 풍경을 고스란히 눈에 담을 수 있다. 1~2시간이면 웬만큼 돌아볼 수 있을 정도로 작은 마을이므로 한가로이 산책을 즐기며 쇼팽의 숨결을 느껴보자.

ACCESS 가는 법

🚌 버스
L210번 버스가 에스파냐 광장 앞 버스 터미널에서 출발한다. 팔마-발데모사-소예르 항구까지 1일 10편 운행된다. 팔마에서 발데모사까지는 약 50분 소요되며 요금은 편도 1.85€. 발데모사에서 소예르 항구까지는 약 40분 소요되며 요금은 편도 2.15€. 자세한 스케줄은 홈페이지 참조.
버스 홈페이지 www.tib.org

카르투하 수도원 ★
Cartoixa de Valldemossa

쇼팽의 흔적을 찾아보다

수도원에 들어서면 화려한 예배당이 나오고, 중정이 있는 회랑을 걸어가면 몇 개의 방이 나온다. 쇼팽이 살았던 방은 입구에 설명이 붙어 있어 금방 알 수 있다. 전 세계 언어로 쓰인 쇼팽과 조르주 상드 관련 책자가 벽면을 한가득 장식하고 있으며, 그 사이로 쇼팽이 직접 손으로 쓴 악보와 편지가 보관되어 있다. 또한 쇼팽이 파리에서 옮겨와 사용한 피아노도 전시돼 있다. 수도원 내 정원에서는 발데모사 집들이 푸른 나무 숲에 둘러싸인 풍경을 볼 수 있다.

주소 Plaça Cartoixa, s/n 문의 971 612 106
운영 월~토요일 4~9월 09:30~18:30,
3 · 10월 09:30~17:30, 2 · 11월 09:30~17:00,
일요일 4~10월 10:00~13:00
휴무 1 · 2 · 11 · 12월 일요일, 12/25
요금 일반 9.50€, 학생 6€

쇼팽과 조르주 상드의 러브 스토리

쇼팽은 6세에 피아노를 배우기 시작해 7세 때 이미 2개의 폴란드 춤곡을 작곡하고, 8세 때 공연한 폴란드의 천재 작곡가이다. 1829년부터는 유럽 내에서 이름을 떨치며 여러 나라로 연주 여행을 다니고 1832년 파리에서 첫 연주회를 성공리에 마치면서 파리 사교계의 유명인이 되었다. 1836년 쇼팽은 소설가인 조르주 상드를 만나 사랑에 빠진다. 이후 두 사람은 사람들의 입에 오르내리자 스페인 마요르카 섬의 버려진 로마 가톨릭 교회의 수도원에 방 한 칸을 얻어 지낸다. 마요르카 섬의 혹독한 추위에 지친 쇼팽은 당시 기분을 4개의 전주곡에 담았다. 우울한 그의 기분이 고스란히 담긴 〈빗방울 전주곡〉은 발데모사에서 작곡한 것으로 전해진다. 마요르카 섬의 추위는 결국 쇼팽의 폐병에 큰 영향을 주었을 뿐 아니라 불륜 관계로 의심받은 두 사람은 사람들의 비난을 받자 결국 파리로 돌아가야만 했다. 그 후 쇼팽의 건강은 급속도로 악화되고 9년간 지속되었던 상드와의 관계도 끝나게 된다. 쇼팽은 러시아의 폴란드 혁명 진압으로 발생한 난민들을 위한 연주회에 참여하고 폴란드를 생각하며 민족주의적인 곡을 짓는 등 조국을 위한 활동을 계속하다가 1849년 10월에 세상을 떠났다.

목제 열차와 트램으로 유명한 낭만 도시
소예르 SÓLLER

스페인의 작은 시골 마을 소예르는 오렌지와 레몬 나무로 둘러싸인 아담한 마을로 특별히 유명한 관광 명소가 있는 것은 아니다. 하지만 약 100년의 역사를 자랑하는 목제 열차와 트램을 타고 낭만적인 여행을 즐길 수 있어 관광객들에게 큰 인기를 모으고 있다.

소예르 기차역에서 내려 트램 정류장 옆에 있는 관광안내소에서 지도를 받아 들고 천천히 마을을 거닐다 보면 마을 곳곳에서 중세 시대의 고풍스러운 건물들을 만날 수 있다. 트램은 오픈 에어 스타일의 3량짜리 열차로 소예르 기차역에서 출발해 소예르 항구(Port de Sóller)까지 달린다. 항구에는 드넓은 바다의 아름다운 풍광을 감상하며 식사를 즐길 수 있는 레스토랑과 야외 테라스 카페, 호텔, 기념품 가게들이 즐비하다. 작지만 고요하고 평화로운 해안가 풍경을 감상하기에 더없이 좋은 곳이다.

ACCESS 가는 법

🚆 열차
팔마 시내의 에스파냐 광장 앞에 위치한 인터모달역(Estació Intermodal)에서 소예르행 열차를 타면 약 1시간 15분 소요된다. 요금은 편도 16€.

운행 기간	운행 구간	운행 시간
4~10월	팔마→소예르	10:10, 10:50, 12:15, 13:30, 15:10, 19:30
	소예르→팔마	09:00, 10:50, 12:15, 14:00, 18:30
1~3월·11~12월	팔마→소예르	10:30, 12:50, 15:10, 18:00
	소예르→팔마	09:00, 11:40, 14:00, 17:00

🚌 버스
팔마 시내의 에스파냐 광장 앞에 위치한 인터모달역(Estació Intermodal)에서 소예르행 버스 L210번이 팔마-발데모사-소예르 항구 구간을 1일 10여 편 운행한다. 팔마에서 발데모사까지는 약 30분 소요되며 요금은 편도 1.85€. 발데모사에서 소예르 항구까지는 약 40분 소요되며 요금은 편도 2.15€. 자세한 스케줄은 홈페이지를 참조하자.
버스 홈페이지 www.tib.org

> **Tip** 당일치기로 돌아보려면
> 팔마에서 소예르까지는 열차를 타고(1시간 15분 소요), 소예르에서 발데모사까지는 버스를 타고 이동한다(30분 소요). 발데모사에서 팔마로 돌아올 때 저녁 8시 45분에 출발하는 버스를 타면 당일치기 여행이 가능하다.

추천 볼거리 SIGHTSEEING

소예르 항구 ★
Port de Sóller

한 폭의 그림처럼 아름다운 해안 풍경

소예르에서 트램을 타고 정감 어린 시골 마을들을 지나 종착역에 내리면 소예르 항구에 도착한다. 작지만 고요하고 평화로운 해안의 풍경을 감상할 수 있다. 특히 트램이 회전할 때 펼쳐지는 바다 절경은 잊지 못할 추억이 될 것이다. 항구 근처에는 바다를 바라보며 식사할 수 있는 레스토랑과 야외 테라스 카페, 호텔, 기념품 가게들이 즐비하다. 트램은 소예르 기차역에서 매시 정각에 출발하며 소예르 항구까지의 요금은 6€. 트램에 관한 더 자세한 정보는 홈페이지 참조하자.

홈페이지 www.trendesoller.com

소예르 열차 ★
Tren de Sóller

100년 넘게 달리는 목제 열차

소예르 마을이 유명해진 것은 1912년부터 지금까지 달리고 있는 소예르 목제 열차 때문이다. 팔마에서 소예르까지 27.3km 구간을 연결하며 열차는 높이 496km의 알파비아 산맥(Serra de Alfabia)을 지나 몇 개의 다리를 건너고 아름다운 트라문타나 산맥(Serra de Tramuntana)을 거쳐 소예르 마을에 도착한다. 소예르 마을에서 소예르 항구까지 4.9km의 거리를 트램이 달리는데 마요르카 최초의 전기 트램으로 1913년부터 약 100년간 운행되고 있다. 오늘날에도 많은 관광객들이 열차와 트램의 낭만을 만끽하기 위해 소예르를 방문한다.

마요르카 섬의 숨은 보석 같은 해변

MAP p.406

칼라 바르케스 Cala Varques

에메랄드 빛 바다와 하얀 모래사장이 70m가량 펼쳐지고 인적이 드물어 마치 바다를 전세 낸 듯 마음껏 뒹굴 수 있는 해안. 아름다운 절벽과 지중해 풍경이 일품이다. 포르토콜롬(Portocolom)과 포르토 크리스토(Porto Cristo) 사이에 숨어 있다. 자동차로 갈 수 있는데 마나코르(Manacor)에서 나와 포르토 크리스토 방향으로 전방 150m 오른쪽에 해안으로 향하는 작은 길이 있다. 그 길을 따라 들어가 차를 세워놓고 10분가량 숲길을 걸어가면 해변이 나온다.

포엔사 Pollença

관광과 휴양이 동시에 가능한 평화로운 항구마을. 해안을 끼고 레스토랑과 바르, 리조트 호텔 등의 편의시설이 잘 갖춰져 있다. 항구에서 배를 타면 작은 해안으로 이동 가능하다. 포렌샤 항구에서 포렌샤 마을 중심까지는 차로 약 20분 소요된다. 낮에는 포렌샤 항구 바닷가에서 휴양을 즐기고 저녁에는 포렌샤 마을 중심에서 저녁 식사와 쇼핑을 즐기면 완벽한 시간이 될 것이다.

칼로 블랑크 Caló Blanc

마요르카 섬 동쪽에 위치한 마나코르 (Manacor)에서 차로 1시간 거리에 있는 해안으로 아름다운 절벽에 둘러싸인 바다와 협곡을 만날 수 있다. 맑은 물에서 수영을 하며 동굴 속에 들어가거나 낮은 절벽에서 다이빙도 할 수 있다. 다이빙과 함께 스쿠버를 즐기고 싶은 사람에게 추천한다.

에스 칼로 데스 막스 Es Caló des Macs

마요르카 섬 남쪽의 산타니(Santanyi) 마을과 가까운 곳에 위치한 해변으로 관광객들이 많이 찾는 곳이다. 산타니 등대에서 약 2km 떨어져 있으며 등대 앞에 차를 세우고 이어지는 바닷가를 산책하며 원하는 곳에서 휴식을 취하면 된다. 수심이 얕고 넓은 백사장이 펼쳐져 있다.

포르토콜롬 Portocolom

아름다운 바다와 협곡이 펼쳐지는 곳으로 수영을 즐기고 마을 산책을 하기에 더없이 좋다. 고급 리조트와 호텔 등도 많아 휴양과 관광을 모두 충족시켜준다. 포르토콜롬의 등대와 산투에리 성(Castillo de Santueri)을 방문하거나 칼라 드 오르(Cala D'or) 해안에서 수영을 즐길 것을 추천한다.

산트 엘름 Sant Elm

마요르카 섬 서쪽 끝에 위치한 작은 마을로 20세기 중반부터 관광객들이 급증해 여름 성수기에는 마을이 가득 찬다. 레스토랑과 호텔, 아파트먼트 등의 상업 시설도 잘 갖춰져 있어 불편함 없이 머물 수 있다. 메인 해변 외에도 칼라 에스 코닐스(Cala es Conills), 칼라 엔 바세트(Cala en Basset) 등에서 수영을 즐길 수 있다.

메노르카 섬 MENORCA

발레아레스 제도에서 두 번째로 큰 섬이지만 가장 조용하고 평온하다. 216km에 달하는 해안선 주변에는 사람의 손길이 거의 닿지 않은 자연 그대로의 모습을 간직한 해변과 아름다운 협곡이 자리하고 있다. 특별히 유명한 관광 명소는 없지만 해 질 녘 풍경이 예쁜 등대와 맛있는 해산물 요리를 먹을 수 있는 레스토랑 등이 소소한 행복을 안겨준다. 여름 성수기에도 비교적 조용한 섬으로 3~4일 정도 느긋하게 휴식을 취하고 오기에 더없이 좋다.

메노르카 섬의 대표 도시
마온 MAHÓN

메노르카의 섬의 관문 역할을 하는 마온은 섬 동쪽에 위치한 항구 도시. 스페인 내륙과 팔마 데 마요르카에서 오는 페리로 언제나 활기찬 모습이다. 과거 영국에 의해 4번이나 정복당한 역사가 있으며, 1713년 영국인들이 이곳에 정착한 후 약 100년 가까이 머무르며 섬의 전통과 문화, 건축물에 많은 영향을 끼쳤다. 1953년 영국-마온 간 비행기의 첫 취항을 시작으로 지금도 많은 영국인들이 이 섬을 찾아오고 있다. 섬은 작지만 북쪽과 남쪽, 내륙 등에 크고 작은 도시들이 다양하게 존재한다. 3~4일간 메노르카 섬을 방문하는 여행객들은 한 도시에 숙소를 잡은 후 그 주변에 위치한 마을과 바다 등을 쉬엄쉬엄 돌아보는 편이 좋다. 마온에서 동쪽으로 조금만 가면 나오는 에스 카스텔 해변에서는 소박하고 꾸밈 없는 어촌 풍경을 만날 수 있고, 섬 남쪽 끝으로 내려가면 푸른 바다 위에 하얀 집들이 반짝반짝 빛나는 비니베카 해변을 즐길 수 있다.

ACCESS 가는 법

비행기로 도착했을 경우 공항에서 시내버스 L10번을 타면 마온 시내로 들어갈 수 있다. 버스는 오전 5시 55분부터 오후 11시 25분까지 약 30분~1시간 간격으로 운행하며 동절기와 하절기에 따라 운행 시간이 약간씩 달라진다. 요금은 1회권이 2.65€로 티켓은 버스 탈 때 운전기사에게 직접 구입하면 된다.

마온의 대중교통은 버스만 존재하기 때문에 대부분의 여행자들이 렌터카를 이용해 섬을 다닌다. 렌터카는 공항에서 빌릴 수 있다. 렌터카를 빌리지 않고 버스로만 이동할 계획이라면 마온에 숙소를 정하는 것이 좋다.

추천 볼거리
SIGHTSEEING

구시가
Old Town ★

깨끗하게 잘 정리된 번화가

마온 시내의 중심은 에스플라나다 광장(Plaça de s'Esplanada)으로 매주 토요일에 공예품과 의류 마켓이 열린다. 광장에는 1287년에 지은 산타 마리아 성당(Iglesia de Santa Maria)이 있어 마을의 랜드마크 역할을 한다. 광장에서 조금 떨어진 곳에 시장과 쇼핑센터로 개조된 마켓 건물이 있고, 건물 앞으로 마온의 항구와 바다 풍경이 펼쳐진다.

항구 주변에는 야외 테라스 카페와 레스토랑이 모여 있어 점심 식사나 분위기 있는 저녁 식사를 하기에 좋다.

에스 카스텔
Es Castell ★

MAP p.414

소박한 어촌 풍경

마온 시내에서 약 3km 떨어진 에스 카스텔은 마온보다 훨씬 작은 규모의 시골 항구이다. 마온 항구 근처의 레스토랑과 카페가 관광객을 상대로 메뉴를 구성한다면 에스 카스텔 항구 주변의

레스토랑은 좀 더 서민적이다. 아기자기한 숍이 레스토랑 중간중간 모습을 드러낸다. 절벽 위에 옹기종기 모여 있는 집들과 그 아래 촘촘하게 그늘막을 드리우고 있는 야외 카페, 푸른 바닷빛을 아우르는 풍경이 인상적이다.

알부페라 그라우 국립공원
Parque Natural de s'Albufera des Grau ★

MAP p.414

대자연의 아름다움을 만끽

에스 카스텔 마을에서 멀지 않은 곳에 자연 풍경을 감상할 수 있는 국립공원이 있다. 1993년에 유네스코에서 습지와 독특한 고고학적 유적들에 대해 생물권 보존지역으로 지정한 천혜의 공원이다. 차를 타고 절벽의 해안선 가까운 곳까지 가서 파바리츠 등대(Faro de Favàritx) 근처에 주차한 후 위대한 자연 풍경을 감상해 보자.

운영 4~10월 금~월요일 09:00~15:00,
화~목요일 09:00~19:00, 11~3월 금~월요일
09:00~15:00, 화~목요일 09:00~17:00

> **Tip** 메노르카의 명물, 아바르카(Avarca)
> 메노르카의 전통 신발로 발목만을 감아 신는 가죽 샌들이다. 밑창이 단단하고 발 움직임이 편하며 앞이 트여 있어서 여름에도 땀이 차지 않는 것으로 유명하다.

비니베카
Binibeca

MAP p.414

느긋하게 즐길 수 있는 해변

메노르카 섬을 처음 방문하는 사람에게 추천하
는 작은 해안 마을이다. 메노르카 공항과도 가까
우며 섬의 주도인 마온과도 불과 8km 거리로 가
깝다. 1972년 건축가 안토니오 신테스가 설계
했는데 스페인 남부의 지중해 마을을 연상시키
듯 마을 전체를 화이트 톤으로 꾸몄다. 낮에는
비니베카의 예쁜 해변에서 여유롭게 휴식을 즐
기고, 밤에는 마온으로 나가 나이트라이프를 즐
기며 하루를 알차게 보낼 수 있다. 마을에는 장
기 체류자를 위한 호텔 아파트먼트 개념의 렌털
빌라가 많다. 비니베카 해변 외에도 비니안코야
(Biniancolla), 비니사푸예(Binisafuller), 비
니파라트(Biniparratx), 비니달리(Binidali) 등
인적이 드문 해안가가 많다. 자동차 없이는 못
가는 곳이 대부분이지만 섬 여행을 작정했다면
렌터카를 이용해 섬 구석구석을 여행하는 것도
좋은 추억이 될 것이다.

> **Tip** **비니베카에서의 하룻밤**
>
> 비니베카 마을의 아름다운 풍경을 절벽 너머로
> 바라볼 수 있는 호텔 바니티 에덴 비니베카(Vanity
> Eden Binibeca). 호텔 빌라의 개념으로 각 방에
> 부엌과 욕실, 스튜디오룸을 별도로 마련해
> 놓았다. 메인 건물 외에도 여러 채의 건물이 있으며
> 수영장과 레스토랑, 카페테리아 등의 부대시설도
> 잘 갖춰져 있다.
>
> 주소 Passeig de la Mar, 26
> 문의 971 151 075
> 홈페이지 www.vanityhotels.com

이비사 섬 IBIZA

발레아레스 제도에서 세 번째로 큰 섬. 거주자보다 여름철 관광객이 몇 배나 더 많은 리조트 섬으로 알려져 있다. 섬 전체가 소나무 숲으로 우거져 있고 바위가 병풍처럼 해안을 두르고 있어 스쿠버다이빙을 즐기는 이들에게 인기가 높다. 1950년대에 처음으로 섬에 차가 들어오게 됐으며, 1960년대에는 지상낙원을 찾아 히피들이 몰려들었다. 과거 페니키아인과 로마인, 아랍인, 기독교인들에게 지배당했던 역사 때문에 다양한 건축물이 혼재해 있으며 풍부한 해양 생물 덕분에 유네스코 세계복합유산으로 지정된 곳이 많다. 최근에는 대형 클럽에서 밤새 열리는 유명 DJ 공연과 클러버들의 열기가 여름밤을 뜨겁게 달궈 전 세계 젊은이들에게 환상과 환락의 섬으로 불리고 있다.

클러버들의 천국
이비사 IBIZA

구시가는 남동쪽 해안의 항구와 접해 있다. 시내 중심의 언덕 위에 있는 달트 빌라(d'Alt Vila)가 구시가를 둘러싸고 있는데 유네스코 세계문화유산이다. 달트 빌라와 항구 사이에 있는 사 페냐(Sa Penya) 지역은 상점과 레스토랑, 카페와 바르 등이 온통 흰색 건물로 산책을 하며 구경을 하기에 좋다. 이비사 시내에만 머물고 싶다면 도보로 항구와 주요 중심지를 천천히 산책하며 즐길 수 있다. 해변으로 가기 위해서는 차량으로 이동하는 것이 편하다. 시내에서 가장 가까운 곳은 피게레테스 해변(Playa de Figueretes)으로 시내에서 도보로 약 20분 걸린다. 물은 그다지 맑은 편은 아니다. 여유가 있다면 이비사 시내 중심에서 차로 10분, 버스 L11번이 연결하는 세스 살리네스(Ses Salines) 해변으로 가는 것을 추천한다. 현지인들은 이비사를 Eivissa로 표기한다.

ACCESS 가는 법

공항에서 시내버스 10번(06:20~00:20, 20분 간격, 요금 3.50€)을 타면 이비사 시내인 이비사 타운(Ibiza Town)까지 갈 수 있다. 시내에서 공항으로 갈 때는 버스 터미널(Av. Isidro Macabich)에서 출발하는 버스를 타면 된다. 터미널에서는 히피 마켓으로 가는 버스를 포함해 이비사 타운 곳곳으로 가는 버스를 모두 탈 수 있다.

포르티나츠
Portinatx

산타 에우랄리아
Santa Eularia

산 안토니
Sant Antoni

P.418 이비사
Ibiza(Eivissa)

N

포르멘테라 P.419
Formentera

이비사 섬
Ibiza

0   5km

추천 볼거리
SIGHTSEEING

히피 마켓
Mercado de Hippy

이비사의 필수 관광 코스

1960년대 이비사의 아름다움에 반해 찾아온 히피들은 1973년 히피 마켓을 열어 직접 만든 수공예 제품과 각종 상품을 팔기 시작했다.

초반에는 바이올린이나 기타 연주를 하면서 수제 케이크, 인도에서 가져온 보석, 양을 키워 얻은 울로 짠 스웨터 등을 팔았다. 500여 개의 가판대가 늘어서며 여름 성수기에는 하루에 수천 명이 다녀간다.

찾아가기 이비사 시내버스 터미널에서 13번 버스를 타고 산타 에우랄리아(Santa Eulalia) 정류장에서 하차. 버스는 5/1~10/31 08:00~23:30 사이에 30분 간격으로 운행한다(계절별·요일별로 시간 변동). **홈페이지** http://ibizabus.com(버스 정보)

포르멘테라 섬
Formentera

때 묻지 않은 자연 그대로의 해변

발레아레스 제도의 주요 섬 중 가장 작고 개발이 덜 된 섬. 섬 전체의 길이가 20km도 채 되지 않으며 모래사장과 해변, 자전거 코스가 전부여서 조용히 쉬기에 제격이다. 여름철에는 이비사에서 밤새 파티를 즐긴 젊은이들이 이른 아침 이 섬으로 건너가 하루 종일 해변에서 낮잠과 수영을 즐기며 휴식을 취한다. 수심이 얕고 물이 투명해 꽤 멀리 들어갈 수 있다. 섬 내에 식당이 별로 없으므로 미리 간식을 준비해 가는 것이 좋다.

찾아가기 이비사 남부에서 페리를 타고 약 30분~1시간 소요. 페리 회사에 따라 운행 시간, 요금 등이 다르므로 홈페이지 참조. 섬에 도착해 선착장 바로 앞에 정차된 버스를 타면 해변으로 갈 수 있다. **요금** 왕복 20~30€ 선 **티켓 구입처** 페리 선착장, 티켓 오피스, 주요 호텔 등 **홈페이지** www.balearia.com, www.trasmapi.com

Plus Info 이비사의 추천 클럽

스페인은 물론 유럽 젊은이들에게 이비사는 클럽의 성지와도 같다. 여름이 시작되는 5월 말부터 9월 중순까지 매일 저녁 파티가 열려 동이 틀 때까지 계속된다. 수천 명의 사람들이 지칠 줄 모르고 밤새 즐기는데, 대부분의 클럽이 새벽 1시부터 아침 6시까지 영업하고 더 즐기고 싶은 사람은 해변으로 이동해 남은 여름을 만끽한다. 이비사 디스코 버스(www.discobus.es)는 자정부터 운행하는 클럽용 버스로 이비사 시내와 해변, 주요 클럽, 바르, 호텔 등을 순환한다.

추천 클럽

프리빌리지(Privilige) 약 만 명의 수용 인원을 자랑하며 기네스북에 오른 세계 최대의 클럽 • www.privilegeibiza.com
암네시아(Amnesia) 거품파티로 유명한 클럽 • www.amnesia.es
에스 파라디스(Es Paradis) 멋진 사운드를 자랑하는 클럽 • www.esparadis.com
파차(Pacha) 1973년에 개장한 후 유명 메이커로 거듭난 클럽 • www.pacha.com
스페이스(Space) 수십 명의 DJ가 플레잉하는 클럽 • www.spaceibiza.com

포르투갈
PORTUGAL

포르투갈 기초 정보

포르투갈을 여행하기 전에 다음의 기본적인 사항을 미리 알아두면 도움이 될 것이다.

공식 명칭

포르투갈 공화국 Portuguese Republic

수도 리스본

면적 9만 2090㎢

인구 약 1086만 명

정치체제 공화제

대통령 마르셀루 헤벨루 드 소자(Marcelo Rebelo de Sousa)

국기

초록은 희망을, 빨강은 1910년 10월 혁명의 피를 상징한다. 분할선 중앙에 포르투갈 문장이 들어 있다. 방패 안에 다시 5개의 작은 방패를 그려 넣은 문장은 십자가 위의 수난을 나타내며, 그 외에 무어인과 싸웠던 7개의 성이 그려져 있다. 국기와 문장 모두 1911년 6월 30일에 제정되었다.

언어

포르투갈어. 브라질과 함께 포르투갈어 사용국 공동체의 주도 국가이다. 전 식민지에서 온 소수 이민자들로 인해 현재 많은 외래어들이 사용되고 있다. 스페인어와의 유사성으로 국민 대부분이 스페인어를 이해한다.

종교

대부분 로마 가톨릭. 그 밖에 유대교, 개신교 등

시차

우리나라보다 9시간 느리며, 서머타임 때는 8시간 느리다.

통화

스페인과 마찬가지로 유로(€)를 사용한다. 보조 통화는 유로센트(₡).
1유로=100유로센트=약 1,390원(2023년 3월 기준)

기후

지중해성 기후. 유럽에서 가장 따뜻한 나라 중의 하나로 연중 내내 평균 기온이 영상 13℃ 정도에 머문다. 여름과 봄은 햇볕이 강하고 가을과 겨울에는 비바람이 잦다. 북동부 지방은 겨울에 가끔 무척 추워질 때가 있고, 남동부 지방은 한 여름에 40℃ 이상 고온으로 올라갈 때도 있다.

> **Tip** 포르투갈의 공휴일(2023년 기준)
>
> **신년** 1월 1일
> **카니발 축제일** 2월 25일*
> **성금요일** 4월 7일*
> **부활절** 4월 9일*
> **혁명 기념일** 4월 25일
> **노동절** 5월 1일
> **성체축일** 6월 8일*
> **건국기념일** 6월 10일
> **성 안토니오 기념일** 6월 13일(리스본만 해당)
> **성모승천일** 8월 15일
> **공화제 수립 기념일** 10월 5일
> **만성절** 11월 1일
> **독립기념일** 12월 1일
> **성모수태일** 12월 8일
> **성탄절** 12월 25일
>
> *해마다 날짜가 바뀌는 공휴일

문화

현재 서유럽의 낙후된 국가로 과거에 누렸던 영광을 반추하고 있지만 화려했던 지난 역사를 기억하는 노인들은 포르투갈이 세계를 제패했던 것에 대한 강한 자부심을 내세운다. 그들은 15~16세기를 주도하며 해양 제국으로 도약했던 포르투갈을 잊지 못하고 있다. 20세기 들어서 포르투갈 사회는 1974년에 발생한 군사 혁명을 기점으로 보수적 가치관이 변화하고 있으나 전통적이고 보수적인 면은 아직도 상당 부분 남아 있다. 포르투갈의 생활양식은 스페인과 비슷해 매우 느긋하고 낙천적이다.

한국과의 관계

포르투갈 사람들은 정이 많고 따뜻해 한국 사람들과 비슷한 취향을 가지고 있다. 2002년 FIFA 월드컵 이후 한국을 아는 사람들이 증가했고 2007년 9월 한국 영화 〈괴물〉이 포르투갈 판타스포르토 영화제에서 감독상을 수상하면서 포르투갈에서 스크린 점유율과 관객 점유율 1위를 기록해 영화를 통해 한층 가까워졌다. 최근에는 스페인 여행객 수가 증가하면서 포르투갈 리스본 여행객 또한 늘어났으며 한국 기업(삼성, LG등)의 제품 소비는 매년 높아지고 있다. 한국과는 1961년 4월 15일 국교를 수립하였다.

전압과 플러그

우리나라와 마찬가지로 220V. 플러그 모양도 비슷해 어댑터 없이 모든 전자제품을 국내와 동일하게 사용할 수 있다.

업무 시간

일반 상점들은 오전 9시~오후 1시, 오후 3시~7시까지 영업하고, 오후 1시~3시 사이는 긴 점심시간으로 문을 닫는다. 관공서와 은행들도 점심시간에는 쉬며 이후 오후 3시~5시 사이에 문을 닫는다. 토요일과 일요일에는 관공서와 은행이 쉬며 일반 상점들도 문을 닫는 곳이 많다.

전화 거는 법

●포르투갈에서 우리나라로 걸 때

예) 서울 02-1234-5678에 거는 경우

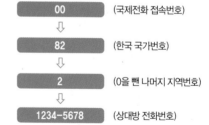

00	(국제전화 접속번호)
82	(한국 국가번호)
2	(0을 뺀 나머지 지역번호)
1234-5678	(상대방 전화번호)

●우리나라에서 포르투갈로 걸 때

예) 리스본 21-123-4567에 거는 경우

001, 002, 00700	(각 통신회사의 번호)
351	(포르투갈 국가번호)
21	(지역번호)
123-4567	(상대방 전화번호)

> **Tip** 교환원을 원할 경우
> 교환원을 원할 경우에는 171을 누른다.
> 국제전화는 평일 오전 9시부터 오후 9시까지와 주말에 할인되며, 공항과 기차역 또는 C.T.T(Correio Telefone Telegram)라는 지방 우체국에서 이용할 수 있다.

주요 기관의 업무 시간

기관	업무 시간	휴무
은행	월~금요일 08:30~15:00	토 · 일요일 · 공휴일
일반 우체국	월~금요일 08:30~18:00	토 · 일요일 · 공휴일
공항 우체국	24시간	연중무휴
헤스타우라도레스 광장 소재 우체국	월~금요일 08:00~22:00, 토요일 09:00~18:00	일요일 · 공휴일
박물관	여름 10:00~18:00, 겨울 10:00~17:00	월요일(국립 박물관 및 궁전은 일요일 오전 무료 입장)

인터넷

호텔에 따라 무료 또는 유료로 사용할 수 있다. 인터넷 카페는 리스본 시내 곳곳에서 볼 수 있고 요금은 1시간에 약 1€. 노트북 사용자의 경우 시간과 장소에 구애 없이 인터넷을 하고 싶다면 인터넷 카드를 구입하는 것이 좋다.

비자

관광일 경우 비자 없이 3개월간 체류 가능하다. 단, 셍겐(Schengen) 조약에 따라 EU 회원국 및 셍겐 조약 당사국에서의 체류 기간과 포르투갈 체류 기간을 합산하여 3개월간만 체류가 가능하다. 예를 들어 EU 회원국인 스페인에서 2개월 체류 후 포르투갈에 곧바로 입국한 경우에는 포르투갈에서 1개월만 체류가 가능하다.

긴급 연락처

● 주포르투갈 한국 대사관
주소 Av. Miguel Bombarda 36-7, 1051-802 Lisboa
문의 21 793 7200/3, 91 079 5055(근무시간 외)
운영 시간 월~금요일 09:00~12:30, 14:00~17:00
휴무 한국의 4대 국경일(3/1, 7/17, 8/15, 10/3)과
포르투갈 국경일
홈페이지 http://prt.mofat.go.kr

● 분실 · 도난 신고
절도, 소매치기 피해를 입었을 경우 경찰서에 가서 신고하면 분실신고서를 발급받을 수 있다.
주소 Praça de Restauradores,
Palácio Foz 1250-187 Lisboa
찾아가기 메트로 Restauradeores역
문의 21 342 1623
※여권을 분실했을 경우에는 가까운 경찰서나 관광객을 위한 전문경찰서(Esquadra de Turismo)에 가서 분실 신고를 한 후 분실신고서를 발급받고 주포르투갈 한국 대사관에서 여행증명서를 발급받자.
(P.511 참조)

포르투갈 여행 기초 회화

포르투갈을 여행하기 전에 간단한 단어와 인사말을 미리 알아두면 도움이 될 것이다.

숫자

1	Um	웅
2	Dois	도이스
3	Três	뜨레스
4	Quatro	꽈뜨루
5	Cinco	씽꾸
6	Seis	쎄이스
7	Sete	쎄뜨
8	Oito	오이뚜
9	Nove	노브
10	Dez	데스

필수 단어

역	Estação	에스따상
출발	Partidas	빠르띠다스
도착	Chegadas	세가다스
매표소	Bilheteria	빌헤떼리아
승강장	Plataforma	쁠라따포르마
화장실	Lavabos	라바보스
경찰서	Posto da policia	뿌스뚜 다 뽈리시아

인사말

아침 인사	Bom dia	봉 디아
오후 인사	Boa tarde	보아 따르드
밤 인사	Boa noite	보아 노이뜨
헤어질 때	Atê logo	아떼 로구

필수 회화

예.	Sim	씽
아니오.	Não	낭
고마워요.	Obrigado	오브리가두 (남자)
	Obrigada	오브리가다 (여자)
한국 사람입니다.	Eu sou coreano	에우 쏘우 꼬레아누
얼마입니까?	Quanto custa?	꽌뚜 꾸스따?
좋아요.	Està bem	이스따 벵
알겠어요. / 이해했어요.	Entendi	인뗀지

✈ 포르투갈 가는 법

ACCESS PORTUGAL

스페인에서 비행기, 열차, 버스 등 포르투갈로 가는 교통편이 많아 이동하기 편리하다. 유럽의 주요 도시에서 갈 때는 비행기나 열차를 이용하는 경우가 많다.

비행기

● 우리나라에서 출발하는 경우

우리나라에서 포르투갈로 가는 직항편은 없지만 유럽을 경유하는 유럽계 항공사는 다양하게 운항 중이다. 일반적으로 다른 나라를 경유해 포르투갈의 수도 리스본에 도착하게 되는데, 각 항공사마다 시즌별, 날짜별로 요금 차이가 나므로 인터넷으로 요금을 비교한 후 티켓을 구입하면 된다.

● 스페인에서 출발하는 경우

포르투갈은 인접 국가인 스페인을 거쳐 들어가는 경우가 많다. 항공편을 이용하면 1~2시간 정도면 닿을 수 있고 한 달 정도 시간을 두고 예매한다면 열차나 버스보다 더 저렴하고 빠르게 이동할 수 있다. 만일 유럽의 다른 도시에서 비행기를 이용해 포르투갈로 입국할 예정이라면 도시별 모든 항공편을 검색할 수 있는 '위치버젯'이라는 사이트를 이용하면 편리하다. 요즘은 라이언에어, 이지젯, 부엘링항공 등의 저가 항공을 많이 이용한다.

위치버젯 www.whichbudjet.com

열차

포르투갈로 가는 국제 열차는 스페인의 마드리드, 프랑스 남부의 앙다이(Hendave)와 연결되는 열차가 대표적이다. 앙다이에서는 파리까지 고속열차 테제베(TGV)로 연결된다. 마드리드에서 야간열차를 타고 갈 경우 11시간 정도 소요된다. 스페인 주요 도시와 연결되는 열차의 정보는 포르투갈 철도청 홈페이지를 참조한다.
포르투갈의 주요 역은 리스본의 오리엔테역(Estação do Oriente)과 산타 아폴로니아 역(Estação de Santa Apolónia), 포르투의 포르투 캄파냐역(Estação do Porto Campanhã)이다. 이들 역에서 포르투갈의 다른 도시나 다른 국가로 가는 열차를 탈 수 있다.

포르투갈 철도청 www.cp.pt

버스

스페인 주요 도시에서 리스본까지 8~10시간 걸리며 새벽 3~4시에 도착하는 경우도 있으므로 시간표를 잘 확인하고 타야 한다.

Tip 포르투갈 입국 요령

● 유럽 국가에서 입국하는 경우

스페인, 이탈리아, 프랑스, 독일 등 유럽 국가에서 포르투갈로 입국하는 경우 입국 카드를 작성하지 않는다. 비행기에서 내린 후 아무런 제약 없이 짐을 찾고 바로 공항 밖으로 나갈 수 있다. 이는 포르투갈이 셍겐 조약에 의해 유럽 각국과 공통의 출입국 관리 정책을 사용하기 때문이다. 아일랜드와 영국을 제외한 모든 EU 가입국과 EU 비가입국인 아이슬란드, 노르웨이, 스위스 등 총 28개국이 셍겐 조약에 서명했기 때문에 가맹국간의 출입국 심사는 어느 곳이든 첫 입국한 국가에서 단 한 번만 이루어진다.

● 한국에서 입국하는 경우

대한민국 국민은 유럽 내에서 무비자로 6개월 내 90일간 체류할 수 있으므로 3개월 미만의 단기 여행객들이 별도로 준비해야 할 비자 서류는 없다. 비행기에서 내린 후 입국 심사대를 통과할 때 여권만 보여주면 별문제 없이 입국날짜가 새겨진 도장을 여권에 찍어준다. 최종 출국일 기준으로 이전 180일 이내 90일간 여행이 허용된다.

포르투갈의 세계문화유산

스페인의 세계문화유산 수에는 못 미치지만 포르투갈에도 유네스코에 등재된 세계문화유산이 10곳이나 있다. 이 책에 소개된 4곳을 소개한다.

1 리스본의 제로니무스 수도원과 벨렘 탑
Monastery of the Hieronymites and Tower of Belém in Lisbon

1502년 리스본 항구 입구에 세운 수도원으로 포르투갈 예술의 절정으로 꼽힌다. 수도원 근처의 벨렘 탑은 바스쿠 다 가마의 인도항로 발견을 기념해 세운 탑이다.

2 포르투 역사지구
Historic Centre of Porto

2000년의 역사를 이어오는 포르투는 강과 바다를 끼고 있어 뛰어난 경관을 자랑하며 일찍이 국제 무역에서 중요한 역할을 했다. 도시 곳곳에 옛 번영을 말해주는 아름다운 건축물들이 많이 남아 있다.

3 에보라 역사 지구
Historic Centre of Évora

리스본 근교에 위치한 에보라는 '박물관의 도시'라 불릴 정도로 도시 전체에 역사적 가치가 높은 유적들이 많다. 로마 시대에도 존재한 도시로 15세기에는 포르투갈 왕들이 거주하면서 크게 번영을 이루었다. 16~18세기에 지어진 건축물들의 독특한 장식은 브라질의 건축 양식에 많은 영향을 미쳤다.

4 신트라 문화경관
Cultural Landscape of Sintra

중세 분위기를 간직하고 있는 신트라는 좁은 골목과 언덕이 미로처럼 얽혀 있고 귀족들의 호화로운 저택과 왕궁이 남아 있다. 페르디난드 2세는 폐허가 된 수도원을 고딕, 이집트, 마누엘, 르네상스 양식을 조합한 새로운 성채로 변모시켰으며 토종 및 외래종 수목을 섞어 심은 나무들로 이색적인 공원을 만들었다. 세라 주변 길을 따라 늘어선 저택들은 공원과 정원의 결합을 창조해내 유럽의 조경 발달에 큰 영향을 끼쳤다.

포르투갈의 역사

일찍이 해양 왕국으로서 세계 최대의 영토를 보유하며 번영을 누렸던 포르투갈. 이후 외세의 침입과 내정 불안 등으로 국력이 쇠퇴하면서 굴곡 심한 역사를 겪어온 나라이다.

포르투갈의 건국 과정

포르투갈의 역사는 기원전 750년경으로 거슬러 올라간다. 켈트족이 이베리아 반도에 정착하면서 현 포르투갈 민족의 원조를 이루었다. 이후 그리스인, 페니키아인, 카르타고인들의 지배를 거쳐 기원전 2세기 무렵에 로마 제국에 편입되었고, 5세기 초 서고트족이 이주해 와서 711년 무어족의 침공을 받을 때까지 로마 제국의 지배를 받으며 라틴 문명의 영향을 받았다. 무어족을 축출하는 과정에서 포르투갈은 남부로 영토를 확장해 갔으며 마침내 1249년 알가르베(Algarve) 지역 전역을 통합함으로써 현 포르투갈 국경의 기초를 형성했다.

화려했던 대항해 시대와 몰락

1415년 북부 아프리카 도시인 세우타(Ceuta)를 점령하면서 포르투갈 역사상 가장 찬란한 대항해 시대가 열린다. 인도 항로 발견, 아프리카 연안 조사, 브라질 발견 등 항로 개척과 더불어 해외 식민과 무역 활동도 활발히 전개하며 제국으로 등장, 스페인과 경합한다. 1494년에는 스페인과 국가 간 최초의 영토분할 조약인 토르데시야스(Tordesilhas) 조약을 맺는다. 한편 1578년 세바스찬 왕이 북아프리카 원정 중 전투에서 전사한 후, 스페인 카스티야 왕국의 펠리페 2세는 포르투갈을 침공, 합병하여 60여 년간 지배한다. 이후 1640년 스페인의 통치에 반대하는 귀족들의 독립 운동이 성공, 이전 왕가의 후예인 브라간사 공작을 선두로 새 왕조가 시작된다.

1685년 주요 지역에서 스페인과의 독립전쟁을 치르면서 점차 영토를 회복하고 1668년 리스보아 조약 체결로 완전한 독립을 이룬다.

18세기는 절대왕정 시대로 브라질에서 생산되는 금과 다이아몬드로 국부가 증가하였으나 왕가의 사치로 포르투갈은 거의 파탄 지경에 몰린다. 나폴레옹 시대에는 프랑스 혁명 사상에 반대하여 영국과 제휴, 반혁명에 가담하는 바람에 세 차례에 걸쳐 나폴레옹 군대의 침공을 받았으나 영국의 원조 하에 격퇴시켰다. 1916년 제1차 세계대전에 참전하여 독일과 전쟁을 치르면서 또다시 국내 상황이 악화된다.

식민지 전쟁과 현재의 모습

1928년에는 단일 후보에 의한 대통령 선출, 1955년에는 UN 가입으로 발전하지만 1961년에는 아프리카 식민지 앙골라가 포르투갈에 대해 독립선전포고를 내리면서 1974년까지 식민지 전쟁이 13년간 지속된다. 1974년과 그다음 해에 아프리카의 모잠비크, 카보베르데, 상투메프린시페, 앙골라가 잇달아 독립하며 이들 식민지에서 거주하던 50만 명 이상이 포르투갈로 들어온다.

1976년 신헌법을 제정하여 사회주의 체제로 전환, 1986년에 유럽 공동체 가입을 계기로 낙후된 경제 및 사회 발전의 전환기를 맞게 된다. 아울러 1989년 헌법 개정을 통해 자유민주주의와 시장경제 체제로의 이행을 보장하였으며 이에 따른 정부의 개혁, 개방정책으로 자유로운 민주국가로 발전했다. 1998년 유로화 도입 회원국가가 되었지만 아직 유럽의 후진국에 속한다고 볼 수 있다.

포르투갈 음식 즐기기

포르투갈 음식은 지중해 식단의 대표 메뉴로 꼽힐 만큼 풍성하고 건강한 요리가 많다.
쌀을 이용한 음식과 따뜻한 수프 종류가 많고 그다지 기름지지 않아 우리 입맛에도 잘 맞는다.
포르투갈은 2면이 바다에 접해 있어 해산물 요리가 발달했으며, 아프리카 대륙 곳곳의
토착민들에게 전수받은 다양한 향신료 덕분에 유럽에서는 접하기 힘든 매운 음식들도 맛볼 수 있다.

식당에 들어가기 전에 알아둘 것

식당에 들어갈 때는 문 앞에 있는 메뉴와 가격을
잘 확인하자. 모든 레스토랑은 메뉴와 가격 표시가
의무화되어 있으며, 레스토랑에 따라 코스 요리가
포함된 오늘의 요리(Prato do dia)를 선보이는 곳도
있다. 코스 요리를 저렴하게 먹을 수 있는 찬스다.
주요 도시의 레스토랑은 영어 메뉴판도 별도로 갖추고
있다. 주문이 어려울 경우에는 주변의 테이블을 본 후
비슷한 요리를 주문해도 된다. 포르투갈 음식은 맛도
좋고 가격도 저렴한 편이어서 다양한 요리를 맛보는
것도 포르투갈 여행의 즐거움이라 할 수 있다.

레스토랑에서 음식 주문하기

포르투갈 요리는 애피타이저에 해당하는 샐러드(Ensalada)와 수프(Sopa), 메인 요리인
생선 페이시(Peixe)와 육류 카르느(Carne), 디저트인 소브 레메자(Sobremesa)로
나뉜다. 음료는 와인이나 물, 탄산음료 등 기호에 맞춰서 선택하면 된다.

애피타이저 Aperitivo

레스토랑에 들어가서 테이블에 앉으면 곧바로 빵이 나오고 빵과 함께 먹을 올리브나 치즈
등도 곁들여 나온다. 물론 식사 후에 추가로 계산되는 것들이지만 비싸봐야 2€를 넘기 않는
선이므로 출출하다면 메인 요리가 나오기 전에 종류별로 다양한 치즈를 맛보는 것도 좋다.
따뜻한 수프로는 채소와 고기 및 올리브오일이 듬뿍 들어있는 칼두 베르드(Caldo Verde)를
많이 먹는데, 특히 추운 날씨에 좋다.

메인 요리 Pratos Principais

육류(Carne) 요리에는 쇠고기와 돼지고기, 닭고기, 칠면조, 양고기 등이 다양하게 쓰이고,
생선(Peixe) 요리로는 대구 요리인 바칼라우(Bacalhau)가 독보적이다. 바칼라우는
200여 가지의 요리법이 있는데, 그중 대표적인 것은 다음과 같다.

바칼라우 아 브라스(Bacalhau à Brás)
볶은 대구에 채소와 감자튀김이
함께 나오는 것

바칼라우 노 포르누
(Bacalhau no Forno)
오븐에 익힌 대구 요리

바칼라우 아 그렐라두
(Bacalhau à Grelhado)
대구를 석쇠에 구운 것으로
대표적인 요리법

카페 Café

포르투갈의 아침 식사는 커피와 함께 시작된다. 포르투갈의 거리에는 커피를 마시거나 가볍게 식사를 할 수 있는 노천카페가 많다. 커피는 카페(cafe) 또는 비카(bica) 라고 부르는데, 에스프레소처럼 진한 커피를 말한다. 대표적인 것은 다음과 같다.

가로투(Garoto)
우유가 들어 있으며, 작은 찻잔에
나오는 커피. 설탕은 별도.

갈라웅(Galão)
에스프레소에 따뜻한 우유를
넣은 커피로 컵에 나온다.

메이아 드 레이트(Meia de Leite)
우유를 넣었으며
큰 찻잔에 나오는 커피

샤 프레투(Cha preto)
홍차

샤 드 리망(Cha de Limão)
레몬차

수무 드 라란자(Sumo de Laranja)
오렌지 주스

보통 카페에 들어가면 진열장에 준비된 다양한 빵을 볼 수 있다. 크림, 초코, 플레인 크루아상을 비롯해 수십 가지의 머핀, 바게트 등 종류가 다양해 먹고 싶은 것을 직접 골라 주문하면 된다. 카페에서 마시는 커피의 가격은 자리에 따라 천차만별이다. 바에 서서 마실 경우, 실내에 앉아서 마실 경우, 야외 테라스에 앉아서 마실 경우 등 같은 커피라도 자리에 따라 가격 차이(0.10~0.50€)가 난다. 평균 커피 한 잔 값은 1~1.50€ 선.

와인 Vinhos

포르투갈 와인은 품질이 좋고 합리적인 가격으로 유명하다. 레드 와인은 비뉴 틴투(Vinho Tinto), 화이트 와인은 비뉴 브랑쿠(Vinho Branco)라고 하며, 포르투갈에서만 맛볼 수 있는 와인으로 비뉴 베르드(Vinho Verde)가 있다. '베르드'는 녹색을 의미하는데, 와인이 녹색인 것이 아니라 어린 포도를 따서 만든 화이트 와인으로 보존 기간이 길지 않은 포르투갈의 특색 있는 와인을 말한다. 생선 요리와 곁들여 마시면 좋다. 비뉴 드 포르투(Vinho do Porto)는 포트 와인이라고도 하며 포르투(Porto) 지방에서 생산되는 와인으로 식사 전 애피타이저로 즐겨 마신다. 달콤한 맛이 나서 특히 여성들이 좋아한다.

빵 Pang

포르투갈에서 가장 저렴하고 맛있게 즐길 수 있는 것이 빵이다. 우리가 사용하고 있는 '빵'이라는 말도 사실 포르투갈어다. 16세기 포르투갈인들이 일본에 들어오면서 빵(Pang)이 처음 소개되었고 이후 일본을 통해 우리나라에 들어오면서 영어 '브레드(Bread)'보다 '빵'이라는 포르투갈어가 먼저 쓰이게 되었다. 거리에서 쉽게 볼 수 있는 파스테이스(Pasteis)라고 적힌 곳은 빵집을 뜻하며, 갓 구운 빵과 함께 커피와 음료 등을 맛볼 수 있다. 빵은 디저트로 먹는 달콤한 빵부터 호밀이나 곡물을 넣어 만든 바게트 등 종류가 다양하다. 포르투갈의 전통 빵인 파스텔 드 나타(Pastel de Nata)는 달걀을 통째로 넣거나 커스터드 크림을 넣은 에그 타르트로 맛이 일품이다.

Portugal ⓞ1

리스본 **LISBON**

LISBON

영어로는 리스본(Lisbon), 포르투갈어로는 리스보아(Lisboa)라고 불리는 포르투갈의 수도이자 가장 큰 도시. 옛 모습을 그대로 간직한 구시가와 저렴하고 풍부한 해산물, 정 많고 친절한 포르투갈 사람들로 인해 유럽인들의 주말 휴가지로 각광받고 있다. 리스본 항구에 접한 테주 강(타호 강)은 이베리아 반도에서 가장 긴 강으로, 상류측의 강폭이 약 10km나 되어 강이라기보다는 바다라고 할 만큼 규모가 크며 어느 곳에서나 멋진 석양을 감상할 수 있다. 현재 리스본 시내에 있는 대부분의 건물은 1755년의 대지진 이후 폼발 후작의 지휘하에 정비된 것이다. 지진으로 인한 화재와 해일로 시가지의 3분의 2가 파괴되었기 때문에 그 이전의 역사적 건축물은 많이 남아 있지 않다. 서쪽 끝의 벨렘 지구에는 본래 성채였던 벨렘 탑과 16세기 마누엘 양식의 제로니무스 수도원이 남아 있다.

리스본 키워드 5

Keyword 1

언덕

리스본의 크고 작은 언덕들을 오르는
일은 번거롭기도 하지만 비탈진
언덕길 위에서 내려다보는 골목골목의
풍경들은 귀엽고 생동감 넘친다.
관광지가 모여 있는 알파마 지구 내
골목의 전망대를 위주로 한 언덕도
좋지만, 바이후 알투 지구에 근접한
산타 카타리나(Santa Catarina)
언덕에서 보는 풍경은 최고의 절경으로
꼽힌다. 한낮의 햇빛을 받아 반짝이는
빨간 지붕들과 빨래를 너는 할머니들의
모습 등 리스본의 여유로운 일상을
엿볼 수 있어 더욱 흥미롭다.

Keyword 2

해산물

값싸고 맛있는 먹을거리가 풍부한
리스본에서 꼭 한 번은 맛보게 되는
것이 바로 생선, 특히 대구를 이용한
요리가 맛있다. 관광지가 밀집된
곳부터 바닷가 근처에 위치한 고급
레스토랑에 이르기까지 해산물 요리를
맛볼 수 있는 곳을 쉽게 찾을 수 있다.
주 요리로는 생선구이, 생선수프,
생선조림 등이 있으며 그 밖에도
새우, 오징어, 조개 등을 이용한
해산물 요리가 입맛을 돋운다. 가격도
10~30€까지 다양하고 갓 잡은 듯
신선하고 색다른 양념으로 조리한
해산물들은 포르투갈 여행에서 또
하나의 추억으로 남게 될 것이다.

3

Keyword 3

나이트라이프

밤 9~10시 무렵 리스본 시내의 중심지인 바이후
알투 지구와 시아두 지구의 레스토랑과 바르가 밀집된
루이스 드 카몽이스 광장(Praça Luís de Camões)에
가면 삼삼오오 모여 있는 젊은이들과 부부 동반
커플이나 연인들, 세계 각지에서 온 다양한 국적의
관광객 등 연령과 인종을 초월한 수많은 인파들을 만날
수 있다. 골목골목을 가득 메운 바와 레스토랑에서
먹고 마시며 즐기는 사람들과 어울려 리스본의 밤을
제대로 느껴볼 수 있다.

4

Keyword 4

트램

리스본 시내 곳곳에서 종소리를 울리며 달리는 트램.
좁은 골목 내에서 신나게 달려가던 트램이 다른
방향에서 오는 또 다른 트램과 맞닿는 순간 기막힌
장면이 눈앞에 펼쳐진다. 좁은 골목을 앞뒤로 오가며
멋지게 후진하는 운전수의 곡예 같은 솜씨는 보는 이의
탄성을 자아낸다. 딱히 할 일이 없다면 무조건 트램에
오르자. 트램을 타고 내려다보는 리스본의 풍경은
따뜻하다. 특히 늦은 저녁 시간이라면 트램을 타고
리스본 시내의 야경을 감상하러 떠나보는 것도 좋다.
종점까지 간다면 다시 돌아오는 트램을 내린 역에서
탈 수 있다.

Keyword 5

5

파두

리스본에는 관광객을 위한 다양한 공연장이 있다.
운이 좋으면 가슴을 울리는 파두 공연을 거리 곳곳에서
만나게 될 것이다. 동네 할아버지와 할머니들이 흥에
겨워서 또는 혼을 담아 부르는 파두를 감상하게 된다면
리스본 관광은 최고조에 달하게 될 것이다. 주말 밤
작은 바에 사람들이 북적이며 모여 있고 그 대상이 나이
지긋한 어른들이라면 무료 파두 공연을 감상할 확률이
높다.

리스본 가는 법

포르투갈의 수도 리스본으로는 비행기, 열차, 버스를 이용해 갈 수 있다. 인접 국가인 스페인에서 가는 교통편이 많으며 유럽의 주요 도시에서 갈 때는 저가 항공을 이용하는 경우가 많다. 공항이나 기차역에서 시내로 들어가는 교통편도 다양하다.

비행기

우리나라에서 리스본으로 가는 직항편은 없다. 리스본 포르텔라 공항(Lisbon Portela Airport)은 리스본에 위치한 국제공항으로 포르투갈 내에서 가장 큰 규모를 자랑하며 유럽의 다른 국가로 이동할 때 주요 관문 역할을 한다.

리스본 시내와는 약 7km 떨어져 있으며 공항버스와 빠르게 연결되기 때문에 새벽이나 야간 이동 시 부담이 덜하다. 유럽 내 저가 항공인 부엘링항공, 에어베를린 외 다수의 항공사가 취항하고 있다. 공항에는 총 2개의 터미널이 있는데 국제선은 대부분 터미널 1에서 발착한다. 도착 로비는 2층과 3층이며, 출발 로비는 4층과 5층이다. 공항 내에는 관광안내소와 우체국, 수하물 보관소, ATM, 환전소 등의 편의시설이 있다.

공항 홈페이지 www.ana.pt

공항에서 시내로 가는 법

●공항버스

공항 밖으로 나오면 바로 앞에 2개의 버스 정류장이 있다. 공항버스 전용 정류장과 일반 버스 정류장으로 Aerobus라고 쓰여 있는 곳이 공항버스 정류장이다. 공항버스 1번을 타면 주요 지점에만 정차하여 공항에서 시내까지 약 25분 소요된다. 버스는 20분 간격으로 운행되며 공항과

> **Tip** 공항 내 관광안내소
>
> 리스본 시내의 주요 명소 지도와 근교 여행지 추천, 숙박과 교통편에 관한 다양한 정보를 얻을 수 있다. 비치된 지도와 안내 책자를 통해 리스본의 관광 명소 및 레스토랑, 카페 관련 최신 정보를 얻을 수 있으며 다양한 할인 카드와 공항버스 티켓도 판매한다.
>
> 문의 21 845 0660 운영 07:00~24:00

종점인 카이스 두 소드레(Cais do Sodré)를 오간다. 공항버스 티켓으로 카리스(Carris) 회사의 버스와 트램을 하루 동안 이용할 수 있다.

운행 시간 공항 출발 월~금요일 07:00~23:20(20분 간격), 토 · 일요일 07:00~22:40(25분 간격)
요금 24시간권 4€

Tip 공항버스 1번(Linea 1) 운행 코스

아에로포르투(Aeroporto, 공항 출발) → 엔트레캄푸스(Entrecampos) → 캄푸 페케누(Campo Pequeno) → 헤푸블리카(Av. República) → 살다냐(Saldanha) → 피코아스(Picoas) → 폰테스 페레이라 멜루(Fontes Pereira Melo) → 마르케스 드 폼발(Marquês de Pombal) → 리베르다드(Av. da Liberdade) → 헤스타우라도레스(Restauradores) → 호시우(Rossio, 시내 중심지) → 프라사 두 코메르시우(Praça do Comércio) → 카이스 두 소드레(Cais do Sodré)

● 일반 버스

공항 밖으로 나와 오른편에 위치한 버스 정류장에서 208(나이트 버스) · 705 · 722 · 744 · 783번 버스를 타면 리스본 시내의 주요 정류장으로 이동할 수 있다. 744 · 783번 버스는 보통 06:00~21:00에 운행하며, 208번 버스는 나이트 버스로 23:00~04:00에 운행한다. 공항버스가 끊긴 시간에도 이용할 수 있어 편리하다. 리스본 시내 카이스 두 소드레까지 40분 정도 소요된다. 공항버스보다 조금 더 오래 걸린다. 요금은 편도 1.85€. 단, 핸드 캐리어 외에 부피가 큰 짐이 있을 때에는 운전기사의 안내에 따라 짐 놓는 칸이 별도로 있는 공항버스를 이용해야 하는 경우도 있다.

● 메트로

메트로 레드 라인에 공항역(Aeroporto)이 연결돼 공항에서 시내까지 빠르게 이동할 수 있다. 공항 밖으로 나오면 바로 오른쪽에 메트로로 연결되는 계단이 있다. 계단을 따라 내려가 티켓을 구입하고 탑승 후 원하는 역에서 내리면 된다. 레드 라인을 타면 시내 중심부까지 약 15분 걸린다.

운행 시간 06:30~01:00(6~9분 간격)
요금 편도 1.50€, 24시간권 6.40€

열차

유럽에서는 프랑스 파리와 스페인 마드리드에서 열차를 타고 리스본으로 갈 수 있다. 일반 열차로 10시간 이상 소요되기 때문에 훨씬 빠른 저가 항공을 이용하는 경우가 대부분이다.

리스본 시내에는 총 5개의 기차역이 있다. 기차역별로 출발, 도착하는 도시의 열차가 각기 다르므로 리스본을 기점으로 움직일 때는 미리 정확하게 역명을 확인하고 움직이자. 국제열차가 발착하는 대표적인 역은 산타 아폴로니아역(Estação de Santa Apolónia)과 오리엔트역(Estação do Oriente)이다. 파리나 마드리드에서 출발한 열차가 이곳에 도착한다. 리스본 시내까지는 도보로 30분 정도 소요되며 버스편도 다양하다. 그 밖에 호시우역(Estação do Rossio)에서는 신트라, 호카곶행 열차가 발착하며, 카이스 두 소드레역(Estação Cais do Sodré)은 근교 도시로 이동할 때 편리하다.

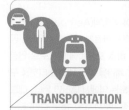

리스본 시내 교통

TRANSPORTATION

리스본은 도보로 다닐 수 있는 아담한 도시지만 언덕이 많기 때문에 주요 관광 명소나 전망이 좋은 곳에 가기 위해서는 가파른 골목을 지나야 한다. 일정이 짧다면 하루나 이틀 정도는 교통수단을 무제한 탈 수 있는 24시간권을 구입하여 트램과 메트로를 적절히 이용하자.

메트로 Metro

메트로는 총 4개의 노선(레드, 옐로, 그린, 블루)이 있으며 노선이 단순하고 안내도 잘 되어 있어 여행자들도 쉽게 이용할 수 있다. 역 입구에 M이라고 표시되어 있고, 색색의 타일로 갖가지 장식을 한 역 자체도 볼거리다. 승차권은 메트로 역 내 자동발매기에서 구입할 수 있다.

운행 시간 06:30~01:00 요금 1회권 1.50€, 24시간권 6.50€ 홈페이지 www.metrolisboa.pt

버스 Bus

리스본 시내 구석구석을 운행하고 있어 익숙해지면 가장 편리한 교통수단이다. 정류장마다 노선도와 시간표가 표시되어 있으므로 미리 행선지를 파악하고 타도록 한다. 승차권은 버스 정류장 근처에 있는 카리스(Carris) 티켓 판매소 또는 버스 탈 때 운전기사에게 직접 구입할 수 있다.

버스 노선에 대한 상세한 정보는 홈페이지 참조.

요금 1회권 1.85€. 24시간권 6.30€
홈페이지 www.carris.pt

택시 Taxi

일행이 있거나 무거운 짐이 있을 때, 또는 심야에 이동할 경우에는 택시를 이용하는 것이 편하다. 평일 기본요금은 3.25€이며 1km마다 0.55€씩 올라가고, 심야(21:00~06:00)와 주말에는 할증 요금이 적용된다. 또한 큰 짐이 있을 경우에도 1.60€가 가산된다. 공항에서 시내 중심까지의 요금은 약 15~20€ 예상하면 된다. 택시 기사 중에의 요금은 바가지 요금을 씌우는 경우도 있으므로 타기 전에 목적지까지의 예상 경비를 미리 물어보는 것이 안전하다.

트램 Tram

여행 첫날이나 마지막 날에는 트램을 타고 마지막 정류장까지 달려보는 것도 괜찮다. 30분이면 충분하며, 창밖으로 리스본의 정겨운 풍경을 두루 감상할 수 있어 좋다. 구시가 주변을 도는 12번, 강을 따라 달리는 15번, 바이후 알투와 바이샤, 알파마 지구 등 시내 주요 관광지를 도는 28번, 구시가에서 트렌디한 골목까지 구석구석 누비는 25번 트램은 여행 코스로 더없이 좋다. 티켓은 승차할 때 차내에서 구입할 수 있다. 트램 노선에 대한 상세한 정보는 홈페이지 참조.

요금 1회권 3€ 홈페이지 www.carris.pt

Tip 리스본에서 유용한 교통 카드

7 콜리나스 앤드 비바 비아젬 카드 7 Colinas and Viva Viagem Card

리스본의 메트로, 버스, 트램을 하루 종일 자유롭게 이용할 수 있으며 산타 주스타(Santa Justa) 엘리베이터도 무료로 탑승할 수 있다. 카드는 공항 내 우체국이나 시내 메트로역 내에서 구입할 수 있으며, 자동발매기를 통해 원하는 만큼 충전도 가능하다. 단, 공항버스에서는 사용할 수 없다.

요금 1일권 6.60€(카드 발급비 0.50€ 별도), 1회권 1.65€

리스보아 카드 Lisboa Card

리스본의 메트로, 버스, 트램 등의 교통수단과 30곳 이상의 관광 명소를 무료 또는 할인 요금으로 이용할 수 있는 관광 카드. 시내뿐만 아니라 신트라와 카스카이스로 가는 열차와 주요 관광 명소에서도 이용 가능하며, 레스토랑이나 상점에서도 할인 혜택이 있다. 공항 안내 센터나 벨렘 안내 센터 등 10여 곳의 관광안내소에서 구매할 수 있고 카드와 함께 할인 쿠폰이 포함된 책자가 제공된다. 카드 소지 시 무료 입장이 가능한 곳은 벨렘 탑, 제로니무스 수도원, 산타 주스타 엘리베이터 등이다. 상 조르제 성과 발견기념비 등은 입장 시 30% 할인된다.

요금 1일권 21€, 2일권 35€, 3일권 44€

리스본 메트로 노선도

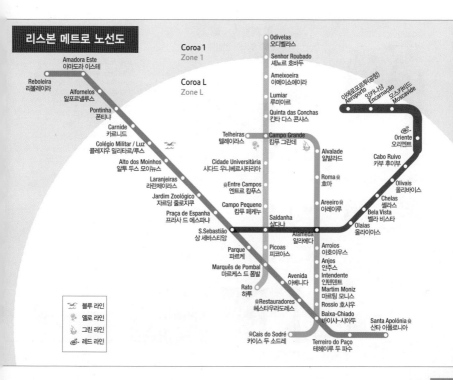

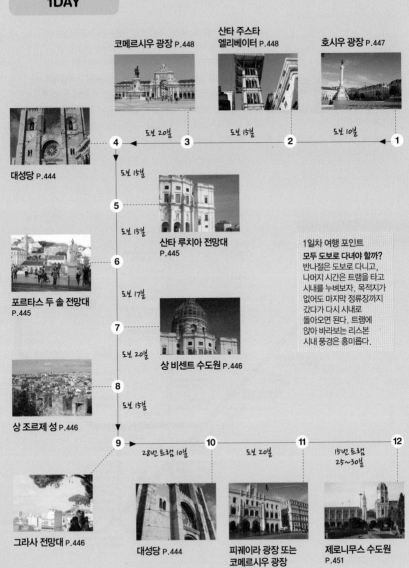

BEST COURSE

리스본 추천 코스

리스본 시내 관광은 하루 일정이면 충분하다. 3일 정도 시간이 있다면 둘째 날이나 셋째 날에 근교로 당일치기 여행을 떠나보자. 근교 여행 후 저녁에 리스본 시내에서 아쉬움을 달래는 것도 좋은 방법이다.

1DAY

코메르시우 광장 P.448

산타 주스타 엘리베이터 P.448

호시우 광장 P.447

대성당 P.444

4 ← 도보 20분 ← 3 ← 도보 15분 ← 2 ← 도보 10분 ← 1

도보 15분

5

산타 루치아 전망대 P.445

도보 15분

6

포르타스 두 솔 전망대 P.445

도보 17분

7

상 비센트 수도원 P.446

도보 20분

8

상 조르제 성 P.446

도보 15분

9

그라사 전망대 P.446

28번 트램 10분

10

대성당 P.444

도보 20분

11

피케이라 광장 또는 코메르시우 광장 P.447, 448

15번 트램 25~30분

12

제로니무스 수도원 P.451

1일차 여행 포인트
모두 도보로 다녀야 할까?
반나절은 도보로 다니고, 나머지 시간은 트램을 타고 시내를 누벼보자. 목적지가 없어도 마지막 정류장까지 갔다가 다시 시내로 돌아오면 된다. 트램에 앉아 바라보는 리스본 시내 풍경은 흥미롭다.

리스본 시내 한눈에 보기

리스본은 시내 한가운데에 위치한 바이샤(Baixa) 지구와 바이후 알투(Bairro Alto) 지구를
기준으로 북쪽의 리베르다드(Liberdade) 지구, 동쪽의 알파마(Alfama) 지구와
서쪽 외곽에 위치한 벨렘(Belém) 지구로 나뉜다.

벨렘 지구 Belém

유네스코 세계문화유산으로 지정된 웅장한 제로니무스 수도원과 석양이 아름다운 벨렘 탑 등을 볼 수 있다. 테주 강의 풍경과 석양을 감상하며 해 질 녘 로맨틱한 산책을 즐기기에 좋다.

리베르다드 지구 Liberdade

리스본의 샹젤리제 거리라고 불릴 정도로 고급 상가와 디자이너 숍, 오피스 빌딩과 고급 호텔, 쇼핑몰 등이 모여 있는 신시가지. 리스본 특유의 아기자기한 멋은 없지만 복잡한 관광지에서 벗어나 쇼핑을 즐기거나 고급 레스토랑에서 분위기 있는 저녁 식사를 원할 경우 찾아가보자.

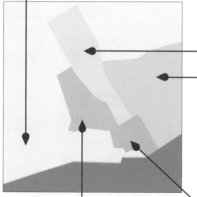

알파마 지구 Alfama

포르투갈 서민들의 생활 모습을 엿볼 수 있어 관광객들이 가장 먼저 찾게 되는 지구. 만일 리스본에서 보낼 시간이 하루밖에 없다면 알파마 지구를 가장 먼저 돌아볼 것을 권한다. 여유가 있다면 트램을 타고 구시가의 모습이 그대로 간직된 알파마 지구로 이동 후 지도 없이 골목골목을 걸어보는 것도 좋다.

바이후 알투 지구 Bairro Alto

작은 골목들 사이로 파두 공연장과 클럽 등이 모여 있기 때문에 관광보다는 밤 문화를 만끽하고 싶을 때 가는 것이 좋다.

바이샤 지구 Baixa

각종 노천카페와 레스토랑, 기념품 숍, 호스텔 등이 즐비하고 관광객들로 붐비는 리스본 최고의 번화가이

다. 호시우 광장에서 시작해 바다를 마주하는 코메르시우 광장 전까지 길게 뻗은 길 위로 한 방향을 향해 왔다갔다 하는 사람들이나 아기자기한 상점들을 구경하는 재미가 있는 곳이다.

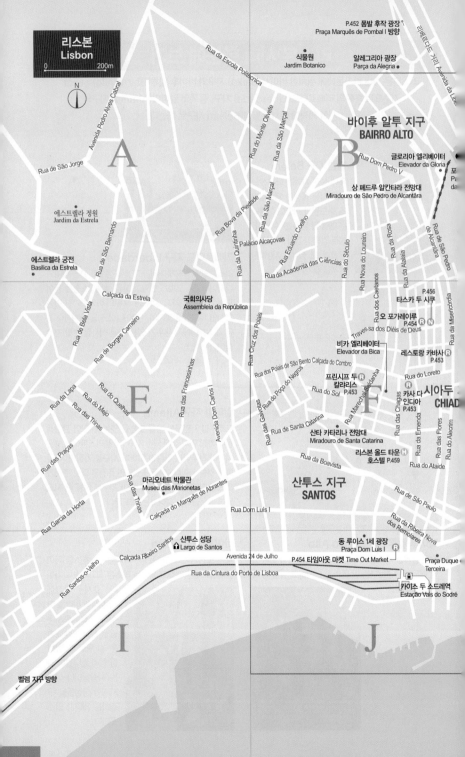

리스본
Lisbon

0   200m

N

A

P.452 폼발 후작 광장
Praça Marquês de Pombal I 방향

식물원
Jardim Botanico

알레그리아 광장
Parça da Alegria

바이후 알투 지구
BAIRRO ALTO

Rua Dom Pedro V

글로리아 엘리베이터
Elevador da Gloria

포
Pa
da

상 페드루 알칸타라 전망대
Miradouro de São Pedro de Alcantára

에스트렐라 정원
Jardim da Estrela

에스트렐라 궁전
Basilica da Estrela

국회의사당
Assembleia da República

B

타스카 두 시쿠   P.456

오 포가레이루
O Fogareiro   P.454

레스토랑 카바사
P.453

비카 엘리베이터
Elevador da Bica

프린시프 두
칼라리스
Rua do Sol   P.453

카사 다
인디아
P.453

시아두
CHIAD

산타 카타리나 전망대
Miradouro de Santa Catarina

리스본 올드 타운
호스텔 P.459

E

F

마리오네트 박물관
Museu das Marionetas

산투스 지구
SANTOS

동 루이스 1세 광장
Praça Dom Luis I

산투스 성당
Largo de Santos

Avenida 24 de Julho

P.454 타임아웃 마켓 Time Out Market

Praça Duque
Terceira

카이스 두 소드레역
Estação Vais do Sodré

Rua da Cintura do Porto de Lisboa

I

J

벨렘 지구 방향

폰타나 파크 호텔 P.459 방향

Hospital de São José

그라사 전망대 P.446
Miradouro da Graça

마르팅 모니스 광장
Praça Martim Moniz

카스텔루 지구
CASTELO

C

Rua da Veronica

Rua da Veronica

D

도둑 시장 Feira da Ladra P.446

Rua do Arco da Graça

Rua da Palma

Rua Martim Moniz

Rua da M. de Ponte De Lima

Rua da Voz do Operario

Arco Grande de Cima

산타 엥그라시아 성당 P.445
Igreja de Santa Engrácia

우라도레스역
radores

도나 마리아 2세 국립극장
Teatro Nacional D. Maria II

우 기차역
ção
ral

상 조르제 성 P.446
Castelo de São Jorge

상 비센트 수도원 P.446
Mosteiro de São Vicente de Fora

Rua do Paraíso

산타 아폴로니아역
Estação Santa Engrónia

호시우역
Rossio

피궤이라 광장 P.447
Praça de Figueira

알파마 파티우
아파트먼트 P.459

P.456 메사 드
프라데스

호시우 광장 P.447
Praça da Rossio

마이 스토리 호텔 피궤이라 P.458
피궤이라 바이 더 부티크 호텔 P.459

Rua de São Tomé

군사 박물관
Museu Militar

인테르나시오날
디자인 호텔 P.458

세르베자리아 포르투갈 P.455

Rua de Santa Justa

Rua dos Franqueiros

Rua da Madalena

포르타스 두 솔 전망대 P.445
Miradouro das Portas do Sol

Rua do Vigário

Rua dos Remédios

산타 주스타 엘리베이터 P.448
Elevador de Santa Justa

Rua da Prata

Rua da São Mamede

P.445 산타 루치아 전망대
Miradouro de Santa Luzia

파두의 집

Rua do Jardim do Tabaco

Rua Augusta

Rua Aurea

Rua de São Tiago

Rua de São Saudade

알파마 지구
ALFAMA

H

이샤 – 시아두역
Baixa-Chiado

G

리스본 라운지 호스텔
P.458

Rua do Linoeiro

리오 코우라 P.455

Rua do Cais de Santarém

트래블러스
하우스
P.458

Rua de São Julião

Rua de Conceição

대성당 P.444
Sé Catedral

Cç. de São Francisco

패션 디자인 박물관 P.448
Museu do Design e da Moda

Rua do Barão

새부리의 집
Casa dos Bicos

Rua da Alfândega

시청사
Câmara Municipal

Rua Vitor
Cordon

Rua do Arsenal

코메르시우 광장 P.448
Praça do Comércio

Av. Infante Dom Henrique

테헤이루 두 파수 선착장
Estação Fluvial do Terreiro do Paço

Avenida da Ribeira das Naus

K

L

P.442~443 리스본 중심부

테주 강
Rio Tejo

리스본 중심부
Central Lisbon

0   200m

안주스역
Anjos

인텐
Inten

에스테파니아 지구
ESTEFÁNIA

상 세바스티앙 지구
SÃO SEBASTIÃO

라투 지구
RATO

살다냐역
Saldanha

살다냐 광장
Praça Duque de Saldanha

폰타나 공원
Fontana Park

폰타나 파크
호텔 P.459

Hospital D. Estefânia

Hospital Miguel Bombarda

Hospital dos Capuchos

피코아스역
Picoas

파르케역
Parque

폼발 후작 광장 P.452
Praça Marquês de Pombal

마르케스 드 폼발역
Marquês de Pombal

아베니다
Avenida

상 세바스티앙역
S. Sebastião

에두아르두 7세 공원
Parque Eduardo VII

라투역
Rato

Rua de António Pedro

Rua de Arroios

Rua Passos Manuel

Rua José Estevão

Rua dos Anjos

R. de Sta. Bárbara

R. Escola do Exercito

R. A. Quental

R.V. Calçada de Arroios

Rya Açores

R. Cidade da Horta

Rua Pascoal de Melo

Rua D. Filipa de Vilhena

Rua de D. Estefânia

Avda. Praia Vitoria

Avda. Casal Ribeiro

R. A Barroso

R. J. Marto

Rua Gomes Freire

R. J. Bonifacio

R. E. V. da Silva

R. Conde Redondo

R. Bernardim Ribeiro

Avda. Duque de Loulé

Avda. 5 de Outubro

Avenida João Crisostomo

Avda. Duque D'Ávila

Rua Pinheiro Chagas

Rua Latino Coelho

Rua Tomás Ribeiro

Avda. Fontes Pereira de Melo

Rua de Sta. Marta

Rua do Passad

Rua Rodrigues Sampaio

P.452 리베르다드 거리 Avenida

Rua Marquês Sá da Bandeira

Avda. Antonio Augusto Aguiar

Avda. Sidónio Pais

Rua Joaquim António de Aguiar

D. Palmela

Mouzinho Silveira

Rua Rosa Araújo

 Banda Salgueiro

Rua Braamcamp

Rua Alexadre Herculano

Avda

A B E F I J

알파마 지구
ALFAMA

 추천 볼거리
SIGHTSEEING

대성당 ★★★
Sé Catedral

MAP p.443-D

대지진에도 살아남은 견고한 건축물

12세기 그리스도교도가 이슬람교도로부터 리스본을 탈환한 후 알폰소 왕이 1147년에 건축했다. 2개의 종탑과 중앙 출입구 위 장미의 창으로 구성된 전형적인 로마네스크 양식의 성당이다. 리스본을 폐허로 만들었던 1755년 대지진 때에도 파괴되지 않았을 정도의 견고함을 자랑한다. 내부와 외부 모두 로마네스크 양식이 주를 이루지만 고딕 양식의 회랑과 대지진 후에 다시 지은 바로크 양식의 제단 등 여러 양식이 혼재되어 있다. 내부로 들어가면 화려한 스테인드글라스가 인상적이며, 혼합된 건축 양식을 통해 역사의 변천을 한눈에 알아볼 수 있다.

찾아가기 28번 트램을 타고 대성당 앞에서 하차
주소 Santo Antonio 문의 21 886 6752
운영 매일 09:00~19:00
요금 내부 관람 무료, 회랑 일반 2.50€, 학생 1.30€,
보물관 일반 2.50€, 학생 1.25€

포르타스 두 솔 전망대
Miradouro das Portas do Sol ★★

MAP p.443-D

리스본의 단골 촬영지

알파마 지구의 좁은 골목을 지나 언덕을 오르면 첫 번째 마주하게 되는 탁 트인 광장이다. 중앙에는 성 빈센트(St. Vincent) 동상이 우뚝 서있고, 한켠으로는 장식 미술 박물관(Museu de Artes Decorativas)과 노천카페가 있다. 강쪽에 위치한 테라스로 다가가면 발밑으로 알파마 지구 전체를 수놓은 붉은 지붕들이 오목조목 붙어 있는 모습을 감상할 수 있다. 리스본의 주택가와 강을 끼고 사진을 찍기에 좋아 단골 촬영 장소로 유명하다. 주말 저녁이면 광장에서 젊은이들의 거리 공연이 끊이지 않는다.

찾아가기 28번 트램을 타고 첫 번째 정류장인 대성당을 지나 좁은 골목 끝에 나오는 첫 번째 광장에서 하차
주소 Rua São Tomé 84A 문의 91 522 5592

산타 루치아 전망대
Miradouro de Santa Luzia ★

MAP p.443-D

로맨틱한 전망 포인트

리스본 곳곳에 있는 전망대 중에서 작은 규모에 속하지만 가장 로맨틱한 곳이다. 늘 관광객으로 북적이는 포르타스 두 솔 광장 바로 아래 위치해 있어 인파를 피해 잠시 느긋하게 쉬어가기 좋다. 알파마 지구의 옹기종기 모여 있는 집들과 그 앞으로 펼쳐진 강가의 풍경이 한눈에 들어온다. 산타 루치아 성당을 선두로 양 옆에 타일 장식 벽면이 가득하며 아기자기한 테라스에는 꽃들이 어우러져 있고 앉아서 쉴 수 있는 벤치도 있다.

찾아가기 28번 트램을 타고 포르타스 두 솔 광장에서 하차 후 바로 주소 Rua do Limoeiro, s/n

산타 엥그라시아 성당
Igreja de Santa Engrácia ★

MAP p.441-D

바스쿠 다 가마를 기리는 성당

현지에서는 그리스어로 모두의 신전이라는 의미의 판테옹(Panteão Nacional)이라 불리기도 한다. 포르투갈의 대항해 시대를 이끌었던 엔히크 왕자와 인도의 서부 지역까지 항로를 개척함으로써 대항해 시대의 절정기를 맞게 한 탐험가 바스쿠 다 가마를 기리기 위해 지어진 성당이다. 당시 포르투갈은 새 항로를 발견하고 각종 선단으로 여러 나라를 항해하며 식민지를 개척하였으며, 교역을 통해 국가의 부를 축적했다. 화이트 톤의 건물과 장엄한 돔이 인상적이며 주변의 알록달록한 파스텔 톤의 집들도 아름답다. 정문 왼쪽에 있는 엘리베이터나 계단을 이용해 옥상으로 올라가면 리스본 시내를 한눈에 감상할 수 있다.

찾아가기 12 · 28번 트램을 타고 첫번째 정류장인 대성당에서 내려 도보 1분 주소 Campo de Santa Clara 문의 21 885 4820 운영 화~일요일 10:00~17:00 휴무 월요일 요금 일반 2€, 학생 1€(일요일 전체 무료)

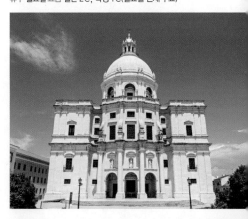

그라사 전망대
Miradouro da Graça ★★★

MAP p.443-C

리스본의 인기 전망대

리스본의 오래된 성당 중 하나로 1271년에 지어진 그라사 성당(Igreja e Covento da Graça) 바로 앞에 위치한 전망대이다. 리스본 시내 중심지와 서쪽에 위치한 상 조르제 성(Castelo de São Jorge)을 중심으로 한 파노라마 뷰를 만끽할 수 있다. 테라스에는 노천카페가 즐비하며 늦은 저녁까지 발 디딜 틈 없을 정도로 인기가 많다.

찾아가기 28번 트램을 타고 언덕을 올라간 후에 하차
주소 Largo da Graça

상 비센트 수도원
Mosteiro de São Vicente de Fora ★★★

MAP p.441-D

정교하고 수준 높은 타일 벽화로 유명

무어인을 상대로 싸우다가 전사한 포르투갈 병사와 북유럽 십자군 병사들이 잠들어 있는 곳이다. 1755년의 대지진으로 건물 위의 둥근 지붕인 쿠폴라가 모두 무너져 내려 100년이 지난 1855년이 되어서야 지금의 모습으로 복원되었다. 정면은 10여 개의 파사드로 장식되어 있으며, 내부에는 팔각형의 드럼 위에 얹혀진 쿠폴라의 채광창을 통해 들어오는 빛이 18세기의 타일 벽화를 신비롭게 비춘다. 다양한 스토리를 간직한 벽화는 수도원 전체에 전시되어 있으며, 지붕 위로 올라가면 주변 건물들이 손에 잡힐 듯 내려다보인다.

찾아가기 28번 트램을 타고 상 비센트 수도원 앞에서 내려 도보 5분
주소 Largo de Sao Vicente 문의 21 882 4400
운영 월~토요일 09:00~20:00, 일요일 09:00~12:30, 15:00~17:00 휴무 1/1, 12/25

상 조르제 성
Castelo de São Jorge ★★

MAP p.443-D

리스본에서 가장 오래된 성

리스본 시내의 언덕 중에서 가장 높은 곳에 위치하며, 성루에서는 테주 강을 가로지르는 4월 25일 다리까지도 볼 수 있다. 길게 펼쳐진 성벽을 따라 걸으면서 리스본의 전경을 감상할 수 있고 강 쪽을 보면 벨렝 지구에서 보이는 풍경과 다른 각도의 풍경을 만끽할 수 있다. 5세기 무렵 로마인들이 축성하기 시작해 9세기 무렵 무어인들이 완성시킨 것으로, 1755년 대지진으로 파괴된 것을 1938년에 복구했다.

찾아가기 12·28번 트램 또는 버스 34번 이용
주소 Rua de Santa Cruz do Castelo
문의 21 880 0620 운영 11~2월 09:00~18:00, 3~10월 09:00~21:00
휴무 1/1, 5/1, 12/24~25 요금 일반 8.50€, 학생 5€

Plus info 리스본의 중고 마켓,
도둑 시장(Feira da ladra)

유럽의 중고 마켓에 비해 작은 편이지만 해를 거듭할수록 규모가 커지고 있다. 각종 서적과 음반, 수공예품, 옷과 액세서리, 전자기기 등 집에 있는 물건을 들고 나와 파는 풍경이 친근하다. 토요일 오전에 특히 물건이 많다.

Map p.441-D
찾아가기 성 비센트 수도원 뒷길(Arco Grande da Cima)에서 시작해 산타 엥그라시아 성당 뒷길까지 이어진다. 영업 화·토요일 10:00~18:00
휴무 월·수·목·금·일요일, 1/1, 12/25, 12/31

바이샤 지구
BAIXA

추천 볼거리

SIGHTSEEING

호시우 광장 ★★★
Praça do Rossio

MAP p.443-G

공식 행사가 열리는 리스본의 중심지

바이샤 지구와 리베르다드 거리를 연결하는 중간 지점에 위치한 광장이다. 광장 한복판에 27m 높이의 화려한 분수대가 물을 뿜어내고 다른 켠에는 동 페드로 4세의 동상이 서있기 때문에 '동 페드로 4세 광장'이라고도 부른다. 북쪽에는 1840년에 지어진 도나 마리아 2세 국립극장(Teatro Nacional Dona Maria II)이 위치해 있으며, 광장을 에워싸듯 유명 빵집과 노천카페가 즐비하다.

찾아가기 메트로 Rossio역에서 하차
주소 Praça do Rossio

피게이라 광장 ★★★
Praça da Figueira

MAP p.443-G

리스본 시내 교통의 요충지

호시우 광장과 이웃해 있으며 시내 교통의 요충지라 할 만큼 많은 버스와 트램이 교차한다. 광장을 끼고 주변에는 호스텔과 숍, 카페 등의 건물이 늘어서 있으며 모든 건물은 타일 벽면으로 장식되어 있다. 광장 중심에는 항해의 왕 엔히크의 아버지인 주앙 1세(João I)의 동상이 서있다. 주변에 있는 가게들 중 1829년에 문을 열어 5대째 이어오는 명물 베이커리 파스테라리아 수이샤(Pastelaria Suiça)는 유럽에서도 손꼽히는 곳이다.

찾아가기 메트로 Rossio역에서 하차
주소 Praça da Figueira

패션 디자인 박물관
Museu do Design e da Moda ★

MAP p.443-H

20세기 디자인의 선두

유럽에서도 손꼽히는 컬렉션을 자랑하며 20세기를 이끌어온 선두적인 박물관으로 명성을 높이고 있다. 1999년 벨렘 문화 센터(Belem Cultural Center)에 문을 열었다가 2009년 아우구스타 거리(Rua Augusta)로 이전했다. 이곳에서는 전 세계 230여 명의 디자이너가 참여한 가구, 보석 등의 패션 작품들을 볼 수 있다. 그중에서도 20세기의 거장 가구 디자이너인 찰스 임스(Charles Eames), 건축가이자 산업 디자이너인 조지 넬슨(George Nelson), 필립 스탁(Phillipe Starck), 영국의 가구 디자이너 톰 딕슨(Tom Dixon)의 작품들이 볼만하다. 그 외에도 1,200여 가지의 장르를 뛰어넘는 아이템이 가득하여 시간 가는 줄 모르고 구경하게 된다.

찾아가기 리스본 시내 메인 쇼핑 거리인 아우구스타 거리의 코메르시우 광장 개선문 앞 주소 Rua Augusta, 24 문의 21 888 6117 운영 화~일요일 10:00~18:00 휴무 월요일 요금 무료 홈페이지 www.mude.pt

산타 주스타 엘리베이터
Elevador de Santa Justa ★★★

MAP p.443-H

리스본 시내를 한눈에

리스본 시내에서 가장 인기 있는 교통수단이자 전망대를 갖춘 관광용 목조 엘리베이터. 정원이 차야 출발하며 순식간에 전망대에 다다른다. 앞쪽 저지대인 바이샤 지구와 고지대인 바이후 알투 지구를 연결해 주는 엘리베이터로, 45m 높이의 전망대에서는 호시우 광장을 비롯해 강과 성까지 한눈에 보인다. 철골 구조물은 에펠탑을 설

계한 구스타프 에펠의 제자 폰사드가 설계했다.

찾아가기 호시우 광장에서 코메르시우 광장 방향으로 직진하다가 오른편에 위치 주소 Rua do Ouro 문의 21 413 8679 운영 10~5월 07:00~22:00, 6~9월 07:00~23:00, 전망대 08:30~20:30 요금 왕복 5€(리스보아 비바 카드나 7 콜리나스 앤드 비바 바이젬 카드가 있으면 무료), 전망대 1.5€

코메르시우 광장
Praça do Comércio ★

MAP p.443-H

예술가들의 광장

중저가 브랜드 숍과 기념품 가게, 레스토랑들이 즐비한 바이샤 지구의 아우구스타 거리(Rua Augusta)를 따라 직진하면 강 끝과 마주한 리스본 최대의 광장인 코메르시우 광장에 이르게 된다. 주말이면 광장 주변으로 화가들과 거리 퍼포먼스 예술가, 예술가 마켓 등이 즐비하게 들어서 있다. 대지진이 일어나기 전에는 이곳에 마누엘 1세의 궁전이 있었기 때문에 궁전 광장이라고도 부른다. 개선문에는 폼발 후작과 과거 포르투갈의 대항해 시대를 열었던 바스쿠 다 가마의 조각이 새겨져 있다. 앞쪽에 나 있는 돌계단을 따라가면 테주 강변에 가까이 갈 수 있다.

찾아가기 바이샤 지구에서 테주 강변을 향해 직진 주소 Praca do Comercio

벨렘 지구
BELÉM

추천 볼거리
SIGHTSEEING

벨렘 탑 ★★
Torre de Belém

MAP p.450

바스쿠 다 가마가 인도로 출발한 곳

탑의 모양이 마치 나비가 물 위에 앉아 있는 것처럼 보이는 마누엘 양식의 건축물로, 1515년 마누엘 1세가 항구를 감시하기 위해 테주 강변에 세운 요새이다. 당시 인도, 브라질 등으로 떠나는 배가 통관 절차를 밟기도 했던 곳이며 해외 항해에서 돌아오는 배를 맞이한 곳이기도 하다. 이 탑에서 바스쿠 다 가마가 인도를 향해 출발했다고 전해진다. 바다와 강이 만나는 지점에 서있는 탑은 당초 물속에 세워졌으나 테주 강의 흐름이 바뀌면서 물에 잠기지 않게 되었다. 1983년 유네스코 세계문화유산에 등재되었다.

찾아가기 바이샤 지구에서 714 · 727 · 728 · 729 · 751번 버스 또는 15번 트램을 타고 20~30분 소요
주소 Avenida Brasilia 문의 21 362 0034
운영 10~4월 10:00~17:30, 5~9월 10:00~18:30
휴무 월요일, 공휴일, 1/1, 6,13, 12/25
요금 일반 6€, 학생 3€
홈페이지 http://torrebelem.pt

발견기념비 ★
Padrão dos Descobrimentos

MAP p.450

범선 모양의 독특한 기념비

해양국가 포르투갈의 기초를 쌓는 데 공헌한 엔히크 왕자의 서거 500주년을 기념하여 1960년에 세워진 범선 모양의 기념비이다. 특히 기념비의 섬세한 조각상을 눈여겨보자. 맨 앞쪽에는 엔

히크 왕자를 선두로 해양 활동을 수행했던 기사와 천문학자, 선원과 선교사 등이 차례로 줄지어 있고 그 위에 마젤란, 바스쿠 다 가마, 콜럼버스 등 대항해 시대의 인물들도 보인다. 기념비 안에는 엘리베이터를 타고 올라가는 전망대와 리스본의 역사를 알려 주는 비디오 상영관이 마련되어 있다. 인물들 조각상 외에도 뒷면에는 십자가 모양의 칼 조각이 새겨져 있다.

찾아가기 15번 트램을 타고 상 비센트 수도원 앞에서 하차
주소 Avenida Brasilia 문의 21 303 1950
운영 10~2월 10:00~18:00, 3~9월 10:00~19:00
휴무 10~2월 월요일 요금 일반 4€

식민지 전쟁 기념비 ★
Monumento de Combatentes de Ultramar

MAP p.450

식민지 전쟁의 전사자들을 추모

1960~1970년 사이에 다른 유럽 국가들과 달리 포르투갈 정권은 아프리카 식민지와 자치령에 독립을 허용하지 않았다. 이로 인해 식민지와 자치령에서 다양한 무장 독립 운동이 일어났고 포르투갈 군과 포르투갈령 아프리카 식민지 간에 군사적 충돌이 빚어졌다. 전쟁 당시 많은 군인 및 민간인 사상자가 발생했으며 훗날 이들을 추모하기 위해 기념탑이 세워졌다.

벽면 가득 전쟁에 참여한 군인들과 사망자들의 이름이 촘촘히 새겨져 있다. 전쟁 당시의 비극을 잊지 않기 위한 비문과 곳곳에 수놓아진 추모 꽃들이 인상적이다.

찾아가기 벨렘 탑에서 도보 5분
주소 Avenida Brasilia

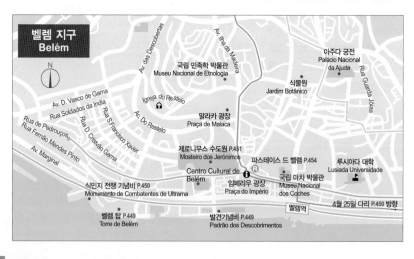

제로니무스 수도원
Mosteiro de los Jerónimos

★★★

MAP p.450

마누엘 양식의 대표적인 건축물

포르투갈의 힘과 재력을 보여주는 대표적인 건축물로 전성기인 1502년에 마누엘 1세가 짓기 시작해 약 170년 후에 완공되었다. 바스쿠 다 가마의 인도항로 발견을 기념하여 세워진 것이며, 포르투갈 고유의 화려한 건축 양식인 마누엘 양식의 대표작이다. 1983년 유네스코 세계문화유산에 등재되었다. 수도원 내부와 산타 마리아 성당에는 바스쿠 다 가마와 포르투갈의 민족 시인 카몽이스의 석관이 있다. 야자수를 모티프로 형상화한 내부 천장과 기둥이 매우 아름답다.

찾아가기 714 · 727 · 728 · 729 · 751번 버스 또는 15번 트램을 타고 제로니무스 수도원 앞에서 하차
주소 Praça do Imperio 문의 21 362 0034
운영 10~4월 10:00~17:30, 5~9월 10:00~18:30
휴무 월요일 요금 일반 10€(수도원 매표소에서 벨렘 탑 티켓과 함께 구입 시 할인된다.)
홈페이지 www.mosteirojeronimos.pt

4월 25일 다리
Ponte 25 de Abril

★★

MAP p.450

2,278m로 유럽에서 두 번째로 긴 다리

리스본에서 대서양으로 흘러들어가는 테주 강은 스페인 중부에서 서쪽으로 흐르며 길이가 1,008km로 이베리아 반도에서 가장 긴 강이다. 이 넓은 강을 가로지르는 긴 다리가 바로 4월 25일 다리. 1966년 완공 당시에는 독재자의 이름을 붙여 '살라자르의 다리'라고 했으나 1974년 4월 25일에 일어난 포르투갈 혁명 쿠데타를 기념하여 지금의 이름으로 바뀌었다. 미국 샌프란시스코의 금문교(Golden Gate Bridge)와 비슷하게 생겼는데 이는 다리의 시공을 미국의 건설 회사가 담당했기 때문이다.

찾아가기 벨렘 지구에서 다 보이지만 직접 가기 위해서는 카이스 두 소드레역에서 카스카이스행 열차를 탄 후 알칸타라-마르(Alcantara-Mar)에서 하차
주소 Ponte 25 de Abril

Plus Info

타일 장식의 진수, 아줄레주(Azulejo)

리스본은 '타일 천국'이다. 교회와 궁전, 각종 역과 카페, 골목 내의 집들, 천장에 이르기까지 타일로 장식되지 않은 곳은 거의 없다. 포르투갈과 스페인에서 볼 수 있는 타일 장식을 '아줄레주'라고 하는데, 아랍어 Al-Zuleiq(광택 나는 돌)에서 유래되었다고 한다. 아줄레주는 원래 14세기경 스페인(나중에는 주로 포르투갈)에서 생산된 유약을 바른 푸른색 세라믹 타일을 가리키는 말이었으나, 지금은 포르투갈 문화를 대표하는 전형적인 장식 요소로 자리매김했다. 마누엘 1세의 지시로 처음 만들어진 포르투갈의 아줄레주는 17세기에 이르러 타일 산업이 발전을 거듭하고, 식민제국으로 수출하면서 점차 세계적인 명성을 얻기 시작했다. 리스본 시내 곳곳에서 보게 되는 타일 장식들을 그냥 지나치지 말고 각기 다른 다양한 무늬와 색들을 비교하며 감상해 보자.

 ## 추천 볼거리
SIGHTSEEING

리베르다드 거리
Avenida da Liberdade ★★★

MAP p.442-F

리스본의 샹젤리제

공항에서 리스본 시내로 들어올 때 지나쳐 오는 신시가, 또는 리스본 시내 외곽으로 나가는 길목이라고도 할 수 있는 리스본의 메인 대로이다. 폼발 후작 광장부터 헤스타우라도레스 광장까지 곧게 뻗은 약 1.6km의 길로, 1755년의 대지진 이후 도시 계획에 의해 조성되었다. 차가 달리는 대로 옆에 공원처럼 가로수길을 만들어 놓았고 여름에는 테라스 카페가 들어선다. 호텔, 은행, 항공사와 디자이너 숍 등이 몰려 있고 명품 숍들도 즐비하다.

거리는 다양한 무늬의 타일로 예쁘게 장식되어 있으며 쉬어 갈 수 있는 벤치와 작은 화단이 아기자기하게 꾸며져 있다.

찾아가기 메트로 Avenida역에서 하차
주소 Avenida da Liberdade

폼발 후작 광장
Praça Marquês de Pombal I ★

MAP p.442-J

리스본을 재건한 폼발 후작을 기념

현재의 리스본은 1755년 대지진에서 살아남은 구시가와 새로 조성된 신시가가 공존하는 도시이다. 대지진 이후 폐허가 된 리스본을 도시 계획과 함께 재건하고 부흥시킨 자가 바로 폼발 후작이다. 또한 포르투갈 내에서 영국인들의 영향력을 축소시키고 국가의 경제적 독립을 강화시키는 등의 업적을 남겨 포르투갈 국민들에게 추앙을 받는 인물이다. 광장 중앙에는 사자 위에 손을 얹은 그가 리스본 시내를 내려다보는 동상이 서있다.

찾아가기
메트로 Marquês de Pombal역에서 하차
주소 Praça Marques de Pombal

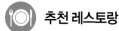

솔라 31 다 칼사다 Solar 31 da Calçada

MAP p.441-C

문어와 게 요리가 인기 폭발

아담하고 정갈하며 깔끔한 인테리어가 특징. 구운 감자 위에 올라가 있는 문어 다리, 구운 생선, 조개와 새우 요리 외 게 요리까지 먹음직스럽게 나오는 해산물 요리를 맛볼 수 있다. 매장 한 켠에는 미니 수족관이 있다.

찾아가기 메트로 Rossio역에서 도보 5분
주소 Calçada Garcia 31 문의 218 863 374
영업 월~토요일 11:00~23:00, 일요일 18:00~23:00
예산 1인 18€~

라미로 세르베자리아 Ramiro Cervejaria

MAP p.443-C

전통 주점 타베르나의 분위기와 해산물의 조합

사전 예약 필수인 레스토랑. 예약 없이 가면 기본 2시간은 기다릴 수도 있다. 현지인들에게도 인기 많은 로컬 레스토랑으로 다양한 해산물 요리로 유명하다. 신선한 최고급 재료를 사용해 맛좋은 음식들을 선보인다.

찾아가기 메트로 Intendente역에서 도보 10분
주소 Av. Almirante Reis 1 문의 218 851 024
영업 화~일요일 12:00~24:30
휴무 월요일 예산 1인 20€~

레스토란테 마리스케이라 우마
Restaurante Marisqueira UMA

MAP p.443-H

해산물을 넣고 팔팔 끓인 수프인 아로스 마리스코(Arroz Marisco)로 유명한 식당. 수프에는 쌀밥까지 들어 있어 한국인의 입맛에도 잘 맞는다. 좁고 낡은 레스토랑은 언제나 현지인들과 여행객들로 활기가 넘친다. 싱싱한 해산물로 만든 수프가 양은 냄비째 가득 담겨져 나온다. 여행 중 따뜻한 국물과 쌀밥이 생각난다면 가보자.

찾아가기 산타 주스타 엘리베이터에서 도보 5분
주소 Rua Dos Sapateiros 177 문의 213 427 425
영업 매일 12:00~15:30, 18:00~22:00
휴무 일요일
예산 식사 1인 15€(음료 포함), 아로스 마리스코 2인 20€

레스토랑 카바사 Restaurante Cabaçsa

MAP p.443-H

현지인들이 즐겨 가는 인기 맛집

루이스 드 카몽이스 광장 앞 골목으로 들어가면 바로 나온다. 낡고 오래된 좁은 식당이지만 포르투갈의 정취를 느끼기에 좋으며 주말이면 줄을 서서 먹을 정도로 인기가 많다. 문어와 쌀로 요리한 아호스 드 폴보(Arroz de Polvo)와 쇠고기 스테이크(Bife à Pimenta) 등이 대표 메뉴. 특히 돌판에 구워 먹는 스테이크가 가장 인기가 좋다.

찾아가기 메트로 Baixa-Chiado역에서 도보 5분
주소 Rua das Gáveas 8 문의 213 463 443
영업 매일 12:00~15:00, 18:00~24:00 예산 16€~

타임아웃 마켓 Time Out Market

MAP p.443-L

구경만으로도 흥미로운 푸드코트

매거진 〈타임아웃〉의 기자와 전 세계 음식 평론가들의 의견으로 문을 열게 된 푸드코트 겸 마켓. 리베리아 마켓(Mercado da Ribeira) 내에 있으며 한쪽은 전통 재래시장의 모습을 그대로 유지하고, 다른 한쪽은 약 35개의 식당이 있다. 중앙의 테이블에서 식사를 즐길 수 있다.

찾아가기 카이스 두 소드레(Cais do Sodré)역 바로 뒤편
주소 Av. 24 de Julho 49 문의 21 395 1274
영업 월요일 12:00~24:00, 화~토요일 10:00~24:00,
일요일 10:00~19:00 예산 1인 5~30€

몬테 마르 Monte Mar

MAP p.443-L

푸드코트에서 즐기는 해산물 요리

리스본 근교 도시 카스카이스의 유명한 해산물 레스토랑 몬테 마르의 지점이 타임아웃 마켓 주변 강가에 있다. 이곳에서는 대서양에서 잡은 싱싱한 해산물을 이용한 수프, 문어 샐러드, 오징어와 새우튀김, 해산물 그릴 요리 등을 맛볼 수 있다.

찾아가기 타임아웃 마켓 내
주소 Rua da Cintura do Porto de Lisboa Armazém 65
문의 213 951 274 영업 일~수요일 10:00~24:00,
목~토요일 10:00~24:00 예산 메인 요리 10€ 선

파스테이스 드 벨렘 Pastéis de Belém

MAP p.450

에그 타르트의 원조

1837년에 문을 열어 꾸준히 사랑받는 빵집. 에그 타르트의 원조 가게로 유명하다. 여행객뿐만 아니라 현지 주민들에게도 대단한 인기를 얻어 줄을 서는 것은 기본이다. 노릇노릇하게 구워낸 에그 타르트와 다양한 종류의 빵을 판매한다.

찾아가기 트램 15E 또는 버스 201 · 714 · 727 · 728번을 타고 Belém-Jerónimos에서 내리면 바로
주소 Rua Belém 84~92 문의 213 637 423
영업 11/1~4/30 08:00~23:00,
5/1~10/31 08:00~24:00
예산 에그 타르트 1개 1.05€

시날 베르멜호 Sinal Vermelho

MAP p.443-G

리스본 현지인들이 선택한 곳

포르투갈에 온 기분을 제대로 낼 수 있는 투박하고도 맛깔나는 음식점. 그릴에 구워져 나오는 생선 종류가 다양하고 와인 리스트도 훌륭하다. 점원이나 주인장이 친절하게 메뉴를 설명해 줄 뿐만 아니라 시종일관 고객에게 집중하며 부족한 것이 없는지 확인해 즉각적으로 서비스하는 편. 음식의 양과 가격도 만족스럽다.

찾아가기 메트로 Rossio역에서 도보 10분
주소 Rua das Gáveas 89 문의 21 346 1252
영업 월~금요일 12:30~23:30, 토요일 18:30~23:30
휴무 일요일 예산 1인 20€~

카르무 Carmo

MAP p.443-H

분위기 있는 저녁 식사

현지인들에게도 분위기, 맛, 가격 면에서 모두 좋은 평가를 받고 있는 식당으로 세련되고 깔끔한 인테리어를 자랑한다. 전통 포르투갈 요리에 현대적인 감성을 입힌 메뉴를 선보인다. 새우, 문어, 홍합 등 다양한 해산물로 만든 요리들이 인기가 많다.

찾아가기 산타 주스타 엘리베이터에서 도보 10분
주소 Largo do Carmo, 11
문의 213 460 088
영업 매일 12:00~24:00
예산 점심 세트메뉴 15€, 메인 요리 20€ 선

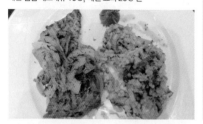

카사 폴투게사 두 파스텔 데 바칼라오
Casa Portuguesa do Pastel de Bacalhau

MAP p.443-H

대구 크로켓이 별미

사람들이 줄을 서서 빵을 살 정도로 유명한 곳이다. 크로켓처럼 생긴 빵 안에 대구살과 치즈가 절묘하게 어우러진다. 짭조름한 맛으로 애피타이저나 간식으로 먹어도 좋고 맥주나 샴페인과도 잘 어울린다. 대구살만 들어간 것도 있다.

찾아가기 메트로 Baixa-Chiado역에서 도보 5분
주소 Rua Augusta, 106 문의 916 486 888
영업 매일 10:00~20:00
예산 대구살이 들어간 빵 4€ 선
홈페이지 http://pasteisdebacalhau.com

리오 코우라 Restaurante Rio Coura

MAP p.443-D

부담 없는 가격의 해산물 요리

포르투갈 전통 음식을 선보이는데 주로 해산물 요리가 많고, 가격도 적당한 편이다. 주 메뉴는 해산물 수프에 쌀밥이 들어간 아로스 데 마리스코(Arroz de Marisco)이며, 홍합 요리, 문어 샐러드 등도 맛있고 그릴에 구운 치킨, 스테이크 등도 있다.

찾아가기 대성당에서 도보 10분
주소 Rua Augusto Rosa 30
문의 218 869 867
영업 매일 09:00~23:30 예산 10~20€ 이내

세르베자리아 포르투갈 Cervejaria Portugal

MAP p.443-H

바이샤 지구의 인기 맛집

실내 분위기는 깔끔하고 쾌적한 편이며, 빠른 서비스도 만족스럽다. 저녁 시간에 늘 사람들로 북적인다. 점심시간에는 종업원들이 가게 앞에 나와 여행객을 상대로 메뉴를 설명해 주기도 한다. 육수가 제대로 우려진 해산물 수프는 한국인의 입맛에 잘 맞는다.

찾아가기 피게이라 광장에서 도보 10분
주소 Rua Correeiros 216 문의 213 433 017
영업 일~금요일 09:00~23:00
휴무 토요일 예산 12€~

메사 드 프라데스 Mesa de Frades

MAP p.441-D

기대 이상으로 만족스러운 곳

규모는 작지만 포르투갈 내 유명인사들의 출입
이 잦은 곳으로 식사와 함께 파두 공연을 감상
할 수 있다. 벽면의 화려한 타일 벽화가 인상적이
다. 별도의 무대 없이 테이블 사이로 즉석 무대가
마련된다.

찾아가기 산타 엥그라시아 성당에서 도보 5분
주소 Rua dos Remédios, 139A
문의 917 029 436
영업 월~토요일 20:00~02:00 휴무 일요일
예산 코스 요리 45€(식사, 공연 관람 포함)

타스카 두 시쿠 Tasca do Chico

MAP p.443-L

현지인들에게 인기 있는 파두 공연장

관광객을 대상으로 한 파두 공연장과는 차별화
된 파두를 감상할 수 있는 곳으로, 늘 현지인들
로 발 디딜 틈이 없다. 벽면을 가득 메운 파두 관
련 잡지와 신문 포스터 등이 흥미롭다. 바이후 알
투 지구 중심에 위치해 있다.

찾아가기 메트로 Baixa-Chiado역에서 도보 5분
주소 Rua do Diário de Notcias, 39
문의 961 339 696
영업 매일 19:00~02:00
예산 맥주 한 잔 2€~

어반 비치 클럽 Urban Beach Club

MAP p.443-L

리스본의 라운지 클럽을 맛보고 싶다면

바다 바로 앞에 위치해 시원하게 여름밤을 즐길
수 있다. 클럽 내부는 음악 장르에 맞춰 구역이
나눠져 있어 선호하는 음악에 맞춰 구역을 바꿔
가며 즐길 수 있다. 클럽 인근에 우아하고 로맨틱
한 레스토랑 카이스(Kais)와 함께 운영되어 식
사 후 방문해도 좋다.

찾아가기 산투스 성당에서 도보 3분
주소 Cais da Viscondessa, 1200-109
문의 961 312 719 영업 수~토요일 20:00~06:00
휴무 일~화요일 예산 1인 15€~(음료 포함)

Plus Info

포르투갈의 전통 음악, 파두(Fado)

파두는 포르투갈
사람들의 정서를
대변하는 것으로,
'숙명, 운명'을
뜻하는 라틴어
'Fatum'에서
유래했다. 과거 대서양을 건너 신대륙으로 떠난
남자들을 기다리는 애타는 마음에서 탄생되었다.
강한 향수와 애수를 사우다데(Saudade)라고
하는데, 파두는 사우다데의 예술이다. 애절한
노래를 통해 포르투갈인들은 거칠고 험난한 삶
속에서 담담하게 운명을 수용하는 태도를 보이며
숙연함과 품위를 잃지 않았다. 주요 테마는 인생,
추억, 향수, 사랑의 슬픔 등이고 민중의 한이
담겨 구슬프게 들린다. 박자가 단순하고 코드도
심플하지만 가락이 섬세하여 부르는 사람에 따라
다양한 정취를 불러일으킨다.

추천 쇼핑

아르마젠스 두 시아두 Armazéns do Chiado

MAP p.443-H

백화점 규모의 쇼핑몰

메트로 바이샤-시아두역 앞에 있는 쇼핑몰로 타미힐피거 데님, 스프링필드, 미스터 블루 등의 의류 브랜드와 록시땅, 더바디숍 등의 뷰티 브랜드, 우먼 시크릿 같은 속옷 브랜드 등 다양한 숍들이 입점해 있다. 푸드 코트인 2층에는 커피숍, 레스토랑, 패스트푸드점이 빼곡하다.

찾아가기 메트로 Baixa-Chiado역에서 도보 2분
주소 Rua do Carmo 2 문의 213 210 600
영업 월~토요일 10:00~22:00(레스토랑은 ~23:00)
휴무 일요일

아 오트라 파세 다 루아 A Outra Face da Lua

MAP p.443-H

빈티지 숍과 카페테리아가 한 공간에

1920년대, 1950년대, 1960년대에 유행했던 스타일리시한 옷들을 모아 놓았다. 중고 마켓을 둘러보는 재미가 느껴지며 널찍한 실내 한 켠에는 카페테리아가 마련되어 있다. 옷과 구두, 모자, 장난감 외에도 포르투갈에서 생산된 소품들을 구경할 수 있다.

찾아가기 메트로 Rossio역에서 도보 5분
주소 Rua da Assunção, 22
문의 218 863 430 영업 월~토요일 10:00~20:00,
일요일 10:00~19:00

콘셀베이라 데 리스보아 Conserveira de Lisboa

MAP p.443-H

선물로 구입하기 좋은 제품들이 매장 가득

포르투갈에서 난 모든 통조림을 구입할 수 있는 곳으로, 숍 내부 장식에서 전통이 느껴진다. 가게 주인이 각 제품마다 사용법과 보관 방법 등을 자세히 설명해 준다. 지인 선물이나 기념품을 쇼핑하기에 딱 좋은 곳.

찾아가기 메트로 Baixa-Chiado역에서 도보 10분
주소 Rua dos bacalhoeiros, 34
문의 218 864 009
영업 월~토요일 09:00~19:00 휴무 일요일

Plus info

시아두 거리에서 만날 수 있는 디자이너 숍

리스본 시내에서 좀 더 세련되고 트렌디한 제품들을 만나고 싶다면 바이샤 지구 옆에 인접한 시아두 거리(Lago do Chiado)로 가 보자. 낮에는 늘 쇼핑하는 인파들로 북적인다. 자라(ZARA), 망고(Mango), 에이치앤엠(H&M) 같은 유럽 브랜드 숍들과 골목골목 예쁘고 감각 넘치는 소품과 책을 파는 숍, 다양한 의류 디자이너 숍들이 즐비하다.

찾아가기 호시우 광장을 뒤로 하고 아우구스타 거리(Rua Augusta)에서 오른쪽으로 몇 블록을 가면 시아두 거리가 시작된다.

추천 숙소

리빙 라운지 호스텔 Living Lounge Hostel

MAP p.443-H

세련된 인테리어가 돋보이는 호스텔

리스본 라운지 호스텔과 체인이다. 예술과 트래블 라이프를 모티프로 럭셔리하면서도 스타일리시한 분위기로 꾸몄다.

찾아가기 메트로 Baixa-Chiado역에서 도보 1분
주소 Rua Crucifixo, 116
문의 213 461 078
요금 비수기(10/15~4/14) 트윈 22€, 도미토리 12€,
성수기(4/15~5/31) 트윈 34€, 도미토리 30€
홈페이지 www.livingloungehostel.com

인테르나시오날 디자인 호텔 Internacional Design Hotel

MAP p.441-C

시내 중심에 있어 하룻밤 머물기 좋은 곳

바와 숍, 메트로역 등 모든 곳에 접근성이 좋아 리스본 관광을 즐기기에 가장 좋은 호텔 중 하나. 리셉션에서 다양한 여행 정보를 얻을 수도 있고 아침 식사 메뉴도 훌륭한 편이다. 다만 방 배정에 따라 늦은 시간까지 도시 소음에 노출될 수도 있다.

찾아가기 메트로 Rossio역 도보 3분
주소 Rua da Betesga 3 문의 21 324 0990
요금 2인 더블 130€(비수기), 250€(성수기)
홈페이지 www.idesignhotel.com

마이 스토리 호텔 피궤이라 My Story Hotel Figueira

MAP p.441-C

개성 있는 인테리어가 매력인 호텔

호텔 내부 디자인에서 포르투갈의 전통 타일 장식을 활용한 디테일이 돋보인다. 룸 위치에 따라 오션뷰 또는 바로 앞의 호시우 광장을 내려다볼 수도 있으며, 호텔 바로 앞에 리스본 시내의 주요 관광지를 거쳐가는 28번 트램역이 위치해 편리하기까지 하다.

찾아가기 메트로 Rossio역 도보 5분
주소 Praça da Figueira 15
문의 21 145 1790
요금 더블 200€

리스본 라운지 호스텔 Lisbon Lounge Hostel

MAP p.443-H

참신한 스타일의 부티크 호스텔

'유럽의 톱 10 호스텔'에서 당당히 상위에 랭크된 곳이다. 객실은 총 9개이며 2·4·6·8인실의 방이 각기 다른 콘셉트의 디자인과 컬러로 꾸며져 있다. 무료 아침 식사, 미니바, 무선 인터넷, 오픈 키친, 24시간 친절한 리셉션, 세탁, 타월, 폰카드 등의 서비스가 제공된다.

찾아가기 메트로 Baixa-Chiado역에서 도보 5분
주소 Rua São Nicolau, 41 문의 213 462 061
요금 비수기(10/15~4/14) 트윈 22€, 도미토리 12€,
성수기(4/15~5/31) 트윈 34€, 도미토리 30€
홈페이지 www.lisbonloungehostel.com

피궤이라 바이 더 부티크 호텔
Figueira by The Beautique Hotels

MAP p.441-C

편리하고 깨끗한 호텔을 찾는다면

호시우 광장까지 도보 5분이면 닿는 좋은 곳에 위치해 있다. 실제 투숙객들로부터 서비스와 호텔 청결도 면에서 거의 만점에 가까운 점수를 얻을 만큼 호평이 자자한 호텔. 조식 뷔페 메뉴도 다양하고 모든 방에서 도시 경관을 즐길 수 있어 전망도 뛰어나다. 주변에 상점과 음식점이 가득해 즐길 거리도 많다.

찾아가기 메트로 Rossio역 도보 5분
주소 Praça da Figueira 16
문의 21 049 2940 요금 더블 150€

폰타나 파크 호텔
Fontana Park Hotel

MAP p.442-E

부대시설이 잘 갖춰진 고급 호텔

포르투갈 요리와 일본 요리를 맛볼 수 있는 2개의 레스토랑이 있다. 라운지 바와 가든 테라스에서 보이는 전망이 멋지다. 실내는 블랙 & 화이트로 꾸며져 있으며 세련되고 고급스러운 분위기이다.

찾아가기 메트로 Picoas역에서 도보 3분
주소 Rua Engenheiro Vieira da Silva, 2
문의 210 410 600 요금 슈페리어 120€, 프리미엄 200€
홈페이지 www.placeshilton.com

알파마 파티우 아파트먼트
Alfama Patio Apartments

MAP p.441-D

정원과 옥상 테라스가 있는 인기 호스텔

아기자기하게 꾸며진 미니 정원과 빈티지 스타일의 실내가 가정집처럼 편안한 분위기를 느끼게 한다. 예전에 있던 플래시 호스텔이 이름을 바꿔 새롭게 오픈한 것으로 소박한 유럽 스타일의 인테리어가 특징이다.

찾아가기 메트로 Santa Apolónia역에서 도보 10분
주소 Rua Escolas Gerais, 3
문의 218 883 127
요금 슈페리어 1박 80€~(2박 이상 예약 가능)
홈페이지 www.destinationhostels.com

바이후 알투 호텔 Bairro Alto Hotel

MAP p.443-H

카몽이스 광장 앞에 있는 5성급 호텔

1845년에 지어진 건축물을 호텔로 개조해 모던하면서도 품격이 흐르는 부티크 호텔로 재탄생했다. 싱글룸부터 스위트룸까지 다양한 타입의 객실과 레스토랑, 라운지 바, 피트니스 센터 등의 부대시설이 잘 갖춰져 있다. 홈페이지에서 예약하면 할인된다.

찾아가기 메트로 Baixa-Chiado역에서 도보 5분
주소 Praça Luís de Camões 2
문의 213 408 288
요금 싱글 170€~, 슈페리어 285€~
홈페이지 www.bairroaltohotel.com

Portugal 02

포르투 PORTO

PORTO

RISBON

포르투갈 제2의 도시인 포르투는 포르투갈 북부의 도루 강 하구에 펼쳐진 항구 도시이다. 대항해 시대에 해상 무역의 거점이 되어 경제적으로 막대한 부를 축적하였으며, 약 2000년 동안 전통 방식으로 생산하고 있는 포트 와인의 산지로도 유명하다. 도루 강을 따라 이 도시의 역사를 말해주는 와인 저장고들이 늘어서 있으며, 신진 디자이너의 부티크 숍과 갤러리 등이 속속 들어서면서 전통과 현대가 교차하는 아름다운 도시로 주목받고 있다.

포르투 가는 법

ACCESS PORTO

인접 국가인 스페인을 비롯한 유럽의 주요 도시에서는 저가 항공을 이용해 가는 경우가 많다. 포르투갈 국내에서는 버스편이 다양해 편리하게 이동할 수 있다.

비행기

유럽의 각 도시에서 이지젯, 라이언에어, 부엘링항공 등의 저가 항공을 이용해 포르투로 갈 수 있다. 시내에서 북서쪽으로 약 19km 떨어져 있는 프란시소 사 카르네이로 공항(Aeroporto Franciso Sá Carneiro)은 시내 중심까지 메트로 연결된다. 공항에서 메트로 E선을 타고 시내 중심인 트린다데(Trindade)역에서 내리면 된다. 택시로는 약 20~30€ 정도 예상하면 된다.

버스

포르투에는 다양한 버스 회사가 있고 버스 회사별로 사용하는 터미널이 각기 다르다. 리스본의 세테 리우스 버스 정류장(Estação de Sete Rios)에서 포르투까지 버스가 하루 10~12편 운행하고 있다. 포르투에서 리스본이나 코임브라행 버스는 헤드 이스프레수스(Rede Expressos) 버스 터미널(Rua de Alexandre Herculano, 364)에서 타고, 리스본행 버스는 헤넥스(Renex) 버스 터미널(R. Prof. Vicente José de Carvalho, 30)에서 타면 된다. 국영 버스 회사인 헤드 이스프레수스는 포르투갈 대부분의 지역을 연결한다.

홈페이지 www.rede-expressos.pt

시내 교통

포르투 시내는 도보로도 충분히 다닐 수 있지만, 트램이나 메트로를 적절히 이용하면 보다 편리하다. 트램은 총 3개의 라인이 운행되는데, 산 프란시스코 성당(Igreja de San Francisco)에서 18번 트램을 타면 도루 강이 태평양 바다와 만나는 해안 지점까지 산책할 수 있다. 트램 종점에서 내려 공원 산책로를 거닐고 바다 해안선 끝까지 걸어가는데 약 1시간 소요된다. 메트로는 총 5개의 노선이 있으며 공항에서 시내는 물론 외곽까지 연결한다. 단, 관광객이 방문하는 주요 관광지와 강가 쪽으로는 메트로가 다니지 않기 때문에 이용할 일은 거의 없지만 외곽으로 갈 때는 편리하다.

운행 시간 메트로 06:00~01:00, 트램 09:15~18:00

 포르투 둘러보기

중앙역인 포르투 상 벤투역(Estación de Porto São Bento)은 원래 수도원이었던 건물로 역 내부가 아름다우며 로비에서는 포르투 역사와 관련된 사건들을 새긴 아줄레주 장식을 볼 수 있다. 리베르다드 광장(Praça de Liberdad)은 포르투의 과거와 현재 모습을 가장 잘 대변해 주는 곳으로 언제나 활기가 넘친다. 상 벤투역 바로 위에는 1862년에 만든 10m 높이의 페드로 6세 왕 동상이 자리하고 있다. 가장 큰 중심가인 도스 알리아도스 대로(Av. dos Aliados)에는 20세기 초의 모더니즘 건물에 시청과 주요 은행들이 들어서 있다. 산타 카타리나 거리(Rua de Santa Catarina)는 상점들이 밀집한 포르투의 번화가이다. 근처의 재래시장인 볼량 시장(Mercado do Bolhão) 주변에는 현지인들이 즐겨 가는 빵집과 커피숍들이 즐비하다. 관광객들의 발걸음이 끊이지 않는 마제스틱 카페(Majestic Café)도 이 근처에 있다. 도루 강변의 동 루이스 1세 다리 앞은 아름다운 풍경을 자랑하는 리베이라(Ribeira) 지구로 밤낮 없이 많은 사람들이 모여든다.

포르투 추천 코스

포르투 시내 관광은 하루를 잡으면 충분하다. 하루 정도 더 여유가 있다면
3~4시간짜리 와인 투어에 참가해 보자. 저녁에는 바닷가의 라운지
카페나 바르에서 와인과 함께 아름다운 야경을 즐겨보자.

1DAY

리베르다드 광장

도보 10분

볼량 시장 P.465

도보 20분

렐루 & 이르마우 서점
P.465

도보 20분

대성당 P.466

도보 15분

카이스 다 히베이라
P.466

도보 10분

동 루이스 1세 다리
P.466

도보 7분

빌라 노바 데 가이아
P.465

도보 20분 · 도보 25분 · 도보 15분

무료 와인 투어
(테일러스) P.468

올드 트램 정류장
(산 프란시스코 성당 앞)

파세우 마르티모 포스
P.466

1일차 여행 포인트

와인 투어는 해볼 만한가?
4~5€의 입장료를 받는
곳도 있지만 무료인
곳도 꽤 된다. 영어와
스페인어, 포르투갈어로
진행되는데 약 15분
정도로 짧다. 시음도
무료이며 와인 창고와
대저택의 멋진 풍경을
감상할 수 있으니 시간이
허락한다면 꼭 가보자.

동 루이스 1세 다리는
오를 수 있나?
동 루이스 1세 다리
위까지는 골목길을
따라 올라가면 된다.
넓은 다리 위로 열차가
다니며, 포르투 시내
전경과 강가 풍경을 모두
바라볼 수 있다. 빌라
노바 데 가이아 부근에
다리 위까지 올라가는
케이블카 정류장이 있다.
요금은 편도 5€, 왕복
8€이며, 5분 정도 걸린다.

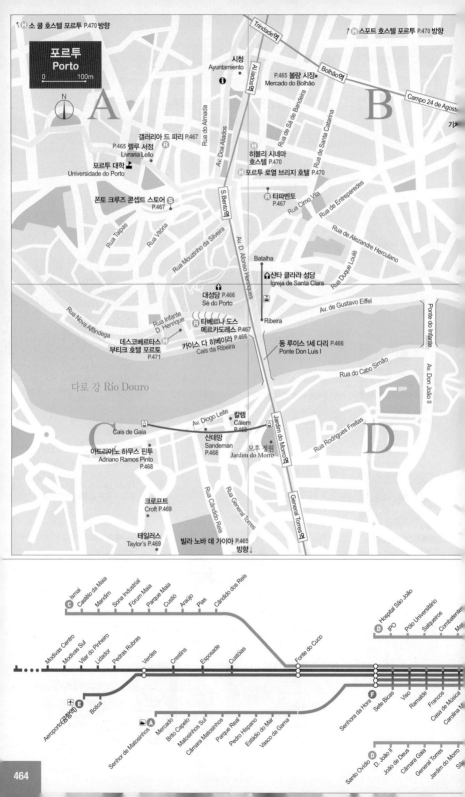

소 쿨 호스텔 포르투 P.470 방향

Trindade역

스포트 호스텔 포르투 P.470 방향

포르투
Porto

0   100m

N

A

시청
Ayuntamiento

P.465 볼량 시장
Mercado do Bolhão

Bolhão역

Campo 24 de Agost

B

갤러리아 드 파리 P.467
P.465 렐루 서점
Livraria Lello

포르투 대학
Universidade do Porto

폰토 크루즈 콘셉트 스토어
P.467

Rua do Almada

Av. Dos Aliados

Aliados역

Rua de Sá da Bandeira

Rua de Santa Catarina

히볼리 시네마
호스텔 P.470

포르투 로열 브리지 호텔 P.470

Rua Cimo Vila

Rua de Entreparedes

기차

Rua Taipas

Rua Vitória

Rua Mouzinho da Silveira

S. Bento역

타파벤토
P.467

Rua de Alexandre Herculano

Rua Duque Loulé

Rua Nova Alfândega

대성당 P.466
Sé do Porto

Rua Infante
D. Henrique

Av. D. Afonso Henriques

Batalha

산타 클라라 성당
Igreja de Santa Clara

데스코베르타스
부티크 호텔 포르투
P.471

타베르나 도스
메르카도레스 P.467

카이스 다 히베이라 P.466
Cais da Ribeira

Ribeira

Av. de Gustavo Eiffel

Ponte do Infante

동 루이스 1세 다리 P.466
Ponte Don Luis I

Rua do Cabo Simão

Av. Don João II

다로 강 Río Douro

Cais de Gaia

Av. Diogo Leite

칼렘
Cálem
P.468

Jardim do Morro역

General Torres역

C

아드리아노 하우스 핀투
Adriano Ramos Pinto
P.468

산데망
Sanderman
P.468

모후 정원
Jardim do Morro

Rua Rodrigues Freitas

D

크로프트
Croft P.469

테일러스
Taylor's P.469

Rua Cândido Reis

Rua General Torres

빌라 노바 데 가이아 P.465
방향↓

Ismai
Castêlo da Maia
Mandim
Sonia Industrial
Fórum Maia
Parque Maia
Custió
Araújo
Pias
Cândido dos Reis

G

Hospital São João
IPO
Pólo Universitário
Salgueiros
Combatentes
Ma

D

Modivas Centro
Modivas Sul
Vilar do Pinheiro
Lidador
Pedras Rubras
Verdes
Crestins
Esposade
Custóias
Fonte do Cuco

Aeroporto(공항)역

E

Botica

A

Mercado
Brito Capelo
Matosinhos Sul
Câmara Matosinhos
Parque Real
Pedro Hispano
Estádio do Mar
Vasco da Gama

Senhor de Matosinhos

Senhora da Hora
Sete Bicas
Viso
Ramalde
Francos
Casa de Música
Carolina M

F

Santo Ovídio
D. João II
João de Deus
Câmara Gaia
General Torres
Jardim do Morro
Sã

D

추천 볼거리
SIGHTSEEING

빌라 노바 데 가이아
Vila Nova de Gaia   ★★

MAP P.464-C

와이너리가 밀집한 신시가

동 루이스 1세 다리를 건너면 나오는 지역이다. 강 건너편으로 평화로워 보이는 포르투 히베이라 지구의 모습을 감상할 수 있다. 유명 와인 회사의 와인 저장고가 밀집해 있으며 와인 오크통을 싣고 오가는 나무배들이 정박되어 있다. 해질 녘 아름다운 강가 풍경을 바라보기에 더할 나위 없이 좋다.

찾아가기 메트로 Joao de Deus역에서 도보 10분
주소 Vila Nova de Gaia

볼량 시장
Mercado do Bolhão   ★★★

MAP p.464-B

100년 전통의 재래시장

1914년부터 신선한 채소와 과일을 비롯해 고기, 생선, 화초 등을 파는 재래시장이다. 시장은 아트리움 구조로 1층 마당에 점포들이 모여 있고, 그 주위를 둘러싼 점포들이 2층으로 구성되어 있다. 현지인들의 소박한 일상 그대로의 모습을 볼 수 있는 곳이다.

찾아가기 메트로 Bolhão역에서 도보 3분
주소 Rua Formosa 214 문의 22 332 6024
운영 화~금요일 07:00~17:00, 토요일 07:00~13:00
휴무 월·일요일

렐루 서점
Livraria Lello   ★★

MAP p.464-A

영화 〈해리포터〉에 나온 아름다운 서점

유럽에서 가장 아름다운 서점 중 하나로 손꼽힌다. 1906년 네오고딕 양식으로 지어진 건물로 고풍스러운 모습을 그대로 간직하고 있으며, 층층이 책들이 가득 꽂혀 있다. 영화 〈해리포터〉에 나온 후 관광객들에게 입소문을 타며 해리포터 서점으로 불리고 있으며, 주변에 작은 미술관과 디자인 숍이 몰려 있다. 한동안 무료로 입장 가능하다가 최근부터 입장료를 받기 시작했다.

찾아가기 메트로 São Bento역에서 도보 5분
주소 Rua das Carmelitas, 144 문의 222 002 037
운영 월~금요일 10:00~19:30, 토·일요일 10:00~19:00
요금 6€(온라인 구매가 5€)

포르투 메트로 노선도

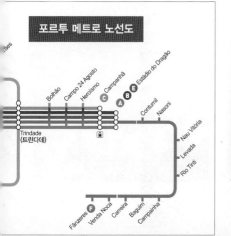

대성당
Sé do Porto

★

MAP p.464-C

포르투의 전경을 한눈에

12세기에 건축된 후 계속 개축돼 여러 건축 양식이 혼재한다. 요새의 목적으로 지어져 외관이 견고하고 정면의 탑 2개는 초기의 모습을 그대로 유지하고 있다. 바로크 양식이 주를 이루고 파사다와 중심 부위는 로마네스크, 나머지 부분은 고딕 양식으로 지어졌다. 구시가 언덕에 위치하며 대성당 앞 광장을 나와 옆으로 돌아가면 도시 전체의 전경이 한눈에 보인다.

찾아가기 메트로 São Bento역에서 도보 5분
주소 Terreiro da Sé 문의 222 059 028
운영 성당 09:00~19:00, 박물관 09:00~18:30
요금 성당 무료, 회랑 3€

카이스 다 히베이라
Cais da Ribeira

★

MAP p.464-C

동 루이스 1세 다리 앞 산책로

도루 강을 따라 길게 이어진 산책로다. 노천카페와 해산물 레스토랑이 줄지어 있고, 주말이면 크고 작은 마켓이 열린다. 세월의 흔적이 느껴지는

건물마다 햇살 가득 담은 빨래가 널려 있고 강가에는 다정한 연인들의 모습이 보이는 평화로운 풍경이 펼쳐진다. 낮뿐만 아니라 밤에도 포르투의 분위기를 즐기기 가장 좋은 곳이다.

찾아가기 푸니쿨라 Ribeira역에서 도보 3분
주소 Cais da Ribeira

동 루이스 1세 다리
Ponte Dom Luis I

★

MAP p.464-D

포르투의 상징

포르투 중심부와 강 건너편인 빌라 노바 데 가이아 지역을 연결하고 있다. 파리의 에펠탑를 설계한 구스타브 에펠의 제자인 테오필 세이리그(Théophile Seyrig)의 설계를 바탕으로 지어졌다. 1879년 도루 강 철교 설계 공모전에 입상하며 공사를 시작해 1886년 10월에 다리가 개통되었다. 위로는 열차가 다니고 아래로는 차와 보행자가 다닌다. 2층 열차가 다니는 철로길을 따라 걸을 수도 있다.

> **Tip** 파세우 마르티모 포스
> (Paseo Maritimo Foz)
> 구시가에서 18번 트램을 타고 약 15분 정도 가다가 마지막 정류장에서 내려 아름다운 공원 산책로를 따라 바다까지 걸어가보자. 1~2시간 정도면 돌아볼 수 있으며, 해안 산책로를 따라 걸으며 수영이나 낚시를 즐기는 포르투갈인들의 여유로운 모습이 보인다. 길가에는 레스토랑과 노천카페가 줄지어 있어 햇빛을 쬐며 여유롭게 쉬어가기 좋다.

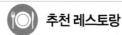 **추천 레스토랑**

타파벤토 Tapabento

MAP p.464-B

퓨전 요리는 물론 디저트까지 일품

세비체, 딸기 가스파초, 토스트 푸아그라, 타이 커리 등 다채로운 퓨전 요리를 선보인다. 신선한 해산물과 야채를 이용한 요리가 대부분이며, 특히 레스토랑에서 직접 만든 아이스크림을 올린 딸기 타르트, 카라멜 맛의 브라우니는 식사 후 꼭 맛보도록 하자.

찾아가기 대성당에서 도보 7분 주소 R. da Madeira 222 문의 912 881 272
영업 화요일 19:00~22:30, 수~일요일 12:00~16:00, 19:00~22:30
휴무 월요일 예산 타파스 디시 5~10€, 메인 요리 15~22€ 선
홈페이지 www.tapabento.com/sbento

타베르나 도스 메르카도레스 Taberna dos Mercadores

MAP p.464-C

신선한 해산물 요리

생선 요리, 조개찜, 오
븐에 구운 대구 요리
등 그날그날 잡은 싱싱
한 해산물로 만든 주방
장 추천 요리를 선보인
다. 주말에는 미리 예약을 해야하며 가격은 조금 비싼 편이다.

찾아가기 대성당에서 도보 15분
주소 Rua dos Mercadores, 36 문의 222 010 510
영업 화~일요일 12:00~23:00 휴무 월요일
예산 해산물 또는 생선 요리(와인 포함) 1인 30€~

갤러리아 드 파리 Galeria de Paris

MAP p.464-A

가볍게 한잔하러 가기 좋은 바

넓은 실내에 은은한
조명이 흐르는 분위
기 있는 바. 밤에는
라이브 공연이나 즉
흥 서커스, 연극 등
의 이벤트가 종종 열린다. 벽면에 빈티지 물건이
가득 찬 장식장이 있어 구경하는 재미도 있다.

찾아가기 메트로 Aliados역에서 도보 10분
주소 Galeria de Paris 56
문의 222 016 218 영업 매일 08:30~04:00
예산 10~12€(음료 포함)

 추천 쇼핑

폰토 크루즈 콘셉트 스토어 Ponto Cruz Concept Store

MAP p.464-A

포르투갈의 유니크한 기념품 가게

어느 기념품 가게에서나 파는 물건이 아닌 현지 아티스트 와 디자이너가 직접 만든 제품을 취급하는 숍이다. 포르투 갈의 추억이 담긴 그림, 사진, 현지 세라믹으로 만든 액세 서리, 직접 그려 만든 자석, 직접 뜨개질해서 만든 인형, 가방 등 현지인들의 손길이 담긴 물건들로 가득하다. 한 땀 마다 정성이 깃든 수제품을 선호하는 사람들은 들러보자.

찾아가기 메트로 Sao Bento역에서 도보 5분
주소 Rua Arquitecto Nicolau Nasoni 11 영업 월~일요일 11:00~20:00

![] SPECIAL THEME

포트 와인

17세기 영국이 프랑스와 전쟁 당시 영국 상인들은 자국 와인 소비량의 대부분을 동맹국인 포르투갈에 의지하게 된다. 도루 강 지역의 와인이 인기가 많았는데 수송하는 동안 부패될 것을 염려한 영국인들은 포도즙의 신맛을 없애고 브랜디를 섞어 넣는다. 이후 특유의 맛으로 포트 와인의 명성은 세계로 퍼져 나갔고 오늘날까지 와인 애호가들의 찬사를 받게 되었다.

아드리아노 하무스 핀투
Adiriano Ramos Pinto

MAP p.464-C

박물관과 와인 셀러를 견학
1880년에 세워진 유서 깊은 와인 회사로 당시의 컬렉션을 볼 수 있는 와인 박물관과 와인 저장실을 구경할 수 있다.

찾아가기 메트로 Jardim do Morro역에서 도보 15분
주소 Avenida Ramos Pinto, 380
문의 223 707 000
운영 5~10월 월~토요일 10:00~18:00(4월에는 월~금요일만 운영), 11~4월 월~금요일 09:00~17:00
요금 5€
홈페이지 http://ramospinto.pt

산데망
Sandeman

MAP p.464-C

검은 망토의 로고로 유명
1790년에 세워진 와인 회사로 검은 망토를 두르고 있는 회사의 로고로도 유명하다. 가이드도 검은 망토를 두르고 안내해 준다. 박물관 견학을 마치면 와인 2잔을 맛볼 수 있다. 포트 와이너리 중에서도 놓치면 안 될 곳이다.

칼렘
Cálem

MAP p.464-C

전망 좋은 와이너리
1859년에 세워진 와인 회사로 포트 와인 제품 중에서 가장 유명하고 관광객들에게도 인기가 많다. 높은 곳에 위치해 있어 포르투 시내 전경도 함께 감상할 수 있다.

찾아가기 메트로 Jardim do Morro역에서 도보 5분
주소 Avenida Diogo Leite, 344
문의 223 746 660
운영 5~10월 10:00~19:00, 11~4월 10:00~18:00
요금 5€(시음 포함)
홈페이지 http://calem.pt

찾아가기 메트로 Jardim do Morro역에서 도보 10분
주소 Largo Miguel Bombarda 3
운영 3~10월 10:00~12:30, 14:00~18:00, 11~2월 09:30~12:30, 14:00~17:30
요금 6€
홈페이지 www.sandeman.com

테일러스
Taylor's

MAP p.464-C

다양한 포트 와인을 시음할 기회

300여 년의 역사를 가진 테일러스는 최근에 유서 깊은 보데가를 리모델링해 모던한 분위기의 박물관으로 개관했다. 오디오 가이드를 들으며 1시간 정도 투어가 진행된다. 오크통으로 가득한 보데가, 사진·그림으로 구성된 전시실을 갖추고 있어 와인 셀러에 대한 궁금증을 해결할 수 있다. 또한 포르투의 지형적 조건에 맞게 와인을 숙성 및 보관하는 방법과 숙성 기간에 대해 자세하게 설명해 준다. 오디오 투어 후에는 당도와 알코올 도수가 다양한 포트 와인을 시음할 수 있다.

찾아가기 메트로 General Torres역에서 도보 10분
주소 Rua do Choupelo, 250
운영 12~3월 10:00~18:30(마지막 입장은 ~17:00),
4~11월 10:00~19:30(마지막 입장은 ~18:00)
요금 12€(오디오 투어 + 와인 테이스팅)
홈페이지 www.taylor.pt

크로프트
Croft

MAP p.464-C

가장 오래된 와인 회사

1588년에 세워진 와인 회사로 약 15분 동안의 무료 와이너리 투어를 마친 후 2가지 맛의 와인을 시음할 수 있다. 투어가 1시간에 3번 꼴로 진행되기 때문에 대기 시간이 길지 않고 기다리는 동안 시음할 수 있는 와인도 제공해 준다.

찾아가기 메트로 General Torres역에서 도보 15분
주소 Rua Barao de Forrester, 412
문의 220 109 825 운영 매일 10:00~18:00
요금 무료 홈페이지 http://croftport.com

Tip 포트 와인 상식

포트 와인은 부드러우면서도 강한 풍미와 달콤함이 특징이다. 종류가 워낙 많아 모두 설명할 수 없지만 주로 달콤하고 과일 맛이 나는 짙은 핑크빛 와인 루비(Ruby), 오크통에서 2~7년간 발효시키며 루비보다 단맛이 덜하지만 열매 향이 강한 토니(Towny), 토니보다 더 섬세하고 부드러운 에이지드 토니(Aged Towny), 특정 연도의 포도를 엄선해서 만들고 약 5년간 발효시켜 가볍고 경쾌한 맛이 느껴지는 레이트 보틀드 빈티지(LBV), 최소 10년에서 최대 100년이 넘는 기간까지 병에 담아 재차 발효시키는 빈티지(Vintage) 등으로 나눌 수 있다.

추천 숙소

히볼리 시네마 호스텔 Rivoli Cinema Hostel
MAP p.464-B

시내 중심에 위치해 이동이 편리
커플룸에서 도미토리룸에 이르기까지 총 13개의 룸이 있다. 각 룸의 이름과 안내판 등을 영화 제목과 감독 이름으로 꾸며놓아 흥미롭다. 옥상에는 야외 테라스가 마련되어 있으며, 여성 전용 도미토리룸도 있어 여성들에게 인기가 높다.

찾아가기 메트로 Aliados역에서 도보 5분
주소 Rua Doutor Magalhães Lemos, 83
문의 220 174 634 요금 트윈 50€, 4인 도미토리 18€~
홈페이지 www.rivolicinemahostel.com

스포트 호스텔 포르투 Spot Hostel Porto
MAP p.464-B

다양한 이벤트가 있는 밝은 분위기의 호스텔
세계 각지에서 온 외국인 여행자와 어울려 즐거운 시간을 보내고 싶거나 깨끗한 숙소를 원한다면 추천할 만한 곳. 도미토리룸은 넓은 편이며 호스텔 바에서 간단한 스낵 구입이 가능하다. 야외에는 테라스 라운지가 있어 여름밤을 보내기 좋다.

찾아가기 메트로 Trindade역에서 도보 5분
주소 Rua de Gonçalo Cristóvão, 12 문의 224 085 205
요금 트윈 50€~, 4인 도미토리 19€~
홈페이지 www.spot-oportohostel.com

포르투 로열 브리지 호텔 Porto Royal Bridges Hotel
MAP p.464-A

신축 호텔을 선호하는 관광객을 위한 곳
새로 생겨 모든 시설이 깨끗하고, 서비스며 위치도 빠지지 않는 곳이다. 특히 포르투 주요 관광지를 모두 도보로 다닐 수 있을 만큼 접근성이 매우 좋은 편이라 다른 교통 수단을 이용할 필요가 없다. 단, 넓은 공간을 선호하는 사람들은 예약할 때 방 사이즈를 한 번 더 확인하자.

찾아가기 메트로 Sao Bento역에서 도보 10분
주소 Rua de Sá da Bandeira 53 요금 더블 150€(비수기)
홈페이지 www.portobridgeshotel.com

소 쿨 호스텔 포르투 So Cool Hostel Porto
MAP p.464-A

밝고 세련된 분위기의 호스텔
정원이 보이는 여성 도미토리룸과 남성 도미토리룸, 커다란 발코니가 있는 혼숙룸, 커플룸 등 객실 타입이 다양하다. 포르투 시내 중심지에서 메트로나 버스를 타고 몇 정거장 가야 한다는 단점이 있지만 주변 분위기가 좋은 편이다.

찾아가기 메트로 Carolina Michaelis역에서 도보 5분
주소 Rua da Boavista, 783 문의 224 928 334
요금 더블 30€, 8인 도미토리 18~22€
홈페이지 http://socoolhostelporto.com

데스코베르타스 부티크 호텔 포르토 Descobertas Boutique Hotel Porto

MAP p.464-C

소규모의 부티크 호텔

리베리아 광장에서 가까운 숙소로 18개의 객실만을 운영하
는 부티크 호텔이다. 숙소 주변으로 바르와 레스토랑이 많
이 모여 있어 늦은 시간까지 즐기고 싶은 여행자들에게 추
천한다. 24시간 리셉션을 운영해 밤 늦게 체크인을 해도 문
제가 없다. 아침 식사를 제공하며 친절한 서비스로 투숙객
들에게 좋은 평가를 받고 있다. 포르토에는 최근 아파트 렌

탈이 유행하고 있어 레노베이션을 거쳐 새롭게 문을 여는 아파트 렌탈 숙소들이 속속 생기고 있다. 포르
토에 장기간 머물 예정이라면 숙소 예약 홈페이지를 통해 아파트 렌탈도 고려해 보자.

찾아가기 메트로 São Bento역에서 도보 10분 주소 Rua Fonte Taurina 14-22
문의 222 011 473 요금 2인 120€~, 4인 패밀리 200€~

Plus info 포르투 근교 여행, 아베이루(Aveiro)

파스텔 톤의 집들이 정겹게 마주 보고 있는 작은 어촌 마을로 마치 이탈리아의 베네치아를 축소시켜
놓은 듯하다. 작은 강이 흐르는 운하를 따라 1~2시간 산책하고 마을 중심 광장에 앉아 현지인들의
모습을 구경하며 맛있는 식사를 하고 쉬어가자. 매일 아침 생선 시장이 마을 중심에서 열린다.

ACCESS 가는 법

 열차
포르투 상 벤투역에서 열차를 타면 30분~
1시간 정도 걸린다. 요금은 편도 4~8€ 선.

🚌 버스
헤드 이스프레수스(Rede Expressos)
버스 터미널에서 1일 4회 운행하는 버스를 타면 1시
간 50분 정도 걸린다. 요금은 편도 10€ 선.

아베이루 호시우 호스텔 Aveiro Rossio Hostel

집처럼 편안한 호스텔

아베이루의 중심인 호시우 광장에 위치해 있
어 주변에 레스토랑과 카페가 즐비하다. 공동
다이닝룸, 주방, 라운지, 테라스 등을 갖추고
있다.

찾아가기 호시우 광장 바로 앞
주소 Rua João Afonso de Aveiro, 1
문의 234 041 538
요금 트윈 50€, 4인 도미토리 16€
홈페이지 www.aveirorossiohostel.com

유네스코 세계문화유산에 등재된 도시
신트라 SINTRA

SINTRA
LISBON

리스본 근교의 여행지 중 첫 번째로 꼽을 만큼 인기 있는 곳으로, 옛 포르투갈의 왕족과 영국 귀족들의 휴양지로도 오랫동안 사랑받았다. 시내에 위치한 신트라 궁전과 동화 속 그림 같은 페나성, 그리고 산 위에 지은 무어인의 성이 신트라의 주요 관광지이다. 울창한 숲으로 둘러싸여 있는 신트라의 전경도 놓쳐서는 안 된다. 중세의 모습을 고스란히 간직한 마을 전경과 식민지에서 가져온 외래종 수목, 토종 식물들이 조화를 이뤄 도시를 아름답게 품는다. 영국의 시인 바이런은 이곳을 '위대한 에덴(The glorious Eden)'이라고 묘사했으며, 그 외 여러 문학가들도 이곳의 아름다움을 찬양했다.

아담한 마을 내에는 아기자기한 숍들이 있어 구경하는 재미가 있으며, 이곳 역시 거리 곳곳에서 아줄레주 타일로 장식된 옛 귀족풍의 저택과 건물들을 만날 수 있다. 또한 매년 여름이면 도시에 산재해 있는 교회나 공원에서 수준 높은 대규모 음악 페스티벌이 열려 전 세계에서 많은 관광객들이 찾아온다.

ACCESS 가는 법

열차
리스본의 호시우역에서 신트라역까지 열차가 10~30분 간격으로 운행하며 40분 정도 소요된다. 신트라역에 도착해 시내 중심까지는 도보로 20분이면 이동할 수 있다. 호시우역 내에서는 신트라, 호카곶, 카스카이스로 가는 교통편의 1일 티켓을 약 15€에 구입할 수 있다.
홈페이지 www.cp.pt

> **관광안내소**
> 신트라역 안에 관광안내소가 있다. 다른 도시로 가는 이동 루트와 시각표는 물론 신트라 시내 지도 및 관광 정보를 안내받을 수 있으니 관광을 시작하기 전에 꼭 들르자.

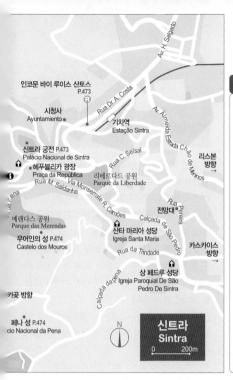

신트라 둘러보기

신트라는 리스본에서 당일치기로 다녀오기에 좋다. 시내 중심에는 성, 궁전, 미술관과 작은 레스토랑, 카페 등이 골목마다 자리해 도보로 충분히 둘러볼 수 있으며, 무어인의 성터는 산 위에 위치해 있으므로 버스를 이용하는 것이 좋다. 신트라역 앞에서 관광지를 순환하는 433번(신트라 시내, 1시간에 2~4회 운행), 434번(페나 성, 15~20분 간격) 버스를 타면 무어인의 성과 페나 성을 포함해 주요 명소를 편하게 둘러볼 수 있다. 티켓은 신트라 기차역 맞은편 버스 정류장에서 구입 가능하다. 버스를 1일 무제한으로 타고 내릴 수 있는 티켓은 15€, 434번 왕복 티켓은 5.50€(편도 3€). 403번 버스는 카보 데 로카(Cabo de Roca)까지 운행하며 1시간 15분 정도 걸린다.

 추천 볼거리
SIGHTSEEING

신트라 궁전
Palácio Nacional de Sintra ★★★

MAP p.473

두 개의 원뿔형 탑이 특징

신트라 시내에서 보면 하늘 높이 솟아 있는 두 개의 원뿔형 탑이 눈에 들어온다. 신트라 왕궁의 일부로 이 왕궁은 14세기부터 공화제가 선포된 1910년까지 포르투갈 왕실의 여름 별장으로 사용하던 곳이다. 1747년 페드로 왕자의 명령으로 건립되기 시작해 이후 몇 차례의 증축을 거쳤기 때문에 이슬람, 고딕, 마누엘 양식이 혼합돼 있다.

천장에 27마리의 백조가 그려진 백조의 방, 아랍실, 30m 높이의 원뿔형 천장 부엌에서 찬란했던 포르투갈 왕궁의 역사를 짐작해 볼 수 있다. 왕궁 안으로 들어가 포르투갈에서 가장 화려하다고 말하는 아줄레주 타일 장식을 감상해 보자.

찾아가기 기차역에서 나와 숲이 우거진 산책로를 따라 도보 5분 주소 Largo Rainha Dona Amelia
문의 219 237 300
운영 여름 목~화요일 09:30~19:30(마지막 입장은 18:30, 매월 시간 변동되므로 홈페이지 참조)
휴무 수요일 요금 일반 10€, 학생 8.50€
홈페이지 www.parquesdesintra.pt

무어인의 성
Castelo dos Mouros ★

MAP p.473

신트라 시내 전경을 한눈에

8세기에 무어인들이 해발 450m의 산 위에 지은 성으로 1147년 아폰수 엔히케스(Afonso Henriques)에게 공략당한 후 성벽만 남게 되었다. 산자락 위에 굽이굽이 길게 펼쳐진 성벽을 따라 올라가면 신트라 시내의 풍경을 한눈에 감상할 수 있다. 가는 도중에 탑마다 깃발이 꽂혀 있는 것을 볼 수 있는데 각각의 깃발은 과거 포르투갈 왕들을 상징한다. 신트라 시내 중심에서 약 3.5km 떨어져 있고 높이 위치해 있기 때문에 버스를 타고 이동하는 것이 좋다.

찾아가기 434번 버스를 타고 무어인의 성터에서 하차
주소 2710 Sintra 문의 21 923 7300
운영 5/1~9/15 09:30~20:00, 9/16~4/30 10:00~18:00 요금 일반 8€, 학생·어린이 6.50€

페나 성
Palácio Nacional da Pena ★★★

MAP p.473

신트라 관광의 하이라이트

16세기에 수도원이 있던 자리에 1840년 도나 마리아 2세 여왕의 남편인 페르난두 2세가 왕궁으로 개축해 왕들의 여름 별궁으로 사용되었다. 이슬람 양식과 고딕, 마누엘, 르네상스, 바로크 양식이 혼합된 걸작품으로, 성 외부에 노랑, 주황, 파랑 등의 칠을 더해 동화 속에 나오는 것 같은 아름다운 성이다. 성벽 곳곳은 장식 타일인 아줄레주로 화려하게 장식되어 있고, 섬세한 조각들이 감탄을 자아낸다.

내부에는 화려한 샹들리에가 달린 무도회장을 비롯해 여왕의 방, 터키인의 살롱, 예배당 등을 그대로 보존해 두었고 방마다 놓인 가구와 그릇들도 볼거리를 제공한다. 또한 19세기 후반부터 20세기 초까지 역대 왕과 대통령이 지냈던 모습도 그대로 볼 수 있다.

산 아래에서 티켓을 구입한 후 언덕길을 따라 약 15분 정도 올라가야 하는데, 걸어 올라가는 길이 산책하기 좋다.

찾아가기 434번 버스를 타고 페나 성 입구에서 하차
주소 Estrada da Pena
문의 21 923 7300
운영 5/1~9/15 10:00~19:00, 9/16~4/30 10:00~17:30 요금 성 안 정원 6.50€, 정원과 왕실 11.50€

추천 레스토랑

인코뭄 바이 루이스 산토스
Incomum by Luis Santos 🔘

MAP p.473

식사 메뉴와 디저트를 고루 갖춘 식당

맛, 가격, 분위기까지 만족할 만한 식당을 찾기가 쉽지 않은 신트라에서 3박자를 고루 갖춘 레스토랑. 단, 음식 서빙이 빠른 편은 아니니 시간적 여유가 있는 사람에게 추천한다. 평일 런치 세트메뉴는 코스로 준비되며 깔끔하게 세팅되어 나온다. 내부는 모던하고 고급스러운 분위기다.

찾아가기 기차역에서 도보 2분
주소 Dr. Alfredo da Costa 22 문의 21 924 3719
영업 월~금·일요일 12:00~23:00(토요일 17:00~)
예산 메인 메뉴 15€
홈페이지 www.incomumbyluissantos.pt

리조트와 호텔이 밀집한 고급 휴양지

카스카이스 CASCAIS

CASCAIS ⇄ RISBON

리스본에서 약 25km 떨어져 있는 작은 마을로 항구와 해변을 끼고 있다. 과거 작은 항구 마을에 불과했으나 1870년 루이스 1세 왕이 카스카이스에서 여름 휴가를 보내면서 이름이 알려졌고, 19세기 이후로는 리조트가 들어서면서 유명 관광지가 되었다. 1926년 리스본에서 카스카이스행 열차가 운영되면서 리스본 관광객들도 꼭 들르는 명소가 되었다. 타일로 장식된 예쁜 길이 인상적이며 골목골목마다 아기자기한 상점과 카페테리아, 레스토랑, 호텔 등이 있다. 마을을 둘러싸고 있는 크고 작은 해변에서는 선탠과 수영, 산책을 즐기기 좋으며 바다에서는 해양 스포츠를 즐기는 사람들도 쉽게 발견할 수 있다. 또한 포르투갈의 다양한 해산물 요리를 접할 수 있는 해산물 전문 레스토랑이 즐비하고 여름철에는 밤 늦게까지 사람들이 북적거리는 관광지다운 풍경이다.

ACCESS 가는 법

리스본의 호시우역에서 1일권(15€)을 구입하면 리스본에서 출발하여 신트라로 가는 열차와 신트라에서 호카곶과 카스카이스를 운행하는 403번 버스, 카스카이스역에서 리스본으로 가는 열차를 모두 이용할 수 있다(403번 버스, 호카곶 → 카스카이스행 편도 티켓은 4.05€). 카스카이스까지 둘러본 후에는 카스카이스역에서 리스본의 카이스 두 소드레역까지 열차를 타고 30~40분 정도 걸려 당일 여행지로 제격이다.
홈페이지 www.cp.pt

관광안내소 Cascais Visitor Center
찾아가기 카스카이스역에서 도보 5분
주소 Praça 5 de Outubro
문의 912 034 214 운영 매일 09:00~20:00

카스카이스
Cascais
0 200m

토루스 광장
Praça de Touros

P.477 카사 벨라

기차역

Rua Frederico Arouca

미세리코르디아 성당
Igreja da Misericórdia

카스카이스 시청 P.477
Câmara Municipal de Cascais

해양박물관
Museu do Mar
Av. Da República

마르티스 성당
Igreja Martiz

P.476 지옥의 입
Boca do Inferno

콘데스 드 카스트루 기마랑스 박물관 P.477
Museu Condes de Castro Guimarães

산타 마르타 등대
Farol de Santa Marta

Av. Do Ultramar

Av. 25 de Abril

Rua Freitas Reis

Estrada da Boca do Inferno

 카스카이스 둘러보기

403번 버스를 타고 기차역 근처에 내려 쇼핑몰과 번화가를 따라 걷다 보면 자연스럽게 시내 중심지에 닿게 된다. 해변에서 수영을 즐기고 싶다면 리스본 시내에서 열차를 타고 카스카이스에 도착해 한나절 정도 여유롭게 쉬어가는 것도 좋다. 하루만에 신트라, 호카 곶, 카스카이스를 모두 돌아보고 싶다면 버스 시간표를 잘 확인하고 이동하자. 카스카이스에서 노을진 저녁 풍경을 본 후 마지막 열차를 타고 리스본으로 돌아가면 된다.

 추천 볼거리
SIGHTSEEING

지옥의 입 ★★★
Boca do Inferno

MAP p.476

거센 파도가 몰아치는 해안 절벽

카스카이스 시내에서 약 1km 떨어져 있는 해변가로, 오랜 세월에 걸쳐 침식된 절벽과 그 아래로 아찔한 바다 풍경이 보이는 곳이다. 이곳을 '지옥의 입'이라 부르는 이유는 절벽과 바위 사이로 뚫린 커다란 구멍이 마치 지옥으로 들어가는 입구 같다고 해서 붙여진 것이며, 그 사이로 파도가 몰아쳐 다른 쪽에 난 구멍을 통해 수직으로 치솟는 모습이 장관이다. 주변에는 호젓하게 낚시를 즐기는 사람들을 볼 수 있으며 가끔 치솟는 파도 때문에 낚시를 하던 사람이 사라지는 경우도 있다고 한다.

찾아가기 기차역에서 도보 30분 또는 택시로 약 10분
주소 Boca do Inferno

콘데스 드 카스트루 기마랑스 박물관 ★
Museu Condes de Castro Guimarães

MAP p.476

17세기 포르투갈의 생활양식을 엿보다

19세기의 저택을 개조해 만든 박물관으로 노란 외벽이 돋보이는 건물과 아름다운 정원, 17세기의 생활상을 엿볼 수 있는 전시품들이 특색 있다. 포르투갈의 예술품 외에도 외국의 예술가들이 그린 초상화와 풍경화, 가구, 타일, 카펫, 도자기 등 15세기부터 19세기를 아우르는 다양한 분류의 작품들을 두루 감상할 수 있다.

찾아가기 기차역에서 도보 15분
주소 Avenida Rei Humberto II de Itália Parque
Marechal Camona 문의 214 815 308
운영 화~금요일 10:00~17:00,
토·일요일 10:00~13:00, 14:00~17:00
휴무 월요일, 1/1~2, 5/1, 12/25
요금 3€(일요일 전체 무료)

카스카이스 시청 ★
Câmara Municipal de Cascais

MAP p.476

타일로 장식된 아기자기한 시청사

시청사 앞 광장은 리스본 시내에서 흔히 볼 수 있듯이 타일로 바닥을 장식했으며 바로 앞으로는 바다가 펼쳐진다. 주변에 놓여 있는 벤치에 앉아

서 건물 벽면을 장식한 아줄레주 양식과 함께 아름다운 풍경을 감상할 수 있다. 광장 곳곳에는 18세기의 조각상들이 놓여 있어 우아함을 더해준다.

찾아가기 기차역에서 도보 7분
주소 Praça 5 Outubro 1
문의 21 482 5000

추천 레스토랑

카사 벨랴 Casa Velha 🔘

MAP p.476

맛있는 해산물 요리

포르투갈의 전통 해산물 요리를 맛볼 수 있는 곳으로, 특히 메인 요리가 나오기 전에 제공되는 빵과 치즈, 올리브 등이 신선하고 맛있기로 유명하다. 생선과 고기 요리, 다양한 디저트 등을 고를 수 있으며 영어와 독어, 불어 등으로 된 메뉴판도 갖추고 있다. 애피타이저로 준비된 새우 요리와 다양한 생선 요리 등도 맛이 좋다.

찾아가기 기차역에서 도보 5분
주소 Avenida Valbom 1
문의 214 832 586
영업 매일 12:00~16:00, 17:00~24:00
예산 20~30€

땅이 끝나고 바다가 시작되는 곳

ACCESS 가는 법

🚌 버스

신트라, 카스카이스, 호카곶의 세 지역을 순회하는 버스가 1시간에 1대꼴로 운행한다. 신트라와 카스카이스에서 호카곶까지 버스로 이동하려면 Scotturb 회사의 403번 버스를 타면 된다.

Tip 당일치기로 세 도시 여행하기

각 도시간 이동 시간이 30~40분 정도로 짧기 때문에 교통편만 잘 맞춰 이동하면 하루에 세 도시를 모두 볼 수 있다. 그러기 위해서는 호카곶에서 1시간, 카스카이스에서 3~4시간, 신트라에서 4~5시간 정도 머물러야 한다. 바쁘게 다니는 것보다 천천히 구경하길 원한다면 신트라와 나머지 두 곳 중 한 곳을 택하는 것이 낫다. 세 도시를 하루에 돌아볼 경우 리스본 호시우역에서 당일 버스 티켓(15€)을 구입하는 것이 가장 경제적이다.

```
신트라 ────열차로 45분────→
  │                        리스본
버스로 30분                  │
  ↓                       열차로 35분
호카곶                        │
  │                        카스카이스 →
버스로 30분
  ↓
카스카이스 →
```

호카곶
Cabo da Roca ★★★

포르투갈의 땅끝 마을

유라시아 대륙의 서쪽 끝, 아니 또 다른 시작점이 되는 곳. 북위 38도 47분, 동경 9도 30분을 향해 가면 호카곶에 도달할 수 있다. 아찔한 해안 절벽 밑으로 대서양의 파도가 거세게 몰아치며 더 이상 발 내딛을 곳이 없음을 깨닫게 되는 순간이다. 끝없이 펼쳐진 푸른 바다와 날카로운 바람을 등지고 우뚝 서있는 십자가상의 기념비에는 '이곳에서 땅이 끝나고 바다가 시작된다'는 포르투갈의 유명 시인 카몽이스의 시구가 새겨져 있으며, 그 밑으로는 호카곶 현지의 좌표가 기록되어 있다. 바람과 절벽, 붉은 등대만이 홀연히 남아 있는 호카곶에서는 푸른 잔디와 들꽃 사이로 난 산책로를 따라 걸으며 대서양의 물결을 감상하는 것만으로도 휴식이 된다. 호카곶의 절벽 근처에서 발견할 수 있는 유일한 건물이 바로 관광안내소이자 기념품 숍이다. 유럽 대륙 최서단에 도착했다는 증명서를 발급해 준다. 발급 수수료는 2장짜리 큰 증명서는 11€, 1장짜리 작은 증명서는 5.6€.

아기자기하고 예쁜 왕비의 마을

오비두스 ÓBIDOS

ÓBIDOS
LISBON

포르투갈인들이 가장 선호하는 주말 여행지로
리스본 근교에 있다. 성벽으로 둘러싸인 마을을
돌아보는 데는 1시간도 채 걸리지 않는다. 오비
두스의 역사는 12세기로 거슬러 올라간다. 게르
만과 무어인의 침략을 받아 오던 마을이 12세기
에 그들로부터 독립하며 귀족들이 거주하는 마
을로 성역화된다. 1282년 오비두스 마을에 반
한 디니스 왕은 그의 왕비 이자벨에게 결혼 선물
로 이 마을을 부여한다. 그 후 마을은 600여 년
간 이자벨 왕비와 관계를 맺게 되어 1834년까지
'왕비의 마을'로 불렸다. 1441년에는 국왕 아폰
수 5세(Afonso V)가 왕자 시절에 사촌이었던
8살의 이자벨과 이 마을의 산타 마리아 성당에서
결혼식을 올리기도 했다.

성벽을 따라 마을을 내려다보며 돌길을 거닐면
마치 중세 시대에 와 있는 듯한 기분을 느낄 수
있다. 성벽 외곽의 주말 장과 아기자기한 기념품
숍, 담벼락의 예쁜 화단과 창문을 구경하다 보면
시간 가는 줄 모르게 된다.

ACCESS 가는 법

리스본 메트로 캄푸 그란데(Campo Grande)역에서
내려 Tejo 회사의 오비두스행 버스를 타면 된다. 요금
은 편도 7.55€, 1시간 10분 소요. 티켓은 버스 운전
기사에게 직접 구입한다.

 ## 오비두스 둘러보기

주요 명소는 성벽 내의 작은 마을 안에 옹기
종기 모여 있다. 성벽 안으로 들어서 메인 거
리를 따라 걷다 보면 아줄레주 무늬가 장식된
파란 타일벽 뒤로 산타 마리아 성당이 보이
고, 교회와 시청, 기념비와 미술관 등이 나온
다. 주말에는 성벽 밖 마을 공터에서 장이 열
리고 농가에서 직접 재배한 채소와 과일, 간
식거리 등을 판매하기도 한다.

관광안내소 Posto de Turismo de Óbidos
오비두스 시내 지도를 얻을 수 있으며 성벽 내의 주요
건물 20곳이 간략하게 소개되어 있다. 리스본으로
돌아가는 버스 시간도 확인할 수 있다.
주소 R. da Porta da Vila

Portugal 06

역사적 유산이 풍부한 박물관의 도시
에보라 ÉVORA

RISBON
EVORA

리스본 남동쪽에 위치한 에보라는 포르투갈에서도 중세 시대의 모습이 가장 잘 보존되어 있는 곳이다. 로마 시대에 중요한 군사기지로 번성하여 당시의 성벽이 지금도 그대로 남아 있고, 낮은 구릉에 둘러싸인 비옥한 분지를 품고 있다. 마을은 길이 약 6km에 이르는 성벽에 둘러싸여 있으며 로마 시대의 신전, 대성당을 비롯해 상 프란시스쿠 성당 등 역사적인 건물들이 유수히 남아 있다. 그중에서도 가장 유명한 것은 아크로폴리스 언덕에 있는 디아나 신전으로 2세기 말에 세워졌으며, 늘 관광객들의 카메라 세례를 받는다. 성벽 안에는 '해골집'으로 불리는 예배당과 수도원, 대학 건축물 등이 잘 보존되어 있다. 1986년 도시 전체가 유네스코 세계문화유산에 등재되었다.

ACCESS 가는 법

버스

리스본 메트로 자르딩 줄로지쿠(Jardim Zoológico)역에서 도보 5분 거리의 세테 리우스 버스 정류장(Estação de Sete Rios) 부근에 시외버스 터미널이 있다. 에보라행 버스는 시간대별로 1대 이상 운행되며, 요금은 편도 11.90€, 약 1시간 45분 소요된다.

에보라 둘러보기

에보라 시외버스 터미널(Rodoviária Do Alentejo, S.A.)에서 왼편에 보이는 주유소를 지나 대로를 따라 5분 정도 걸어가면 성벽 입구에 다다른다. 성벽 안으로 들어가 도시를 둘러보는 데는 약 2~3시간 정도 소요되는데, 관광안내소에서 주는 지도 한 장이면 쉽게 찾아 다닐 수 있다. 관광안내소는 성벽 안에 두 곳이 있다.

에보라
Évora
0   150m

추천 볼거리
SIGHTSEEING

에보라 로마 신전 ★★★
Templo Romano Évora

MAP p.480

아름다운 기둥의 신전

로마 신전이 아크로폴리스 언덕에 들어선 때는 2세기 말이다. 화강암 토대 3면에 세로로 지어졌으나 현재는 콜로네이드만 남아 있고 돌기둥의 몸통도 흠이 많이 나 있지만 여전히 대리석으로 만든 아름다운 기둥머리를 뽐내고 있다. 신전을 지은 연도와 어떻게 사용되었는지, 그리고 건축가에 대한 자료 등은 수수께끼로 남아 있다. 사냥의 여신 디아나를 모신 신전이라는 추측도 있지만 문헌 자료는 없다. 5세기 서로마 제국이 멸망하면서 많은 부분이 손상되었고 1871년 가까스로 일부분이 복구되어 구멍이 뻥 뚫린 기둥만 남은 신전이 되었다.

찾아가기 지랄두 광장에서 도보 5분
주소 Largo do Conde de Vila Flor 문의 266 769 450

상 프란시스쿠 성당 ★
Igreja de São Francisco

MAP p.480

해골로 이루어진 성당

프란체스코회의 상 프란시스쿠 성당에 있는 바로크 예배당의 통칭은 '해골집'이다. 예배당 부지에 5000구가 넘는 사람의 뼈가 묻혀 있어서 이런 이름이 붙었다. 무데하르 양식과 후기 바로크 양식을 절충한 성당에는 총을 쏘기 위해 뚫어 놓은 구멍이 있는 흉벽과 원뿔 모양의 원주, 거대한 아트리움 중앙 홀이 있다. 17세기에 지어졌으며 예배당 한켠 기둥과 벽 모두 해골과 뼈를 이어 쌓아 지어졌다.

찾아가기 지랄두 광장에서 도보 5분
운영 6~9월 09:00~18:30, 10~5월 09:00~12:30, 14:30~17:00 요금 무료

지랄두 광장 ★
Praça do Giraldo

MAP p.480

에보라 시의 중심지

에보라 시내의 중심지에 해당하는 광장으로 이 광장을 기점으로 모든 역사 지구가 시작된다. 광장 한가운데에는 약 400년의 역사를 지닌 유서 깊은 분수대가 자리하고 있다. 광장 주변에는 카페테리아와 레스토랑이 모여 있고, 광장 앞에 관광안내소가 있다.

찾아가기 에보라 성벽 입구에서 도보 7분

추천 레스토랑

오 안타오 O Antão

MAP p.480

맛과 서비스가 훌륭

에보라 시민들도 즐겨 찾는 전통 포르투갈 레스토랑으로 맛은 물론 서비스도 훌륭하다. 깔끔하고 편안한 분위기의 레스토랑 내부와 친절한 스태프들이 있어서인지 식사도 더욱 맛있게 느껴진다. 3가지 코스가 포함된 점심 메뉴는 와인을 포함하여 1인당 20€ 선. 요일에 따라 메뉴가 수시로 바뀐다.

찾아가기 지랄두 광장에서 도보 2분
주소 Rua João de Deus 5 문의 266 706 459
영업 12:00~15:00, 19:00~22:50
휴무 월요일 예산 20€~

Portugal 07

학문과 예술의 도시
코임브라 COIMBRA

COIMBRA
RISBON

포르투갈의 중북부인 베이라스(Beiras) 지역에 위치한 코임브라. 보수적인 북부 지방과 개방적인 남부 지방이 만나 포르투갈 내에서도 개성 있고 다양성이 존재하는 곳이다.

100년이 넘는 세월 동안 포르투갈의 수도였으며 지난 5세기 동안 포르투갈 최초이자 유네스코 세계문화유산으로 지정된 코임브라 대학교가 있어 대학도시라 불린다. 밤이면 골목에 울려 퍼지는 아름다운 파두의 선율을 감상할 수 있는 학문과 예술의 중심지이다.

로마인들은 처음에는 코님브리가(Conimbriga)에 도시를 세웠으나 외적의 침입으로부터 방어가 쉬운 코임브라로 옮기게 된다. 코임브라는 9세기에 무어인에게 정복되었으나 1064년 기독교인들이 탈환하면서 포르투갈 왕국의 수도가 된다. 1139년부터 알폰수 3세가 수도를 리스본으로 옮기는 1260년까지 포르투갈의 수도였다.

1290년 창립된 코임브라 대학은 리스본과 코임브라를 오가다가 16세기 이후 완전히 코임브라에 정착한다. 유럽 전역의 교수, 예술가, 지식인들을 지속적으로 받아들이고 배출한 코임브라 대학은 포르투갈에서 명문으로 손꼽히며 오늘날까지 철저히 전통을 고수하고 있다.

ACCESS 가는 법

버스
리스본, 포르투, 브라가 등에서 버스를 타고 갈 수 있다. 약 1시간 30분~2시간 45분 소요되며 운행 편수는 각각 다르다. 버스 정보는 홈페이지를 참조하자.
버스 홈페이지 www.rede-expressos.pt

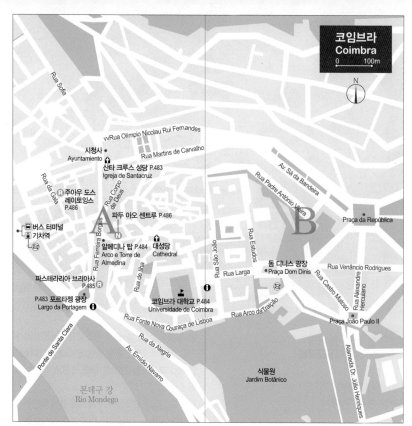

코임브라
Coimbra
0   100m

N

vvRua Olimpio Nicolau Rui Fernandes

Rua Sofia
Rua Martins de Carvalho
Av. Sá da Bandeira

시청사
Ayuntamiento

산타 크루스 성당 P.483
Igreja de Santacruz
Rua Padre António Vieira

Rua da Gala
Rua Corpo de Deus

주아우 도스
레이토잉스
P.486

파두 아오 센트루 P.486

Praça da República

버스 터미널
기차역

알메디나 탑 P.484
Arco e Torre de
Almedina

대성당
Cathedral
Rua Estudos
Rua São João

파스테라리아 브리아사
P.485
Rua de Ilha
Rua Larga

돔 디니스 광장
Praça Dom Dinis
Rua Venâncio Rodrigues

P.483 포르타젱 광장
Largo da Portagem

코임브라 대학교 P.484
Universidade de Coimbra

Rua Arco da Traição

Rua Castro Matoso
Rua Alexandre Herculano

Praça João Paulo II

Ponte de Santa Clara

Rua Fonte Nova Couraça de Lisboa
Rua da Alegria
Av. Emídio Navarro

Alameda Dr. Júlio Henriques

식물원
Jardim Botânico

몬데구 강
Rio Mondego

Rua Ferreira Borges

몬데구 강(Rio Mondego)을 따라 동쪽으로 천년 역사의 흔적을 짐작할 수 있는 유서 깊은 건물들이 모여 있고 가파른 언덕 가장 높은 곳에는 코임브라 대학교가 우뚝 서있다. 대학을 중심으로 구시가의 경계를 이루는 길과 무어인들이 세운 성벽이 좁은 골목길을 따라 얽혀 있으며 기차역과 버스 터미널에서 구시가로 들어가는 입구와도 같은 포르타젱 광장까지는 도보 5분 정도 소요된다. 구시가 내에서는 도보로 충분히 다닐 수 있다. 마을 언덕 위에 자리한 코임브라 대학교 캠퍼스를 둘러본 후 구시가를 감싸고 있는 성벽을 따라 산책해 보자. 구시가와 몬데구 강을 연결하는 산타클라라 다리(Ponte de Santa Clara) 위를 거닐며 강가 풍경도 감상해 보자.

포르타젱 광장
Largo da Portagem　　　★★★

MAP p.483-A

도시의 중심이 되는 광장

몬데구 강을 마주하고 구시가로 들어가는 산타 클라라 다리와 연결되는 광장으로 코임브라의 모든 길은 포르타젱 광장으로 통한다고 해도 과언이 아니다. 가장 큰 상업 지구로 골목마다 레스토랑과 빵집, 야외 카페들이 모여 있으며 코임브라를 방문한 모든 관광객들이 현지인과 뒤섞여 지나가게 되는 곳으로 아름다운 꽃으로 꾸며진 정원 한가운데에는 동상이 서있다. 주변으로 코임브라의 주요 은행, 호텔 등의 상업 건물들이 들어서 있다.

찾아가기 기차역에서 도보 5분
주소 Largo da Portagem

산타 크루스 성당
Igreja de Santacruz　　　★★★

MAP p.483-A

화려한 르네상스 양식의 성당

성당이 위치한 넓은 광장과 그 주변으로 얽힌 좁은 골목에는 로컬 숍과 레스토랑, 바르들이 옹기종기 모여 있다. 광장 중앙에 화려한 르네상스 양식의 파사드를 간직한 산타 크루스 성당이 우뚝 솟아 있다.

7세기에 짓기 시작하여 수세기에 걸쳐 재건한 성당이다. 내부는 아름다운 아줄레주 장식으로 꾸며져 있으며 예배당 외에 별도의 입장료를 내고 들어가야 하는 클라우스트루(Claustro)에서는 포르투갈 최초의 왕이었던 알폰수 엔리케스(Alfonso Henriquez)와 산초 1세(Sancho I)의 무덤 외 여러 예술 작품 등을 감상할 수 있다. 성당 뒤편으로는 아름다운 노란색 건물과 작은 뜰로 이루어진 망가 정원(Jardim da Manga)이 있다.

찾아가기 기차역에서 도보 5분
주소 Praça 8 de Maio
문의 239 822 941
운영 월~토요일 09:00~12:00, 14:00~15:00,
일요일 16:00~17:30
요금 성당 무료, 성물 안치소 일반 2.50€

알메디나 탑
Arco e Torre de Almedina

★★★

MAP p.483-A

코임브라 시내 전경을 한눈에

코임브라 관광을 시작할 때 가장 먼저 들르면 좋다. 구시가로 들어가는 관문 역할을 하는 성문으로 2개의 탑을 연결해 세웠으며 구시가로 들어가는 3개의 성문 중에서 유일하게 남아 있는 것이다. 9세기에 건축됐으며 11세기와 12세기에 재건되었고 현재 미니 박물관과 전망대로 사용한다. 성문을 열고 닫을 때 쳤던 종은 1870년때까지 사용했으며 현재 탑에 올라가면 그 흔적들을 모두 볼 수 있다. 탑 안의 작은 미니 박물관에서 성벽의 역사와 예전 모습을 영상과 사진으로 둘러본 후 탑 꼭대기 전망대에 올라가서 코임브라 도시의 모습을 한눈에 조망해 보자.

찾아가기 기차역에서 도보 5분
주소 Rua do Arco Almedina 7
운영 4~9월 화~토요일 11:00~13:00, 14:00~19:00,
10~3월 화~토요일 10:00~13:00, 14:00~18:00
요금 전망대 2€

코임브라 대학교
Universidade de Coimbra

★★★

MAP p.483-A

유네스코 세계문화유산에 등재된 대학

코임브라 구시가에 들어서 작은 상점들이 모여 있는 좁은 골목길을 따라 언덕 위로 올라가면 대학교가 펼쳐진다. 신 대성당(Se Nova)을 중심으로 웅장한 건물들이 몇 채 모여 있는데 모두 과학대, 의대, 산업대 등으로 18세기에 폼발 후작이 지은 것이다. 구 대학(Velhauniversidade)의 정문인 페헤아 문(Porta Ferrea)을 통해 코임브라 대학교로 들어가면 16~18세기에 지어진 웅장한 대학 건물들 사이로 수업의 시작과 끝을 알리는 시계탑도 볼 수 있다. 리스본에 세워진 리스본 대학교를 1537년 주앙 3세가 코임브라로 옮겼기에 그의 동상이 대학동 중앙 광장에 있다. 대학교 전체가 살아 있는 박물관으로 웅장하고 고풍스럽다. 관광객은 티켓 구매 후 대학의 가장 화려한 건물인 주앙 5세 도서관(Bibliotecajoanina)에 입장할 수 있다. 도서관에는 법, 철학, 신학에 관한 30만 권의 고서를 보유하고 있다.

찾아가기 기차역에서 도보 15분
주소 Largo da Porta Férrea

코임브라를 대표하는 빵집 겸 커피숍

MAP p.483-A

파스테라리아 브리아사(Pastelaria Briosa)는 1955년 문을 연 이래 코임브라 현지인들에게 꾸준히 사랑받고 있는 빵집이다. 여름이면 빵집 앞에 야외 테라스석이 준비된다. 오전에는 아침 식사를 하는 사람들, 오후에는 간식으로 디저트류를 먹거나 커피를 마시는 사람들로 테이블이 가득 찬다. 포르투갈의 전통 제과기법으로 직접 구운 빵과 케이크, 디저트류를 판매하고 있다. 코임브라 관광 전후에 차와 간식을 먹으며 쉬어가기 좋다.

찾아가기 포르타젱 광장에서 도보 1분
주소 Largo da Portagem, 5
문의 239 821 617 영업 매일 07:00~21:00
예산 커피 1.50€, 크루아상 크림빵 1.50€ 이내

코임브라의 좁은 골목마다 작은 로컬 숍들이 밀집돼 있다. 꼭 사지 않아도 구경하는 재미가 가득. 기념품과 액세서리 가게, 수제품을 파는 가게들이 산타 크루스 성당 주변에 모여 있다. 코임브라의 메인 길(Rua Ferreira Borges) 주변으로 코임브라에서 유명한 메인 숍들이 자리 잡고 있으며, 세라믹, 바구니, 액세서리 등의 제품들을 쇼핑할 수 있다. 베르트랑 서점 (Livraria Bertrand)에서는 엽서 외에 다양한 분야의 책을 구입할 수 있고, 주변에 카페들이 밀집되어 있다. 코메르시우 광장(Praca do Comercio)에는 밤늦게까지 문 여는 숍들과 카페들로 북적이고 주말에는 광장 주변으로 모여드는 사람들로 분위기가 흥겹다. 알메디나 탑 앞에 있는 길 (Arco de Almedina) 주변으로는 세라믹 액세서리와 기념품들이 즐비하다.

주아우 도스 레이토잉스
João dõs Leitões

MAP p.483-A

새끼돼지 바비큐 요리로 유명

코임브라와 주변 마을에서는 새끼돼지 바비큐 요리가 전통 음식 중의 하나이다. 코임브라 도시 곳곳에서도 쉽게 볼 수 있는 메뉴로, 레스토랑은 5개 남짓의 테이블과 바르가 전부이지만 언제나 사람들로 가득하다. 규모는 작지만 리모델링해 깨끗하고 심플하게 꾸몄다. 샐러드와 새끼돼지 바비큐 요리에 함께 나오는 콤비 메뉴나 돼지고기를 넣어 만든 샌드위치가 주 메뉴로 모든 음식은 테이크아웃이 가능하다. 현지인들이 먹는 소박한 음식으로 식사를 하고 싶다면 추천한다. 산타 크루스 성당 근처의 좁은 골목에 위치해 있다.

찾아가기 포르타젬 광장에서 도보 5분 주소 Rua da Gala, 45 문의 239 821 001
영업 월~금 · 일요일 09:30~19:30, 토요일 09:30~15:00 예산 콤비 9€, 샌드위치 5€ 이하

파두 아오 센트루
Fado ao Centro

MAP p.483-A

파두 공연장

코임브라에는 포르투갈 전통 음악인 파두 음악 소리가 골목 곳곳에서 울려 퍼진다. 삶의 애환을 노래 하는 리스본 파두가 '파두의 가슴'으로 표현된다면 사랑을 노래하는 코임브라 파두는 '파두의 머리'로 표현된다. 공연장이나 파두 문화센터로도 사용되는 곳으로 오후 4시와 5시 30분 사이에는 파두 연습장이 열려 여행자들도 악기를 배워볼 수 있다. 오후 6시에는 50분간 파두 공연을 한다. 티켓은 홈페이지를 통해 미리 예약하거나 당일 현장에서 구입할 수 있다.

찾아가기 포르타젬 광장에서 도보 5분 주소 Rua Quebra Costas, 7 문의 239 837 060
홈페이지 www.fadoaocentro.com/pt

Portugal 08

독실한 가톨릭 도시
브라가 BRAGA

BRAGA

RISBON

포르투갈에서 세 번째로 큰 도시로 시내 곳곳에 수십 개의 성당이 있을 정도로 가톨릭의 영향을 많이 받은 도시다. 1년 중 가장 큰 행사는 부활절 기간에 열린다. 도시 외곽 언덕 중턱에 있는 웅장한 봉 제수스 두 몬치 성당은 브라가에서 놓치지 말아야 할 명소 중의 하나다.

ACCESS 가는 법

🚆 열차
포르투, 리스본 등에서 열차를 타고 갈 수 있다. 하루에 10여 편의 열차를 운행하며 자세한 정보는 홈페이지를 참고하자.

홈페이지
www.cp.pt(포르투갈 국영 철도)
www.bueker.net(열차 노선도)

🚌 버스
코임브라, 포르투, 리스본 등에서 1일 10여 대의 버스를 운행하며 1시간 10분~4시간 30분가량 걸린다. 자세한 정보는 홈페이지를 참고하자.

홈페이지
www.rede-expressos.pt(포르투갈 전역 버스 정보)
www.rodonorte.pt(북부 버스 정보)

TRANSPORTATION 시내 교통

🚌 버스
브라가 시내 곳곳의 정류장에서 2번 버스를 타고 종점에 내리면 봉 제수스 두 몬치 앞 계단에 닿는다. 브라가 시내 중심지에서 매시 10분, 40분에 출발하며, 요금은 편도 2€ 이하.

🚞 푸니쿨라
전기나 기름 없이 물의 힘만으로 운행되는 이베리아 반도에서 가장 오래된 푸니쿨라 탑승장이 봉 제수스 두 몬치 언덕 계단을 올라가는 한 구석에 위치해 있다. 성당 위로 올라갈 때는 푸니쿨라를 타고 내려올 때는 주변 경치를 구경하며 계단을 이용해도 된다. 요금은 편도 1.20€, 왕복 2€.

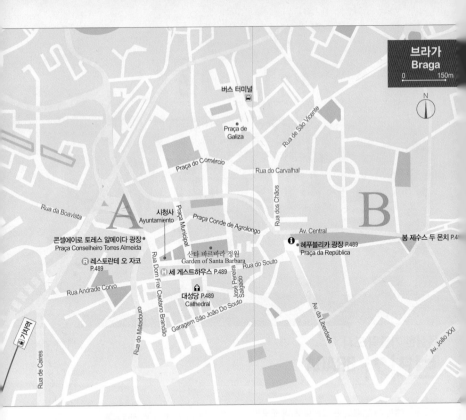

위 지도(이미지1) 내 텍스트:

버스 터미널

브라가
Braga
0   150m
N

Praça de
Galiza

Praça do Comércio

Rua do Carvalhal

Rua de São Vicente

Rua da Boavista

시청사
Ayuntamiento

Praça Municipal

Praça Conde de Agrolongo

Rua dos Chãos

Av. Central

ⓘ 헤푸블리카 광장 P.489
Praça da República

봉 제수스 두 몬치 P.4

콘셀에이로 토레스 알메이다 광장
Praça Conselheiro Torres Almeida

Ⓡ 레스토란테 오 자코
P.489

산타 바르바라 정원
Garden of Santa Barbara

Rua do Souto

Ⓗ 세 게스트하우스 P.489

Rua Dom Frei Caetano Brandão

José Pereira Salgado

Rua Andrade Corvo

대성당 P.489
Cathedral

Garagem São João Do Souto

Av. da Liberdade

Av. João XXI

기차역

Rua do Matadouro

Rua de Caires

추천 볼거리
SIGHTSEEING

봉 제수스 두 몬치
Bom Jesus do Monte

★★★

MAP p.488-B

브라가를 대표하는 성당

독실한 가톨릭 도시인 브라가를 대표하는 성지 순례지 중의 한 곳으로 매년 수많은 순례자들이 찾아온다. 브라가 중심부에서 약 5km 떨어져 있는데 브라가 구시가에서 버스를 타면 한 번에 이동이 가능하다. 산속 깊숙한 언덕 위에 자리한 성당에 가기 위해서는 봉 제수스 계단(Escadaria do Bomjesus)을 올라가야 한다. 이 계단은 각기

다른 해에 지어졌는데 전체적인 형태는 지그재그 모양이며 각 계단의 모서리마다 예수의 일대기를 표현해놓은 작은 성소가 있다. 아기 예수의 탄생에서부터 부활까지 일대기를 볼 수 있게 꾸몄고 계단을 따라 올라가 마주하는 언덕 위 성당 앞에는 아름다운 정원과 전망대를 조성해 놓았다.

찾아가기 2번 버스를 타고 Bom Jesus에서 내려 도보 5분
주소 Estrada do Bom Jesus
문의 253 676 636
홈페이지 www.estanciadobomjesus.com

대성당
Cathedral ★★

MAP p.488-A

포르투갈에서 가장 오래된 성당

1070년에 착공되어 다음 세기에 완공되었기에 다양한 건축 양식이 복합된 형태를 보인다. 리스본의 제로니무스 수도원을 건축한 건축가의 작품으로 전반적인 스타일은 로마네스크 양식이며, 탑들과 지붕은 마누엘 양식으로 완성됐다. 내부에는 브라가 최초의 주교 이야기를 아름다운 아줄레주로 장식했고 왕의 예배당(Capela dos Reis)에는 포르투갈 최초의 왕이었던 알폰수 엔리케스의 부모(Henri of Burgundy)의 무덤이 있다.

찾아가기 기차역에서 도보 10분
주소 Rua Dom Paio Mendes
문의 253 263 317 홈페이지 www.se-braga.pt

헤푸블리카 광장
Praça da República ★

MAP p.488-B

브라가 시내의 중심 광장

리베르다드 거리(Av. da Liberdade) 끝에 위치해 있다. 야외 테라스 카페와 레스토랑, 각종 숍들이 즐비하며 중앙에는 아름다운 분수대가 있다. 광장 한 구석에 관광안내소가 위치해 있어 여행을 시작하기 전에 들러 필요한 정보를 얻으면 좋다.

찾아가기 기차역에서 도보 18분

추천 실용 정보

레스토란테 오 자코
Restaurante O Jacó 🍽

MAP p.488-A

트립 어드바이저에서 추천하는 맛집

브라가에 위치한 레스토랑 중에서 트립 어드바이저 추천 톱 10에 드는 맛집이다. 가격 대비 음식의 퀄리티와 양은 물론 서비스까지 모든 면에서 손님들에게 높은 점수를 얻은 레스토랑이다. 브라가에 다시 온다면 꼭 찾아갈 의향이 있다는 평가를 받는다. 특히 포르투갈 전통의 대구와 문어 요리, 스테이크는 신선하게 즐길 수 있어 누구나 만족할 만하다.

찾아가기 대성당에서 도보 8분
주소 Praceta Padre Diamantino Martins 20
문의 253 619 962 영업 월·수~토요일 12:00~15:00, 19:00~22:00, 일요일 12:00~15:00 휴무 화요일
예산 2인 25~30€, 4인 50€

세 게스트하우스 Sé Guesthouse 🛏
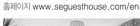

MAP p.488-A

호텔처럼 머물 수 있는 호스텔

호텔 예약 사이트 부킹닷컴에서 높은 평점을 받은 숙소 중 한 곳이다. 공동 욕실과 주방을 갖춘 호스텔 시스템으로 운영하는데 객실은 호텔처럼 더블룸만 갖추고 있어 편안하게 머물 수 있다. 위치, 시설, 청결, 서비스 면에서 두루 좋은 평가를 받는다. 개인 객실에 머물며 주방을 이용하고 싶은 2인 여행자에게 추천할 만하다.

찾아가기 대성당에서 도보 2분
주소 Rua Dom Paio Mendes, 43
문의 253 614 080
요금 더블룸 50€ 선, 발코니 있는 더블룸 60€ 선
홈페이지 www.seguesthouse.com/en

포르투갈 최고의 해안 휴양지

알가르브 ALGARVE

RISBON

ALGARVE

1년 중 맑은 날이 300일 이상일 정도로 연중 따뜻하고 온화한 기후 덕분에 겨울철에는 포근하고 여름철에는 시원한 휴양 도시. 2012년 〈뉴욕타임스〉에서 세계에서 꼭 가봐야 할 여행지로 선정되기도 했다. 알가르브는 스페인과 국경을 이루는 포르투갈 남동부 지역부터 대서양과 맞닿아 있는 남부 전체를 아우른다. 대서양의 거친 파도가 만들어낸 기암괴석이 멋진 풍경을 선사하고 물빛이 맑은 바다와 해변의 고운 모래 덕분에 여름철 수많은 유럽 여행객이 휴가를 보내러 온다. 10월까지 태닝과 수영을 즐길 수 있는 것은 물론 해안을 중심으로 고급 리조트가 몰려 있으며, 물가도 저렴하다.

알가르브 주의 남쪽에 있는 파루 공항에는 유럽 주요 도시를 연결하는 국제선과 국내선이 오간다. 파루 공항에 도착하면 차를 빌려 각 해변과 숙소로 이동하는 편이 좋다.

ACCESS 가는 법

✈ 항공

라이언에어, 영국항공, 이지젯 등 영국의 각 도시에서 출발해 파루 국제공항(Aeroporto de Faro)에 도착하는 항공편이 많다. 포르투갈 내에서는 포르투에서 라이언에어, 리스본에서는 탑 포르투갈 항공(TAP Portugal)을 이용하면 된다. 스페인의 바르셀로나에서는 부엘링항공을 이용하면 된다. 유럽 주요 도시에서 2~3시간 정도 걸린다.

▶공항에서 시내로 가는 법

지은 지 얼마 되지 않아 공항 청사 내부가 넓고 깨끗하며 모던한 분위기다. 출구로 나와 공항버스 14번과 16번을 타면 공항 바  로 앞의 파루 해변 또는 공항과 가까운 마을 아탈라이아(Atalaia)로 갈 수 있다. 하지만 파루 공항으로 도착하는 여행객은 주로 파루 해변 근처의 숙소에 머무는 것이 일반적이라 공항에서 차량을 빌리는 것이 편하다. 택시를 타고 파루 기차역까지 간 후 각 도시로 이동하는 방법도 있다(10분 소요). 렌터카 회사는 공항 1층 출구와 가까운 곳에 작은 부스만을 운영하며 사전에 예약한 렌터카를 픽업하려면 공항 출구에서 나와 맨 왼편 건물 밖으로 나가야 한다. 회사에 따라서 메인 도로 건너편에 사무실이 있는 경우도 있다.

홈페이지 www.aeroportofaro.pt

TRANSPORTATION 시내 교통

렌트카
알가르브 지역을 여행하려면 차량을 빌리는 것이 효율적이다. 아비스(Avis), 유로카(Europcar), 골드카(Goldcar), 허츠(Hertz), 식스트(Sixt) 등 다양한 렌터카 회사들이 공항 주변에서 영업 중이다. 사전에 온라인으로 예약했다면 공항에 도착하자 마자 신용카드와 면허증을 포함한 증빙 서류를 보여준 후 차를 픽업할 수 있다.

알가르브 해안 마을

N
Atlantic Ocean

추천 해안 마을
SIGHTSEEING

알부페이라
Albufeira

알가르브 지역에서 가장 번화한 해변 도시

알부페이라는 아랍어로 '아라비안 지역'이라는 뜻으로, 관광과 휴양을 동시에 즐길 수 있는 알가르브의 대표 도시. 마을 전체가 하얀 집과 상점, 레스토랑이 즐비해 아기자기한 분위기를 자아낸다. 여름 밤에는 늦은 시간까지 노천카페에 활기가 넘쳐 잠들지 않는 환상적인 휴가를 보내는데 부족함이 없다. 특히 라르고 카이스 에르쿨라누(Largo Cais Herculano) 거리에는 바다 앞 전경을 바라보며 식사할 수 있는 레스토랑이 모여 있다. 서핑, 패러글라이딩, 카이트서핑 등 레포츠를 즐기기에도 좋다.

사그레스
Sagres

해상 활동의 거점지

포르투갈인의 아프리카 서해안 항해, 콜럼버스의 대서양 횡단, 포르투갈과 스페인의 라틴아메리카 식민화를 위한 해상 활동 등 동서양의 이동이 활발하던 대항해 시대 굵직한 항해사의 시작점이 바로 유럽 최남단 사그레스라 할 수 있다. 엔리코 왕자는 대항해 시대에 궁을 떠나 이곳에 해양 학교를 세워 모든 해상 활동의 거점지로 삼았다. 사방이 높은 절벽과 거친 파도로 둘러싸여 있으며 서있기 힘들 정도로 거센 바람이 불어 서핑으로 유명하다. 유럽에서 두 번째로 밝은 등대가 위치한 전망대 겸 요새로도 잘 알려져 있다.

알보르
Alvor

유럽인들의 휴양지

라구스(Lagos)와 포르티망(Portimão) 사이에
있는 작은 항구 마을. 마을 중심부로 이동하면 골
목마다 레스토랑과 카페, 아이스크림 가게, 여행
사 등이 밀집해 있다. 이곳에는 1년 내내 휴양을
즐기는 유럽인들이 많다. 유흥가는 늦게까지 문
을 열기 때문에 여름 밤 저녁 식사 후 시간을 보내
기 좋다. 해변 바로 앞은 작은 어촌 마을 풍경이
남아 있으며, 해 질 녘 여유롭게 산책하기 좋다.

프라이냐 해변
Prainha

절벽으로 둘러싸인 멋진 해변

프라이냐 해변을 찾기 어렵다면 레스토랑 카니
수(Caniço)를 찾아가는 편이 빠르다. 카니수는
절벽으로 둘러싸인 아름다운 해변에 자리해 있
어 이곳을 중심으로 절벽 위를 산책하다 보면 알
가르브의 절벽이 바다 한가운데에 우뚝 솟아 있
는 아름다운 파노라마 뷰를 감상할 수 있다. 절
벽 아래의 해변에서 수영을 즐기다 절벽에 난 작
은 구멍들을 통과해 다음 해변으로 이동할 수 있
다. 여유로운 산책을 즐기면서 끝없이 아름다운
해변 풍경들을 감상하는 것은 여행자가 누릴 수
있는 최고의 호사가 될 것이다.

주소 Aldeamento Prainha Club A11

프라이아 두스 트레스 이르망스 해변
Praia dos Três Irmãos

풍광이 아름다운 해변

바다 수영과 태닝 등을 즐기면서 느긋한 휴식을
취하고 싶다면 이곳이 제격이다. 풍광이 아름다
운 이르망스 해변은 절벽에 난 구멍을 통과해 다
른 해변으로 이동할 수 있다. 해변에서 휴식을 취
하거나 절벽 위를 산책하며 시간을 보내기 좋다.
암벽 바로 아래에 자리를 잡으면 해의 높이에 따
라 그늘이 생겨 따가운 햇살을 피할 수 있다.

주소 Praia dos 3 Irmãos

추천 레스토랑

카니수 Caniço ◎

해변 바로 앞에 자리한 바 겸 레스토랑

낮에는 1층에서 칵테일이나 음료를 즐길 수 있
으며, 2층은 식사할 수 있는 레스토랑으로 사
전 예약 필수. 이곳에서 해 질 녘 바다를 바라보
며 로맨틱한 저녁 식사를 즐겨보자. 서비스와
음식, 분위기 모두 훌륭하다. 단, 가격이 비싸
고, 별도의 서비스 비용이 추가된다.

찾아가기 알보르 마을에서 차로 약 10분.
레스토랑이 절벽 아래 해안가에 있어 가까운
빌라에 차를 세워두고 가면 된다.
주소 Aldeamento da Prainha, Praia dos 3 Irmãos
문의 282 458 503
영업 매일 12:00~17:00, 18:00~24:00 예산 1인 40€~
홈페이지 www.canicorestaurante.com

베나질 동굴 Benagil Caves

알가르브 지역의 하이라이트라고 할 만큼 유명한 베나질 해변(Praia do Benagil)에서 약 200m 떨어진 곳에 오랜 세월 동안 층층이 형성된 퇴적층의 무늬가 고스란히 노출된 동굴이 있다. 천장이 뻥 뚫려 있어 동굴 안으로 햇살이 가득 들어오는 아름다운 광경을 연출하는 이곳을 제대로 보려면 보트 투어를 하거나 해변 옆 베나질 절벽(Algar de Benagil) 꼭대기에 올라가 절벽을 따라 걸어가면서 동굴 밑 해변을 내려다보면 된다.

찾아가기

1. 차량을 빌리는 것이 가장 좋은 방법. 렌터카로 베나질 해변까지 가면 절벽으로 둘러싸인 해변 바로 앞에 타루가(Taruga) 회사의 보트 투어 부스가 있다. 1시간가량 보트를 타고 베나질 동굴을 포함한 주변 동굴 투어를 할 수 있다. 1인 20€. 티켓은 미리 예약하는 것이 좋으며, 당일 투어 티켓을 구입하려면 오전 11시 전에 부스로 가야 한다.

홈페이지 www.tarugatoursbenagilcaves.pt

2. 베나질 해변을 찾아가는 길에 베나질 절벽을 지난다. 주차장에 차를 세우고 해변을 따라 걸어가면 절벽에 마련된 산책로에 도착한다. 주차장에서 10분 정도 걸으면 베나질 동굴이 나온다. 동굴 위에서 뻥 뚫린 천장을 통해 해변이 내려다보이며 주변 풍광도 한눈에 감상할 수 있는 베나질 최고의 전망대다.

3. 알가르브에서 꼭 해봐야 하는 보트 투어. 주로 라구스(Lagos), 포르티망(Portimão) 등의 업체를 이용하며, 베나질 해변에서 출발한다. 라구스와 포르티망 해변가에는 보트, 카약, 서핑 등을 즐길 수 있는 레포츠 숍이 많다. 포르티망에서 해적선처럼 생긴 큰 배를 타면 3시간 정도 걸린다. 요금은 1인 35€. 베나질 동굴 근처에서 작은 보트로 갈아타고 해변까지 진입한다. 인기 있는 투어이므로 사전 예약이 필수다.

홈페이지 www.santa-bernarda.com

4. 베나질 해변 끝에서 약 200m 거리를 수영하면 동굴 내 해변까지 들어갈 수 있다. 대서양이라 물이 차갑고 파도가 센 구간이 있기 때문에 바다 수영에 자신 있는 사람이 아니라면 권하지 않는다. 카약이나 패들보드를 타는 것도 방법이다. 베나질 해변의 부스에서 대여할 수 있는데 오전 일찍 마감되는 경우가 많으므로 서둘러야 한다.

소박하고 평화로운 남부 도시

타비라 TAVIRA

RISBON

TAVIRA

포르투갈 남부의 작고 평화로운 어촌 마을로 질
랑 강(Rio Gilão)이 도시를 따라 흐른다. 성채
유적, 고딕과 르네상스 양식이 혼재된 성당 등이
남아 있어 우아한 분위기를 풍긴다. 강을 가로질
러 놓여있는 로마나 다리를 건너 작은 마을 광장
을 거닐며 쉬어가기 좋다.

ACCESS 가는 법

파루, 세비야 등에서 버스를 타고 갈 수 있다. 약 1시
간~1시간 30분 소요된다. 자세한 버스 정보는 홈페
이지를 참고하자.

홈페이지 www.alsa.es(알사)
www.algarvebus.info(포르투갈 남부 버스)

 타비라 둘러보기

버스 터미널이 마을 어귀 선착장과 연결되어
있다. 버스 터미널에서 마을 중심부 헤푸블
리카 광장까지 도보로 10분이면 닿을 수 있
을 만큼 마을 규모가 작다. 로마나 다리를 건
너 마을 중심 광장에 도착하면 평일 오전이나
주말에 마켓이 열리는 풍경을 구경할 수 있
다. 언덕을 따라 올라가면 마을을 한눈에 내
려볼 수 있는 곳에 성당과 성곽이 남아 있으
며 성곽 안의 작은 공원과 전망대를 둘러볼
수 있다. 로마나 다리를 건너가면 레스토랑
들과 바르, 슈퍼마켓 등의 편의시설이 있다.

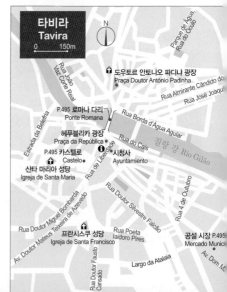

타비라
Tavira

0 ————— 150m

N

도우토르 안토니오 파디냐 광장
Praça Doutor António Padinha

Parque de Água
Rua do Cubo

Rua Almirante Cândido do
Rua José Joaqui

Rua João
Vaz Corte Real

P.495 로마나 다리
Ponte Romana

Rua Borda d'Água Aguiar

헤푸블리카 광장
Praça da República

Estrada da Balefra

Rua do Cais

질랑 강 Rio Gilão

P.495 카스텔로
Castelo

산타 마리아 성당
Igreja de Santa Maria

시청사
Ayuntamiento

Rua da Liberdade

Rua Doutor Silvestre Falcão

Rua 4 de Outubro

Rua Doutor Miguel Bombarda

Av. Doutor Mateus Teixeira de Azevedo

프란시스쿠 성당
Igreja de São Francisco

Rua Poeta
Isidoro Pires

공설 시장 P.495
Mercado Munici

Rua Doutor Fausto
Cansado

Largo da Atalaia

Av. Dom M

추천 볼거리
SIGHTSEEING

로마나 다리 ★★★
Ponte Romana

MAP p.494

저녁 풍경이 멋진 곳

타비라 마을에 흐르는 질랑 강을 가로질러 놓여 있는 다리 가운데 7개의 아치가 있는 다리로 헤푸블리카 광장과 바로 연결된다. 해 질 녘 다리 위 가로등에 조명이 들어올 때의 풍경은 평화로운 아름다움을 선사한다. 현재 남아 있는 구조물은 17세기에 재건된 것으로 전해진다.

찾아가기 타비라 버스 터미널에서 도보 4분

공설 시장 ★
Mercado Municipal

MAP p.494

현지인들의 소박한 일상을 엿보다

헤푸블리카 광장은 수세기 동안 시장으로 사용되었는데 위생 상태 개선을 위한 시장 정책의 일환으로 공설 시장을 연다. 시장은 월요일부터 토요일까지 열리며 과일과 채소, 고기와 생선 등을 판다. 매월 첫째, 다섯 번째 토요일에는 중고 마켓이 열린다.

찾아가기 타비라 버스 터미널에서 도보 15분
주소 Avenida dom Manuel 16

카스텔로 ★★
Castelo

MAP p.494

타비라 시내 전경을 한눈에

마을의 중심인 헤푸블리카 광장(Praça da República)을 지나 언덕으로 올라가면 마을을 한눈에 내려다볼 수 있는 곳에 성채가 있다. 성곽 주변에는 산타 마리아 성당(Igreja de Santa Maria do Castelo)과 산티아고 성당(Igreja de Santiago)도 있다. 성 안은 작고 아름다운 정원으로 꾸며져 있다. 8세기 페니키아인들에 의해 재건되었고 이후 무어인에게 점령당했다. 지금의 모습은 17세기에 재건된 것이다. 돌계단으로 올라가면 타비라 시내가 한눈에 내려다보인다.

찾아가기 타비라 버스 터미널에서 도보 5분
주소 Castelo de Tavira

Plus Info

타비라 근교의 인기 휴양지

파루(Faro)는 포르투갈 남부 알가르브 주(Algarve)의 주도로 관광객들이 많고 노천카페와 레스토랑이 모여 있는 구시가와 공원, 해안 산책길, 광장들이 잘 조성돼 있다. 밤 문화를 즐기기에도 좋으며 파루에서 배를 타고 갈 수 있는 섬이 많아 여름 레포츠를 즐기는 휴양객에게 인기가 높다.

끝없이 펼쳐진 모래사장과 야외 테라스 카페가 모여 있는 파루 해변(Fraia de Faro)은 파루 구시가에서 약 10km 떨어져 있어 버스로 쉽게 닿을 수 있다. 파루에서 배를 타고 가는 바헤타 섬(Ilha da Barreta)은 아름다운 해변을 자랑하는 사막 섬으로 알가르브 주에서도 최고로 꼽힌다. 파루-바헤타 섬 보트도 운행한다.

홈페이지 www.ilha-deserta.com

기암절벽이 펼쳐진 휴양 도시
라구스 LAGOS

LISBON
LAGOS

라구스는 포르투갈 대항해 시대에 해양 탐험의 기점이 된 역사적인 도시이다. 오늘날에는 여름철 관광객으로 넘쳐나고 겨울에는 강한 해안 바람을 찾아 모여든 서퍼들에게 사랑받는 도시로 빼어난 경관을 자랑하는 해안을 품고 있어 관광과 휴양을 모두 만족시켜 준다.

 라구스 둘러보기

버스 터미널에서 구시가까지는 도보로 15분 거리다. 포르투갈 남부의 주요 관광 도시로 손꼽히는 만큼 볼거리와 즐길 거리가 풍부하며 여름밤에는 늦게까지 영업하는 바르와 레스토랑들이 많아 하루쯤 머물며 쉬어가기 좋다. 주변에 아름다운 경치를 자랑하는 해변들이 많아 차를 빌려 풍광을 감상하며 수영을 하러 다니는 것도 추천한다. 라구스 시내의 해변 산책로 앞에 재래시장이 있고 시내 중심지의 좁은 골목들 곳곳에는 작은 로컬 상점들이 줄지어 있다.

ACCESS 가는 법

파루와 알부페이라를 지나 라구스를 오가는 버스가 운행된다. 계절과 요일별로 버스 운행 시간이 다르므로 미리 홈페이지를 통해 확인하자(www.algarvebus.info). 라구스 지역의 작은 시골 마을만 돌아 다니는 로컬 버스의 운행 일정도 홈페이지를 통해 확인할 수 있다(www.algarvebus.info/lagos.htm).

추천 레스토랑

레스토란테 아데가 드 마리나
Restaurante Adega da Marina

라구스를 대표하는 레스토랑으로 큰 규모, 푸짐한 양, 빠른 서비스로 인기가 좋다. 그릴에 구운 고기와 생선, 토마토와 감자 샐러드, 수프 등 포르투갈 가정식을 맛볼 수 있다.

찾아가기 버스 터미널에서 도보 3분
주소 Av. dos Descobrimentos 35 문의 282 764 284
영업 매일 12:00~02:00 예산 1인 15€ 선

추천 볼거리
SIGHTSEEING

폰타 다 반데이라 라구스 요새 ★★★
Forte da Ponta da Bandeira Lagos

MAP p.497-A

작지만 아름다운 요새
라구스 시내에서 강을 향해 걸어 나오면 아름다운 강변 산책로가 있다. 이 강변 산책로는 절벽으로 둘러싸인 피냐오 해변(Praia de Pinhão), 도나 아나 해변(Praia de Dona Ana) 등으로 연결된다. 구시가와 가까운 강변 산책로에 위치한 폰타 다 반데이라 라구스 요새는 17세기에 군사 방어용 목적으로 지어졌는데 알가르브 주에서 가장 현대적인 요새 중 하나로 현재까지 잘 보전돼 있다. 요새 내부에는 포르투갈 유물을 소장한 박물관과 예배당이 있다.

주소 Avenida Dos Descrobimentos

피에다드곶 ★★★
Ponta da Piedade

MAP p.497-A

해식동굴이 펼쳐진 아름다운 해변
라구스에서 남쪽으로 3km 떨어져 있으며 라구스 시내에서는 피냐오 해변, 도나 아나 해변, 그란데 해변(Praia Grande) 등을 지나 닿을 수 있다. 피에다드곶에 이르는 산책길은 포르투갈에서 가장 아름답다고 꼽히는 해변들을 모두 감상할 수 있는 코스다. 절벽 위의 산책로를 따라 해변 풍경을 바라보며 거닐기에 더할 나위 없이 좋다. 라구스 시내에서 여름에만 운영하는 작은 보트(30여 분 소요, 1인 13€ 선)를 타고 등대가 있는 피에다드곶에 가서 해변과 동굴 절벽 등을 감상하자.

주소 Farol da Ponta da Piedade/Lagos

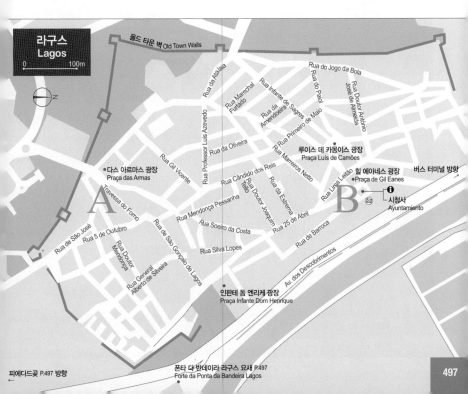

라구스
Lagos
0 100m

올드 타운 벽 Old Town Walls

Rua da Atalaia
Rua do Jogo da Bola
Rua do Paiol
Rua Doutor António José de Almeida
Rua Marechal Furtado
Rua Infante de Sagres
Rua da Amendoeira
Rua Primeiro de Maio
Rua Professor Luís Azevedo
Rua da Oliveira
Rua Marreiros Netto
루이스 데 카몽이스 광장
Praça Luís de Camões
Rua Gil Vicente
다스 아르마스 광장
Praça das Armas
Rua Cândido dos Reis
Rua da Estrema
Rua Lima Leitão
힐 에아네스 광장
Praça de Gil Eanes
버스 터미널 방향
Travessa do Forno
Rua Mendonça Pessanha
Rua Doutor Joaquim
Rua 25 de Abril
시청사
Ayuntamiento
Rua de São José
Rua 5 de Outubro
Rua Soeiro da Costa
Rua de São Gonçalo de Lagos
Rua Silva Lopes
Rua de Barroca
Rua Doutor Mendonça
Rua General Alberto de Silveira
Av. dos Descobrimentos

인판테 돔 엔리케 광장
Praça Infante Dom Henrique

똑똑한
스페인 여행
노하우

스페인 입국하기

직항편으로 갈 경우 입국 심사를 받아야 하지만, 셴겐 조약 가입국을 경유할 경우 입국 심사 절차는 생략된다. 스페인 입국 심사는 유럽 내에서도 까다롭지 않기로 알려져 있으므로 긴장하지 말고 아래의 순서대로 따라 하면 된다.

Step1 입국 심사
Control del Pasaporte

● **직항편 이용 시** 우리나라에서 직항편을 타고 마드리드나 바르셀로나에 도착하면 입국 심사장(Immigration)에서 여권을 보여주고 입국 허가 도장을 받는 것으로 입국 수속이 끝난다. 스페인에 얼마나 머무는지, 어디서 묵는지 등 질문을 하는 경우는 극히 드물다. 입국 심사를 받은 후 출구 표지판(스페인어로는 Salida)을 따라 나가면 된다.

● **경유편 이용 시** 셴겐 조약에 가입된 국가를 경유하는 항공편을 이용한다면 유럽의 첫 관문 도시에서 입국 심사를 받은 후 스페인과 포르투갈 입국 시에는 입국 심사를 받지 않고 바로 입국장 밖으로 나갈 수 있다.

> **Tip** **셴겐 조약(Schengen Agreement)**
> 셴겐 조약은 유럽 지역 26개 국가들이 여행과 통행의 편의를 위해 체결한 조약으로, 가입국끼리는 동일한 출입국 관리 정책을 실시하며 비자 없이 자유롭게 이동이 가능하다. 종전에는 가입국 중에서 어느 한 국가에 최초 입국일로부터 180일 이내에 90일간 무비자 여행이 가능했지만, 2014년 변경된 내용에 의하면 최종 출국일을 기준으로 이전 180일 이내에 90일간 무비자 여행을 허가하고 있다. 즉 최종 출국일 이전 180일 동안 셴겐 조약 가입국에 체류한 날을 모두 더한 일수가 90일 이상이면 불법체류가 된다.

Step2 수하물 찾기
Recogida de Equipajes

입국 심사대를 거쳐 출구 표지판을 따라 가면 수하물을 찾는 배기지 클레임(Baggage Claim)이 나온다. 모니터에서 자신이

타고 온 비행기 편명과 수하물 수취대의 번호를 확인하여 짐을 찾은 후 세관 검사대로 이동한다.

Step3 세관 검사
Despacho de Aduanas

신고할 물품이 없다면 녹색 게이트(Nothing to Declare)로 나간다. 신고할 물품이 있다면 붉은색 게이트로 나가서 세관 신고서를 제출하고 수속을 밟는다. 1만€ 이상의 현금이나 면세 범위를 넘는 물품을 소지한 경우가 아니면 특별히 신고하지 않아도 된다.

스페인에서의 면세 범위

휴대품	통관 기준
술	알코올 함유량 22% 이상 또는 미변성 에틸알코올 함유량 80% 이상 증류 알코올주 : 1L 증류주 및 알코올주, 와인 또는 알코올 함유량 22% 미만인 식전주, 탄산와인, 리큐어 와인 : 2L 맥주 : 16L
담배	궐련 200개비, 엽궐련 50개비, 말아피우는 담배 250g
향수	용량 규정 없음(면세한도금액 미만)
면세한도금액	15세 이상 430€, 15세 미만 150€

※술과 담배의 경우 17세 미만 여행자에게는 면세 없음.

Step4 공항에서 시내로 A la Ciudad

공항 밖으로 나가면 공항버스 정류장과 택시 승강장이 있다. 그러나, 빌바오, 산 세바스티안, 마요르카 섬 등의 작은 공항에서는 비행기 착륙 시간에 맞춰 공항버스가 운행되어 편리하다. 대도시의 경우 공항에서 시내까지 메트로로 연결되어 저렴하고 빠르게 이동할 수 있다.

스페인 비행기 여행

직항편은 대한항공과 아시아나항공에서 운항한다. 유럽계 항공사는 유럽 국가를 1회 경유, 아시아계 항공사는 아시아를 1회 경유한다. 한국에서 포르투갈로 갈 경우 스페인으로 입국해 저가 항공으로 이동하는 것이 여러모로 편리하다.

스페인 항공편

우리나라에서 스페인으로 가는 직항편은 대한항공과 아시아나항공에서 운항한다. 그 외에는 유럽의 대도시나 아시아의 주요 도시를 경유해야 한다. 어떤 도시를 거쳐갈지, 어떤 항공사를 이용할지 결정할 때에는 여행 시기와 예산뿐 아니라 현지에 도착하는 시간을 체크하는 것도 중요하다.

대한항공의 경우 인천 국제공항에서 스페인의 마드리드까지 14~16시간 소요된다. 그 밖에 루프트한자, 독일항공, 에어프랑스, KLM네덜란드항공, 터키항공, 아에로플로트 러시아항공, 핀에어, 타이항공 등이 거점 공항을 경유하여 스페인을 연결한다. 유럽이나 아시아의 다른 도시를 경유하면 시간이 많이 걸리지만 장점도 있다. 요금이 비교적 저렴하며, 경유하는 도시에 체류하거나(스톱오버) 인·아웃 도시를 다르게 설정할 수 있다. 예를 들어 바르셀로나로 입국하여 마드리드에서 출국하는 식으로 좀 더 효율적으로 여행 일정을 짤 수 있다. 자세한 내용은 각 항공사 홈페이지를 통해 미리 알아보도록 하자.

유럽 내 저가 항공편

유럽 각국과 스페인 각 도시는 여러 항공 노선이 연결되어 있으며, 소요 시간은 대체로 1~3시간 정도이다. 유럽의 지방 도시와 스페인의 지방 도시를 연결하는 항공편이 있는 경우에는 열차를 이용하는 것보다 시간이 단축되기도 한다.

이지젯이나 라이언에어, 부엘링항공 등의 저가 항공을 이용하면 열차로 이동할 때와 비슷한 비용으로 훨씬 빠르게 목적지에 도착할 수 있다.

저가 항공은 항공료가 저렴한 대신 기내용 가방 1개(10kg 이내) 외에 별도의 수하물 비용(보통 30~50€)을 지불해야 하며, 기내에서의 식음료 서비스도 유료이다.

가장 저렴한 라이언에어는 도착 공항이 시내 중심에서 최소 1시간가량 떨어진 주변 도시에 위치한 경우도 있으므로 이착륙 공항을 미리 확인하는 것이 좋다. 공항이 멀 경우 열차보다 더 오래 걸릴 수도 있다. 비행 스케줄은 에어 와이즈(Air Wise)와 스카이 스캐너(Sky Scanner), 카약(Kanak) 등의 인터넷 사이트나 각 항공사의 홈페이지에서 검색할 수 있다.

주요 취항 항공사

경유 횟수	항공사	홈페이지
직항	대한항공 (마드리드, 바르셀로나)	kr.koreanair.com
	아시아나항공	www.flyasia.com
1회 경유하는 유럽계 항공	KLM네덜란드항공	www.klm.com
	루프트한자	www.lufthansa.com
	에어프랑스	www.airfrance.co.kr
	오스트리아항공	www.austrian.com
	영국항공	www.britishairways.com
	핀에어	www.finnair.com
	에어로플로트 러시아항공	www.aeroflot.ru
2회 경유하는 유럽계 항공	일본항공	www.kr.jal.com
제3세계 항공	카타르항공	www.qatarairways.com

스페인을 운항하는 저가 항공사

부엘링항공 Vueling

스페인 자국의 저가 항공사로 노란색 로고가 트레이드 마크이다. 기내용 짐에 대해 까다로운 규정은 없다. 스페인 내에서 이동하기에는 가장 저렴하고 편리하며 기내도 깔끔하다. 사전 온라인 체크인이 가능하기 때문에 수하물로 보낼 짐이 없는 경우 미리 스마트폰에 온라인 체크인 바코드를 다운받아 놓으면 마드리드와 바르셀로나 공항에서 별도의 수속 없이 게이트 앞까지 입장할 수 있다.

홈페이지 www.vueling.com/en

이지젯 Easyjet

영국계 저가 항공사로 스페인 내에서의 이동보다는 스페인-유럽 간 이동 시 편리하다. 최근 들어 기내용 수하물 규정이 강화되었기 때문에 사전 숙지가 필요하다. 게이트 앞에서 승무원들이 기내용 가방 규격이 맞는지 정확한 사이즈를 확인할 때도 있다. 규격을 초과했을 경우 추가 요금을 지불해야 한다.

홈페이지 www.easyjet.com

라이언에어 Ryanair

저가 항공 중에서도 가장 저렴하지만 수하물 규정과 온라인 체크인 규정이 까다롭기로 악명 높다. 단, 항공사 규정을 잘 지키면 초저가로 스페인 내에서 이동하거나 유럽 각지로 여행할 수 있다. 비유럽권 국가의 여권 소지자는 사전 온라인 체크인 후 티켓을 프린트해야 한다. 프린트한 티켓이 탑승권이 되므로 반드시 프린트해서 가져가자. 기내용 반입 가방은 무조건 1개만 허용된다. 작은 핸드백, 미니 백팩, 쇼핑백 등도 각각 1개의 가방이다.

홈페이지 www.ryanair.com

저가 항공 이용 팁

1. 항공권 예약 시 반드시 수하물 규정을 확인

대부분의 저가 항공사는 수하물 비용이 항공권 요금에 포함되지 않는다. 20kg의 수하물 1개당 평균 30~50€의 비용이 붙는다. 무게는 20kg 또는 30kg으로 선택해야 하는 항공사도 있다. 항공권 예약 시 수하물 추가를 하지 않고 현장에서 티켓팅할 때 추가할 경우 1.5~2개의 비용을 지불할 수 있으므로 주의하자.

2. 신용카드로 결제 시 수수료는 별도

항공권 요금 외에 신용카드사별 수수료가 별도로 붙는다. 수수료는 평균 5€ 이내이다. 체크카드 사용 시 수수료가 면제되는 항공사도 있으므로 결제하기 전에 미리 알아보자.

3. 온라인 체크인

항공권을 구입하면 이메일로 구매 내역과 온라인 체크인 안내 메일을 보내준다. 라이언에어는 온라인 체크인이 의무다. 항공사 홈페이지에서 성명, 생년월일, 여권번호 등을 기재하고, 온라인 체크인을 마친 후 티켓을 프린트해서 탑승 시 가져가야 한다. 타 항공사의 경우 온라인 체크인은 자유다. 부칠 수하물이 없는 경우 사전 온라인 체크인을 하면 좌석까지 정해진다. 온라인 체크인을 하면 출발 당일 별도의 수속 없이 공항 검색대를 통과하여 게이트 앞까지 입장할 수 있어 시간이 절약된다.

스페인 철도 여행

스페인의 철도망은 마드리드를 중심으로 방사상으로 퍼져 있다. 대부분 렌페(Renfe)라는 국철이며 고속열차부터 지방 열차까지 다양하다. 스페인에서 4회 이상 열차를 이용할 경우 패스를 구입하는 것이 저렴하다. 렌페 홈페이지에 각종 할인 티켓이 공지된다.

열차의 종류

아베 AVE

스페인-프랑스 구간이나 스페인 내 주요 도시를 연결하는 시속 300km의 고속열차. 스페인 내에서는 마드리드-세비야, 마드리드-바르셀로나, 마드리드-말라가, 마드리드-발렌시아, 말라가-바르셀로나 구간을 운행한다. 스페인-프랑스 구간으로는 마드리드-바르셀로나-마르세야, 바르셀로나-파리, 바르셀로나-리옹, 바르셀로나-툴루즈를 연결하며 최소 2~3군데의 도시에 정차한다. 장거리를 단시간에 이동할 경우에는 편리하지만, 미리 예약을 하지 않으면 이동 거리에 비해 가격이 비싼 편이다. 마드리드-바르셀로나 구간은 저가 항공을 이용하는 편이 아베(AVE)보다 더 저렴하지만, 아베를 이용할 경우 마드리드와 바르셀로나 시내 중심에 도착하므로 공항으로의 이동 시간이 절약된다.

열차 예약 홈페이지 www.renfe.es

장거리 열차 Larga Distancia

남서쪽의 알리칸테에서 북쪽의 산탄데르, 라코루냐 이동 시 또는 마드리드에서 빌바오, 산 세바스티안 등의 북쪽 도시와 그라나다, 바르셀로나에서 비고, 팜플로나, 빌바오 등을 연결하는 장거리 열차이다. 열차는 특급과 급행으로 나뉘며 예약 시 넓은 좌석을 선택할 수 있다. 또한 장거리 열차이기 때문에 열차 안에 카페테리아와 로비 등이 있다.

트렌 호텔(Trenhotel)은 침대가 있는 야간열차이다. 국내선으로는 마드리드와 갈리시아 지방의 라코루냐를 거쳐 폰테베드라(Pontevedra)와 페롤(Ferrol)까지 가는 노선, 바르셀로나와 그라나다 구간, 바르셀로나와 갈리시아 지방의 비고(Vigo)를 연결하는 노선이 있다. 국제선으로는 마드리드와 포르투갈의 리스본 구간만 있다. 트렌 호텔의 고급 객실인 그란 클래스(Gran Classe)에는 침대와 화장실, 샤워부스가 객실 내에 포함되어 있다. 요금에 따라 객실 배치가 모두 다르다. 밤에 출발해 하룻밤을 잔 후 이른 아침에 도착하기 때문에 숙박비를 절약할 수 있지만 숙면을 취하기는 어려워 타고 나면 피곤하다. 또 미리 예약하지 않으면 요금도 그리 저렴하지 않으므로 저가 항공을 이용하는 편이 낫다.

근교 열차 Cercanias

세르카니아스라고 불리는 근교 열차는 아스투리아스, 바르셀로나, 빌바오, 카디스, 마드리드, 말라가, 무르시아, 산탄데르, 산 세바스티안, 세비야, 발렌시아, 사라고사 등과 같은 주요 도시와 근교 도시를 연결하는 열차이다. 대도시에서의 이동이나 작은 도시에서 외곽으로 나갈 경우 이용되는 열차 대부분이 세르카니아스이다.

북부 사설 철도 페베 Feve

갈리시아, 아스투리아스, 칸타브리아, 파이스 바스크, 카스티야 이 레온, 무르시아 등의 북쪽 지방을 연결하는 사설 철도를 말한다. 대부분 북쪽의 작은 지방 도시를 여행할 때 이용되는 열차이다.

아베와 장거리 열차의 좌석 등급

투리스타 Turista(2등급)
통로를 사이에 두고 2열씩 배치되는 좌석으로 가장 저렴하다.

프레페렌테 Prefenente(1등급)
1열 좌석과 통로를 사이에 두고 2열 좌석, 총 3열이 배치되어 있어 넓고 편안하게 여행할 수 있다. 요금은 투리스타의 약 1.5배.

그란 클라세 Gran Classe(특등급)
트렌 호텔에만 있는 클라스로 개인 객실을 말한다. 객실 내에 침대와 화장실, 샤워부스가 있다.

열차 티켓 규정과 구입 요령

1. 아베·장거리 열차는 왕복 티켓을 구입하면 각각 편도 티켓을 구입하는 것보다 20% 정도 할인된다.

2. 아베·장거리 열차는 열차를 놓쳤을 경우 30분 이내에 티켓을 제시하면 다음 열차의 빈 좌석을 별도의 추가 요금 없이 예약해 준다.

3. 아베·장거리 열차는 14세 이하는 요금의 40%가 할인되고, 4세 이하는 무료 승차가 가능하다. 근교 열차는 6세 이하가 무료다.

4. 아베·장거리 열차는 시즌별로 약 70% 할인가의 프로모션 티켓을 판매하기도 한다. 프로모션 티켓은 교환이나 환불이 불가하다.

5. 렌페 홈페이지의 오른쪽 상단에서 언어 설정이 가능하다. 스페인어, 프랑스어, 영어, 독일어 등이 있다. 홈페이지 메인 화면 왼쪽 입력창에서 출발역과 도착역을 선택한 후 출발과 도착 날짜를 기입하면 열차 종류, 출발 시각, 도착 시각, 소요 시간, 좌석별 다양한 요금 등이 검색된다. 대도시의 출·도착 역을 선택할 때는 가장 대표적인 도시 이름을 선택하면 된다.

6. 티켓 구입 시 여권번호와 영문 이름, 이메일, 전화번호 등을 기입해야 하며, 결제는 신용카드와 페이팔(Paypal)로 할 수 있다. 렌페 홈페이지는 신용카드 결제 오류가 잦기로 유명하다. 미리 페이팔 홈페이지에서 회원가입을 한 후 안전하게 결제하는 것을 추천한다.

7. 스페인 관광 성수기인 6~9월, 12~1월의 야간열차가 아니라면, 스페인 전 지역의 열차 티켓은 별도로 예매할 필요가 없다. 전 구간 운행 편수가 많기 때문에 언제라도 원하는 좌석의 티켓을 구입할 수 있다. 단, 아베와 장거리 열차는 사전 예약으로 프로모션 티켓을 구입하면 보다 저렴하다.

열차 패스의 종류

렌페 스페인 패스 Renfe Spain Pass

스페인 비거주자를 위한 패스로 1개월 이내에 4회, 6회, 8회, 10회, 12회 이용할 수 있다. 4회 이상 장거리 열차를 이용할 경우 각각 1회권을 사는 것보다 경제적이다. 구입 후 24시간 이내에 티켓 취소가 가능하며, 1회 사용한 후에는 환불이 불가하다. 열차 이용 후 3시간 이내에 근교 열차(Cercanias) 탑승은 무료이다.

추천 루트

5일 4도시 탐방 유네스코 세계문화유산 루트
톨레도, 쿠엥카, 세고비아, 아빌라

5일 4도시 탐방 대성당 루트
부르고스, 살라망카, 레온, 사모라

5일 3도시 탐방 아랍 루트
코르도바, 말라가, 그라나다

5일 4도시 탐방 황금의 시대 루트
아란후에스, 캄포 데 크립타나, 알마그로, 알바세테

유레일 포르투갈-스페인 패스

스페인과 포르투갈의 국철 네트워크를 제한 없이 이용할 수 있다. 티켓 개시 후 2개월 이내에 3~10일까지 지정한 날짜에 무제한으로 열차를 탈 수 있다. 단, 좌석 예약비는 별도. 일정이 5일 미만인 단기 여행객에게는 추천하지 않는다. 최대한 많은 도시를 돌며 장거리 열차를 적어도 4~5회 이상 탈 여행자라면 고려해볼 만하다. 패스 구입은 한국의 여행사나 유레일패스 취급 대리점을 통해 가능하다. 티켓 예약 시 현지의 매표소에서 패스를 보여주고 예약비를 별도로 내면 된다.

유레일 홈페이지 www.eurail.com

스페인 버스 여행

스페인 버스는 정시에 발착하고 요금도 저렴한 편이다. 대도시에서 근교 도시로 갈 때 편리하다. 3~5시간 정도 소요되는 구간을 이동할 때는 크게 불편하지 않다. 7시간이 넘는 구간의 경우 자정 무렵 출발해 다음 날 아침에 도착하는 야간 버스도 있다.

유로라인즈 Eurolines

국제 장거리 버스로 유럽의 주요 도시와 스페인을 연결한다. 스페인 국내에서는 마드리드와 바르셀로나가 주요 발착지이며 프랑스, 이탈리아, 포르투갈, 독일, 벨기에, 스위스, 모로코, 체코, 폴란드 등으로 운행된다. 티켓은 홈페이지에서 미리 예약해야 하며, 최근에는 저가 항공의 발달로 20여 시간 걸리는 국제 장거리 버스 탑승객은 거의 없는 편이다.

홈페이지 www.eurolines.com

알사 Alsa

스페인 전국에 넓게 퍼져 있는 대표적인 버스 회사로, 주요 도시를 연결하는 장거리 노선(Nacionales)과 각 주의 근교 도시를 연결하는 지역 노선(Reginales)이 있다. 각 주별로 안달루시아, 아스투리아스, 칸타브리아, 발렌시아, 카탈루냐, 마드리드 외에도 다양한 주의 중거리,

근거리 노선이 있다. 스페인 여행 시 버스 위주로 이동할 계획이라면 홈페이지에서 출발 도시와 도착 도시, 날짜를 선택해 노선 유무, 시간표, 소요시간, 가격 등을 검색한다. 스마트폰 사용자라면 알사 모바일 앱을 통해 티켓 조회 및 구입, 취소까지 한번에 할 수 있어 편리하다.

홈페이지 www.alsa.es

로컬 버스

작은 시골 마을을 연결하는 로컬 버스는 각 주별로 다양한 회사가 있다. 평일과 주말에 따라 운행 횟수와 운행 시간이 다르며, 주말에는 운행 횟수가 적어 시간표를 미리 확인하고 움직여야 한다. 바르셀로나를 중심으로 1~2시간 거리의 주요 도시 외에 각 지방 도시를 연결하는 사르파 버스(www.sarfa.com)는 코스타 브라바의 해안 마을을 이동할 때 편리하다. 이동 거리에 비해 요금이 비싼 것이 단점이다.

스페인 자동차 여행

렌터카를 이용하면 언제든 원하는 곳에 갈 수 있고 짐을 들고 돌아다니는 불편함도 없다. 단, 고속도로를 달려야 하고 길을 헤맬 수 있다는 단점도 있다. 일행이 3명 이상이고 안달루시아 지방이나 북부의 소도시들을 돌아볼 계획이라면 렌터카가 훨씬 편리하다.

렌터카 예약과 이용 팁

1. 렌터카 검색 사이트를 활용하자. 차량을 렌트할 예정 도시와 픽업 사무소를 선택하고 픽업 날짜와 반납 날짜를 기입하면 대여 가능한 렌터카 회사 리스트와 요금을 한눈에 비교할 수 있다. 비교 사이트에서 직접 예약하거나 각 렌터카 회사 홈페이지로 들어가 더 꼼꼼하게 항목을 비교하고 예약하면 된다.

렌터카 검색 사이트
엔터프라이스 www.enterprise.com
아트라팔로 www.atrapalo.com
이코노미부킹 www.economybookings.com

2. 대부분의 자동차는 수동 기어이며 자동 기어를 선택할 경우 요금이 올라간다. 차량 픽업 도시와 반납 도시가 다를 경우에도 요금이 올라간다. 내비게이션 대여도 별도의 비용이 추가된다.

3. 홈페이지에서 선택한 차종과 똑같은 차량을 준비해 주는 경우는 거의 없다. 같은 성능을 가진 차량 내에서 모델과 색상, 차종이 바뀐다.

4. 렌터카 회사마다 차량 픽업 사무소는 공항 외에도 시내에 2~3곳 있다. 예약 시 원하는 픽업 장소를 선택하면 편리하다. 스페인 각 도시의 중심부는 대부분 일방통행이기 때문에 공항에서 렌터카를 픽업해 구시가로 들어올 때 길을 잘못 들어서면 헤맬 수 있다. 가급적 도시 중심부로는 들어오지 않는 편이 좋다.

5. 렌터카 회사에 따라 차량 파손 시 보상해 주는 보험, 픽업할 때 가득 채운 가솔린을 반납 전까지 다 소모할 수 있는 프로모션, 어린이 좌석 세일, 무선 인터넷, 운전자 추가, 차량 바로 렌탈 서비스, 내비게이션 서비스 등의 옵션을 선택할 수 있다.

6. 최소 21세 이상, 운전 경력 1년 이상이어야 한다. 25세 미만의 운전자나 운전 경력 1~4년 미만의 운전자는 비용이 추가된다. 결제는 렌터카 예약자 명의의 신용카드로만 가능하다. 현금, 직불카드, 아메리칸 익스프레스 신용카드는 일체 사용이 불가하다.

7. 차량 비용에 포함되는 항목은 회사별로 다르다. 보통은 세금, 규정 속도, 보험 등이며, 포함되지 않는 것은 운전자 추가, 어린이 좌석, 디젤, 반납 시간 추가 등이다. 예약할 때 어떤 항목이 포함되는지 꼼꼼히 확인하자.

8. 차량 픽업 시 차량 예약 내용 프린트, 여권, 국내 운전면허증, 국제 운전면허증, 본인 명의의 신용카드를 반드시 소지해야 한다.

9. 차량 내 소지품 도난에 늘 주의하자. 렌터카가 고급일 경우에는 주차장에 주차를 하는 것이 안전하다. 주차 시 차량 내부의 내비게이션과 여행가방, 카메라, 핸드폰 등이 보이지 않게 숨겨두는 것이 안전하다.

10. 스페인 고속도로는 무료인 아우토비아(Autovia)와 유료인 아우토피스타(Autopista)가 있다.

길이 나뉠 때는 로터리가 자주 나오므로 로터리 안쪽의 차를 우선으로 왼쪽으로 돌아 길을 찾아 나오면 된다. 표지판이 잘 보이지 않을 때는 천천히 한 바퀴 돌다 보면 보인다. 고속도로에서는 뒷좌석도 안전벨트 착용이 의무이며 일반 도로에서도 속도 위반, 휴대전화 사용 위반, 주차 위반 등이 적발되면 벌금이 부과된다.

11. 주유소를 이용할 때는 우선 차량을 세운 후 직원의 안내에 따른다.

가솔린의 종류에는 수페르(Super), 디젤(Diesel), 가스오일(Gasoil)이 있으며, 차량 기종에 따라 고르면 된다. 셀프 주유소에서 급유할 때는 직접 노즐을 주유구에 꽂고, 손잡이를 조절해 넣는다. 탱크에 휘발유가 다 차면 자동으로 정지한다. 주유가 끝나면 급유기의 번호를 말하고 요금을 내면 된다. 요금을 미리 내고 급유 후에 정산하는 곳도 있다.

스페인 숙소 이용하기

일정이 여행 성수기이거나 해당 지역의 축제, 공휴일 등과 맞물린다면 적어도 한 달 전에는 숙소를 예약해야 한다. 비수기에는 출발일로부터 2주 전까지도 비어 있는 숙소가 있다. 스페인 숙소의 종류와 숙소 예약 방법을 소개한다.

스페인의 숙박 시설

파라도르(parador)

스페인에서만 경험할 수 있는 숙소 형태인 국영 호텔. 파라도르는 과거 왕실 귀족들의 여름 별장이었던 고성을 개조해 만든 숙박 시설로 국가에서 공인한 최고급 호텔이다. 수백 년 세월을 간직한 고성에서 보내는 하룻밤은 스페인 여행에 특별한 추억을 더한다. 주로 도심이 아니라 외곽이나 산속 전망대 근처에 있기 때문에 렌터카나 택시로 이동해야 한다. 비수기에는 합리적인 비용으로 숙박이 가능하며, 숙박을 하지 않더라도 파라도르 안의 레스토랑과 전망대는 누구나 이용할 수 있다. 홈페이지에서 스페인 전역에 위치한 파라도르의 위치와 비용, 내부 시설 이미지를 검색해볼 수 있고 숙박 가능 여부 문의와 예약도 가능하다.

홈페이지 www.parador.es

오텔(hotel)

스페인어에서는 철자 h가 묵음이라 호텔을 '오텔'로 발음한다. 스페인의 오텔 등급은 별 1~5개로 나뉘며, 별 3개 이상은 되야 시설이 쾌적하다. 각 호텔 홈페이지에서 예약할 수 있지만 최근에는 주로 호텔 예약 전문 사이트에서 여러 호텔을 비교해 예약하는 것이 저렴하다. 호텔마다 체크인/체크아웃 시간, 예약 취소 조건이 다르고 같은 호텔이라도 사이트에 따라 아침 식사와 공항 픽업 서비스 포함 여부, 호텔 내 자체 서비스 조건이 다르므로 예약 사항을 꼼꼼히 확인한 후 예약하자.

아파르타멘토(apartamento)

최근 인기가 높은 숙소 형태로 방 하나를 빌리는 것이 아니라 아파트 한 채를 빌리는 방식이다. 아이가 있는 가족이나 4인 이상의 단체로 여행할 때 적합하며 주방을 쓸 수 있다는 장점이 있기 때문에 식비를 아낄 수 있다.

오스탈(hostal)과 펜시온(pensión)

오늘날 마드리드나 바르셀로나와 같은 대도시에서는 찾기 힘든 숙소 형태로 지방 소도시에서 간혹 만날 수 있다. 호텔보다 규모가 작은 개인 숙박업소라고 보면 된다. 오스탈은 주로 화장실과 샤워실을 공동으로 이용하는 곳이 많고 펜시온은 객실에 작은 책상과 침대, 세면대와 화장실 등 기본적인 시설을 구비하고 있는 곳이 대부분이다. 펜시온은 별 1개 등급의 호텔과 시설이 비슷하다.

알베르게스(albergues)

스페인의 유스호스텔을 알베르게스라 부른다. 주로 혼자 여행하는 젊은이들이 저렴하게 묵을 수 있는 도미토리 룸을 제공한다. 방 하나에 4~10개의 이층침대를 구비하고 있으며 주방과 바르, 테라스, 욕실 등의 시설은 투숙객이 함께 사용하는 것이 특징이다. 최근 바르셀로나와 마드리드, 세비야 등에는 새롭게 문을 연 디자인 호스텔이 속속 생겨나고 있는데 이러한 곳은 호텔 못지않게 세련되고 깔끔한 공동 구역 시설을 갖추고 있어 나 홀로 여행객들에게 반응이 좋다. 알베르게스에서는 친구를 사귈 기회도 많다.

트러블 대처법

스페인의 치안이 나쁜 편은 아니다. 마드리드나 바르셀로나 같은 대도시에서는 주의가 필요하지만, 대부분의 범죄는 소매치기나 날치기처럼 본인이 조심하면 충분히 방지할 수 있다. 어떤 경우든 당황하지 말고 침착하게 대처하자.

거리를 걸을 때

1. 오물을 묻히는 도둑

고전적인 수법이다. 옷에 냄새 고약한 오물을 뒤에서 주사기로 뿌린 후 뭐가 묻었다면서 친절하게 접근하여 닦아주는 척하다가 지갑을 훔쳐간다.

2. 종이에 사인을 요구하는 도둑

카페의 야외 테이블에 휴대폰이나 소지품을 올려 놓고 있으면 종이에 사인을 요구하거나 도와달라는 내용을 적어 가져와 물건 위에 올려 놓고 종이를 가져가면서 소지품도 함께 가져간다.

3. 큰 현금만 노리는 도둑

물가가 저렴한 스페인에서 100€ 이상의 지폐를 내거나 사용할 일은 거의 없다. 대부분 신용카드 사용이 가능하니 쇼핑을 하거나 고급 레스토랑을 이용할 때 현금보다는 신용카드를 이용하자. 50~100€ 지폐를 길에서 보이면 소매치기들이 따라오다가 적당히 한눈파는 틈을 타서 지갑을 슬쩍 가져간다.

4. 공항과 주요 터미널 역 소매치기

공항에 도착해 메트로역이나 공항버스 터미널, 기차역 등으로 이동할 때는 소지품에 특히 더 주의하자. 부피 큰 가방도 통째로 가져갈 수 있다는 것을 염두에 두고, 절대 몸에서 떨어트리지 말자.

5. 유명 체인점 전문 소매치기

스타벅스와 맥도날드, 버거킹 등 관광객들이 주로 이용하는 체인점 의자 뒤에 짐을 걸어두거나 짐을 그대로 둔 채 자리를 비우지 말자. 또한 은행이나 ATM기에서 돈을 찾은 후 보이는 곳에서 돈을 세거나 지갑에 넣는 행동도 하지말자.

> **Tip**
> ### 치안이 좋지 않은 지역
> **마드리드**
> 콜론 광장의 지하 산책로, 마요르 광장, 스페인 광장, 아토차역, 안톤 마르틴역 주변, 아토차 거리, 레티로 공원 부근
> **바르셀로나**
> 람블라스 거리 주변, 레이알 광장 부근, 고딕 지구
> **그라나다**
> 사크로몬테 언덕, 알바이신 지구

도난을 당했을 때

1. 휴대폰을 분실했을 때

가까운 경찰서에 방문하여 분실신고 후 분실신고서(Police Report)를 발급받는다. 휴대품 분실이 보장되는 해외여행자 보험에 가입했더라도 경찰서에서 발급받은 분실신고서가 없으면 보험금을 받지 못할 수 있으므로 분실 직후 경찰서에 가야 한다.

2. 여권을 분실했을 때

스페인 현지 경찰서에서 분실신고서를 발급받은 후 마드리드의 주스페인 한국 대사관에 방문한다. 바로 한국으로 돌아갈 경우에는 여행증명서를, 계속 여행을 진행할 경우에는 임시 여권을 발급받는다. 여행증명서는 귀국할 것을 전제로 발급해 주는 서류이므로 다른 국가로 이동할 수 없다.

3. 여행증명서 & 임시 여권 발급 팁

발급 시 여권 사진 2매(대사관에서 촬영 가능 5€), 신분증, 현지 경찰서에서 발급받은 분실신고서, 발급 수수료(여행증명서 6.30€, 임시 여권 13.50€)가 필요하다.

스페인·포르투갈 여행 준비

여권과 비자

PASSPORT
& VISA

전자 여권은 신원과 바이오 인식 정보(얼굴, 지문 등의 생태 정보)를 저장한 비접촉식 IC칩을 내장한 것이다. 앞표지에 로고를 삽입해 국제민간항공기구의 표준을 준수하는 전자 여권임을 나타내며, 뒤표지에는 칩과 안테나가 내장되어 있다.

차세대 전자 여권 도입

문체부와 외교부가 여권의 보안성을 강화하기 위해 폴리카보네이트 재질을 도입하기로 결정, 2020년부터 여권의 모습이 달라진다. 종류는 일반 여권(남색), 관용 여권(진회색), 외교관 여권(적색)으로 구분되며, 오른쪽 상단에는 나라 문장이, 왼쪽 하단에는 태극 문양이 새겨진다. 또한, 여권 번호 체계를 변경해 여권 번호 고갈 문제를 해소하고 주민등록번호가 노출되지 않도록 개편되어 보안성이 더욱 향상된다. 현행 여권은 유효기간 만료까지 사용 가능하며, 여권 소지인이 희망하는 경우에는 유효기간 만료 전이라도 차세대 여권으로 교체할 수 있다.

여권 신청

여권 발급 신청은 자신의 본적이나 거주지와 상관없이 가까운 발행 관청에서 신청할 수 있다. 서울 25개 구청과 광역시청, 지방도청의 여권과에서 접수를 받는다. 신분증을 소지하고 인근 지방자치단체를 직접 방문해야 하며, 대리 신청은 불가하다. 접수는 평일 오전 9시부터 오후 6시까지 가능하다. 그러나 직장인들을 위해 관청별로 특정일을 지정해 야간 업무를 보거나 토요일에 발급하기도 한다. 발급에는 보통 3~4일 정도 걸리지만, 성수기에는 10일까지 걸릴 수 있으니 여행을 가기로 마음먹었다면 바로 신청한다.

여권 종류

일반적으로 복수 여권과 단수 여권으로 나뉜다. 복수 여권은 특별한 사유가 없는 한 5년 내지 10년 동안 횟수에 제한 없이 외국에 나가는 것이 가능하다. 단수 여권은 1년 이내에 한 번 사용할 수 있다. 만 18세 이상, 30세 이하인 병역 미필자 등에게 발급한다.

여권 발급 소요 기간과 수령 방법

여권 신청 후 발급까지 보통 3~4일 걸리지만 성수기에는 10일 정도까지 소요될 수 있으니 여행을 가기로 마음먹었다면 바로 신청하는 것이 좋다.

여권 재발급

여권을 분실했거나 훼손한 경우, 사증(비자)란이 부족한 경우, 주민 등록 기재 사항이나 영문 성명의 변경·정정의 경우는 재발급받아야 한다. 재발급 여권은 구여권의 남은 유효 기간이 그대로 계승되며, 수수료는 2만 5,000원이다. 단, 남은 유효 기간이 1년 이하이거나 자신이 원하는 경우에는 유효 기간 10년의 신규 여권으로 발급받을 수 있다.

여권 사진 촬영 시 주의할 점

크기는 가로 3.5cm, 세로 4.5cm이며, 6개월 이내에 촬영한 상반신 사진이어야 한다. 바탕색은 흰색이어야 하고, 포토샵으로 보정한 사진은 사용할 수 없다. 즉석 사진 또는 개인이 촬영한 디지털 사진 역시 부적합하다. 연한 색 의상을 착용한 경우 배경과 구분되면 사용 가능하다. 해외에서 생길 수 있는 마찰의 소지를 줄이기 위해서라도 본인의 실제 모습과 가장 닮은 사진을 준비한다.

여권 발급 문의

여권 발급에 대한 정보 열람과 관련 서식 다운로드가 가능하다.
외교부 여권 안내 www.passport.go.kr

여행 중 여권 분실 시

여권을 분실하거나 도난당한 경우 주스페인 한국 대사관에 방문하여 임시 여권 또는 여행증명서를 발급받아야 한다. 여권을 잃어버린 것을 인지한 즉시 시내 중심의 경찰서를 방문해 사고 경위를 이야기한 후 분실신고서(Police Report)를 발급받자(소도시의 경찰서는 발급이 안 되는 경우도 있다). 경찰서에서 발급받은 서류와 임시 여권(13.50€) 또는 여행증명서(6.30€) 발급 비용, 여권 사진 2매(대사관에서 촬영 가능, 5€)를 제출하면 대사관에서 발급해 준다. 동전을 넉넉히 준비해 놓고 있지 않으므로 여권 사진을 촬영할 경우 동전을 미리 준비해 가는 것이 좋다. 바로 한국으로 돌아갈 경우에는 여행증명서를, 여행을 진행할 경우 임시 여권을 발급받는다. 여행증명서는 귀국을 전제로 발급해 주는 서류이므로 다른 국가로 이동할 수 없다. 만일의 경우를 대비해 여행 전 여권 사본을 준비하고, 여권번호를 개인 수첩에 메모해두는 것이 좋다.

비자

현재 스페인·포르투갈과 한국은 비자 면제 협정이 체결되어 있어 관광 및 단순 방문일 경우에는 비자 없이 입국하여 90일간 체류가 가능하다. 그러나 이보다 더 긴 여행이나 체류를 계획하고 있다면 장기 비자를 발급받아야 한다.

여권 재발급에 필요한 서류

1. 여권발급신청서
2. 여권용 사진 1매
3. 현재 소지하고 있는 여권(분실 재발급, 여권 판독 불가 시 신분증)
4. 가족관계 증명서
5. 여권 재발급 사유서
6. 병역 의무 해당자는 병역관계 서류
7. 여권분실신고서(분실 재발급 시)

■ 여행자 보험 가입

보험 회사 영업점을 통해 가입하거나 콜센터, 홈페이지, 애플리케이션으로도 가입 가능하다. 보험에 가입하지 못했다면 출국 전 공항 내 보험 서비스 창구를 이용한다. 보험료는 보험 회사나 보장 내용에 따라 천차만별, 여행 기간에 따라 단기 상품, 장기 상품으로 나뉘며 성별과 나이에 따라서도 차이가 난다.

■ 주스페인 한국 대사관

Embajada de la República de Corea
주소 Calle de González Amingó 15, 28033 Madrid
전화 91-353-2000,
야간 648-924-695(마드리드), 682-862-431(바르셀로나)

■ 주포르투갈 한국 대사관

Embaixada da República de Corea
주소 Av. Miguel Bombarda 36-7, 1051-802 Lisboa
전화 21-793-7200, (야간)91-079-5055

각종 증명서

CERTIFICATE

증명서마다 발급 비용이 있으니 효용을 따져보고 발급받는다. 무턱대고 받아놓기만 하고 사용하지 않은 채 유효기간을 넘기면 낭비이다.

■ 국제학생증
발급처 ISIC, ISEC 사무실 및 제휴 대학교, 제휴 은행, 제휴 여행사
비용
ISIC : 1만 7000원(1년), 3만 4000원(2년)
ISEC : 1만 5000원(1년), 3만 원(2년)
유효기간 발급받은 달로부터 13개월
(ISIC), 1~2년(ISEC)
전화 02-733-9393(ISIC)
　　　 1688-5578(ISEC)
홈페이지 www.isic.co.kr(ISIC)
　　　　　 www.isecard.co.kr(ISEC)

■ 유스호스텔 회원증
발급처 한국 유스호스텔 연맹 홈페이지
비용 2만 원(1년), 3만 원(2년), 4만 원(3년), 5만 원(4년), 6만 원(5년), 20만 원(평생)
유효기간 1년/2년/3년/4년/5년/평생
전화 02-725-3031
웹사이트 www.kyha.or.kr

■ 국제 운전면허증
발급처 운전면허 시험장, 경찰서
준비 서류 여권, 대한민국 운전면허증, 여권용 사진 1매(반명함판 사진 가능)
비용 8500원
유효기간 발급일로부터 1년
전화 1577-1120

국제학생증

이 신분증이 있으면 관광지 입장료, 교통비, 숙박비 등을 할인받을 수 있다. 국제학생증은 크게 ISIC와 ISEC가 있는데, 2가지 모두 세계에서 공

신력 있는 국제학생증으로 통하지만 발급 기관이 다르고 혜택에 조금씩 차이가 있다.

유스호스텔 회원증

저렴하게 여행을 즐기는 배낭여행자가 가장 선호하는 숙소는 뭐니 뭐니 해도 유스호스텔이다. 유스호스텔을 이용하려면 회원증이 필요하다. 유럽, 호주, 미주 지역을 여행할 때 특히 유용하다.

이 지역은 세계에서 유스호스텔이 가장 발달한 곳이며, 세계 유스호스텔연맹에 가입한 유스호스텔에서 회원에게 다양한 혜택을 제공하기 때문이다. 회원증이 있는 사람만 투숙 가능한 곳이 있고 회원가와 비회원가를 따로 책정해 운영하는 곳도 많다. 회원증은 센터 방문 시 즉시 발급 가능하며, 홈페이지에서 신청 시 2~3일 후 택배로 받을 수 있다.

국제 운전면허증

여행 방법이 점차 다양해지고 있다. 현지 대중교통을 이용해 다니는 것도 의미 있지만 직접 운전하며 이동하는 것도 꽤 낭만적이다. 특히 스페인 발렌시아 지방과 발레아레스 제도의 섬을 여행할 때는 렌터카를 이용하는 것이 효율적이다. 자동차 여행을 계획하고 있다면 국제 운전면허증은 필수다. 대한민국 운전면허증 지참자라면 가까운 운전면허 시험장에 가서 즉시 발급받을 수 있

다. 위임장을 구비하면 대리 신청도 가능하다. 일부 국가에서는 대한민국 운전면허증과 여권을 함께 지참하지 않으면 무면허 운전으로 처벌받을 수 있으니 참고한다.

클래스

최근 항공사마다 특별한 전략을 내세우며 다양한 클래스를 내놓기도 하지만 보통 퍼스트, 비즈니스, 이코노미, 3가지 등급을 기본으로 한다. 가장 저렴한 것은 당연히 이코노미 클래스. 이코노미 클래스도 여러 가지 조건에 따라 가격이 천차만별이니 꼼꼼히 비교해 보자.

부가 조건

돌아오는 날짜 변경(리턴 변경) 가능 여부, 마일리지 적립 여부, 연령대, 유효기간, 경유 여부 등이 대표적인 부가 조건이다. 리턴 변경과 마일리지 적립이 불가능하고, 제한적으로 낮은 연령대에 판매하며, 유효기간이 짧고 어딘가를 경유하는 항공권이 가장 저렴하다고 생각하면 된다.
위와 같은 조건은 인터넷 구매 시 비고 항목이나 전화 상담을 통해 미리 확인한다. 무조건 제일 싼 항공권이 만사형통은 아니므로 마일리지 적립에 따른 이익과 돌아오는 날짜를 변경할 때 드는 수수료 등 비고 항목을 반드시 확인한다.

땡처리 항공권

땡처리 항공권은 출발 날짜가 임박한 티켓을 뜻하는데, 유효기간이 짧은 것이 대부분이고 조건도 까다롭다. 그러나 그 어느 할인 항공권보다도 저렴한 요금에 구입할 수 있다는 것이 최대 장점이다.

스톱오버

스톱오버란 경유하는 도시에서 일정 기간 체류가 가능한 제도로서, 말 그대로 들렀다 갈 수 있는 프로그램이다. 예를 들어 타이항공을 이용해 스페인으로 갈 때는 방콕에서 비행기를 한 번 갈아타야 하는데, 이때 스톱오버를 신청하면 가는 길과 오는 길에 방콕에서 원하는 날짜만큼 체류할 수 있다. 단, 짐이 많은 여행자라면 현지 이동이 불편할 수도 있다.
스톱오버로 해당 국가나 도시에 입국 심사를 할 경우 무비자로 입국이 가능한지, 비자가 있어야 입국이 가능한지 확인해 봐야 한다. 보통 돌아오는 항공권에서 많이 사용하며 유럽계 항공사보다는 아시아계 항공사를 이용하는 편이 가격 면에서 합리적이다. 단, 스톱오버는 항공권 구입 시 미리 신청해야 하며, 현지에서의 신청은 불가능하다. 또 항공권의 가격이나 옵션에 따라 스톱오버가 안 되거나 추가 요금이 많이 붙는 경우도 있으므로 항공권을 구입할 때 자세히 알아보고 선택하도록 하자.

항공권을 구입하는 일도 일종의 쇼핑이나 다름없다. 발품을 팔아야 마음에 쏙 드는 물건을 저렴하게 구입할 수 있듯, 부지런을 떨어야 보다 싼 항공권을 손에 거머쥘 수 있다. 항공권 가격을 결정하는 몇 가지 상식을 소개한다.

■스페인 · 포르투갈을 연결하는 저가 항공

유럽의 주요 국가에서 스페인으로 이동하거나 스페인 내에서의 도시 이동, 스페인에서 포르투갈로 이동할 경우에는 부엘링항공, 이지젯, 라이언에어 등의 저가 항공을 이용할 수 있다.

할인 항공권이란?

보통 항공권 사이트 또는 여행사 사이트에서 구매하는 항공권은 할인 항공권이다(항공사 홈페이지에서 '할인 항공권' 섹션을 운영하기도 한다). 항공권 전문 판매 업체나 여행사에서는 항공사로부터 다량의 좌석을 정상가보다 저렴하게 확보한 후 왕복, 특정 조건을 적용해 보다 싼값에 내놓는다. 따라서 편도로 구매할 수 있는 일반 항공권은 보다 비싼 편이다.

환전과 여행 경비

MONEY TALK

외국에 가면 신용카드를 취급하지 않는 작은 상점이나 식당이 많다. 안전을 위해서라도 신용카드는 호텔이나 면세점, 대형 쇼핑센터, 은행 ATM에서만 사용하도록 한다. 여행자수표는 장기간 여행이라면 고려할 만하다.

얼마나 환전할까?

관광을 하면서 필요한 현금은 개인의 여행 스타일에 따라 차이가 있지만 스페인에서는 보통 점심·저녁 식사와 교통비, 입장료를 포함하여 하루 최소 120€ 정도로 생각하면 적당하다. 플라멩코 공연을 보거나 분위기 좋은 레스토랑에서 저녁 식사를 할 경우 경비를 추가하면 된다. 10일 미만의 여행 일정이라면 유로화로 환전을 하고 신용카드를 적절하게 사용하는 것이 좋다.

주목! 여행 특화 카드

코로나19 상황이 완화된 이후로 여행객을 위한 상품이 속속 개발되고 있으니 절대 놓치지 말 것. 특히 여행 특화 카드를 사용하면 환전이 편리할 뿐만 아니라 환전 수수료, 해외 결제 수수료, 해외 ATM 인출 수수료가 할인 또는 면제되어 여행자들로부터 크게 각광받고 있다. 단, 카드별로 혜택, 한도, 환전 가능한 통화가 다르니 잘 알아보고 여행 상황에 맞게 이용하자.

환전

■ 현금 환전

여행을 떠나기 전, 현지에서 사용할 여행 경비를 미리 예상해 시중 은행에서 환전한다. 우리나라의 원화는 스페인과 포르투갈에서 전혀 통용되지 않으므로 유로화(€)로 환전해야 한다. 은행마다 환율이 다르고, 사이버 환전을 사용하면 환율 우대와 무료 여행자 보험 등의 혜택을 주는 곳이 있으니 미리 알아보고 선택하자. 부득이하게 은행에서 환전을 못했을 경우에는 인천 국제공항 내 환전소를 이용하면 되지만 환율 적용이 좋지 않으므로 약간의 손해는 감수해야 한다.

■ 사이버 환전

은행을 직접 방문해 환전할 시간이 없다면 인터넷이나 스마트폰 애플리케이션을 통해 환전할 것을 추천한다. 굳이 은행 업무 시간에 환전할 필요도 없고, 외화 수령 또한 출국하기 전 공항에서 할 수 있어 편리하다. 사이버 환전의 대중화가 본격화되면서 환율 우대 혜택 또한 은행 창구보다 좋은 편이다.

■ 환전 수수료 체크하기

시중 은행에서 환전할 때 창구에서 환율 우대 혜택이 있는지 먼저 문의한다. 묻지 않으면 우대해 주지 않는 경우가 종종 있으므로 꼭 확인한다.

환율 우대를 높게 받고 싶다면 각 은행에서 운영하는 환전 관련 클럽에 가입한다. 대표적으로 외환은행 환전 클럽이 있다. 가입하면 언제나 70% 안팎의 환율 우대를 받을 수 있다. 번거롭다면 주거래 은행에서 환전한다. 월급 통장을 갖고 있는 정도라면 50% 정도 환율 우대를 받을 수 있으며, 실적에 따라 우대율은 달라진다.

신용카드

현금만 가져가는 것이 조금 불안하다면 신용카드를 준비하자. 보안상 문제점이나 약간의 수수료 부담이 있지만 가장 편리하고 보편적인 보조 결제수단이다. 게다가 신분증 역할까지 한다. 호텔, 렌터카, 항공권을 예약할 때 대부분 신용카드 제시를 요구한다. 현지에서 현금이 필요할 때 ATM을 통해 현금 서비스를 받을 수도 있다. 국제 카드 브랜드 중에서는 가맹점이 많은 비자(Visa), 마스터(Master) 카드가 무난하다. 자신의 카드가 외국에서도 사용 가능한지도 반드시 확인하자. 또 외국에서 결제 시 카드 뒷면의 사인을 반드시 확인하므로 꼭 서명해 둔다.

외국에서도 사용 가능한 신용카드인지 확인!!

■ 수수료 감안하기

신용카드로 결제한 금액과 청구 금액이 최고 3%까지 차이가 날 수 있다. 각종 수수료가 붙기 때문인데, 이런 수수료 부담을 덜어주는 해외 선불 카드(국제 카드 수수료를 없앤)나 국내 카드사의 해외 사용 특화 카드가 많이 출시되었다.

■ 신용카드 사용 시 환율 체크하기

환율 동향을 주시한다. 환율이 떨어지는 추세라면 신용카드를 꺼낼 찬스다. 신용카드 승인은 바로 되지만 신용카드 회사에 정산이 되어 넘어가는 것은 1~2일 후. 만일 환율이 계속 떨어지고 있다면 결제할 때 좀 더 싼 환율이 적용된다는 뜻이다.

■ 스키밍에 유의

신용카드 스키밍(Skimming)이 끊임없이 일어나고 있다. 스키밍은 신용카드 결제 단말기에 작은 칩을 부착해 타인의 신용카드 정보를 빼내는 것을 말한다. 위조 신용카드를 비롯한 신용카드 범죄의 원인이 된다.

현금카드로 인출

신용카드를 감당하기 어렵다면 해외 현금카드를 준비한다. 한국에서 발행한 해외 현금카드를 이용해 현지 ATM에서 현지 통화로 인출한다. 현금을 들고 다니

국제 현금카드

는 것보다 안전하고, 신용카드보다 규모 있고 알뜰한 소비가 가능하다. 단, 신용카드처럼 준 신분증 기능은 하지 못한다. 외환은행, 씨티은행, 하나은행, 국민은행에서 발급하고 있으며 비자(VISA), 시러스(Cirrus), 플러스(Plus) 등의 금융기관 마크가 붙어 있다. 현지에서는 자신의 카드 금융기관 마크와 일치하는 ATM을 찾아 인출하면 된다.

■ 신용카드 수수료 계산하기

국제 카드 브랜드 수수료 `1%`
비자, 마스터에서 청구하는 수수료.

국내 카드사의 환가료 `0.2~0.75%`
현지에서 카드를 결제하면 카드사는 가맹점에 외화로 비용을 미리 지불한다. 고객으로부터 돈을 받으려면 결제일까지 시간이 걸리므로 그 기간 동안 부여하는 이자 명목의 수수료다.

지불 통화 변경에 따른 환가 수수료
`0.5% 내외`
유로화로 물건을 구매했다면, 이 금액이 국제 카드사를 통해 국내 카드사로 청구되는 과정에서 유로→달러→원화로 통화가 바뀌게 된다. 이때 기준 환율보다 높은 환율이 적용되어 금액이 조금씩 올라간다.

씨티은행 ATM은 한국어 서비스도 가능

■ 현금카드 수수료 계산하기

해외 이용 수수료
`인출 금액의 1~2%`
씨티은행 현금카드 소지자는 전 세계 씨티은행에서 출금할 때 이 수수료를 물지 않는다. 몇몇 은행은 출금 금액에 따라 수수료를 다르게 받는다.

해외 ATM 인출 수수료 `US$2~3`
건별로 부과되므로 될 수 있으면 큰 액수를 한번에 인출하는 것이 좋다.

스페인어 기초 여행 회화

스페인어는 라틴어에 기원을 두고 있어 영어의 알파벳과 유사하며 소리나는 대로 발음하면 되기 때문에 기초 문장을 배우는 것은 쉽다. 여행 한 달 전부터 기초 어휘만 공부해도 현지에서 유용하게 써먹을 수 있어 여행이 100배는 즐거워진다.

인사

안녕
올라
¡ Hola!

아침 인사
부에노스 디아스
Buenos días

잘 오셨어요.
비엔베니도
Bienvenido

헤어질 때
아디오스
Adiós

낮 인사
부에나스 따르데스
Buenas tardes

제 이름은 OO예요.
메 야모 OO
Me llamó OO

잘 지내나요?
꼬모 에스따스?
¿como estas?

저녁 인사
부에나스 노체스
Buenas noches

만나서 반가워요.
엔깐따도
Encantado

의사 표시

네.
씨
Sí

아니요.
노
No

부탁해요.
뽀르 파보르
Por favor

고마워요.
무차스 그라시아스
Muchas Gracias

날씨가 좋네요.
아세 부엔 띠엠뽀
Hace buen tiempo

스페인어를 못해요.
노 뿌에도 아블라르 에스파뇰
No puedo hablar español

괜찮습니다.
노 임뽀르따
No importa

걱정 마세요.
노 세 쁘레오꾸뻬
No se preocupe

당연해요.
끌라로 께 씨
Claro que si

그럼요.
끌라로
Claro

몰랐어요.
노 로 사비아
No lo sabía

아무 일도 아니에요.
나다
Nada

이해가 안 돼요.
노 엔띠엔도

No entiendo

좋아요(OK).
부에노

Bueno

지금 바빠요.
에스또이 오꾸빠도

Estoy ocupado

정말 미안합니다.
로 시엔또 무초

Lo siento mucho

좋아하지 않아요.
노 메 구스따

No me gusta

축하합니다.
펠리시다데스

Felicidades

정말 예뻐요.
께 보니또

Que bonito

좋아해요.
메 구스따

Me gusta

훌륭해요.
무이 비엔

Muy bien

그럴 것 같아요.
끄레오 께 시.

Creo que si.

피곤해요.
에스또이 깐사다

Estoy cansada.

~ 하고 싶어요.
요 끼에로

Yo quiero~

물어볼 때

몇 살이세요?
꽌또스 아뇨스 띠에네 우스뗄

¿Cuántos años tiene usted?

식사했나요?(친한 사이)
아스 꼬미도

¿Has comido?

영어 할 줄 아세요?
뿌에데스 아블라르 잉글레스

¿Puedes hablar inglés?

몇 시예요?
께 오라 에스

¿Qué hora es?

어느 나라 사람이죠?
데 돈데 에스 우스뗄

¿De dónde es usted?

이것은 무엇인가요?
께 에스 에스또

¿Qué es esto?

무슨 일이죠?
께 빠사

¿Qué pasa?

어때?(친한 사이)
께 딸

¿Qué tal?

이름이 무엇인가요?
꼬모 세 야마 우스뗄

¿Cómo se llama usted?

무엇을 도와드릴까요?
께 끼에레 우스뗄

¿Qué quiere usted?

어떻게 지내요?
꼬모 에스따스

¿Cómo estás?

정류장이 어디 있어요?
돈데 에스따 라 에스따시온

¿Dónde está la estación?

뭐라고요?
꼬모

¿Cómo?

얼마나 걸리죠?
꽌또 띠엠포

¿Cuánto tiempo?

전화번호가 뭐예요?
꽐 에스 뚜 누메로 데 뗄레포노

¿Cual es tu número de teléfono?

괜찮으세요?
에스따스 비엔?

¿Estas bien?

얼마예요?
꽌또 꾸에스따

¿Cuánto cuesta?

숫자

1
우노 Uno

2
도스 Dos

3
뜨레스 Tres

4
꽈뜨로 Cuatro

5
씬꼬 Cinco

6
세이스 Seis

7
시에떼 Siete

8
오초 Ocho

9
누에베 Nueve

10
디에스 Diez

요일

월요일
루네스 Lunes

화요일
마르떼스 Martes

수요일
미에르꼴레스 Miércoles

목요일
후에베스 Jueves

금요일
비에르네스 Viernes

토요일
사바도 Sábado

일요일
도밍고 Domingo

시간

오늘
오이 Hoy

내일
마냐나 Mañana

지금
아오라 Ahora

전에
안떼스 Antes

후에
데스뿌에스 Después

거의
까시 Casi

일찍
뗌쁘라노 Temprano

왕복
이다 이 부엘따 Ida y vuelta

기본 어휘

티켓
엘 비예떼
El billete

티켓 한 장이요
운 비예떼 포르 파보르
Un billete, por favor
※por favor는 영어의
Please와 유사

기차
뜨렌
Tren

버스
아우또부스
Autobús

지하철
메뜨로
Metro

기차역
에스따시온 델 뜨렌
Estación del tren

버스터미널
에스따시온 데 아우또부세스
Estación de autobuses

공항
아에로뿌에르또
Aeropuerto

518

출구	먼	박물관
살리다	레호스	무세오
Salida	**Lejos**	**Museo**

입구	지도	성
엔뜨라다	마빠	까스띠요
Entrada	**Mapa**	**Castillo**

중앙역	도시	은행
에스따시온 센뜨랄	시우닫	방꼬
Estación central	**Ciudad**	**Banco**

호텔	북	가게
오뗄	노르떼	티엔다
Hotel	**Norte**	**Tienda**

방	남	레스토랑
아비따시온	수르	레스따우란떼
Habitación	**Sur**	**Restaurante**

화장실	오른쪽	시장
바뇨 또는 세르비시오	데레챠	메르까도
Baño 또는 **Servicio**	**Derecha**	**Mercado**

침대	왼쪽	슈퍼마켓
까마	이스끼에르다	슈퍼르메르까도
Cama	**Izquierda**	**Supermercado**

깨끗한	직진	전화
림삐오	렉또	뗄레포노
Limpio	**Recto**	**Teléfono**

샤워	관광안내소	비싼
두챠	인포르마시온 뚜리스띠까	까로
Ducha	**Información turística**	**Caro**

가까운	우체국	싼
세르까	오피시나 데 꼬레오	바라또
Cerca	**Oficina de correo**	**Barato**

음식 용어

고기	샐러드	얼음	참치
까르네	엔살라다	이엘로	아툰
Carne	**Ensalada**	**Hielo**	**Atún**

단맛	설탕	우유	채소
둘세	아수까르	레체	베르두라스
Dulce	**Azúcar**	**Leche**	**Verduras**

닭고기	소금	음료	치즈
뽀요	쌀	베비다스	께소
Pollo	**Sal**	**Bebidas**	**Queso**

바비큐	수프	따뜻한	튀긴
바르바꼬아	소파	깔리엔떼	프리또
Barbacoa	**Sopa**	**Caliente**	**Frito**

생선	아이스크림	차가운	굽다
뻬스까도	엘라도	프리오	플란차
Pescado	**Helado**	**Frio**	**Plancha**

실전 회화

관광안내소가 어디인가요?
돈데 에스따 라 인포르마시온 뚜리스띠까
¿Dónde está la información turística?

게이트 B1이 어디인가요?
돈데 에스따 라 뿌에르따 B1
¿Dónde está la puerta B1?

몇 시에 시작하나요?
꽌도 엠피에사?
¿Cuando empieza?

화장실이 어디인가요?
돈데 에스따 엘 바뇨
¿Dónde está el baño?

시내로 가는 버스는 어디에서 타나요?
돈데 세 고헤 엘 아우또부스 빠라 일 알 센뜨로?
¿Dónde se coge el autobús para ir al centro?

※ Dónde está 장소 ~ 장소는 어디인가요?
'돈데 에스따'는 영어로 Where is를 뜻하는 표현

여권 있습니까?
띠에네스 빠사뽀르떼

¿Tienes pasaporte?

네, 여기 있습니다.
씨, 아끼 띠에네

Sí, aquí tiene

시내로 어떻게 가면 되나요?
꼬모 뿌에도 예갈(일) 알 센트로

¿Cómo puedo llegar(또는 ir) al centro?

지하철 요금은 어떻게 되나요?
꽌또 꾸에스따 엘 비예떼 데 메뜨로

¿Cuánto cuesta el billete de metro?

관광객을 위한 할인이 있습니까?
아이 데스꾸엔또 빠라 뚜리스따스

¿Hay descuento para turistas?

언제까지 머물 건가요?
아스따 꽌도 세 께다라

¿Hasta cuándo se quedará?

영어(스페인어)를 할 수 있나요?
뿌에데 아블랄 잉글레스(에스파뇰)

¿Puede hablar inglés(español)?

죄송합니다. 저는 영어(스페인어)를 못해요.
로 씨엔또, 노 아블로 잉글레스(에스파뇰)

Lo siento, no hablo inglés(español).

길을 잃었어요.
메 에 뻬르디도

Me he perdido.

가방을 잃어버렸어요.
에 뻬르디도 미 말레따

He perdido mi maleta.

입장료가 얼마인가요?
꽌또 꾸에스따 라 엔뜨라다?

¿Cuánto cuesta la entrada?

프라도 박물관이 여기서 먼가요?
엘 무세오 델 프라도 에스따 레호스 데 아끼

¿El Museo del Prado está lejos de aquí¿

얼마나 걸리나요?
꽌또 세 따르다

¿Cuánto se tarda¿

요리를 하나 추천해 주시겠어요?
께 메 레꼬미엔다 우스델

¿Que me recomienda usted?

저 사람이 먹는 것과 같은 요리로 주세요.
끼에로 쁘로바르 엘 쁠라또 이구알 께 아껠

Quiero probar el plato igual que aquel.

아주 맛있어요.
께 리꼬 에스따

Que rico esta!

계산해 주세요.
라 꾸엔따 뽀르 파보르

La cuenta, por favor.

저를 도와주시겠어요?
메 아유다스?

¿Me ayudas?

INDEX

스페인

포르투갈

저스트고 스페인

개정8판 1쇄 발행일 2023년 3월 24일
개정8판 2쇄 발행일 2023년 5월 10일

지은이 김지영

발행인 윤호권
사업총괄 정유한

편집 내도우리 **디자인** 김효정(표지) 양재연(본문) **마케팅** 정재영
발행처 ㈜시공사 **주소** 서울시 성동구 상원1길 22, 6-8층(우편번호 04779)
대표전화 02 - 3486 - 6877 **팩스(주문)** 02 - 585 - 1755
홈페이지 www.sigongsa.com / www.sigongjunior.com

ISBN 979-11-6925-632-2 14980
ISBN 978-89-527-4331-2(세트)

*시공사는 시공간을 넘는 무한한 콘텐츠 세상을 만듭니다.
*시공사는 더 나은 내일을 함께 만들 여러분의 소중한 의견을 기다립니다.
*잘못 만들어진 책은 구입하신 곳에서 바꾸어 드립니다.